無錫文庫

第二輯

治湖録
楊家圩周文襄公祠考略
錫邑芙蓉圩續修治湖迹
治湖箴言
無錫之將來
錫山業勤機器紡紗公廠集股章程
無錫錢業商團彙編
無錫商團章程規則彙刊
無錫工商業名録

鳳凰出版傳媒集團
鳳凰出版社

ISBN 978-7-5506-1317-1
9 787550 613171 >

圖書在版編目（CIP）數據

治湖録等 / (清) 吴興祚等撰. -- 南京 : 鳳凰出版社, 2012.5
（無錫文庫. 第2輯）
ISBN 978-7-5506-1317-1

Ⅰ. ①治… Ⅱ. ①吴… Ⅲ. ①湖泊－治理－史料－無錫市 Ⅳ. ①TV882.953.3

中國版本圖書館CIP數據核字(2012)第073680號

責任編輯　王　劍
裝幀設計　姜　嵩
出版發行　鳳凰出版傳媒集團
鳳凰出版社(原江蘇古籍出版社)
南京市中央路165號　郵編 210009
發行部電話 025－83223462
集團網址　鳳凰出版傳媒網　http://www.ppm.cn
印　　刷　無錫市證券印刷有限公司
無錫市揚名高新技術産業園B區75號　郵編 214024
開　　本　889×1194毫米　1/16
印　　張　45
版　　次　2012年5月第1版　2012年5月第1次印刷
標準書號　ISBN 978-7-5506-1317-1
定　　價　590.00圓
(本書凡印裝錯誤可向承印廠調換,電話:0510－85435666)

無錫文庫工作委員會

顧　問

黄莉新　朱克江　周和平　譚　躍　陳海燕

主　任

王國中　王立人

副主任

華博雅　曹佳中　吴小平　佘江濤

委　員

方標軍　尤文科　何承志　蔡文煜

金　政　須　儉　陳堯明　葉建興

施　展　嚴克勤　劉　川　雷群虎

李祖坤　瞿　敬　華瑞興　周興安

姜小青

無錫文庫編輯委員會

主　編

王立人

副主編

須　儉　姜小青

編　委（按姓氏筆畫排列）

王進雄　王賡唐　卞惠興　全　勤　吴　迪　沙無垢
金其楨　夏剛草　倪培翔　徐志鈞　浦學坤　陳文源
過旭明　過耀華　許墨林　張志清　程勉中　湯可可
蔡家彬　劉桂秋　錢建中　錢菲菲　顧文璧

執行編委

王華寶　王　劍　薛　飛　陳紅彦　林世田　謝冬榮
徐憶農　陳　立

編務人員

顧志堅　李躍光

無錫文庫學術顧問

（按姓氏筆畫排列）

朱玉麒　朱維錚　江慶柏　李文海

沈衛榮　武秀成　金良年　胡福明

莫礪鋒　徐中玉　陳熙中　許倬雲

張仲禮　張廷銀　彭　林　程章燦

馮　遠　馮其庸　楊天石　趙生群

劉玉才　錢　遜　錢中文　錢文忠

總序

七千年文明史，三千年建城史，江南名城無錫，襟長江依太湖，自古以來就是魚米之鄉，禮儀之邦。無錫文化自泰伯南奔以來，騰蛟起鳳，尚德崇文，在數千年的傳承發展中，教化常持，經世務實，人杰輩出，大家林立，文藻絢麗，錯彩鏤金。舍南舍北皆春水，欲與湖山作主人，數千年的人文傳統，賦予了風光秀美的無錫以獨特的文化魅力，鑄就了城市剛柔相濟、秀逸清麗的的文化品格。

無錫是中國吴文化的發源地。早在商代晚期，周太王古公亶父的長子泰伯三讓王位，携其弟仲雍奔吴，定居無錫梅里，建『勾吴國』，『端委以治周禮』，施以禮儀教化；興修水利，授以農桑，不數年而『民人殷富』。泰伯帶來的中原文化與無錫本地土著文明相結合，吴文化以及作爲其重要組成部分的無錫文化就此發端。晋室南渡，北方人群大量南遷，帶來了中原的文化技術，促進了無錫農業、水利、手工業和商業的發展，中原文明再度與吴文化進行融合互滲。在本土文化與异地文化的碰撞和交融中，不斷推動着無錫這座城市的文明進步。

無錫歷史文化『追歷七千餘載歲月滌蕩，遂經四大轉折而成其廣大深厚：泰伯西來，吴文化成焉；永嘉南渡，江左文脉振焉；宋室波遷，江南文風始焉；歐風東漸，錫邑占風氣之先，民族工商文化始焉。數百代鄉彦賢達智慧與創造累積，文獻足徵，無慮百千』（《錫山先哲叢刊》重版弁言）。無

錫文化以兼容并蓄多樣化的形態不斷發展。

崇文尚教，以教促文。北宋嘉祐三年（一〇五八），無錫始設縣學；北宋政和元年（一一一一），理學傳人楊時在無錫創建東林書院，此後無錫出現了喻樗、尤袤、李祥、蔣重珍等一批知名的教育家。至明代，顧憲成、高攀龍等在東林書院講學，此後又有許多書院相繼而起。古代無錫對教育的重視，促進了『崇文』和『尚教』的風氣，也造就了大量的人才。自隋朝開創科舉取士到清末廢除科舉，無錫共出了五名狀元、三名榜眼、六名探花和三名傳臚，并有五百四十名進士，一千二百多名舉人；『一榜九進士』、『六科三解元』，自古傳爲佳話。近代以來，經濟的繁榮進一步帶動了教育的興盛。無錫籍國學大師錢穆曾說：『晚清以下，群呼教育救國，無錫一縣最先起。』此後無錫的實業家紛紛出資興辦文化教育事業。教育的繁興，在極大程度上促進了無錫的文化發展，出現了空前的文化人才崛起的高峰。

文脉綿延，後出轉强。歷來『文化』的概念有廣義和狹義之分，這裏的『文脉』之『文』，用的是狹義的概念，即指經史、文學、藝術等人類所創造的精神財富的總和。在無錫的歷史文化傳統中，自古及今，悠悠文脉，如瓜瓞之綿綿。必須指出的是，從文化發生學的角度來看，早期中華文化的中心是在黄河流域的中原地區，無錫在宋元以前，雖有像顧愷之、李紳、尤袤、蔣捷、倪瓚等一批人文英才，但在整體上，無錫的文氣是自明清以迄近現代達到巔峰。在整個江南地區文教昌明和無錫經濟繁盛、教育勃興的大背景下，無錫地區在經史、文學、繪畫、音樂等諸多領域中，建樹卓越，俊才雲蒸，真正呈現出『人文之盛，冠於南國；碩彦輩出，著述繁富』的局面。

求實務本、重工崇商。無錫自古爲江南富庶之地、魚米之鄉。明代東林講學者將士商并列爲『本行』，講求經世致用；近代早期維新的思想家、實踐家薛福成提出『黜浮靡，崇實學』，大力倡揚『工商爲先，耕戰植其基，工商擴其用』的觀念，這些都成了近代以來無錫人求實務本、重工崇商的重要的思想根源；兼以明清時期，封建自然經濟解體，資本主義開始萌芽，無錫經濟日趨繁盛。鴉片戰爭以後，上海開埠，由於商品經濟的發展和商業資本積累的增加，逐步形成了一個以上海爲中心的，北接江陰、靖江，西連蘇州、無錫、常州的經濟區域。有布、米、絲、錢『四大碼頭』的無錫，被譽爲『小上海』。到了十九世紀末、二十世紀初，無錫許多有識之士積極引進西方生産技術，大力興辦工廠，形成了近代六大資本系統，無錫成了近代中國民族工商業的發祥地和蘇南經濟中心。經濟的繁盛，不僅爲無錫文化的不斷發展提供了堅實的物質基礎，而且也形成了無錫文化的主流形態之一的，具有鮮明特色和豐富内涵的『工商文化』。

文化源長，文獻宏大。在歷史上，無錫有過兩次較大規模的文化整理。一八九九年，《常州先哲遺書》是包涵無錫在内的第一次區域性文化整理集成。一九二三年，《錫山先哲叢刊》是無錫真正意義上從城市角度進行的一次文化整理。當時，國家積貧積弱，社會動蕩離亂，身處亂世的有識之士高擎文化的旗幟，以縱覽千古的魄力和毅力致力於城市文化傳統的繼承與弘揚，爲無錫地方人文教育提供了文化楷模，對增强無錫崇文興教氛圍發揮了重要的作用，爲無錫躋身江南名城提供了文化動力，其意義至今爲後人感念。

滄桑巨變，天上人間。經過近一個世紀的奮鬥探索，特别是改革開放三十多年來的迅猛發展，中

華民族强勢崛起。國運昌隆，盛世修典。中共無錫市委、市政府高度重視地方傳統文化的整理弘揚工作。自二〇〇七年提出『建設文明無錫，打造文化名城』以來，無錫全面深入開展歷史文化遺産的挖掘、清理、保護和修復工作，傳承弘揚優秀傳統文化，彰顯城市人文歷史底藴，掀起歷史文化名城建設新高潮。此後，市委、市政府在《無錫市文化大發展大繁榮行動綱要》中明確要求全面整理出版地方歷史文獻，市委、市政府在《關於深化文化體制改革加快文化强市建設的決定》中再次明確要求編纂《無錫文庫》，正式啓動迄今爲止無錫地區規模最大、綜合性鄉邦文獻集成的修編工作。爲確保《無錫文庫》的編纂工作順利進行，市委、市政府專門成立了『無錫文庫工作委員會』，由市委宣傳部牽頭，設立了『無錫文庫編輯委員會』，計劃用三年時間完成編纂出版工作。《無錫文庫》的編纂，將以嶄新的學術角度和現代學科框架對城市歷史文化進行全面梳理和弘揚，站在時代的高度，充分展示城市深厚的歷史底藴，彰顯先賢哲人的智慧創造，解讀無錫文化的獨特個性，提煉升華無錫的人文精神，光前裕後，古爲今用，以文化人，由人化文，以史爲鑒，開啓未來。

《無錫文庫》的編纂出版必將發揮重要的文化功能：首先是搶救文獻。無錫自古即有豐富的地方文獻，無論經史子集，都有重要著作流傳於世。然而無錫近代歷經戰亂，一些重要典籍已毁佚，僅有書名存留；還有一些珍貴的明清地方史籍，也以孤本存世，處於若存若亡之間。由於各種原因，一些代表無錫文化的典籍保存於國内外各大圖書館中，在無錫不易見到。從清末到民國期間，在文化上有不少重要成果，而這部分書籍因長期被忽視而處於毁佚的邊緣。《無錫文庫》的編纂就是爲了搶救文獻，保存文脉。其次是古籍整理。無錫先賢留下的載籍很多，但現存書籍，版本雜亂，良莠不齊，整

體而言没有經過系統編排梳理，使用不便。《無錫文庫》的編纂，就是從版本目録學的角度加以梳理，每書皆撰提要，鈎玄指要，便於閲讀使用。第三是服務大衆。《無錫文庫》所收皆爲地方古史遺文，是研究無錫歷史沿革和文化傳承的必讀書目。《無錫文庫》的編纂出版，使這些書籍的使用更加便捷和廣泛，對無錫的文化建設、城市規劃、古迹保護、名勝開發都具有很高的學術價值和實用價值。

歷史唯物主義觀是《無錫文庫》編纂出版工作的重要指導思想。《無錫文庫》是一部具有社會主義新時代特點的典籍集成，編纂理念和選編觀念更加科學，注重學術性、實用性和經典性相結合，并且儘量收入古籍版本研究的新成果，廣泛收集流散在國内外的珍貴典籍。編纂工作中，始終堅持『尊重歷史、尊重科學、尊重規律、尊重專家』的原則，堅持『雙百』方針，對傳統文化中重要的不同學派、不同觀點的資料兼收并蓄，力求客觀、完整和全面。當然，《無錫文庫》不可能包羅萬象，而以文史哲爲主要内容，兼顧其他類别著述，整體呈現出無錫歷史文化的發展脉絡。强化編纂工作的學術規範，提倡實事求是的良好學風，對文庫的整體規模、體例框架、所收書目、版式裝幀等進行反復論證，反復比較，多方聽取意見，慎之又慎，力争使《無錫文庫》成爲一部真正代表無錫文化的綜合性鄉邦文獻集成。

編纂出版《無錫文庫》的盛舉，得到了海内外衆多著名的文史專家、學者教授的熱烈響應。許倬雲、馮其庸、楊天石、李文海、徐中玉、馮遠、胡福明等無錫籍文化名人和劉玉才、程章燦、江慶柏、張廷銀、金良年等專家學者應邀擔任《無錫文庫》的學術顧問，他們扎實的學術功底、嚴謹的治

學風範、卓越的學術見識，爲《無錫文庫》提供了有力的支撑。

千年吴地文明，百年工商繁華，賦予無錫人聰慧和靈秀，創造了具有獨特品質的城市文化和城市精神。當我們手捧先哲留下的珍貴文化遺産，不僅滿懷感恩、敬畏之心，更涌動着不負前賢、勵志圖新的激情，去努力創造城市文化嶄新的輝煌，讓無錫文化大發展大繁榮的春天更加姹紫嫣紅、繽紛燦爛！

無錫文庫編輯委員會

二〇一一年一月

凡例

一、《文庫》所收爲無錫籍作家的著述和與無錫相關的歷代文獻，分爲《官修舊志》、《地方史料專著》、《年譜家乘》、《無錫文存》和《近現代名家名著存目》五輯。

二、無錫地域範圍以現行行政轄區爲準。《文庫》立足無錫市區，兼顧江陰、宜興，適當選收江陰、宜興具有代表性的著作。

三、《文庫》所收著作，以史料價值高、使用價值大爲原則，適當兼顧其版本價值。

四、《文庫》主要采用影印方式出版，《近現代名家名著存目》收入作家小傳和主要著述目録。

五、《文庫》所收著作，其編纂年代下限爲一九四九年；《近現代名家名著存目》則不受此限。

六、《文庫》所收著作，原書如有蠹損、殘缺、漫漶不清處，原則上以相同版本予以換頁、補頁，使全書清晰、整齊。

七、《文庫》對所收每種圖書，均撰寫提要，置於每種書扉頁之背面；每册均新編頁碼，自爲起訖。

八、《文庫》編制書名索引和著者索引，以方便讀者使用。

第二輯編輯説明

本輯爲《無錫文庫》之第二輯《地方史料專著》。這些書籍皆爲個人著作，它們是官修方志之外最重要的地方史料，是對地方歷史更爲精細的記録和闡述。其中保存了官志中看不到的材料，所以也是官志極其重要的補充。無錫自古以來人文薈萃，所以歷史上存留下來的地方史料專著也非常豐富。明清以來這些著述得到了長足的發展。作爲方志體裁的史書，這些著作所述史事已細化到一個鄉村，一座寺廟，一幢宅第，一座園林，一所學府，一項工程，一個專題等，從而爲後人保存了大量第一手的史料。進入民國後，隨着社會的發展，在政治、經濟、文化、教育等方面，出現了許多專門的出版物，這些具有時代特色的文獻，爲我們保存了民國時期原生態的歷史材料。從這些文獻中可以看到當時無錫向現代都市邁進的步伐。第二輯所收書籍，不少都是孤本，彌足珍貴。特別是一些藏於外地圖書館的珍貴書籍，這次也盡了最大的努力加以搜集。由於歷史的原因，一些地方史籍已失傳，僅有書名存留，不無遺珠之憾。一些民國書籍也偶有缺葉。敬請讀者見諒。從另一個角度而言，也更説明了這次文庫編纂的必要。

目録

治湖録

（清）吴興祚 編
（民國）佚 名 續

《治湖録》上下卷，（清）吴興祚編，（民國）佚名續，清康熙十四年（一六七五）尺木堂刻本，民國十三年（一九二四）木活字本。

吴興祚，字伯成，祖籍山陰，後隸漢軍八旗正紅旗人。康熙時以貢生任無錫知縣，在任十三年，政績卓著，後官至兩廣總督。無錫城北興道鄉原爲一萬六千頃的芙蓉湖，自宋以後不斷圍湖造田。明中期巡撫周忱截斷上游來水，讓湖水流入長江，整個芙蓉湖全部成爲農田。今天的前洲、玉祁即是圍墾湖地後屬於無錫的圩田，亦即《治湖録》中所説的楊家圩等地。由於圩田地勢低洼，田土原爲湖底硬地，有水易澇、無水不收；而且圩田只能種一茬水稻，不能種麥，湖民困苦異常。吴興祚在任時，連續數年水灾，圩田盡没。吴興祚除捐俸救灾之外，實地勘察，主持整修堤壩，經過每日三千五百六十三名民工修築，從康熙十年二月二十六日至四月十五日完工。設圩長三十六名，加强圩堤管理養護。吴把這次治圩的有關文書檔案如呈文、公移等編成《治湖録》一書，讓圩民以後遭灾時作爲減灾救濟的依據。後至民國年間有人把吴之《治湖録》編爲上卷，另把從康熙五十八年以後至民國十三年所積累的治理圩田檔案編爲下卷，稱『治湖録續後』，内容爲公文、公呈、批復、修圩記録、公案、碑記、詩文。上下兩卷於民國十三年以《治湖録》書名，用木活字印行，成爲百多年間治理圩田的文獻集成。書中可見當時民生之痛苦及官民與自然的抗争，是一部不可多得的特殊的江南水利史料。

本書據民國十三年（一九二四）活字本影印。

（徐志鈞）

芙蓉湖序

庚子四月余縮章來錫勸農北鄉抵芙蓉湖大圩見湖水盈溢田禾半沉就堤隙壤集父老黍髦士謁慕公祠畢乃命小舟棹蘆葦度阡陌一望中湖霧蒼茫村墟水匝因知此係昔日芙蓉湖之底形如坦釜水進無由外洩通圩六十里之內東南一隅屬於錫邑者尤爲洿下歲產一熟名爲不麥低田父老謂余言曰去年被渰今復繼之高鄉獲四五稔而此處一熟未收未知將作何狀向來居此地者

不時之食最苦里中並無升斗之家可與告急以謀朝夕故覗藜藿糟糠猶爲嘉味嘗以樹皮搗粉爲餡野菜和根作虀聊以裹腹小民身嘗其況不知凡幾今不料墓木已拱而猶遭此苦也言訖淚下余亦悽然嗚呼饑歲多豐歲少暫得一熟何以應官逋給衣食所謂樂歲終身苦之地也考其往事撫圩民者咸知隄防艱苦凡邑中徭役概令圩圖豁免其蘆蕩庄田五年一丈之例亦悉除之一逢歲歉各餉停征俟有秋併賦此差擾不及之恩久已如是余

謂此猶屬補苴之術而未爲斯民計長久也地瘠賦贏所產不給非僅民多桎梏之累而官府亦關考成不如申請
上憲題達減賦圩民始甦今方幸
聖天子愛養元元何靳滄海一粟適秋闈事竣力欲繪圖陳請俾田糧稍減以播
朝廷萬世之恩亡何丁艱謝事有虛民望士庶惓惓詣館泣謝余不忍割捨含淚撫慰將來事會有期必以安奠湖民仰報

聖恩之意與諸父老券爰於　吳公採湖錄前弁數言而爲之序

康熙庚子歲冬抄文林郎知無錫縣事湘潭張璨豈石氏撰　公名璨字豈石號湘門康熙戊子科經元湖廣長沙府湘潭縣人

江南常州府無錫縣

邑候吳公付刊芙蓉湖志並治湖錄

芙蓉湖志 即錫山志

芙蓉湖在縣西北興道鄉寰宇記上湖一名射貴湖一名芙蓉湖一謂無錫湖在晉陵江陰無錫三縣界東去州五十九里東南流爲五瀉水越絕書云無錫通長洲多魚而甚清又吳地記無錫湖四萬七千三百頃陸羽惠山記東北九里有上湖一名射貴湖一名芙蓉湖其湖南控長洲

東洞江陰北掩晉陵蒼蒼渺渺廸於軒戶或云昔其地多芙蕖數十里不斷於是皮日休與陸龜蒙及毘陵魏樸時時乘短舫載一甑酒由五瀉徑入震澤穿松陵抵杭越因其名曰五瀉舟又南徐記晉張闓嘗洩芙蓉湖水令入五瀉注於具區欲以爲田盛冬着褚衣令百姓負土值天寒凝沍其功不成至宋居民因其舊跡堤岸堰水悉爲良田至今蓑塘橋土人猶有湖東湖西之稱又郡志謂明萬歷間官爲出錢募夫築堤奪茭塞流多置堰閘其上於是其地畝可入三鍾厥田上上厥賦下下民間所以有攤稅之議也或又云周文襄公忱撫吳時僅每畝科米五升以備水旱未入賦額嘉靖中知縣王其勤始復加丈量而改低田輸稅焉據是雖宋時已治爲田而湖之全壅猶未爲久宜其舊界猶有能言之者不當茫無所考如此又舊縣志蓮蓉湖在北門迎溜館前蓮蓉即芙蓉蓋今北塘亦總謂之芙蓉湖也

此湖自唐宋元明之前本屬大川爲蛟龍出沒之處汪洋

浩蕩湖濱烟渚蒲柳縈廻浴鷗飛鷺夾岸芙蕖唐宋諸賢乘舫載酒爲遊覽之地有李劉二公詩句附集以記之

望芙蓉湖　李紳

丹樹村邊烟火微碧波深處雁紛飛蕭條落葉垂楊岸隔水寥寥聞擣衣

其二

水寬山遠烟嵐廻柳岸縈廻在碧流清晝不風鳧雁少却疑初夢鏡湖秋

芙蓉湖泛舟　　胡宿

小湖香艷戰芙蓉碧葉田田擁釣篷嵐氣與飛山岸隔秋波不動水搖空翩翻雪鳥爭投浦潑刺霜鱗對擲風正是滄浪濯纓日一竿多謝紫溪翁

芙蓉湖自明初宣德正統間周文襄公忱廵撫江南築溧陽東壩以捍上水開江陰黄田港以分下流南注五瀉入於具區湖水不爲壅滯遂飭築堤成圩爲田召民墾荒樹藝止科米每畝五升積貯官倉以備湖民旱潦不入賦額

公名忱本錫人父元禮文襄幼學於王學士達善門下一名永齡忽爲賈人挾去遂隸吉安後撫吳至錫山求祖祠谿其地稅時知縣張斌堤工不果後知縣項伍繼之而成項侯字如愈瑞安人進士祀名宦嘉靖中知縣王其勤詳允廵撫彭公廵按孫公督糧翁公兵備任公本府金公始加丈量而爲低田坍入賦額王侯字時敏松滋人進士祀名宦後知縣鄧繼曾效文襄之法重修鄧侯字士魯資縣人進士同祀文襄廟殆後浪擊堤卑叠遭水患海忠介公瑞復飭大興工築縣丞楊光春雖列末職心憂蒼生竭力設法至亥年知縣李復陽詳請官錢相繼修築李侯字宗城豐城人進士祀名宦天啟間知縣劉五緯精敏廉介具文武之才躬率圩民併工挑築復爲沃壤閘設木櫃以收門稅令編戶自投晚寄貯庫有夫役之費則發之多置堰閘分立小圩各守防禦時名之爲劉公塘劉侯字夢鳳萬縣人進士民思之至傳爲城隍之神又爲水仙之神立廟南塘至崇禎間修堤之法廢弛豪强者勢壓鄉儒有田不

工愚懦者無田役力兼之水旱頻仍災荒疊見民不堪命相傳有怨湖詩括云

其曰

從築長堤結禍胎至今水旱作輪廻人人怨指文襄廟何事當年辟草萊（文襄廟一在惠山一在江陰青暘鎮西街）

今上皇帝康熙二年邑侯吳公任錫至八九年間叠遇水災湖民倍苦情慘異常親驗湖境觸目傷心痛灑長沙之淚復繪鄭俠之圖於是特捐俸米三千三百六十石又勸

各業主每畝出傭米三升分給各佃築堤而兼救饑具詳 題請賑濟活我水鄉無萬災民復慮日後堤工緊苦請免圩圖一應雜差俾得盡力堤工叉付探湖錄一道留刋以志不忘公名興祚字伯成遼東清河人陞行人司特轉福建按察司歷福建廵撫兩廣總督莅錫一十三載湖民立廟祟祀吳公廟一在芙蓉東湖楊家大圩衞涇一在芙蓉西湖和尚圩和尚橋邑侯吳公付刻探湖錄并圖

康熙十四年仲春月尺木堂付梓

余蒞任有年至東西芙蓉湖踰荒六次每至必深入湖心曲折流覽召父老相依傾吐利害乃得稔知湖民苦况恐小民有口難陳臨驗者未必洞悉民隱謹繪述之以告後之 當事者

芙蓉東湖土名楊家大圩界址

東址江陰界南由五瀉湖出高橋而至迎湖舘西南址萬安鄉通石瀆西抵乙虞橋以抜前洲西北聯芙蓉西湖和尚圩之五龍重涇北址江陰之芙蓉湖十七圩一

名馬家圩東北至四河口

計閘八條計壩三十八處龍潭二處

六一圖閘二條壩九處　中港　蓋塘　皇天蕩　惠家　東閘　黄港　犁轅　放生河　張清閘　竪頭港　西斜港

六二圖閘一條壩七處　龍潭一處　東吳瀆　衞涇　楊寶閘　西吳瀆　下新瀆　西臧瀆　龍潭一處　朱芳　北臧瀆

六三圖閘二條壩五處　浮舟村　成流港　蕭家圩　桑青港　蓋塘東　蓋塘西　興龍閘　迎龍閘　石板閘

七一圖壩三處　花頭涇　高瀆　塘港

七三圖壩四條　東徐瀆　新瀆　陰瀆　西徐瀆

九一圖閘二條壩九處　龍潭一處　蔣涇　新涇　凌涇　洋涇　石牌　張道涇　黄祥　長溝　垓壩　泗洲瀆閘　東龍潭閘　龍潭一處

九四圖黄泥壩一處田不滿五百畝

湖灘湖心統計四萬七千餘畝實有三萬有零餘皆河道河蕩也

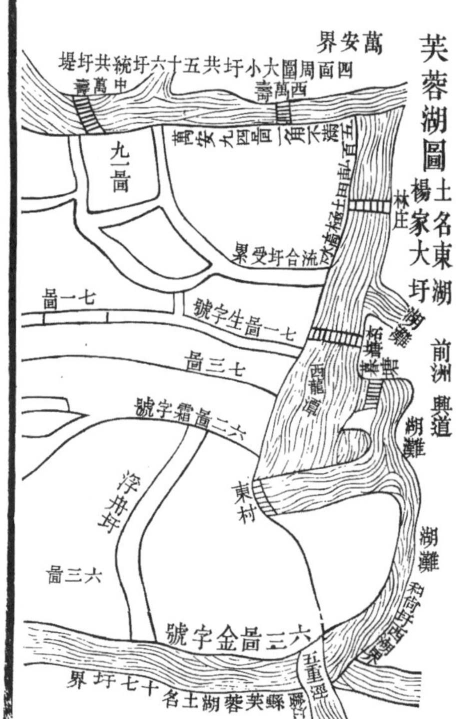

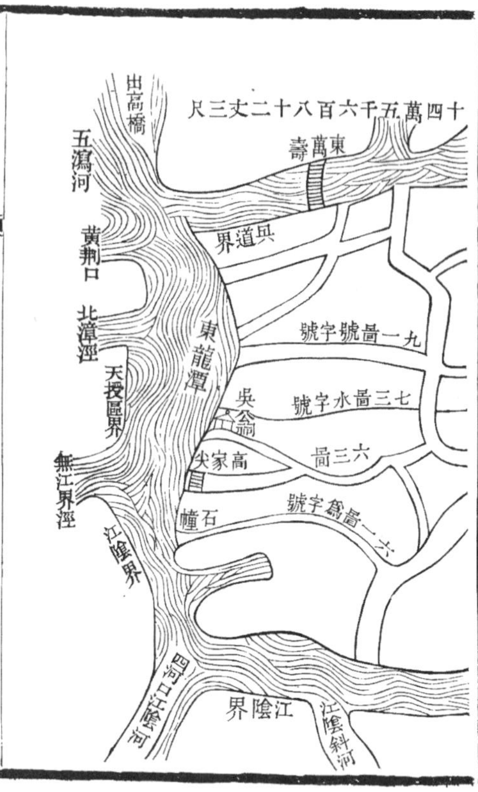

治湖錄　卷上　九

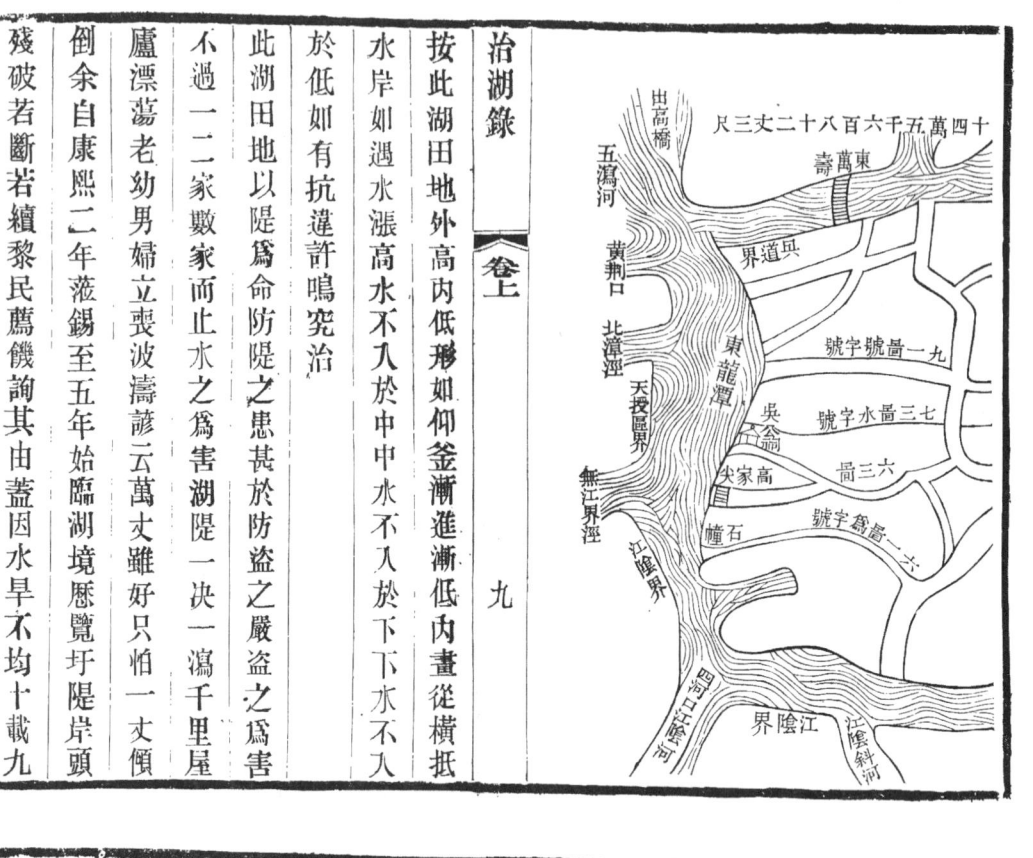

按此湖田地外高內低形如仰釜漸進漸低內晝從橫抵水岸如過水漲高水不入於中中水不入於下下水不入於低如有抗違許鳴究治

此湖田地以隄爲命防隄之患甚於防盜之嚴盜之爲害不過一二家數家而止水之爲害湖隄一決一瀉千里屋廬漂蕩老幼男婦立喪波濤諺云萬丈雖好只怕一丈傾倒余自康熙二年蒞錫至五年始臨湖境歷覽圩隄岸頭殘破若斷若續黎民薦饑詢其由蓋因水旱不均十載九荒於是深入湖心見其地勢最低內外百川交集野漲一發卽風濤泊天一綫長堤孤危難守欲保湖民安堵必加木石內外交鑲石隄方可然工費浩繁一時難措九年春夏洪水爲災萬民請命詳報具　題賑救先捐俸米三千三百六十石給散饑民先行築岸未兩綢繆又勸各業主每畝出傭米三升幷給佃戶併力挑築計共堤工每日三千五百六十三名自康熙十年二月二十六日起工至四月十五日完工猶慮日後堤工艱苦凡充圩圖之役者專

治湖錄　卷上　十

值修堤詳請優免永久雜項差徭編設圩長三十六名岸甲一百八名令其照田分派催督每年循制高濶修築毋至惰慢違者稟究圩隄一役亦可永勞永固惟是武邑同湖低田每畝折算平田六分三釐一毫錫邑低田每畝折算平田七分四釐一毫故輕重不同錫民倍苦

一此湖本屬大川今雖滄桑之變一遼卽水妖復至龍陣怪風拔木傾廬無不膽碎堤岸一決如同混沌合湖洗滅慘不勝言

一湖田極低過寸雨卽漲尺水有聚無散故久雨卽驚洪波停蓄半年不退民居架木棲身三年兩渰非全荒卽半熟其有秋之歲什不得一雖獲每年豐熟約記十年之內全稔者不過二三熟地瘠民貧莫過於此

一低田似無憂旱豈知湖中土性浮鬆朽腐旱不盛水一溉卽滲田底隨厍隨涸救濟無術况長流遠隔數里湖內猶如乾碗枯焦凡值大旱倍苦他處

一此湖向爲無麥低田而無夏熟荒一熟兩年受饑若兩

歲並荒直至三年之後方得接食較之他處之田連失五熟故圩民家無餘粟

一湖民槩無積蓄如遇凶年催科日迫欲變產苦無售主鬻子女不忍分離往往激公無計情極捐生深可憐憫查通邑低田而靑城湖田不及五分之一最爲有限凡遇災荒縱從寬恤無礙催科之政

一饑民最苦差擾公差路遠催糧無不駕船哮吼坐索酒食船錢東道際此救饑無暇之日公私交迫民何以堪至驗荒之後卽飭造册停征乃有不肖區書希圖射利故意遲遲結數朦混發追荒熟不分饑民受累

一荒區初熟最苦倂征久饑之後民未全醒若盡追積欠用其二而民有殍用其三而父子離且湖荒莫苦漕米在官府爲漕運緊急不知饑民告貸無門卽剜肉醫瘡勉措升斗皆屬他處秈米難赴倉場故歷來荒米竭力申請停征萬不得已權將積穀那解其存留之數令荒戸不拘米色陸續緩輸

一此湖田外高內低旱荒則外圍沿邊之田或可漑以外河之水其內地一片皆焦水災則外圍岸邊之田或可洩水厍出外河若內地不得曲防害衆祇就沿邊看荒似乎稍有生機遠望腹地蘆葦隱現疑有熟地不知金玉於外敗絮於中非常之慘褁藏於內故驗湖荒不可不深入湖心洞見底裏

一湖內災荒民皆紡織爲生捕魚爲命可惡市井富商花米高擡時價致饑民難以謀生捕魚必用小船設或被羈

全家坐斃而捕魚人亦有爲害地方者小船三五成羣黑夜以網魚爲名逢路截貨刼掠孤村偷竊池魚柴草等物故荒歲宜急平物價弭緝盜賊

一饑民升斗之惠亦可旦夕延生若發帑恩賑必俟　題請事屬　上憲主裁倘隨地官宦能倡義捐施造福無窮

朝廷恤災尙且撤懸減膳有等無賴不顧饑荒倡爲祈年禳災之說扮會演戲剝削枯髓大荒之後每多疲癃土風

最信巫言禱鬼必傾家室以致產賣田荒子女拋散皆由邪巫所使至有少年不法賭博成羣夜聚曉散釀成盜基又或乘機畧販使人骨肉分離殊堪痛恨願諸後之　當事君子留意

以上歷覽情形採訪民隱悉書以志不忘因賦採湖一律

試將郊野萬民饑說與朱門仔細知春臼穀虛青蘚長爨鍋灰濕冷風吹岸頭挑盡無名草樹上剝光未死皮雞犬不聞村寂寂相看四壁淚交垂

伯成吳興祚題

自公治湖興利除弊救荒多術適又高陞民失怙恃至今追念千載不磨即康熙廿八十九年洪水如同混沌民死殆盡幸遇我

江蘇撫憲慕公暨原任知縣曾公捐俸請帑救民無萬皆由我

吳公於越閩時請託而然所以民間有洪恩垂舊地旭日

照窮陬之語而吾湖民奚忍不世世崇祀哉嗟嗟惟湖內河蕩最多從前以及　公治之時每蕩一畝止完蘆課銀二分　自公高陞去後每民蕩一畝忽又折作平田三分八釐八毫既納蘆課又輸大糧復輸漕米一蕩三科民無告訴此獘相延不知何止後有繼　公而起者長跪俟之

芙蓉湖民公跋

自有湖田以來居其地者莫能告苦得我

吳公刊述情景始爲湖民代訴後之　官長電情加恤沛
澤無窮皆　公之遺惠也敬留　金語永爲廿棠之戴
云

恭賀採湖詩原韻二首　馮應同

湯湯巨浸釀斯饑相對呼天天未知百里町畦看鷺浴千
灘廬舍駭鯨吹晨烟偶起村中爨午膳常飡穀裹皮何事
文襄籌不到邊湖民淚至今垂

其二

一樣耕耘獨苦饑蓉湖民隱有誰知鴻飛大澤風濤捲蝸
寄荒廬霜雪吹幷日有餐難果腹禦寒無褐幸生皮鄭圖
借繪艱辛苦祗願當途青眼垂

湖民頌　吳公治湖德政　王之瑞

蓉湖柳色參差綠猶念　吳公撫字長千古事傳碑下淚
一時人挹袖中香可知經　國心如水共識憂民鬢欲霜
尺木堂前沛膏澤於今何止頌甘棠

蓉湖即事　圩民顧漢

蓉湖美景今何在積潦連天一色齊慘淡夢中愁夜雨愴
惶水裏護長堤孤村漠漠迷前路小艇悠悠失舊溪不是
文襄籌畫好恰將兒女作鯤鯢

又

長堤築就顯文襄孰料爲民萬古殃霪雨傾時波浩浩微
風吹處浪滄滄田疇汨沒迷行徑廬舍傾崩失卧場更有
一般堪痛處草芽挑盡樹皮光

又　顧賢

扁舟短棹到魚鄉四顧蕭條欲斷腸萬頃田園波浩渺千
村廬舍浸汪洋人民呑怨因無祿草木含愁爲被創日暮
不聞雞犬吠數聲歸鳥帶斜陽

小令　望江南　前題二闋　諸珍

蓉湖境話及也情傷寒廹饑膚無布縷饑催口腹饜糟糠
只見水湯湯

其二

洪水降搔首望蓉湖一派綠波迷去路數行白鷺礙歸途

人物盡遭磨

邑侯曾公重修芙蓉東湖楊家大圩岸里民立祠碑記

余嘗泝稽往古近考來茲而知非不朽之人不能行不朽之事非不朽之事不能垂不朽之名自古迄今未容多遘也乃其遠在唐宋間者毋論已嘗於遊覽之暇南北二祠間得海公撫軍大畧入邑侯祠而得王公牧民大畧之二公者生不同時仕不同朝官不同秩而皆有功德於民故其民歌之誦之尸之祝之爲之建廟立石以誌兩公之蹟於不朽如禦災捍患賑荒築城諸大政載在殘編斷碣中

者至今憑而弔之猶凜凜生氣焉竊以二公之後當不復有如二公者出焉爲南天柱石也不謂今日者乃於 巡撫慕公 邑令曾公見之其居官善政未遑悉述惟是康熙十九年水災一事江南獨無錫爲甚無錫獨芙蓉東西兩湖爲甚東湖楊家圩正當湖下流之衝旁有一小圩名曰浮舟適足佐本湖奔潰四軼之勢六月念六夜半風雨驟至圩岸崩頹倏忽水深丈餘桑田立成滄海居民盡爲魚鱉室廬湮沒烟火淒其僵尸載道老羸溝壑洵足悲矣嵩問有今日哉幸有 撫憲慕公不忍之心切於上 邑令曾公如傷之念廹於下惟憲輟食減膳惟令麥飯菜羹捐俸同也惟憲輸粟備賑惟令置廠設糜救荒同也惟憲給米築圩惟令發銀採木禦災捍患同也惟憲疏請於朝寬征改折惟令乞靈於憲設法緩刑催科撫字同也圩之民暑雨祁寒不勝疾苦正供之外概免雜差憲恩縣澤同也茲因圩岸告成歲臻大有桑麻雞犬安阜順成民懷其

德尸祝於旁既已立廟祀之不可不勒石紀之以誌吾民木本水源之至意爾余不揣而爲之序見王海二公不得嵩美於前而將來之繼吾二公後者圩民不能無望焉庶幾棠陰之弗替云

錫山太史張允欽譔

邑侯曾公諱子駒字黎崖閩之長樂人監貢康熙十九年來令錫邑時方十八年大旱奇荒之後繼以非常大水災荒饑疫並兼僵屍滿路餓殍盈塗自出所助錢二十萬賑

救招徠寬征改折獨任築堤之費請　憲免雜項差徭功垂萬世故吾圩民有祝誦歌云梁溪自古號劇邑滋兹土者多艱辛　本朝吳公推第一至今功德猶在人我侯治行更矯矯高風絕世無比倫屈指下車未二載德政一一難具陳嗟哉湖民天不造苦旱未已復苦潦旱兮猶自可潦兮不可道三旬霪雨遍江南百里長堤一時倒田園廬舍有誰存淹我湖民如電掃嗟哉湖民天不造家不留兮身不保我侯聞道獨傷神扁舟灑淚向湖濱撫我恤我復

謂我　朝廷即日遣重臣　天子待報沛膏澤爾等今勿徒含顰須臾重臣來覆覈事勢乃復多邅迍我侯艱苦嘗且遍一心只欲活我民惻惻至誠能動　憲捐金發粟須臾間八持百錢戸持粟相對感泣淚潸潸謂非我侯爲請命憲恩汪濊何時頒浩浩仁風流四遠鴻雁漸漸有時還我侯後此思安宅謂堤不築終非策此時撫憲發粟多此日我侯捐金百三來湖上鳩僝功一日庭中遣數役鼛鼓不煩民用勸匝月告成功邁昔湖堤屹然如金城湖民自此登衽席側聞

朝廷經費多庸租遣使催科急一日二日四五至低眉束手無策何念我湖民難重困欲征不征姑蹉跎夜犬不驚湖月靜曉起不聞小吏呵披簑負耒向田走日月閒閒向南畝五風十雨無愆期太史今年書大有只因明德格上蒼使我民安物亦阜憶昔豳風歌最古沐德稱觥祝萬壽湖民感德滄溟深可無藉手樂父母登公堂酌壽酒老稚齊齊來拜手一拜一祝侯一祝一稽首祝侯位列五雲邊

祝侯金印大如斗，桂子堂前發滿枝，天香馥馥來座右，請侯爲舉屠蘇樽壽與天長同地久

增附治圩文讞

無錫縣正堂加七級李　奉

本府正堂加四級于　批發青上區各圖民唐楊瑞王韓宗葉周珍吳甫雲秦友學等呈控錢來先蔡鴻儒俞侯哲錢賢逸錢升茂錢克成等抗不修築圩岸一案審看得圩堤防水衛田爲

國計民生至要之務斷不容數人之梗法壞其規而害全
圩也錫邑低區芙蓉湖楊家大圩爲最計圖有六係
六一六二六三七一七三九一字分六號曰爲曰霜
曰金曰生曰水曰號圍堤大岸不下九千六百八十
餘丈其中小圩各分界岸統共三十四萬餘丈自明
周文襄公興築以來田廬藉以捍禦數萬畝之低窪
盡爲美產迨後修築不繼日漸崩頹叠遇水患至康
熙十九年洪波驟漲岸決堤沖田沉水底民盡流亡

蒙　前撫憲慕　暨前任曾令多方設法購買物料
散給口糧釘椿以固其基增潤以厚其力加高以崇
其勢似此工程雖以盡責種田之人因爲通計各圖
各甲照田均派將圩中小岸崗責佃農而捍外大圩
岸種田者築三之二輸役者築三之一令圩長岸甲
督其歲歲修築但種田人戶受授相延無慮其不修
而當役甲戶未免買賣變遷推收靡定不無推諉必
至日久漸弛又爲免其軍工一應雜差俾得藉此免

役之利以永守其樸底合圩之堤不致廢於一二人
之撓亂此前人之所以爲圩民計者至深且遠故民
之向苦水患者自康熙二十年至今竟得耕其田廬
其居而享茲樂利爲非前賢之功不至此派修之法
每圖均分十段以十甲挨次任修惟九一圖號字號
中有東龍潭漁潮頭圩等處河潤水險若照他圖均
派恐生諉卸故於十段内危險之處少分幾丈平穩
之處多派幾丈分爲十圖於前憲生祠神位之前十
甲公拈各照鬮定段落永遵修築備有田在於此而

應修之岸或在於彼總以聽天公鬮而不得私爲更
易況有免役之恩可以償其辛勤更無容藉口以貽
誤此康熙二十年二月間前任曾令任内所定其原
鬮議單現足據也今歲正月間卑職以勸農之法莫
先於築圩濬池因刊示佈諭特勸闔邑佃民挑深池
蕩堅築圩堤以備蓄洩不意有九一圖十甲錢來先
等以彼田在王智西圩而總甲王元公圩長唐完鳳

岸甲章紹元令其修築漁潮北圩之岸謂爲私派且稱本名應修王智西圩之岸已經修築焉能再於無田處所爲他人代勞疊控到縣卑職業已查其原委隨經差役押修復抗如故以致各圖里甲唐楊瑞等以圍堤有關賦命等事九一圖里排秦友學等以十人紊亂前賢等事連袂赴

憲公籲俱蒙發職查報卑職喚齊原被逐一研訊各圖里戶佃人赴縣聽審者數百餘人莫不以爲分修各

有段落一段不修必致通圩受害爲詞而各原呈及總甲圩長岸甲併種田諸人咸供十甲錢來先等鬮定漁潮北圩之岸年年來做的只有今年不肯來做郎同甲之秦利孫亦供小的承管漁潮北圩免役岸做五丈不曾紊亂那錢來先等九人不肯做與小的無干等語是十甲花戶之應修漁潮北圩之岸衆口如一而非王元公等之私派也明矣詎錢來先等猶稱向來照田修岸漁潮北圩小的分毫川沒有在內

王智西圩小的們錢周俞蔡四姓王文魏顧逸如共做一百三十五丈都是種田人修築的又謂六甲秦曹胡從不曾帮修尺寸小的們四姓又種珠字周丁家圩田畝大岸五十五丈等語但查各圖大岸俱係佃農里排三分協力佃農築其二里排築其一何獨王智西圩則俱屬種田之人修築則此一語可以見其變亂成規矣但王智西圩免役之岸係六甲秦曹胡鬮定內秦友問秦我約應修二十六丈有岸甲顧

逸如領酒米包築又曹輔體謝曹成胡山甫金拱宇應修一十三丈五尺亦緣住居窵遠奏米與同甲之俞英達包修而俞伯興俞仲昌俞若思又應修八丈五尺曹胡俞三姓又其應修洲泗瀆壩三丈則王智西圩里甲應修之五十一丈原係六甲倂築而錢來先等所供錢周俞蔡修築之岸乃統計種田人之所應修而非免役里甲之所應修也至珠字號中圩岸則又係九四圖所屬與九一圖中之岸何涉乃以此

牵混其情益可見矣惟是俞英達卽俞伯興之子與錢來先等俱屬附近親隣無怪其袒狥不認然顧逸如之吃酒代築已直認是實而俞英達之米豈以狡郰而獨虛耶况英達等六甲有田即免役之岸亦與有應修之數也夫一圩之中包乎六圖一圖之巾又分十段以十甲之里排均任十段之圩岸猶夫古昔井田之制一井之中包乎八家之產同井而耕出入相友守望相助以是民和而年豐熙熙皡皡敦龐渻

治湖錄　卷上　二五

厚文武成康之郅治千百世而下猶咨嗟咏嘆于不衰者總以孝友睦婣任恤之風爲足尚耳玆錢來先等之相爭不過以田坐王習西圩而就役於漁湖北圩跋踄維艱不若供役本圩爲便致起訟端不知圩堤之設嵩以防水水之盈科而進泛濫洋溢偶逢一罅之隙便可瀰淪而溥徧來先等止顧便其私圖而不計夫一隅缺修卽害及于全圩且不計夫其終也併其現修本圩之大小堤岸亦將同淪於潰敗何其

愚之甚也矧一人倡端衆人效尤則人人欲思自便必便立見傾頽不幾將

前憲前令經營拮据之心思隳于一旦乎來先等紊亂良規法應重懲猶幸今歲夏秋以來並無久雨水不揚波其缺修處所獲免風濤之旁溢相應仰請

憲臺俯鑒圩岸之關値分修久有定規嚴飭總甲圩長岸甲着催各圖里甲及種田之人仍照圖定段落丈數依時修築併請勒石永遵良法其錢來先等姑念

治湖錄　卷上　二六

目今禾稼已登合圩田畝未受其害法外從寬開其一面俾同甲共圩之民不致有傷和雅從此世敦雍睦無忘友助之遺意恩出

憲臺非卑職之所敢擅專者也具文康熙三十七年十月十一日詳奉

本府正堂加四級于　批

據詳錢來先等閪定應修圩岸輒敢撓亂成規抗違修築應本究處姑念今歲雨暘時若幸免潰溢之虞

姑從寬曲宥仰縣嚴督圩長各甲及業佃人等務照
從前成例按時修築如有豪强撓抗者該縣即行解
究餘如詳勒石永遵立取碑摹送查存案繳

江南常州府無錫縣正堂章　為隄防為
國賦民生第一要務等事蒙
本府正堂劉　憲牌開奉
布政司楊　憲牌開據無錫縣青城上扇芙蓉湖楊家大
圩里民王元用顧林疇等呈詞前事並送治湖錄請照從
前之例優免該圖里甲雜差專事歲脩勒石永遵緣由通
詳　各憲飭府傳集原呈圩甲人等親履該圩細勘繪圖
呈詳以憑核轉去後今據該府仰縣遵勘取供繪圖呈詳
前來本司查看得無錫境內芙蓉東湖楊家大圩為最低
之區前據衆圩民呈請照從前之例優免該圖里甲雜差
業戶專事歲修勒石永遵據該府縣先後呈詳
憲臺批司查議俱經轉仰常州府確勘妥議今據該府詳
據無錫縣傳集原呈圩甲人等親履該圩細勘俱與繪圖
無異勒石勸免成其永久實有益於田疇並無胥吏胃免
情由并送治湖錄繪圖到司相應據文詳送伏候憲臺核
奪批示遵行詳奉

江撫都院吳　批開如詳勒石永遵取具該圖里甲承認
歲修甘結并碑摹送查仍候
督部院批示繳又奉
總督部院常　批開如詳行仍候
江撫部院批示繳治湖錄圖存各等因到司仰府飭縣官
吏查照來文事理即將該府呈詳無錫縣芙蓉湖里民王
元用顧林疇等呈請照前例優免該圖甲雜差專事歲修
隄防速即遵奉
憲批勒石取具該圖里甲承認歲修甘結并碑摹呈司分
送
各憲存案查照施行
康熙五十八年四月　日　卷存水利工房唐吾祿收　勒石在六三圖迅來庵內

邑侯武公　批青城區芙蓉湖里民吳廷玉等呈
本縣莅任未久鄉僻利弊未能周知閱探湖錄始見我民
之困憊也久矣抱已溺已饑之志者其能一刻自安乎本
縣將乘一葉之扁舟與爾父老商所以久安之計不但爲
一時之補苴已也但連日稍抱微病未能即刻前去尙須
畧緩時日而坐臥飲居之間實不能去諸懷抱緩徵一議
甚合我心但賢愚不一貧富不同未必無混冒者爾等其
詳開都圖圩號額徵挨次彙成一帙毋使有混及則爲妥

議矣眼見新穀豐登爾等自當輸　國課也至有力之家
亦各註明毋得借端延遲有關本縣考成錄留覽
又批王元用等呈
浚水利衙照例及時修築務便民不擾而工速成前議永
固之法仍給示勸工治湖錄留覽
邑侯武公告病辭職諭
爲病軀不可居官志願未能盡展特伸愷惻之衷以表惓
惓之意照得本縣荷

大行皇帝特達之知簡授斯士蒞任以來三月於茲愧無
宜民善政遍及窮簷惟是本縣一生名節半世經綸總期
以實心行實政俾上不負　國下不負民念錫邑爲人文
淵藪才賦名區比年疊遇災荒民窮力絀本縣承之此邦
寢食靡寧夙夜竭蹷折獄才疎惟冀寧人息事催科政拙
止欲省差便民其間一言一動恐稍有未協無以共慊輿
情所幸爾士民人等謬加愛戴踴躍急公多士不以俗吏
相棄惠教勤勤羣黎直以慈父相親子來勉勉致於縉紳

大夫尤蒙虛衷雅愛廸我有成撫衷自問惟深慚汗二月
間偶患項旁腫硬醫治稍痊積勞復發本縣官情久淡擬
即告病辭官無如爾民既依依於本縣本縣亦戀戀於爾
民何忍輕言辭去是以扶病視政雖藥餌不離而起居念
慮日與爾民相親不敢一事忽畧詎意病魔久纏至今未
愈體弱神虛飲食減少若不決意乞休必致叢脞機務貽
悮地方爾等即或曲諒於本縣本縣其何以晤對於爾等
現在通詳　各憲告病辭職外合亟出示曉諭與爾士民

人等知悉爾等雖暫失一官即得一官惟願我紳衿父老
子弟人等士勉於誦讀農安於畎畝商賈竭力於經營言
孝言慈型仁講讓本縣倘未遽填溝壑即日攜一琴一鶴
翩然就道亦且私心慰藉夢寐可安但本縣與爾等相依
未久遽爾言別何緣之淺何分之慳興言及此不禁五內
如裂雙泪欲枯況本縣志願所欲與地方興釐者未次舉
行如東林書院之重新青城災地之勘免城多灘塌修築
之役宜先野鮮葢藏社倉之設難緩種種大事空有志願

未見施行此則本縣之耿耿抱恨不能一日去諸懷者諒
士民人等鑒宥本縣素志也言淺情深語出肺腑惟我士
庶人等其共喻之特示

雍正元年四月　十二　日示

欽賜行取記名特簡無錫縣正堂加三級武諱承謨號逸
溪庚辰進士山西太原府孟縣人

三尹伍公治湖政績

錫邑自武公蒞任興利除弊獎善懲惡一兩月而四民感化易俗移風武公之實心實政愛民如子誠古今不多覯也豈意錫民福薄不四月而仙逝實天仁心善政未及大行至今百姓猶哀痛弗衰追思靡已謂安得有如武公者爲吾邑福星則錫民之幸也不意於今日之伍公見之公燕之名士也爲吾邑主簿職守雖亞於縣令而專司水利故其存心行政撫愛斯民實有不異於武公者是以四民

愛戴如甘雨和風而我圩之民尤大沾惠澤焉我青城區芙蓉圩楊家大圩等處爲極低水鄉田連千餘萬畝生民千萬戶一經旱潦輒受大害邇者疊遇災荒民不聊生武公軫念圩民欲圖久安之策未及施行而賫志以没幸我伍公一遵武公批示爲我圩民親勘隄防不辭風雨不畏泥濘相土形之高下度水勢之出納設法修築指示開鑿禦災捍患保衛民生洪恩大澤萬戶均沾斯誠從來未有之功而武公未竟之志賴以慰也我等被澤既深豈容恝

置因書大畧以誌甘棠之戴惟祈

上憲俯採輿情爲國薦賢俾令吾邑則闔邑普沾雨露而合手加額戶祝里謳又不止是矣我等正當長跪以俟

雍正元年十月　日芙蓉湖民公頌

治湖錄續後 自康熙五十八年到今水患迭乘事務叢脞不能盡錄摘其尤重者續後

雍正十二年水荒乾隆元年水荒乾隆二年六月初二大雨五晝夜六二圖之岸冲決岸甲楊天生陸文在等拆屋毀墻禾苗沉沒詰訟一年　府憲徐公親驗飭　邑侯吳公督率填築六月十七日圩民王家棟等將叩謝憲恩號救生靈等事具呈　府憲蒙批該圩水勢情形久已稟達上憲現又委員確勘約詳請　題但細閱所呈治湖錄備悉圩民隱累甚深本府爲爾等計爲各其靜候八月初

治湖錄續後　卷下　一

六又飭該縣靑城鄉民王家棟等呈報被災緣由并送治湖錄一本本府展閱卷之下始知芙蓉楊家大圩歷來荒多熟少圩民之困累殊深武邑低折平六分三釐一毫錫則折平七分四釐一毫又稱湖內沙宕俱多吳公治縣時每蕩一畝止完蘆課二分後則既納蘆課又輸大糧復輸漕米一蕩三科民無告訴書言是否足信現今是否未改如其相符似屬浮糧如　恩詔所開當立爲請豁者惟查該郡曾有魏庄一案已據詳請是否即係此圩田地合行飭査爲此仰縣即查芙蓉湖田地歷年荒熟情形果否折則獨重於他邑而一蕩三課之處果否不謬現今是否相沿爲民隱累其于　恩詔所開浮糧有無相合悉心查明具詳請豁以甦小民積困不可不早至此田圩岸從前憑空而起後之人又爲設法經修而保固無虞永久害絕今之人獨不可爲之計乎該縣身任地方立當籌畫萬全妥議興舉當又遡于遼陽吳公之蹟矣斯時蘆課　邑侯吳公隨即具詳各憲請　題立豁 八月十四邑侯吳公繪畫圩圖并附治湖錄各七套親歷稟報各憲奉

治湖錄續後　卷下　二

總督部堂慶批據仰該縣限五日內將應修築之隄丈明估計工料需費速行詳繳 八月二十三日吳公驗荒三次通報各憲寬征發賑十二月十七

錫揚會詳　郡尊徐公 十二月廿三

本府徐公詳

布政使司 乾隆三年二月廿五 司詳

河督撫三院本司查得陽湖無錫二縣境內芙蓉楊家等圩原係變湖爲田形如釜底向賴　明撫周文襄公建築隄岸保護田廬在志乘可考近因年久波浪冲激以致灘損連

年水災疊見業佃無力脩葺據縣通詳請帑給修奉　前
憲批司查議并據陽湖縣民李云祈等赴司呈請幷築黃
天蕩圍岸前來俱經先後批行常州府確查議詳去後今
據該府詳稱芙蓉楊家等圩建築年遠波浪沖擊日侵月
削上年夏間水發職府親歷各屬查勘目擊圩田淹沒雖
圩民拆屋毀墻堵塞已無救矣其陽邑黃天蕩一圩亦係
低窪前　明與芙蓉等圩一例請帑築圩近年疊遭水患
圩仍坍塌田盡淹沒今奉行文一切披塘堤堰民力難修

治湖錄續後　卷下　三

之大工應奏明動帑等因職府查錫邑社米無幾陽邑社
穀業先放給無存且無別項閑欵若仍責業佃修築則近
年四載三荒十室九空賦稅無償佃民乏食若不請帑早
築恐將來十數萬田疇悉付波濤賦糧缺額仰祈轉詳核
題請帑興修前來本司覆查芙蓉等圩堤岸上年曾經
提督條奏修築奏准　部議應令該省督撫會同總河
飭令地方官確勘詳報如果應修另行詳查具奏等因
奉

旨依議欽遵在案今既據常州府查勘芙蓉等圩內包十
數萬田疇上年水發目擊大水盈圩田皆淹沒若不修築
悉付波濤賦糧缺額實爲民患是應急爲修築但查據估
工料無錫縣册報錫界芙蓉圩需銀四千八百二十五兩
零楊家大圩需銀四千五百五十三兩零陳墅等圩需銀
二千一百五十三兩零陽湖縣册報陽界芙蓉等圩需銀
六千六百九十五兩零以上需銀一萬八千二百二十八
兩零尚有陽邑黃天蕩一圩未據估報當此四載三荒之

治湖錄續後　卷下　四

後工費甚鉅實難責令業佃修築欲撥社穀則陽邑止有
一千一百餘石錫邑止有六百六十餘石久已民借無存
且亦不敷撥清思撥公項興修目下司庫耗羨存公匣費
等項現因各項公務浩繁支應尚多拮据又難再動但此
圩之興廢既關數十萬田疇民命修築誠難遲緩本司再
四思維莫若即因提督條奏請脩之案議請動支正項錢
糧修理則庶幾工費無虞匱缺而民生永沾樂利矣是否
允協理合核議詳伏候

憲台鑒奪批示以便催到黃天蕩佔册一并敘詳請　題
合并聲明陳詳

楊家圩民公具　華道南　楊會六　唐復太　錢大昭　唐敬六　余象彩　楊子美

呈爲環叩電情賜遵舊例萬姓沾仁事邑之青城有楊家大圩者即芙蓉湖之東湖明季周文襄公築湖成田編號起賦靠西則芙蓉圩漕田十一萬八千餘畝靠東則楊家大圩漕田四萬七千餘畝爲金霜水生號等字號是雖兩圩實爲一湖分晰去歲水荒荷蒙
皇仁借賑緩征均屬一體但此圩形如仰釜一遇水發即有陸沉之慘圩民日夜隄防而遭荒歉者十歲常居八九

慘恒非常是以文襄定制圩民耑以築岸隄防爲務一應大小差役槪行優免　國朝以來凡浚河築城大兵大役青樹俸夫一切雜項與芙蓉圩均從免例即如
聖祖仁皇帝六次南巡一切差役從未有過圩圖而問者康熙五十八年郡侯劉公詳　憲勒石治湖錄呈電而芙蓉圩之碑立于文襄公祠內楊家大圩之碑立於西來菴內均在鄉間後因鄉城窵遠胥蠹得以乘機舞弊故芙蓉圩之屬陽邑者於乾隆二十四年呈請　上憲立碑於陽

邑署前芙蓉圩之屬錫邑者亦於今春呈請各　憲荷蒙
批示在案是楊家大圩想必一視同仁一體免役况今圩
內連遭水患圩岸傾頹來春修築十室九空未知作何情
狀今逢　福星照臨錫邑惠愛黎元矧我連遭水阨之圩
民自必備加矜恤爲此環籲伏乞
太老爺詳請各　憲立碑治前使萬目觀瞻胥憲得悉章
程憲德永垂千古圩民戶祝無窮矣
批　芙蓉圩內提入塘圖田畝已據孫丕承詞內批飭塘

治湖錄續後　卷下　七

圖總甲免派修塘矣至爾等所請立碑治前之處候具詳
憲奪可也治湖錄存閱
乾隆三十二年十二月十八日　具

楊家圩民公具 乾隆三十三年正月十三日投
籲恩察免一體沾仁事邑之楊家大圩即芙蓉湖之東湖
前明周文襄公築湖成田一體免役治湖錄及碑文呈據
去歲連遭水患荷蒙
皇仁憲德借賑緩征亦屬一體去冬十一月二十九日圩
民楊增祿等以環叩電情事呈案蒙批芙蓉圩內提入塘
圖田畝已據孫丕成詞內批飭塘圖總甲免派修塘矣至
爾等所請立碑治前之處候具詳憲奪可也治湖錄存閱

治湖錄續後　卷下　八

身等捧讀鈞批已知憲照如神與芙蓉圩一體免役不過
因立碑治前未定其處非芙蓉圩可以免派而楊家大圩
可以混派也豈胥蠹需索匿詳忽於去臘十三混出在縣
無案可稽之牌着總摹碑呈電故二十日摹碑呈案蒙批
候核詳碑摹存是明諭碑文之免役非以前賢令德年久
弁髦也詎知今月初五日忽有浚河之示混派圩圖圩民
驚駭因思楊家圩即芙蓉湖之東湖故與芙蓉圩水患同
築岸同借賑同緩征同立碑又同豈浚河之派免獨不同

矧所浚之河不過數里而圩內之岸數十餘里樁木蘆笆等項又將誰派況圩內連遭水患圩岸傾頹若不及時修築賦命兩懸奚堪胥蠹舞弊一田兩役爲此再行環叩并將康熙五十八年碑文再摹伏乞

太老爺賜照舊例該承不得混派并請上憲立碑治前胥蠹得悉章程圩民顧祝無窮矣批　該圩之岸旣應修築亦屬要務則疏浚城河夫役准予免派可也碑摹存

乾隆三十三年正月十三日　具

治湖錄續後　卷下　九

兵工兩房范一元 周鶴汀等具

稟

老爺奉諭前因遵查凡浚河築城承修戰船需用靑樹

大差倴夫等項差徭均係通縣各圖辦理康熙年間詳明圩圖優免勒石在案現在並無此等差徭茲據楊增祿華道南等摹碑粘呈叩請緣從前勒碑在鄉縣卷年久失帙竊開挑西城河案內復令該圖一體承辦是以具呈前主懇恩轉詳請移勒治前業蒙前主據請轉詳

治湖錄續後　卷下　十

前陞府憲楊批批飭轉詳在案因各原呈料理府房不周故奉駁查現在復行料理補具覆文轉詳完案緣奉

諭查理合據實稟覆照案核改判行上稟

批　圩圖免差旣經勒碑則無論在鄉在城皆當遵守弗替縱欲移立署前原可自爲辦理前縣率行通詳致奉飭查今不便懸空議覆應傳各呈首到案訊明確情取供核詳庶免駁詰也

乾隆三十五年三月二十日

特簡江蘇常州府正堂加一級梁覆查錫邑楊家圩地勢
低窪形如仰釜與芙蓉圩相同前人築湖成田全賴歲修
隄岸以禦水患然澇年多致成災既苦地瘠民貧且築圩
費用民力是以從前一切力役差徭凡通縣起夫公辦之
事該圩照芙蓉圩之例一概優免康熙五十八年奉　憲
頒發免役碑文刊立鄉間遵守已久現在並無更張本可
無庸置議惟因乾隆二十四年芙蓉圩之屬于錫邑者據
圩民沈金芝照陽邑之例呈請將原碑立於錫署之前以

免鄉間日久湮没奉准有案故楊增祿等亦復援例呈請
奉批查議行據該縣議覆前來楊增祿等恐碑立鄉間年
久失没芙蓉圩既已移立縣前亦欲仿照辦理並無別故
亦無別有派擾差徭應請俯如所呈移立以垂久遠相應
據情轉詳伏候　憲臺鑒核轉詳批示錫遵爲此
乾隆三十五年三月二十八日

欽命江南蘇州等處承宣布政使司布政使李詳
查得錫縣詳楊增祿等具呈請將楊家圩田畝勒碑
優免差徭一案奉憲批司查議當即轉行常州府飭
查今據府該行據該縣查覆前來本署覆核楊家圩
即舊日芙蓉湖之東湖前明周文襄築湖成田定制
圩民以築岸隄防爲務一切差徭概行優免立碑在
於楊家圩之西來菴係在鄉間歷今現無更張惟因
芙蓉圩在鄉原碑沈金芝呈請移立錫邑署前以免

湮没已邀允准楊增祿等隨因楊家圩原碑亦在鄉
間已年久失没呈請仿照辦理似屬一例既據該縣
府查無別故亦無別有差徭應請俯如所呈以垂永
久相應據情轉詳
兵部侍郎兼都察院右副都御使總理糧儲提督軍
務巡撫江寧等處地方薩
批楊家圩免差原碑既係查明並無別故如詳准
其移立以垂永久仍候

督部批示繳
太子太傅內大臣兵部尚書兩江總督部院統理河
務加五級高
批前署司詳無錫縣民楊增祿等呈楊家圩田畝
優免差徭移碑竪立一案議覆緣由奉批仰即如
詳轉飭遵照仍候
撫部院批示繳
乾隆三十五年五月二十一日

奉 憲優免碑文
無錫縣正堂加三級紀錄三次范 為環叩電情等
事乾隆三十五年六月初一日奉
特簡江蘇常州府正堂加一級紀錄五次梁 憲牌內
開乾隆三十五年五月二十一日奉
欽命江南蘇州等處承宣布政使司布政使李 憲牌開
奉
太子太傅內大臣兵部尚書兩江總督部院統理河
務加五級高 批前署司詳無錫縣民楊增祿等呈
請楊家圩田畝優免差徭移碑竪立一案議覆緣由
奉批仰即如詳轉飭遵照仍候
撫部院批示繳又奉
兵部侍郎兼都察院右副都御使總理糧儲提督軍
務巡撫江寧等處地方薩批開楊家圩免差原碑既
係查明並無別故如詳准其移立以垂永久仍候
督部堂批示繳各等因抄看由府轉行到縣奉此查

楊家圩即昔年芙蓉湖之東湖向屬巨浸前明周文襄公築湖成田編定爲霜金水生號等字六號分列六一六二六三七一七三九一等六圖圩民專以築岸隄防爲務一應大小差徭槪行優免芙蓉圩之碑立於文襄公祠內楊家圩之碑立於西來菴內均在鄉間今芙蓉圩之屬陽湖者先於乾隆二十四年詳明立碑陽邑署前其芙蓉圩之屬錫邑者據圩民沈金芝等具呈亦經詳明立碑錫署之前是以楊家圩

農民楊增祿等呈請立碑以免日久湮沒等情詳奉

批查議詳今奉

各憲允准前因合行勒石永遵嗣後楊家圩六圖悉照舊制一應大小雜差槪行優免其應修築圩岸照依業食佃力之例歲加興修以利田疇責成圩長圩甲秉公均辦毋得徇私偏累干咎各宜遵照須至碑

者

此碑于乾隆三十五年詳請

上憲立於治前旋爲折斷恐久湮沒故將斷碑砌於壁間鄉間照式立一

皇恩憲德庶與天地同久

乾隆三十五年九月

原呈 華道南 楊子美 唐復泰 周國俊 余家彩
唐敬六 葉天植 楊增祿 錢大昭

經承 范一元 周鶴汀

乾隆四十八年鄉間照式立一 此碑立於六一圖寶幢菴第三進壁內

圩民 華勝佐 周星元 葉甫英
高大章 顧聲聞 王居易

免夫執照

無錫縣正堂范 爲請借庫項等事照得分挑白茆

河工段奉文按田派夫因芙蓉楊家二圩歲有修築隄岸詳免派夫在案今據靑上區六一圖三甲華分順爲金霜字號共執持圩田糧單赴局對明徵冊扣除圩圖字號共折實平田九畝二分七釐九毫註冊免夫外給此執照

乾隆三十五年四月初五 日給

正堂 錫字五百十六號

具呈人 周應蓮 嚴惟松 高大章
爲環情叩鑿恩免沾仁事生等均屬楊家圩鄉民緣是圩
爲明代周文襄公開辟成田與芙蓉圩東西接壤圩地形
如仰釜素稱不麥憑秋熟資生惟賴四圍堤岸障禦外河
之水以保圩内民房田畝故惟築岸隄防是務歷蒙各
憲均行優免一切大小差徭乾隆三十五年又經圩民華
道南等呈求詳請勒碑昭遺仰沐
督撫憲恩體念民瘼准勒碑示碑摹抄電卽開浚白茆河之

治湖錄續後 卷下 七

役亦免迄今十有餘年並無徭役圩岸得專修築圩田賴
以稔熟今奉票差秦德着船隻赴西陽山運石但楊家圩
地統六圖碑載悉照舊例一應大小雜差概行優免今臺
承一體派役第恐久定章程一時弛廢有辜 上憲惠民
之德而圩民不能耑力築堤通圩四萬七千之田仍有水
決之虞爲此連袂呈明伏乞
太老爺俯察輿情恩照舊制批免均沐洪恩上稟
計抄呈碑摹免夫執照

乾隆四十七年八月十二日
批 工書何不查明撥僱著卽回稟 石船隨卽豁免
聖朝愛育黎元一應差徭革除殆盡至芙蓉楊家兩圩受
澤尤渥此圩自明代周文襄公築湖成田共計十五
萬五千餘畝無萬生靈於焉託命但形如仰釜土性
浮鬆一遇水發卽有陸沉之患是以垂爲定制圩民
專以築岸隄防爲務倘有徭役通邑派者惟此兩圩
概爲優免厥後陞任兩廣總制之吳公巡撫江蘇之

治湖錄續後 卷下 六

慕公府憲曾公以及歷任邑侯無不愛民如子且深
念圩民疾苦難以盡言因刻治湖錄頒賜圩民遵守
弗替無如典制雖極詳明胥蠹祗因時事稍遠乘機
舞弊故於康熙五十八年鏤版增脩立碑鄉閭以彰
國典詎意至今不過數十餘年卷帙散軼吏弊轉多因
於乾隆三十五年呈請上憲立碑治前不料墨跡未
乾碑爲折斷故茲圩民竭力捐資將此殘編再鐫斷
碑重新鄉閭照式立一則

朝廷愛育之至意暨　各憲體恤之深情昭昭在目垂為
不朽而輿情之感戴亦永世無窮也
乾隆四十八年七月
蓉溪耐齋一字道南謹跋

續後治湖錄
特授江蘇常州府無錫縣正堂加五級紀錄八次邱為諭
仁恩斷環叩照案立碑永定杜翻事據張文江衛惟一
鄧觀光郁永忠等具呈內稱切楊家圩章瀆河一條直
長三里中無阻隔河東壩外係江邑運河河西壩外係
屬內河其章瀆河內灌水圩田外利各圩田畝緣內河
曲折淺狹旱則常涸澇則無洩全賴章瀆河兩頭壩洞
流通接水救濟通圩田畝無荒患遇澇則東西兩壩各

設公車公同車戽圩民無敢變更三十一年地棍吳富
周李天生等利己損人創築腰壩咽喉一截西段田疇
被荒訐訟蒙　前憲李屢次踏勘押令折毀後蒙
府　滿二憲親詣此河查勘批飭毋許復築腰壩仍照
舊公同車戽三十四年奉　前憲范公詳定章程永禁
復築腰壩遇澇之年如共需車二十部各出車十部各
出夫頭一人互相稽察詳　府轉詳　藩憲批結立碑
遵守在案創壩得以起除延今各圩皆沾仁惠乃吳富

周章雲祥等抗法未立碑記希圖翻案志萌復築今夏
混控西段短車幸蒙鏡訊洞察仍照三十四年議詳斷
結勒石永禁農民共沾仁惠爲此　叅謝伏乞電賜給
發碑摹謹刊勒石以免攔截河道永禁私築旱澇各遵
舊章毋許變易訟端息愚民安世世感恩人人頌德靡
涯矣等情據此卷查楊家圩田畝形如仰釜四圍皆高
中屬低窪内有章瀆河一道東西直長三里南北兩岸
田畝賴以蓄洩河之東西各有大壩其東壩舊有旱洞

通流内灌本圩田畝遇澇則兩壩設車公共戽水出塘
乾隆三十一年李天生等於是河中創築腰壩以致許
訟經前　任李公勘斷押折取結三十四年因西段繆
文炳於田邊設車戽水經李天生等爭阻訐訟適蒙陞
任　藩憲胡　府憲梁先後臨縣勘災親勘飭審經
范公陞任審斷毋許復行起築致滋事端如遇水澇仍
循舊章協力戽水如共需車二十部東西兩壩各設車
十部齊心協戽仍於東西兩段各議一人互相稽察不
致倫減而戽水之夫亦免有名無實等緣由具詳
藩　府兩憲批定章程應否勒碑遵守妥議取結另詳
在案本年五月復有東段章雲祥朱洪順吳富周串總
華振倫等忽欲抗違前斷令西段鄧奎光增串以照田
出夫爲詞混揑圖翻今本縣吊卷察訊斷令章雲祥等
着照三十四年審斷詳案遞具遵結仍候勒石永遵在
案今據該圩民等具呈前情合准勒碑遵守爲此示仰
地總圩書及有田業戶人等知悉嗣後遵舊制遇旱則

由東壩旱洞進水灌救各圩田畝無許阻塞害荒遇澇
則於東西兩壩各半設立公車將水戽出外河不得多
少仍各設一人互相稽察倘有不法棍徒仍欲創立腰
壩及旱則阻塞壩洞澇則不協力公戽硬派多車滋事
許即指名稟縣以憑立提嚴究各宜凜遵毋違須至碑
者

乾隆四十四年十月　日立

此碑建於蕩溪關帝殿内圩民公刊

續後治湖錄

具呈人秦禹功 秦永豐 唐鳳奕 錢繼芳

憲書混派叩　憲電察舊制恩免事身等無錫靑城鄉楊家大圩即芙蓉湖之東湖明季周文襄公築湖成田編定爲霜金生水號等六字號但土性浮鬆形如仰釜一遇水發即有陸沉之慘是以文襄定制圩民專以築岸隄防爲務一切大小差徭概行優免當奉刊刻治湖錄爲據自昔至今一切差徭從未派及

圩圖但前原碑立於鄉間恐年久湮没胥吏混派故於三十五年呈請前任范公詳請上　憲移立治前

治湖錄永經纂修來春

舉華南幸工書混派身等九一圖營盤夫差日抄鬧不甯叨思農懦欲與猾吏爭鋒明知卵不敵石但三百載前　憲之章程一旦被其窺若弁髦殊屬難甘今逢

大憲照臨八邑明並龍圖愛民如赤爲此將治湖錄碑摹粘呈伏乞

大憲俯電蟻情詳察舊制恩賜鈞批除弊免派圩圖百姓共沾洪仁拜德無既上呈

四十八年九月二十日奉

府憲批　該圖地總一應大小差徭優免詳　憲勒石何復混派滋擾仰無錫縣立查明確嚴行示禁仍將膽玩經承解究毋稍狥延治湖錄碑摹並

發

具呈人陳萬潮 馮聖若

爲違例混派擾累號　恩一體飭邀事身等係六三圖輪總芙蓉楊家兩圩創建周文襄公緣此圩形如仰釜圩民有修築圩堤之苦奉各　憲給憐優免差徭勒碑永禁在案上年八月縣承仍以西陽山運石着辦船隻是以圖民高大章等具呈　憲案奉沐恩批飭禁詎今本月十九日忽有縣差薛茂即薛喜觀同夥放船至鄉持稟着身撥夫十名赴惠山鎮伺候

聖駕回鑾搬運料物等因先被該差薛茂等炙去足錢八

百文身向張興祖借付証并云於二日內帶錢二十

兩包彼料理工房否則帶究等語身等卽於二十一

日赴城先給錢一千文豈薛茂又欲炙錢貳十千方

允切一應差徭旣邀恩免該書何偏出票獨吊身一

圩圖飭差擾累抗違舊制久定章程一旦更易罔希

擾詐伏思　憲德政清八邑剔弊安良爲此粘呈治

湖錄上號　大憲憐念民瘼恩賜飭縣一例邀免洪

仁永垂不朽　上　呈

乾隆四十九年三月二十二日投

二十三日　蒙

常州府金　憲批　該圖差徭向例優免詳明有案

何得復行派夫滋擾明係經差藉端索詐仰無錫

縣立郎查案一面速拘薛茂等嚴訊究追具詳毋

得徇縱致干提究治湖錄並發

特投江蘇常州府正堂加三級紀錄三次

金大老爺名雲諱蒔槐庭安徽歙縣人辛巳科進士

安良剔弊治湖德政歌

無錫青城鄉芙蓉楊家兩圩創自明代蘇撫周文襄

公緣此圩形如釜底民有修築堤岸之苦編定爲霜

金生水號等字六號分列六一六二大三七一七三

九一等六圖歷奉　憲恩題　請優免一切差徭勒

碑永禁乾隆四十七年纛書冒派西陽山運石辦船

四十八年混派營盤夫四十九年

聖駕南巡又冒派夫炙錢六圖圩民公叩將治湖錄碑摹

呈電幸蒙仁　憲批飭禁除利藪舊典重申湖民安

堵爰誌棠陰以垂不朽

青城區

青城之民如釜魚十稔九饑不得活寬征緩賦無完

穤一自文襄創民利恤災拯患代相繼湖民疾苦達

宸聰優免差徭永遵例摹碑勒石　憲仁深纛役工書輒

舞弊乾隆癸卯甲辰年私差混派及圩田剜心割肉

飽悍吏叫囂湖民夜不眠欲將　憲典一朝裂湖民
命如湯沸雪涕泣生成無二天水將深兮火將熱
仁侯鐵面心懸冰豸冠繡服來毘陵於庭三尺掛秦
鏡魑魅魍魎俱潛形窮詹呼籲無不應風馳電掃奔
雷霆革弊除姦舊章定　重華光景昭星辰仁風扇
八邑惠水流其清實心實政與誰媲前追劉吳後慕
曾吁嗟乎前賢創法後賢守創者何如守者久生我
湖民三百年安我湖民萬代後感生成戴高厚湖民

崩再齊稽首甘棠纂入治湖編願與天長地同壽

我楊家圩本係芙蓉東湖周圍大堤自遜清洪楊浩刼前
後年久失修迨至光緒五年蒙　邑侯裴公浩亭經修塹
欵錢七百餘千文內四十千文以資七一圖兩水夾岸之
堤暨高家尖南面險岸應用樁木石灰其餘大堤均係按
畝起夫一律修整斯時共計成熟田一萬四千一百念四
畝零俟磨礱後每畝公同出錢五十二文半共籌集錢七
百餘千文交還　裴公而裴公即將此欵存於石板頭濟
源公典生息起意助入圩內以息洋作日後大堤歲修之

費旋以銀錢生息不如置田收租較爲穩妥遂令濟源公
典交出本利錢八百數十千文又捐廉錢一百數十千文
集成錢一千千文照會七三圖董馮公租香暨華公漢
翔及伯容等助理置得霜生麗水等字號良田五十餘畝
立保衛公田花戶收租採息作歲修經費又以數年租籽
盈餘續置良田十餘畝單契早已存案以免散軼此田印
單于光緒三十四年經華公筱屏秦公子美唐董以成仝
赴城中面會　裴公經裴公即赴縣署存案請　縣長傅

公維祚出示現有告示在　華紳錫旂處可証每年租籽寄入前洲唐義莊代收嗣後每遇霪雨水漲需用淅包樁木以濟捍禦再險要處石岸或添駁或修整又每年酌貼尚書廟祭費洋七元均向租息項下開支倘屬不敷溯自　馮公年老衰頽此賬即交與　華董觀韓兼管華公筱屏等經理至民國八年又蒙　華董觀韓助入霜字號田十三畝四分銀洋三百二十七元合共作錢一千千文單契暫存　唐董以成處凡我圩人莫忘　裴公浩亭之

慷慨捐廉　華董觀韓解囊助款　馮公秬香華公筱屏之盡心竭力不辭勞怨不染絲毫俱有功德於斯圩非淺鮮也是不可不據實勒諸貞珉以垂久遠之紀念云

此田號畝數已砌於保衛堂前牆壁中矣
茲再列入治湖錄內備攷焉

補用府候補同知直隸州特授常州府無錫縣正堂加七級隨帶加三級裴爲

出示曉諭事據翰林院待詔朱錫祺職員韓源倪顯祖華秉剛附貢生候選縣丞秦世鑅候選州同七一圖董唐鍾華五品銜浙江試用鹽大使六一圖董華心嶽七三圖董馮錫瓚六二圖董翟蘭亭九一圖董俞亦庠九四圖董狄振華稟稱竊職等上年蒙委督修楊家圩大堤二三兩月間先後共領借木石局用等費錢六百五十

四千七百七十九文又領土工錢四十千文兩共計六百九十四千七百七十九文照圩內熟田壹萬三千五百畝六分一釐均派每畝應捐錢五十一文四毫零上年四月初一日告竣呈內稟明在案並諭通捐款收集後蒙　恩將此款捐廉撥入楊家圩公所以作將來圩內水潦歲修之費職等及千萬農民不勝感恩無旣惟恩上年磨礱時應將此款收齊因時近冬底民情拮据故未舉辦今春民力稍舒擬請出示曉諭地保岸甲車

戸着佃向業主按畝照派捐錢五十一文四毫零交與
岸甲由岸甲交與本圖圖董當即掣給收條再由圖董
繳入公所統限二十日內照田如數清繳不得遲緩誠
恐頑梗之徒從中阻撓稟明出示曉諭等情到縣據此
查此案前據該董等開摺具稟業經本縣批示上年楊
家圩修築堤工所用木樁灰石等項錢六百五十四千
七百七十九文又墊發土工錢四十千文此貼於七一
圖兩水夾岸之堤計六百九十四千七百七十九文本

應照收以歸墊款因念此次大修本縣目睹諸董等籌
畫之難眾圩民勞力之苦方能協力同心堤堅料實惟
詢三十餘年今始得此一修甚矣興辦大工之難也此
歲修之籌備必不可少也然欲興歲修必先籌經費欲
籌經費無倡始者又慮事之難成今本縣將前項墊錢
六百九十四千七百七十九文復添錢五千二百二十
一文共計足制錢七百串以全數撥入楊家圩以爲保
衛堂歲修經費等以本縣此須廉俸自惜力不從心還
望諸董等勸助樂輸共成義舉須知此乃各衛田疇可
保廬墓切爲身家計者尤望諸董等和衷共濟公而無
私不避勞怨眾擎易舉庶幾未雨綢繆可防患於未然
所期金湯鞏固垂諸永久者也諸君勉旃予厚望焉在
案茲舉該董等復稟前情尚屬可行除批准示論照此
並令該董等俟收有成數應如何存典生息庶可源源
而來接濟工需以垂永久即行妥議稟覆核奪外合行
出示曉諭爲此示仰岸甲業佃地保人等知悉爾等須

知本縣凡可爲民計者靡不竭盡圖維今爲該圩籌備
歲修之需不憚諄諄勸勉爾等當思所輸無幾獲益良
多務各感發奮興即將按畝應繳錢數踴躍輸將依限
清繳掣給收照倘有頑梗之徒從中阻撓許該董等指
名稟縣即行提案究懲不貸其各懍遵毋違特示
光緒六年三月初三日

再於民國十三年春季經　孫公鶴卿　華公觀韓協同
唐董以成王君竹霖　俞君蘊青及　時雍等倡捐肇
修大堤而於險岸處督駁石岸大起工程設局兩處一設
圩內尙書廟司事孫子嘉一設前洲柘塘浜觀音堂司事
陳燦庭竝請
縣公署給示曉諭以工代賑向章照田𠚍夫修整擬定條
例一併施行

無錫縣知事公署諭第　號

爲諭飭事案據青城市正董唐汝文士紳俞錫麟王滙辰
俞乃章呈稱竊董等向居邑之北鄉楊家圩該圩自明周
文襄公圍湖成田共計四萬七千餘畝於全圩最爲低窪
全賴大圍爲保障而屢築屢潰已淸康熙間　吳公興祚
委故紳孫洊佳修理爲大役道光間三次潰決經故紳孫
元楷請於常州府嚴公以工代賑填塞決口一律加高培
厚圩心望之屹如城垣工程最大至今七十餘年未遭潰
決之殃然年久失修堤日卑隘光緒五年知縣裴公大中
墊款修復秋收按畝收米以償之裴公卽以畝捐撥作保
衛堂經費派董司理歷年專爲石岸修理之用三十一年
常州府許公星璧亦檄修之春雨驟發籌款未集不克全
圩竣工宣統三年及民國以來三次水災邑紳華錫旂亦
先後捐錢千緡擇要修築以防衝決茲因坍塌日久東塘
河一帶澄錫商輪晝夜衝激長堤僅剩一綫危險尤甚夏
秋水漲時虞潰決農民日夜巡視常以木樁包泥填塞險
處其未成大役者已屬幸事董等世居圩中痛癢相關祖

宗丘墓田廬民命均恃此垂危之堤呼籲不得不切茲擬
各自墊集籌募銀約四五千元請孫公鳴圻春賑項下酌
撥數千元照業食佃力向章各圖各段起夫興築乘此農
隙趕於芒種前竣事設局兩處舉孫紳鳴圻爲局長華紳
錫旂爲副局長圩內各圖董每圖兩人一同到局協同辦
理竝請　縣長遴委二員派水警巡船兩艘常川駐局督
率一切時期已迫爲特呈請分別照會局長示諭各圩圖
董粮書地保率領大圍內各車戶岸甲聽候擇日興工以

期鞏固隄防而奠生命合圩戴德等情到署據此除批復
並函請孫華二紳擔任局長一面諭令水警隊酌撥巡船
保護暨分别委員令諭佈告外合行諭仰該巡士即便遵
照妥爲照料毋任滋生事端是爲至要此諭

中華民國十三年四月十五號

知事馮祖培

一議全圩大圍岸凡有險要之處丈明段落仍照舊章歸十甲公做名爲十甲岸每圖派修十甲岸一百丈爲限此甲岸與堤岸較工程艱難例給工食加倍

一議全圩圍岸除十甲岸外按畝叫夫興築

治湖録續後　卷下　五十五

一議動工前三日由爲頭暨車戶岸甲召集工作無得推諉誤公致干重罰

一議岸旁如有桑枝妨碍工築須勒令搬去

一議岸濶布尺八尺脚一丈二尺全圩堤岸先較水線一體加高逐段計算土方每方一丈規方起做一工給飯食錢叁百文其起坭艱難或窵遠處酌量加工

一議川形有横竪横形則竪取坭竪形則横取泥以保堤岸田畝

一議築岸取泥離岸臺五尺如遇水口村基秧田取泥較遠工食加倍發給若子岸適植桑樹須令遷讓倘有不愿遷讓者由該佃自築土方須與丈工一律竣工逾限議罰

一議岸臺比較圍岸低二尺濶計四尺東坍一帶闊計五尺

一議該圩其分六圖有田少岸多田多岸少之圖須貼工做岸多之田以昭公允而符向章

一議逼圩戽水出田有爲頭車戶岸甲免夫之田此次修築圩堤均要一律開齊如有隱匿一經查出公共議罰

一議九四圖本係塘圖此次修整大圍應予免役惟該圖佃夫來圩内耕種田畝者仍照田起工

一議六三圖本係圩圖應修十甲岸與各圖一律茲議定該圖沿澄一帶大圍亦已年久失修此次亦須一律建築且離本圩大圍路途遥遠起工不易擬酌減十甲岸五十丈以示體䘏並由該圖董甲擔任酌貼工食錢七十二千文由局雇工代修嗣後一概差徭仍與優免

附保衛局置得各字號田畝坵數

霜字第一號　低田九分（尚書廟五分　吳公祠四分）

霜字第十五號　低田八分　坵名沿塘圩

又　又五十九號　又　一畝　又　仝上

治湖録續後　卷下　五十六

霜字第六十二號　低田二分五釐　坵名仝上

又　又七十二號　又　一畝二分六毫坵名

又　又一百三十四號　又　七分九釐九毫坵名

又　又一百三十九號　又　九分六釐　坵名南荒田

又　又一百四十號　又　一畝九分　仝上

又　又一百六十七號　又　一畝九釐　大圩高區裏

又　又二百七十號　低田二畝五分八釐　坵名崔家橋灣圩

又　又三百零四號　又　一畝四分　又牛潭頭

又　又二百三十六號　又　二畝三分四釐八毫
又　又四百四十七號　又　三畝五分四釐八毫
生字第一百十八號　平田一畝　圻名柘塘圩
生字四百七十一號　又　二畝三分一釐三毫　圻名七世坊
生字第六百零二號　平田九分六釐六毫　圻名廟宕圩
又　又六百四十一號　平田六分五釐三毫　圻名廟宕圩
又　又六百五十八號　又　五分　圻名細岸圩長九畝內
又　又六百七十九號　又　五分七釐五毫　圻名細岸圩六畝內

治湖錄續後　卷下　三七

生字第七百廿四號　平田五分九釐六毫　圻名朱家尖二段
又　又八百十八號　又　二畝四分二釐三毫　圻名上葑岸十畝內
又　又　仝　號　又　二畝四分二釐三毫　圻仝
又　又八百廿九號　又　一畝七分九毫　圻上葑岸二段
又　又八百五十二號　又　四畝七分正　圻東都圩七畝內
又　又八百七十三號　又　七分五釐　圻東都圩九畝內
又　又九百廿一號　又　五分一釐九毫　圻西都圩橫區裏
又　又九百廿八號　又　一畝一分四釐五毫　圻仝上

又　又九百五十二號　又　一畝三分六釐五毫　圻西都圩八畝內
又　又一千一百三十三號　又六分九釐　圻名楊青岸
又　又一千一百五十四號　低二畝一分九釐　圻名仝上
又　又一千一百五十七號　又二畝五分九釐　圻名仝上
又　又一千一百五十九號　又八畝二分二釐九毫
又　仝上　又　仝號　又一畝六分一釐一毫兩共田廿畝
又　又一千三百五十四號　又一畝八分五釐　圻名徐瀆張仙田
又　又一千四百二號　又一畝五分四釐　圻名南瀆張仙田

治湖錄續後　卷下　三八

又　又一千四百三號　低二畝二分四釐七毫　又南瀆張仙田
麗字第十六號　平田九分　圻名斷魂橋北王土宕
又　又二百十五號　又一畝六分七厘八毫　圻會頭上七畝內
又　又八百七十四號　又一畝九分二厘七毫　圻名李菊田內
又　又九百六十一號　又五分二厘九毫　圻名小木橋
又　又九百八十七號　平田二分七釐　圻高家門塘下
又　又一千八十二號　又一畝五分一釐六毫　圻西官路下大區內
又　又一千一百三十五號　又七分六釐七毫　又唐巷上前

麗字第一千一百三十八號　又一畝一分五釐八毫（仝上）
又　又一千一百八十三號平田二畝四分三毫（坵周外圩　余家田）
又　又一千五百六十號　又　八分（坵余宕圩）
又　又一千五百七十號　又　一畝五分（坵余宕圩　十三畝內）
又　又一千五百八十三號　又　九分（坵余宕圩　下北涂）
又　又一千六百四號　又　九分（坵木鐸區）
又　又一千六百八號　又　九分（坵薛家田）
水字第一百六十五號　又　九分（坵水車浜　圍腳下）

又　又一千一百三十四號又　二畝一釐五毫（坵水車浜　中區）

興隆閘記

吳溪興隆閘一座始建於嘉慶元年十月間每歲依時啟閉向無疎虞惟年久失修若夏秋間水勢陡漲即見湍漏無人過問迨宣統三年經吳錫康邀請圩董及華公筱屏等秉公集議按溪之南北東西田畝仍照舊碑集資鳩修以冀完固圩中幸甚誠恐嗣後無証爰抒數語以誌之

莘賀各紳董熱心公益籌欵修堤爲圩興頌　陳宗器（燦庭）

素仰各董惠平居早共欽修圩資畫策拯溺最關心築險巡工急從公到夜深六圖同感戴但願福壽增

圩堤詠　陳寶麟（子經）

宣統三年雨水稠洪水瀉湯沒青稞田稻半熟遭汨沒饑民萬戶淚如梭
又無米粒又無薪朝朝度日吞浮萍妻拏啼饑竟無奈到處借貸告無門

民國辛酉雨水長霪雨連綿沒黃秧竭力戽水再遭沒秋後洪水更慘傷
三尺黃稻風壓水籽粒無收民斷腸破衣典盡身無遮祗可糙糠略充腸

重修楊家圩圍岸記

錢珍 席儒

我中華人民造國之十有三年甲子春楊家圩岸年久失修勢將潰決由孫公鶴卿倡議修葺集資設局以董厥事於是鳩工駁築重修大圍計東堤圍岸周圍四千六百二十丈有二尺共大小一百七十五圩起夫田一萬四千一百二十畝有奇補苴罅漏合羣策羣力以興此大役經兩載餘而工始竣又恐事有未周乃於戊辰己巳間更擇北圍之險要處築石垣四十有二丈以固隄防俾得一勞永逸

當時駐局從公者皆熱心公益而以保衛圩堤爲己任或勞心或勞力分工合作以底於成由是水災無虞圩田不至淹沒固皆由於督率之有方衆擎之易舉而尤以吳君克仁之公爾忘私爲難能而可貴也克仁本居鄉教讀職業所羈溫飽繫之竟能棄其業務而盡力於築堤修圍之役爲梓鄉盡義務爲圩民謀福利是非抱有己饑已溺之心曷克臻此功既成爰記厓畧并占二絕以誌欽仰

汪洋一片勢滔天泛濫寖霪年復年不有堤防範水性圩民何處得良田

國家首重是民生天道原難水旱平賴有人工參造化秋霖春雨總關情

賀圩堤工竣

吳家熊 少之

圩岸圍環遶工程久且堅其魚從此免端賴有鄉賢

芙蓉楊家圩清免派白茆河徭差公案 稟府尊陳 道光三十年

稟監生華介福監生華廷黼職員顧約余啟秀生員華廷黻余治監生顧士樑等爲籲恩察免賜遵舊例以紓民力事切生等住居芙蓉楊家兩圩之間兩圩地勢最低常多積潦堤圍數十里每歲必須修築照田派夫圩內已多工役故農民倍苦歷逢 大憲洞察民隱准予優免一切差徭雜派勒碑永禁俾得專力修堤以安農業各在案乾隆三十五年偶因白茆河之役誤派圩田

治湖錄續後　卷下　四三

即奉 憲給照扣除備載治湖錄今歲開濬白茆河無錫合邑攤徵書吏未查舊例兩圩未經扣除竊思目前所派雖屬無多惟舊定章程一朝更變恐將來各差均可混派兩圩農民現罹大災之後創鉅痛深何堪再加此累恭逢 福星照臨民如望歲爲亟環叩

老公祖大人恩鑒輿情即飭無錫縣查照舊章懇即扣除圩民戴德萬代公侯上稟

批無錫華介福等稟該縣芙蓉楊家兩圩因有歲修堤岸優免一切雜差乾隆三十五年分挑白茆河扣除免派此次自應循照舊案辦理候飭無錫縣遵照如尚未經派定或可即予扣除候稟覆核奪

治湖錄存

治湖錄續後　卷下　四四

縣詳稿

爲遵札具詳事案奉
憲台札開據該縣廪監生華介福監生華廷黼耆民余福壽職員吳鑑平顧約余啟秀生員張定吳又新薛本仁華廷黻余治監生顧士樑民人楊茂葉方慶章德至禀稱生等住居芙蓉楊家兩圩之間兩圩地勢最低常多積潦堤圍數十里每歲必須修築照舊派夫圩內已多工役農民備苦歷奉

大憲准予優免一切差徭雜派勒石永禁乾隆三十五年偶因白茆河之役概派圩田即奉憲給照扣除今歲開浚白茆河無錫合邑攤徵書吏未查舊例兩圩未經扣除目前所派雖屬無多恐將來各差均可混派叩請飭縣查照舊章扣除等情到府除批該縣芙蓉楊家兩圩因有歲修堤岸優免一切雜差乾隆三十五年分挑白茆河扣除免派此次自應循照舊案辦理候飭無錫縣遵照如尚未經派定或可即予扣除禀覆核奪治湖錄存等因榜示外合行札飭札到該縣立即遵照查明捐挑白茆河銀兩有無攤派圩田如尚未經派定或可即予扣除即速禀覆核奪等因奉此並先據該廪生等具禀到縣卑職伏查卑縣奉白茆河工費銀兩前奉札飭按照縣額田畝均勻攤派繳還歸款經卑前縣賀令將奉派此項工費銀三千三百三十三兩三錢三分三釐即按卑邑額管民田六十一萬七千七百三十一畝九分九釐四毫均勻驗派會同金匱縣沈令詳奉

前憲台彙轉在案本年正造地漕徵串時業將前項工費每畝應派銀五釐三毫九絲零按數攤入用印啟征此時未便將芙蓉楊家兩圩扣除免徵且卑職溯查道光十年開挑孟瀆等河借帑攤征該圩鄉亦經一律派徵今白茆河工費既經卑前縣詳明派定所造攤征糧串又難重新改造應請將芙蓉楊家兩圩應攤銀兩仍照案一經攤捐完納惟該兩圩歲有修築據稱農民倍形困苦自係實情嗣後如

有別項差徭似應准其扣除免派奉札前因理合具文
詳覆仰祈
憲台鑒核批示祇遵實爲公便爲此云云

請重修楊家圩堤公稟稟本府

生員余治華廷黻職員顧約稟爲圩堤坍塌課命兩懸叩賜飭縣興修以工代賑事切錫邑靑城鄉楊家圩舊本東芙蓉湖亦係前明周文襄公所治與芙蓉大圩東西並列係通縣最低之所統計田三萬六千有奇周圍三十餘里康熙間歷蒙巡撫慕公府憲劉公邑侯吳公督公倡導重修圩民頌德不忘備載治湖錄厥後日就懈弛歲修祇爲具文不過草率敷衍蚩蚩愚民安知綢繆

未雨以致道光癸未破圍庚子又破均以籌費艱難未經大修因循以至去年更益大潰堤身坍塌損壞不堪現在二麥未種已無靑黃可接災情慘苦民不聊生若不重修今歲秋禾亦難成熟不特　正供無着亦且民命難延竊芙蓉大圩於二十一年蒙前府憲飭諭由賑局給撥公欵會同陽邑興辦圍堤重整是以去年得以保全楊家圩因疊被洊災民力已竭工多費鉅措手殊難若非另爲設法或勸紳富續捐或籌撥公欵刻日興

工眼見此圩將成澤國爲廻環叩
大老爺憫念災區准賜飭縣設法興修以工代賑庶上
可以備正供下可以援民命全圩戴德萬代公侯激切
上稟
道光三十年二月　　日
批　據稟該縣楊家圩堤岸坍塌急應籌款興修以
保田禾事屬要公不容遲緩候札飭無錫縣會同賑
局董事妥爲籌款刻日修築無任延誤該生等仍協
同籌議可也

永濟橋改永濟閘記

吾里青上六三圖永濟橋之改爲永濟閘也因道光二
十九年錫邑大水爲災楊家圩大堤沖潰挂灘各小圩
亦多坍没予與蓉溪華君等以修築圩堤稟於郡尊沐
批飭縣撥款興修孫君竹鋳偕華君蓉溪董修予亦忝
在贊襄之列設總局於圩中俞巷永濟橋者南通蕫塘
橋大河北通浮舟村平時偶遇小水橋北圩田數百畝
盡成澤國而浮舟村橋頭巷石板頭民居數百戸即有

沮洳之患圩民苦之由來久矣偶聞父老言向曾有議
及改橋爲閘爲橋以北田廬作外捍者然總不果若得
改橋爲閘則凡遇大水橋以北圩田數百畝可不致成
災民居數百戸亦得安堵無虞矣吾子有心爲地方興
利其有意乎予聞之矍然起曰地方有如此大利而不
爲與何憒憒也乃以此意告於族長啟秀叔偕至堤工
總局公議撥錢六百串刻日鳩工庀材予叔啟秀率同
許基積福洪勳實司監督昕夕無間啟秀賠墊錢二十

七千凡兩閱月而閘成仍其名曰永濟未改之前多有以徒費無益訾之者乃閘成之明年大雨外河水暴發急下閘板閘外水高二尺許格於閘不得肆其奔溢是年得占有秋人皆額手相慶設無閘則是年閘內田廬已遭湮沒農民之受害多矣由是至今水患已歷三次閘外各圩均致成災而此閘民田數百畝獲慶豐登居民數百戸得安袵席僉謂非閘之改造不及此洵乎外捍之功關係實非淺鮮則倡始助力之人其功亦何可

沒也爰據實記之以示來茲後有興者庶幾同心協力永永維持爲吾鄉利賴歟

同治十二年冬仲　蓮村余治謹識

弔楊家圩文 仿弔古戰場文　　余治 蓮村

浩浩乎平田無垠敻不見人洪水横决長堤猝崩慘兮霪雨秋漂麥沉一派汪洋儼若湖濱（楊家圩舊本名東芙蓉圩亦明周文襄公所治備載治湖錄）雞棲無地犬走亡羣圩長告予曰此楊家圩也不麥名田（舊名不麥之田以其田最低窪常不種麥也）往往水沒幾度圍傾傷心哉天歟人歟抑定數歟吾聞夫癸未堤潰民情已苦泣雨愁雲棲風宿露欲登彼岸非船不渡百孔千瘡謀生無路寄身澤國呼天誰訴庚子而還更益洊

饑溝中餓殍無處無之古稱天道一張一弛云何此地災連禍奇奇荒迥殊於往歲好事迂濶而莫爲嗚呼噫嘻吾想夫波臣肆虐堤危若綫車犀絜椿晨夕血戰力盡筋疲水飛白練一聲浩歎圩民命賤風急濤狂全圩震眩壁倒牆坍轟雷掣電東竄西奔相看面面至若居者守舍飲泣向隅架板懸空餐風向西女泣牽衣兒空暾厨摸螺捕魚赤脚裂膚受此濕寒病發可虞人約數萬地分六圖一朝被沖魂飛胆裂老翁新亡幼婦復没

屍填巨浪之內淚與堅冰俱結無老無少同爲餓殍可勝言哉棉貴兮布賤典盡兮賣絕借黃米兮空口說貧民每於青黃不接之際借貸黃米秋收時本利清還其利甚重一遇荒年皆閉而不借貸告貸無門矣釜生塵兮生死決乞矣哉羞顏難出守矣哉鳩形鵠立樹伐盡兮村寂寂壁無遮兮風淅淅嫠婦哭兮天沉沉孤兒啼兮音切切囊乏文兮無存日一餐兮不給傷心慘目有如是耶吾聞之圩之西北芙蓉西圩當年高築民免其魚東圩洊災財殫力痛籌款重修其可緩乎 國恩下逮

按戶分頒官紳勸捐協賑辛艱衆善同心淚滴潸潸彌縫補闕酌濟其間吝者擁資不肯破慳坐視生靈痛癢無關忽遭天禍勢若冰山善錢不出恐有後患哀哀圩民誰無父母歲時伏臘奉觴上壽至於今日菽水何有賣妻鬻女依依分手耳不忍聞目不忍睹其慘其苦一望而知人或有言枵腹難支樹皮草根奇貨可居二麥未種下腳無資神鬼爲愁眺望生悲賑濟不繼民生何依度日如年曷免流離嗚呼噫嘻時耶命耶極至於斯爲之奈何功在築堤

陳君燦庭吳君錫康及耆老金堂等於民國十八年續修治湖錄將舊刊治湖錄及最近修圩記並擬定條例倩予監修而我觀讀之餘漫謅古風一首以誌欽頌

華之傑 冠臣

蓉湖自古歎驚流開闢玄黃幾萬秋劇心怵目考唐前蛟龍窟穴通天浮縱橫廿里浴鳧鷺銀濤空濶蕩巨舟水濱烟渚足蒲柳四圍只見魚鰕游吁嗟乎南有笠澤北長江呼吸宛如咽與喉巨浸滔滔綿數縣風來賈客經行愁嘗

想夫宇宙日變遷滄桑逐年年宋元而還起荒烟湖身漸涸有低田野人耕植遵湖邊方罫乍添陌與阡雞棲茅屋就高編夜來入息貧安眠此時屋外饒清泉盛夏處處見紅蓮對遙山兮青且妍釣小艇兮烹其鮮熙皞儘可樂堯天繪圖欲摹羲皇先世人聽說動艷羨爭道湖民仙乎仙世人且莫羨漫道眞比仙聽我表一言恐陡起憂煎倘逢數日霪雨連仰釜之形聚百川霎時灝瀚變龍淵雪浪滾處不見椽噫吁嘻天災遇不測人力總無權十載辛勤九棄

捐弔古血淚灑明前明初活佛自天下延撫周公眞健者築壩開港勤治水南達具區先五瀉立堤招墾勸樹藝輕科畝稅關草野繼此縣令多賢惠仁民德政難磬寫康熙二年來吳公六次探湖建奇功剔弊興利催霜鬢從此湖田歲屢豐軫恤民隱悴心力感深白叟與黃童刊錄圖畫遺愛深兩湖廟貌列西東君不見周圍大堤蜿蜒如金固巧借人力代天工然而一蟻穿其穴久必潰全圍代遠失不修夫豈堪終依雍乾以降多偏災馮夷河伯輒肆威洪

水衝時田盡沒三年兩荒民嘘唏百般災狀天應泣前賢描寫入細微悲乎哉逐次修築斥鉅費維持之功晉幾希幸得賢侯志士聯翩起圩民一綫存生機邑侯裴公惠愛深楊家全圩頌德馨且道華紳義薄雲號觀韓慷慨助公足心銘千金捐重各無吝存息修費有常經一時紳董皆錚錚置田創法垂典型並賴贊襄皆得人精廉耐苦足不停回憶宣光及民國幾屆禍水慘難形災來不久隨時滅端藉的欵呼救靈記取民國十三大修堤巨工告成兩霜星是固周吳諸公呵護在冥冥而未必非裴侯紳董垂法足千齡

民國十三年修堤工竣既喜全功之克奏回溯宣統三年民國八年及十二年數次大水圩民生機垂盡種種慘狀所不能言詩以哀之

又七絕十五首

末世蒼蒼意若何華嚴刼重水偏多蓉湖卅里滔天勢涙打人家沒盡禾

滿地干戈年復年胡堪饑饉更相連若將憂患垂深戒仁愛天心恐未然

漫道蘇常豐樂鄉圩民生計慣拋荒壬公水發家家散室內全無雀鼠糧

徹夜鑼聲到早晨水車喧鬧戰波臣縱然日夕忙呼救倒灌狂濤轉沒身

晴日初開雨又偏妖雲低壓水漣漣東堤未固驚西決恨煞無人補漏天

骨肉團圓與自豪災生不測聽呼號爲謀餬口輕離別別
後場前水半篙

子女從來最是珍年荒淚落怨雙親忍心割愛供人使惱
恨兒生太不辰

大水初來禍未成田疇喜望碧盈盈祈年慰説今年早不
信神祇竟不情

沒却田疇岸水平往來涉足淚中行秋收苦説全無望冇
穀飛飛空自聲

漲落頹牆半水痕徒留父老守空門蕭條幾處炊烟起萍
藻時還雜草根

積善之家最好生施衣施食出丹誠無如杯水難周徧總
祝年豐滿十成

壁倒牆穿已斷魂淚淘祖墓更無墩顱頷而目兼饑凍不
見眼前子與孫

丁壯歸來認故園滄桑刼後景全翻追思數載流離苦動
魄驚心不忍言

最是癡心往日情可能大地一齊平圩民居處逢霪潦釜
底游魂偏促生

重築長圍凋復堅而今人力勝從前圩鄉保障金城固依
法還須修逐年

附水災文詩

弔楊家圩文　　秦晒泰 慧養

浩浩乎田疇無垠路不見人洪水衝下羣廬紛崩雨兮日夜風號浪騰魚躍龍飛儼若江濱棺漂無數村淹難分舟子告余曰此楊家圩也里老常云往往水沒雞犬不聞傷心哉時與數與抑命運與吾聞夫車戽不救堤岸忽破合圩奔走全家暴露南洲泗濱北楊滄渡水澗河長走頭無路棲身風雨凍餓誰訴秋夏而還多致流離長途乞丐無

處無之古稱殷戶樂善好施世情愈降難公易私私心恐害夫財利善事多阻而莫爲嗚呼噫嘻吾聞夫圩堤潰圍宵小伺便貧戶心驚素封膽戰野無青草潮如白練勢急事迫身輕命賤浪撼門庭水飛屋面時刻不安起居震眩牆傾若雷壁穿似電至若室中架木其躱一隅泥竈向北繩床在西燕不歸巢鼠無留廚婦女老幼赤足露膚受此風寒病發模糊醫藥少費忍不爲圖事關死生命懸旦夕產母新亡小兒又沒屍堆蓬戶之後棺募富村之室無好無反同葬澤國可勝嘆哉囊空兮錢盡薪竭兮糧絕欲借貸兮無處說待撫卹兮何時得餓矣哉即爲鬼卒纍兮哉奚來米粒人皆去兮村寂寂壁不全兮風淅淅水漸退兮影沉沉屋多倒兮形歷歷衣典完兮誰給日難度兮孰白傷心慘目有如是耶吾聞之撫軍下令暫濟吾吳勸設數局擔粥匡扶可憐此土財少力痛仁人君子將得已乎武陵善士痛念黎元煮粥賤售人命保全辦理經營終日無閒熙熙攘攘村巷之間亦有富人坐視無關勸救災黎竟

不同班此等錢財雖積如山時移勢異天道好還嗟嗟貧民棄父離母饑寒兼逼每至不壽街頭輾轉竹棒在手廟門棲宿荐片無有看也何心逐之何咎其愁其苦誰得而知倘或有人出力出貲殷殷不已福祿保之指視神傷仰望天涯比戶爲愁四境淒悲賑濟未至民命何依遭此凶年靡有孑遺嗚呼噫嘻天耶人耶屢至於斯爲之奈何高築岸兮

又七絕十九首

忍覩三旬淫雨酣滔天洪水徧江南窮民從此眞無告到
處奇荒百不堪
農情猶欲望秋收不計三時雨不休麥爛波心秧更沒還
將車戽盡人謀
圩隄數尺勢危孤日夜鳴鑼夾岸呼若決江河眞莫禦可
憐滄海變須臾
何堪骸骨亦遭殃無數漂流雲水鄉豈不人人存惻隱掩
埋無地更心傷

斯民恨不可爲魚水勢汪洋淹故居扶女携男含淚走未
知何日返吾廬
遥望衡門路不通垂頭喪氣各西東萬千廣厦安能得忍
使哀鴻在澤中
欲將苦况達
天家竟入州衙與縣衙跪訴衷情非得已願求恩澤早爲
加
擔薪似桂錢三百斗米如珠價半千一種是貧前尚可那
今都覺討難全
日照欄干近午天人家猶苦未炊烟豪華公子偏尋樂仍
是笙歌設酒筵
聞道農家苦更綿朝朝度日竟如年縱然結網謀生理無
奈魚多不值錢
相看平糶在高坡設法捐施原不頗誰料鄉村俱屢空竟
無錢糴也多多
扁舟到處却歔欷觸目荒涼景物非門戶不全牆壁倒更

難無食又無衣
搔首踟躕欲問天回思去歲穫原田而今百穀都無種再
想豐收動隔年
家家引領望
天恩大憲垂憐乞
帝閽苦告有司圖速繪斯時十室九難存
忽聞門外乞聲哀風雨狼蹌涉水來婦女含羞童叟泣恁
憑鐵漢也心灰

竟有豪家結訟端只因德量未能寬銀錢甘自輸衙役致
使旁人帶笑看
野無靑草樹無皮如此凶年却甚奇聞說上官先撫卹分
頒雨露是何時

嘉慶甲子水災　孫燦若

風雨不愆期山澤俱豐樂風雨久停留山國苦旱酷風雨
太速綿澤國痛霪毒今年入夏初本將有麥卜胡爲兼旬
雨低田入水伏高處留餘穗亦在雨中熟農夫力田貧可

治湖錄　卷下　附文詩　六十二

憐已不足況植黃梅候滂沱如飛瀑迅雷撼山巖飛電閃
雲軸狂飈若怒濤密點同撒粟駸駸失高邱浩浩瀰深谷
悲哉五月閏何曾有日曝農夫望天晴日向天公祝不見
銅鉦懸但聽鑼聲促南畝隄已平東阡浪又薄戴笠與披
簑晨夕共勞碌魚鼈與爲鄰蛇龍潛其屋吾儕有室廬那
得夜安宿洎乎六月初水勢喜稍落相戒催桔槔力將秧
馬逐售秧與揷田殫盡其儲蓄處處告閉糴市肆無擔斛
老弱與婦女惟聞呑聲哭疾痛誰噢咻有司洞民瘼檄示
遍窮鄉平價惠煢獨此時民力艱升合等珠玉挑盡無名
草和根煮糜粥鳩形與鵠面相顧亦驚愕余也固窮徒愁
歎雙眉蹙未能奉其親遑云活我族輾轉自傷心淒其更
觸目追思古盛時家有三年穀胡今尙未歉民食已難續
毋乃粟有歸抑亦風漸薄脫令西成無何以免枵腹悄乎
思至此轉覺身觳觫回首復何言聊以存災錄

又附七律二首

梅雨綿綿漲碧漣江南澤國半凶年已聞昨夜人愁水忽

治湖錄　卷下　附文詩　六十三

覩今朝浪接天波泛西疇阡陌少怨生南畝桔槔連秧苗
苦欲同風戰一葉猶隨荇帶牽
最是圩民劇可憐宅環湖水水滔天重雲隔斷千家火積
雨埋藏萬井烟道上萍生風捲破壁間苔長浪排穿夜深
不敢和衣睡怕聽鑼聲打岸邊
洪流漸退露長途北注澄江南注湖不意秋來波又漲萬
千難麥種能無
遙知此際苦原深笑我空存利濟心敢告素封圖義舉暫

時慷慨解多金
翹首賢侯甫下車急圖民瘼赴鄉閭倘能膏澤隨時降萬
姓謳歌達
帝居
此詠道光三年水災詩也偶於舊軼中檢出讀之未竟
不覺善心之勃發故鐫之以爲樂善者勸六皆黃師謙
去年災降水鄉民漂盡低田沒盡墳更把室家都蕩盡作
歌留與後人聞

治湖錄 卷下 附文詩 廿六

河道全迷認樹林汪洋一望達江陰棺浮水面無骸骨村
絕炊烟竈盡沉
洪流稍退衆皆歡重買青科當賣完水去孰知來更甚青
科又沒最心酸
中夜安眠夢陡驚呼號風雨雜鑼聲人人逃命皆升屋水
勢高將與屋平
圩岸爭誇守禦功小圩那比大圩雄誰知大小同歸破一
日東西南北風

沒膝齊腰摸水行寒從足受實傷心受寒受濕兼饑餓內
外交攻病已深
牆經浪打地成窪數十家通如一家寸草全無風四入身
無所藉外無遮
家破難居腹又饑一家骨肉盡流離堪憐乞食真無路惘
惘不知何所之
夫婦相離子棄翁手提竹棒各西東一時落難真無奈只
得低聲叫相公

治湖錄 卷下 附文詩 廿五

接踵街坊如蟻延千聲乞得一砂錢砂錢乞得仍無用輾
轉街頭淚若泉
或見人家置一簞鳩形鵠面已週環偶然予一虛其九久
立依然含淚還
口內羊皮死尚銜行人傳說共哀憐災鄉此類知何限救
濟如何是萬全
辦災勸賑甚殷勤幸遇慈君兩邑尊局董先生尤盡力仁
風始克扇千村

身爲局董任綦宏圖董分司責匪輕必使一夫無失所方爲分內事完成

北里偏多樂善家殘年散米鬧如麻至於除夕尤能廣不異如來散寶華

緊守慳囊甯是智傾筐倒篋豈爲愚一時慷慨眞無兩此是人間大丈夫

婦女來都是遠方爲求升米走倉皇四更走起天明到青布包頭尙有霜

一朝濟濟數千人散到完時日已昏將米回家炊好食直疑餓死又還魂

雖過殘年春正長二三四月費商量尙祈賑外頻加給好度斯民到麥黃

自苦荒年只無米今年無米又無柴必須煮賑爲良策免得斯民歎析骸

廠小恆愁擠不開纍纍老弱實堪哀必須廣勸分圖施挨擠無虞就近來

散米一升一命活米留百石萬人饑此中功過分明見奉請仁人試三思

帝念斯民亦慘然將廠緊閉汝心安君雖道是吾家物暗裡神明冷眼看

君道廠中都是米我看人命滿廠封聖經垂誡君知否散則爲仁聚則凶

一日擔遲一日過一人能活一千功勸君速速無留滯枵腹難支與汝同

暴殄應知罪過深如何有米使陳陳耑將朽蠹空頭物散竹陽和大地春

年年收息幷收租都是窮民竭力輸偶遇凶災求救濟漠然不動忍諸乎

胡爲福澤厚吾生天意原期我救民若使可來不可去天心回喜便生嗔

思患當於未事防一經有事費商量古來放利多招怨保富良箴是救荒

往復盈虛理甚明休㤥我富本該應栽培自似迎春草吝
嗇終成向日氷
爲善須乘勢與時得時得勢莫遲遲若能勉力功尤大勸
爾乖中署帶痴
善人爲善貴相承善善相承久則徵樂善始稱佳子弟克
繩祖武慶方增
讀書積善事相因容易巍巍甲第登天榜總憑陰隲定莫
詩黃卷與青燈

治劑錄　卷下　附文詩　十七

朱衣何故未顯頭雖有佳文德要修能把饑民多救濟蟾
宮丹桂折何愁
芳閨何故未徵蘭許願求神力已殫能把饑民多救濟藍
田美玉產何難
疾病何爲常在躬祇緣血脈不流通果能救濟饑民苦扁
鵲無勞氣自融
獄訟何爲不測逢一千八百去如風果能救濟饑民苦橫
禍潛消且記功

白虎青龍正務荒何堪遊蕩負年光大來小往荒宜救譬
袋洋錢入賭場
損德傷財骨也銷情迷雲雨暮還朝有功無過荒宜救譬
把金錢買阿嬌
尋常滋味菜根香何事庖廚縱殺傷美饌嘉肴狼藉甚不
如減饍濟饑腸
尋常居處足棲身何事爭誇構造精畫棟雕梁無益甚不
如節費濟羣生

治劑錄　卷下　附文詩　十八

人歎其魚命苟全無憂衣食卽如仙君家田已連阡陌胡
不將錢得福田
野有良田庫有錢不如多得子孫賢昔人散盡千倉粟吉
夢旋看日滿天
千倉能散誠爲美小惠隨時亦可行閒步荒村徐察訪暗
中拋擲善無名
情或難於罄所藏三分損一尙無妨豐年可守爲常法一
分留歸賑濟倉

賑濟功居積善先功高名註大羅天出謀出力終無倦還
爾簪纓奕世聯
彼我雖分富與貧須知原是一般人千秋文正高風在憂
樂相關意最眞
果是仁人豈必寛莫言施濟贍先寒豈知以智行仁者澤
溥蒼生又且安
川流若壅須防潰月到盈時便減光一語金鍼今度汝救
荒是守富良方

財爲我用方爲有若救饑荒用最良不顧兒孫揀得用正
留餘地子孫長
義所當爲即勇爲原非望報始爲之然而應必因乎感福
欲來時未許辭
由來天道最公平料第文章本現成以粟易之爲最妙試
看往事甚分明
桐城張氏葑門彭還有毘陵莊與楊都爲救荒能大發請
君努力繼前芳

余回憶癸未庚子以來兩經大水作詩記之多矣而今
水災尤甚又適館在圩中目擊心傷之下不能嘿嘿聊
以寫懷蚓吟耶蛙鳴耶雖未必花樣一新亦庶幾脫往
年窠臼　孫燦若

聞道康熙十九年龍山之麓水連天今年疑與昔年似更
起凶蛟山破巔（五月十三日大雨蛟起龍山有自巔而下者水浸半山大率皆丈餘）
還想從前館在圩曾經堤破起憂虞而今教學仍留此又
弔湯湯搯白鬚

先將荳麥盡沉淹更把沙棉送浪顚最苦秧苗盡力救不
曾插蒔一分田
他時水只浸低鄉今歲平田遍處荒我屋頗稱高壤地也
幾浪打後門塲
家家門板共排開權作巢居住一堆翹首天晴幸水退不
堪大水又重來（五月十四圩破十六七水又盛七月廿八水再至）
甕牖而今大用來更移堆起倚牆隈擧頭却怕高樑礙我
有峨冠不敢抬

一身波難且休提壞却牆垣出入寬牆外舟停人踰入篷
窗高出屋簷端

幾家般戸有樓居稍可容身少嘆吁怎奈蚩氓偏好事門
前喧鬧似羣烏

身逼炎蒸可奈何乘涼何處得風多半浮波面青楊柳肯
與圩民作水窩

水連七省嘆懷襄舊穀雖餘莫濟荒如此凶年民食盡猶
饒烟館賭錢場

治湖錄　卷下　附文詩　圭

一而還再再而三今歲災荒苦不堪不獨輙前薪米貴棉
昂織婦淚盈衫　閏四月初水始盛五月十三大盛七月廿八蛟水大至

水來初盛最爲凶斷絕饔飧乞借窮存恥全家甘共死一
條繩索葬波中　五月末旬聞有撈出一繩五屍及七屍者

老人聞典破衣裳俯首龍鍾倚櫃旁吐出棉花喉咯咯自
云餓極藉充腸　此傳自前洲唐氏或云錢橋典內事

傳聞一婦更悲辛帶餓連宵布織成抱去市廛無米易歸
來高掛送餘生

苦景還傷水退初倚門兒女乞喧呼任他日鬧休憎厭我
亦依人口漫餬

荷鋤攜茶種場前日望和調長養天乾癟可憐黃葉茶誰
知饑與饉相連

做荒原本屬荒田何事紛紛任糾纏苦煞窮民無可告畝
田費給百餘錢

此日窮檐苦已深來春何計可謀生如脂入釜油煎盡只
恐轟然火一聲

治湖錄　卷下　附文詩　圭

荒景災情難具陳不能嘿嘿效蛙鳴挑燈提筆聊粗寫寫
到酸辛嘆一聲

己酉五月大水圩隄危在旦夕感而有作　王榮　介亭

圩外滔天水如兵四面圍鑼聲和雨響浪勢帶雲飛鄰里
交相警蛟龍屢作威可能隄不決俾得免啼饑

後三日再賦前題

雨下風還烈農夫心膽驚東疑奔萬馬西訝擁千兵水漲
災難救隄鬆隙易生日光雖偶露未必果天晴

擬欲將簑脫撞頭雨勢迷密雲連地捲洪水拍天齊麥爛無隄割秧沉莫掩泥文襄功尚在猶惜岸頭低

隄決紀災

飛是壬公騰是蛟狂乘風力下圩郊長隄巳沒身難護編戶皆逃業盡拋人去潛魚欣有宅波來歸燕駭無巢呼天共訴漂流苦十載於今兩次交道光庚子曾遭此厄

圩民淹盡異尋常處處遙看實可傷萬壽橋前俱汩沒四河閘口盡汪洋舟行樹杪風翻覆月浸庭中浪湧昂從此

洪波浮架木共驚夜漲苦無航十四日圩破十七水更漲一尺有餘所棲架木盡為漂翻

遙聽悲聲入戶來悽然令我益徘徊屋崩忽壓人難救棺覆空浮蓋盡開狗逐浪間誰作主魚游村畔欲驚孩隔牆更灑斷腸淚嫠婦冰霜志未灰

我為災鄉鳴不平冬來無計可謀生鍋炊日晚塵還冷屋破霜封壁又傾倚戶難將風雨蔽垂頭莫遇解推情可憐道殣多相望猶是饑荒冊內氓

如此情形屬眼前貧民還望富民憐姑施滯積過殘歲可免逃亡待有年粟散能令神鬼悅金藏難買子孫賢輕財莫慮囊中乏廣作陰功福自綿

江湖量大水常流休厭門庭丐子稠天意好生終有惠人心未死尚知羞須憐乞食推恩少莫使提筐忍辱留若道嗟來無害事此中慘誤不堪求

楊家圩周文襄公祠考略

（清）孫藩圻 輯

《楊家圩周文襄公祠考略》上下二卷，（清）孫藩圻輯，民國二十三年（一九三四）刊，鉛活字印本。無錫圖書館藏。

祠原在無錫北鄉楊家圩（今屬惠山區前洲鎮），主祀周忱。周忱（一三八一——一四五三），字恂如，謚文襄。江西吉水人。明永樂二年（一四〇四）進士，曾任刑部郎官多年，宣德五年（一四三〇）擢爲工部右侍郎，巡撫江南凡二十年。清釐田賦，抑制豪强，革除積弊，政績卓著。尤善治水，曾大規模治理芙蓉湖（古稱無錫湖），以上堵下泄之法，使大片水面成爲圩田。楊家圩就是從芙蓉湖中開墾的兩大圩區之一，有圩田四萬七千餘畝。與此同時，他還主持疏浚了吴淞江。景泰二年（一四五一），以工部尚書致仕。江南吴地，尤其是無錫的百姓不忘其功德，多處建祠以祀之，楊家圩周文襄公祠是其中的一處。該祠又俗稱尚書廟，除主祀周忱外，還附祀江南無錫的名宦項伾、王其勤、海瑞、楊春光、劉五緯、吴興祚、慕天顏、曾子駒等十七人。清咸豐、同治間，祠毁於兵燹，光緒中葉，鄉人又募工復建，並由邑紳、舉人出身的石塘灣人孫藩圻（字君芋）采輯史傳、志書，考訂成册。卷首有楊家圩實測圖。上卷爲事録、廟祠；下卷爲界域、雜鈔。錢基博爲之撰寫序文，孫藩圻作自序和例言。是爲芙蓉湖治理和變遷的重要史料之一。

（夏剛草）

楊家圩周文襄公祠考略

廿四光題

甲戌秋日印

序

君子之澤非一世也遜清道光二十九年無錫大水我外祖竹筠公有大功德於楊家圩澹水沈災既隄既安邑獻秦緗業虹橋老屋遺稿華翼綸荔雨軒文集具著其事於是圩之人德之祀之周文襄公祠以永其思亦惟我諸舅奕世繼志勿墮於厥修亦培而固以撫有其人而紹休於前聞覘者是以卜君子之澤長而徵吾舅氏之克保世以滋大也屏東表兄誦先人之清芬懼潛德以弗彰纘戎祖懿簒爲是考昔子思昭明聖祖之德以作中庸而卒引詩以發其指曰庶幾夙夜以永終譽於戲屏東其知之矣以是勿替引爲世世萬子孫無廢可也時在

中華人民造國之二十三年十月八日表弟錢基博謹序

蘇州觀前街大蘇印刷所承印

序

大陂曰湖瀦水以益不足曰水匱所以泄水亦以受水截湖成圩不導水入海洋溢四奔駕田之上者而亦淹之故與湖爭地治水者毋取焉東芙蓉湖受晉宋明之累積而成楊家圩居者食者又受若干次其魚之殃有何事當年辟草萊之句怨及文襄顧千百年無平隄毀田以復湖者踵其已成而謀安業民情以圩圍爲務廣之崇之百年利也楊家圩隄防無專書治湖錄秕宂無統序縣志採取無彙合康熙十年壬子二十年壬戌道光三十年庚戌皆大工役策久遠恤重困百年之計多可紀者圩故有周文襄祠肖明工部尚書巡撫江南周忱像報之俗稱尚書廟著捍禦功於圩者圩民或祀或長生位咸於廟咸豐庚申廟燬光緒中葉先世父閣讀公募工復廟并飭貲建享堂於別院圩中士民請於有司奠奉文襄已下十七公栗主於享堂先纂修府君有志於湖志徵道光陽湖芙蓉圩修隄錄八卷於杭州體例略備卒卒應辟未暇治遽捐館舍小子不敏未能繼述而世道陵夷耆老凋謝無紀載日久訛傳爰輯周文襄公祠考略二卷弁以新圖此習近見聞昭縣心目出入仰止者責也考光緒縣志康熙辛酉道光已酉皆書大水皆不紀潰圩田辛酉之災不可知己酉楊倉

渡岸崩數十丈圩全圮爲從來未有之禍（江南水利志近人稱是年洪潦東壩漫潰）城之薦紳士大夫若弗聞歟錫金識小錄稱新志（指乾隆志）於四十二年以後水旱盡缺然丁亥大旱戊子大水與前十八十九兩年同稱奇荒村氓老嫗盡能言之不應如此憒憒何前後同揆歟光緒志并不載庚戌築隄事而書光緒元年知縣廖綸修楊家圩隄民無知之者惠民之政大工之興上紹二百年吳慕諸賢不恤顛倒虛構阿佞一縣令載筆之嚴豈若此秦澹如都轉總纂光緒志而誌虞賡颺墓曰新修縣志未能詳盡不足傳信於後末由改正故特爲之序而銘之楊家圩工役有無圩田潰否當在改正而未由列也志之遺憾也江南水國蘇松下於常潤無錫水區天靑萬下於憑山面湖諸鄉同屬水鄉湖蕩下於平原之田言水患湖田爲急仰禦水之功圩民爲切文襄己事猶有議者不觀今之治水也濱湖圍地容水日隘而河流泛濫江沙築田出水紆迴而江潮倒灌航輪四達激水衡行而隄根沖齧水力可與抗一時人事不可一隅應也郟僑議決堰未多而民田已沒蓋止知決堰而不知預築堰下民田之岸以殺水勢是壅塞潰決一手一足所不能制者隄防其自衛也圩民毋怠食粟者毋忽歲次閼逢奄茂孟陬月邑人孫藩圻謹序于蘇州鳳皇街寓廬

例言

文體於考曰臚舉故實於略曰撮舉大凡各以名篇焦氏古史考朱氏經義考馬氏文獻通考以詳核言朱子中庸輯略孟子要略裴幾原宋略以精擇言類別義異合而言之取事實之大凡先正事略考證例耳近人輯西湖三祠名賢考略惠山尊賢祠考略臚舉祠位撮採事實各爲小傳示不詳贍也余輯楊家圩周文襄公祠傳志旅居無儔知難翔實故亦以考略名

祠在東芙蓉湖楊家圩（圩人或簡稱東芙蓉圩）圩民虔奉事工於圩者文襄捍溲成圩奠居耕穫生食其中功在百世其他盡瘁芙蓉湖隄者鄧繼曾海瑞楊春光李復陽劉五緯至吳興祚鐲勸興築編立圖甲優免雜徭以蘇民力慕天顏曾子駒孫洊佳於康熙壬戌之役立佃田均徭法併力挨修施工爲巨傳繩勳嚴正基孫元楷當道光己酉工振並籌全圩完固迄今八十年無潰決厥功尤偉余治華廷獻贊畫己酉之工者皆王廣文錫驥所稱負薪塞決者也若項伍王其勤皆以善治水名功不專屬而遺澤溥遠民思弗忘故列之其歲修小修者不與廣文之志也其專修芙蓉圩隄者不與地非相屬也凡縣志所載芙蓉湖隄者概兩圩言紀某圩隄者分別言之也（案道光二十六年陽湖湯子相芙蓉湖修隄錄不名

圩而曰湖界址不辨故云）書至博圖至約一經緯也庢岸隈鞫水流迂直汊港通塞道途嚮背非圖不明錫金識小錄芙蓉圩圖頗珍覩之然不逮修隄錄所載較詳治湖錄載楊家圩圖繪形正方北連浮舟東跨石幢界畫不清無準望分率粗陋不足觀茲取太湖水利會新出實測圖較正其方音之訛者列諸卷首古今書例開卷披豁瞭如指掌矣

著錄依時代及奉祀先後編列不序爵秩崇卑不別官紳統治以人相從錄而不序司遷善序事劉向揚雄稱爲實錄襲曰事錄亦朱子序名臣言行錄稱記事之書掇取其要聚爲此錄之意治工遞嬗前賢行事都可按而實者

采輯傳紀首圩防成績次關邑中生民利賴及人品學問與任事艱鉅悉本史傳志書及諸家文集各書紀載一人數見者並錄之不強求紹合各注書名證所自出朱子言行錄雜引記錄誌狀之例所以異於事略諸考略者

彙合羣書辭寡則備錄之文長則捐省其無繫屬者曰節左傳君取節焉義也紀曉嵐史通削繁序引郭象注莊子曰删節删有不合取其一節可也摘敘而損益成文曰出史通王喬鳧履出風俗通潁川八龍出荀氏家傳太史公書春秋出左氏國語班史稱史記而不知其所出不可也

曰見世說注別見史通注見取其事非直書其文也曰按
又按編纂者恆用之必稱名讀禮通考五禮通考姚王古
文類纂之例參已意商榷而條疏之也不可詳者闕之
廟址坐落畝號承糧立廟祠門嚴事降神之所信據宜著
也享祀見於各地者附焉功德非一隅報饗之意隆也
紀人紀地亦經緯言之千百年創因之成事圩主體也經
界不辨無以驗圩之廣狹大小險夷原隰人役不著無以
覘民之生聚作息危害守望立界域一門四至圍隄牐座
村巷列焉局於一圩畫然有以限之
前規舊章治水要則歷世奉行歌詩頌德遺愛所繫記文

案牘片言摘句歷史所討蒐而集之曰雜鈔經史雜鈔唐
書雜鈔之例凡有關興替沿革無可類從者列焉
卷分上下區四門表爲目次其界域車戽之管理侵削啓
閉之禁令治湖錄自詳審焉册籍不備茲編草創簡略未
能盡慊深望有以賡續而補苴之

楊家圩周文襄公祠考略目次

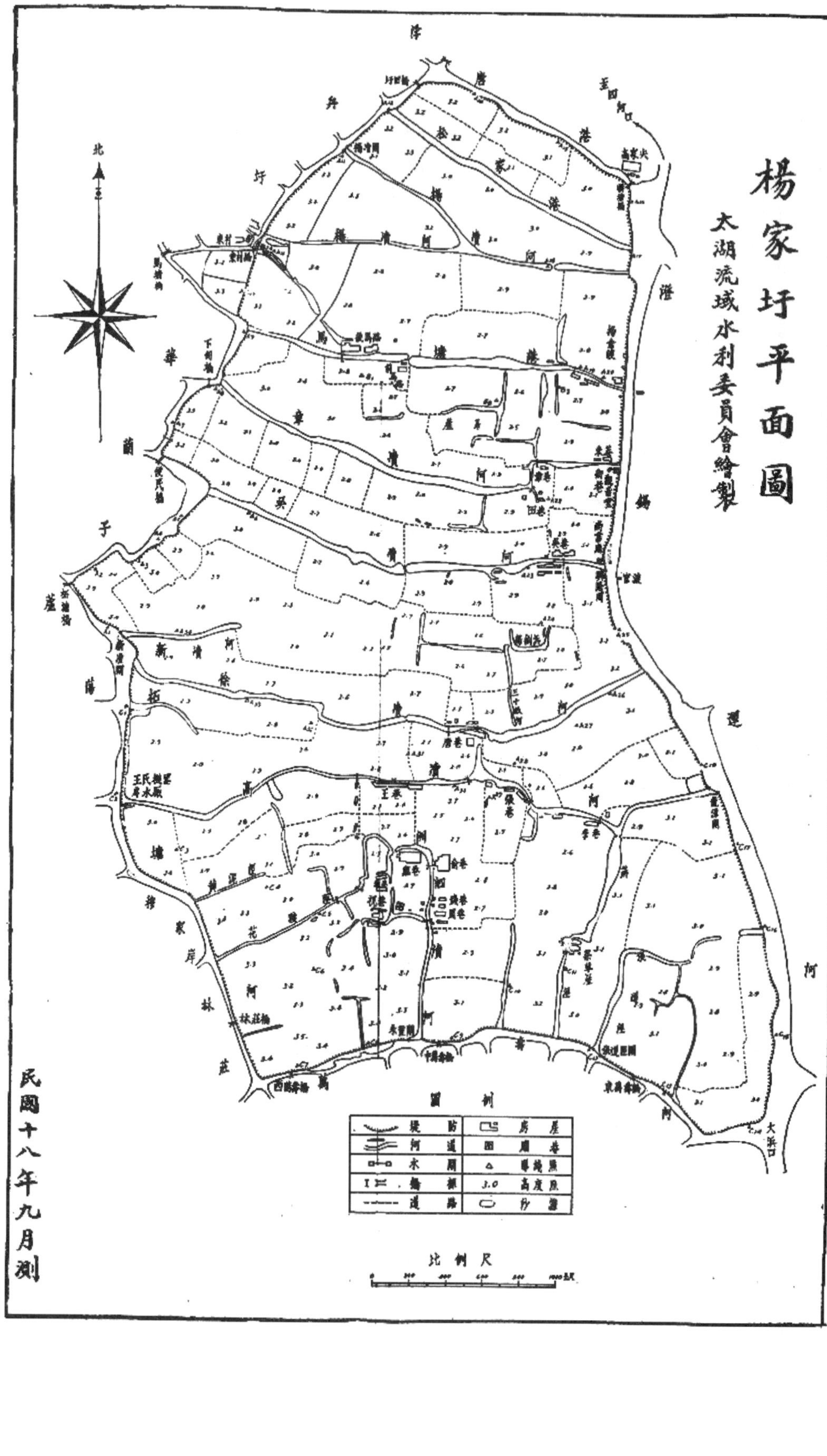

楊家圩平面圖
太湖流域水利委員會繪製
民國十八年九月測
圖例
比例尺
北

楊家圩周文襄公祠考略卷上

無錫孫藩圻屏東編輯
同邑王匯辰竹霖集印

事録

周忱字恂如江西吉水人永樂二年甲申選庶吉士宣德五年用大學士楊榮薦以工部右侍郎巡撫江南無錫官田賦白米太重請改徵租米報可正統元年以九載滿進戸部尚書以江西人不得官戸部改工部仍巡撫景泰四年十月卒謚文襄（明史節）

公永樂二年進士歷刑部員外郎越府長史宣德中帝以天下財賦多不理江南尤甚積逋至八百萬石思得才力重臣經畫之乃以大學士楊榮薦遷公工部侍郎巡撫江南諸府總督税糧創爲平米法令出耗必均請敕工部頒鐵斛下諸縣革糧長之大入小出者又設立濟農倉儲粟數十萬以備不虞公在江南與吏民相習如家人父子每行村落屏騶從與農夫饁婦問疾苦宣德正統二十年間委任益重兩遭親喪皆起復視事見利害必言言無不聽其因災荒請蠲貸及所陳利弊無算以九載進工部尚書仍巡撫江南景泰初致仕卒年七十三謚文襄吳人建祠虎邱祀之（吳郡名賢圖傳）

蘇州觀前街大蘇印刷所承印

周文襄公忱撫吳時爲德於民甚大或云文襄本錫人也父元禮文襄幼時嘗受學於王學士達善名永齡後忽爲賈人挾去遂隸吉安賈人亦周姓也至撫吳時求周氏祖祠爲豁其地税云（錫金識小録轉載錫山景物略）

有識謂數百年來巡撫自周文襄王端毅兩公而外未有如湯文正公者也（出長洲汪琬撰湯文正公墓誌銘）

湯中丞潛菴自明至今撫吳者誰比曰海忠介周文襄得公而三（出馮景撰湯中丞雜記）

吾吳於明代應天巡撫所治也居是職者周文襄海忠介張忠敏三公尤著而皆以能治水聞（出吳縣馮桂芬顯志堂集）

項伾字如僉浙江瑞安人進士正統元年任無錫知縣善屬文明恕強直有才力嘗逮繫京師人勸宜巽以免禍毅然不動事白還官正統末致事去民樹碑歌思之祀名宦（光緒無錫金匱縣志）

鄧繼曾字士魯四川資縣人正德十二年丁丑進士軍籍嘉靖中由給事中左遷無錫知縣縣故無官布宜興知縣丁謹欲均派銀一千六百有奇繼曾與謹鎖項詣府爭之乃已又嘗仿周文襄忱法重修圩隄民德之肖像祀之芙蓉圩文襄祠右（光緒無錫金匱縣志）

王其勤字時敏湖北松滋人嘉靖三十二年癸丑進士（按進

蘇州觀前街大蘇印刷所承印

士碑錄作湖廣荆州府松滋縣民籍湖南北同屬湖廣猶江蘇安徽同屬江南也三十三年任
無錫知縣倭躪江南無錫城久廢民情洶洶將潰其勤
至官之三日即召父老謀築城令仕宦之家與百姓分
任版牐而身自率之三月城成倭突至登陴固守邑竟
以全當是時邑中田賦積爲叢姦之藪至有田者不盡
出賦而出賦者不必有田其勤乃履畝丈量釐正其稅
數千石遺愛至今不衰祀名宦光緒無錫金匱縣志
侯性好學善騎射嘉靖間進士甲寅來宰無錫城已久
圮倭寇不靖創議新之七十日蕆事工甫畢寇大至設
奇堵剿殺賊無算後不敢犯清丈田畝繪册給單蠲有

糧無田者十七萬三千餘畝民大便之出錫山攬秋集王公記略
郡志謂萬歷間官爲出錢募夫築隄搴茭塞流多置堰
牐其上於是其地畝可入三鍾厥田上下厥賦下下民
間所以有攤稅之議或又云周文襄公巡撫吳時僅每
畝科米五升以備水旱未入賦額嘉靖中知縣王其勤
始復加丈量而改低田輸稅出治湖錄
海瑞字汝賢廣東瓊山人舉鄉試入都伏闕上平黎策欲
開道置縣以靖鄉土識者壯之隆慶三年夏以右僉都
御史巡撫應天十府鋭意興革請濬吳淞白茆通流入
海民賴其利撫吳甫半歲民聞當去號泣載道家繪像

祀之萬歷初帝屢欲召用執政陰沮之乃以爲南京右
都御史十五年卒官贈太子太保謚忠介明史節
公隆慶三年夏以右僉都御史巡撫應天十府屬吏憚
其威墨者多自免去公鋭意興革請濬吳淞白茆通流
入海民賴其利素疾大戶兼并力摧豪强撫窮弱貧
民田入富室者率奪還之下令颷發凌厲所司惴惴奉
行撫吳甫半載小民聞當去號泣載道家繪像祀之官
至南京糧儲都御史卒於任喪出江上士民送者相屬
不絶市爲之罷謚忠介祠在陳墓鎮吳郡名賢圖傳
海忠介公瑞顧憲副洞陽公可久督學粵東所取士也

海公巡撫江南爲顧公建祠有詩云兩朝崇祀廟謨新
抗疏名傳骨鯁臣志矢回天曾扣馬功同浴日再批鱗
三生不改冰霜操萬死常留社稷身世德尙餘清白在
承家還見有麒麟錫金識小錄
楊家圩浪擊隄卑疊遭水患海忠介公瑞復飭大興工
築出治湖錄
楊春光四川安居人按元明屬合州今銅梁縣歲貢生萬歷十年任無
錫縣丞築圩岸不以顯貴撓法纖悉必謹遷本府經歷
光緒無錫金匱縣志
李復陽字宗城江西豐城人進士萬歷十一年任無錫知

縣編役平允値歲饑捐俸金出贖鍰以振循行阡陌勸課農桑嘗延顧憲成講學擢禮部主事歷官通政參議祀名宦（光緒無錫金匱縣志）

高攀龍困學記所謂李元沖是也（見嘉慶縣志）

劉五緯字夢鳳四川萬縣人萬歷四十七年己未進士天啓元年任無錫知縣精明廉介具文武才案無留牘撟發若神邑天授青城萬安三鄉圩田千頃遇潦皆成巨浸五緯躬率圩民併工挑築工成仍爲沃壤圖設木櫃以收門稅令編戶自投晚則寄貯庫有夫役工費則發之增樓櫓嚴保甲甃官塘五十里民立碑其上曰劉公

塘祀名宦（光緒無錫金匱縣志）

吳興祚字伯成號留村正紅旗人初任江南無錫令康熙十四年耿逆披猖隨王師平閩以功署按察使及臺灣底平遂超遷閩撫二十一年持命總制兩粵入境之日相度機宜部署廢藩綠旗官兵分左右翼左鎮廣州右鎮韶州制軍坐鎮上游控制全粵得扼要之勢逆藩尙之信以罪誅遺孽猶擅鹽鐵重利興祚釐剔甦民東安之河頭西趨高涼直抵瓊州舟車輻輳百貨鱗集奸猾胡從等據市藉率二十而算一緡興祚杖而逐之潮之廣濟橋閩粵通衢歲久傾圮民皆病涉興祚捐白金四萬兩重葺到今利焉粵錢法壅滯興祚設局鼓鑄經畫悉協錢乃流通至於招墾荒嚴營汛春秋耀旅鬬場聲震林木海不揚波苗蠻歸化自崧台解組待命五羊猶躡屐花田泛舟珠海與騷人墨客吟咏唱和所著有宋元聲律選及史遷句解歸朝後復出爲古北口都統卒於官訃至兩粵之人奔走聚哭祀名宦（道光廣東通志）

興祚其先浙江人也康熙十五年隨大師平閩授按察使端重有風度案無積牘獄無沉冤南昌朱統錩自稱宜春王據貴溪爲江閩浙患復竄入浙境興祚令前投誠之僞總兵蔡淑爲內應大軍直擣其巢賊黨馬大珩

縛統錩以獻十七年擢巡撫台寇鄭錦僞帥劉國軒擾漳泉興化總督姚啓聖銳意剿平興祚力爲贊畫水陸輓運軍餉常充又以重兵悉赴泉漳慮省會空虛聯絡漁舟以備不虞建復沿海遊寨以資保障十八年大破賊於江東橋十九年會師拔廈門因留防守蠲荒田租糧減關課與民更始至於葺賢良祠以興文行造洪山橋以濟行旅皆實惠之及民者尋擢兩廣總督（同治福建通志）

興祚康熙二年以貢生知無錫縣縣田久不清丈糧飛詭隱匿立清田由票就號丈田因田繪圖給田主爲永業民至今用之縣四百十四圖中六圖最稱煩苦輸役

者或破家舊有入官田千餘畝令糧長公買爲役費官爲僱募充役害遂息康熙八九年累遭水旱民大饑設法振濟全活者數千人蘇州駐防兵回旗民洶洶請都統令箭單騎往來彈壓市不易肆迨耿逆告變師徒南下興祚先期儲備纖毫不以累民一日大水溢塘岸兵過境不得行於塘之兩旁樹竹爲標馬行標中若坦途標懸一鐙以備宵濟其倉卒應變多類此超擢福建按察使尋授巡撫遷兩廣總督興祚蒞無錫十有三年興廢舉墜禮賢愛士揮斥金錢不少吝而囊無一錢之蓄云祀名宦 光緒無錫金匱縣志

昔邑中多逋賦且多死絕逃亡官惟責成里長一人賠累不堪多被杖責往往破家康熙初邑士孫洊佳等條列其弊具呈於邑令吳興祚詳請革去里長錢糧止責成的戶勒碑永禁 節錫金識小錄官兌官運略

吳公伯成爲令時凡科歲試及季試取士十名以內有未得靑其衿者後總督兩廣皆寄銀爲之援例入監高誼古今所無 錫金識小錄

慕天顏字拱極 近人徵獻類編作字鶴鳴甘肅靜寧州人 生而卓犖順治丙戌舉於鄉乙未成進士平生以文章經濟爲己任嘗言儒者之學貴於有爲除大害興大利學者分內最切事初任浙江錢塘知縣歷陞至江南江蘇等處布政使尋丁內艱在任守制康熙十三年入覲遵旨陳言條奏八疏無不詳切中窾而治河閫防二事尤爲國家大計疏入上深納之十五年升本省總理糧儲提督軍務巡撫江甯等處地方十六年加兵部左侍郎都察院右副都御史是年奉諭旨設法捐造鳥船四十隻解送岳州軍前天顏爲陳古今水戰之功必以火攻爲勝因多方措辦修造火攻之具不百日告成上大悅十七年加太子少保兵部尙書授從一品晉光祿大夫旋因地震遵諭陳言條奏八事首題荒坍賠累無追亟請恩豁以召天和

奉旨勘報天顏遂勘實版荒坍江公占諸虛租遂得承豁二十年以嚴京口駐防事將軍都統皆得罪天顏亦鐫級去官二十三年起復湖北巡撫涖任七月釐剔貪暴調撫貴州未幾簡任總督淮陽等處地方提督漕運海防軍務因條列漕政事例請載入會典至今遵行二十七年奉命會議河工以屯田種柳恐妨民業與河臣靳輔事論落職天顏頗奉二氏教然遇事敢言擔當有爲精幹之氣見於眉宇嘗語人曰夫子一生止是時習時習者時時小心翼翼也即至誠無息也天行之健也從心不踰矩即時習之極功也人於起居動作時一念

不存而怠生卽非時習也其學得要領如此卒年七十
有三著書見藝文目錄 宣統甘肅通志
公順治十二年進士康熙九年由福建副使擢江蘇布
政使時吳中水旱相仍公議請蠲貸緩徵疏濬吳淞劉
河寓振於工丁內艱特旨起復尋入覲凡七上疏曰減
浮糧除荒坍治淮黃寬涸田調守令均田役給囚糧居
七年就擢江蘇巡撫晉階太子少師兵部尚書以逋賦
無徵再請酌蠲詔從之復條上免坍荒停捐例更則例
等八疏十八年旱蝗振恤甚至開濬白茆孟河建牐蓄
洩爲東南之利二十一年坐他事降調去 吳郡名賢圖傳

藩按進士碑錄慕天顔陝西籍吳郡名賢圖傳因之
時陝甘合闈雍正八年進士慕泰生與未殿試貢士
慕豫生猶同籍陝西 江安傳增湘殿試考略以豫生爲天顔孫而謂爲八年進士蓋
據其對策稱癸卯貢士誤爲當年試策也 嘉慶元年進士慕鑿始籍甘肅
惟順治二年設甘肅巡撫 見清代徵獻類編 康熙五年設甘
肅布政使 見甘肅通志 土地人民早經分轄戶籍非考試
比秦安安維峻輯甘肅通志列天顔於鄉賢是也
曾子駒字黎崖福建將樂人康熙十九年以貢生任無錫
知縣値十八年大旱之後繼以大水災荒饑疫餓殍盈
塗自出錢二十萬振救招徠二十年承檄修芙蓉湖隄
獨任修築之費 出治湖錄 辛酉之水縣城四面圮者合六十
九丈子駒修其西南隅而去任 出嘉慶無錫金匱縣志
孫洊佳字蘭階邑諸生倜儻負才氣三佐振濟條上方略
皆施行康熙十九年大水巡撫慕天顔議以工代振洊
佳請築芙蓉圩坍岸七十里巡撫卽委洊佳一月而成
武進江陰咸利賴之其議編審法不可罷最愷切又議
革除經催 (原注)催一圖十甲本年糧餉逢卯候比不及欠戶 議停丈量蘆洲議
門稅勿加耗而免孤寡之稅時吳興祚爲縣官深倚信
洊佳洊佳於邑利病亦知無不言 光緒無錫金匱縣志
康熙庚戌歲大饑先生謁邑宰吳公興祚曰饑民皆公

赤子公有父母之責必存不忍人之心某無其責而不
忍之心則一也敢爲公熟籌之盍發官倉米一千石以
倡發捐簿三十本使某與諸紳竭力募捐設廠煑粥以
濟窮黎毋坐視數萬生靈爲溝中瘠也吳公義而許之
先生偕王時巽朱昆藍等集捐米七千餘石親詣四鄉
稽核饑民計口登册分設二十四廠以振民氣稍蘇戊
午己未庚申江南又連歲大祲中丞慕公天顔雅聞先
生名禮延相見先生進救荒策凡粥振米振錢振工振
秩然有條中丞如其言檄各州縣依策行全省受實惠
爲錫邑振務仍任先生庚申之大水也芙蓉圩受患特

甚先生上書中丞亟爲築隄濬河建牐撥周七十里之大勢而定其規此非持一時之利實千百世之利也迄今圩人猶娓娓道先生之德弗衰節陽湖趙翼撰孫先生家傳

戊午己未庚申奇荒洊告死亡遍野慕撫軍發帑數十萬大振各州縣余以廠宜分不宜合之見直陳憲聽撫軍虛懷採納傳進東廂凡所指畫無不傾心面委築芙蓉湖三縣隄岸告成覆憲節洊佳自書紀年草

孫元楷字竹筠無錫人以貢生授溧水縣教諭好騎射能挽五石弓有謀略勇於任事縣故有楊家圩明周文襄忱就湖築隄以成民田道光二十九年大水隄決元楷

條上工振並籌修築圩隄之議常州知府嚴正基達之巡撫傅繩勳巡撫即委元楷董其事工竣隄高厚完固至今無潰決圩民德之奉長生位於文襄廟咸豐三年河決於豐浸及淮徐元楷適北上罄貲爲振士人爭輸錢粟復爲條理振濟之法淮北有振務自是始六年江南大旱元楷辦理本縣災振益盡心力大府言郡屬振務錫金爲最咸豐初粵賊竄金陵元楷留辦本籍團練捕內應賊張寶於九龍山逮陳湯沅於北城與分布蘇州之金某唐某丹陽之柯邦慶同寘諸法請兵搗三巴橋抗糧剽劫土匪脅從皆散縣境以安十年大軍潰郡縣不守提督馮子材招元楷襄辦鎮江防守同治三年蘇常以次復巡撫李鴻章檄辦無錫善後積功保知縣分發浙江加運同銜入都引見卒於京師江蘇通志稿

道光二十九年楊家圩隄潰君於是董興修之役三閱寒暑而工竣隄益堅後乃無潰決之患咸豐三年春河決於豐浸及淮徐君適北上道此悉罄所攜以倡鐲闓者感動爭輸錢粟復爲條畫振濟之法全活無算自後邑有水旱災凡屬救荒諸政君必與聞當事亦倚以辦君爲人剛直遇事敢言惟義是趨毋少瞻顧人或以是怨君謗言交集予初與君不相知後嘗共事乃大歎服

以爲同人中足以當大受濟大艱者無逾君君固知謀功名之士汲汲求自試非遯世者流乃天不假年僅僅表見於鄉里卒不獲大展其才以究厥用其可惜也夫其可悲也夫節無錫秦緗業撰孫君家傳

道光間恆患水災某年楊家圩隄潰千萬衆號呼求救君冒雨馳往督衆遏隄而土輕水大輒被衝去無計可施適有三舟從隄外過君令衆挽舟就隄遏水舟人號泣君言汝舟值幾何貨值幾何必一一償汝舟人固求免而君已將三舟沈於決口用土四圍塡之舟重水不能衝決口立塞圩由是得全是說也余得之過媼媼本

圩人親見之媪爲余妻乳媪妻君族姊也故余知之詳而君未嘗自言之不知此即仁之術也君行事大率類是人之毀君者亦以是又君於邑中各富家若燭照數計咸豐六年大旱邑令屬君與余勸捐辦振每日偕君出度某家可捐之數若取之囊中是年振務克濟君之力爲多（節金匱華翼綸撰孫府君墓表）

右歷經奉祀諸公

傅繩勳字秋屏山東聊城人嘉慶十九年甲戌進士改庶吉士散館改工部主事充軍機章京洊升郎中授瓊州府知府調夔州府遷廣東鹽運使時潮州有洋人入城

愚民滋事奉檄赴潮查辦至則以恩誼結百姓以德威慴洋人事得速結潮民感之歷升陝西按察使江甯廣東雲南布政使道光二十八年擢浙江巡撫調江西巡撫時德化等十二州縣被水成災奏請借庫銀三十餘萬兩分別散放並修各州縣圩隄以工代振明年調江蘇巡撫復值蘇松常鎮江揚等屬被水爲災奏請借撥銀一百萬兩以資散放又請碾動倉穀平糶均奉俞旨並發內帑銀一百萬兩飭即妥爲振撫災民咸慶得所咸豐元年因病開缺三年土匪朱景詩倡亂奉旨辦理本籍團練協力防守境賴以安同治四年卒祀鄉賢祠國史有傳（宣統山東通志）

嚴正基字厚生一名芝嘉慶癸酉科優貢本科副榜充鑲白旗官學漢教習期滿以知縣分發河南歷官武安禹孟息鄭諸州縣皆有惠政士民爭立去思碑任靈寶時縣多狼爲文告城隍神狼遂絶跡擢知鄜州尋調常州府常州水災親乘小船沿流振卹爲廬舍粥藥以待災民陰以兵法部勒之無病死亦無譁亂者咸豐元年以侍郎曾國藩薦由淮陽兵備道署按察使佐廣西軍事署湖北布政使旋內轉通政使上疏論兵事言甚切至上嘉納之以病乞歸咸豐九年粵寇圍寶慶漵邑接壤

因馳書各大憲密布方略防隘堵卡四境獲安卒年七十九（民國十一年漵浦縣志）

正基字秋舫漵浦人在江蘇與邵陽魏源默深上元梅曾亮伯言元和陳奐碩父爲一時名流咸豐元年五月廣西巡撫鄒鳴鶴奏調正基以自輔（見無錫薛福成庸盦集）旋以升任河南布政使總理廣西團練（見臨桂龍啓瑞經德堂集）居官方正廉謹入爲通政司使老疾告歸（見湘潭王闓運湘綺樓集）

華廷黻原名廷藻字蓉溪邑諸生能書畫道光二十年大水廷黻以官振不能遍而或以食振爲恥乃與余治議設粥店減價賣又擔粥就之全活無算後遇旱澇皆如

之（光緒無錫金匱縣志）

余治字蓮村邑諸生以勸善爲己任每謁當道及諸富室晝䘏災保嬰等事多得行江陰長興沙有劇盜王錦標咸豐四年大府密札福山總兵將往剿以治習沙民檄令先往治至集衆諭以禍福皆聽命共縛錦標餘黨悉解治晩年益廣刊善書或集優人俾演古今果報事冀感發鄉愚一時有余善人之目（光緒無錫金匱縣志）

右光緒三十一年增祀諸公

廟祠

周文襄公祠俗稱尚書廟在楊家圩吳瀆霜字壹號承糧九分祀巡撫周忱咸豐十年廟燬光緒十四年圩人吳樂山等募捐修復門屋東向三楹屋後方軒如亭亭後正殿三楹左有廡有門通左院左院屋三楹爲享堂邑人孫勳烈同於十四年創建

正殿塐文襄公應身圩民歲時祈賽報社

享堂中室三龕中龕奉文襄公神位海忠介吳制府慕傳兩中丞四公爲配先朝品官殊制位殊禮亦殊也府縣已下與搢紳分祀左右龕民之父母邦之賢士大夫位不相淩也

附別見諸祠

二尚書祠在胥門外懷胥橋南祀工部尚書夏忠靖公原吉工部尚書周文襄公忱（同治蘇州府志）

周文襄公祠在半塘普濟橋祀巡撫周忱乾隆十年巡撫陳大受以廢祠改建自爲記咸豐十年燬同治十三年重建一在虎邱法堂後又一在吳縣寶林寺天順間建皆圮廢（同治蘇州府志）

五百名賢祠在蘇州滄浪亭並祀周文襄公忱海忠介公瑞中丞慕公天顏（吳郡名賢圖傳）

五中丞祠在惠山寺左舊爲周文襄忱專祠正德中知縣談清始建列祀萬歷中幷祀海忠介瑞繼又幷祀周孔教康熙六十年又增祀湯文正斌稱四中丞祠道光二十六年以革除現年弊政又增祀李文恭星沅爲五中丞祠（無錫金匱縣志）

周文襄公祠在芙蓉圩者二一在錫界和尚塘橋一在武界雙廟牐祀周文襄公忱並祔海忠介瑞慕中丞天顏二公（芙蓉圩修隄錄）

鄧侯祠在芙蓉圩祀知縣鄧繼曾嘉靖中建（無錫金匱縣志）

四侯祠（嘉慶志一曰甘棠祠）在惠山周文襄祠左祀知縣鄧繼曾萬虞愷王其勤李復陽久廢（無錫金匱縣志小注）

松滋王侯祠在惠山繡嶂街祀知縣王其勤萬歷間邑人

高攀龍倡建列祀又有廟在南門外俗稱南水仙廟康
熙二十年邑人高菖生周詢等捐建嘉慶十四年拓地
重建列祀咸豐十年燬同治間興建（無錫金匱縣志）
劉侯廟俗稱水仙廟在城西太保墩祀知縣劉五緯順治
初卽水仙廟改建列祀咸豐十年燬同治間興建（無錫金匱縣志）
吳公長生祠二 一在惠山若氷洞東北小樓邑人奉吳興
祚祿位（康熙無錫縣志） 一在楊家圩衛涇圩人亦奉興祚祿位（治湖錄）
藩按嘉慶錫金志載吳公祠在楊家圩吳家港當卽

生祠改建光緒縣志注久廢今衛涇祠基仍由吳公
祠承糧
尊賢祠在惠山二泉亭門外祔祀尚書前無錫縣尹吳公
興祚（無錫秦瀛尊賢祠祀典考）
慕中丞祠在芙蓉圩湖上橋祀巡撫慕天顏（無錫金匱縣志）
曾侯祠在楊家圩祀知縣曾子駒今廢張允欽撰記（治湖錄）

楊家圩周文襄公祠考略卷上終

楊家圩周文襄公祠考略卷下

無錫孫藩圻屏東編輯
同邑王匯辰竹霖集印

界域

四至

探湖錄東湖楊家圩東址江陰界（原注）東卽高橋河尙非江陰界東北四河口乃江陰界也 南由五瀉出高橋西南址萬安鄉通石瀆西抵
前洲通乙虞橋西北聯芙蓉西湖和尙圩之五重涇北
址江陰芙蓉湖十七圩一名馬家圩北址四河口（錄縣志）
藩按楊家圩東至皋橋五瀉河北流經石幢達四河

口通江陰運河俗稱東塘河南至自東塘河大浜口
包旭畄經萬壽河西抵張家岸會石瀆柘塘諸水出
蠡口橋達運河西南至林莊達大蓊井西至華蘭子
蘆蕩達前洲北至浮舟圩東村橋東北至高家尖不
與和尙十七諸圩屬矣

大圍

探湖錄楊家圩圍隄大岸九千六百八十餘丈內大小
五十六圩各分界岸統共三十四萬五千六百八十二
丈三尺屬青城鄉六一六二六三七一七三萬安鄉九
一九四等圖有八牐三十八壩龍潭二處圩地外高內

低形如仰釜漸進漸低內畫縱橫水岸如遇水漲高水不入於中中水不入於下下水不入於低每年冬水旣涸春漲未來起土挑築一律鞏固毋致一隄滲漏全圩受累則湖民安堵無恐（錄縣志 按九一圖今析於青城區）

識小錄芙蓉圩四圍隄岸闊一丈八尺高八尺內幫子岸高四尺中間界隄闊一丈二尺高六尺圩形如坦盆四圍稍隆起中心極窪下內四周作抵水岸逐層而下如樓梯然雨至未滿二尺猶微露岸形若水逾二尺則各岸平沈汪洋一片淫潦不止外水衝入則圩民胥爲魚鼈故防守隄岸最爲緊要（錄縣志）

藩按識小錄所載不及楊家圩光緒志所引識小錄亦有去取惟各岸高闊丈尺與嘉慶志並同嘉慶志故並列楊家圩者故仍錄之

大圍共九千四百九十丈　自洲泗瀆牐東石牌起九一圖號字西垓二百五十丈東垓一百八十丈蔣涇壩河一百二十丈張道涇牐河二百八十丈張道涇東石牌溝九百四十丈新涇河十丈承中圩二百六十丈史家圩二百丈龍潭牐二百四十丈唐家壩卽東徐瀆河一百九十丈七三圖水字東段石牌頭一百丈北家潭二百四十丈六二圖霜字東段吳瀆牐三百十丈章瀆壩河二百十丈楊倉渡二十丈馬塘港壩三百四十丈大灣上三十丈小楊瀆壩九十丈松家港壩十丈六一圖爲字唐家圩一百八十丈高家尖順塘橋七百四十丈啞吧橋一百丈六二圖霜字西段章村壩二百丈楊瀆牐三百七十丈新河二十丈東村橋下二十丈黃泥溝二十丈芝麻搶岸一百九十丈朱方壩八十丈南芝麻搶岸一百三十丈章瀆壩三百二十丈崔家橋六十丈便民橋一百九十丈七三圖水字西段吳瀆壩五百九十丈柘塘橋二百十丈新瀆牐一百十丈七一圖生字徐瀆壩一百四十丈唐港壩七百十丈黃泥涇二十

丈黃泥涇河一百五十丈花渡涇河三十丈九四圖珠字大船圩二百丈林莊橋五百二十丈東長溝一百七十丈至東石牌止

藩按此係光緒三十一年丈量數目較探湖錄爲絀然錄幷六三圖計列則此數又贏以萬丈之隄相差小數亦毋辨矣六三圖坐浮舟圩別立隄圍自行管理不屬楊家圩內

大牐

永豐牐一名洲泗瀆牐在南隄西萬壽橋東九四九一圖界河

張道涇牐在南隄東萬壽橋西坐九一圖
永甯牐一名龍潭牐在東隄東龍潭九一七三圖界河
興隆牐一名吳瀆牐在東隄尙書廟六二六一圖界河
楊瀆牐在北隄對浮舟圩坐六二圖
徐瀆牐一名新瀆牐在西隄西龍潭七三七一圖界河

村巷

六都二圖　吳巷　章巷　衞巷　朱巷　楊倉渡 已上通稱三港　田巷　前馬路　後馬路
七都三圖　唐巷
九都一圖　王巷　張巷　季巷　梁草屋　周巷

錢巷　俞巷
九都四圖　鄭巷　施巷　祝巷

雜鈔

無錫金匱縣水利志

宣德中巡撫周忱以芙蓉湖田歲久湮廢乃築溧陽東壩以捍上水開江陰黃田港以洩下流於是湖之淺處皆露築隄成圩西湖芙蓉圩爲田十萬八千餘畝折平田七萬餘畝屬無錫者三之一爲田二萬餘畝東湖楊家圩爲田四萬七千餘畝

藩按嘉慶志作銀注東壩光緒志改溧陽未加辨證考蘇屬地輿圖說唐宋築銀林五堰江南水利志東壩爲銀林堰之故址屬高淳縣明中葉蘇常迭被水災於高淳之銀樹鎭橫築上下兩壩 見江南水利志省議員施文熙議案 歙宣諸水折而西達蕪湖入江蓋銀林堰名銀樹地名嘉慶志爲樹注之轉音光緒志幷縣屬亦誤之甚矣方言之難釋治湖錄之不可恃也

又按嘉慶志楊家圩低田列金字在內光緒志以金屬浮舟圩刪之

又按光緒五年報縣圩內成熟田畝九一圖三千八百餘畝九四圖一千九十畝七一圖一千五百四十

餘畝七三圖一千八百五十畝六一圖五百三十畝六二圖四千六百八十餘畝與志載之數四之一稍羸剔除六三圖掇西圩折平比例亦難强合前人舉湖之面積統各子圩言之歟

嘉靖八年知無錫縣鄧繼曾重修芙蓉湖隄

萬歷十年無錫縣丞楊春光修芙蓉湖隄十一年知無錫縣李復陽詳請官錢相繼修築

天啓二年知無錫縣劉五緯修築北官塘鵝子岸長三百二十丈有奇時名之爲劉公塘又躬率芙蓉湖民併工挑築圖設木櫃以收門稅令編戶自投有夫役之費

則發之多置堰牐分立小圩互相防禦

康熙九年夏大水壞芙蓉湖隄知縣吳興祚捐俸米三千三百六十石給散饑民興修圩岸勸各田主每畝出傭米三升給佃併力挑築計共隄工每日三千五百六十三名自十年二月起工至四月乃竣編設圩長三十六名岸甲一百八名照田分派督催凡充圩圖之役者專值隄工優免雜項差徭

芙蓉東湖楊家圩有章瀆河一道東西直長三里南北兩岸圩田藉以蓄洩章瀆東西各有大壩其東壩有旱洞通流內灌各圩田畝遇澇則兩壩設車戽水出塘如

需車二十具東西兩壩各設車十具協力戽救仍於東西兩段各出夫頭一人互相稽察不得偷減並禁私築腰壩以致阻塞

藩按光緒志所載偶有删創今悉錄嘉慶志

康熙二十年巡撫慕天顏檄修芙蓉湖隄委糧道劉鼎督之知縣曾子駒設法購料散給口糧通計各圖各甲照田均派將圩中小岸專責佃農外圍大岸種田者築三之二輪役者築三之一令圩長岸甲督率併力修築其派修之法每圖均分十段以十甲挨次任修惟萬安九一圖號字界內有東龍潭漁潮頭圩等處河闊水險施工爲難不得視他圖均派因酌難易以定分段易者其段贏難者其段狹於吳公生祠分寫十鬮十甲公拈照鬮分修有田在此而所分在彼者不得私自更易

優免雜項差徭碑文

無錫縣正堂加三級紀錄三次范　爲環叩電請等事乾隆三十五年六月初一日奉特簡江蘇常州府正堂加一級紀錄五次梁　憲牌內開乾隆三十五年五月二十一日奉欽命江南蘇州等處承宣布政使司布政使李　憲牌開奉太子太傅內大臣兵部尙書兩江總督部院統理河務加五級高　批前署司詳無錫縣民

楊增祿等呈請楊家圩田畝優免差徭移碑豎立一案議覆緣由奉批仰即如詳轉飭遵照仍候撫部院批示繳又奉兵部侍郎兼都察院右副都御史總理糧儲提督軍務巡撫江甯等處地方薩　批開楊家圩免差原碑既係查明並無別故如詳准其移立以垂久遠仍候督部堂批示繳各等因抄看由府轉行到縣奉此查楊家圩卽昔年芙蓉湖之東湖向屬巨浸前明周文襄公築湖成田編定爲霜金生水號等字六號分列六一六二六三七一七三九一等六圖圩民專以築岸隄防爲務一應大小差徭概行優免芙蓉圩之碑立於文襄公

祠內楊家圩之碑立於西來庵內均在鄉間今芙蓉圩之屬陽湖者先於乾隆二十四年詳明立碑陽邑署前其芙蓉圩之屬錫邑者據圩民沈金芝等具呈亦經詳明立碑錫署之前是以楊家圩農民楊增祿等呈請立碑以免日久湮沒等情詳奉批查議詳令奉各憲允准前因合行勒石永遵嗣後楊家圩六圖悉照舊制一應大小雜差概行優免其應修築圩岸照依業食佃力之例歲加興修以利田疇責成圩長圩甲秉公均辦毋得徇私偏累干咎各宜遵照須至碑者 乾隆三十五年九月

張臣若 九欽 曾侯祠碑記

余嘗逖稽往古近考來茲而知非不朽之人不能行不朽之事非不朽之事不能垂不朽之名自故迄今未容多遘也乃其遠在唐宋間者毋論已嘗於游覽之暇南北二祠而得海公撫軍大略入邑侯祠而得王公牧民大略之二公者生不同時仕不同朝官不同秩而皆有功德於民故其民歌之誦之尸之祝之爲之建廟立石以識兩公之蹟於不朽如禦災捍患振荒築城諸大政載在殘編斷碣中者至今憑而弔之猶凛凛生氣焉竊以二公之後當不復有如二公者出焉爲南天柱石也不謂今日者乃於巡撫慕公邑侯曾公見之其居官善

政未遑悉述惟是康熙十九年水災一事江南獨無錫爲甚無錫獨芙蓉東西兩湖爲甚東湖楊家圩正當湖下流之衝旁有一小圩名曰浮舟適足佐本湖奔潰四軼之勢六月二十六夜半風雨驟至圩岸崩頽倏忽水深丈餘桑田立成滄海居民盡爲魚鼈室廬湮沒煙火淒其僵尸載道老羸溝壑洵足悲矣甯問有今日哉幸有撫憲慕公不忍之心切於上邑侯曾公如傷之念迫於下惟憲輟食減膳惟侯麥飯菜羹捐俸同也惟憲輸粟備振惟侯置廠設糜救荒同也惟憲給米築圩惟侯發銀採木禦災捍患同也惟憲疏請於朝寬徵改折惟侯乞靈於憲設法緩刑催科撫字同也圩之民暑雨祁寒不勝疾苦正供之外概免雜差憲恩縣澤同也茲因圩岸告成歲臻大有桑麻雞犬安阜順成民懷其德尸祝於旁既已立廟祀之不可不勒石記之以識吾民木本水源之至意爾余不揣而爲之序見王海二公不得專美於前而將來之繼吾二公後者圩民不能無望焉庶幾棠陰之弗替云

圩民頌曾公德政歌

梁溪自古號劇邑莅茲土者多艱辛本朝吳公推第一至今功德猶在人我侯治行更矯矯高風絕世無比倫

屈指下車未二載德政一一難具陳嗟哉湖民天不造
苦旱未已復苦潦旱兮猶自可潦兮不可道三旬霪雨
遍江南百里長隄一時倒田園廬舍有誰存淹我湖民
如電掃嗟哉湖民天不造家不留兮身不保我侯問道
獨傷神扁舟洒淚向湖濱撫我恤我復謂我朝廷即日
遣重臣天子待報沛膏澤爾等今勿徙舍甕須臾重臣
來覆覈事勢乃復多邅迍我侯艱苦嘗且遍一心只欲
活我民惻惻至誠能動憲捐金發粟須臾間人持百錢
戶持粟相對感泣淚潸潸謂非我侯爲請命憲恩汪濊
何時頒浩浩仁風流四遠鴻雁漸漸有時還我侯後此

思安宅謂隄不築終非策此時撫憲發粟多此日我侯
捐金百三來湖上鳩僝功一日庭中遣數役鼛鼓不煩
民用勸匝月告成功邁昔湖隄屹然如金城湖民自此
登袵席側聞朝廷經費多庸租遣使催科急一日二日
四五至低眉束手無如何念我湖民難重困欲征不征
姑蹉跎夜犬不驚湖月靜曉起不聞小吏呵披簑負耒
向田走日月閑閑向南畝五風十雨無愆期太史今年
書大有只應明德格上蒼使我民安物亦阜憶昔豳風
歌最古沐德稱觥祝萬壽湖民感德蒼溟深可無藉手
樂父母登公堂酌壽酒老穉齊齊來拜手一拜一祝侯
一祝一稽首祝侯位列五雲邊祝侯金印大如斗桂子
堂前發滿枝天香馥馥來座右請侯爲舉屠蘇樽壽與
天長同地久

孫竹筠 元楷 重修東芙蓉湖楊家圩記

道光二十有九年歲己酉江南大水余居距芙蓉東圩
三里而近圩邊隆中窪至是隄潰全圩浸灌禾稼室廬
蕩盡民扶攜老幼結筏逃生呼號啼哭之慘不忍聞睹
余既籌振撫事水退隄磷磷如鑿齒狀積潦未洩民無
所歸乃爲以工代振修築圩隄之議上諸郡守嚴公達
諸中丞傅公檄下召丁壯具畚挶次年春二月併力舉

工懼陰雨之不時也先搶修大圍酌難易分段落易者
段贏難者段縮量工校力計百日圍合不三日夏雨大
至民賴以安於是加高培厚外圍之內傅以子岸縱橫
界隄層累而下俾高水中水下水不相侵牐壩旱洞易
以石工視昔益固凡糜錢萬四千八百三十緡有奇余
躬冒寒暑相度指示越三年而竟功按吳地記無錫湖
四萬七千三百頃在晉陵江陰無錫境內其地多芙蕖
故又名芙蓉湖自春申治陂開稼穡之利晉張闓洩湖
水令入五瀉注於具區欲以爲田其功不成宋元祐中
稍稍修之明周文襄公忱巡撫江南築溧陽東壩以捍

上水開江陰黃田諸港以洩下流就湖築圍耕種成田
畝入三鍾圍大小以百數東西兩圩尤著東即芙蓉東
圩俗所稱楊家大圩者也圩以內爲田四萬七千餘畝
佃農錯處楡柳掩映村落相望夕陽欲下菱歌漁唱遠
近互答水鄉生計頗亦饒足顧享其利者必受其害身
家性命全繫於一綫之大隄隄一失愼慘苦莫可名狀
故言治圩必以建堰牐謹隄房爲務踵文襄後者有海
忠介公瑞暨邑侯鄧公繼曾劉公五緯國朝則吳公興
祚濬錫最久屢棹小舟涉村墟招父老詢民疾苦釐定
章程優免徭役迨持節南粵猶寓書中丞慕公天顏廑

懷飢溺慕公痌瘝在抱邑侯曾公子駒亦多惠政余族
祖洊佳實佐理之惜無紀述其詳不可考證治湖錄所
載又詞近俚俗薦紳先生所弗道乾嘉以來禁令日弛
奸民罔利侵削種植歲修久失道光三十年間三次潰
決民不聊生嚴公此舉接武前賢余適承其乏夙夜焦
勞勉藉衆力以底於成公之澤民之幸也願我農人自
今以後毋貪利毋惰功歲歲培修世相保守利賴何窮
焉是役也贊成之者淡水同知杜紹祁通判竇承焯熟
悉圩情相與計畫者訓導余治生員華廷黻華介福余
姪監生德熙訓導成烈與有奔走之勞例得書至周圍

弓步高厚丈尺輸捐姓氏別具册報不復載 咸豐三年二月

余蓮村 治 永濟閘記 節錄

道光二十九年錫邑大水爲災楊家圩大隄冲潰挂灘
各小圩亦多坍沒予與蓉溪華君等以修築圩隄稟於
郡尊沐批飭縣撥款興修孫君竹筠偕華君蓉溪董修
予亦忝在贊襄之列設總局於圩中俞巷 同治十二年十一月

王伯厚 錫驥 等呈請復祀稟文

具呈侯選訓導王錫驥職員俞子淸鄭鴻漸從九職銜
唐學乾六品軍功吳錦堂圩民吳天喜楊惠元章明煜
祝蘭慶季廷川唐玉林吳松庭楊根榮朱元龍鄭善裕

楊如元鄭洪茂楊喜生王介眉陳茂松季德張茂昌楊
明高梁森嚴國寶等 稟爲功德在民修祠復祀環叩
立案事竊東芙蓉圩吳瀆舊有周文襄公祠衛涇舊有
吳公祠歷年已久不知何時吳公神位移置文襄祠并
祀自明以來官紳之有功德於圩者粵匪之亂祠宇頽
廢光緒十四年孫故紳勳烈集資建復并捐貲於殿左
建堂三楹圩民始肖文襄公像以伸春秋祈報而從祀
諸公神位未修祀事久闕心常歉悚伏思自文襄公築
湖成田民免阻飢又苦昏墊則修築之功不在文襄下
謳歌尸祝胥出至誠由明迄今歷歷可紀康熙九年大

水壞隄兩廣總督吳公方知無錫縣事捐俸修築圩人立吳公生祠即衛涇祠也十九年隄復潰中丞慕公邑侯曾公及邑諸生孫公散給口糧通力合作明定章程至今遵守勿替道光間三次潰決一荒三熟民不聊生二十九年全圩沈沒邑教諭孫公條上前太守嚴公達之前中丞傅公以工代振奉檄興築高厚堅實數倍於昔從圩心望之若城垣之屹立故五十年來未嘗浸溢潰壞圩中父老當日奉孫公禄位於文襄祠以報茲者圩民重新祠像工竣就殿左堂屋奠文襄神位循舊奉前明南京右都御史巡撫應天等府忠介海公瑞無錫

縣知縣項公伍王公其勤鄧公繼曾李公復陽劉公五緯無錫縣縣丞楊公春光國朝兩廣總督前無錫縣知縣吳公興祚江蘇巡撫慕公天顏無錫縣知縣曾公子騊邑紳贈江西靖安縣知縣孫公洊佳江蘇溧水縣教諭升任浙江知縣贈榮祿大夫孫公元楷一併從祀復增祀江蘇巡撫傅公繩勳常州府知府嚴公正基邑紳旌表孝子候選訓導余公治候選訓導贈浙江黃巖場大使華公廷黻皆道光庚戌之役有造於圩民者也夫負薪塞決其澤宏培土補漏其惠小故非潰圍築隄凡僅任歲修小修之勞者不能遍及職等世居圩鄉呼籲迫切傳聞較眞飲水思源不敢忘報爲此聯名稟叩仰祈老公祖大人察核照准立案以順輿情上稟無錫縣正堂陳 批如稟立案 光緒三十一年三月

王伯厚 錫驥 紀略

咸豐四年五月頓發大水圩岸西面華蘭子蘆蕩口圩岸兩面忽裂中留一綫兩人不得行路時俞三寶觀赤足摸水至王巷與先父介亭商量遂將漁船送至圩岸同到孫府然後再到北七房奉訴華蓉溪即與四先生一同到蓁塘橋辦木料兩排內外打樁上用木搭然後僱工將泥包築圩民賴以戽救田禾歲得大熟

此記得之廢簏不具首訖不記歲月爲王伯厚廣文親書人都識之廣文尊甫介亭名榮能詩蓉溪名廷黻四先生則先王父溧水府君生前人以是稱之皆與於庚戌築隄之役廣文世居圩中寥寥百數十言當時震撼憔悴情狀前人倉卒應難仁爲己任之心歷繪如見錄列簡末以冀傳久甲戌立夏藩圻附識

楊家圩周文襄公祠考略卷下終

錫邑芙蓉圩續修治湖迹

（清）張容照 輯

《錫邑芙蓉圩續修治湖迹》四卷，（清）張容照輯，清咸豐四年（一八五四）仲夏木活字印本。無錫圖書館藏。

芙蓉圩，位於無錫北鄉玉祁鎮和常州武進區之東北一帶，是明宣德年間江南巡撫周忱大規模治理芙蓉湖之後形成的兩大圩區之一（另一個大圩區名叫楊家圩）。因歷史上治理芙蓉湖（圩）的記述，前人已纂修刊印過多部志書，故此書稱爲『續修』。纂輯者張容照，生平不詳。書前載有吴時行、余治、孫元楷所撰序文各一篇，並刊有周文襄公（忱）祠堂圖和錫邑芙蓉圩圖。吴時行，廣東番禺人，道光舉人。道光二十四年至咸豐二年間，曾三次來任無錫縣知事。余治（一八〇九—一八七四），字翼廷，號蓮村，無錫前洲人，長期從事教書和戲劇創作，尤致力於家鄉之慈善救灾事項。孫元楷（一八一九—一八六八），字用修，號竹筠，無錫石塘灣人，錢基博、錢基厚兄弟之外祖父，著名慈善家，曾主持興修楊家圩，爲鄉民稱道。

該書輯録了明清時期治湖治圩功臣周忱、楊春光、李復陽、歐陽東鳳、劉五緯、吴興祚、慕天顔、曾子駒、宋犖、張璨等人的事迹以及有關碑文、卷宗、議單、沿湖各圩壩洞車洞位置、名稱、各段承管者姓名等史料，是芙蓉湖（圩）治理的珍貴資料之一。（夏剛草）

咸豐歲在甲寅仲夏刊

錫邑芙蓉圩
續脩治湖蹟

特授無錫縣知縣吳淳鏞鈐印

重脩芙蓉圩大圍序

天地之奇災天地之氣數為之也而天地之氣數不得人以轉移之災愈奇而愈靡已芙蓉圩築自前明宣德時至萬歷七八年巨浸稽天奇災也得縣丞郭

公水利林公支河工銀兩幷脩倉穀且賑且築而奇災消泊乎本朝康熙十九年堤潰又一奇災也得巡撫慕公捐俸脩築而奇災熄至康熙三十三年堤崩又得巡撫宋公仿慕公故事而

奇災大除自此以迄至道光二
十年民生休養百數十年矣復
遭奇災奉　府大憲查公諄諄
敦勸前憲李公詳請各大憲彙
同紳董杜紹祁寶承焯顧鴻逵
龔煜鄒觀揚王煥東等撥費興

修帖致扇董薛鎮星於
息賑外更加義賑堤可築飢可
療受奇災者幾忘其為災矣二
十八年余移任錫邑其明年陰
雨兼旬五月十三日大雨十七
十八日又雨予於十五日下鄉

勘荒偕柃者吳又新張定吳富
照吳觀光等於五龍汪口望見一
線長堤内圩民房盡在烟波浩
淼中而大堤下但聞洪濤巨浪
衝擊聲因竊念前泌陽邑時與
紳董劉彌全瞿嚴泣圩董姚信

等經理圩堤今又見此何圩民
之不幸也余甚憫之因於解任
後捐俸為異日脩堤費迄今又
已數年生員張定吳又新等因
續刊治湖蹟請序於予述圩堤
之本末更述薛經閣捐助情由

余與經閣所捐雖不足以勒石
而於善後事宜不為無補詠生
等善為經理永遠勿替庶幾挽
回氣數災亦不為害是余之所
深望也夫
咸豐歲次甲寅文林郎前知無

序四

錫縣事陞授知州雨亭吳時
行序
陽湖馮燕詒芝塘氏書

吾邑之西有芙蓉圩本古芙蓉湖
地一名射貴湖一名上湖水勢汎溢烟
波浩盪為龍蛇出沒之區明宣德
初周文襄公忱治湖築田無算出穀無
十萬厥後萬歷以降天啟五年迄

序一

國朝康熙十九年大水為患潰堤數
文民幾為魚邑令郭侯慕宗諱公
經營其間民得安堵如故道光三十
年水又為患范家庄都前衝決
大堤十餘丈全圩淹沒圩民流離失

所良可憫也時浄氣吳君九根張君
登圩中矜者哀非獨令接鄰志錫
邑事者爲彭齡李公親自看驗心
爲痛之
恩賑義賑有加凡已二十一年撥費與

序二

修築薛士芬爲正董薛經閣爲經
董經閣不辭勞勤偕吳鑑吳鴻
山諸君竭歷從事每月後大堤告竣
爲夫圩之有堤亦来有自然失之
於前不免壞之于後甲寅春浄氣吳

君為之感於斯刊刻爲兩度計以採湖
錄一帙并所著治湖蹟一卷示予之往
沙湖而講學事章之告須臾之間
得參末議然予董楊家圩之中事
宜往來于懷講學後覽採湖錄治

序三

湖蹟讀之始悉治湖之法備詳於此噫
後之人敢爲守之遵而行之浚濤臣
浸行所望乎是書吳君之苦心亦予
之厚望也夫
咸豐紀次甲寅夏五月　余治序

閭舊志邑之西北有芙蓉湖本巨浸也自明宣德間周文襄忱治湖成田分爲東西兩圩東爲東芙蓉圩又名楊家圩西即西芙蓉圩西圩視東圩較大地跨三邑自圩成而每歲出穀不啻數十萬國計民生咸有賴焉迨萬歷天啟

國朝康熙年間水屢災堤屢潰郭張慕宋

諸公憫之撥帑修築岸土之高厚堅實逈異往昔而溝塗界畫抵水出水之法又極意經營無如年久失修堤岸日漸卑薄至道光庚子水浸盛堤由范家庄村前決廬舍人民均行漂没凈氛吳君暨圩中衿耆據情聞之邑侯邑侯李公親自履勘心焉傷之請之　大府會同陽邑商之總局諸公撥費修築即舉薛君士芬薛君經閣董其事堤始復其故常凈氛容照吳君暨九垠張君懼經界變易舊章日湮無所稽也仿探湖錄舊本著治湖蹟一卷以爲垂後計因余於道光庚戌曾有勸捐興修東芙蓉圩之舉圩中情形畧悉攜以示余余適董團練稽查等事練勇籌捐不遑暇食未

盡展閱然君等生長圩中治圩自有成規無庸傍參末議因就余所聞爲之序圩民能遵而守之未必非禦災捍患之一助也

咸豐歲次甲寅仲夏邑人孫元楷序

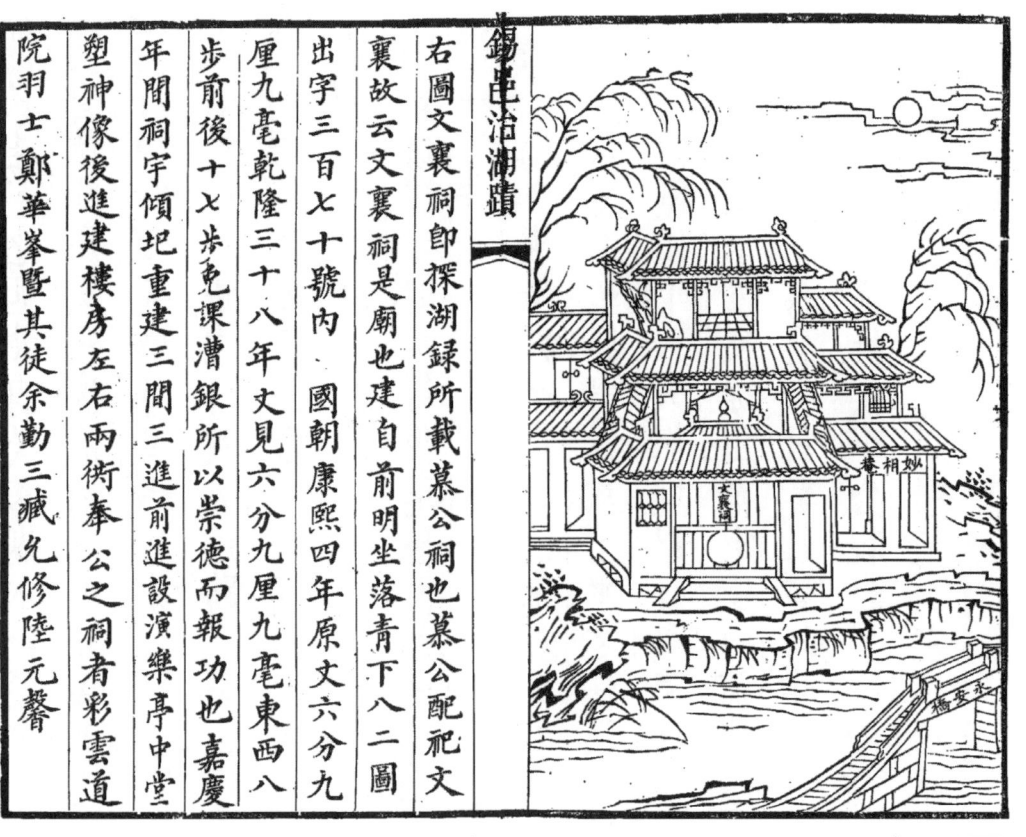

錫邑治湖蹟

右圖文襄祠即探湖録所載慕公祠也慕公配祀文襄故云文襄祠是廟也建自前明坐落青下八二圖出字三百七十號内　國朝康熙四年原丈六分九厘九毫乾隆三十八年丈見六分九厘九毫東西八步前後十七步免課漕銀所以崇德而報功也嘉慶年間祠宇傾圮重建三間三進前進設演樂亭中堂塑神像後進建樓房左右兩街奉公之祠者彩雲道院羽士鄭華峯暨其徒余勤三臧允修陸元馨

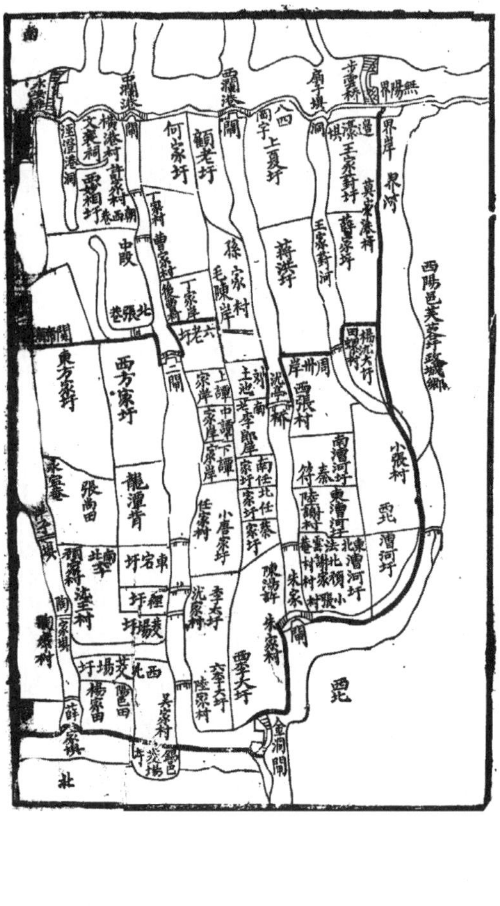

錫邑芙圩圖

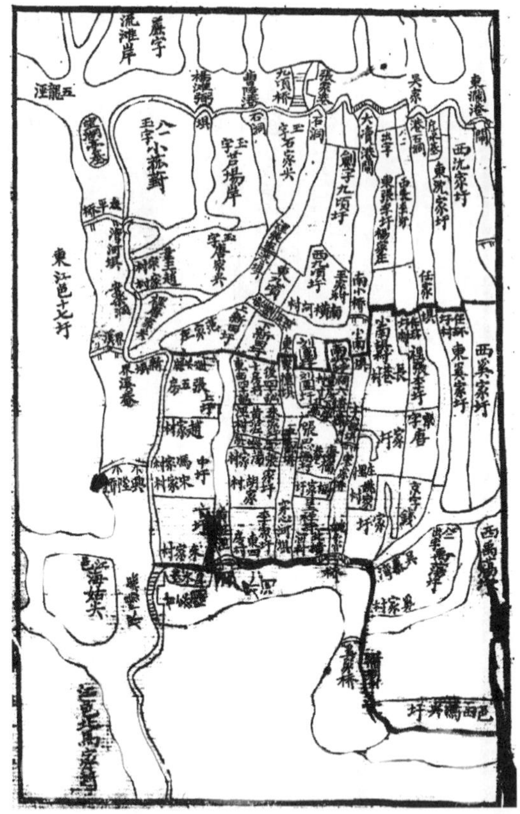

錫邑芙蓉圩治湖蹟總目

芙蓉圩圖說

常郡之東水皆湖也永樂年間周文襄公築溧陽東壩以捍上流開黃田港等處以洩下流湖水遂涸隨地之高下分爲圩因湖灘皆築小圩湖心極低之處獨築一大圩分屬武無兩縣週圍六十三里武進四十二里地在北段及西南無錫廿一里地在東南一隅又形勢西北高而東南下故無錫地面倍低内包地方十萬八千餘畝實有田七萬零其餘皆河道也

其田雖成極低多水止產稻不產麥故編坵定賦名爲不麥低田此圩形如坦碗四圍稍高漸進漸低内書縱橫坻水岸如樓梯層卜遞霪雨猝至如其不滿二三尺猶彀節節起露出界岸之形若水逾二尺則各岸平沉汪洋一片久雨則野水頓漲一至碗口溢進則萬民無命矣

東南地勢甚低内外百川交集野漲一發即風濤泊天一綫長堤孤危難守欲湖民安枕必木石内外交鑲加高加濶成一石隄方可

南隄東接五龍涇西有前後龍潭皆昔日之龍宮蛟窟也故岸程雖少於武進而工費倍難凡充圩圖之役者專值修築優免雜項差徭

同在一圩武邑低田每畝折算平田六分六厘六毫錫邑每畝折筭平田七分四厘一毫地形高者賦輕極低者賦重故錫民加苦

此圩視極低之所規方築隄其有形勢極低而邪曲

如崑麗號者不能并包在内故字號順編圩則旁築外圍岸舊式濶一丈八尺高八尺内帮子岸四尺界河大岸舊式闊一丈二尺高六尺

芙蓉圩本古芙蓉湖地一名射貴湖一名上湖東通大江南接龍山西連運瀆北抵郡郊中包芳茂秦望諸山烟波浩蕩相望百里江陰漕艘由常出京口必先渡湖非如今之繞出無錫皋橋也其中多植芙蓉盛夏紅映水面綽約可觀唐時天隨子陸龜蒙仝皮

君龔美魏處士樸作五瀉舟携筆床茶灶徜徉其中賦詩不輟事載郡邑志今芳茂山麓陸龜蒙故址尚存至文襄治湖成田築各圩不下數十而尤大者莫如我圩適當舊湖之心遂仍舊名以不忘所自在常州郡城東北四十五里無錫縣城北四十里江陰縣城西南三十里東隣江邑馬家十七兩圩南接流灘岸石蓮季家三圩西南接莊其荷花兩圩東北接沙田圩西北一帶倚芳茂山爲屏自横山至石堰蜿蜒十數里與西北大堤相附麗圩内無鎮市南有玉圻崔橋禮社西有横山北有新安焦墊六鎮俱隸圩外若相抱圍形類方而東北與西南有兩角又若兩翼之振鋭而長實在圩圖列於左

計開

玉字號　青上鄉八都一圖

出字號　青下鄉八都二圖

崑字號　青下鄉八都三圖

崗字號　青下鄉八都四圖

劍字號　青下鄉八都五圖

京字號　青下鄉西都二圖

補刊芙蓉湖圖說

芙蓉湖 古誌一名上湖一名射貴湖一名無錫湖南徐記寰宇記吳地記郡誌陸羽惠山記俱有芙蓉湖圖考陸龜蒙皮日休韓不疑俱隱其地李紳胡宿有詩邵二泉有記

補刊治湖先賢

鄧繼曾 貴縣人明進士嘉靖八年知無錫縣事由給事中左遷祀同文襄公祠

楊春光 萬歷十年公知錫縣事修堤

李復陽 萬歷十一年知無錫縣事相繼修築

劉五緯 天啟二年知無錫縣事躬率圩民併工挑築

曾子駒 國朝康熙二十年知無錫縣事設法勝料散給戶權

以上諸公俱載在縣志

古修圩岸歌

修圩莫修外留得草根在積久土自堅不怕風浪喧

修圩只修內培得脚跟大脚大岸自高不怕東風潮

教爾築岸塍築得堅如城莫作浮土堆轉眼多傾頹

教爾分小圩圩小水易除廢田正不多救得千家禾

芙蓉圩治湖先賢

張公諱闓東晉時人始基治湖乃洩湖水入五瀉門注之太湖欲以為田盛冬著襭衣令百姓負土值天寒凝冱施工不成至宋元嘉中民因其舊跡治湖之四旁始成田數百頃

夏公諱元吉謚忠靖公于永樂元年夏四月奉上命治水江南六月上又遣侍郎李文都佐治公相度水田量免今年租稅秋八月上遣都察院僉都御史俞

士吉齎水利集賜公使講求疏治之法公上言江南諸郡蘇松常嘉湖地最低窪水患頻年更兼浦港湮塞滙流漲溢傷害苗稼拯治之法宜疏嘉定吳淞港劉家港即古婁河常熟白茆港此即禹貢三江入海之迹俟既開通相度地勢各置石閘以時啓閉每歲水涸時修圩岸以禦暴流疏上行之公治水時布衣徒步日夜經畫盛暑不張蓋曰百姓暴體民中吾何忍於是水洩農田大利

周公諱忱字恂如謚文襄江西吉水人也永樂年登
進士第廵撫江南歷任工部尚書公撫吴時相度地
形大興水利上築溧陽東壩下疏江陰黄田港湖水
遂涸分築各大圩召民開墾湖遂成田是公之績也
海公諱瑞字剛峯謚忠靖隆慶四年廵撫江南公委
松江府同知黄成樂上海知縣張嵿開浚下流水道
是歲大飢畚鍤雲集不兩月而河工告成圩民得仰
食焉

郭公諱之藩潛江人也任武進縣縣丞萬歷五年七
年八年洪水頻仍圩堤盡廢公以一命之佐申請永
院林公動支河工銀五百三十八兩零借給倉穀二
千四百四十餘石分撥武無兩縣且賑且築湖地以
寧至今武邑有治湖蹟遺編
歐陽公諱東鳳亦潛江人也從前魏國公莊田二千
餘畝民田獨低二尺許莊官恣横旱則決塘引灌潦
則洩水民田訐訟十三載公來守郡抗直不畏强禦
判民於莊田北築新壩抵之高低有界又請支公帑
大築南塘内外諸岸兼修洞閘圩民賴焉
吴公諱興祚字伯成三韓人也公涖錫十三載卽陞
按察使司仕至兩廣督憲公於吾圩頗多善政與周
公配享焉公又纂探湖錄一帙今圩民奉以爲式
慕公諱天顔康熙十九年湖地平沉浮屍遍野第一
奇荒奇慘公捐俸三千金大賑圩飢又撥米武無二
邑募工修築復整圩堤之舊滄桑小變皆公之幹旋
也

江蘇廵撫宋公康熙三十三年圩堤又潰宋公心慕
公之心行慕公之行昔日之所竭蹶今亦不敢後時
是用二千石布檄邑大夫速令民趨若鶩克勤罔惰
而堤之復整者公之力也
常州府總捕分府署縣正堂事郭公康熙五十四年
芙蓉圩大潦圩民吴民表劉源溥張哲如韋紹芳等
力請停徵公批云湖民委係可憐緩徵暫允其所請

又有加批附郭公德政内
章公諱頤貴州省甲子科舉人事載章公德政
張公諱燦字豈石號湘門戊子科經元湖廣長沙府
人康熙五十九年芙蓉圩大潦公代圩民請借截留
漕米以濟民食俟秋收後照數還倉

道光二十一年芙蓉圩修堤名目

主修
常州府知府陞授江蘇按察使司　查文經
無錫縣知縣　李彭齡
知州銜無錫縣知縣　吴時行

紳董
庚辰進士福建淡水同知　杜紹祁
恩貢生候選直隷州州判　竇承焯

原任浙江長興縣知縣　鄧培
即選州同知　鄒觀颺
歲貢生候選訓導　龔煜
浙江候補通判　徐徵
欽加鹽提舉銜　顧鴻逵
即選教諭　孫元楷
增生　王煥庚
增生　余治

總董
議敘布政使司經歷 薛士芬
職監 薛士英
職監 薛經閣
廩貢生候選教諭 薛熊光
職員 薛鎮星
職員 薛應嵩
職員 薛晴峯

薛游
在圩總董 生員 張定
生員 吳又新
職員 吳鑑平
鄉飲賓 沈勝生
鄉飲賓 吳容照
鄉飲賓 吳鑑衡
監生 吳觀光

監生 宋鑑
監生 朱鑑
生員 魏頴鋒
生員 戴光照
生員 薛振聲
監生 沈燦
監生 曹承志
職員 吳鴻山

職員 張志高
職員 吳汝銘
職員 沈錫祺
職員 沈有元
鄭聖安
謝敬楷
吳景新
沈承泰

許上達
沈叙榮
魏橋椿
八一圖董　陳洪德　龔關慶
八二圖董　沈燦　陳仁觀
吳容照　吳鑑平
吳鴻山　陸增富
八三圖董　劉鼎元

八四圖董　沈啓周　曹承志
莫大亨　莫大艮
八五圖董　奚鑑　宋鑑
張士明　張德茂
西二圖董　吳萬鎰　孫積山
八一地保　鄭連寶
八二地保　陳楚寶
八三地保　陳天一

八四地保　殷啓洪
八五地保　吳春年
西二地保　孫寶林
六圖戸書名目
八一　賀光燦　八二　楊世榮
八三　顧廷艮　八四　林榮元
八五　顧寶善　西二　范元和
經承　賀熙恩

局差　吳茂

溝洫碑文

江南常州府無錫縣爲上全　國計下救疲民懇
天申　憲勒石垂千載之洪恩除萬民之大害事案
據靑下八二圖芙蓉湖圩民沈爾任正張耀等連名
呈詞前事開稱本湖舊爲通漕巨浸自　周文襄撫
臨湖境相度地形因而外築大塘以禦洪濤開溝洫
以通旱潦計本圖圩內完賦低田九千五百餘畝起
課蕩粮九十九畝零通圩無糧溝洫四百十九畝八

厘二毫舊制從未科粮歷年舊冊可證前　蘆政工
部丈量祗緣蔣捕衙與吳嘉灣起釁將官溝民蕩一
槩混量以致萬民受累流毒靡窮伏乞　俯愜輿情
仍將田間溝洫照制屬官免五則之科派每年只完
蘆課勒石垂久庶圩田不廢國賦無傷等情前來據
此爲照靑下八二圖丈出官溝旣編蘆課復徵大粮
是一溝兩賦重叠科徵也本縣職司民牧念此痌瘝
寧不爲民革除獘害准據所呈案經行仰總書於五
則田地內扣出官溝准辦蘆課不得重徵糧徭漕白
本折等項以杜重叠科徵外爲此合行勒石以垂永
久須至碑者
康熙六年十二月　日文林郎知無錫縣事陞行八
司行八加二級三韓吳興祚立石
縣丞李　琮
主簿繆祖袪
典史倪　瑄

圩民沈　爾　任　正　張　耀
朱　章　陸　元　王　瑞
奚　仁　陳　山　顧　昇
沈　明　任　成　湯　耀
孫　仁
石工　詹　卿　鐫

優免碑文

特調江蘇常州府無錫縣正堂加二級紀錄八次何爲環叩憲恩等事乾隆三十三年八月十五日奉署江蘇常州府正堂蘇州督糧水利分府加六級紀錄十次劉　憲牌開奉

欽命

江南蘇州等處承宣布政使司布政使加二級紀錄九次胡　憲牌開奉

兵部侍郎兼都察院右副都御史總理糧儲提督軍務巡撫江寧等處地方彰　批本司呈詳無錫縣芙蓉圩田畝總係坐落大圍之內並無高下之分此等圩田地最低窪形如釜底一遇雨水衆流滙歸是修築圍岸爲該圩第一要務優免差徭在昔奉有定制舊章似可遵循應請俯如該府所議圩民呈司修築堤岸免派別項襍差立碑縣前以垂永遠其提編外區之田應飭令照號提歸本圖不得仍附外區致滋牽纏詳候鑒核示遵等緣由奉批我　朝休養百姓愛育黎元一切差徭悉行革除凈盡非獨低窪之區得邀優免也至於　大差縴夫本非年有之事况

聖駕經臨地方仰體　皇恩蠲免錢糧絲毫並不累民原不得爲之差徭則此時生當聖世並無差役倘有不肖州縣私行科派又例得上控參究原無可禁革今據圩民呈懇如詳准其勒碑可也此繳又奉

太子太傅內大臣兵部尚書兩江總督部堂統理河

務加五級高　批開查提編外區之田既在芙蓉圩大圍之內地勢低窪自應以修築圍岸未便責以別項差徭仰即如詳優免飭即勒石縣前以垂永久仍將提編外區田畝照號歸入本圖免致牽混並候撫部院批示繳冊存等因到司奉此合就轉飭仰府即便轉飭該縣遵照憲批刊碑竪立縣前以垂永久取具碑摹呈送并將提編外區之田飭令照號提歸本圖辦賦以免轇轕仍飭照造該圩田號細數冊一

本送司備案各等因到府轉飭到縣奉此查錫境分轄青城鄉芙蓉圩田畝自前明周文襄公撫吳築湖成圩定制令列玉出崑崗劍等字五號墾田共計三萬一千三百七十畝零分八一八二八三八四八五共五圖又因出字廣濶曾於雍正年間再分京字一號名曰西二圖是以文襄公祠內碑文未載計共六圖其出再爲低窪形如仰釜一遇水潦則衆水所歸圩內十載之中荒居六七故責圩民歲以提防築岸爲務凡遇一切大小差徭概與優免已有舊制迨年

遠無憑有圩民吳民表等於康熙五十八年具呈前憲劉准行勒石經前攝縣趙勒石於文襄祠內弟碑立在鄉又經久遠未免遇差派辦致今沈景之韋象九等上呈循例免之詞檄行下縣查議具詳遵經詳奉各 憲允准勒石署前優免該圩玉出崑崗劍京等字號各圖一切大小差徭其在圩田畝提編外區辦賦概行提歸以作板圖不得仍前存留外區日後遇差未免牽纏混派以垂永久倘有胥吏不遵舊典故違 憲示再行混派需索許即立時稟究各宜凜遵須至碑者

乾隆三十三年九月 日示無錫縣知縣何奏成

縣丞霍位喬

典史丁汝楷

經承鮑升榮

史雲鴻

總書曹希賢

楊維德

原呈沈金之 韋象九 龔杏泉 薛宗玉

任貝 吳名南 强文奎 時元發

魏大生 孫占億 袁云綱 陳元中

唐世廷 孫廷華 戴聖福

八二沈萬增 吳佑宗 沈文光 陳叙興

任長春 任朝中 鄭留排 陸士占

張龍光　許元龍　任鳳林　薛爾昇
張爾法　沈學成　陳雲高　鄭文夫
張才雲　沈如雲　蘇緞若　鄭才與
張永洪　潘惟行　任大達
八三圖　薛友皆　薛夢九　呂世賢　王萬玉
殷鵠　贊玉　曹茂先　張惟貞
孟服　東業　強友曾　唐文賓
孔傳　起八　陳九于　呂如松

八四圖　魏有玉　魏龍山　魏元隆　魏顯揚
魏金佩　魏朝相　魏茂方　魏聖先
曹文培　鄭永錫　鄭世賢　呂賢學
李子加　陳聖文　杜德輝　張松生
孫方如　孫鳳苞　馮明正
八五圖　吳同朝　吳嵩足　吳三益　吳正法
吳炳文　吳明哲　朱連成　張九一
周永昌　陶上文　徐國慶　徐紹文

殷敘德　殷文哲　殷元佑　殷廷祿
郭曾五
西二圖　孫永年　孫升九　孫耀祖　孫耀元
沈雲生　朱惟成　朱時用　沈曾鳳
丙成　魏雲占　許子高　時元仁
光一　朱惟仁　許行士　魏龍泉
魏柔元

東壩紀略　錫人黃[illegible]讀書

江皖之趨。有東壩。其地居高淳溧陽建平界之所。當兩山對峙之隘。通又有往來之逵。通大江之洪。湖西北無東注之虞。有叔敖之保障。西田有西成之可。故老傳說。昇開鑿始於宋寬宥。其時奏。秘其利。究心蘇數。亦見諸紀載。考諸通志及溧陽縣志。其所載東壩知在溧陽縣西八十里。高淳縣東五十里。中有三五里。頗高阜。春秋時闔廬伐楚。用伍員計。開渠運糧。自是湖流相通。東連兩浙。西入大江。名曰胥溪。至唐景福二年。楊行密據宣州。孫儒圍之。其將臺濛於溧水縣境築銀林堰。李何家[illegible]。以鎮[illegible]。所謂魯陽五堰也。其後宣歙金陵九陽江之眾水。俱由分水銀林二堰直趨蕪湖。注溯之水。東下日少。蓋為堰壩。東郡[illegible]利於是。國之不復廢。近乎宋代。木商由宣歙販運。以五堰為艱。因給官長。盡廢五堰。一遇山水暴漲。水皆入宜興而注震澤。東國於是乎水。而宜和七年。復議開通。以濟自蕪湖由宣洪溧水至鎮江。渡揚子趨淮泗。以免六百里江行之險。乾道之初。[illegible]復。由江湖大漲。水尚踊堰以東。止通輕舸。其後更加蕪塞。浙人復開此道。則蘇常之間必遭水患。遂以石窒五堰路。又溧鎮以國西行者。自東壩舍舟陸行十餘里。至銀林堰。復通舟以達於蕪湖。洪武十三年。有溧陽人陳嵩九。知會蘇松等處賦稅所出甲於江南。而右西浙地居卑下。每歲夏秋水漲。則泛濫無所隄防。[illegible]之恨。未嘗告歷。國賦日虧。公私俱困。乃相度地勢。請於宣溧之界。地兩山對峙之處。因城於之下。瀕陽江之上。建築東壩。使蘇常等處無濬汲之患。議格不行。至張以寧一身才新。百日成東。此源

武進縣郭候治湖約言

竊照治湖之役成矣夫復何贅惟天下事善始易善終難人情畏威奉法一旦驅之以佚道之使事功恒易就集迨久則倦倦則弛矧在上者畢之或鮮約焉將遂至於淪廢潰敗不可收拾勢必然也是湖也其初一巨浸耳自昔日　文襄公田之　夏忠靖公賦之貽二百年粒食之利此其遠猷宏績豈料今日之敝哉特繼之者鮮任事任怨之人圖苟且目前之計況地兼兩縣心力不齊頻年淪没民不聊生良可哀也本職目擊時艱眞如痌瘝切身遂不避斧鉞申請各　憲以行之豈好是勞瘁哉不得已耳是役也乘饑饉之餘給官貸之粟尤有救荒舉羸之便鳩工督率以成斯役是岸爲官岸土爲官土非民之私築私埂也可坐視其廢潰而無禁責乎設有豪强者或種荳梯以侵削之貪暴者或取草根或挑土坺以壅鋤之圖小利者或鑿洞取魚以崩裂之謀兼併者故挖

擄岸脚以傾陷之巧滑百端有犯此禁者許在圩居民首告踏實所費岸一丈一尺照例計贓准竊盗重論不但已也在圩有壩在壩有長務兼責居民以管守之一不如令重責枷號務須遞年刻期呈舉修葺庶可垂之永久倬然常新如覩周夏二公之遺烈緬懷今日　各上司之仁心本職亦與有榮也爾輩尚愼之哉尙勉之哉

萬歷八年又四月日

周文襄公祠記

事有不可忘者有不忍忘者豐功偉烈模範斯民不可忘也深仁厚澤淪浹斯民不忍忘也不可忘與不忍忘流連愛慕頌禱無窮蓋千百年如一日也文襄周公諱忱字恂如江西吉水人也年少登進士第有志當世宣德初以夏原吉薦巡撫江南興利除弊善政不勝書而其較著者莫如治湖一事芙蓉圩本芙蓉湖也自東晉時張公闓欲治田而未成汪洋者千百年矣至公撫吳相度形勢上築溧陽東壩以捍上水下疏江陰黃田港以洩下流湖水遂涸以官錢糴米羨餘召民築岸爲圩湖遂成田使洪波爲平地棄澤爲膏疇蛟螭之窟變爲粒食之鄉意古所稱轉坤者非公而誰是開闢斯土其功德無竟而衣食斯土其歌功頌德更無竟也圩民飲水思源立祠祀之一在圩之南隸錫邑和尚塘橋一在圩之東隸武邑雙廟閘一在吾邑青暘鎮西街巍然鼎足焉語云子孫

廟祀我不如民之祠祀我吾知武無江三邑之民瞻廟貌而寒暑必祭水旱必祭報賽必祭且不啻公之子若孫也而何可忘而又何忍忘耶爰從而歌之曰蒼蒼者其湖之山耶泱泱者其湖之水耶借山水而流且峙者其公之澤耶嗚呼維公之績久而彌烈圩民子孫尸祝靡竭

澄江大圓居士張有譽謹撰

[illegible]

重修芙蓉圩碑記

萬歷庚辰辛巳間武進少尹郭公之蕃以芙蓉湖水患當治請於水院林公督修圍堤及界岸經理有法令嚴意周無擾無懈要永爲地方造福其功遂成夫以一丞而擔荷乃若是則信乎事貴能任豈係巍階膴俸耶余甚欽之夫事之興廢未可知自周文襄公夏忠靖公大興江南水利爲築各圩歲久而圮安知郭公盡瘁於今日者不他年衆敗乎然而趨事效功

亦覽有司父母斯民之心未可以官卑玩忽也郭公潛江人後二十年歐陽公東鳳亦以是邦之彦來守吾常春和秋肅威德並施其功固不僅在一湖若郭公以水丞行水職勞勩自有可述惜爾時未及向歐陽公道及之瀕湖居民劉克期雅稱朸慎佐郭公與修是有德於枌榆者知郭公最深克期之孫疏築圍大喜請記於余余無文而不敢泯郭公之德烏可無言此碑之傳不傳未可知異日有知人論世之識者採郭公故實詳書於册亦水患興息之大原也嗚呼滄海桑田須臾更變羊叔子因爲墮淚余見官於斯、者傳舍視職不暇爲民興利除弊甘棠素絲了無聞焉則安得不欷歔故丞耶是時林公爲水院亦後來興水利者所未有丞得林公而權令申嗟乎卑員欲破格砥礪千秋之偉業難言哉余故樂爲之序

萬歷三十五年九月　日

同進士出身前國子監助教河南光州學正薛敷教

以身氏撰

陸刻[illegible]

慕宋兩撫憲重修芙蓉圩堤記

夫事之興廢詎不由於人哉爲之前而後者始有與開也爲之後而前者始有與嗣也然或作之而無其述欲述之而又苦無其前者往往而然語云蕭何爲法較若畫一曹參嗣之守而勿失載其清凈民以寧一夫至後先畫一而民乃寧一矣芙蓉湖巨浸也閱千百年而迄明土膏將發遂有　文襄周公者廼畚鍤而環築之於是濤驚浪駭之地遂易爲桑麻鷄犬

之鄉而龍伯之宮蛟人之宅始可寧處矣嗣後或廢或興或賢刺史或良有司後先踵美相望於郡志是固作述之一大梗槩也迨康熙庚申歲稽天大浸幾薄日月而吞吐之故圩堤之屹立而巉巖者忽爲狂瀾之所駕軼厥時民咸皇皇小大戰戰謂今而後魚鱉之奠與爭也幸而　宮保慕公福庇茲土大憺厥心晝夜隉杌捐俸三千金募民修築以工代賑凡傾者圮者毁而裂者悉還舊軌薄者以厚卑者以崇缺者以完而民乃無不怗然飲食於熙洽之下矣然風波之所馳齧易圮易隤鼛鼓之聲方在耳汚渚之形已在目民復大慼謂慕公之後不有慕公也極盛之下誰與爲理而孰知　撫憲宋公心慕公之心行慕公之行昔日之所竭蹶今亦不敢後時是用二千石布檄邑大夫速令民趨若鶩克勤罔惰而民之懽欣歌祝於今日者一頡頏於曩日而嗣音者之以述爲作誠相得而愈光也嗟夫非常之功原必待非常之

人故莅淼時直海若之所灌注耳乃一振而闢奕世無疆之休冉振繼振而紹前徽於勿墜綿大澤於無窮黎老幼穉悉蒙至德古云取我田疇而耨之取我婦子而穀之取我井里而安堵之其此物此志也夫抑又聞之向之奔控也以圩民沈彥薛維鄭昇等今之左右而經畫也又以沈綱張如朱寅等然則附青雲而名益彰者其在斯人歟其在斯人歟

康熙三十四年十一月

賜進士及第奉政大夫翰林院侍講學士前左春坊
左庶子掌坊事兼翰林院侍讀右春坊右庶子掌坊
事兼翰林院侍講左右春坊中允並兼翰林院編修
已酉山西正主考　國史館纂修周　宏撰

芙蓉湖序

丙子四月余綰章來錫勸農北鄉抵芙蓉湖太圩見湖水盈溢田禾半沉就堤邊隙壤集父老烝髦士詣慕公祠畢乃命小舟棹蘆葦度千陌一望中烟霧蒼茫村墟水匯因知此係昔日芙蓉之底形如坦盎水進無由外洩通圩六十里之內東南一隅屬於錫邑者九爲窪下歲産一熟名爲不麥低田父老謂余言曰去年被淹今復繼之高鄉獲四五稔而此處一熟

未收未知將作何狀向來居此地者不時乏食最苦里中並無升斗之家可與告急以謀朝夕故視藜藿糟糠猶爲佳味嘗以樹皮搗粉爲餅野菜和根作虀聊以果腹小民身嘗其況不知凡幾今不料墓木已拱而猶遭此苦也言訖淚下余亦悽然嗚呼饑歲多豐歲少暫得一熟何以應官逋給衣食所謂樂歲終身苦之地也考其往事撫圩民者咸知隄防艱苦凡邑中徭役概令圩圖豁免其蘆蕩庄田五年一丈之

例亦悉除之一逢歲歉各餉停征俟有秋併賦此差擾不及之恩久已如是余謂此猶屬補苴之術而未爲斯民計長久也地瘠賦羸所產不給非僅民多桎梏之累而官府亦闕考成不如申詳上憲題達減賦圩民始甦今方幸　聖天子愛養元元何靳滄海一粟適秋闈事竣力欲繪圖陳請俾田糧稍減以播朝廷萬世之恩亡何丁艱謝事有虛民望士庶惓惓詣館泣謝余不忍割捨含淚撫慰將來事會有期必

以安奠湖民仰報　聖恩之意與諸父老劵爰於吳公採湖錄前弁數言而爲之序

康熙丙子歲冬杪文林郎知無錫縣事湘潭豈石氏

張　璨撰

歐陽公重修芙蓉圩堤記

芙蓉湖吾郡一巨浸也地極低南瀕震澤北抵洋江西接運河東連馬頬一逢霪雨四水交集浸成滔天有以也自文襄周公大興江南水利築溧陽東壩以捍上水而湖始涸環築圍堤延袤六十餘里西北偏爲武邑豐南豐北政成三鄉屬焉東南隅爲錫邑玉出崗劍京五號屬焉名民開墾湖田遂成此蓉湖之所由始也至萬歷五七八年洪水頻仍湖堤盡廢邑

丞郭公以一命之佐克肩厥任申請水院林公動支河工銀五百三十八兩有奇借給倉穀二千四百四十石有奇糾之以猛濟之以寬且賑且築圩民感之因刊治湖蹟以誌郭公之績予先祖曾作文記之按圩形如仰釜內圩田最低先有居民沈南灣者因沿塘魏國公莊田二千餘畝獨高於內圩二尺許莊官横甚旱則決塘引灌潦則洩水低處內圩受害投牒逼政司言狀事下大中丞直指轉行監司俱畏邑不

敢言枝蔓十三載不得理迨壬寅潛江東鳳歐陽公來守郡抗直不畏强禦迺具兩造判民於莊川北築新壩抵之高低有界民田由是得稔又復請支公帑大築南塘圍堤以及內圩圍埂埧岸石洞石閘靡不備舉圩民賴焉相與頌公之仁戴公之德亦來請記於余余觀蓉湖一圍枕山帶河形勢頗勝而又堤柳扶疏池荷掩映烟波深處釣艇縱橫不減武陵問津處惟是田居最下沿塘之高阜方慶沾濡內地之低

窪已憂汩沒此又豐稔難遇水潦易驚者也夫文襄公創之於前郭公繼之於後皆重外圍之固而內圩則畧焉獨歐陽公以莊民訐訟履勘再三熟悉內圩形勢故并內圩而疆理之以補周郭二公所未及嗚呼後之官於斯者視斯文以悉蓉湖之興廢嗣前賢而修之斯蓉湖之幸也夫斯蓉湖之幸也夫

賜進士出身河南開封府尹前秋曹郎南北文武師諸孟氏薛宋撰

重修芙蓉圩隄記

有一家之計有千萬姓之計有目前之計有千百世之計乚則同而事之難易利之大小則迥乎不同距余里西南一舍而近有芙蓉圩地廣田稠跨無錫陽湖兩縣竟圩有隄舊矣道光庚子六月霪潦肆虐隄潰其東面十餘丈腴田廬舍悉成巨浸圩民奔竄溯自康熙十九年有此災距今百六十年復罹其禍倉猝無以爲計須之旬日水勢稍定公望等堵截潰圍

圩民散而漸聚辛丑裳邑大夫舉董勸捐不足則撥項助之正在興築時復遭春雨集夫車涸隨築帮隄數尺擬俟外河水淺隄外壅築外灘以抵風浪凡此諸工經營會計咸有成算董其役者爲禮社宗人經閣洵所謂事任其難而利圖其大者矣事成將爲記刊刻以垂永久余維斯圩之利肇自文襄厥後潛江郭公三韓吳公靜寧慕公各有勞績遺志傳述至今未泯今有是舉繼其後將使數公之澤益永於無窮

歷湖隄而考遺蹟則經閣之功亦異時採湖治湖者所不得而畧也來請記者經閣之猶子鎮星亦襄事斯隄者時方挈其嗣君鳴和應試江城邀補學官弟子云凡具呈當事及集捐督工諸人例得具書

道光辛丑且月既生霸後三日

暨陽薛　約文博撰

重建文襄祠碑記

芙蓉圩文襄公祠肇建於前明以慕公從祀所以崇德而報功也春秋賽會圩民紛集黃童白叟捧燭持香躋堂獻祝致其恪誠蓋公之大有造於吾圩者昭在史冊被其澤者淪膚浹髓爲宜圩民之歷久不忘也顧公之功德固歷久不忘而公之廟貌不無興廢之患苟非有人起而力持其間何以相維不替乎乾隆初祠宇傾圮延至嘉慶辛未有被髮頭陀來圩志欲興復每日晨起跣足負木魚遍走圩鄉念佛募化寒暑無間時有道行任公者憫其志首爲倡率偕僧向各鄉勸募架木三楹中塑文襄公像俾僧奉祀方圖漸次恢拓以妥神靈越三年歲大旱祠僧遠去時任公之賠累不堪而任公之心終莫能慰焉乙亥秋先叔丹悃公厭俗避喧焚修於祠左之妙相菴睹像心動跼而謀諸魁魁翁以此祠舊制五間三進非一二三千金不能就事鉅力綿慮不能任丹悃公慨然

曰文襄爲我圩恩主圩民宜莫不樂於從事況今公像將暴露行路皆嘆息我志已決即傾我產亦不恤也遂於丁丑歲傾囊首倡以謀興舉計其時水木羣工不下百餘人丹悃公拮据襄事不辭勞瘁晨夕皇皇甚至典衣易粟以濟匱乏水窮山盡立志不移越五載而始得落成迄於今庭廡式擴祠貌巍峩圩民來瞻禮者咸嘖嘖丹悃公之力焉董其事經目覩不忍聽其湮沒爰爲之紀其緣如此後之人克念前猷

時時修整使文襄公遺澤歷千百世而不泯是則圩民之福也歟

道光歲次丁未　　姪應魁謹誌

圩隄興廢記

大凡圩堤之興廢。由於人事之勤惰。勤於修築。則廢者興矣。惰于修築。則興者廢矣。芙蓉圩自文襄築湖成田。其間之興廢屢矣。載明治湖蹟者不必贅。余所目擊而言之。痛心者。則莫如道光之三年。春間遍地皆麥。幸獲有收。夏初勤於捕蝗。咸希豐稔。至七月間大雨兼旬。江河泛濫。凡附近我圍者。如楊家圩。江邑之馬家十七兩圩。皆全隄崩潰。我圩東塘一線長隄

朝不保暮。幸賴圩人鑼聲震野。船隻如飛。或載土。或倒樹。填築四五日。危然後安。凡沿塘之高阜者。咸獲豐收。內地亦得幸留穀種。以後數年間。圩民安而忘危。此坍彼卸。習以爲常。十四年林巡撫來涖江蘇。以修隄爲念。示內有不經胥吏。不派貧民等語。此眞憲天仁民至意。詎圩民偷安朝夕。尼而不行。二十年插蒔已徧。禾苗彧彧。不意六月初。連雨幾日。夜。范家庄村旁。潰圍十餘丈。遠近之急於奔救者。不可勝數。

沈玉樹撑木排以釘樁。陳德培助包爲以堵塞。無奈缺幾完而復裂。圩民妻拋子散。遷徙無門。棺骸滿目。幸有禮社薛立本堂。設船濟渡。撩棺掩葢。置地深埋。公望等亦救渡於西圩。其餘樂善好施者予亦不能遍觀而盡識。迨內外河水平沉波翻浪擊。屋倒墻傾傷心慘目。予竊念圩堤不築則奇災不止。欲築圩堤必塞潰口。禮社薛公望等籌塞潰口。圩民聞之。執香跪接。幾同竹馬恭迎。各村聊饋微禮。經閣奔馳星夜。

不恤嫌怨。不辭勞瘁。數十日而潰口完竣。是誠築圍第一功也。其年秋余與張定等。先向藩憲邸。呈請賑恤築岸。嘗批飭縣查勘詳辦。因復到縣。呈請邑尊李公親臨勘驗。二十一年春余兄鑑平等赴府。呈求府憲查公檄勸局紳顧鴻逵等。撥給修費三千千。徐沛滄三百千。正董薛士芬遂偕姪熊光張定鑑平咨照鴻山等赴文襄祠開局。擇日起工。照舊例玉出崑崗劍京字號田畝。棄戶六圖起夫。旋以經董經閣代之。

經閣緣崑字號鴛逵。貼錢僱工。大興修築。歷數旬而大堤粗定。邑尊偕紳董履勘驗收並加獎賞。越明年。子岸界岸。逐次興修。至內圩等岸。則吳容照孫硯芬等。督責圩民。于道光三十年。咸豐二年。兩次修竣。迄今岸段規模井井有條。倘未盡復舊式。凡我圩民當恍然於興廢所由來。而前車之覆即後車之鑒。毋惰於起夫。而時勤修築。庶圩隄永固。共享樂利歟。

咸豐四年四月日　　净氣吳又新記

潰圍修圍記

余戇直人也，生平不管外務，以舌耕爲業。道光二十年，館於陳翁德茂家。春間河水平平，夏初禾苗甚盛。不意六月初，霪雨連日，江水陡發，東塘范家庄隄潰。一時好義之士，奔走堵塞，或助繩索，或助樁木，奈愈塞愈潰。圩民如遭混沌，轉徙呼號。幸禮社薛公望立本堂，設船救渡，圩民稍安。邑尊李公詳請各大憲，恩賑捐賑，絡繹不絕。然潰口不塞，災未弭也。薛經閣不憚嫌怨，不辭勞瘁，其年遂得堵築完固。生員張定、薛振聲、魏穎鋒、余兄弟鑑平、容照、觀光等，及各圖董呈縣呈府，府大憲查公，痌瘝在抱，保民如保赤，飛檄城局紳董杜紹祁、寶承焯、龔煜、顧鴻逵、鄒觀揚先生等，撥給費三千千文。邑尊帖致薛士芬，敦請爲正董。二十一年春，縣主親臨，士芬偕姪熊光到局，章程經畫，井井有條。並帖致經閣爲經董，士芬另捐錢五百千，并徐沛滄三百千，遂歸經閣一人經理。斯時督工諸

人，無不櫛風沐雨，日昃不暇食，而圩長岸甲竭蹶從事，亦且於水中撈泥，備嘗艱苦，閱數十日而大圍始竣。府縣尊後先詣勘，特加獎賞。後數年間，或幇築子岸，或重修閘座，或修築界岸，以及抵水、順水、壁水、墐水等岸。廢者興之，缺者補之。迄今歷十餘年，於茲矣。岸段定而我圩之岸水章程亦定。後之有志於斯圩者，或能勤加修築，等圩堤於磐石，是則余所深望也夫。

咸豐四年四月　　日　浄氣叟又新記

重修內堤利害源流序

自文襄公治湖成田。農享其利久矣。不知利之中有害存焉。芙蓉圩形如仰釜。沿塘高阜二三尺不等。一逢霖雨。水歸下流。故圩邊常涸。圩心常沒。其受害非一朝一夕之故。由來漸矣。歐陽東鳳公來守是郡。因搆訟。故再三諮勘。熟悉內圩形勢。因於壯田北築新壩。水口處。築順水岸。高低交界處築縱横抵水岸。其時法令嚴明。設有人於大岸開缺挖洞。俾下流受害

者。量地計賍作竊盜論。害得稍除。不料歷久漸廢。屢經修築。屢次傾頹。高阜者利其水可放下。剷削者利其岸可作田。捕魚者利其缺可張魚。行船者利其船可出入。種種滋害。指不勝屈。道光二十年後。雖逐次與修。勢必終歸頹廢。圩人即欲相繼修之。而恃强者亦且指鹿爲馬。曰某岸非抵水墥水壆水岸也。某處某岸非某某所宜修築也。甚至變舊章以利己。起訟端而莫禁。余嘗與紳董論及之。痛深骨髓。諸君子咸慨然曰。既有舊章。苟可修築。其修築也亦宜。因偕諸同人請示在案。余自愧無識。兼憚勤勞。幸有余弟容照鑑。衙孫硯芬等善於經理。余姪子林偉男長子子升等勇於從事。凡圩堤要害處。督率各圩岸甲照田起夫。狹加濶。低加高。缺加築。雖未能盡復舊式。而岸段規模亦已粗定。保圩堤即以全賦命。所係非輕也。子何勞之敢憚。凡我圩人。當知興利除害。一律管修。漸復舊式。庶幾內堤與大圍同一鞏固。永保無虞。是

余之心。即以前人之心爲心。余之事。即以前人之事爲事。豈敢稍參己見哉。爰爲序。

咸豐四年四月　日　　浄氣吳又新

三埣戽水說

從來一圩之閘座。一圩之荒熟係之。水平則開。水大則閉。此其常也。設於四五月間。插蒔甚急。閘外之水。所高無幾。而極低之田。積水已二三尺不等。使必執水平則開之說。不及早車戽。勢必難於插蒔。即使勉强插蒔。苗沉水底。必腐爛不堪。一時失救。則三時莫補。其不至釀成荒歲者幾希。此治湖蹟所謂同一圩而荒熟不同也。宣洩之法。莫若即釜底之水。戽入埣

河。灌出外塘。俯外塘水勢漸退。固無庸坐失事機。或外塘水勢陡漲。刻即閉閘。設法提塘。於高低均無所碍。將高阜者咸歌樂歲。低窪者亦獲有年。此亦人定勝天。或可轉荒爲熟之一機也。凡在此埣。須知休戚相關。當存一視同仁之度。毋啓爾虞我詐之嫌。則幸甚。

戽通變說

事之難非創之難有人能繼之爲難芙蓉圩甘家閘地跨兩邑中有界河以通宣洩閘南埏西爲錫邑界岸閘北埏西爲陽邑界岸自康熙三十三年修築後坍廢日久疊被水災嘉慶年間錫邑生員吳炘陽邑監生丁鵬慨低窪之無可戽救思創修之具呈求郡尊珊給示曉諭大與修築界岸既固定計車戽水大提塘水小灌塘累年車戽實有成效迄今議據章

章可考無奈年久失修幾難爲繼道光二十年大圍潰決界岸坍盡錫邑經董薛經閣與大圍一體修築堅固陽邑總董姚信亦一體修築堅固第陽邑之田多與大圍附近兼多隙地故可設立車塲始創戽水出塘法錫邑大圍隙地無幾迫於村基既無車塲可築更兼內有横河田與大圍遙隔且漸西漸北延袤三五里故於界岸上設車戽出田水灌放外塘與陽邑設車中塘戽以旱閘灌放外塘同一例也咸豐元

高厚。履火車耳。照燕塘書

效速此亦因地制宜因時制宜之良法。設陽邑圩岸可以不耳。錫邑田低。不甘坐以待斃。救禾苗即以保賦命。而一視同仁。無庸執已見以誤國家大計也。其或外塘水勢陡漲。即設法提塘。是又通變之一策也夫。

吳公德政　公治錫十三載郎歷按察使司仕至兩廣督憲　公之外惠及圩民者亦歷任有之或代遠無稽與案非專設者俱不及備載

探湖錄　公不時驗荒探望湖中情勢故以名其錄今八一圖五龍浮戶有高阜地一片公嘗憩息於此徘徊探望圩民不忘甘棠之載甸欲建探湖亭未就

余治錫有年至芙蓉湖驗荒六次矣每至必深入湖心曲折流覽名父老終日相依令彼傾吐利害乃得稔知湖民苦況恐後之小民有口難陳臨驗者未必洞悉民隱謹繪述之以告後之　當事者

江南常州府知無錫縣事三韓吳興祚伯成氏列述

康熙九年夏大水壞芙蓉湖堤無錫縣吳興祚捐俸米三千三百六十石給散飢民興修圩堤勸各田主每畝出備米三升給佃併力挑築計共堤工每日三千五百六十三名自康熙十年二月二十六日起工四月十五日工竣編設圩長三十六名岸甲一百八名照田分派催督凡充圩圖之役者專值堤工優免雜項差徭　載邑志

無錫縣志錄芙蓉圩週圍六十三里武進四十二里在北段及西南（今屬陽湖管）無錫二十一里在東南一隅中爲甘家閘兩邑界岸共計一千七百九十二丈五尺東南大圍岸包百小圩共計二千三百八十九丈六尺屬青城鄉八一八二八三八四八五西二等圖有中瀾港東瀾港諸家壩三牐龍潭二處西北址武進界河東址五龍涇南隄塗下支河交錯防禦尤難圩地外高內低形如仰釜漸進漸低內畫縱橫抵水

岸如遇水漲高水不入於中中水不入於下下水不入於低每年冬水既涸春漲未來起土挑築一律鞏固毋致一堤滲漏全圩受累則圩民安堵無恐

湖民積困十條

吳興祚

一此湖三百年前本屬大川爲蛟龍出沒之地今滄桑雖變地運猶與水習一潦則水妖復至龍陣最多怪風拔木孤村蔀屋中人無不碎胆至於湖堤一決如遭混沌合湖澌滅殆盡慘不可言

一湖田極低有寸雨即漲尺水水勢有聚無散故久雨卽驚一潦則洪波停蓄半年不退民居皆架木棲身三年兩淹非全饑卽半歉其風調雨順之年什不

得一又每年僅有秋熟約計十年之內全稔者不過兩三熟地瘠民貧莫過於此

一此湖爲不麥低田並無夏熟荒一熟則兩年受飢如連荒兩熟直至三年之盡方得接食較之別處之田連失五熟矣居民家無擔石皆由此故

一低田似不憂旱豈知湖中土性朽腐旱不盛水一溉卽滲漏田底隨戽隨涸最無救濟之術況大旱之年長流遠隔數十里湖內直如乾碗焦枯濟水難致

故旱荒倍苦於別處

一湖民概無蓄積如遇荒年該田人戶名爲有產一樣飢寒且無田者反得優游食力而該田者常被追呼欲變產苦無售主鬻子女不忍分離往往給公無計情極捐生深可憐憫凡遇水荒查得通縣低田不及五分之一而青城一區尤爲有限縱概從寬恤亦無碍催科之政

一饑民最苦差擾公差路遠催粮無不駕船哮吼一

到郎圍坐八家需索船錢東道在救饑不暇之日公私交廹䰟散魂驚矣又驗荒之後即飭造冊停征向有不肖區書希圖射利故意遲遲結數明知有荒蒙混發票行追荒熟未辨時饑民仍受無窮之累

一荒區初熟最苦併征久飢之後民未全蘇豈能盡償積欠用其二而民有殍用其三而父子離荒區尤爲不堪又湖荒莫苦於漕米在官府以爲待運緊漕不分荒熟追辦不知飢民告貸無門莫不鏤腸泣血

即勉措升斗又客秈低貨難赴倉場故歷來荒米竭力申請停征萬不得已權將積穀挪解其存留之數令荒戶不拘米色陸續綴輸

康熙十九年慕撫憲題請荒米停征下年搭運亦無非以公之心爲心者五十四年撫憲張公諭災漕雜色零收即倣此例

一此湖外高內低旱荒則外圍岸邊之田或可溉以外塘之水其內地一片皆焦水荒則外圍岸邊之田

或可洩水於外塘若內地不得曲防害衆祗就沿邊看荒似乎稍有生機又遠望腹地蘆葦隱現疑有熟處不知金玉於外敗絮其中非常之慘景裹藏於內故著湖驗荒不可不深入圩心洞見底裡

一湖內飢荒人都藉紡織爲生捕魚活命最可惡鄉市富商花米騰價致饑民難以糊口捕魚必用小船設或船被竊去便全家坐斃至於捕魚人亦有爲害地方者小船三五成羣黑夜以網業爲名逢路截貨

切掠孤村偷竊池魚草木到處皆然故荒歲宜急於
平物價嚴禁緝
一饑民升斗之惠亦可旦夕延生若發帑恩賑必候
題請事屬上憲主裁倘在地官宦能暫施拯救即造
無窮之福朝廷憫災尚且撤懸減膳有等無賴不顧
饑荒借爲祈年禳災之說扮會演戲此尤剝削民膏
之極地者又大荒之後每多疫癘土風最信妖言禱
鬼必傾家吸髓以致產費田荒子女拋散是苦中加

苦皆由巫邪所使至有少年不法偏於荒凉處聚賭
夜合曉散實爲盜賊之媒又或乘機掠販使人骨肉
離析愈慘愈毒種種興利除弊不可不嚴
康熙三十四年徐公借給常平倉穀四十七年李
公勸紳衿協賑亦倣此意
以上歷電眞情採訪民隱悉書之以誌不忘因賦
採湖詩一律
試將郊野萬民饑說與朱門仔細知春曰穀虛青蘚
長爨鍋灰濕冷風吹岸頭挑盡無名草樹上剝光未
死皮雞犬不聞村寂寂相看四壁淚交垂
附錄圩民怨湖詩一首
從築長堤結禍胎至今水旱作輪迴人人怨指文襄
廟何事當年辟草萊
署縣三府郭公評　閱吳公採湖錄如繪鄭俠之圖
欲墮峴山之淚膺民社之寄者未聞洵救實忝素餐
此錄常置案頭可也

本縣學師錢公記（公諱鏊字夏尊太倉州舉人）已丑春余奉　委監
賑滿目蕭條凄其欲絶始信錄中所述字字宛然如
吳公者眞可謂親民父母矣吁獨賑一條不可常恃
後之牧民者能痌瘝時切緩賦省差寓催科於撫字
更鳩工嚴築保障通圩則所全民命不少余與吳公
有同望也夫
水利主簿夏公議策（公諱澄浙江湖州舉人）環覩蓉湖地勢西北
圩堤靠山傍河路少土盈易築東隄聯絡有村人多

易防惟南面野岸低危百川交錯一遇水漲風衝勢若危舟蘯險慄慄可懼爲堤防永久之計或於汪洋險要處草創僧房神刹一路有僧人居守栽植漸至經臨商賈遊春士女類捐木石增修則民力不勞危隄漸固可謂便宜之策矣卑卑末議仰冀當塗有識者裁之

縉紳華豫原曰能行此策不但功多力省可方賈讓之治河且煙樹迷離足繼蘇堤之花柳地靈人傑必

有能興之者拭目俟之

縉紳先生周文山曰征糧條例公獨諄諄懇意如遇緊餉當青黄不接之際圩圖另行一單聽各戶自書甘限計日輸將其有逾限不納者以頑民論圩民疲苦循良鮮敢違悞此不悞餉不差擾第一良法也

縉紳先生錢天槎曰仁人之言其利溥哉公與慕公前後澤被圩鄉活人無萬公卽飛遷大秩後慕公入朝被讒坐贓十萬因修芙蓉湖一欵開銷有據詔令槪豁其賢駒卽擢巍科天之報施善人昭昭不爽如此

青下司賑耆老吳澄字記　康熙庚戌年奉　憲發賑糧少人多通縣飢口派減獨青城冊上批明此係最苦之區比別處不同照數給發該書不許指勒等語卽此異數殊恩圩民宜切二天之戴

公於是年又捐俸三千金米三百六十石散給青城天授萬安等區各圩圖大興修築築岸卽以濟饑一

舉兩得恩膏叠沛

慕公德政

康熙二十年公巡撫江南檄修芙蓉湖堤岸糧道劉鼎督修知無錫縣曾子駒設法購料散給口糧逼計各圖各甲照田均派令圩長岸甲督率併力修築其派夫之法於段落內有危險之處少分幾丈平穩之處多派幾丈各照段落修築不得私自更易

撫憲荒呈圩民 吳濟溪 韋明池 沈申侯 鄭季升 吳瑞昇 劉彙升 等

呈爲孑遺未盡蘇陸沉又大變號 憲具題固請以冀萬死一生事上年兩遭旱魃野無青草賴 憲恩請捐請賑黎民稍稍存活不意今年六月又遭霪雨連綿颶風猛厲蒔低濕而低濕淹矣蒔平原而平原沒矣蒔高阜而高阜亦爲狂瀾所催折矣正所謂以有盡之農工塡無窮之巨浪未已也兼之怒濤洶湧撼岳傾城洚水沸騰排空倒峽遂使村無不圮之屋野無不覆之舟壓者溺者死無算數天災流行何代

蔑有 皇清定鼎以來苦澇者三載一見於順治辛卯再見於康熙庚戌三見於康熙丙辰然僅傷我稼穡而已從未有傾倒我墻垣撓折我棟宇覆壓我人民如今日者也龍峯錫嶺浸山根疑是蓬萊姑射都屋窮簷沉水底訝爲蛟室龍宫節非寒食數十里不見吹烟地豈黄河千萬頃疊成雪浪女不爲河伯娶婦俄爲深入大川男非效屈子沉湘條焉而慘葬魚腹夜來風雨覆巖墻孰知人命浪裡尸棺成海市埋我爲誰以去歲之孑遺爲今年之魚鱉水旱頻仍鞠凶荐至所以生皆番死之民死皆不弔之鬼伏乞仁憲已溺爲懷手援是急先持汲黯之節從事便宜旋繪鄭俠之圖縷陳隱痛傷哉民也死者半亡者半軀命逝如流泉以淪胥哀我人斯嗷嗷有事賑有事皇恩庶與洪波而浩蕩死者不可復生生者願少須臾毋死勢不得不向 憲臺一鳴號之也上呈

康熙十九年七月 日奉

江蘇撫憲慕　批准隨即驗荒題請災糧十分之
三外緩至二十年九月開徵糧米至冬帶徵十八年
糧米以麥代又捐俸差的當員役齎銀錢家賜人給
荒陬無處不到併撥米數千石募民修築
國朝蓉湖水變公獨有再造之功惜案卷遺失民間
祇留呈稿附刊
附記救荒善果
陳嚀叙每日撩屍數百藁褁掩埋其後書香日盛子

孫繁衍　楊元季捐貲協修塘岸慕公面奬爲楊善
人子登仕籍　劉台銜賑米百石外又減價便糶子
登進士　周武雍發麥賑饑兩子鄉貢

芙蓉湖武無兩邑圩民周奚飛　沈　翔　朱寅伯　沈　彥　張　溪　任　艮
呈爲洪水崩堤全圩幾沒懇恩上全國賦下活民命
事切常郡芙蓉湖在宋元時乃通漕巨浸至明　周
文襄公廵撫南畿大興水利因而相度形勢外築大
塘以遏江湖之漲內於高低分界處築抵水順水諸
岸以抵上流之衝用是湖田得成民咸樂業嗣後又
有　海忠介公　曾刺史　郭邑侯　歐陽公　吳
督畫相繼增修歷年無患至康熙十九年江淮水决

奔流下衝膏腴悉付波濤生民半塡魚腹百年大業
一旦全隳幸前任撫憲慕捐俸三千千且賑且築民復
安堵如故萬姓戴德建祠尸祝香火不絕但歷年既
久坍塌復多又見去年旱潦兼至傾頹益甚若非及
今修葺勢必復至陸沉伏乞　憲天大老爺憫生民
之胥溺鑒往績之將湮或委府縣與修或簡廉員任
事悉依舊冊派夫請照優免近例俾湖堤增固國賦
無虧爲此云云

康熙三十三年二月　日
巡撫部院宋准批　仰常州府查議報
常府正堂加四級于　為洪水崩堤事奉
江蘇都院宋　批據武無二縣呈人周奚玳沈彥等
呈詞前事奉批仰常州府查議等因奉此除原呈抄
粘外合亟行查為此一牌仰武無二縣官吏即速彙
同查勘芙蓉湖堤岸坍塌處所共計若干丈今應作
何修築方得永固木石工費作何津派立刻彙議妥

確詳覆本府以憑合詳　本部院定奪毋得刻遲
康熙三十三年三月　日

江南常州府武進無錫縣為洪水崩堤等事蒙
本府正堂加四級于　信牌開奉
巡撫部院宋　批據武無二邑民人周奚玳沈彥等呈
奉批仰常州府查議報等因奉此案經抄粘原飭行
該縣會勘芙蓉湖堤岸酌議妥確詳覆等因到縣蒙
此親詣該圩傳集各圩圩長岸甲人等逐一查勘諭
令即日興工低者增高狹者加濶又復委衙督責不
時勸諭經今月餘靡不修築堅固投遞完工隨據原

呈沈彥等復將圩岸已修萬民戴德叩　天備文申
憲事具呈據稱芙蓉湖圩堤自奉鈞牌下鄉圩民無
不協力興修已經循例堅築但向來舊例原自正月
起工今歲具呈日遲農事漸廹茲雖堅築可以無虞
較之舊式稍覺不如等情前來據卑縣彙看得芙蓉
湖圩岸向例圩民原有舊册照田均工協力管修及
時預備以防水患祇因圍堤遼濶地轄兩縣非奉
憲令難以齊一民心是以具呈　撫憲奉批查議卑

縣彙同親詣確勘鑿已完工當據原呈沈彥等呈覆
前情嗣後興工修築務須循照舊例自正月起工及
時修築堅固其壩閘所用樁木灰石一應照田均出
具有印冊各無推諉相應詳明　憲臺俯賜轉文詳
覆　撫憲俾圩民恪遵成例協力均辦永保無虞爲
此云云伏乞
照詳施行
康熙三十三年四月　　日

靑下芙蓉湖圩民沈彥朱寅等具稟
爲懇恩賜印以便刊刻永遠遵行事切芙蓉湖圩岸
須五年一小修十年一大修其間石灰樁木費用以
及壩閘之分管承值俱有定例至於內圩各小圩其
週圍抵水順水塍埂等岸須每年一小修三年一大
修亦照田承管自前朝海忠介公曾刺史郭邑侯歐
陽公吳督憲數番修築世代相沿俱莫之變易者也
但武邑昔年卽將舊冊印刊名曰治湖蹟故人無異

情家無異議修築最爲省力錫邑則僅有細冊二本
而已一遇修築每多推諉嘖有繁言迨康熙十二年
幸遇吳督憲撫莅茲土圩民因將冊卷呈覽懇祈用
印民始帖然奉爲成式今歷年已多朽蠹不少因復
照舊楷錄二本懇恩每葉賜印以便刊刻永遠遵行
則天臺一舉手之下便爲圩民千百年之藩翰矣
無錫縣正堂加二級徐　准批
康熙三十三年五月　　日

郭公德政　力請停徵案

原呈吳民表　劉源溥　張哲如　袁紹芳

糧戶請府憲停徵賑濟呈詞

呈爲荒區急叩寬徵飢民仰候發賑刻顧餉縣施行以全民命事芙蓉湖東南係無錫青城地方自古名爲不麥低田每年止有秋熟失一熟則兩年受苦直嗷嗷守到秋收方得接食不比別處有夏麥可望今遇康熙五十三年大旱五十四年大潦二載連荒即

擬秋收有望較之別處之田連失五熟矣瘠土貧民何以活命昔年無錫縣歷任吳公有探湖錄條雪民隱至周且悉後來官府電知湖民疾苦凡遇饑歲即將青城區荒戶錢糧新舊停徵直至有秋方發近來區書射利明知是荒亦照熟區例朦朧發追將新餉按月嚴催積欠各年並出官府即無此意彼先以聚斂逢迎竊念青城低處田畝在通縣中計數不及百分之一即概邀寬恤亦不礙催科區書蒙官舞弊所徵無幾而殺民已多究竟徒加鞭撲毫無措辦空使枯髏滅命也至若飢民去秋即諭造冊候賑懸懸半載尚嗷空涎方今東作正興豈能枵腹從事且造冊時逃命在外者十有八九今春聞賑歸鄉俱未經錄報若不當設法升斗均沾非惟聚訟不休勢必復向外方糊口輕去其鄉致湖田成一片荒邱矣我　憲涖任有年五邑萬姓無不沾恩將來新憲下車一切惠民盛典猶仰賴吹噓[illegible]現署黃堂之政推恩尤便

莫謂五日京兆暫候新公權操一日即無曠一日之恩功在一朝即可造萬年之福公顧憲臺星赦下邑各荒區概停徵比俾窮黎魂夢稍安發賑速於設法令餓殍早生一刻并採吳公所載餘例無一利不興無一弊不革則功德與天無極萬民頂祝無疆矣激切連袂上呈　計粘採湖錄呈電

康熙五十五年二月　日奉

署常州府正堂周批無錫縣查報

請縣憲呈詞

呈爲積荒莫苦於低處救災莫急於停征事身等係青城區芙蓉圩内每年地丁銀餉按月輪將今旹連歲飢荒救死不暇又圩地素名不麦低田不比他鄉有麦熟可望前歷任吳公著探湖錄垂爲懿範加恤圩民後來民牧無不照例施仁邇年來該區靡欵蒙官長不顧荒區飢慘錢糧新舊發追悉照熟例征比直至窮民登堂哀訴方賜從寬其間已受累無窮矣泣念圩田低芙蓉圩内之田更低荒年苦芙蓉圩内之荒更苦計圩内荒低雖有二三萬畝較之通縣田數不過百分之一縱盡邀寬恤亦無妨全賦恭遇憲臺淮府已久從前積被洪恩目下尤叨近曝但初臨下邑或未及深知圩民疾苦恐有該書復壅憲聰爲此賫獻前賢成案伏乞採例施恩電青城區荒慘暫緩催科俾饑民得以苟延殘喘則憲臺功德齊天萬姓歡呼拜祝上呈

康熙五十五年三月　日奉

常州府總捕分府署縣正堂事加四級郭　批湖民委係可憐緩征暫允其所請

又批芙蓉圩屬青城上下扇水旱輪廻十倍他鄉之苦拋逃復業莫沾賑濟之恩爾等但知緩催可倖免於一時何如豁減則永甦於百世際此憲明在上民之苦情正由上達爾等將築圩始末併玉出崑崗劍字號田蕩畝數荒區積困另敘切實情詞當與爾等通詳脩沐憲憐委勘題豁即爾等有生之日矣存案

提編糧戸呈詞（圩任子才 張永洪 民吳馨遠 吳紹述）等具
呈爲圩民雖叨覆載之恩苦樂尙有天淵之隔叩憲
弔電荒圖根底一體施仁事芙蓉湖蕩　憲親臨驗
荒又有吳公圖錄在案形勢瞭然所以玉出崑崗劍
等號之民蒙加意寬征撫恤眞盛德也但同在芙蓉
湖之田尙有未達憲聰者卽以五號言低田約有二
三萬畝每圖額限三千已非照號之圖所能盡貯況
土俗舊例圩圖俱祖遺派定如張姓甲分不容李姓
攙越故往往眞正湖田爲地步所限不得不飛散他
圖若不審其故在本圖輸糧者顯然是荒詎知提編
在外者反居大半非遇　憲臺誠求保赤博訪民諮
此委曲苦情誰能披陳膝下仰體憲心非不念存啇
發外之荒痌瘝一體或慮下民未盡循良恐有奸蠹
冒荒作弊故其難其愼澤降遲回只憐身等母胎禍
落災區苦無本圖里甲眼見蒙恩者盡登衽席而薄
福災黎猶瞻顧徬徨未慰雲霓之望爲此引吭呼號

瀆陳管見念湖內荒低自有總數核收除底冊在本
圖若干畝發外區若干畝合來只要數目相符字號
不爽冒荒者容民指控則該書自難舞弊而合湖盡
沐恩膏歷奉本縣前任太老爺每遇湖荒飭災田在
外區者該書查明字號註冊分別從寬毋許混淆取
咎此荒賦停征之成案可據也今憲臺若電明源委
不但照例推恩自必多方軫恤將厚地高天之德無
一夫不獲矣災民非敢嘵嘵只因性命繇懸激切皇
光號救連名瀝血上呈
康熙五十五年閏三月　　日奉
批芙蓉湖田二萬餘畝據呈大半提編外圖玉出
崑崗劍字號該書速卽查明註冊

續請詳憲呈詞原呈 吳馨遠 任子才 張永洪 吳紹遠 等具
呈爲湖民陳三百年積困號憲救億萬姓生靈功在
一朝恩流百代事江南素稱澤國常郡低鄉最多向
有芙蓉湖者浩瀚於常郡之左南接太湖北抵長江
東薄姑蘇西枕毘陵極目煙波一片商帆漕艘俱經
其地自前朝宣德年間周文襄公南撫從溧陽築起
銀汪東壩以捍上水又開江陰黃田港等處以洩下
流湖水遂涸始召民築岸爲圩其湖灘之地隨勢廣
狹高下築爲小圩武無江三縣中星羅棊布其湖心
最低之處獨築一大圩週圍六十三里內包地面十
萬八千餘畝武無兩縣分轄武進屬其二無錫屬其
一文襄公創爲大規海忠介公疏通水道夏忠靖公
履畝科糧相繼經理而湖心盡變爲田仍名曰芙蓉
湖然滄桑雖變居其地者代有怨咨眞正非常之瘠
土生民之陷阱也兹敢涕泣陳之湖田之始成也每
畝止料糧五升備圩民修築支用至嘉靖時其勤王

公覆丈遂成下賦低田銀米起運至我 本朝征稅
各縣殊科武邑之蓉湖每低田壹畝折作平田六分
六厘六毫錫邑之蓉湖每低田一畝折作平田七分
四厘一毫地同而賦偏重迄今番爲定額按例編徵
痛蓉湖極低危險素名不麥低田每年無夏麥只有
秋熟又三年兩潦通計十年內止可博秋收一熟且
土性朽裂旱不盛水潦又難支別無餘利可採所產
不足以供所賦故糧多積欠而民不聊生雖屢蒙
聖恩蠲貸未能立起沉痾此一困也湖中地勢傾側
西北高而東南下東南一隅地屬無錫所恃一綫長
堤以爲保障無奈土岸易頹歷來崩潰皆由南面爲
湖民者如同舟遇險一覆皆沉是南半湖之地乃極
低而最險者也地更瘠民更貧隄防之工料更艱於
武進年荒修築非民力所能支持前朝賴有潛江郭
公郡守歐陽公本朝賴有三韓吳公撫院慕公經營
湖事且賑且築大有造於圩民此後鮮有嗣音不能

禦災捍患以致湖岸久傾災荒洊至此二困也蓉湖
出字號內有前朝魏國公庄田二千餘畝　國初投
民易價起稅科糧編入蘆課之籍每畝完銀一錢四
分遇赦不在蠲免之列遇荒不在停征之列業其田
者疾苦無由　上聞情愿改蘆課之糧爲低田之賦
奈無力可以轉移甚至拋棄其田荒蕪連片累及圖
中公賠此三困也湖中河蕩不過田間溝洫爲蓄洩
灌溉之資自前朝蔡倫作偏溝洫起稅始賠白水之

糧然猶每畝只完蘆課銀二分也而今則每蕩一畝
折作平田三分八厘八毫完餉銀完漕米又完蘆課
一地三科何從出息以爲償抵此四困也以上數條
積困幾百年來湖民皆怯怯不敢言今遇　聖天子
愛養元元　各憲軫恤民隱伏讀　撫憲檄示又深
知澤國民貧逋負莫償之苦誠千載一時之幸遇也
公顧憲臺體　朝廷愛養之仁垂憐湖地將所覩哀
鴻之慘立賜通詳轉求上　憲電悉窮陬疾苦入奏

九重爲民請命减湖中額稅令瘠土之民有力可供
則下不苦積逋之交廹上不碍催科之考成三百年
痼弊一旦頓除千百世生靈從茲永奠將勳名與日
月爭光謳祝並江山不老激切連袂上呈
康熙五十五年閏三月十二日奉　批准詳仍繳採
湖錄六紙應用

郭公申詳文稿

無錫縣爲歷陳荒區始末急叩豁糧以救萬民事據本縣青城區芙蓉湖士民任子才吳馨遠張永洪吳紹遠等屢請前來據此該署縣事郭看得芙蓉湖乃錫邑極低水鄉也自明宣德年間巡撫周公築溧陽東壩以捍上水開黄田港等處以洩下流水勢遂平復迴築圍堤六十三里內有界河分屬武無兩邑武進四十二里在西北無錫二十一里在東南形勢西

北高而東南下錫邑地勢較武倍低民田各築圩岸隄防大小七十五圩共田二萬六千六百七十九畝九分七厘二毫列玉出崑崗劍等號編坵定賦名曰不麥低田至嘉靖四十年洪水荐衝之後圩隳不堪堅厚風浪吞吐日就創弱　國朝水溢者五載在庚戌丙辰以及庚申戊子洎上年秋霪雨漲流一圩決則衆圩決水勢奔溢倏成滔天湖民水浸竈釜煙消爨冷兒啼女哭目擊心傷流離不知凡幾僅存者架木棲身綱魚蝦以爲食此錫邑四荒區惟芙蓉湖民被災爲最也業蒙前撫憲題奉蠲災發粟招集流亡迄今漸次復業貧民感震嵩呼但成災十分部例止蠲三分況於冊報飢民時又值逃荒四散今歸開荒復業實係真正災民賑冊無名圩工浩大枵腹難支是以徵糧時屢據湖民環庭哭訴僉稱圩地不麥失一熟則兩年飢失二熟則四年饑求飽不供安能築圩輸課愚民扶老攜幼冀請豁糧又妄希續報饑口卑

署縣以豁糧上干題達續報則與例有違若置若罔聞則又膜視斯民無關痛癢有負上憲仁民保赤已溺已饑之盛心再四躊躇計無所出惟有據情詳請憲臺垂憫災黎疾苦恩施格外暫緩催科俯俟秋成之日按限催征一轉移間而眞正災黎得以安心播種倘蒙俯允則均沐憲臺博濟洪慈當與惠水龍山並垂不朽矣卑署縣目擊湖民疾苦不敢壅於上聞可否俯允伏候　憲裁

康熙五十五年閏三月　日具詳奉
江蘇撫藩憲李吳俱如詳允請停征
頒示圩圖新例二條（免丈飭築圩中切要時務勒此補前賢條載之所未及）
一庄田民蕩五年一丈之法爲江邊漲沙不時消長而設湖田並無坍漲亦援此例行之徒爲滋擾又蘆課之地不時交易更動向例五年一推收清產清糧與田一體今蘆課不准收者數十年矣粮戶夥錯弊竇無窮嗣後永飭免丈勒限推收庶不致民間多事

一湖中土岸易頹舊例每年一修若其年冬水未涸春漲早乘無從起土便曠廢一載故在可以興工之日不可蹉跎今隄防一事官府視爲具文圩民又相觀望即或加修亦敷衍塞責是以岸日傾圮災荒疊見倘至壞極不堪然後請興大役其勢倍難其事已晚嗣今每年及早鳩工嚴加核實永爲弭患之計
康熙五十五年三月　日立案

李邑尊請減蕩糧詳文

看得蘆課錢糧係在全書之外而民蕩一款一蕩三粮尤屬累賠查錫邑地處腹裏非沿海濱江不產蘆葦緣有故明魏國公庄田八千七百五十七畝零係賜田從未起科後將此項易價仍照該縣田蕩科則徵銀一千三百四十三兩零着完蘆課實非洲蕩所出之課也又若蘆政工部將民蕩一萬三千九百四十一畝零每畝加征銀二分共加徵銀二百七十八

兩八錢增入蘆課項下此順治六年之事也但民間灘蕩實屬瘠產已照原完納米又加蘆課實爲浮科包賠之累久矣若馮雲如等所控劍字號民蕩七十一畝零係康熙四年之增也每丈量一次必限丈增歷廻迄今共增至五千八百餘畝連前通共民蕩一萬九千七百餘畝除辦糟餉外加徵蘆課銀三百九十五兩零陞任吳興祚涖任巳久稔知三賦之若干於並論陳言等事案內具詳各憲若前撫韓以請丈

已定復令未久不便更張飭令照舊徵輸續於康熙十八年前令徐永言又于欽奉　上諭案内三十五年又于欽奉　恩詔案内兩次逼詳請豁總非丈量之期未嘗批允卑職到任以來查此蘆課每據各蕩戸紛紛哀籲以爲正項尚不能供奚能完此額内之課卑職欲早爲陳請祇緣前令具詳案卷成帙章程久定且未遇丈量是以未敢輕瀆茲届丈量造册適逢馮雲如等又以豁丈兇課具呈奉憲批卑職查報

切馮雲如等田坐芙蓉湖濱洪波巨浸常沉水底幸業明朝周文襄公巡撫江南四圍高築圩岸始可耕穫其中川澮藉爲蓄泄之資科徵蕩粮已屬拮据更增蘆課其苦可知矣無怪其呼籲之切也第灘蕩兼輸蘆課不止此七十一畝零合圩錄供併叙民蕩增辦原委具詳伏祈憲臺俯鑒蕩增辦白水之苦乘此丈量造册轉請　院憲恩賜具題豁其加徵蘆課仍聽上完本折銀米則窮民輕一分即受十分之福其沐浴于　皇仁憲德誠屬靡涯矣爲此求憲云云

康熙三十八年九月　　日具詳

從來弊竇易生而難革加徵蘆課禍延數十年圩民無不飲泣奈非丈量之期縣詳無用即在丈量之日無人呈控縣令亦未必肯出詳若此適當其會又經控憲批發縣詳絲絲縷縷可謂大有機緣矣苦無題達部費此案仍置之塵封嗚呼不知何歲何官得除此弊也　圩人誌

章公德政　上府憲水荒呈

原呈　沈金之　吳儒林　任子才　强中立　鄭有餘　周吾生
錢恒足　孫天申　沈季瞻　殷陳符　袁明璧　王文元

呈爲洪水爲禍非常低鄉被災獨慘懇恩申報各憲急賜停征給賑以救窮黎事錫邑青城區爲通縣極低之鄉而芙蓉湖大圩尤青城最低之所本屬汪洋巨川自明周文襄公環築圍堤六十三里成地十萬餘畝分轄武無兩縣名曰不麥低田一歲一稔止有秋禾從無夏麥去臘大雪連旬今歲一春陰濕嚴寒

積雪幾幾丈餘指望雪消水退豈知宿淚滔天田沉水底三尺有奇三月終因湖田揷蒔最早勉强高築圩岸車戽耕鋤乃一交芒種又雨水頻添工本倍費前工盡捐延過三時滿擬半載積陰晴明可待不料五月十九二十二十一二十二二十三五晝夜大雨傾盆湖水驟漲念六夜雨又盈尺許千頃立刻波沉萬姓俱爲魚鱉可憐一望波濤徒費半年辛苦前者五十三年大旱五十四年大潦猶豐稔數載荒歉暫逢目今兩荒未逾三載上年又祇半收自今春徂夏百孔千瘡民力竭矣謀生業已無門秋熟蕩然國課將何償抵黃童白叟箇箇愁聲萬戸千門人人悲慘倒懸望救仁人疾痛必呼父母爲此奔控　憲臺速賜委驗成災通詳　上憲請蠲請賑多方救此切中人停役停征即刻來蘇千萬命恩流百代福蔭千秋激切連名上呈

康熙五十八年六月　　日奉

常州府正堂加四級劉　批仰無錫縣速查報

上本縣荒呈　吳澄全　張執如　薛明珍　魏甫侯　任天耶　陳介眉　陳際川

呈爲春夏連遭水厄湖民有死無生刻叩驗荒詳憲事荒莫修於久潦低莫苦於湖心青城區大圩八一八二八三八四八五七二等圖地面正坐芙蓉圩心底自周文襄公築岸爲田滄桑雖變然落低如井向爲積水之區十年止可獲二三稔此青城爲通縣之低鄉大圩尤極低之瘠土也今春雨雪異常正月郎遭淹沒村村水浸路絶人稀民大不堪矣然猶曰我湖素名不麥低田原無夏熟之想目前旱潦不過腐爛我柴薪渰沒我蔬菜春耕猶可望也至二月三月桃花雨至而水益深四處俱動犁鋤圩民坐守白浪民愈不堪矣然猶曰春雨夏晴或者天運使然倘洪波稍退猶可買苗揷蒔也不料三時已届雨點不停至本月十九二十念一念二念三接連五晝夜傾盆倒瀉野張齊來水勢倍添數尺念六夜雨又盈尺許一路牆傾屋倒廬舍漂流泣念半年空禱非惟禾麥

全無更苦立椎無地非但租糧莫辨先愁度日無謀眼看高鄉盡樂豐年誰知此處偏登鬼籙窮黎命薄禍入水牢殳盡魔頭難移賤土傷哉無數災黎共仰仁臺托命向蒙　恩覆時恤民痍目今萬姓波沉尤賴拯飢拯溺刻顲親臨驗荒繪圖詳憲早賜設法補救緩征給賑招集流亡則大惠一敷瞬息起溝中之瘠回天有力合湖沾再造之恩矣激切上呈

康熙五十八年六月　日奉

無錫縣章　批候卽勘

章公看荒詳文

查看得卑邑今歲田地仰荷　各憲福德感孚雨暘時若在在禾苗暢茂庶幾可望有秋乃惟有芙蓉湖蕞爾低田獨罹水患實由地勢使然並非天時人力之失調也爰考其地蓋前明周文襄公撫吳之時治湖洩水築圩成田以故形如釜底向因不麥低田並無夏熟稍有水發一堤冲決田成澤國民皆束手無策前陞任吳令爲之經營措置迄今紀載探湖錄一帙原委井然也本年春水漲溢及當揷蒔之際陰雨連綿而該地形勢最低但有容納之水並無洩汪之處以致湖水積多田禾盡沒先據圩民具呈哀籲前來卑職卽經慰諭多方戽救及時補種咸稱水無去路未由車戽復據上呈　憲案批縣查報卑職遵卽親詣該處另泛小舟細勘水淹之所果係一片汪洋田內可行舟楫雖目下久晴而積水無可洩之地卽田禾無補植之方矣卑職按圩察勘圩民以秋成無

望連袂哀號情殊可憫但查該區被水災田不過二萬餘畝下吏固不敢壅於上聞又不敢率請題達伏查蠲災定例十分災田止於地丁款內蠲免三分漕項例不奉免而其間委勘造冊等類圩民亦有登答報數之煩以田荒謀食之窮民益增廢時失業之苦累似屬無裨因細查探湖錄內詳載緩征一節實於民生有益敢不仰體　上憲慈祥保赤飢溺爲懷據情詳請　憲臺俯賜裁酌應否轉詳　各憲請將卑邑芙蓉湖被水田畝新舊錢糧除漕項之外暫緩催輸以舒民力俾窮黎得免催科之擾均沾　憲臺軫恤之恩矣緣奉　批查事理合具勘過情形詳覆併將據呈探湖錄三本呈電卑職未敢擅便伏候
憲臺核轉施行

康熙五十八年七月　日奉

本府正堂加四級劉　批仰將實在被淹田畝確查未徵數目造冊呈送核奪繳探湖錄存

張公德政 公名燦字豈石號湘門戊子科經元湖廣長沙府人

上圩民疾苦公呈

康熙五十九年五月初四日吳儒林等呈爲竹馬恭迎望頒新澤事奉　批繪鄭俠之圖昔聞斯義矯汲公之詔煩抱此心俟勸農下鄉時親勘奪　公新涖任即披星戴月四處勸農初九日曉泊舟湖畔出酒食以慰勞農民復集儒生耆老相隨竟日咨以圩民受困之故曰此本澤菹故處科作低田其糧太重怨

咨由此而起看來十年中止得二三熟所產無幾改爲漁課等類庶糧準於地民疾其有瘳乎做此地方官當爲爾等區畫行將痛陳　各憲固請題達爲轉危爲安之計其盡人力以俟之

上輿利除弊條呈

五月初六日陳書等呈爲叩剪從前積弊以煥震世新猷事奉　批本縣涖任未幾利弊未能周知據陳各條當熟籌上無悞於國計下有益於民生乃即舉行詞存閣自此勸咨熟訪凡便民之政知無不行不數日間一洗從前積弊公與民真不啻家人父子有痛可陳有呼必應並無尊卑澗絕壅於上聞之慮民之父母庶有愧歟

代圩民請借截留漕米申文

爲久雨民困懇借倉糧以濟民食事據某某等呈稱無錫一縣芙蓉湖地最窪下名爲不麥低田每年只有秋熟又全賴雨暘時若久旱則乾水不能蓄久雨

則澇水不能洩今歲入夏以來浹旬霪雨禾苗復被淹沒合湖居民仰荷諄諄示諭現在協力救戽莫敢偷安但去年已經籽粒無收今雖欲盡農事而食不充口安能作苦伏乞　仁臺請借截存漕米數百石逐家分借數斗俟秋收之後或穀或米照數還倉庶湖田可望有秋而湖民亦得以活命矣等情據此該卑縣查得無錫地方惟青城一鄉爲最低而青城一鄉又惟芙蓉湖爲最低麥從無收惟有秋熟一經雨

久易於淹沒今因夏雨過多合湖農民協力救厈以望收成但苦去年被荒今又青黃不接日食維艱而錫邑又無常平積貯可以通融但蒙
皇上截留漕米存貯蘇州原爲備荒起見今仰懇憲臺撥米五百石以濟民食俾得盡力南畝俟秋收之後責令照數還倉是於存米原無虧缺而小民得沾
憲澤矣爲此云云

康熙五十九年六月　日

撫憲留中不發蓋因存留漕米不經　題達未便輕撥之故公於備文之日嘗謂圩民曰萬一　上憲允請其出納盤費不加圩民一文且此米易散難斂若今秋大有民自不忍負上倘或歲歉如故仍嗟救死不暇若逼其償反覺從前多事矣到此地位有子民之責者自應賠納維時公言悱惻其容悄然圩民皆涕泣感謝適公有校閲之命赴省兩月惜哉一片仁慈沮於公出不及再爲調度然其恩固沒世不忘云

續請設法救飢呈

呈爲民飢一刻難忍叩臺百計恩全事芙蓉湖低處連年饑饉民不聊生即間有中人之產被鄰里中日日攢謀借貸亦同歸於盡故圩鄉連片窮愁最無告急之路康熙四十七八及五十三四等年大荒蒙
各憲請蠲請賑得稍延命今兩年饑苦緣蕞爾災區未蒙　題達在賑濟隆恩無復望矣只有那借一策猶可暫開生路爲今日計請命　上臺得賜存留之

粟其萬幸也倘有不能本邑非無素封之家彼只恐饑民有貸無償不肯鬆手昔吳公倣移粟之意爲圩民借貸高鄉令富圖公粟經管收放到冬代爲納漕此其成法也又諭收租業主其坐高鄉有蓄積者每畝發粟一二斗以濟圩鄉貧佃到冬租債併償此亦其兼行之法也至若上年華豫原在圩監賑官米發完之日又私募紳衿富戶捐貲繼賑此又樂善好施倘一舉行之法也夫仗義仁人不可必得其借貸之

法可以復行但不奉　臺令無人肯破慳囊民貸於官官爲政民貸於民亦官爲政小民口腹之累理本不應瑣瀆只念爲圩民者若專爲活命計何難攜老幼餬口四方欲苦守荒涼力田辦賦非稍濟餘粮不可惟我仁憲痌瘝在抱時廑一夫不獲之憂因此速求設法代爲那應該地擇年有德者具結領散爲
朝廷廣養育之恩爲天地補生成之憾民生國計兩全世德陰德無限上呈

康熙五十九年六月　　日具

公閱此呈喟然曰民飢不堪時刻在念但目下赴闈匆迫且候借漕回音再行區處懸此座右可當流民圖亦可備便宜荒政嗚呼埜公切於埜歲不謂奉聘而出忽素服而旋合城罷市兩旬徧處呼天搶地終於白駒難挽何昊天之不弔也萬民佩德歌中有云公庭嘖嘖迎新主草野依依戀舊恩此二語卽事爲圩民而言也可

生員吳又新　監生曹承志耆民張復貞任治元
戴光照　　薛儒行許煥岳

爲災深民困叩餉勘援救事切芙蓉圩本係湖身自前明周文襄公治湖築岸週圍六十三里計成田十萬餘畝歷來止有秋禾從無夏熟素稱不麦低田地瘠無錫陽湖兩邑緣圩田形如仰釜設遇大水漫堤勢若建瓴大司馬吳公探湖錄云湖隄一決如遭混沌全圩洗滅殆盡也邇年連遭水淹已屬民困不堪今年五月杪揷蒔甫畢不料六月初大雨連綿隄岸潰決圩民分段救築隨潰錫邑范家庄村前圩堤潰決萬衆哀號死力護隄更有圩外隣鎮仗義士民撐木袋土蟻集助救奈水勢洶洶愈築愈潰岸裂十餘丈徹底二丈深水高圩堤數尺以致滿湖汪洋民居水深六七八尺不等房屋坍倒棺柩流漂或架板棲身或挈家他徙災慘之禍非筆所罄現在億萬生靈雖幸逃魚腹然家室離散民食無資是以散者紛紛

聚者落落如再違寬求生則時成曠土即欲暫留守涸而命若懸絲且守正俟死固理所宜然但飢寒並至恐廉恥頓忘生等雖蒙　縣主之極意垂憐惜切安慰未沐勘詳合行公求
大憲恩飭親勘檄發救援俾散者歸存者守免罹法網並沐　恩施

道光二十年七月初五日

江蘇布政使司布政使邵　批候飭縣查勘詳辦

生員張　定　吳又新　魏顥鋒
監生朱文蔚　吳觀光
民人吳鑑平　吳鴻裕　韋文榮　圩長沈公業

爲擬復全隄非恩莫辦環叩勘實串請事常郡東昔皆湖地故明　文襄周公費帑築圩旁列衆小圩湖心極低者築一大圍名芙蓉圩其地西北屬陽湖東南屬無錫東有五龍涇水口百川交集西有前後龍潭風濤湧激堤岸非木石交鑲不固吳公云岸段少於陽湖工費倍難以此自明以來屢潰屢築俱蒙前憲申　奏給帑有治湖蹟探湖錄可証今夏水漲堤崩房屋傾倒烟火間寂荷蒙　仁憲詣勘撫恤恩同再造伏查圩圍舊式高八尺廣二丈二尺今被洪濤激宕坍塌過半現今水退潰決處濶十餘丈深二丈五尺意欲起工奈工費浩繁民皆乏食籌之數月全無成議且別圩俱可種麥生等圩內尚水深一二三尺民不聊生十居五六桑田滄海勢所必然玆

無錫縣爲擬復全堤等事據敝縣生員張定岕又新
麹頴鋒監生朱文蔚吳觀光吳鑑平吳鴻禧韋文檠
圩長沈公業等禀稱常郡東昔皆湖地故明文襄周
公費　觧築圩旁列衆小圩湖心極低者築一大圍
名芙蓉圩其地西北屬陽湖東南屬無錫東有五龍
涇水口百川交集西有前後龍潭風濤涌激隄岸非
木石交鑲不固與公云岸段少於陽邑工費倍難以
此自明以來屢潰屢築俱嘗前憲申奉給觧有治湖
蹟採湖録可証今夏水漲隄崩房屋坍倒烟火闃寂
荷蒙　仁憲詣勘撫恤恩同再造伏查圩圍舊式高
八尺濶二丈二尺今被洪濤激宕坍塌過半現今水
退潰決處濶十餘丈深二丈五六尺意欲起工奈工
費浩繁民皆乏食籌之數月全無成議且別圩俱可
種麥生等圩内尚水深一二三尺民不聊生十居五
六桑田滄海勢所必然茲沐　藩批恩諭　仁憲查
報生等冐昧爲敢妄想　天恩第圍形如此危險

沐　藩批恩諭　仁憲查報生等冐昧爲敢妄想
天恩第圍形如此危險民情如此悽慘木石工費如
此劇繁不求　仁憲申請　聖恩設法興築勢必
復成巨浸賦命兩懸爲廹瀝情泣求
太老爺刻賜稟勘核實申請　各大憲施恩題
奏大興修築永復全堤媲美文襄萬年感德上禀
抄呈八月初八日藩憲批該圩被災貧民應行撫恤
業飭委員會同地方官查勘詳辦其堤岸潰決之處
自應趕緊修築仰常州府卽飭該縣等確查飭辦具
報毋延粘呈探湖錄供摺並發
道光二十年十月初三日縣憲李批
候會同陽邑詣勘核詳

民情如此悽慘木石工費如此劇繁不求申請 憲
恩設法興築勢必復成巨浸賦命兩懸爲廹瀝情泣
求刻賜稟勘核實申請 各大憲施恩題 奏大與
修築永復全圩等情到縣據此查芙蓉圩係與 貴
邑合境管轄今據具呈前來除批示會同 貴縣詣
勘核詳在案並諭該原呈等將應築應修段落需用
木石工料繪圖計費開摺復候會勘外合亟移會爲
此會移貴縣煩照來移希即查案着令前赴 藩憲
案下具稟原呈開具按段估計細冊繪圖訂期會勘
事關要工望速速須移

道光二十年十月初七日 移陽湖縣
生 吳文斯 張定民 吳鑑平 監生 朱文郁 圩 沈公業
員 魏穎鋒 人 吳洪裕 生 長

爲遵諭約估旋較量切合事切芙蓉圩隸錫岸段自
六月平沉後經風水內外鼓盪銷磨過半修整費用
委係浩繁籌算殊難確鑿且諸險要及潰決處俱屬
錫界工費浩繁所須木石隨時酌用更難豫權多寡
生等蒙批捧諭感 仁憲注意與修全通圩千萬民之
生機保國家千萬年之正賦不朽功德當與歐陽吳
慕諸公並傳因不揣冒昧謹將土方工料約略開明
具冊 呈電伏乞
仁憲諒生等暗於會計旋求一一較量庶幾繁簡得
宜戴德上稟

道光二十年十一月十二日 無錫縣李批
候會同陽邑勘明核辦草冊附

生張　定　魏穎鋒　監　吳遊光　民　吳盡平　韋文榮
員　吳又新　　生　朱文郁　人　吳洪裕　沈公業

爲遵諭丈明呈求照圖勘核事芙蓉圩係無錫陽湖並轄隸錫之玉出崗京劍等號險隘較多本年六月初堤潰圩沉經洪波内外激宕隄岸坍塌過半生等前呈請恩修築遵批靜候繼又捧讀帖諭感

仁憲爲國爲民之意十分懇切生等隨將隸錫岸段丈明繪圖開明呈電以便勘核但舊例五歲一修俱照田派夫業食佃力邇因積年歉收現又值此奇災業既無力給食佃亦何能出力更兼逃散流亡十居五六而鬻宅賣田苦無門路不求申請興修勢必圩堤永廢課命兩懸爲廹呈求太老爺會同詣勘照圖核實校謬訂訛細籌工費上禀

道光二十年十月二十五日縣憲李批查此案現准陽邑移會候先將堤潰應修民力拮据情形具禀各憲核示該生等即查明潰缺處所應築土方各若干開單送核圖冊並附

無錫縣李諭生員張定等知悉案據該生等具禀芙蓉圩水漲堤崩赴工乏費請　飭修築等情並聲明圍隄舊式高八尺寬二丈二尺到縣據此除批示並移明同圩合管之陽邑會勘外查該圩共有圍隄若干丈閘座若干座應築應修若干處該生既已具呈應即開造料工段落清冊呈候以便按段履勘計費會詳合行諭知諭到該生等即速先行造冊繪圖呈案以便訂期會勘仍將該處歲修如何辦理是否按照業食佃力之例由業給佃加築之處一併詳悉具禀切切特諭

道光二十年十月初七日諭單

卷二　芙蓉圩卷宗　一

常州府正堂崇爲轉飭事奉　署布政使張札奉開
署撫部院邵　批陽湖縣稟境轄芙蓉圩等處隄岸
潰決亟須籌築情由奉批據稟已悉蘇州布政司即
飭該縣妥速籌議詳辦一面查明該圩潰缺若干應
補築若干共需經費若干逐一開摺呈送察核毋違
仍候　督部堂批示此致等因到司奉此并據該縣
並稟前來合就轉飭札府即便轉飭遵照妥速籌議
詳辦一面查明該圩潰缺若干應行補築土方若干
共需經費若干逐一開摺通送案核毋違速速等因
並奉
署布政司張　批開現奉　撫憲批司仰常州府查
照另札遵行仍候　督憲暨　臬司批示繳又奉
署按察司朱　批開據稟已悉仰常州府飭候兩院
悉核示遵行並候　藩司批示錄報繳各等因到府
奉此查此案前據陽邑具稟到府即經抄稟札飭該
縣會勘議詳在案茲奉批示前因並據生員吳又新

等并鄭勝安先後赴府具詞前來除呈批榜示外合
行抄詞飭催札到該縣立遵先今批飭事理刻速會
同陽邑親詣芙蓉圩週歷查勘實在冲坍堤岸若干
應行補築土方經費各若干務須通盤核算邀集紳
富妥議籌款聯銜通詳察辦事關田疇保障切毋延
誤火速火速特札
特授常州府正堂加十級紀錄十次崇
爲轉飭事奉　署布政司張　札開奉
署督部堂裕　將前各等因催札到縣
道光二十年十一月念六日札

生吳又新　張定　監吳近光　童　吳鑑平
員龔穎鋒　生　生　謝景楷

爲時不可失亟求勘詳事芙蓉圩堤岸坍頽屢經切
諭開單送核毋遲生等隨將隸錫岸段丈明低狹約
估工費一一開明送案以期迅速勘詳潰決處闊十
餘丈深二丈四五尺現當鄰圖薛氏經築但週圍六
十餘里被洪波内外鼓盪無一處完固如舊修理資
費尙屬浩繁總之此事非　稍不修非奏不　稍是
以生等於前月初三日赴　府陳求庶幾轉稟各
大憲施恩題　奏又於前月十八日應　督學大人
甄別試乘機稟告并希遽乞　天恩各批抄粘呈電
切與復圩隄舊例冬間定議正月起工二月可以告
竣失此一機又廢一年若以缺陷既補其餘不妨緩
商萬一來春及夏雨水過多恐潰決處不下數百且
不必如本年之大水而已斷斷不可支持故修理情
形刻不容緩再者　仁憲開會伊邇公務滋多安能
撥開冗忙一邀榮涖伏乞　仁憲刻賜勘詳俾可及

時修築保障全隄萬民感德上稟

計抄粘

府憲崇批　芙蓉圩冲坍修築前據陽邑稟報即經
扎飭無錫縣會同確勘籌議修築未據稟覆該生監
等具稟前情候飭催迅速會勘籌議詳辦

計抄粘

學憲毛批　圩圍事關民瘼亟應籌議修築現經常
州府批候飭催迅速會勘籌議詳辦在案該生等靜
候勘辦可也

道光二十年十二月初一日　無錫縣李批
候會同陽邑勘明議詳聽候　憲示飭遵

欽加州銜常州府陽湖縣爲移覆事准　貴縣移開
案照芙蓉圩堤本年夏雨過多被水冲卅前據敝縣
生員張定等禀請修築業經移訂會勘在案今據生
員吳乂新等以興復圩堤舊例冬間議定正月起工
二月可以告竣失此一機又廢一年若以潰決處所
現已修補其餘不妨緩商萬一來春及夏雨水過多
恐決處較多仍不可知非給
帑等情到縣據此查
該圩係與貴邑合管所有貴境圩堤該圩民等曾否
議有定章自行修築抑須勘詳之處合行移請會勘
等因到縣准此查該圩堤岸向係圩民仿照業食佃
力之例每於春融農隙之時專修堅固優免一切大
小差徭今夏被水冲損自應遵照舊章按田出夫派
段修築惟該圩被災較重民情拮据現議於捐賑項
內撥給若干貼補工價以工代賑之意不必再行請
帑敝縣現辦情形前已抄示移會在案茲准前因除
俟來春飭修完竣會勘詳報外合行移覆爲此合移

貴縣煩爲查照先今來移一體辦理施行須移

道光二十年　月　日

無錫縣　爲曉諭集議修築事照得芙蓉圩內共田十萬有奇與陽邑合管錫邑所轄王出崑崗劍京六圖共田三萬有零該圩田畝前奉　各大憲奏定章程圩民在田起夫每歲於農隙之時專修圩岸優免一切大小差徭所有圩圖開座丈尺設立圩長岸甲分段經管因有歲修之責是以優免差徭所業田畝不准提入外區避役今夏湖水驟漲堤岸破裂水淹成災業經本縣勘明詳請撫恤賑濟并飭合籌議築圩隄詳在案茲准移以查照舊章酌撥給捐項出示曉諭抄稿移商過縣准此查圩圖在田起夫專修圩岸向有奏定章程自應循照修築惟現值災祲之後業田較少各戶未免拮据現在本縣仿照陽邑章程會同紳董另行勸捐川資津貼如業田在五畝以上者按田派夫在五畝以下者半給工價以示體卹除諭飭選舉圩長夫頭查造業戶田畝清册核辦外合先出示曉諭爲此示仰該圩圖董地總圩長岸甲人等知悉爾等住居該圩所業田根優免差徭專修圩岸自應循照奏定章程按照現業田糧派夫修築一俟春融解凍赶緊擇日興工毋再希冀請　豁因循遺誤如有規避工作匿開田畝阻撓公事者定卽從嚴究辦該圖地總圩長岸甲等亦不得稍有狥隱各宜凜遵毋違特示

前敘云云除出示曉諭外合行諭知諭到該圖董地總卽便遵照恊同圖董督同地總妥速籌議每段選舉圩長一名夫頭十名查明同井業田在五畝以上五畝以下各戶秉公議定承修段落堤身丈尺分晰造具淸册先行送核以便春融速行加築如有規避阻撓該圖董等卽行指稟從嚴究辦此應圩民分內應築之工毋得稍有延誤切切特諭

道光二十年十二月　　日

具禀生張定 監 朱文郁 陸煥如 吳鑑平
員 吳又新 生 吳觀光 沈公業 吳容熙

爲懇示撥給環求委督興築事芙蓉圩上年六月堤潰各圩坍塌形如缺齒潰決處已懇薛姓經築高潤悉遵舊式隸錫圍岸在東南一隅田低岸險此吳公所云工費倍難於陽邑也前諭約估工料已呈淸冊在案茲蒙 恩示册再希冀請 飭會同紳董另行勸捐津貼足徵 仁憲體邺災黎至意今時交春令陽邑尊於初八日親勘選定紳董撥給准於二月起

工所定條理現在從違不一 生等管見籌議不若仿照康熙十九年破圍幕公且賑且築遺規招募貧民按夫給食俾散者思歸故土貧者無變枵腹築岸之夫即受賑之民實爲妥便伏乞

大老爺電鑒核奪並求選舉紳董經理工費請委能員督責夫役庶工作與賦命全雖咏式微旋歌樂土矣合圩激切上禀

道光二十一年正月十八日批

查此案前准陽邑移會所坍圩岸循照舊章按田派夫修築其業田在五畝以下者酌撥捐項半給工價以示格外體邺當經本縣一體出示在案今據稱不若仿照康熙年間遺規招募外出災民按夫給食督令築堤既得同歸故土又可無虞枵腹所議尚屬可行惟此項工費是否仍照業田按畝另捐舉董經理抑係統歸捐賑項下捎給未據明晰聲敘無憑查核着再妥議明白聲敘另禀察奪

頌德記

粵自神禹治水輿地之高高下下無不濬川導源則壤成賦禹之明德遠矣嗣後水溢隄崩成毀不一雖曰天運豈非人事哉我芙蓉圩本湖也東晉時晉陵内史張闓治湖田百頃欲大興之不果是將成而未成者也迄後唐宋元無人經理湖仍為湖至明宣德初周文襄忱巡撫江南大興水利上築溧陽東壩下疏江邑黄田港湖水遂涸分築各大圩召民開墾湖

遂為田是未成而終成者也迄今已數百年一經霪雨水溢堤潰者屢矣前明萬曆八年天啓五年

國朝康熙十九年天幾幾欲毀之矣八年則有少尹郭公五年則有少尹張公十九年則有巡撫慕宋兩公卒能重復舊規後先濟美是將毀而不毀者也道光二十年六月大雨數日夜民力不支大圍潰裂十餘丈全圩陸沉殘隄幾廢民皆流離失所圩内衿耆呈求藩府憲二十一年荷蒙郡尊查公飛檄邑尊李公親臨驗隄洞燭民艱會同局紳杜紹祁賓承焯龔煜顧鴻逵王煥庚鄒覲揚諸先生等于捐賑項下撥給修費圩民感奮竭力修築圍堤復完是將毀而終不毀者也是年春雨連旬田多積水碍難播插邑尊李公會同陽邑籌辦岸水章程設車千架前後二十日得以播插二十三四年復築子岸界岸填塞沿塘水口俱有成績至二十八年前任武陽兩邑雨亭吳公復來茲土一切惠民善政無不備舉二十九年大

水公下鄉勘荒深入圩心與諸父老殷勤懇切百端撫慰想見公平時饑溺攖心痌瘝在抱公既不忍割愛於圩民圩民亦不忍割愛于公爰于咸豐二年敬上萬民傘聊酬再造之恩用表二天之戴茲邑尊王公來涖是邑適值我圩續刋治湖績亦蒙示諭諄諄俾圩民咸知永遠遵行世守勿替者皆賴為民上者為之擘畫也圩民用是誌之以示不忘云

咸豐四年四月圩民公頌

署常州府陽湖縣正堂加十級紀錄十次石
特授常州府無錫縣正堂加十級紀錄十次楊　為
照例修隄等事本年十一月初一日奉　本府正堂
瑭　憲行内開據陽錫兩縣監生丁鵬生員吴炘民
人奚元進丁龍山吴晋揚吴松成許兆宜劉文耀赴
府詞稱芙蓉圩向稱巨浸自明文襄公改湖為田因
建一大隄以防外水泛濫舊式濶一丈八尺高八尺
内幫子岸四尺地跨陽錫兩邑又建立内界岸舊式

卷三　芙蓉圩卷宗　一

濶一丈二尺高六尺抵水圩岸舊式濶六尺高五尺
以防河水暴漲秖緣歷年久遠大隄固多坍卸界岸
抵水圩岸尤為蕩焉無存故每逢大水釜底居民受
害不淺生等住居陽錫兩邑分界地處極低今歲現
蒙准災緩征欲為防禦之計若不稟奉　鈞牌誠恐
心力不一為鬧兩邑圩長岸甲姓名粘叩諭令協同
該田人等并心竭力照依舊式修築堅固功竣之後
恩准勒石永禁等情到府當批芙蓉圩堤既已坍卸

無存候飭陽錫兩邑會同勘明修辦並於工竣擬具
碑式送核名單附正在檄飭間又據生員吴炘等赴
府以界岸里數不多陽錫兩邑分轄邀免飭縣會勘
仍求給示嚴飭圩長岸甲人等照田起夫承修至碑
式遵候工竣另稟送核等情前來合就據情檄飭仰
縣立即會同錫邑該境芙蓉圩堤查明給示修整將
興修日期具文報查毋得違延等因到縣奉此正在
備移間即據原呈生員吴炘監生丁鵬等呈稱界岸

卷三　芙蓉圩卷宗　二

自甘家閘起至奚家橋不過數里抵水圩岸亦復無
多開具圩長岸甲姓名前來查陽錫兩邑分轄芙蓉
圩以湖為田形如釜底是以前設抵水及内界岸各
岸實為防禦水災之良法若聽坍塌不修將來春水
汎濫波及田禾小則民食無資大則民生攸係本縣
念切民艱除會飭遵辦外合行出示曉諭為此示仰
地保及圩長知悉爾等速即着令該農佃人等乘此
天氣晴和農隙之際照田起夫悉照舊式丈尺東公

竭力趕緊修築堅固稟候勘驗詳覆不得存私怠誤
致滋訟累其各凜遵毋違特示

嘉慶九年　月　日

圩長　吳祖春　郭田　胡德文　許鑑
岸甲　吳伯賢　吳學仁　徐奎元　吳勝中
吳寶林　吳同朝　吳期生　李文運
任寶林

卷三芙蓉圩卷宗　三

生員吳又新　張定　魏頫鋒
監生吳鑑　吳觀光　鄉飲賓吳容照
職員陳有度　沈錫祺　沈有元
圖董孫積山　耆民吳鴻謨　孫行遠

為霪雨災烈環求恩詳撫卹以救饑溺事青下芙蓉圩為通邑最低之區與江陽毘連分列八一八二八三八四八五西二等圖除道光三年十一年二十年大災外歷遭歉歲民困已極本年閏四月初霪雨連

卷三芙蓉圩卷宗　一

綿遍地盡為巨浸麥秋全行淹沒鄉民勉力車戽冀疏積水重下新秋再圖梗蒔詎前月廿九至本月十七二十等日大雨傾盆晝夜不息河水更漲數尺新秧又遭淹死村落沉浸水中房屋傾倒無數鄉民攜老負幼四處漂流或借居寺院或依親朋或漁舫浮家或他方乞食流離滿目困極之狀已蒙　恩臨勘明切生等災圖疊遭水厄剜肉補瘡積困未蘇道光三年二十年水災在麥秋以後尚為少有所蓄今則

既無麦收且兩種秋苗盡淹𧶽本更竭嗟此災黎側
身無地覓食無方又無殷户可以稱貸災形較前更
慘伏惟二十年被災蒙前仁憲李詳奉各大憲先賜
撫恤災黎得以未填溝壑邑人至今頌德不衰生等
並處災區悚惶無措惟有仰叩仁憲急賜恩詳先行
撫恤俾災黎安堵而不生意外之虞為此激切環叩
伏乞　大老爺鑒情迅賜恩詳各大憲急賜撫恤以
拯飢溺啣結上稟

卷三芙蓉圩卷宗　二

道光二十九年五月廿四日無錫縣憲吳批
已彙案稟請撫卹候奉到　憲示飭遵

生員張　定　吳又新　魏頡鋒
監生朱　鑑　沈　燦　曹承志
吳覲光　鄉飲賓薛　鎬　吳容照
職員吳鑑平　沈錫祺　張志高
沈有元　耆民李馨泉　孫　馥
陳洪德　王竹坡

為極重災區叩恩據實詳辦事芙蓉圩王出崑崗劍
京六圖其通縣最低之處與陽邑豐南北等豐鄉同

卷三芙蓉圩卷宗　一

在一圩而地勢尤為窪下康熙年間三韓吳大司馬
知無錫縣時著探湖錄備載西北高而東南下錫邑
之田較武倍低其明徵也今夏被災五月十五日蒙
仁憲親臨勘實詳請先行撫卹後又連雨數日較
之庚子之水又高二尺許一望汪洋阡陌盡沉波底
何況秋苗僅有樹林村落露出水面房屋坍倒人畜
壓斃無算即幸苟延殘喘男子無處傭工婦女兼廢
紡織架木棲身炊烟斷絕此勘後情形萬分竒慘者

也竊查庚子年江邑十七圩馬家圩等處俱以九分
災詳辦芙蓉圩僅辦災八分當時饑民流離奔竄未
暇顧及迨　恩賑下頒始知與江邑重輕殊别此重
災之區而獨見偏枯也況今被災比庚子更重地比
江陽二邑更低大暑節前尚望水退補蒔今已交秋
而水退僅及尺餘芙蓉圩大圍外田中尚有五六尺
及三四尺之水圍内地形倍下補種絶望統計六圖
之内即間有村旁基地稍高築岸車戽留得青禾數

畝者然只百分中之一二實屬十分全災加以夏麦
無收轉瞬九月低處定難種麥一災兼荒三熟非叩
格外拯援無從起死肉骨伏乞　仁憲將親勘玉出
崑崗劍京等字六圖被災實在情形詳明各　大憲
不令被災獨重之處轉有偏枯以廣　皇仁以蘇民
困則　憲恩與日月俱長謳祝並江山不朽矣上呈
道光二十九年六月二十九日無錫縣憲吳批
查本年被災較重民情困苦不堪惟芙蓉圩為尤
甚是本縣所深知第災分應按通縣各圖情形而
計不能以一隅之災獨重處行詳辦現在天氣久
晴積水自必逐漸消退各圖高低田畝應再勘定
數分輕重情形分别核實通計被災分數造册開
報總以該圩各圖災分為最重彙案從辦不致偏
枯而於大局亦無窒碍也爾等仍當諭令農佃人
等設法疏消補種雜粮蔬韮以冀薄收是為至要
也

署江蘇常州府無錫縣正堂賀　為帖致宣洩事照得芙蓉大圩自道光二十一年集資興修以來上年又遭大水業經勸捐修築堅固不致破圍惟本年自交夏至以後大雨經旬圩心低窪之處積水已多必得車戽宣洩方能種作現在天氣晴朗合亟帖致為此帖致圩董張定吴又新希即親赴該圩内外逐細察看凡有積水之區務即諭令農佃合力同心車戽宣洩以期有秋倘有地棍覇戽阻撓希即指名呈縣以憑提究事關農工望勿稍遲須至帖致者

道光三十年六月初五日

江蘇常州府無錫縣正堂加十級紀錄十次張　為出示曉諭事據生員張定吴又新監生朱鑑宗鑑吴覲光職員張志高吴鑑平沈有元吴洪山鄉飲賓沈勝生吴容照吴鑑衡民人陸增富莫裕照秦大炳趙文高孫濟川許喜生丁傳薪等禀稱芙蓉圩全賴圍堤保護田廬大圍險處各工亟應乘時興修集同酌議查照治湖錄舊章按段經修照田起夫圩内界岸順水抵水等岸亦照舊章各圩起夫興修擬於二月鳩工修築第鄉民賢愚不等非求曉示恐難齊心有誤要工禀乞給示曉諭等情到縣據此除批示外合行出示曉諭為此示仰該圩圩長岸甲地保人等知悉爾等務須循照公議查明治湖錄舊章即行起夫乘時修築不得觀望遷延有違公議倘有圩長人等違抗不遵梗衆阻撓致誤要工定即立提解縣從嚴究懲其各凛遵毋違特示

咸豐元年二月十五日

為帖催速覆事案據紳士杜紹祁等稟報芙蓉圩圍内低水順水等岸現在修築未竣由董薛經閣捐錢置田歲修堤岸稟請通詳立案等情沓修築芙蓉圩堤岸前據該董按照圩内田數每畝墊借錢一百五十文冬熟歸還等情業經據情詳報在案旋據該董以圩堤之坍潰緣乏費失修所致現經籌商經久章程由局撥給吳前縣捐錢伍百千文并將經閣所付工資捐入芙蓉圩圩民秋稔議捐一併置田以充

卷三　芙蓉圩卷宗　一

經費洵屬善後要舉惟該董等捐錢置田若干歲輸租米若干所置田畝係何人執管經辦節次經帖致查覆去後旋據該圩經董職員薛經閣以職捐錢一千零七十千文于上年交與生員吳又新張定職員吳鑑平吳洪山等置田一百畝零八分四厘五毫又吳前憲捐錢五百千文置田四十六畝五厘二共田一百四十六畝八分九厘五毫稻二百七十四担五十一斤造冊稟呈並聲明日後歲修條款經久章程叩請飭着該圩士民張定等籌議詳覆等情據經將該圩歲修如何分立條欵如何得以經久並將所置田畝歸何人執管事故如何交代帖致張定等查議去後玆據生員張定等議定東股吳又新中股陸增富西股張定三股輪流經管挨年交賬積儲文襄祠内以備歲修經費至所置田畝單契現存吳青照處請飭薛經閣收執經理等情據此查該圩歲修既照治湖蹟舊章辦理自必妥洽應即詳議條欵以便通詳立

卷三　芙蓉圩卷宗　二

案並出示曉諭勒石永遠遵行惟所置田畝契單未便仍由薛經閣經手自應選擇經董一二人妥為收管抑呈案存檔以杜弊端之處合行帖致分别查議為此帖致該董等即速會同將該圩歲修提岸章程詳晰妥議條欵具覆察奪並將所置田畝單契應作何收存之處一併議明附覆望勿有稽須至帖者

咸豐元年又八月　日無錫縣帖致

生員吳又新　職員吳鑑平　職員吳青照　監生吳覲光
員張定　員吳鴻山　員張志高　生朱鑑
鄉賓沈聖生　吳鑑嶠　耆陸增富　監宋鑑
飲　吳容照　民秦大炳　生

為高下咸宜環求給示永遵事切芙蓉圩形如仰釜
設閘於各埣口以通宣洩其沿塘高阜者凡遇水潦
以提塘為準至圩內釜底每逢霪雨即為聚水壑若
不設法戽救則圩邊常稔圩心常沒治湖蹟所謂十
載九荒是也第欲戽救必先於抵水順水墐水壁水
等岸與大圍界岸一體按段起夫修築如式道光三

十年圩民雖已勉力自修後經大水不無衝坍今春
請示田多積水未能興修及夏水發設法戽救均於
各埣順水岸界岸上設車戽入界河埣河灌放外塘
實有成效現今田水已涸閘春正可及早興修仍恐
心力不齊伏乞先行給示并諭各圖董保圩長岸甲
務必并心竭力修築如式俾高阜者得沾提塘之便
即圩內釜底咸獲灌塘之利法良意美永遠遵行澤
與圍堤並長矣上稟

咸豐元年十二月十九日　無錫縣　批
候給示曉諭並飭各圖董等協同督率修築

江蘇常州府無錫縣正堂加十級紀錄十次張　為出示曉諭事據生員吳又新張定職員吳鑑平吳鴻山吳青照張志高監生吳覲光宋鑑朱鑑鄉飲賓沈勝生吳容照吳鑑衡耆民陸增富士民秦大賓稟稱芙蓉圩形如仰釜設閘於各港口以通宣洩其沿塘高阜者凡遇水淹以提塘為準至圩內釜底每逢霪雨即為水壑若不設車戽救則圩邊常稔圩心常沒治湖蹟所云十年九荒是也第欲戽救必先於抵水

順水墐水壁水等岸與大圍界岸一體按段起夫修築如式道光三十年圩民雖勉力自修後經大水不無衝坍今春請示田多積水未能興修及夏水發設車戽救均於各埒順水岸界岸上設車戽入界河港河灌放外塘實有成效現今田水已涸開春正可及早興修仍恐心力不齊公叩給示曉諭並諭各圖董保併力修築等情到縣據此除諭王出崑崗劍京各圖董保外合行給示曉諭為此示仰該圩地保圩長岸甲知悉爾等務須循照公議查明治湖錄舊章即行起夫修築不得觀望遷延倘有頑梗之徒有違公議許即指名稟　縣以憑提究其各凜遵毋違特示

咸豐元年十二月廿九日示

為據情詳請示遵事案照卑縣境轄芙蓉圩於道光二十一年興修圍岸業經經董報竣在案道光三十年卑前縣賀令據照業食佃力之例帖致經董薛經閣按照圩内田數每畝墊借錢一百五十文修築圩岸當將興辦緣由據情詳報旋據紳士杜紹祁等以圩民勉力自修並未向董借給禀覆該董等恐圩民乏費失修籌議經久章程由局撥給卑職前任在局捐錢五百千文并薛經閣捐錢一千零七十千文交

卷三　芙蓉圩卷宗　一

與生員吳又新張定職員吳鑑平吳洪山等置田一百四十六畝零俱立保圍堂花户額收租稻二百七十四担五十一斤辦賦收租以資歲修圩堤之費禀請通詳立案卑前縣賀令因未將經久章程及置田畝號造呈諭飭經董職員薛經閣將每年額收租稻及單契及置田號畝契價田數開冊造呈聲明經久章程應飭圩内士民張定等籌議據經帖致去後旋據生員張定等議明田租三股輪年經管東股吳又新中股陸增富西股張定支用經費挨年算明交賬所收稻穀公積文襄祠内立有議據三股各執等情禀覆卑前縣張令以並無歲修章程條款呈送其單契亦應擇立經董妥為收管批令會同城局紳董議覆今據紳士杜紹祁竇承焯龔煜生員余治吳又新張定等會議將單契及收稻穀經費賬目按股遞年算明交賬弊端可杜每年所收稻穀除辦賦局費外所餘穀石積儲文襄祠内臨時變價以作歲修經費

卷三　芙蓉圩卷宗　二

并籌議條款呈請詳報等情前來卑職伏查該董等籌議歲修條款戽水章程均屬妥善相應據情詳請仰祈憲臺鑒核批示立案祇遵云云

咸豐二年十二月初六日　詳

三年正月初六日

奉藩　批　准如詳立案

欽加同知銜江蘇常州府無錫縣正堂加十級紀錄十次王　爲給示曉諭事今據生員吴又新張定職員吴鑑平吴鴻山張志高監生宋鑑朱鑑吴觀光鄉飲賓吴容照吴鑑銜耆民陸增富張維翰童生吴觀光孫研芬民人沈宜寶任良益等稟稱芙蓉圩築自前明周文襄公　國朝康熙十三年潰圍吴督憲始有探湖錄三十三年徐邑尊大興工作凡在優免之田均在出夫之例彙集成案刊刻名治湖蹟圩民永守道光二十年破圍前憲李會同局紳撥給修費舉董薛經闇照田起夫按段修築大圍界岸業經報竣驗收在案其大圍内抵水順水塂水圩民自修爲宣洩計亦已請示在案至前　憲吴及薛經闇捐錢置田一百四十六畝零稟蒙轉詳　各憲批准如詳立案遵守生等恐有恃强不遵從中阻撓以及日久廢弛爲此邀集通圩衿耆粘呈公議條款乞賜給示曉諭以便續刊永遵等情到縣據此除飭差赴局查傳外合行給示曉諭爲此示仰該圩地保業田人等知悉爾等務須恪遵後開條約永遠遵守不得有違公議倘有頑梗之徒從中阻撓不遵條約有違公議許即指名稟　縣以憑提究其各凜遵毋違特示

咸豐四年三月十六日　邑尊　王如林示

立公同議單五港居民合圩人等本圩外高内低一逢水患沿塘高阜四面卸水雖有外包大塘而内圩極低便遭淹沒是以古制圩内高低分界處設築抵水界岸横絶上流使水不内集彼此分疆高低得熟近因歲久傾圮不肖居民或鑿岸通流網捕或開缺出入漁船以致堤毁岸斷霉水一發圩心立沉即如去年春雨數旬湖其爲沼沿塘皆熟内圩獨荒此殷鑒不遠也是以彙集五港居民公同立議重修圩内

抵水界岸高厚如式槩不許奸民開缺鑿洞走水下流渰没田禾如有此等罰錢壹兩築岸公用不服者鳴官究治自議之後每年凡遇水發在議之人協同各圩長東公巡緝不得推諉此舉上爲　朝廷國課下爲民命身家非比泛常須至議者

康熙五十九年三月　日立公議

吳民表　王廷玉　張元直　陸君聘　張君順

任文華　張子威　張煥生　吳洪道　沈惠臣

沈忠候　沈維貞　陶瑞章　彭國玲　沈天元

沈演良　張子嘉　陶子美　沈宗幹

南李家圩抵水壁岸自武無界至黄家蕩港止岸甲莫張符　南黄泥壩周三十岸管一半楊沈大圩李家圩管一半西蔣洪岸南抵水岸岸甲張君順燦茂東蔣洪岸岸甲張威發　南二閘一座舊議兩邊有田人管　北劉土池南抵水岸岸甲張子嘉　東界溪巷起　上四百畝圩岸甲趙發祥　西四十畝圩岸

甲吳爾安　西方家圩岸甲張如良　東新塡圩方仲賢　東瓜陝圩吳宗海　東方家圩彭符張　西新塡圩吳雲階　劉團坐圩吳仲岳　東四十畝陸安如　南尖圩吳公升　西奚家圩蔣華林　東奚家圩吳張綜　南壩吳廷玉　陸老圩張文卿錢眼坵圩吳安中　吳家港中壩李郎岸劉土池

西港張君順執一帋　中港沈忠侯執一帋

東港沈惠臣執一帋　吳家港吳民表執一紙

黄家蕩壩洞議單

立公同議單六圩人等今有黄家蕩壩洞一座則因年久傾頽壩洞滲漏難以承管為此拉集六圩圩長人等公議共田六百三十畝每畝派銀六分以作修造之費照田均派不得推諉如有掯強鳴鼓共攻一様四紙各執一紙議單為照

乾隆四十年正月　日立議單圩長秦大章　大千

從議　秦大來　一　符鳳翔

孫士明　孫洪如　符朝元　孫占益

莫維連　莫正生　張大德　張岳生

張洪秀　張洪列　代　筆　張天錫

卷三 芙蓉圩議單

楊沘大圩田一百畝漕河圩西荒田共一百四十畝北周三十岸五十畝秦符承管兩股南三十岸西聽北李家圩共田壹百六十畝張姓承管一股鮎魚頭六十畝南李家圩薛家圩共田一百廿畝孫莫合管一股

立合同議單秦朝相符殿倫秦維城等今因陳家圩南丁家溝抵水大岸壹條因洪水連綿不料無恥之輩横行縱肆各取自便究掘開洞取於水利不顧國課完辦累年無底車戽大水致生口角內有秦符三人等自愿承管丁家壩起西大横岸止自議之後逢水承管之人修築放魚蝦承管之人取水利不許議外之人放蝦魚究掘開洞倘有恃強不服開究協同禁內岸甲大則鳴官解究小則禁條議罰上城使費照田均湊恐後無憑立此合同議單為照

卷三 芙蓉圩議單

計開各執壹紙陸岳林符殿倫執

乾隆二十三年六月　日立合同議單

承管秦朝相　秦維城　符殿倫

聽議秦元如　陸岳林　謝士安　謝天祥

代　筆　符殿倫

立合同公議丁奚吳三姓為增修界岸以防水潦事我等居住芙蓉之東偏睽隔外塘二三里中有界河陽錫兩邑分轄大圩設有甘家閘以障外塘之水又賴兩邊界岸以禦暴漲之衝前賢設立章程鉅細兼備水潦無虞迄今界岸數十年並未增修僅存遺址今歲水發釀成偏災我等因為預防之計呈請　府憲批示施行邀同圩長岸甲人等遵批集議時待春和照田起夫併心協力照依舊式增修堅固成功之

卷三　芙蓉圩議單　一

後凡遇水災小則灌塘大則提塘均堪戽救以保田禾各人經管田畝細數開後以修岸段不得撬掘壟削所有需費照田公出計車亦照田分戽議內人既無可諉議外人不可觀望延挨心生覬覦倘工竣之後適逢水發恃強爭戽斷不允從小則議罰大則鳴官毋貽後悔為此議集申明共立合同議筆八紙各執一紙永遠遵照

計開

陽邑東西等十兩圩計田一百三十五畝

張陸徐家圩計田一百三十五畝

王家圩起門前田止共計田一百五十畝

錫邑劍字陸圩共計田壹千畝

京字東禹蕩圩計田二百六十畝

錢家圩計田四百畝

西圩計田二百四十畝

裡圩計田陸十畝

卷三　芙蓉圩議單　二

又議日後車戽奚家橋或築土壩或造石閘以及啓閉諸項俱公同照田出費起夫但劍號田高京出兩號田低倘或不能通同車戽聽憑劍號另立土壩公於朱家裕村後以便戽救不得攔阻所有新壩橋舊名姚家閘目今修整有治湖績可據日後車戽啓閉京出兩號承值併照

嘉慶九年十月　日立合同議筆

陽邑圩長奚祖春　奚斌元　奚承安

錫邑圩長吳學仁　吳伯賢　徐奎元　吳寶林
吳建安　吳同朝
議人丁信成　丁龍祥　丁維安　丁大奎　李文運
丁松占　吳秀芳　吳聯芳　吳起莘　吳勝宗
吳起豐　吳復太　吳正雍　吳正揆　吳連登
吳桂山　吳魯風　劉惠林　代筆　吳遇時

卷三　芙蓉圩議單　三

立公同議筆張維賢任富宜孫富德秦大丙陸煥如陳物宜等地有西瀾港南塘大壩一座向為石洞於康熙四十二年建造石閘至乾隆十六年因閘滲漏公議改洞暨及乾隆三十四年又建造石閘迄今年遠坍塌不能坐視為此拉集各圩長有田人戶等公議重新建造所有圩名田數一千三百餘畝以及閘上承管四股挨年輪流舉管閘門尺寸照依舊章倘遇外塘水退毋得私開犯者議罰自議之後四股竭

卷三　芙蓉圩議單　一

力照田湊足銀錢以供費用悉遵老議不得推諉恐後無憑立此公同議單六紙每股各執一紙存照

計開（承管雖分四股但田有多寡不一為此公議以多貼少凡有修葺閘務費用總照一千三百陸十畝之田均派所有田數開列於後）

道光十六年二月　日立公同議據

孫富德　孫元爵　孫漢光　孫介美　孫鳳賢
孫繼文　孫雲川　孫阿祥　張維翰　張維賢
張永忠　張其惠　張建德　張永瑞　張永德

張兆亨　張德範　任治遠　任富宜　任長壽
任裕隆　任鳳阜　任榮德　秦大丙　秦才章
符年發　陸煥如　陳物宜　陳元茂　陳惠乾
陳才德　謝瑞福

第一年圩長張維翰 賢　南北李郎岸田五十四畝
張永德　劉土池田八十七畝
蔣洪岸田六十七畝五分
北嚴家岸田三十畝 貼秦氏

南周三十岸田一百畝內 秦氏貼十畝

第二年圩長秦大丙 陸煥如 陳物宜　秦坐圩田七十畝
北周三十岸田三十八畝
內 貼還任氏三畝
北嚴家岸田一百二十畝
蔡家圩田八十三畝

第三年圩長任宗法 榮德　南北嚴家岸田一百五十
任富宜 治遠　五畝
任楚珍　南北李郎岸田一百八十
畝 該收北嚴家岸田三畝

第四年圩長孫明山 元爵　劉土池田三十畝
孫富德 鳳賢　蔣洪岸田七十七畝五分
孫繼文　毛陳岸田二百三十畝
代筆　孫爾泰

東瀾港石閘一座道光二十三年局給塘石重建其餘照田湊集共湊之錢除買木料石灰匠工小工另用之費外餘剩之錢公置杜田出字四百二十九號庄田一畝又出字陸百三十九號庄田九分肆厘八毫共田一畝九分肆厘八毫尤蔣陸丁嚴陳六姓每年輪流耕種承管採息以作啓閉之費

計開

西沈家圩　東妙相圩　湊全費
浜稍頭　澄港起水

卷三芙蓉圩議單　一

西吳家圩　東方家圩
菱塲圩　南六十畝
北六十畝　馮尖圩
西周圩　楊家田
沈氏坐圩　禹唐圩　以上諸圩湊半費

立公同議據唐祖念吳增福沈吉三等錫邑圍堤吳家港壩洞一座昔曾捐資置出字壹千零七十四號田壹畝八分以作歷年承管開塞之費茲緣二十年破圍壩洞坍頽捐資修理餘錢置買出字壹千零三十七號唐有金紀壽蕩田一畝二分二毫以作東沈家圩西張李圩逢澇救禾貯水盤塘若遇豐歲收租取息作壩旱兩洞閘板修葺費用議出至公情無偏袒立此公同議據三紙存照

卷三芙蓉圩議單　一

計開任周兩姓承管二壩提田十五畝造修垻洞不出費併照出字一千零七十四號田單存與唐處出字一千零三十七號契單唐吳兩姓分執又照

道光二十五年四月　日立議據

任永章　吳增福　唐祖念　丁倫三
任阿全　吳繼祖　唐德太　陸曾富
任二福　吳仁章　唐其松　周德昌

任龍章　吳祥元　沈吉三　沈增喜
執筆　吳鑑平

一吳家港大圍石洞一座係東沈家圩西張李圩各半承管乾隆年間公置出字一千零七十四號田一畝八分户立唐公田歷年耕種採息以作壩旱兩洞承管啓閉之費又道光二十二年東沈家圩西張李圩照田湊費公礉大旱洞一座以備車戽大水餘錢又置出字一千零三十七號蕩田一畝二分二毫築

戽水場基外餘田約四分耕種採息添置兩洞閘板之資花户併入唐公田内靠洞至白蕩口河面歷年汙塞甚狹自後永禁不許挑泥淤塞

一吳家港内任家壩一座下設石洞係任周兩姓承管提田十五畝造修壩洞不出費任家壩即議據上之二壩

一西張李圩無車基因借東沈家圩車基故於設車處帮築圍岸陸丈

立合同筆據蔣龔張沈韓任丁等爲張蕩田壹小圩内其南邊貳拾九畝八分獨高旱年不難駐水其勢必須特築壘岸方有收成爲此二十九畝八分内該田人等議出公價銀陸兩正買得一千三百五十三號内田自小岸之南出通長一條闊二尺連小岸在内築起戧岸濶三尺餘岸下開傷二十九畝八分内人共爲填塞永爲定例議明壘岸之粮仍歸一千三百五十三號辦納各愿非逼永無退諉欲後有憑立

此合同筆據四帋各執一帋永遠爲照

道光三十年四月　　日立合同筆據蔣龔張沈韓
任丁等

立合同議據丁俊占奚祥貞吳鑑平吳起巖等自前
明周文襄公築圩成田各港口設石閘以利水旱成
化癸未始於東塘陽錫交界處建甘家閘　國朝康
熙戊辰外面加潤未經一律重修及道光甲辰相去
一百五十餘年疊經水患風潮衝激滲漏不堪於是
照田集資大興修築底設小閘上用方塘又於南埂
砌碼頭一座四月告竣木石工料計費八百餘千為
長久計蓋其慎也餘資採息置田三畝七分五厘以

作脩泥啓閉之費仍照舊章四股承管三載一更庶
乎水旱有備萬年鞏固云爰立合同議據四紙各執
一紙存照

計開 貼費田畝開列於左

一陽邑露字郭家角錫邑劍字四百畝上中下三圩
下塍議貼閘費三股之二如遇旱年不得肩閘洞之
水

一陽邑露字東七十蒲家圩律字西七十洋濠田張
陸徐家圩王家圩西段圩十六畝南北朝涇奚達朱
家村蕭田圩新圩馮尖圩錫邑出字北禹蕩圩中禹
蕩圩南禹蕩圩京字錢家圩姚家圩劉家圩中唐家
圩南唐家圩劍字劉團下坐圩張思德圩呈祥圩李
家圩張家圩朱家圩上中下四十畝新田圩灣角裡
以上俱貼全費

一陽邑律字蕭田圩底（東囊）盛大圩錫邑出字張官圩
京字中唐家圩（沿吳家港）裡張李圩以上俱貼半費

一凡貼全費者進水出水旱潦一律凡貼半費者或
出水或進水各從其便凡貼費三股之二者惟遇旱
年不得取石洞之水

一四股承管三載輪交閘板公同點明數目係管閘
人收拾遺失者賠

一閘田陽錫契單共三紙及餘剩公項錢三千六百
文係輪交該股户首承管公項利息議明週年一分
五厘以備不時應用

一露字郭家角南堰田四分以作斋泥塞閘之費銀漕係種田人承辦

一陽錫劍律兩字號田三畝三分五厘以作管閘啓閉之費銀漕係管閘人承辦

咸豐四年三月　日立合同議據　丁峻占

吴祥貞　吴鑑平　吴起巖　丁根芳

吴鼎仁　吴鳳山　吴西京　吴容照

吴清成　吴增發　執　筆　丁志昂

卷三芙蓉圩議單　三

原刻

本湖東自武進甘家壩大閘起南至五龍涇西轉至武進界岸止共計圍岸二千三百八十九丈六尺舊式濶一丈八尺高八尺内幫子岸四尺例定五年一小修十年一大修俱照田出夫均築其近塘田多丁盛者充當圩長凡遇春初預為催督如圩民頑惰誤公者指名禀官請法究治

一内圩東自甘家閘界河起西至武進政成鄉界止

卷三芙蓉圩原刻　一

内築武無界河大岸共一千七百九十二丈五尺舊式濶一丈二尺高六尺俱照田出夫修築

一沿塘田高數尺每逢雨潦水御低窪故沿塘常涸圩心常没是以於高低分界處各築抵水大岸以禦上流之衝其隨港田畝復築順水圩岸以防河水暴漲共計二萬六千一百七十四丈二尺舊式闊六尺高五尺例定每年一小修五年一大修俱内圩田出夫修築仍恐無賴掘岸放魚走水没田復設圩甲不

時巡察違者指名呈究
一本湖各港水口俱築土壩下設石洞旱啓潦塞通水出入共計二十四條舊式濶一丈八尺高八尺内幇子岸四尺内外各列樁木以禦風濤衝激凡木料人工食費俱照田均出
一本湖大港口復設石䃮大閘旱啓潦閉内外共計伍座半（外半座係武進承管）舊式闊一丈八尺高八尺凡灰石木料人工匠費閘板閘田俱照田均出

卷之二 芙蓉圩原刻　二

一各内圩公議田多而力優者充任圩甲然消長不齊例定十年一更如圩中田及百畝者公聽圩甲田五畝免出差徭每遇春初修築岸塍旱潦車戽必須預為催督如圩民頑梗誤公者指名呈究
一出字西瀾港石洞壹座（今改為石閘）大壩十五丈又沈停壩六丈朱家壩九丈俱内圩李大圩蔡家圩嚴家圩李郎岸劉土池毛陳岸分管一半照田均修又張家壩壹條係劉土池李郎岸嚴家岸漕河圩管修

一崗字王家蕩大壩二十壹丈係蔣洪圩周三十岸南漕河圩楊沈大圩薛家圩照田均修又黄泥壩一條係南漕河圩東漕河圩楊沈大圩承管西瀾港大壩半座計七丈五尺係蔣洪圩周三十岸東漕河圩南漕河圩照田均修沈亭壩半條係周三十岸承管朱家壩半座（今改為石閘）係東北漕圩承管
一出字中瀾港石閘一座新壩南各圩管修雙分新壩北各圩管修單分公置閘田肆畝陸分九厘（出字一百十一號庄田四分九厘五毫三百十一號庄田一畝七分九厘五毫一千四百三十號低田二畝四分共三號）許

卷三 芙蓉圩原刻　三

玉張金耕種承管啓閉内聽一畝歷年採利添置閘板又大壩十九丈通港各圩照田均築又新閘一座原係實壩伍氏訐訟六年獨任造閘啓閉其土壩十五丈壩後各圩照田均築又金銅垻十丈（今改為石閘）係北李大圩陸元阜承管沈家壩一座沈陸朱居王管
一涇澄港大壩四丈下設石洞係沈爾達田承管啓閉

一東瀾港石閘一座諸家壩南各圩管修雙分諸家壩北各圩管修單分又大壩九丈通港各圩照田均築又諸家壩石閘一座洋子中壩一條薛家壩一條俱內圩奚家圩禹蕩圩東方家圩菱塲圩承管又陶家壩一條係禹蕩圩承管

一吳家港大壩一座係沈家圩張李圩各半承管大瀆港大壩一座今改為石閘係出字張李圩劍字等圩各半承管灣河大壩一座係玉字唐家尖小蔹葑兩圩

卷三芙蓉圩原刻　四

承管楊灘溺大壩一座係玉字小蔹葑蘆塲岸兩圩承管曹陸港一座壩係玉字蘆塲岸石家尖兩圩承管

一劍字張家大壩一座係玉字石家尖劍字內圩各半承管

一甘家大閘一座南半座係李家圩圩甲李龍念存湖今圩甲吳清成維德張家圩圩甲湯呂湖今圩甲吳惟靄貞湘朱家圩圩甲金呂姚今圩甲吳清壽三分管修其北半座係武進田承管

一姚家壩一條計十丈石閘一座係東九頃圩八二八五兩圖各半承管又黃泥涇兩壩今北壩改為二閘李家圩承管大港水口壩一座又南大壩一座北新壩一座俱呈祥圩承管又陳倫壩一座係張思德圩承管又小南壩一座西横河壩一座俱西九頃圩承管

一帮築小蔹葑因此處田畝零星業主窵遠心力不齊又兼五龍涇河口曠濶波濤衝激修築實艱傾頹甚易是以康熙十二年合圩居民公議內圩出字號

卷三芙蓉圩原刻　五

出帮築壹百二十八丈劍字號田帮築伍十伍丈餘存壹百八十二丈原係小蔹葑有田業主均管岸丈既少修築亦易以為定例有合同議單各執為照

凡例

竊思蕭何定法較若畫一曹參嗣之守而弗失治天下然治方隅何嘗不然芙蓉圩築自文襄公其間之各大憲賢有司代有仁心善政至我圩之衿耆亦相與後先經理而規模條例亦已漸增漸備獨車戽一法雖有舊章未經刊刻嘉慶年間錫邑生員吳炘暘邑監生丁鵬等呈求府憲與修界岸爲宣洩計蒙府憲瑭給示檄飭二縣遵行道光二十年破圍大興修

築後將各圩抵水順水壂水壋水等岸一律管修咸豐元年春夏水發吳又新等復赴府呈求蒙府憲張檄二縣一體飭遵悉照舊章戽灌一切公議條款咸已詳請各大憲如詳立案矣凡我圩人尚其知所遵循毋違例以干咎

計開

一保圍堂現置田一百四十六畝零係玉出崗劍京等字號活產倘有回贖仍將田價另置補足

一大圍五年一小修十年一大修照業田按段起夫修築

一界岸抵水順水壂水等岸每歲一小修三年一大修各圩照業田按段起夫修築

一沿塘高阜者凡遇澇年設車大圍上提塘

一圩心低窪者凡遇澇年設車各港界岸順水岸上戽入界河港河灌注外塘倘外塘水大無可灌注一面將田內之水戽入界河港河一面設車大圍將戽入界河港河之水提出外塘

一凡遇旱年各港之田隨各港之河便宜取水

一承管岸段着現業田多者充當圩長

一大圍岸上不許種作墾削牧放牛羊

一圍岸子岸全賴草根盤結方可永固只許秋分節後對田人樵斫

一大圍岸車洞爲旱年而設倘外河水漲不許貪便放潮滲瀉低區

一車洞着田多人承管如無人認管者是宜塡塞
一凡岸近村基不許岸旁種作以致損傷岸身
一前次刊修圩堤序記卷宗悉遵原刻不敢稍有增
損
一原刻某圩計田若干畝今註明某字某號起某字
某號止名某小圩有分出二三四五圩者承管岸段
閘座壩洞內壩等項悉遵舊制不得變易間有仍照
原刻者悉照來稿

一大圍岸猶室之大門也高低分界處各有壆岸猶
室之內門也各圩分界處設有墐岸猶室之分門別
戶也即督憲裕公內畫縱橫抵水岸如樓梯層下之
制查縣志載明上水不得入於中中水不得入於下
下水不得入於低此誠良法各宜謹守不許恃強開
缺貽害低處違者送官處究
一溝蕩附近界岸抵水順水岸者不許養魚犯者議
罰

一內圩抵水壆水墐水岸均歸下流業田起夫修築
取土則於兩旁如遇水口則隔河對田起泥如遇直
河則兩旁起泥
一大圍舊式腳濶三丈二尺面一丈八尺高八尺帮
子岸四尺道光二十一年春興修緣災祲後民力拮
据援腳濶二丈四尺面濶一丈高六尺下年歲修漸
復舊式
一大圍舊例玉出崑崗劍京六圖起夫修築此次與

修八一八二八四八五西二五圖起夫惟八三一圖
及薛姓所業各圖田畝貼錢代工均未出夫凡局撥
捐欵夫頭土方木石一切賬目均存經董薛經閣處
因未送局故未刊載
一有因水口圍入田中作實岸者則岸段增多自應
照田均派不得以舊例推諉
一大圍岸上設車戽水務須相度地勢各得其宜開
缺之處車畢後圩長車夫督率衆夫當卽修補完固

不得聊草塞責抵水順水岸上設車者例同

一道光二十一年各夫頭督率衆夫辛勤數十日名目理宜刊載祇因田有變更恐生推諉之弊日後修築照現業田多者充當

一保圍堂契單收租賬目詳明東股吳又新中股陸增富西股張定三股輪流算明交兌辦賦局費外所餘稻穀積貯文襄祠內以備修圩之費契單亦隨賬輪交倘年老力衰不能勝任議舉一二人充辦

一道光二十四年保圍堂杜買史姓田九畝八分

劍字三百四十九號田八分

三百五十三號田一畝五分

三百五十五號田一畝

京字九百三十八號田三畝

九百四十六號田一畝三分

九百四十七號田一畝二分

九百四十八號田一畝

以上之田立保圍堂花戶完糧單契存薛經閣處因未交出故未刊載

一道光三十年雨亭吳公捐俸五百千文置買田四十六畝零

一薛經閣捐錢一千零七十千文置買田一百畝零八分四厘五毫所置之田玉出崗劍京五字號俱係活産已有回贖另置補足者故契價田數千號均未刊載

一圩各原刻田畝間有盈虧與糧冊不符者故未註明田數

一大瀆港閘　向係劍出兩號輪年承管啓閉劍號九頃圩承管閘夫王如元龔富宜吳雙喜吳和上有閘田二畝四分出字張李圩承管閘夫顧晉楊吳洪昌吳敍榮吳永和得銀二十八兩有承管筆據

一大圍岸上內外礄頭着在圩業田者自行石𥔲
一壩洞口扳船缺處須用石𥔲不許因挈舟不便鑿削低塌違者議罰
一沿塘之田外塘取水者不許將水放入各港河違者議罰
一沿塘壩洞車洞各有承管倘外塘水漲堵塞不固者公同議罰
一舊刋北抵水岸即界岸由甘家閘南埂起一直向

西至灣裡村前轉北至周家村後陽錫界溝止至水口壩洞均歸各圩承管
一抵水岸東自范家庄唐家壩起迤運向西至諸家二閘口西埂轉北至關帝廟北向西至楊沈大圩陽邑界止凡坐落下流之田出夫修築

沿塘各圩車洞自甘家閘起
四百畝下圩第一號車洞朱祖望承管 楊家車場
第二號車洞朱祖望承管 十畝車場
第三號車洞宋浩如承管 八畝車場
四百畝中圩第四號車洞宋德建吕承管 邵家車場
第五號車洞宋德昌承管 九畝車場
第六號車洞宋德昌承管 阿媽車場
四百畝上圩第七號車洞馮上興冀阿三承管 趙家車場

第八號車洞張大壽永昌承管 沈家車場
第九號車洞張三慶承管 三十畝裡
第十號耳水旱洞張士貴承管
裡唐家尖第十一號車洞張敦厚承管 官田裡
第十二號車洞張永德步青承管 額倫車場
第十三號車洞張敦厚仁三承管 水車基
外唐家尖第十四號車洞張敦厚承管 玉字十九號內
第十五號車洞趙文高承管 玉字廿二號內

第十六號車洞張兆榮承管 玉字廿四號内
第十七號車洞王玉茂承管 玉字廿六號内
第十八號車洞韋聖福承管 玉字廿九號内
小菰葑圩第十九號車洞韋隆瑞福承管 廿四畝車場
第二十號車洞韋順法承管 和尚田
第廿一號車洞韋壽福承管 藏水洞
第廿二號車洞韋壽福承管 大水車洞
第廿三號車洞陳紀元三岸承管 陳家田

第廿四號車洞劉宜觀韋寶森承管 方潭田
蘆塲圩第廿五號車洞沈細三劉裕昆承管
第廿六號車洞唐觀正壽富承管
第廿七號車洞蔣熙美承管
第廿八號車洞沈世德陳又鼎承管
第廿九號車洞丁召熙陳會宜李秀堂承管
石家尖第三十號車洞陳阿祥承管
第卅一號車洞唐德福承管

第三十二號車洞沈章生承管
東張李圩第三十三號車洞唐宜興承管
第三十四號車洞唐世芳承管
第三十五號車洞丁召春李蓮生承管
西張李圩第三十六號車洞丁召熙承管
第三十七號車洞唐世芳承管
第三十八號車洞李巧福承管
東沈家圩第三十九號車洞沈吉三承管

第四十號車洞李芳三承管
第四十一號車洞沈根玉承管
西沈家圩第四十二號車洞劉義豐吳正富承管
東妙相圩第四十三號車洞鄭士鳳承管 西灣
第四十四號車洞劉兆元沈德堂承管 靠馬路
西妙相圩第四十五號車洞沈正鳳鳳山承管
許家閘西第四十六號車洞沈洪元承管
第四十七號車洞魏午長承管

第四十八號車洞沈福宜承管
第四十九號車洞魏兆祥承管
第五十號車洞魏秉銓承管
第五十一號車洞殷叙昌承管
孫家閘西第五十二號車洞殷正清承管
第五十三號車洞孫慶茂承管
第五十四號車洞殷阿四承管
第五十五號車洞（正龍菴孫慶明）承管

第五十六號車洞孫其興承管
第五十七號車洞孫潤玉承管
第五十八號車洞張紹昌承管
第五十九號車洞徐紀福承管
第六十號車洞魏源泰承管
補東妙相圩第六十一號車洞（沈承熙蔣喜美）承管（永安橋堍下）

玉出岡劍京管修大圍岸段
第一段（廿家閘南堍起）六丈劍字李張朱三圩承管
第二段（廿家閘南堍六丈外起至玉字裡唐家尖止）共計大圍四百六十
丈四百畝上中下三圩承管又界溪菴新壩
四百畝上圩承管西半條
第三段（界溪菴新壩東半座起至外唐家尖灣河埧半座止）共計大圍二百七
十二丈二尺外唐家尖裡唐家尖兩圩承管
又界溪菴新壩東半座裏唐家尖承管

第四段（灣河埧南半座起至楊灘弼埧東半條止）共計大圍三百六十五
丈三尺小菰葑圩承管
第五段（楊灘弼壩西半條起至曹陸港埧洞東半座止）共計大圍一百十三
丈蘆塲圩承管
第六段（曹陸港埧洞西半座起至張家港埧洞東半座止）共計大圍九十三
丈石家尖圩承管
第七段（張家港埧洞西半座起至大陸港閘東半座止）共計大圍四十五丈
南九頃北九頃兩圩承管

第八段大濱港閘西半座起至吳家港堪洞東半座止　共計大圍一百十四丈東西張李兩圩承管

第九段吳家港堪洞西半座起至東瀾港閘東半座止　共計大圍一百三十七丈東西沈家圩承管

第十段東瀾港堪閘石磩大石埦　共計九丈本港內圩承管

第十一段東瀾港閘埦起西至涇澄港堪止　共計大圍一百二十四丈東妙相圩承管

第十二段涇澄港石磩大壩四丈下設石洞通水出入

第十三段涇澄港西埦起西至中瀾港堪止　共計大圍八十八丈西妙港內業田戶承築

第十四段大閘埦十九丈俱係兩河夾岸濤衝中瀾港相圩業田戶承管

第十五段中瀾港大閘埦起西至河家岸界止　共計大圍七十二丈東河各圩承管

第十六段自東河家圩岸界起西至顧老圩岸界止　共計大圍一百二十丈西河家圩承管

第十七段自西河家圩岸界起西至西瀾港閘埦止　共計大圍六十丈顧老圩承管

第十八段東壩埦兩河夾岸水口壩七丈五尺　李大圩嚴家圩劉土泡圩蔡家圩李郎圩毛陳岸圩　六圩承管

第十九段西閘埦兩河夾岸水口壩七丈五尺　東漕河圩周三十岸圩西漕河圩蔣洪圩　四圩承管

第二十段西瀾港閘埦起西至王家葑止　共計大圍二百三十丈上夏

圩承管

第二十一段王家葑扇子堪　大壩二十一丈蔣洪圩承管

第二十二段自大堪岸起至陽邑界止　共計大圍四十四丈二尺王家葑圩承管

玉字號八一圖

唐家尖圩計田三百四十畝九分四厘

玉字第一號起十七八號止裡唐家尖　圩甲張公輿

十九號起三十號止外唐家尖　圩甲趙文高

蕩三十畝五分七厘三毫

管修大圍二百七十二丈二尺灣河填半座

小菰葑圩計田三百四十六畝八厘二毫

玉字三十一號起八十八號止　圩甲章壽福

錫邑治湖續　卷四　芙蓉圩分管岸段　一

蕩十八畝六分二厘九毫

管修大圍三百六十五丈二尺灣河填半座　洋灘硚壩半座

八二西二圖出京兩號幇築小菰葑一百廿八丈

八五圖劍字號幇築小菰葑五十五丈

蘆場岸圩計田二百十三畝九分二厘五毫

蕩四畝七分六厘二毫　圩甲劉裕昆　陳其和

玉字八十九號起一百卅九號止　沈世德

管修大圍一百十三丈洋灘硚壩半座　曹陸港填洞半座

石家尖圩計田二百三十五畝五分六厘

蕩三畝八分四厘八毫

玉字一百四十號起一百九十五號止　圩甲唐增二　李龍福

管修大圍九十三丈曹陸港填洞半座　張家港填洞半座

錫邑治湖續　卷四　芙蓉圩分管岸段　二

出字八二圖
京字西二圖
西妙相圩計田八百肆十五畝肆分
庄蕩七畝一分
出字第一號起 一百零三四號止 北段 圩甲 張成 韓祥
一百零五六號起 一百八十七八號止 中段 圩甲曹 物元 聖根
一百八十九號起 二百六十七號止 南段 圩甲許世德
二百六十八號起 三百七十一號止 一字墳南 圩甲 許世德 沈福二

錫邑治湖牘 卷四 芙蓉圩分管岸段 一

管修大圍八十八丈
東妙相圩計田八百五十畝
三百七十二號起 四百八十八號止 南段 圩甲嚴 學政 錫爵
五百八十九號起止 南段 圩甲吳公業
四百六十九號起 五百五十八號止 中段 圩甲丁公仁
六百三十一號起 六百三十六號止 中段 圩甲陸公仁
六百三十七號起 六百四十號止 三段 圩甲沈雙喜
五百九十號起 六百十號止 北段 圩甲 張桂玉 彭九成

六百六十五號起 六百六十九號止 北段 圩甲 張桂玉 彭九成
東妙相圩出字五百二十七號起至三十一號止東瀾港閘出半費涇澄港壩洞出半費五百七十八九八十號涇澄港壩洞出半費中瀾港閘出半費
管修大圍一百二十四丈
張李圩計田七百三十七畝
七百七十六號起 七百八十六號止 沿塘田西圩 圩甲唐阿大
八百二十一號起 八百三十一號止 張唐田西圩 圩甲唐壽福

錫邑治湖牘 卷四 芙蓉圩分管岸段 二

八百三十二號起 八百三十七號止 南蘆埄西圩 圩甲唐阿大
八百五十一號起 八百七十六號止 蘆埄田西圩 圩甲 陸富 吳存仁
七百八十一號起 七百八十八號止 沿塘田東圩 圩甲唐世芳
七百八十九號起 八百十一號止 祝家圩東圩 圩甲蘇元龍
八百十二號起 八百十九號止 祝家圩田圍 圩甲蘇元龍
八百三十八號起 八百四十四號止 祝家圩 圩甲陳兆隆
八百四十五號起 八百四十九號止 楊家圩 圩甲顧公記
管修大圍一百十四丈

東張李圩大瀆港閘出水西張李圩吳家港壩洞出
水東西兩圩分界處中心埂岸一條南自大圍岸起
北至京字九百零八號止又八百號埂水岸一條東
自大瀆港河起西至中心埂岸飯墩脚下止概不許
開缺
築抵水岸永不許開缺
西張李圩唐張田沿塘獨高出字八百三十一號北
裡張李圩計田三百三十畝

出八百五十號　陳家圩　圩甲吳之翰
京八百七十八號起八十三號止　念八畝　圩甲吳樂山 吳敘濤
八百八十四號起八十六號止　南三十　[illegible]　圩甲吳協和 吳森春
八百八十七號起九十四號止　北三十　甘家閘出水　[illegible]　圩甲吳萬原 吳正福
八百九十五號起九百零八號止　泉眼埂　[illegible]　圩甲吳正福 吳馭龍
九百零九號起十四號止　西高頭　下吳家港出水　[illegible]　圩甲吳正福
出九百十五號起廿一號止　任環圩　上吳家港出水　圩甲吳仁福 任四官
管修圩岸三百九十四丈幇築小菰葑大圍五丈五
尺　小南壩西半座北三十畝圩承管
唐家圩計田六百四十畝
京九百二十二號起三十二號止　南唐家圩　甘家閘出水　[illegible]　圩甲吳永茂
九百三十三號起四十六號止　中唐家圩　[illegible]　圩甲吳福慶 吳達尊
九百四十七號起五十三號止　劉家圩　[illegible]　圩甲吳運太 姚星寬
九百五十四號起六十二號止　中唐家圩　[illegible]　圩甲吳福慶 吳達尊
九百六十三號起七十二號止　大荒田　[illegible]　圩甲吳仁福
九百七十三號起七十七號止　姚家圩　[illegible]　圩甲吳運太 姚星寬

管修圩岸七百二十四丈幇築小菰葑大圍六丈八
尺
錢家圩計田四百二十八畝
京九百七十八號起九十九號止　錢家圩　圩甲吳翕和
九百九十六號起一千零八號止　前房圩　[illegible]　圩甲吳偉男
一千零九號起三十一號止　後房圩　圩甲吳翕和
管修圩岸七百四十八丈又北抵水岸二百十一丈
幇築小菰葑十丈九尺

沈家圩計田八百二十五畝

出一千三十二號起四十四號止　東沈家圩　圩甲劉景福　沈吉三

此圩獨高尺許枕頭堰築抵水岸一條永禁不許

開缺

一千四十五號起六十六號止　東沈家圩　圩甲周德昌　唐萬源

一千六十七號起七十九號止　東沈家圩　圩甲周德昌　吳壽祥

一千零八十號起九十五號止　東沈家圩　圩甲任泉觀　吳仁福

一千零九十六號起一百十八號止　西沈家上圩　圩甲丁修祥　嚴仁美

錫邑治湖蹟《卷四　芙蓉圩分管岸段》　五

一千一百十九號起五十一號止　西沈家中圩　圩甲陸積仁　丁公順

一千一百五十二號起五十四號止　下圩　圩甲丁召春　張桂玉

一千一百五十五號起六十七號止　北圩　圩甲尤文魁

管修大圍一百三十七丈

東西沈家圩分界處築塍岸一條南自大圍起北

至西沿河止兩圩修築永禁不許開缺

東沈家圩吳家港出水西沈家圩東瀾港出水

東奚家圩計田四百六畝　舊刻有兩東奚家圩今併

出一千一百六十八號起七十七號止　圩甲吳仁福　錢阿寶

一千一百七十八號起八十一號止　楊家堰　圩甲吳積仁

一千一百八十二號起八十九號止　張計堰　圩甲張達仁　三寶

一千一百九十號起九十四號止　張官圩　圩甲吳廷栢

一千一百九十五號起九十九號止　高宕圩　圩甲吳積慶

管修圩岸七百三十七丈帮築小菰葑陸丈九尺

西奚家圩計田四百十八畝　舊刻有兩西奚家圩今併

出一千二百零八號起止　奚家圩　圩甲張達仁　桂生

錫邑治湖蹟《卷四　芙蓉圩分管岸段》　六

一千二百零九號起十四號止　三十畝　圩甲陸發富　尤禧達

一千二百十五號起廿一號止　後曹圩　圩甲陸順昌

一千二百念二號起念六號止　蔣家圩　圩甲張宜福

一千二百廿七號起卅二號止　廿四畝　圩甲陸根宏　丁進福

一千二百卅三號起四十二號止　西三十　圩甲吳桂年　景思

管修圩岸五百三十五丈帮築小菰葑大圍六丈五尺

禹蕩圩計田五百八十畝

出一千二百四五十三四號起止　裡圩田　圩甲吳西京
一千二百五七十四五號起止　奚宕圩　圩甲奚仲慶 奚貳山
一千二百七九十五九號起止　上尖圩　圩甲周秋泉 奚鼎盛
一千二百八九十七號起止　周浦圩　圩甲周秋泉 周全方
管修圩岸八百五丈又北抵水岸八十二丈帮築小
菰葑大圍十丈
西禹蕩圩計田一百二十八畝
出一千二三百九八十八號起止　南北角　圩甲顧九雲

錫邑治湖牘　卷四　芙蓉圩分管岸段　七

一千三百零一五號起止　十四畝　圩甲陶景儀 陸方
一千三百零六十號起止　方灣圩　圩甲陶景叙 宗行
管修圩岸五百三十五丈帮築小菰葑大圍二丈八
尺
西禹蕩圩計田一百五十畝
出一千三百二十一十號起止　陶坐圩　圩甲陶景叙 陶隆輿
管修圩岸二百三十七丈又北抵水岸一百三十丈
帮築小菰葑大圍二丈九尺又陶家壩六丈

東方家圩計田四百十五畝
出一千三百二三十一八號起止　方家圩　圩甲張茂第
一千三百三四十九五號起止　馬家田　圩甲陸積仁
一千三百四十六八號起止　蔣家田　圩甲蔣迎川
一千三百四五十九八號起止　張尙田　圩甲蔣長大 龔逸亭
一千三百五六十九三號起止　張尙田　圩甲任叙福
管修圩岸七百八十五丈帮築小菰葑大圍七丈五
尺

錫邑治湖牘　卷四　芙蓉圩分管岸段　八

東方家圩計田一百三十一畝
出一千三百六七十四五號起止　南六十　圩甲王仁昭 顧正郎
管修圩岸四百丈帮築小菰葑大圍二丈四尺
東方家圩計田一百五十畝
出一千三百七八十六七號起止　北六十　圩甲王宗富 陶隆輿
管修圩岸四百丈帮築小菰葑大圍二丈八尺
東方家圩計田一百二十畝
出一千三百三四八十八零六號起止　周家圩　圩甲王世昌

管修圩岸四百丈帮築小菰葑大圍二丈二尺
東方家圩計田七十畝
出一千四百零廿七二號起止裡圩田　圩甲沈曾慶
管修圩岸二百四十丈帮築小菰葑大圍一丈四尺
西方家圩計田一百七十六畝
出一千四百二四十二四號起止　圩甲張成韓祥
管修圩岸四百九丈南大壩一丈七尺新壩一丈七
尺帮築小菰葑大圍三丈

龍潭背圩計田一百三十六畝
出一千四百四五十五九號止起　圩甲任兆甫瑞南
管修圩岸三百二十六丈南大壩一丈三尺新壩一
丈三尺帮築小菰葑大圍二丈三尺
車墈圩計田二百七十六畝
出一千四百六七十四號起止　圩甲沈金鸞任福基
一千四百七八十五九號起止外圩田　圩甲沈金鸞
管修圩岸四百六十八丈南大壩二丈七尺新壩二
丈七尺帮築小菰葑大圍四丈八尺
裡圩計田一百十畝
出一千四五百九零十一號起止河東圩　圩甲沈金鸞
管修圩岸二百三十四丈南大壩一丈一尺新壩一
丈一尺帮築小菰葑大圍一丈八尺
菱塲圩計田九十九畝
出一千五百廿四六十號起止劉家圩　圩甲陸廷芳
管修圩岸八十三丈北抵水岸四十丈南大壩一丈

新壩一丈帮築小菰葑大圍一丈六尺
菱塲圩計田一百三十五畝
出一千五百零十二一號起止上圩　圩甲蕭蔭南周培根
管修圩岸三百二十丈北抵水岸六十二丈帮築小
菰葑二丈六尺
菱塲圩計田四十畝
出一千五百十廿二五號起止下圩　圩甲沈金鵝
管修圩岸二十三丈南大壩四尺新壩四尺帮築小

菰葑大圍六尺

西北菱場圩計田一百五十四畝

京一千五百四十一號起五十八號止　圩甲朱裕岳 叙德 正興

管修圩岸七十六丈北抵水岸九十一丈

此圩圍入陽邑界岸内承管金洞壩北水口二丈

何家圩計田二百十畝

京一千五百五十九號起六百零二號止　圩甲許紀大 沈祥元

管修大圍七十二丈

卷四芙蓉圩分管岸段　十一

何家圩計田三百三十畝

京一千六百零三號起十九號止　流譚田　圩甲許心福

一千六百二十號起四十二號止　大白蕩　圩甲姚太福

一千六百四十三號起四十五號止　小白蕩　圩甲姚太福

一千六百四十六號起五十八號止　圩甲魏兆昌 秉記

一千六百五十九號起六十三號止　大白蕩　圩甲姚太福

一千六百六十四號起七十七號止　圩甲魏兆秉

一千七百五十九號起止　四北何家圩　圩甲孫宗大

一千七百六十九號起七十七號止　圩甲孫宗大

管修大圍一百二十丈

顧老圩計田三百八十畝　圩甲孫裕叙 薰元

京一千六百七十八號起七百零五號止　南顧老圩　圩甲孫濟川 硯芬

一千七百零六號起十五號止　北顧老圩　圩甲曹仁喜 丁品玉

一千七百十六號起四十九號止　圩甲曹仁喜 丁品玉

一千七百六十八號起止

管修大圍六十丈

卷四芙蓉圩分管岸段　十二

計開　内圩各小圩分管該圩東西南北抵水順

水週圍内圩圩岸并帮築外圍圍岸于後

丁家圩計田八十四畝　圩甲張其壬 曹恒太

一千七百七十九號起八百零七號止

管修圩岸五百九丈南大壩八尺四寸帮築小菰葑

大圍一丈四尺

六老圩計田八十三畝

出一千八百零八號起二十號止　圩甲張　成

管修圩岸三百九丈南大壩八尺三寸新壩八尺三

寸帮築小菰葑大圍一丈四尺

譚家圩計田八十六畝

出一千八百廿一三十號起止　圩甲張洪 韓□

管修圩岸二百二十八丈南大壩八尺六寸新壩八

尺六寸帮築小菰葑大圍一丈五尺

中譚家圩計田七十七畝

出一千八百三十一四十號起止　圩甲任秋山 仁福

管修圩岸二百六十丈南大壩七尺七寸新壩七尺

七寸帮築小菰葑大圍一丈一尺

下譚家圩計田一百六十六畝

出一千八百四十一六號起止　圩甲任華松 春芳

一千八百四十七六十二號起止　坐圩田　圩甲任宗記

管修圩岸三百九丈南大壩一丈一尺六寸新壩一

丈一尺六寸帮築小菰葑大圍二丈九尺

小唐家圩計田一百七十畝

出一千八百六八十三號起止　圩甲任運福 沈金壽

管修圩岸三百五十六丈南大壩一丈七尺新壩一

丈七尺帮築小菰葑大圍三丈

李大圩計田一百八十一畝

出一千八九百八十四號起止　圩甲沈金壽

管修圩岸四百二十五丈南大壩一丈八尺新壩一

丈八尺帮築小菰葑大圍三丈二尺

陸李大圩計田二百九十四畝

出一千九百十一三十七號起止　圩甲陸廷芳

管修圩岸三百四十四丈北抵水岸一百六十四丈

南大壩二丈新壩二丈帮築小菰葑大圍五丈二

尺金洞壩十丈

西李大圩計田一百九十畝

京一千九百三十八四十二號起止　北角田　圩甲時雙榮

一千九百四十三八號起止　坐圩　圩甲朱志德 潤

朱茂松 宗福

一千九百四十九號起五十止名祥圩　圩甲朱志福 宗盛

管修圩岸二百五十五丈五尺武無界河岸九十一丈又水口界岸七丈五尺帮築小菰葑大圍三丈七尺

又西李大圩計田二百六十畝

京一千九百五十一號起五十三止許家圩　圩甲許公立

一千九百五十四號起五十六止中宣圩　圩甲湯永傳 國安

出一千九百五十七號起六十三止榭家圩　圩甲陳元茂 仁南

管修圩岸壩共四百八十八丈水口壩四丈五尺武無界河界岸二十一丈帮築小菰葑大圍四丈七尺

蔡家圩計田八十三畝

出一千九百六十四號起七十五止　圩甲陳物宜 仁南

管修圩岸二百四十一丈西瀾港大壩七尺一寸帮築小菰葑大圍一丈七尺

北嚴家圩計田一百九畝

出一千九百七十六號起九十止　圩甲秦南耶 任福先

一千九百八十二號起止　圩甲任宗法

管修圩岸二百二十七丈西瀾港大壩九尺九寸帮築小菰葑大圍一丈九尺

南嚴家圩計田一百六畝

出一千九百八十三號起九止　圩甲任甫安 裕慶

管修圩岸二百三十八丈西瀾港大壩八尺九寸帮築小菰葑大圍一丈八尺

李郎岸圩計田二百四十五畝

出一千九百九十一號起二千零十一止　圩甲任楚珍 宗法　張維禹 琟康

管修圩岸五百五十八丈西瀾港大壩二丈六八尺帮築小菰葑大圍四丈

劉土池圩計田一百十七畝

出二千零十二號起廿一止北劉土池　圩甲張其賢 維禹

二千零廿二號起三十止南劉土池　圩甲張德風 孫迎賜

管修圩岸三百五十一丈五尺西瀾港大壩九尺九
寸帮築小菰葑大圍一丈八尺
毛陳岸圩計田二百三十五畝
京二千零三十一號起六十八號止上毛陳　圩甲孫濟川硯芬
二千零六十九號起七十二號止下毛陳　圩甲孫建元硯芬
管修圩岸四百四十一丈西瀾港大壩一丈九尺五
寸帮築小菰葑大圍三丈八尺
附刊

楊家田計田七十九畝四分九厘
平基二畝四分六厘
呂字五百四十五號起五百五十八號止　尤家閘出水　圩甲吳景山仁寶
逢尖圩計田一百四十三畝四分
平基八畝六分
律字一百九十四號起二百十號止　尤家閘出水　圩甲吳聖壽
律字一百七十九號起九十三號止　甘家閘出水　圩甲徐立朝湯瑞富
此兩圩本係陽邑之田圍入錫邑圩內道光二十
年後與修界岸陽邑因水口難築將界岸圍入田
中以作實岸餘剩金洞壩北堍水口十五丈錫邑
西北茭塘圩分管二丈餘十三丈仍歸陽邑逢尖
圩楊家田分管保圍堂酌議貼費

岡字八四圖

上夏圩計田六百七十八畝

一千一百二十六號起，五十三號止 名下圩裡 圩甲孫安郎 大德

一千一百五十四號起，七十號止 名長匯裡 圩甲孫濟川 安郎

一千一百七十一號起，八十八號止 名平山基 大小白蕩 圩甲潘了頭 孫仁章

一千一百八十九號起，一千二百二十三號止 西龍潭背 圩甲殷南林 徐興大

一千二百二十四號起，三十號止 十二畝裡 圩甲孫大德 迎賜

一千二百三十一號起，四十一號止 名青畝蕩 圩甲孫硯芬 大德

管修大圍二百三十丈

王家葑計田一百四十七畝

一千三百四十二號起，六十九號止 圩甲莫大良 順耕 于照 阿拔 蔡永興

管修大圍四十四丈二尺

內有邊濠壩一段內外皆河修築艱難合圖公議

將薛家圩田五十五畝提入此圩均派起夫幇築

又王家葑大圍壩二十一丈西瀾港大壩半座計

七丈五尺黄泥巾壩十五丈俱內圩各圩均派管

修於後

蔣洪圩計田三百零三畝

一千二百四十二號起，四十八號止 圩甲張德丰

一千二百四十九號起，五十二號止 名二科田 圩甲孫雲川

一千二百五十三號起，六十一號止 名小岸裡 圩甲孫増信

一千二百六十二號起，七十二號止 名蔣河岸 圩甲孫濟川

一千二百七十一號起，七十四號止 名鮎魚頭 圩甲孫德安 仁章

一千二百七十五號起，八十號止 圩甲孫宗大

一千二百八十一號起，九十二號止 西蔣洪岸 圩甲張維禹

管修圩岸九百七十五丈王家葑壩三丈五尺西瀾港

大壩二丈五尺

周三十岸計田二百八十五畝

一千二百九十三號起，一千三百零八號止 南下墐 座圩 圩甲張玉德

一千三百零九號起，二十九號止 北上下墐 圩甲秦大實 符兆興

一千三百三十一號起，四十一號止 南上墐 圩甲張川大

管修圩岸一千八十一丈沈亭壩四丈

王家葑壩三丈五尺西瀾港大壩二丈三尺

東漕河圩計田一百二十七畝

一千五百零九號起十三號止陳家圩孫家閘出水　圩甲謝瑞寶

管修圩岸三百二十五丈黃泥壩七丈五尺西瀾港大壩一丈八尺

一千五百十三四號有抵水大岸一條永不開缺議據可憑

南漕河圩計田二百二十畝

一千五百十四號起二十號止秦坐圩孫家閘出水　圩甲秦大寶 秦瑞金

一千五百二十一號起四十三號止王家葑出水　圩甲秦大賓 秦壩金

管修圩岸六百十五丈西瀾港大壩九尺王家葑大壩三丈五尺黃泥壩七丈五尺

東北漕河圩計田三百六十七畝

一千四百七十八號起八十八號止西北角圩　圩甲朱子德 朱茂松

一千四百八十九號起九十二號止五畝裡　圩甲朱顧公

一千四百九十三號起五百零三號止李家圩　圩甲謝於福 謝學芹

一千五百零四號起八號止南謝坐圩　圩甲謝富壽 謝仁隆

管修圩岸八百十丈武無界河岸一百六十丈朱家壩四丈伍尺

西北漕河圩計田四百九十六畝

一千四百四十一號起六十八號止　圩甲王春魁 王明方

一千四百六十九號起七十七號止　圩甲張兆常

管修圩岸四百三十五丈龍潭壩界岸共三百十二丈

楊沈大圩計田一百五十九畝

一千四百零三四號起四十號止　圩甲張福祥 秦兆甫

管修圩岸四百六十丈武無界河岸一百八十丈王家葑大壩三丈五尺黃泥壩二丈

薛家圩計田三百二十五畝

一千三百七十號起八十三號止南薛家圩　圩甲莫阿敖 張國培

北薛家圩　圩甲莫大福 張永玉

一千三百八十四號起九十三號止南李家圩　圩甲張永玉 莫大進

一千三百九十四號起 四百零二號止 北李家圩 圩甲張福宗 維丙

管修圩岸四百六十三丈黃家葑大壩七丈內議提

出田五十五畝幫築邊濠壩塘岸

劍字號八五圖

四百畝上中下三圩計田六百六十畝

一百八十一號起 一百九十六號止 上圩 圩甲張大壽

一百十一號起 一百九十七號止 中圩 圩甲宋浩仁

二百十一號起 二百二十一號止 下圩 圩甲朱祖望

管修大圍四百六十丈 內係屋基墳墓桑峯居多

九頃圩計田三百畝

第一號起 三十九號止 外九頃 圩甲 張慶寶 陳鼎三

一百十一號起 一百三十六號止 外山田 圩甲 陳宗倫 石阿宜

管修大圍四十五丈

中有堰岸一條 岸東田承管張家港填洞半座 岸西田大瀆港閘出水

李家圩計田一百八十畝

二百五十二號起 三百十一號止 圩甲 吳清成 吳維德

管修甘家閘南大圍第一段三丈圩岸四百二十五丈

黃泥涇兩壩十一丈四尺 界岸一百二十丈 接上新塡圩

幫築小菰葑大圍三丈一尺

張家圩計田一百八十畝
一百三十八號起 一百五十一號止　圩甲吳惟藩 吳貞湘
管修甘家閘南大圍第一段一丈五尺圩岸六百四
十六丈幇築小菰葑大圍四丈四尺
朱家圩計田一百八十畝
二百二十八號起 二百三十七號止　圩甲吳清壽
管修甘家閘南大圍第一段一丈五尺圩岸六百三
十七丈幇築小菰葑大圍四丈五尺黃泥涇壩今

設二閘一座係張李朱三圩承管啓閉照甘家大
閘例
東西四十畝計田六十五畝甘家閘出水
二百二十二號起 二百二十四號止　圩甲陸茂寶 吳清壽
管修圩岸三百七十八丈五尺
幇築小菰葑大圍二丈二尺
後四十畝計田三十九畝甘家閘出水
二百二十五號起 二百二十七號止　圩甲吳虎祥

管修圩岸七十丈東家幢壩東半座
幇築小菰葑大圍一丈二尺
呈祥圩計田一百十五畝
三百十二號起 三百三十號止　圩甲吳兆榮
管修圩岸三百三十五丈大港水戸壩四丈 南大壩三丈四尺 北新壩八
丈五尺界河岸一百四十丈接李家圩第三段
幇築小菰葑大圍四丈三尺
上新填圩計田一百念六畝

一百三十七號起 一百六十六號止　東樂小閘洞出水　圩甲張公與
管修圩岸二百七十五丈界河岸五十五丈接大圍第一段
幇築小菰葑大圍三丈九尺
下新填圩計田七十九畝大瀆港出水
一百六十七號起 一百八十號止　圩甲龔啓榮
管修圩岸二百七十丈西横河壩北半座
幇築小菰葑大圍二丈二尺
劉團坐圩計田二百三十五畝

三百五八十四號起止下坐圩甘家閘出水　圩甲吳曾慶克兆

三百六七十八三號起止上坐圩大瀆港出水　圩甲吳協和永茂

三百七十四八號起止南尖圩甘家閘出水　圩甲吳協和

管修圩岸五百五十丈東瓜喧壩西半座横流壩南半座　下坐圩承管

帮築小菰葑大圍六丈八尺

張思德圩計田二百四十畝

三百四五十十三號起止　圩甲吳福慶曾林

管修圩岸五百十四丈六尺陳倫壩七丈五尺横流壩北半座

帮築小菰葑大圍七丈一尺

西九頃圩計田三百八十七畝九分大瀆港出水　圩甲吳紀德仁隆

六一百十十九號起止

管修圩岸五百三十丈小南壩東半座西横河壩南半座　王元吉龔迎寶

帮築小菰葑大圍十二丈二尺

東九頃圩計田一百十四畝

四六十十八號起止名裡九頃安樂洞出水圩甲張兆榮

管修圩岸五百三十三丈姚家壩五丈姚家閘一座郎新壩橋

帮築小菰葑大圍三丈五尺

樹家圩計田八十三畝甘家閘出水

三百三十一九號起止　圩甲吳宗壽

管修圩岸三百五十九丈六尺

帮築小菰葑大圍二丈九尺

治湖箴言

（民國）胡雨人 著

《治湖箴言》一册，不分卷。（民國）胡雨人著，民國年間鉛印本。

胡雨人（一八六七—一九二八），原名爾霖，無錫北鄉堰橋鎮村前村人。近代教育家、水利學家，曾任太湖水利局參議。他經五六年的實地考察並結合歷史文獻資料的研究，提出太湖水利工程實施計劃。在他的倡議推動下，成立了無錫縣水利工程局和水利研究會，對無錫農田水利建設事業貢獻甚大。著有《江淮水利調查記》、《淮沂泗實測藍圖》和《治湖箴言》等。《治湖箴言》收録了作者關於太湖水利建設方面的建議、辯答、駁論等文章七篇。其中有許多真知灼見，是近代無錫水利建設方面的一部專門論著。

（夏剛草）

再答龐芝符先生

芝符先生執事在友人處見公答書弟既未奉墨書并未收到印刷書[illegible]中所言又復宛同兒戲何公之心神恍惚一至于此夫大浚白茆之利害而今而後有茆濱諸君自言之弟可不贅一詞其未及者謹爲公略言之(一)公所最懼者沙也而白茆潮漲所進之沙於潮落時不但悉數退出且河身愈刷愈大并數千年淤成平地之沙帶出[illegible]將來所留兩灣一并裁盡加以上游清水增强則沙盡歸江公之所懼自然盡釋(二)引江灌湖十灣裁八當早灌矣而未也今弟所擬裁之兩灣遠不如前裁灣度之甚而上游所引之清水又足以抵敵之而有餘究何湖之可灌也(三)泖湖淤阻之說之錯不錯爲今日治湖之最大問題安得存而不論使泖高於瀲一丈果不錯乎則最宜急浚者誠莫如泖矣如其錯也且錯至一丈四尺也則浚泖工程當然立刻停止尙有何言可以支吾(四)自有人史以來泖湖[illegible]一日淤阻所謂泖湖卽今日過水之東泖西泖總泖也以泖底挖出之泥堅硬如此當然爲數千年前之物決非數十百年之所淤成人史斷自唐虞不過四千年耳公欲究其是非但取所挖硬泥請地質學家一鑑定之如其非也弟言過矣然與泖湖之當浚不當浚仍無關涉何勞公如此費詞耶(五)同治測圖弟未之見惠假一觀可乎此不過爲地史上一種研求不急急也(六)民國八年與宣統三年江漲之高下弟未詳知民國八年與今年湖漲之高下我無錫湖邊今年較低二尺湖水固甚平也江水則上自宜昌下至鎭江異常巨漲疊見報章而江陰之潮連日直抵無錫白湯圩則爲弟所目覩湖水之平如此江水之漲如彼而此次白茆下游清流竟力抵渾水潮信因之不到尙何侵入之可慮哉至謂退水之速不過小小十數圩果其然乎亦中膈之患未除故耳(七)江水無大漲數十年決無一日能抵陽城等湖大漲如道光廿九年卽使白茆封塘之壩等於埂身亦必越壩而過虞山爲島與弟之計畫何涉本無病症何緩急之可言歷年見象穩順如此謂非十全眞公之杞憂耳若以貝龍孟百年後長江有斷流之說爲憂則俟治江有日再爲考查未爲晚也人生遠慮豈容漫無限度世界末日地球必毁所慮更遠亦何嘗無至理乎亦將責令策茆者一并解釋乎至末後兩節與主張封塘至今不改之說弟何人斯敢於妄對詩曰天之方蹶無然泄泄願公三復是言七月二十五日弟胡雨人謹復

再復王督辦

丹揆先生鈞鑒讀七月十七日示往復數千言諄諄提命全在築閘一事而疑白茆永遠無閘永遠無害之說與江水易淤設閘各港之說相反此實先生未識江湖間地勢眞相致閘之利害兩而不能一并審明故耳兩人之所贊成者有利之閘也所不敢贊成者有害之閘也白茆之閘害閘也幸已廢之向日未敢直言決不可築但爭口門寬大者恐籍隸常熟之龐芝符君劇烈肓爭致壞大局之故今常熟衆紳既認設閘爲有害無利敢將全流域所有之閘之眞利眞害若者宜築若者不宜築明白言之所謂設閘各港視湖水之盈枯以操縱之淤積之病可大減者在中游以上則然然亦須於現在各港之底開深一丈內外始可終歲啟閉蓄清拒渾否則惟有蓄渾濟清之用必欲反而行之則交通斷絕農田飲食均無所取給也若下游各港之應閘與否宜審水流之大小交通之繁簡定之水流小者清渾皆緩易致淤閘可也水流大者清渾皆急不致淤不閘可也交通簡者啟閉易可閘也交通繁者啟閉難不可閘也民生日用今昔異時往昔農業時代以糧食爲最貴且南漕爲天庾正供粳米爲唯一至寶故苟可以保此稻田者雖交通斷絕亦不恤也而今豈其然哉公言無錫稻田民國十年中變桑田者十萬餘畝我錫地何嘗有一滴渾水侵入爲害哉[illegible]之所趨苦口善心不能勸也嚴刑峻法不能禁也我江南日趨於工商時代已確見動機保存稻田與便利交通二者之利孰大未易斷言但就種稻言之沿江棉田大率稻棉相間代植是稻田與棉田並無十分界限也果使棉貴日增遠過於稻則今日之稻田且改而種棉如種桑然塗泥不宜植棉且將藉閘蓄渾爲植棉之預備此未可知之事也果有此種趨勢亦復[illegible]阻之公奈何以蓄清拒渾保存稻田爲築閘之唯一大用哉江南各口有名之港無不設閘雖歷代蓄清拒渾之說著之農書布之令甲丁寧反覆深切著明然而凡啟閉者專事蓄渾其不必蓄渾者皆不啟閉者也今欲[illegible]者皆以拒渾而不蓄渾必先大浚港身否則小民拒渾之心終不如蓄渾救死之急雖有新式之閘仍以蓄渾不以拒渾可斷言也其不啟閉者大率皆在下游今後處置當審利害之大小利大者修之務使實行啟閉利不敵害則竟廢之勿[illegible]多生障礙此用閘之要義也白茆之不須築閘顯然可知往昔屢淤幾成平陸河流之灣[illegible]爲之加以有閘不用來去阻流致淤倍速夫吳淞閘之爲害陶文毅公之快論比擬岷浙既不類吞吐陰陽又近巫宜其爲後人口實也若沈敬亭之去劉河七浦新閘議其歷言閘害則至精至確之論甚多魏默深斷爲三江水利通塞之定論公當無以難之而兩人之主張白茆不閘尙不在此則以

今後白茆完全無致淤之道，非往昔劉河七浦所可比也。自民國三年裁灣廢閘後，至今愈刷愈寬，愈刷愈深，所入之沙不惟十九退出，且將千百年沖積成土之沙帶出無算，此人人所共見也。今後所淤之灣悉數裁去，加以上游沙墩港港橋之增浚放寬，常鎮運河以北諸小幹河由所在各縣自行開浚，則入茆清流終歲滔滔不竭，上下游清濁之水俱益增强，決不致再見中膈之患。如此河流，不閘無絲毫之患，閘則平時既阻礙交通，遇變而梗在咽喉，旱則戽救無從，潦則洩瀉不及，使太湖北半流域常處於人爲之災禍中，究何爲而行此計哉。白茆果再閘乎，東北大幹終不可成，久之閘不啟閉，如故港日淤塞，如故金君封塘之策不假人爲而自成，卒之南人懼死於奪流，北人懼死於汎濫，湖域因以不寧，皆閘之爲禍烈也。我公尙有疑乎，則請詳言白茆之地勢。江湖相通之水道，始於鎮江，東迄武進，地居湖之上游，其自江入運之水，皆終歲分流入湖。至江陰新溝以下，直至常熟之許浦，皆爲中游，其間江湖之水以潮信之大小互相進退，其橫貫之水皆殊途而同歸於白茆者也。蓋沿江中游百數十里間傾斜之度本微，一過許浦，地形陡落，水盡歸之，此白茆之水所以獨見急下，而七浦以東轉無如此象也。加以茆身上游通湖之處與下游通江之處同一現象，太湖自武進百瀆口以上爲來水之上游，以下自下埠港（下埠、新村、閭江三港入湖之水較多，亦可謂之上游）至無錫之高墩港，皆爲隨風出入之中游，至無錫吳縣界之沙墩港，地形陡落，一變而爲去水之下游，故全太湖下行之水莫急於沙墩港者，卽全運河通行之水莫急於北望亭者，觀該處諸橋之水象可知。然則白茆之上湖下江均在地形陡落之處，其傾斜之度既較諸港爲大，其水流之急當然呈特異之觀。疇昔千百年灣之閘之，節節阻滯，故屢致淤。自民國三年裁灣去閘後，至今日見寬深，經前今兩年大水，而退水之速一轍如此，況既治之後清水愈强，尙何沙淤之可慮哉。更言白茆之水域，入茆水道自湖中下行者，報告書中已詳言之。其不待入湖而竟歸之者，上起運河，自鎮江東行，經丹陽至武進，其正流之外，東北一支爲武進北塘河，合江陰一縣及無錫北部之水，全入白茆；其南分一支爲宜荆漕河，其水半入太湖，半經宋建、蕩陽湖澄清之後，還歸運河。運河至戚墅堰以下，過無錫城，一路於北岸諸河逐條分流，合運北固有之水，完全東行入茆者也。至城南以下，東出諸河之水，則會沙墩以下湖水東行。此常鎮運河以北六縣數萬方里，絕無蓄水一湖，茆路不通，則盡泛而入太湖，湖不可入，水災立至。本屆無錫濱湖之水低於八年者二尺，而北門附郭之區，距湖僅十數里，而反較高於八年三寸，北鄉之水平時滔滔東北下駛者，皆向西南逆行入湖，湖口亦未暢通，乃至半爲澤國。如此雨暘時若，而反患水災，此無他，

茆膈未除，而入茆之水自多淤塞故也。公以爲月前無錫西北低鄉苦潦，東南高區雨後尙戽水入田，公之留心可謂至矣。豈知東南之水盡瀉入湖，雖低田無恙，西北之水壅無所去，平疇亦不免災，災不災但有通塞之異，並無高低之異如此哉。以白茆流域之大，舍黃浦無其比者，耿橋以當三江之一，且謂太湖之定否由白茆之通塞，非過言也。如此巨大幹河，無端爲有害無利之閘以病白茆者，病我全湖流域，豈公之心哉。公謂黃田港至七浦爲左邊之旁門，所謂旁門者，蓋中游平流之謂，中游平流至許浦而止，白茆、七浦皆下流也。七浦爲陽城下游之正流，比今日之劉河、吳淞有過之無不及，而白茆則與黃浦天然作對待者也。黃浦不可有閘，白茆亦安得有閘哉。公謂內水盛漲，欲圖洩放，亦須乎閘。本屆大水，白茆清水下駛，潮信因之不來，是不須以閘拒渾之明徵也。如不廢閘，洩潦之速能如是乎。公知旱年湖水不足，必需江水救濟，以閘東之所入幾何，謂爲飲鴆止渴，究非鴆也，不飲必死，飲之必不死也。水來愈少，人死愈多，沙淤可以人力去之，人死不可復生，害之大小相去遠矣。是下游幹河之不宜有閘也明矣。至海工程師所言江陰建閘，蓄渾放清，此眞所謂引江灌湖者也，奈何與白茆之決不受淤者同日語哉。兩人對此兩者，一則曰公決不爲，一則曰永遠無閘亦永遠無害，果自相矛盾乎哉。公眞誤矣。總之中游以上處處須閘，港深則蓄清拒渾之計決然可行，港淺必蓄渾濟清，救死扶傷，非得已也。此皆事實問題，非空言注意所能補救。築閘宗旨，求利民也，與公絕無兩歧，特事實上之觀察有審有不審耳。至謂治水宗旨根本相反，惟合流分洩爲然。公眞以浚泖爲可以引清敵渾，欲使水歸一途，以造成數十縣之澤國乎，抑將敷衍分洩，而甘擲千萬金於虛牝乎。兩人一日生存，決不容一日坐視，苟可以救此沈溺之禍者，刀鋸鼎鑊，怡然受之。所可痛者，以公求治之勤，竟爲此大言不慙者所蒙蔽也。彼歷年浚泖治標、浚湖治本之計畫，一旦眞相揭破，持論之根據全失，揣公蓄清拒渾之旨，卽以浚泖可以引清之說朦公。引清之說，公樂聞也，非下游悉數封塘無以引清，公豈竟不知乎。彼固不恤犧牲千萬人之生命田產，以狥一己之謬說者也。公竟不察其荒謬，不恤鑄兩省四十縣之鐵，而爲此大錯耶。言盡於此，仍願公以自愛名譽者愛此千萬生民。七月三十日胡雨人再拜。

太湖局答江浙水利聯合會同人書正言

胡雨人

近接太湖局寄來印刷品一件、題曰王清穆答江浙水利聯合會同人書、同時奉讀丹揆先生墨筆復函、往復數千言、專論築閘一事、並聲明此係親自起草、則此印刷品仍爲秘書弄筆可知、此書覆閱再三、欲求一語合于事實者竟不可得、本無辨論之必要、惟市中有虎、未嘗不可惑人、故略言之。

其開端言、水利一端、論學理、可徵之圖籍、是否以鄙人報告書所持理論、完全根之實象、爲不足憑、必盡舍實象、別取圖籍、向壁虛造、然後可言水利之學理乎、此須更請秘書明白答覆、否則無由索解也、又言考事實當佐以測量、人人可言測量、惟浚泖者不可以言測量、近日質問某君、以君之實事求是、何以當日盲從浚泖之說、則曰以松岑代表蘇人、言泖高於澱一丈、實據江南水利局袁則先測量報告之故、然丙部測量報告之泖低于澱平均四尺、亦係袁君主之、吾不知今日之所以浚泖者、據泖高于澱一丈之測量乎、抑據泖低于澱四尺之測量乎、測量乎、測量乎、太湖流域無窮之災禍、竟以汝爲導線乎、此不可不先辨者也、以下四端。

一浚泖問題、審查會與太湖局根本反對者、以全湖流域水之歸宿、局曰必由澱泖合流、會曰必由五幹分洩、主分洩者、但知見塞即開、費省而功大者、最先開澱泖本通、無待人開、此最充足之理由也、主合流者、必如龐君之完全不知利害、明言主張封塘、至今不改、果用其言、竟將石洞口以北江湖間下游中遊之幹支各河、悉數封塘、如此則全湖清水悉注一途、強流日夜衝刷、澱泖之水道自深、并無勞局爲開浚矣、此愍不畏死之一種辦法也、今無端忽變其詞、曰並非置東北諸河不顧、是仍爲分洩、非合流也、既須分洩、而偏欲專浚本甚通暢之泖湖、雖浚深百丈、並不能增流一滴清水、如此妄爲、其理由果何在乎、湖水入江、但求其處處通暢耳、在昔之東江非東江、首尾之貫徹不貫徹、完全與今日水流之暢不暢無關、泖與浦同爲一流、泖在中游、而浦在下游、下游浚深、江浙入浦之水、平均下注、浚浦之所以有利無害也、尚何抗議之有、若浚泖者、無效則擲金虛牝、有效則凡嘉湖之水、無論從金山秀州塘泖港入浦者、從松江大蒸塘圓洩涇入浦者、皆因澱泖之強流增注、而倒灌逆行、從澱泖入浦者、又因北湖之衆水畢集、而壅遏不出、正流之水面愈高、支流之出水愈滯、浙杲首享其利乎、抑首受其害乎、安得與浚浦並論乎、鄙人謂東北諸河之淤塞、必由於浚泖、浚泖不足以塞東北諸河也、惟治水之金錢、全爲浚泖之故用盡、泖畢浚澱上至太湖浚洪須千萬元否則首尾仍不貫徹實足以盡塞東北諸河、如此有塞河之實、無塞者之名、計誠巧矣、其如弄巧成拙何、善夫錢梅溪之言曰、太湖自西南而趨東北、故必使吳淞入海、以分東南之勢、又必使劉河白茆皆入揚子江、以分東北之勢、使三江可并爲一、則大禹先并之矣、何曰三江既入、震澤底定也。向不敢借重古言有共見之事實在也然竟以不徵圖籍見怪不得已而效顰閱者諸君莫笑

二測湖浚湖問題、測湖不急之務、宜於各急要測量工程完竣後、量力行之、正以經費太絀、不能多派測量、水陸並進而言、此最充足之理由、不待詳說而後知也、浚湖之決不可行、主測浚者亦知對於農田之有害無利、雖百喙爭鳴、無絲毫理由可說矣、乃遁詞而言交通、太湖流域、既因浚泖浚湖而盡塞下游之各幹河小旱、即水無所來、小潦即水無所去、不待洪水大至、湖域之民、弱者盡爲餓莩、強者將安所歸、是以太湖中固有之盜藪爲未足、必欲盜藪我全湖流域而後已也、雖有深洪百道、其誰行之、諸君不知蘇省淮北膏腴之地、何以變爲盜匪世界乎、其大幹河如淮如泗如沂如灌、何嘗不通、乃大雨時行、尚未盈尺、即見數十百里一片汪洋、多日方退、苗已無救、補種未幾、汪洋又見、告矣、此無他、小幹支渠十塞八九故也、我湖域之所以爲財賦之區者、正以四方周圍、平均暢通、農田由此少荒、交通由此多利、太湖局循此正軌、扶之翼之、先理下游、次上中游、條分縷析、然後規制湖身、工程與警察並行、則當然有共見湖濱工廠市廛、周圍林立、湖中賈舶商輪、往來如織之一日、乃反此道而行之、却行求前、庸有濟乎。

三白茆問題、白茆之洩湖水、不洩湖水、有現在之水道在、盍往觀之、大浚白茆之冒險不冒險、常熟水利之宜用江不宜用江、有茆濱居人之言論在、盍并讀之、閘之宜築不宜築、詳再覆王督辦書、將來之變遷不變遷、視水流之刷力如何、即視治水者之致力如何、黃浦通暢已數百年、浚浦局之浚深縮狹、專爲四十呎之船港計、前復王督辦書均早言之、茲皆不贅、至謂假使白茆成第二黃浦、是否預備第二浚浦局疏治、則可以一言決之、但使白茆河濱再有第二上海商場、須行數萬噸之巨艦、當然有第二浚浦局成立、其經費自有關稅當之、惟見有大利耳、何貽患之可言、至所引兩詩、彼王澐固但見桑田沉海底耳、使王澐復生、見今日桑田沉後之黃浦江濱、有此世界、當痛悔失言、吾不知詠此詩者、究竟作何觀念、至陸梓亭詩、則不識更與今日之白茆何似、豈眞所謂桑樹着刀、穀樹出血耶。

四經費問題、太湖局經費既由蘇三浙二擔任、試問應解中央款內每年所劃撥者、是否取償於蘇浙各縣之民、此款之名、應否名之曰兩省水利公款、如此重要幹何、即審查會所言一白茆二吳淞下游三劉河七浦、此後開浚經費、應否仍由各縣自籌、或數縣十數縣合籌、而太湖局所得經費、應否專爲擲虛牝

之用試將敬告原文覆讀有一語非事實者乎至所言國費省費縣費市鄉費之區別報告書早於第一章浚瀆條下聲明太湖局中於事實、則七十二瀆可并爲一談（瀆港之重要者當然由局特別大開不容以撩浚敷衍爲事試問每年十二瀆平均六年完竣非撩浚敷衍而何）於文言、則辯析如此此豈爲經解史論乎抑掌故教科書乎誰爲事實誰非事實閱者當明辨之

要而言之今日太湖流域之工程首救死白茆之中膈吳淞之下阻是也次扶傷劉河七浦之種種障礙是也一面實地調查精密計畫俟急要之工告成死傷之禍稍定然後公布完全之精密計畫不妄費一錢而次第行之如此動機必自停止浚泖、改正局制始泖湖之工不止太湖之水不得而治也食客之制不改太湖之局不得而存也

金天翮君報告駁論正謬

胡雨人

正言甫經脫稿而金君自署名之駁論又來敬告閱者此種駁論自始至終完全讕語本出理性之外其所引鄙人之言大都截頭去尾或漏改一二字以眯人目所謂含沙射影之鬼蜮伎倆也我父老昆弟閱其駁論、及此正謬請取原報告書合而觀之

一鄙人報告之治水定義曰實行分途蓄洩必使上不苦旱下不苦潦其樞紐在太湖之水完全與長江之水相消息務使太湖中永有源頭活水來其節制沙淤曰設閘各港視湖水之盈枯以操縱之苟非湖水淺涸不給人用時決不使一滴渾水入湖而終歲與湖息息相通者、皆清水也此可覆閱第二章全文而得其詳者也

二太湖局蓄清拒渾之特解尋常言蓄淸者皆於水枯時、不使上游之水下注言拒渾者築閘港口、拒渾水之侵入已耳而今日太湖局則以治水失據經一年餘之異想天開欲以一手掩盡天下目得此四字造成特異之解釋者也所謂蓄清全湖下游之封塘也所謂拒渾以封塘後清水合歸一途藉以拒黃浦之渾水者也原其異想天開之所由來以先由個人向故紙堆中砌出一種治水文章始則藉以哄動社會繼則藉以蒙混政府終則藉以支配偌大之太湖局其最易動人聽聞者則挖去兩個一丈也謂泖湖之底高過澱山湖底一丈東太湖底高過西太湖底一丈去此兩個一丈卽使上游高屋建瓴之水得敵下游奔騰萬馬之潮、而湖治也至丙部測量告成自知錯誤當然速改而不改也至海工師吳淞口海平面僅低於澱山湖面一尺之潮位圖披露則浚泖可以洩水之根據盡失然而終不悔也至鄙人調查報告出版自知理屈詞窮聯合會開會、實行種種搗亂使無結果卒乃迎合王督辦拒絕渾水保存稻田之意特標此蓄清拒渾之名詞問何以蓄清曰使上游清水增强也問何以能使清水增强曰參用林文忠之遺法也問遺法如何彼金君者已囁嚅而不復敢出口矣有眞正不知利害之龐君悍然爲之答曰主張封塘、至今不改而已下游各幹河悉數封塘則澱泖之清流强矣嗚呼我太湖流域之生民何罪何辜而遭此蓄清拒渾之禍耶

三引江灌湖之謬說彼謂續浚白茆爲引江灌湖之第一步築閘沙墩港爲引江灌湖之第二步夫白茆爲太湖北部之尾閭自民國三年裁灣去閘後最大之潮、至白茆新市以上九里之鮎魚口今擬再裁兩灣而以寬浚沙墩港放橋去壩改閘之法、增洩上游清水、以抵抗之清渾之接觸點卽不能下移亦何至再上更何至再上百里而灌入太湖且彼一面說開白茆所以灌太湖一

面說長江之水本來不入太湖。且謂丹徒京口向不進潮。京口者。鎮江之大關口也。是爲江南運河之頭。頭不進潮。而尾閭之潮反可上灌太湖。彼金君者。豈以肛門飲食、以口腔便溺者耶。抑欺我太湖流域之父老昆弟、盡爲聾瞽、而不辨菽麥者耶。荒謬絕倫。到此地步。何堪再與辨論。況浚泖測湖浚湖之無益有損。報告書出版後、又屢經書函申論。無待再言。惟實施工程之計算一節。既爲袁君則先之說。袁君爲湖局測量科長。當然負責任。且金君既以如此高下在心之測量爲護身符。我湖域生民或將以如此高下在心之測量爲催命符。乃不得不對之特發警告。

四。警告測量科長。（甲）。澱泖工程計畫書（江蘇水利雜誌第五六期合冊）載澱山湖平均底高。五米達。攔路港底高中數在負。五米達左右。西泖底高在負。七米達上下。然則泖高於澱一丈之說、與此相差至一丈四尺之多者。是否爲袁君之測量報告。如其非也。速自聲明。彼向壁虛造之罪。自有金君任之。如其是也。則袁君所辦歷年測量。究以何者爲可恃。何者爲不可恃。可恃者急速印出。（鄙人報告書所言測繪不印與不測同。太湖局然江南水利局何獨不然。若江南水利局測量所無錢則移交太湖局付印。同爲民脂民膏所成之物。彼局所成此局不受。再苦民脂民膏多流一倍耳）不可恃者速自聲明。（乙）。據上列測數。則西泖之底、低於攔路港底二十生的米達。約六寸餘。今也助金駁論。則言高於攔路港平均約五尺。豈相距未及兩年。而泖湖之底已淤高過半丈耶。君之測量。前後相差。動以丈計。果何故耶。抑君固未嘗測量。專作金君傀儡。藉以爲拒人之武器者耶。區區數十里河湖之底。悉憑君等之心。忽高忽下如此。尚謂本局大計。在各部平面測量告成以後。太湖上下游水量、各湖河水準流速、各地雨量、各縣農田林藪地勢高下面積廣狹、皆有統計。其重要河湖、縱橫斷面測量、亦有圖表及說。皆成系統。如此大計、偉哉美矣。君等盍臨水倒影顧而思之。自問尚有羞惡之心乎。（丙）。君等力言澱泖下行水流之暢。已爲鄙人代答曰、此正所謂水流無滯機也。安用浚爲。以今日緩急比較言之。誠然誠然。惟計數中尚有疑問。攔路港之北口、落潮流量爲五千八百七十餘萬立方尺。至南口、僅得三千九百五十餘萬立方尺。相差至三分之一。何其多也。其漲落流量之差。北口爲四千七百五十餘萬立方尺。至南口僅得一千二百餘萬立方尺。可駭哉。攔路港南北相距僅十數里耳。其流量已減少四分之三。再數十里。當然幾等於零。零卽無也。然則上游所落之水。至此將何所去乎。（丁）。澱山湖海口間潮水位高低升降之情狀。在低水位時、自湖面至海口、由漸而低。低至六尺。高水位時、自海口至攔路港、亦由漸而低。低至四尺。鄙人前爲泖湖出水計數。於海工程師所作之圖。毫無誤會。君等辨說數百言。到底在中水位時、海口低於澱面不過一尺。（決非二尺）平均出水。能有幾何。卽去泖湖之淤巔。施

二

以合法之勾配。在平常小水時。自可稍增其無益之流速。至大水時。湖潦與江潮並增。實際上之出水。與未浚時無異。因內外相抵之深水、爲淺面流動所引出者至微。此實水災時之眞相。否則決不成災。君等但計平時。實與浚湖救災之意無涉。至謂潮高時仍無礙清水之下行。此等可按之圖可稽之數。請勿訛言再貽人以笑柄矣。（戊）。君等謂澱山湖蘇浙之第二太湖也。浙之苕、蘇之淞婁、大部分之水、不期而傾向於此。非招之來也。夫北條多塞。傾向南流。湖域生民之禍。孰有大於此者耶。往昔吳淞劉河、大於今日、奚啻倍蓰。卽白茆亦大至三十六丈。數百年來、淺狹至此。使浙西東部之水舍黃浦無他道可行者。爲此南行之水日益奪流、而常苦倒灌。如此顯而易見之事。乃反言浙西嘉屬之水中滿、在浦潮逆入。清流不强。鐵路鋼橋、閼其洩口。洩口通。清源旺。兩水會流。愈增刷沙之力。安有奪流之患。姑無論鐵路鋼橋、幹流所在、到處寬深。並未閼水。試問嘉屬清源。何以能使之旺。將以太湖下游封塘之故。湖水逆入漊港。轉臨嘉屬上游。而清水因以增强耶。藉曰强矣。兩水會流而下。使黃浦之潮退避三舍矣。往昔浦潮能逆入時。嘉屬尚苦水患。況加之以能闕此浦潮逆入之高强清水。其沈淪之禍。尚可量耶。豈刷沙之力一增。幷含沙之潮水亦不敢來耶。正告君等。今日北條諸水。急須以人力挽之。使之各自順軌入江。勿助天爲虐。而釀此奪流之鉅禍也。（己）。君等又言實測澱湖、當洪水位時。其容積之過於尋常水位、爲六千一百萬立方米達。同時其增加之洩量、爲每秒五十五立方米達。計必歷三百餘小時。而始足以回復其原狀。設上游各水有加無已、異常突漲、亦如最近辛秋己夏之災。其危更不待言。今約計其來量。爲每秒六十三立方米達。而求以相當之數消納之。更求於較短時間或一百小時、而使其原狀得以回復。則洩量之改良。當爲每秒六千立方尺。而河牀之深度。當過十八尺以上、底寬當在二百尺以上。此定格也云云。此計數中亦有疑問。每秒洩五十五立方米達、三百餘小時所洩者、澱湖中之洪積也。改良洩量每秒洩六千立方尺、一百小時所洩者。亦澱湖中異常突漲之洪積也。與澱湖以外之水皆無涉也。豈澱湖周圍。亦將悉數封塘。但許雨水直下。不許外水點滴加入、與之同洩耶。既主太湖下游悉數封塘。使全湖流域之水盡出一途。則當然以全湖流域之面積計算。其面積約十二萬方里。（作截長補短爲四百里對徑之圓形觀）卽三八八〇〇〇〇〇〇〇方尺。以每秒六千立方尺之洩量計之。一日夜之所洩。僅洩得一又三分之一釐之潦水。設一日夜有直下之雨一尺。卽當以七百五十倍之洩量洩之。如此水歸一途。安有不陸沈者乎。君等目光所注。但見第二太湖。幷第一太湖亦忘之耶。況江潮之灌頂阻流。並不遵君等定格之命令耶。爲此陸

三

沇計畫。尙儼然自命爲兩省父老兄弟與夫數千萬生民所托命者。能不爲太湖局汗顏耶。敬告君等。治湖實行分洩。允爲天經地義之舉。非別有肺腸。決無反對之理由也。至將來之何時高淤。何時變爲平陸。則現在太湖流域、已經高淤、已爲平陸之急須開濬者、正多。瀫泖之患。惟在奪流。五十年後如何。未暇談也。君等治水。於平日、惟恐淸水不來。至洪水時、又患上游各水有加無已。自相矛盾如此。尙言測量。尙無悔禍之心。是否尙有良知。是否爲生靈之福。我兩省父老昆弟將何以斷之。至泖西之章練塘。塘身實已淤淺。正審查報告所謂入泖支港宜酌浚者。泖底突處。在西北上游。與章練塘下游水流、風馬牛不相及也。

四

金天翮君報告書書後答言

胡雨人

此文知識。竟體幼稚。鄙人幾疑金君爲不能辨菽麥矣。豈其然哉。姑就所言一一答之。

前以黃田港爲最急今以白茆河爲最急

以黃田港爲最急者。對無錫江陰人言也。江湖間大運河芻議。勉我無錫江陰人自己籌款、自盡義務也。江錫兩縣河道甚多。而以此河之合濬爲最急。惟實際上決非兩縣之關係。故不得不請太湖局一并注意耳。今以白茆爲最急者。乃太湖流域全體中之最急也。太湖下游五大幹河。惟黃浦白茆爲同等最急。當然使之同等暢流。若疏浚黃田港。當然在吳淞劉河七浦之後。安得與白茆並論。以此爲異。彼金君固不知大小緩急爲何事也。

黃田港設閘白茆口不設閘

黃田港、江湖之中游也。中游之閘。水大、則潮起卽閉。潮落卽開。閉所以拒外水。開所以洩內水也。水小、則潮起卽開。潮落卽閉。開所以迎進水。閉所以蓄退水也。黃田閘之作用。將來大運河開浚後。固當如是。現在但有蓄渾而無拒渾港塞故也若白茆、豈其然哉。地處下游。爲太湖之尾閭。水大、則淸水直出長江。而潮自不來。何須閘也。有閘則阻水之洩。以自殺耳。水小無閘、則潮水長驅直入。所救者遠。有閘、則潮水爲閘所束。所入幾何。離閘較遠者皆枯死矣。如此異性兩港。一閘一否。理所當然。而金君以爲矛盾也。直不知閘爲何物矣。

苕荆諸溪前以爲東入於海今以爲東北入於江

此又金君不識讀書之法、而爲此誤解也。鄙人原文。上曰人皆知云云。下曰不知云云。明明已將上文所言一筆撤去。何待至今始言東北入江。豈下亦去自長江一語、金君尙未讀到乎。安得拉拉扯扯說到瀫泖上去。

昔以江水爲盜今食江水之賜

請勸黃田港公函中所謂開門揖盜者、謂開東壩也。貴局秘書鄭君立三主稿指東壩開下之江水爲盜。鄙人當然毋庸置喙。若以盜名加之出入白茆之江潮。是誣良爲盜也。豈同爲太湖局秘書。卽可舉其名同實異之一言而并誅之耶。至人之肥美。亦爲有感而言。鄙人自隨從巡閱、至聯合會搗亂之日。每到貴局員所在處。肥美人觸目卽是。此豈獨具隻眼乎。抑皮裏陽秋也。雖然。人之肥美。果無關於江水之賜哉。而金君所見。偏在彼不在此也。

浚湖及三江爲兩省人民所公認　貴局浚治全湖又爲確有系統之計畫　浚泖浚湖夢幻

計畫

開去兩個一丈。使上游高屋建瓴之水、得敵下游奔騰萬馬之潮。此言聳動一時。眞如一人呵欠。全室爲之感應。兩省人民無有指其謬者。同在夢幻之中。何庸諱言。錢幹老與鄙人、皆兩省人民之一也。錢幹老夢醒獨早。當然辭督辦而不爲。鄙人夢醒較遲。安得不大聲疾呼力圖挽救。若恐不做夢、卽不須有此太湖局。則太湖流域急要之事正多。何必大起恐慌。而夢夢若此也。至以浚治全湖與浚湖兩名詞爲同一解釋。則金君不但須畧識讀書之法。幷須畧講名詞之內含外延。今言治水。尚未暇爲督課也。

綜觀五節所指爲鄙人前後矛盾者。果有絲毫之矛盾否耶。得毋由金君之全不解事耶。曩嘗以金君所言引江灌湖、江不入湖、丹徒京口向不進潮、等種種奇談。無異指鹿爲馬、今知其幷不識何者爲鹿何者爲馬也。彼指鹿爲馬者。固所以愚人。金君直認鹿爲馬以自愚也。彼一度認鹿爲馬。決不容他人告之爲鹿。謂爲鹿者。卽視爲逆我而憾之。故所遣調查通信諸員、人人言馬而不言鹿。遂終以鹿爲馬矣。今後金君、殆將自入齋宮脩省以解惑歟。幸勿由夢入魘。由魘入魔。而終無蘇醒之一日也。

無錫之將來

（民國）樂觀子 著

《無錫之將來》，（民國）樂觀子著，無錫錫成印刷公司鉛印綫裝，民國三年（一九一四）八月初版。樂觀子，榮德生早年所用筆名。榮德生，本名榮宗銓，號樂農，無錫西乡榮巷人，生於清光緒元年（一八七五）。近代中國著名愛國實業家，畢生致力於發展我國民族工業，從事社會公益事業，爲推動我國近代經濟社會發展作出了重要貢獻。二〇〇九年，被中央確定爲對新中國建立做出重大貢獻的一百位傑出人物之一。該書是榮德生早年公開出版的第一本著作，寫於一九一二年秋赴北京出席袁世凱政府召集的第一次全國工商會議以後。全書分《發端》、《無錫於數年内冀將實行拆城築路》、《無錫於十年内將有大電氣廠發現》、《無錫於十五年内將有大商場發現》、《大商場創成後龍山錫山之顛將有安樂鄉出現》、《大商場創成後五里湖太湖之濱將别墅山莊參差矗立爲世外之桃源》、《中國開第三次内國博覽會之會場即在五里湖太湖之濱》、《尾聲》八節。該書篇幅不大，全文不足兩千字，但在歷史上第一次對無錫城市建設作出了具有遠見卓識的規劃，並提出了要發展無錫，首先要修築道路，發展交通，建立大型發電廠、大商場和集中的居民住宅區，并利用五里湖、太湖天然山水，建設風景區、發展旅游事業，在太湖之濱建立永久性的全國博覽會展覽館等思想觀點，至今仍有現實意義。

（陳文源）

無錫之將來

無錫之將來

中華民國三年八月初版

無錫錫成印刷公司印行

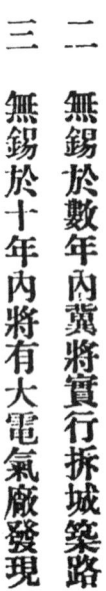

無錫之將來目次

無錫之將來

一、發端

無錫爲江蘇六十縣之一。地居滬甯之中心。水陸交通。商賈輻輳。出產有大宗之絲繭。貿易以米市爲最盛。今則工廠林立。如紡紗廠、織布廠、麵粉廠、繅絲廠、碾米廠、等不下數十處。其直接便利商店者。有電燈與電話。爲此商業之大較也。溯自光復以來。闢新北門。由崇安寺築馬路。直達車站。設車輿以便行

人。此道路工程之進步者。錫邑城市中。於衙道每多坑厠。既有碍於衛生。亦不雅於觀瞻。邇來或塡塞或修築。大加改良。最近更有錫人自創醫院。以補救民生疾苦。此衛生事業之進步者。沿馬路兩旁。有圖書舘有公園。有教育會。俱能粗具規模。此社會教育之進步者。即如城中小商店。類皆整齊可觀。窻飾等亦多改換式樣。與昔之墨守成法者。廻別面目。日新苟免於奢侈淫佚之風。商務之發達。可操左劵也。綜此言之。事事俱見進行。就此進行之象而擴大之。則二十年後之無錫。必有足以驚人者。予據現在之無錫而揣測後來。就其目的之可達者。恣筆記之。名曰無錫之將來。隱寓提倡之意焉。

二、無錫於數年內冀將實行拆城築路

無錫現在之馬路。距離甚短。局面狹隘。至城市中之街道。尤爲狹窄。兩面之商店。多阻於河道。已無可退縮。故街道亦無從擴張。則終爲小街市而已。欲闢大

市街。不可不拆城。就城脚築一圓路。與現在之馬路相接而通行電車。將裏城河塡塞。以路旁之地售與商民建築工廠、或市房。拆下之城磚除用以築砌駁岸外。餘則賣給商民。用之建築。創成一局面宏壯之新市塲。主其事者爲工程局。其權限畧同於上海之工部局。如房屋之應如何構造。馬路之應如何修整。一切惟工程局之命是聽。是路既成。定名曰裏圓路。

三、無錫於十年內將有大電氣廠發現

無錫工廠約有數十處而舍西門之振新紗廠茂新粉廠、用電力外餘俱用引擎鍋爐所費既巨且不如用電力之輕便上海工部局電氣處以電力供給廠家之用僅須通一電線裝一馬達而原動力已具占地既小費亦較省獲益固甚大也錫邑工廠日衆急宜仿用電力欲用電力又莫妙於有一大電氣廠電氣廠立而電車自必通行工廠漸見擴充資本較大獲利亦厚不出十年或可告成乎。

四、無錫於十五年內將有大商場發現

無錫就現在之商業情形及人民進取之心理揣測之將來必有大商塲發現大商塲之地址何在曰、惠山浜之南北兩面沿塘河一帶空荒之地即將來最繁盛之大商塲也年來已有提議由車站經黃埠墩而至惠山築馬路以通之者或不久即可見之事實屆大商塲建築時同時築成一外圓路其路綫即出

裏圓路經水仙墩迤向西北而與惠山通至車站之路相接者也凡一地方經濟之發展首在地價之增高自裏圓路外圓路築成以後凡與路附近之地其地價必立增倍蓰無疑就錫地現狀觀之光復門一帶沿路之地今之地價非較前已增數倍乎

五、大商場創成後龍山錫山之顛將有安樂鄉出現

商塲所在工廠衆多喧鬨煩雜不適居處惟山居則空氣清新高爽宜人舉凡工廠中人市㕓中人工作則於廠於市退息則在山林爲最適於人生緣是龍山錫山之上從來寂寂之地遂一變而成一極熱鬧之村落日出而作日入而息各安其居各樂其業是村遂有安樂鄉之名山上房屋之建築有若香港層層疊疊盤旋而上上下俱賴電車居民便之他如自來水電燈之屬亦無不備夕陽西下時家家燈火齊放遠望之若一極大之燈塔洵奇觀也

山上闢有極大之公園。以及種種遊息之所。如彈子房、珈琲館、等悉備。每逢勝節及星期日。游人倍多。為其間最特色者。莫如錫山之塔。塔今荒廢。不足壯觀瞻。而來日且將大變其面目。於塔之四周築成轉樓。而就塔中裝設扶梯。塔樓陳設精美整潔。並備茶點煙酒以餉客。遊人於此品茗談心。酌酒遣興。最足開拓胸襟。至於炎暑之日。在此納凉。尤屬妙無倫比。誠一極好遊眺處也。

六 商埸創成後五里湖太湖之濱將見別墅山莊參差矗立為世外之桃源

惠山錫山之上。固宜卜居。而五里湖太湖。尤足攬勝。達湖濱之馬路有二。一起自西門。迤西南而至北犢山。一起自南門。過南橋東逕而至石塘橋。乘磨託車往。僅須數分鐘耳。臨湖築樓屋數間。開窗遠眺。見湖水共長天而一色。遠山如白雲之在望。帆影幢幢。往來不絕。至於夕陽將下。遙見紅日一輪。映入湖中。水波不興。作金碧色。有山水之趣。無城市之喧。能爽人心神。益人知慧。故人咸欲於湖濱占地數方而營居室焉。蓋社會進化。生活程度增高。而生計則益困難。必竭其知慮。庶免於失敗。故勞其身心。勢所不免。要在時有以恢復之耳。暇時臨湖遠眺。能使胸中萬斛愁塵。一時化為烏有。而身心之疲勞。恢復於俄頃。於養生之旨甚合。後來一人倡之。衆人趨之。別墅山莊。遠近相望。直不啻世外之桃源也。

七 中國開第三次內國博覽會之會場即在五里湖太湖之濱

無錫以梁溪著。溯溪而西十里。遂達五里湖、以及太湖。湖濱既有園亭。每逢勝節。恒有小汽船無數。聚集於此。共作賽船之戲。以遣興。蓋其地勝景天然。一經點綴。簇簇生新。游人樂於蒞止也。迄國中開第三次內國博覽會時。政府欲於南方商務繁盛之地。建設會埸。通令各省徵求意見。則當有樂曲辰君者。獻

議於政府謂南方商務繁盛而交通便利風景幽雅者莫如江蘇之無錫無錫有五里湖與太湖頗佔形勝若以湖濱爲會塲各覗地勢而建館賞心悅目無復過之政府派員至錫實地調查應亦贊成其議迨各館建既成五步一樓十步一閣頓使湖光山色愈益壯麗此美術彼工藝中外人士來觀者何止數十萬人咸嘖嘖稱道出品之優良而又震夫地勢之特色互相傳播於是中外人士咸曉然於中國國運之

日進而無錫一邑亦卓然著名於世界矣厥後異邦人士慕錫地之勝而來游者必且實繁有徒遊畢宜無不歎錫人能盡地理之妙猗歟盛哉

八尾聲

本篇盡從大處着眼故瑣碎之改革概未言及誠以大處果能改革則凡一切瑣碎附屬之事不患其不改革也予友有知予作此篇而不深悉予意旨所在者羣各以其說進或謂花叢之宜遷徙遷徙塲所應規定也或謂亮墹阻碍水道不可不拆去也或謂外城河河道已是狹窄乃更有種種障碍物如木排等充塞其間河道幾塞其半不便行舟不可不取締也或謂街道中坑厠應塡塞也凡若此者非所謂瑣碎之改革乎而予之心目中所想見者裏圜路也外圜路也大電氣廠也新市街也大商塲也山上之安樂鄉也溪西之桃源地也湖濱之內國博覽會也皆所謂大改革也若羣友之說欲爲之可即爲之非難事

也予之說非可倉卒辦者誠以理論爲事實之母故先造此理論以冀成爲事實耳吾中國之革命非賴一二巨子筆舌之鼓動而得奏成功者乎可知天下無不能達到之事要在使衆人之心理一致革命之得奏成功以人民之心理一致時機已熟故也予作斯篇即欲利用筆墨以代喉舌使此說傳播於吾邑之青年子弟婦人孺子販夫走卒之間使彼等深印此意想於腦筋中而造成一致之心理者也吾錫人心理一致之日則去事實到達之期當不遠矣

中華民國三年八月初版

無錫之將來一册
定價大洋三分

著作者 無錫樂觀子
印刷所 無錫錫成印刷公司 北門內創橋下 電話四另四號
發行所 無錫錫成印刷公司
分售處 無錫各書莊

錫山業勤機器紡紗公廠集股章程

一

《錫山業勤機器紡紗公廠集股章程》一册，清光緒二十一年（一八九五）九月由業勤紗廠創始董事楊藕舫、劉鶴笙、顧叔嘉、吴保三等七人集體制訂，木活字印本。無錫圖書館藏。

業勤紗廠，是無錫近代史上創辦最早的一家機器生産的大型民族工業企業，也是無錫第一家股份制企業。其創始人爲楊宗濂、楊宗瀚兄弟。楊宗濂（一八三二—一九〇六），字藝芳（一作藝舫），無錫人，曾以父蔭先後任曾國藩、李鴻章慕僚，官至山西布政使、長蘆鹽運使，並曾以三品京堂候補督辦順天、直隸紡織事務。楊宗瀚（一八三九—一九〇七），字藕芳（一作藕舫），宗濂胞弟，也曾入李鴻章幕。中法戰爭時又爲臺灣巡撫劉銘傳幕僚，總辦臺灣商務、洋務。後任上海機器織布局總辦。一八九五年回無錫，與兄宗濂一起着手自辦紗廠，以奪洋人之利，爲國家堵塞漏卮。他們除自籌規銀八萬兩外，同時向社會招股，共籌資金二十四萬兩，合二千四百股，在無錫東門外羊腰灣興隆橋建起業勤紗廠，『先開風氣，以阜財源』。其集股章程共有十條，從股本設定到利息存派，從購定機器到建造廠房，從薦保用人到商務接洽，都規定得十分具體周密。尤其是在條文之前，綜述了當時『洋貨行銷日廣，洋藥而外，以洋紗爲大宗』，國家『又增一大漏卮』的經濟形勢，並分析了無錫自辦機器紡紗廠的有利條件，從而赢得了社會『關心時局者』的贊同和支持。它成爲無錫民族工業發展史上第一份完備的招股章程。

（夏剛草）

錫山業勤機器紡紗公廠集股章程

竊自通商以來洋貨行銷日廣洋藥而外以紗布爲大宗查近年貿易冊洋紗進口歲約二十三四萬包（每包四百磅合司馬秤三百觔）售規銀一千六七百萬兩是洋藥而外又增一大漏卮關心時局者每於此三致意焉現復奉准蘇杭內地通商計彼族之侵我利權佔我生理者似亦莫甚於紡織繅絲諸大端不待智者而知矣吾儕共體時艱權衡本末仍當從紡織入手果有餘力再圖推廣繅絲爰思常州府屬女工勤於紡織購用洋紗爲數甚鉅錫邑當蘇常孔道隣境多產花之區招工尤便自應先開風氣以阜財源第紗布機廠成本較重動需數十百萬往年滬上所刊招股章程非不動人耳目然言之匪艱行之維艱類都鋪張太甚利益虛懸或調度失宜事權專攬致令公司之美舉視同畫地之危機良可慨惜本公廠糾約同志懲前毖後妥訂規條盡除公司流弊凡屬購機建廠與夫用人營運莫不實事求是悉秉大公恒念附股諸君付託之重不使少有遺憾以期挽回薄俗漸收利權茲已勘定無錫縣東門外興隆橋水陸利便之區剋期營造置設紗機名曰錫山業勤機器紡紗公廠俟有成效再行擴充業經稟請
南洋商憲江蘇撫憲批示立案惟是坐本行本允宜寬備尚賴眾擎共舉樂與觀成今將集股章程開列於後倘有未妥務求
諸君子切實指教是爲厚幸

計開

一成本宜定額招股也本廠商本商辦定集商股規銀二十四萬兩以一百兩爲一股分作二千四百股先經創始楊劉諸董招集一千二百股嗣於蘇滬等處續招四百股爲購機建廠等需尚餘八百股以俟各商附股準於本年十一月每股先交銀三十兩明年二月續交銀四十兩按股隨繳掣與廠收至六月再交銀三十兩即以廠收換給股票息摺遠省展期三個月將來倘有更名必須到廠過戶換票以昭慎重

一利息宜分別存派也所收股本當收銀之日起先支週息六釐無論遠近後先扣足一年至出紗之後定爲週息八釐是即所謂官利也此外盈餘酌提公積護本外按十股分派以二成爲總理及司事人等花紅其餘八成按股均分定於次年二月底與官利一併憑摺付給凡收回暫存銀折及黃花衣花子飛花脚花一律變價歸公分派年終清賬刊刻分送

一存項宜酌定利息也查上海各廠均有存項本廠事同一律凡有親友零星交存未便拒而不納存息自應酌量加增以示有利均沾之意現定不計閏週息一分十二月終憑摺支付但既經收存即爲本廠收花活本未便任意提用擬自交銀之日起扣足兩年方許提歸並須於二個月前知照本廠屆期不誤

一附股挂號宜有定處也凡附股諸君開明名號籍貫至無錫城內西河頭濟通當姚履泉或北門外同仁棧馮覲瀾兩處挂號以備登記彙總造冊其銀即於挂號處交存收照隨時掣給如有遠道函致無錫城內大成巷楊藕舫處或書院衙劉鶴笙處均可交接無誤

一機器宜及早購定也此項機器極爲煩重逐層聯屬非可淺嘗揣獲上海各洋行承攬者頗多而於次序功用繁簡緩急罔知要領一任洋廠開單配搭未稱致有曠誤卽地軸零件每有缺損補運添製累月稽遲蓋由經辦之人考究未精胷無定衡也本廠不厭精詳再三攷校效人之長去人之短與瑞生行洋商布海師估互訂合同所定各項紗機配搭勻稱層層聯續保無停曠待時等弊訂明皆屬英國著名度白生廠之貨應用零件悉數備足準於明年三月到齊帶同洋匠來錫裝配過期議罰每日英金三十磅載列合同以免遲誤

一廠屋宜度地建造也機器訂定明年三月到齊必當建廠以待現已於無錫東門外興隆橋地方購地四十餘畝凡廠屋位置

三

悉由西人依斯登繪圖所有紡紗機器及清花廠兩層樓清花廠用鐵樑鐵柱地鋪三合土有厚牆皮帶衖與大廠隔別至鍋爐房引擎房鐵木工廠揀花廠公事房賬房工籌處女工吃飯處堆花棧儲料所工人住房均當次第擇要建造剋期竣工以備裝配而免停曠

一機器廠屋成本宜分別估定也本廠現定先行開辦一萬一百九十二錠每經紗機一座計三百六十四錠所定粗細紗機清花機鋼絲梳花棉條機引擎鍋爐電燈自來水滅火機脩理機器搖紗打包各機色色俱全裝箱保險水腳一應在內共英金一萬九千七百餘磅約規銀十三萬五千兩進口稅餉運內地水腳及裝機各費約一萬五千兩起造廠屋並基地等項約三萬兩共約計規銀十八萬兩現定集股二十四萬尙餘六萬兩爲本廠進花活本每值新花登場市價平正自應寬購備儲其不專行本隨時滙用隨時滙還以資周轉

一商務宜有責成庶各股商便於接洽也本廠爲開拓風氣漸收利權起見所有公司壟斷陋習一槪破除現當經始之初事煩責重頭緒紛如自應分任其勞庶有責成擬楊董藕舫翰西兩君定爲經理機器工程與棨兼理銀錢劉董鶴笙爲經理銀錢兼理機器工程與棨劉董叔裴爲經理核對出入賬目調度銀洋並稽察廠中工作事宜責有攸歸無可推諉仍隨時隨事和衷商榷所有廠中議立規條並執事姓名懸牌明示各股商可一覽便悉半年會議一次倘有未善熟商酌改三人占從二人

四

之言本經理決不固執成見也

一用人宜有薦保也本廠總理而外最要執事約須五六人一收支銀錢一監督工作一收掌花紗此皆要缺應由駐廠總理遴選卽由總理出立保單存廠其餘分莊買花尙須熟手精明廉潔者四五人准由附股較多之人出立保單薦用如有侵挪虧短卽由保人賠償派充之後如有弊端及性情執拗不洽衆情則不拘何人所薦隨時撤換不敢狥庇姑容貽誤大局

一產價宜分年攤除也本廠所置機器廠屋及一應生財什物愈用愈舊自應援照上海各廠現行章程分年遞折名曰折舊俟廠工告竣結清一總開機出紗官利之外如有盈餘按照原價分作十年或十五年攤除以固根本而垂久遠每年應提若干

仍視盈餘之多寡公同商酌以昭平允

光緒二十一年九月　日董事　顧叔嘉　劉鶴笙

吴保三　經理　楊藕舫

畢蓉坡　劉叔裴

馮觀瀾

無錫錢業商團彙編

（民國）王景濂 輯

《無錫錢業商團彙編》一册，不分卷。（民國）王景濂輯，民國五年（一九一六）六月鉛印本，無錫圖書館藏。

無錫錢業商團，組建於清宣統三年（一九一一）八月二十六日，其前身是成立於光緒三十二年（一九〇六）的錫金錢業體育會。時任錫金商會總理（會長）的華文川（藝三）被推爲總司令，錢業公會董事單紹聞爲團長，蔡文鑫（緘三）等二十人爲參議，王世庚爲第一支隊支隊長，蔡容、王景濂爲文牘員（書記），許嘉澍任教練。在辛亥革命無錫光復起義時，該團成爲以蔡容爲領袖、華承德爲司令的光復隊的主要武裝力量。

《彙編》卷首刊有江蘇都督程德全頒發的獎章、錫金光復紀念章、錫金軍政分府紀念章、本團辛亥紀念章等攝影照片，還刊有錫金軍政分府司令長秦毓鎏（效魯）所寫『還我河山』之題辭，以及蔡容、王景濂分别撰寫的兩篇序文。《彙編》收録的資料包括《無錫錢業商團大事記》、《專件》、《本團文件》、《畢業式文件》、《光復隊文件》和《附録》等六大類，還收録了時任新無錫日報社社長楊壽枬、無錫市教育會會長錢基博的頌詞和無錫商會正副會長華文川、薛翼運（南溟）的訓詞等，是無錫民族工商業發展史和辛亥革命無錫光復起義的重要歷史文獻之一。

（夏剛草）

無錫錢業商團彙編

民國五年六月

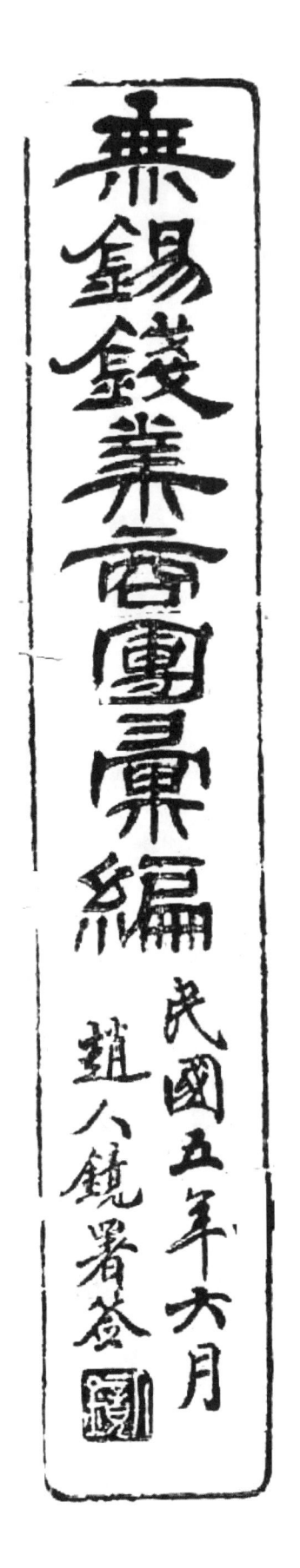

趙八鏡署簽

無錫錢業商團彙編

丙辰夏日

曹銓署

汲盦

凡例

一本編記事範圍以本團爲限
一本編所記商團公共事務以與本團有關係者爲限
一本編月日辛亥年仍照舊曆自民國元年元旦始改用陽曆
一本編由文牘員以歷年團務選要彙纂經評議員校訂印行專載團務以備稽攷
一本編爲本團總報告書分贈本業各莊及諸同志共留紀念

無錫錢業商團彙編目錄

刊誤表

篇目	頁數	行數	字數	誤	正
序一	二	四	四	仲	伸
無錫錢業商團大事記	八	十一	十八	快	怍
又	十二	二十一	二	隊	會
又	十三	二十四	三	儿	凡
又	十四	十七	十八	毀	殷
又	十五	十一	七	決	决
專件	三	三	十七	裝	服
又	三	三	十八	服	裝
又	十九	六	二十七	改	政
又	三十一	二十一	一	住	往
商團全體人員系統表	評議會會長應改爲評議會議長				

攝影後列中央向右爲會長單潤宇團董單潤珊江耀文顧會慰
評議員蔡容向左爲副會長張源澄團董吳紹成王耀錕殷文植

庶務員單宗樸中列左首爲監察員單宗條右首爲臨時文隊長
江祖嵩前列左首爲教練員謝學源餘均團員姓名從略

攝影補遺一

支隊長王世庚

攝影補遺二

文牘員王景濂

江蘇都督獎憑

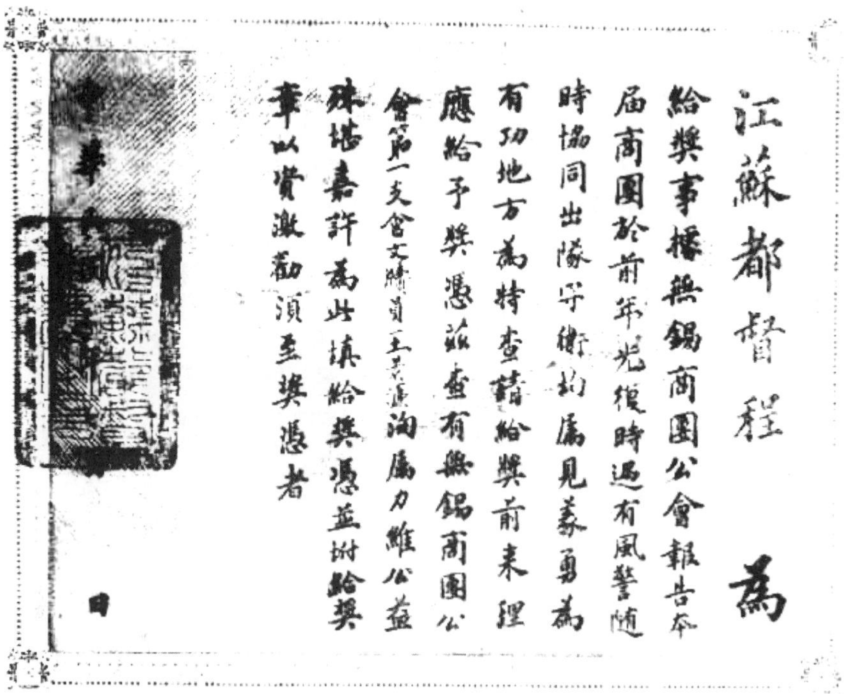

江蘇都督程　為

給獎事據無錫商團公會報告本屆商團於前年光復時遇有風警隨時協同出隊守衛均屬見義勇為有功地方為特查請給獎前來理應給予獎憑茲查有無錫商團公會第一支會文牘員王[illegible]源洵屬力維公益殊堪嘉許為此填給獎憑並頒給獎章以資激勵須至獎憑者

此項獎憑共贈本團同式五十二紙

錫金軍政分府獎狀

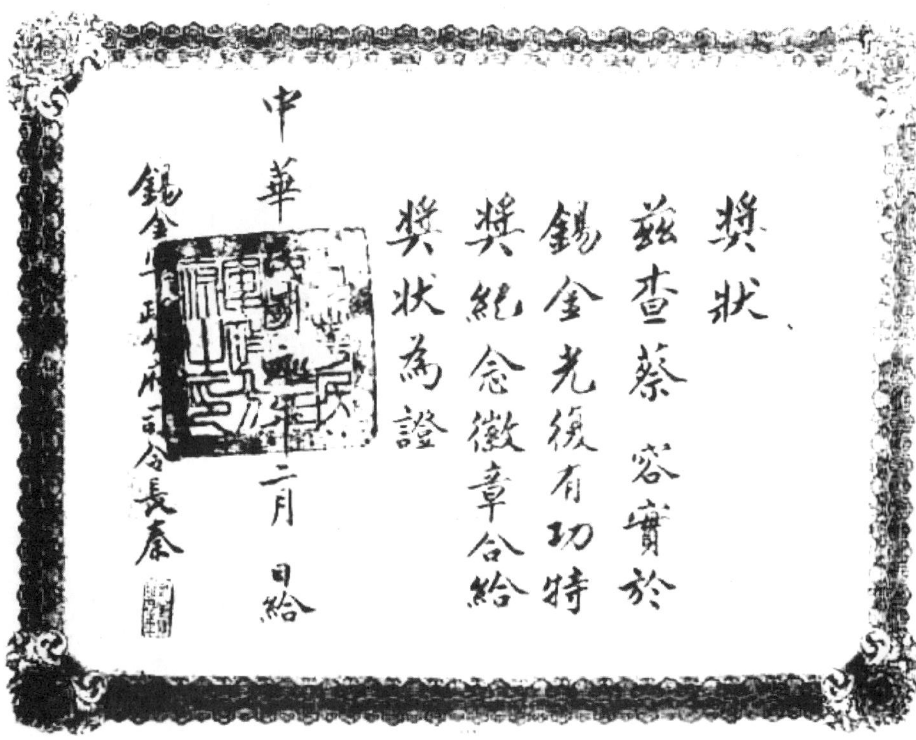

獎狀

茲查蔡容賓於錫金光復有功特獎給紀念徽章合給獎狀為證

中華民國[illegible]年二月　日給

錫金軍政分府司令長秦

此項獎狀共贈本團同式四十五紙

徽章攝影

上爲江蘇都督程獎章
左爲錫金光復紀念章
右爲錫金軍政分府紀念章
下爲本團辛亥紀念章

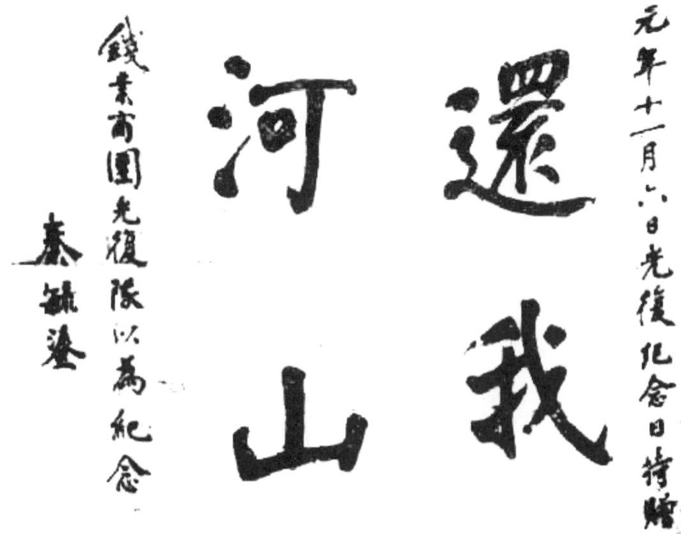

元年十一月六日光復紀念日特贈
還我河山
錢業商團光復隊以爲紀念
秦毓鎏

秦司令長贈旗攝影

序一

世人有以一二嘉言懿行聞者則爲其後者毋弗欲述其行而爲之傳夫亦以此一二嘉言懿行得之匪易故爲之傳而使後之來者有所矜式也耶王子恂盦作無錫錢業商團大事記而囑校於余王子夙掌團之文牘所記皆詳實余惟酌其事之重輕略事增删焉耳夫商團者一義務團體耳錢業商團者尤商團之一部份耳則是記之作其亦可以已乎嗚呼錢業商團之長辭吾人者殆年有餘矣論商團之性質固爲人民自由結合之義務團體而其克以保衛閭閻力能補助軍警之不逮者實與地方治安有密切之關係故西人之於商團官廳有維持之責自治機關又必力負輔助之任未聞其商團有夭折者也然而吾錫之商團竟不幸而夭折矣竟夭折而無維持之輔助之者矣吾數十同志義勇超邁晨夕與共之錢業商團亦竟渙然冰散不復能一面矣誰實使之孰令致之吾人雖儕身其間有不自知其所以然者惟不自知其所以然此吾人所以追懷舊感不敢或忘而有是記之作也溯錢業商團胚胎於清季丙午之歲時值上海大鬧公堂案起西人以商團之力而奏保衛租界治安之功海上華商因而效法於前吾錫遂亦繼起於後一時有商餘體操會錢業體育會相繼成立錢業體育會者吾太業師單公蓉坡所手創也單公歸道山吾師紹聞先生繼長其事辛亥義師興起全邑驚惶遂有商團之組織於是錢業體育會亦進而改組爲錢業商團時滬上且有全國商團聯合會之設此殆足稱我中國商團極盛時代乃吾錫加入聯合會之議方興而滬南商團無端受摧之事已聞一時天下騷然而羣心懈矣此癸丑年事也厥後吾錫商團亦漸見萎頓自甲寅秋季旅行之後遂不復與吾人相見嗟夫自丙午以迄甲寅歲凡九稔吾錢業自體育會以抵於商團其間辦事者費盡無量數之心血操巡者竭盡無量數之筋力而歷年所支經費數已累千正如人之嘉言懿行非可以輕易得也今竟長辭於塵世矣是則王子之爲是記其亦不得已乎雖然吾錫商團固無形之中輟耳我錢業商團果將長此以終古歟抑猶有復活之日歟則爲之記而昭示後來是又不可以已乎余自丙午從事於商餘體操會始列戎行繼職幹部辛亥又隨諸同志執役於錢業商團十載伴侶一旦相棄撫懷愴感情不自禁余校是記余心滋痛矣記成復集章程文表之類刋爲彙編爰伸其說如此嗚呼世途荆棘禍變未已鶴唳風聲草木皆兵吾又豈僅爲商團悲哉中華民國五年五月共和復活後之百五十日蔡容謹序

序二

商團休業瞬已逾歲於此星霜兩度之間時覺商團之影像留戀於腦際有若責我以職之未盡而不忍舍我以去者嗟乎是果何因緣而關係之切一至於斯耶思之重思之乃大省悟蓋餘事未了責任未盡我尚有負於商團而不能恝然於懷也溯吾錢業商團成立於辛亥秋季而基礎之立實自丙午組織體育會始由體育會而改進爲商團以迄於畢業慘澹經營煞費心力惜貿易之餘陰聞鷄起舞盡匹夫之天職枕戈待旦同懷桑梓恭敬之義合籌捍衛維持之方差幸耐勞任艱克保閭閻之治安含辛茹苦獲全團務之始終獨惜滬江先進橫罹摧殘之厄致令吾錫後起隨以萎頓而輟洄溯前塵痛感曷極夫以烈烈轟轟之事業遽隨潮流以長逝吾人之唏噓感慟情烏能已若不記述其前事安留紀念於後日彙編之輯誠有不容緩者在矣景濂濫竽團務忝職幹部責所攸歸義不容辭祗以俗冗栗碌久稽未作私衷耿耿深滋愧疚今者適屆體育會創辦後之歲星十周撫今感昔倍增悵觸爰記其實彙集成册文之工拙所不計也編纂既竣經評議員蔡有容君校閱訂正付諸剞劂用爲吾團永留紀念雖屬前事之遺影實爲吾團之信史倘後日自治復蘇商團重振亦未庶不可藉資借鏡以謀興革惟長夜漫漫前途茫茫正不知俟諸何日重見赳赳青年堂堂商團復起於九峯二泉間也

共和重建之年靈均蹈水之日王景濂謹識

無錫錢業商團大事記

楚孫署

無錫錢業商團大事記

黃帝紀元四千六百有九年辛亥秋八月二十六日錫金商會總理華文川邀集各業商董籌議組織商團錢業董事單潤宇以錢業體育會改組爲錢業商團

辛亥秋八月十有九日義師起於鄂渚四方景從全國震驚吾邑人士尤以匪徒乘機騷擾爲虞商會總理華文川爰於二十六日邀集各業商董倡議徵集商界青年組織商團以爲保衛桑梓治安之計綠由商餘體操會錢業體育會米業體操會擔任改組各成一排外並由綢業及南區西區諸董擔任各組一排共成六排議既決遂公推王君汝崇草擬總章分段防衛規劃粗定遂各分籌進行吾錢業夙有體育會創自丙午爲單公毓德所倡辦丁未單公歸道山由單潤宇繼續辦理歲戊申第一班畢業己酉續招第二班雖修業未畢亦曾學習盈歲兩班會員均於軍事學識略具經驗至是單潤宇因即召集全業同

人議集舊會員改組爲錢業商團以資熟手不足則補以新團友經衆公決並訂定本團簡章十九條

團員定額四十二人二十八日報名足額

公舉團長一人參議二十人

籌備既竣遂於二十九日公舉單潤宇爲團長吳鏡殷文植吳紹成蔣汝祺王耀錕蔡文鑫周鑑張源澄江耀文單潤珊范澍霖鄒湘培祝廷佐顧曾慰徐森書張廷鎣錢國楨范瀚霖范潤滋鄒涵培爲參議

推舉職員

同日舉定監察長朱克昌監察張培霖包本錫王復楨王祖暐幹事單宗樸尹思安馬家騊溫若濟書記蔡容王景濂會計徐森書軍裝員尹思安馬家騊

聘前粵軍管帶許嘉澍爲教練員

舉定排長目長

全體團員公舉前體育會排長王世庚爲排長團員尹思安吳學杰馬家騊爲正目鄒祖燿謝鼎鎭方模農爲副目高昌鼎爲軍樂長

設會所於錢業公所

各團組織完成公舉華文川爲總司令各團團長爲協司令

本團及米業綢業北區各業四團組織完成合行成立禮於周師衙操場

曩時錢業體育會假周師衙內趙氏曠地爲操場九月八日下午三時四團合行成立禮於是地並即假定爲商團操場是日也天氣晴朗總司令華文川協司令單潤宇陳廷鏞唐渠鎭陳煜暨各團職員各業商董咸涖場諸團員精神雄壯英氣蓬勃觀者咸鼓掌歡欣而慶桑梓保衛之有人也

開始教練

各團公聘許嘉澍爲總教練員並定每日下午爲教練時間九日下午各團聯

往公園行開操式由許教練員指揮操演本團團員多舊體育會員故逕操練持槍教練餘則授以徒手教練

奉華總司令命自十日起實行出任防務

十日奉華總司令命每晚九時起徹夜梭巡本團假北塘東街江陰巷口第十八號宅內爲臨時駐紮處每晚八時由值日團員鳴警笛召集九時集合由王排長指揮出巡出巡之編制共分三種(甲)全隊(乙)半隊(丙)分組　全隊每夜出巡兩次半隊則以全隊劃分爲二上下半夜輪值出巡分組則區分全隊爲數小組分道出巡並時派偵探分頭密偵梭巡返會必以所見聞者詳細報告梭巡區域北至三里橋南至大市橋並旁及各支路荷槍實彈嚴密周巡市廛街巷固爲必經梭巡之地密林荒邱亦皆時派偵邏之探雖夜靜更深之候風雨淅瀝之中各團員正引爲仗義盡責絕不以櫛風沐雨爲苦故冒雨承露巡邏無間爲休息之時輪睡片刻而伴槍枕戈戎服和宿迨警笛聲傳則復

立起出巡必俟晨間商店啓戶始各散歸自晚達旦僅一粥充飢而已

各團協力戒備

十三日上海光復吾錫亦密謀響應藉盡協贊之力十四日各團相約秘密口號爲戒備二字是晚十時本團全隊循例出巡並偕米業商團周公鼎等同赴車站附近一帶詳密巡邏時則凉風瑟瑟細雨濛濛蟾蜍歛影闇黑異常僅恃佩燈微光用以偵察諸團員雖際風雨凄其之境而處之泰然絕不覺身在淋漓泥濘中也及歸已滴珠遍體乃爲檢拭槍械諸務時諸團員多於光復義舉願盡匹夫之責因密議組織光復隊俟國民軍舉義時起而協助並由蔡容王景濂密擬宣言書以視諸團員咸極贊成並相約嚴守秘密

光復隊成立

十五日風聲益厲是晚密定口號「黃田」「劍怒」本團由許敎練員乘馬帶隊周巡北里繼入控江門至大市橋遂往崇安寺聽松園休憩許敎練員赴秦毓鎏宅密議起義互相聯絡返即率隊歸駐紮處詳述商議狀況諸團員復密議訂定規約八條公請許敎練員爲司令時排長王世庚因事離錫遂推蔡容爲領袖主理隊務光復隊於以成立

江蘇都督程德全電錫宣告獨立秦毓鎏等樹義旗於公花園本團光復隊編入義旅光復全邑

十六日蘇都督程德全電錫宣告獨立無錫縣僞吏孫友蕚抗不遵命人民互相觀望雖製白幟未敢懸掛蔡王馬施諸君緣各就所在地首豎白幟不數時而全市招展矣時秦毓鎏暨諸志士竪義旗於公花園邀致舊商餘體操會員十二人整旅出發時許嘉澍周公鼎相繼報告速往公園同志乃號召全體共得四十四人亦整隊入城遇於寺巷合力同進由臨時司令華承德爲總指揮首至錫署光復隊領袖蔡容揮展白幟首先衝入全隊繼之商餘會員向縣堂放槍三排以示威嚴時恐暗伏由外襲擊嘉澍乃令光復隊隊員扼駐署首以資防禦並分守監門以鎭獄犯華承德暨諸志士直入內堂立飭僞吏交出縣印錫署既復歸至公園嘉澍恐北里空虛匪類乘機乃撥十五人派尹思安帶領馳回北區以資保衛少頃秦毓鎏下令進取金署因復整隊前進一如錫署惟當金署進取之時忽報錫署監犯暴動意圖越獄嘉澍遂率隊員九人馳往防守餘員仍留金署由蔡容領率時有人進言金署監獄後通監衖急宜派員駐守容深善其說然所留不過十四人殊難調派乃勉抽二人往駐衖口金署事竣順道收復釐捐總局時局有餉項因派隊員孫祿增楊祖桐暫時留局餘皆仍歸公園自午至暮僅數小時而全城光復蔡容因以急需北回保衛商市請於毓鎏既邀允遂奏凱北旋嘉澍等至錫獄派四人伏處牆外以防越逸復以四人駐守監門嘉澍則親帶隊員章念祖深入內監時獄犯已强半脫鐐意圖突出勢甚洶洶嘉澍覩此情形知非可以力壓急喻以好言並許三日以後當有辦法務各安心靜守切勿暴動各犯聞言無不悅服仍上鐐散歸原處因

得無事二人退出獄門飭獄卒謹愼防守於是亦率隊而歸惟祿增祖桐尙留駐總局隊員馬家駒祝廷樑本往來城廂內外傳遞消息家駒乃復任偵探旣至總局即調回祿增祖桐自任駐守時毓鎏指定金署爲軍政分府地點卽時遷入並派人至總局提取餉項家駒押解到府而歸至是全城大定草木不驚光復隊責任於是告終茲記全體同志姓名於下許嘉澍蔡容王景濂王復楨章亮祖高昌鼎鄒祖燿包本錫許炳緯王福煥胡宗潤孫廣銓朱光熬秦宗瀛趙勃吳廷樑吳學杰吳秉彝孫祿增施瑾尹思安朱志奎張楠熙顧廷柏謝鼎鎭陸鼎勳高昌祚章念祖范福海華潔吳蔭棣丁寶鈺黃復江肅羽過錫庚徐爵培吳源昌陳錫熊江祖嵩張茂康楊祖桐王鎏祁楊德潤

各團編列排次定本團爲第一排

光復後南西二區商團成立各團槍械先後辦齊由總司令編定錢業商團爲第一排米業商團爲第二排綢業商團爲第三排北區各業商團爲第四排協

任北區中區防務南區商團爲第五排專任南區防務西區商團爲第六排專任西區防務其東區防務則由復成商團擔任

本團設出巡棨所於晏公堂

本邑光復後人心稍定梭巡時間因以夜間一句鐘爲止本團並移駐棨所於晏公堂各團員勤勉出巡仍不稍懈

各團公舉薛翼運爲副司令取消各團團長所兼協司令名義

總教練員許嘉澍辭職由顧邦杰繼任

民國元年

歡迎臨時大總統

中華民國元年元旦臨時大總統孫文赴甯涖總統任道經吾邑商團全體偕同各界赴車站歡迎孫大總統脫帽答禮至爲和靄一時萬人空巷歡聲雷動迨車上駛始各分道而歸

歡祝臨時政府成立

元旦臨時政府成立於南京後數日錫金軍政分府通知各界定於十五日升旗懸燈以誌慶祝並開歡祝會於公花園商團全體赴會向國旗行慶祝禮復於晚間列隊提燈周行四城返會時已十二時矣

錫金軍政分府贈本團紀念章五十枚並贈光復紀念章四十五枚

錫金軍政分府以光復後時屆冬令盜風熾猖商團團員逐日深夜出巡力盡義務且與軍府互相連絡共策治安特製銀章分贈各團以誌紀念計贈本團五十枚又另贈本團光復隊同人以錫金光復紀念章四十五枚並附獎狀四十五紙

歡祝南北統一

二月十二日清帝退位南北統一於是共和政體貫徹全國而中華民國完全成立矣錫金軍政分府邀集各界開會歡祝一如歡祝臨時政府成立禮商團全體預焉

聘常軍左軍校謝學源爲教練員

本團教練員許嘉澍因就職警務不暇兼任自辭教練之職維時南北統一共和告成國事底定人心漸甯防衛之責因得稍輕仔肩而於教練諸事正宜銳意進行俾爲諸團員完全軍事學識爰聘謝學源繼任斯職教授學術各科並按期練習實彈射擊

議組商團公會

各團成立已經半載雖於防衛諸務頗能協力任事然以無統一機關致一切規劃進行每多遲鈍爰由各團協議改訂商團總章組織公會內部分爲三項(一)由六團合組公會爲無錫全體商團之總機關復就各團各設一支會分理各本團事務公會又分幹事教練二部分司會務(二)由公會及各支會各舉評議員四人組織評議會評議會務(三)設本部於公會爲商團之總司令

部各團依原定排次改編爲六支隊支隊長承本部總隊長之命執行隊務

公議以通運橋北商會新會所爲商團公會會所

舉定公會職員

公會組織既定遂由各團開全體大會公舉華文川爲正會長薛翼運爲副會長唐渠鎮高紹祖爲幹事部正副部長顧邦杰龐可傑爲教練部正副部長又舉顧邦杰兼本部總隊長

本團依據商團總章組織第一支會

本團由商團公會依章定爲第一支會因即開會公舉團長單潤宇爲正支會長團董張源澄爲副支會長朱克昌蔡容包本錫王世庚爲評議員又以監察長朱克昌改舉爲幹事長並舉王景濂爲文牘員徐森書爲會計員尹思安爲軍裝員單宗樸爲庶務員

依據商團總章改第一排爲第一支隊

本團照章改第一排爲第一支隊舉王世庚爲支隊長包本錫單宗條爲監察員尹思安爲第一分隊正長鄒祖燿謝鼎鎭爲第一分隊副長馬家駒爲第二分隊正長吳廷植方模農爲第二分隊副長吳學杰爲第三分隊正長汪祖嵩單宗檢爲第三分隊副長

商團評議會成立

各會評議員聯合組織評議會舉王汝崇爲正議長劉贊元爲副議長

追悼辛亥廣州殉義先烈

四月二十七日爲辛亥三月二十九日廣州起義七十二烈士流血紀念日錫金軍政分府於公園開會追悼商團全體同往致祭

舉行商團公會成立會於邑之公園

六月二十九日商團公會正式成立開成立會於公園全體職員團員於上午十二句鐘到會下午一句鐘開會秩序如下(一)奏軍樂(二)第一支隊操演(三)第二支隊操演(四)第三支隊操演(五)第四支隊操演(六)第五支隊操演(七)第六支隊操演(八)復成商團操演(九)第一二三支隊合操(十)第四五六三支隊合操(十一)訓詞(十二)來賓演說(十三)答詞(十四)奏軍樂(十五)攝影六時散會是日政軍學商各界蒞會者數千人各團操演頗見精神桓桓健者會集一場實爲無錫商團一大巨典懿歟盛哉

暑假休業公會教練部舉行學期考試

自共和告成後地方安堵梭巡停止各團因得於學術各科勉力競進本團謝教員認眞教練各團員尤能專心求學故成績頗佳公會教練部以將屆暑假休業之期爰會同各支隊教練員舉行學期考試以綢業商團及本團爲最優本團團員考列優等者得十人均由公會贈以獎品

奉公會長令各隊出任防務

本邑商業以繭米爲大宗每屆繭汛客商紛紛到錫採辦携帶銀欵以數百萬計時際夏繭登場盜風不靖由公會長命令全團出任巡防以繭市終了爲止

全邑各界開國慶紀念於公園商團全體預焉

十月十日武漢起義之紀念日也由參議院議決定爲國慶節是日舉國同慶萬民歡騰本邑民政署聯合軍學商各界開國慶紀念會於公花園懸綢結彩裝置輝煌晝則彩旗飄颺夜則燈光照耀全邑士女聯翩蒞會一片歡聲萬人空巷盖民國成立以來第一次盛會也下午本團偕各團由代任總隊長謝學源率隊齊赴公園向國旗行慶祝禮及晚復舉行提燈會全隊編爲二中隊各團員荷槍執燈萬紫千紅自商團公會列隊出發蜿蜒數十丈軍樂洋洋履聲橐橐隊伍嚴整軍容盛壯首至三里橋折而入光復門至公花園以燈演裝公祝共和萬歲六字休息片時復周行四城西至倉橋南至清名橋復折而入望湖門逕出控江門返會散隊各團員鼓舞歡快樂而忘倦焉

無錫光復紀念日本團開一週紀念會於會所並率隊赴公園預全邑慶祝大會共伸慶祝

去歲吾邑光復爲陽歷十一月六日經本邑縣議事會議決以是日爲吾邑光復永遠紀念日民政署爰於是日在公花園開全邑慶祝大會一如國慶紀念會禮本團光復隊同人於十月十五日開會議決十一月五日在本團開紀念會六日參預全邑慶祝大會並舉行提燈會當經舉定籌備員十六人籌備一切茲將紀念詳情彙誌如下

(甲) 開 會

(一) 會 場 情 形

十一月五日就錢業公所開會以九如堂(後廳)爲會場中懸安不忘危四字以表明紀念之宗旨左右各懸鮮菊花圈左側圈內嵌一槍彈綴成之鐵字右側圈內嵌一赤色染成之血字爲光復之紀念品前廳上有匾額書去年今日四大字廳之左懸五族全圖右爲去歲光復時進行路線圖一幀所經路線分

色標明又有去歲秘密文件二種一爲組織本隊宣言書一爲規約前後週懸各界所贈對聯場內滿紮綢彩燈旂交錯復廣裝電燈光耀奪目前廳樓上爲招待室廳前高閣爲軍樂台上懸重提往事四字前門紮有燈彩牌樓上書光復紀念會五字分紅黃藍白黑五色內裝電燈燦爛可觀各隊員一律戎裝身佩紀念帶上書無錫光復一週紀念並於胸際懸掛黃花以爲紀念本團團長單潤宇團董王耀錫暨全體職員團員均於下午二時齊集會場來賓二百餘人民政長國民黨分部長秦效魯縣議會代表陳翊屏市議會議長錢鏡生警務課員周銘初總巡官許湛之北區巡官陶春圃縣教育會會長孫北鼕市教育會會長共和黨分部長錢孫卿竢實學校校長秦卓夫及全體職員學生東林學校校長張醉仁女子師範學校校長黃淡如工業學校校長陶達三常軍步隊團代表趙鈺單仲卿王長聲錫報館記者吳驥德商會代表顧子珍趙藝經商團公會評議部副長劉季初幹事部副長高季連教練部副長龐魯芹第

三支會代表李逸民第四支會副會長虞念民第五支會會長周廉生第二支隊代表高鶴卿第六支隊隊長王莘農光復先鋒隊代表沈石庵諸君皆蒞會

（二）開會秩序

本日開會秩序（一）振鈴開會（二）奏樂（三）述開會辭（四）民政長演說（五）來賓演說（六）本團職員演說（七）唱紀念歌（八）奏樂（九）振鈴閉會鐘鳴三下遂振鈴開會奏樂畢本團團長單潤宇登台述開會辭略謂去年吾邑光復草木不驚秩序如常人民慶幸而各團員熱心維持尤堪嘉尚今屆一週特開會紀念以誌勿諼明日並舉行提燈會藉表歡祝云爾次民政長秦效魯先生演說次錢孫卿先生黃淡如先生孫北鼕先生相繼演說次商團教練部長顧伯超先生晉頌詞（顧君因足疾未到由副長龐魯芹先生代讀）次職員蔡容演說次全體團員唱紀念歌奏樂閉會茶點而散時鐘鳴六下

（乙）追祭先烈　六日上午十時全體隊員齊赴惠山忠烈祠致祭死義諸先烈由民政長秦效魯先生主祭周君銘初爲贊禮同祭者爲民政署職員及常軍團長營長光復先鋒隊全體隊員工業學校全體學生

（丙）攝影　致祭既畢由本隊邀請光復時首義諸志士在祠前合攝一影以留紀念時秦君效魯吳君錦如高君映川錢君湘伯周君銘初秦君振聲丁君超雄丁君亦淸張君子均秦君巨源秦君叔培張君孟修衛君梅初皆預列既畢即整隊而歸

（丁）贈旂　下午二時全體赴公園向國旗行慶祝禮畢常軍團長秦振聲君團附丁超雄君營長丁亦淸君張子均君合贈本隊紀念旂一面題詞曰（光復舊德）繼由民政長秦效魯先生以前錫金軍政分府司令長名義贈本隊紀念旗一面題詞曰（還我河山）本隊依次舉槍奏樂並由主任員蔡容詣前答謝

（戊）懇親會　下午四時秦效魯先生邀集去歲光復同人於尚武社開懇親會吾隊忝列同儕遂全體預會開會後秦君登臺演說畢卽與全體同志行握手禮並於尚武社後合攝一影而散

（己）提燈　六時全隊齊赴周師街草場乘馬提燈排隊出發推定王景濂爲糾察員於經行各地詳加佈置沿途並分發燈名說明書首由許司令湛之帶隊前行次掌旂員於國徽中燃點紗燈再次軍樂員胸前懸彩花中置電燈光線四射照耀如晝再次爲隊員職員爲殿軍樂洋洋緩轡而進既行出江陰巷經北塘至三里橋由河干折回逕過蓮蓉北吊橋直入城中達倉橋左折而經民政署署內迎以炮竹再折過興隆橋經盛巷橋南堍復南行進寺巷經觀前街駁岸轉而過喜春街出大婁巷經師古河再折而南至三下塘是時風雨暴至遂出孤老院巷由二下塘折而北回返至事務所散隊是役也沿途觀者如堵頗極盛舉惜因天雨致預定路程未克竟行不免令人有乘興而來敗興而去之慨

（庚）宴會　提燈畢本團特設席馥怡樓全體同志共赴宴會是時相叙一堂融融怡怡酒進一尋乃交相稱祝曰共和萬歲中華民國萬歲舉杯暢飲盡歡而散

編印光復隊紀事册

當光復紀念會開會日蔡容王景濂發議謂今日諸同志暢叙一堂頗極愉快之忱然以諸同志英才卓識他日脫穎而出不免有勞燕分飛之慨茲擬將光復紀事彙印成册以爲永遠之紀念當經全體贊成並議決以紀念會名義發佈定爲紀念品編纂既成顏之曰光復隊紀事無錫縣民政長前錫金軍政分府司令長秦效魯先生暨無錫市教育會會長錢孫卿先生各贈以序文冠之册首

奉公會長令各隊協任冬防

吾邑自新穀登場正商務興旺之際商團公會以秋盡冬來各鄉盜刧頻聞自

公會長命令總隊長通知各支隊每晚於十二時前協同出巡俾資防衛以冬盡爲期

各隊團員修業期滿公會教練部舉行畢業攷試

自學期攷試後各團團員對於學術各科競勝之心愈切勤學之志益力故第二學期中進步之速率亦愈增十二月中旬由公會教練部規定十一日爲第一二三支隊試驗學科十二日爲第四五六三支隊試驗學科十三日爲第一二三支隊試驗術科十四日爲第三四二支隊試驗術科十五日爲第五六二支隊試驗術科試驗科目學科爲（軍制學）（步兵操典）（步兵槍學）步兵射擊教範）（步兵偵探）（步兵前哨）（術科爲（步操）（體操）（實彈射擊）本隊各團員依期至會就試迨各隊試驗竣事由教練部長評定分數分別等第共計畢業團員一百四十七名優等四十二名上等七十七名中等二十八名本隊團員王叔度得十八分一列優等第一名爲全團冠共計本隊優等畢業者得十名上等畢業者得十五名惟孫祿增於術科試驗因事未獲完全預試致列中等第二名學業有成試績卓著本團無上之榮光也

二年

警察罷崗本團通知各團員臨時戒備

四月二十一日軍隊與警察偶起衝突竟相交鬨二十二日全城警察一律罷崗人心惶惶各商家尤爲恐慌本隊因治安有關亟須保衛惟尚未得公會命令未可擅先出巡爰特發通告書囑各團員從事戒備以資預防通告書錄如下

昨日軍警交鬨致今日全城警察一律罷崗地方秩序維持乏人萬一宵小乘機事變叵測商家實首當其衝我團負自衛之責凡屬團員皆宜加意防範整裝備械俾遇警報立時集合特此通告軍警兩界旋經調停和解警察復出站崗本隊亦即停止戒備

各隊合行野外演習於惠麓

六月十八日商團公會教練部命令舉行野外演習下午二時本支隊偕各隊同至惠山春申澗一帶演習散開襲擊衝鋒等各種野外動作各團員動作整齊精神活潑操演之成績甚佳並將各種動作分別攝影乃率隊而歸

江蘇都督程雪樓先生蒞錫各團聯隊歡迎攝影於聽松亭前

六月十九日江蘇都督程雪樓先生由蘇行轅返寧道經吾邑本支隊偕各隊同至車站時縣知事嚴偉偕軍警全體亦均在站恭迎十時半火車抵站本隊偕各隊奏樂舉槍歡迎嚴知事及前民政長秦毓鎏偕商團公會長華文川及支隊長陳廷驤虞樹仁本會職員蔡容王景濂諸君登車晋謁程督旋偕夫人及隨員下車登畫舫商團全體亦乘小舟由靖湖兵輪拖駛至惠山程督登岸後即偕遊復園忠烈祠二泉亭聽松亭諸名勝並至山麓春申澗等覽古蹟後由程督及其隨員蘇軍第四旅旅長蘇崑三（謙）水警廳長盧鹿萍（世儀）二

君暨商團同人於忠烈祠内聽松亭前合攝一影以誌紀念攝影畢隨各登舟仍由靖湖兵輪拖駛至車站程督遂偕夫人及隨員相繼登車公會長華文川登車與程督叙談商團近狀及畢業事務本團蔡容王景濂等隨同登車以光復隊紀事二十册奉贈程督三時半滬車抵站遂握别奏樂行懽送禮而歸華公會長撰歡迎記攝諸影片其文曰具區跨古吳越而蘇居上游江海環其外山岳孕其中以是物產豐腴人材淵懿爲天下之所仰望明清以來秉鉞大吏之鎮守是邦者尤多廉明雋偉之魁豐功大節炳燿簡竹史不勝書若周文襄忱之輕徭役興地利湯文正斌張清恪伯行之醞釀道德以丕變士風爲已任馨香俎豆世食其德後此則如劉文誠坤一之於庚子之役不受僞命而屹鎮東南使毋啓峅三吳之民至今稱道弗衰民國之肇興也惟我都督程公首當清季武昌起義以後其時天下豪俊皆囂然負不世之想逐鹿中原公惟一以民生爲重綢繆卒瘏使四境以内未驚一雞一犬而翕然反正安如磐石非公之雄武有識沈毅堅定曷克臻此文川一介寒畯罔識大體祗此平生志願安社會故厠身商界初以光復南京轉饟蘇軍得識於公今以興辦商團賴公威德克蕆厥事迄今商旅寗謐無七鬯之驚者皆公之賜也雖然商團之義即古之民兵也三代以下人不知兵此事遂廢又奚同仇偕作之可賡則此商團之事教練之與守望非相濟不爲功故皆定期畢業而更番迭替安知他日不爲民兵之先河本屆商團雖爲第三次之畢業而時承光復以後人心激刺皆發奮爲雄故於教練守衛諸事皆超越前度卓然可觀邇者程公適巡閲蒞錫錫之商團皆感公盛德全體戎服懽迎棨戟導遊惠麓遂於忠烈祠隙列隊攝影以留紀念復相送車站臨岐而别於時文川忝列隊首承公殷殷垂詢軍械經濟諸事並勉諸團士以純正之行爲淵乎有古大臣風嗚呼文川於斯不禁竊有感焉往者省吏皆以烜赫祿位深居簡出不輕與民接而民也亦放棄其民格凡於軍事智識及人道主義皆弁髦弗講以是商業亦因日壞不可復問

革命以來悠悠二載習俗未移良可慨也今程公之來和親近人拳拳民瘼一遊一豫爲諸侯度庶幾上下一德吾吳之治其庶有豸乎他日者將藏此留影鑄金肖像以與淼淼之水嶽嶽之山同垂不朽輝耀後先誰謂古今人之不相及耶民國二載六月無錫商團總長華文川記

南京獨立人心驚惶奉商團公會長令出任防務

七月贛湘獨立皖甯相繼滬江劇戰吾邑漸受影響人心惶駭商團公會遂召集各商團集議出巡規定北區各以二隊聯合第一與第二連合第三與第四連合間日輪值每晚九時集合以公會爲駐紮處分委六人駐會充作弁目偵探巡邏區線北至三里橋旁及北栅口東至光復路南至中市橋第五支隊任南區防務第六支隊任西區防務各隊出巡時間定自二十日起每晚十時出巡至天明返會散歸假定以三個月爲期時總隊長顧邦杰赴蘇就軍職因以北區四支隊長輪任值日總隊長上承公會長命令執行隊務本隊隨卽遵照議決案偕各隊共任防務迨三月期滿地方安靖遂停止出巡

改選支隊長及正副分隊長

本團支隊長王世庚因就職蘇省醫校不遑兼顧團務分隊長又有辭職者爰特召集全體團員開會更舉用記名連記法投票舉定江祖嵩爲臨時支隊長吳廷植章念祖王叔度爲分隊正長江有鴻毁元中王鎏祖爲分隊副長

清查軍械

八月二十日公會職員會議决清查各支隊軍械本隊軍裝員委團員余銘墀爲代表偕書記生王景濂于八月二十三日向各團員處調查本團計有一千八百九十年德國製造雙管毛瑟鎗五十枝刺刀五十柄手槍一枝結存子彈四千九百五十三顆于九月底報告公會調查詳情登記調查簿並函告本團畢團長察核

設立畢業籌備會

自畢業攷試竣事後即着手籌辦畢業事務惟因畢業文憑詳送江蘇都督府蓋印延期數月本歲夏間又以辦理臨時防務致畢業典禮遲遲未及舉行十月三日商團公會開全體職員會本支會評議員蔡容提出建議書請設畢業籌備會以專責任而促進行當經全體決定由各支會各舉三人充任籌備員即行從事籌備並由公會長委託公會職員沈簡銘本支會職員蔡容王景濂主任其事會同各籌備員互商辦理是日並議決以公花園爲舉行畢業式地點

舉汪鵬爲臨時總隊長

自總隊長顧邦杰赴蘇就軍職迄未另舉茲屆舉行畢業典禮不可無統率指揮之人曼經公請教練部副長龐可傑代任是職又堅辭不就爰於十三日開全體職員會議決由全體團員於各支隊教練員中公舉一人嗣經舉定第四支隊教練員汪鵬爲臨時總隊長

行畢業典禮於邑之公園

十月十九日假公園行畢業式以尚武社爲招待室室內遍懸各界贈聯並以社後草場爲操場特於多壽樓前搭設觀禮處五間遍紮冬青和以鮮花中間嵌無錫商團畢業式七字觀禮處之左爲軍樂亭右爲團體觀禮處場之東邊爲普通男賓席而以女賓席設於場之西邊點綴之精美與園景相輝映洵以勝地而舉盛會也上午十一時各隊至公會集合出發入光復門經馬路至會場駐息場中槍枝叉架席茵而坐隊伍之編制以六支隊合組爲一個中隊以兩支隊合併爲一支隊以修業團員組織臨時稽警隊並以軍樂隊爲獨立隊會場秩序由軍警至會保護外並由商團本部監察長錢泰墉率各支隊監察員嚴密稽察舉定招待員六十餘人並請女招待員十餘人分任招待各界來賓又推定會場幹事員三十餘人分司辦事是日天氣晴明政警學商各界人士及男女來賓蒞會者約及萬人擁擠異常下午一時振鈴開會奏樂既畢總隊長汪鵬發令開始操演公會長及各支會會長團董陪同縣知事陸清翰及各科長各團體代表等出席參觀先演觀兵式精神頗佳繼演走排式動作又極整齊旋由公會長華文川述開會辭略謂吾邑商團以體育會爲基礎自前清光緒三十二年（丙午）創辦體育會以來迄今舉辦三次至第三次而改組爲商團本會爲中華民國開國後第一次開辦此次畢業亦民國開國後第一屆畢業也畢業期原議在今年四月間因寧滬猝變又辦防務三月各團員於此防務期內曉夜梭巡防衛地方頗著勞勣今幸大局安謐故於今日行畢業式所有文憑前由江蘇都督程公德全於滬江行署蓋印頒到並前由程都督應民政長批令無錫縣知事就近代表辦理故今請陸縣知事發給云云陸知事遂登演說壇由書記員唱名按六隊分發畢業文憑及程都督所頒給之獎章獎憑次則蘇軍代表倪涵生鎮江商團代表胡健春蘇州商團代表華叔琴縣議事會代表吳建昌縣參事會代表華西岳市議事會代表錢鏡生市教育

會代表錢孫卿上海新聞報駐錫代表朱子達新無錫報代表楊少雲縣公署第三科代表張杏村縣警察事務所代表龔伯威先後晉頌詞次則蘇軍鎮江商團縣議事會縣參事會縣知事市董事會市議事會市學務處縣公署第一科第二科第三科第一科長警務長水巡隊官商會中區商務分會先後贈旗繼官長勉詞由陸知事委蔡蔭階代表宣讀次爲公會長宣讀訓詞畢業團員吳廷植（本支隊團員）代表全體讀答詞次來賓錢孫卿演說軍國民主義並勉勵各團員於軍國民教育更求進步今日盡閭閻巡防之職將來任國家捍衛之責以期達於全國皆兵制度爲强國之基礎次則本支隊團員王鑾祖演說繼由公會長贈各支隊獎旗每隊一面各支會長各贈全體人員獎旗各一並由本支會長單潤宇訓勉本隊團員之此後繼任防務既畢軍樂大奏歡聲溢場外旋即振鈴閉會禮成總隊長汪鵬率領全體隊員由會場出發游行經上塘大街出控江門返至公會旋旗蔽日隊伍嚴整道旁觀者途爲之塞誠盛

會也及晚設宴於公會各界來賓暢叙一堂各支會事務所亦各開宴會各團員舉杯暢飲盡懽而散

製贈紀念旗章

畢業禮畢本團團長致贈全體職員團員紀念綢幟一方題以實心毅力四字本團又製辛亥紀念章遍贈全團同人共誌紀念

商團公會贈給奬章

商團公會以各隊隊員熱心義務保衛閭閻而南京獨立時任勞三月終夜不怠尤屬義勇可敬爰特優贈奬章以誌勳勞核計南京獨立時隊員出巡次數在四十二次以上者奬以頭等金牌三十四次以上者奬以二等金牌（半金半銀質）二十三次以上者奬以三等銀牌本支隊得奬隊員姓氏列下（優等）王叔度溫良顧季良余銘墀范景蘇江有鴻吳源昌（上等）單光勳周夢渭吳廷棟王鎏祖趙慶泉張筱山吳頌勳盧時飛許仲言殷元申袁松林（中等）吳廷植花棣尊王祥麟

攝畢業紀念合影

十一月十二日本團團長團董職員團員攝畢業紀念合影於惠山忠烈祠前聽松亭

商團公會議決各隊輪日出任冬防

畢業爲學業上一度之結束繼此以往吾團保衛閭閻之責固當繼續以擔任也十一月十四日各隊集議於商團公會華會長主席將各支隊陳述冬防意見書依次宣誦議決自十一月二十八日（陰歷十一月初一日）始各支隊輪流出任冬防仍歸公會統一辦理並定一二三四支隊每日派隊員二人駐宿公會以資策應本支隊遵即按時出隊梭巡至三年一月初十日（陰歷十二月十五日）爲止出力各隊員由本支會各給以奬勵品

三年

無錫開巴拿馬賽會出品分會商團組織防護隊擔任會場防務

五月十一日吾錫開巴拿馬賽會無錫出品分會於公園尚武社會期七天開幕後到會參觀者異常踴躍惟以會所光線不充致不獲詳細參觀一般人士多主開夜會俾欲於電燈光下審視出品可以詳爲研究遂於第四日實行開放夜會惟社後即公園曠場爲參觀者遊憩之所衆恐匪類混跡致肇事端商團公會長華文川以此次賽會原與商業有密切關係爰即發議若開夜會商團足任防護隨與各隊職員之在出品會任職員者至多壽樓開談話會本隊由蔡容王景濂列席預議議決全團六支隊共同組織商團防護隊全隊分爲三組擔任會場夜間防護並梭巡公園輪替休息設隊長一人指揮全隊設組長三人各統該組執行任務隊員一律携槍完全武裝每日下午五時至會場及閉會後散歸十四十五十六三日本支隊長江祖嵩任臨時隊長十七日由第四支隊沈巍任之會期告終秩序安然商團防護隊亦差幸得盡厥責矣

商團全體舉行秋季旅行

八月二十五日會集六支隊舉行秋季旅行上午十一時第一第二第三第四四支隊於公會集合出發至公園與第五第六兩支隊會合十二時全體八十餘人整隊出發同往西郊至惠麓春申澗演習實彈射擊各團員擊中圓的甚多成績頗佳

專件

王汝崇

無錫錢業商團簡章

一定名　本團由錢業同人組織之錢業體育會改組定名無錫錢業商團

二宗旨　本團以提倡尙武精神保衛地方安寧爲宗旨

三經費　本團經費由錢業公所撥欵應用

四編制　本團團員額定四十二人編爲一排先儘體育會舊員次招本業新友以足額爲止

五團長　公舉團長一人主管團務

六參議　公舉參議二十人參議團務協贊進行

七職員　公舉監察長一人監察團員勤惰並有傳達命令及代表團員陳述意見之責　監察四人佐監察長監察團員並糾察操場秩序　幹事四人司理一切庶務　書記二人司理文牘　會計一人司理收支事務　軍裝員二人管理軍械服裝

八教員　本團聘請富有軍事學識經驗者一人任敎練員專司訓練

九排長　全排舉排長一人主理本排一應事務

十目長　全排分爲三棚每棚舉正目一人副目一人

十一軍樂長　本排設軍樂長一人辦理軍樂隊事

十二團員　本團團員定以一年畢業第一班畢業後續招第二班作爲備補隊此後依次續辦庶免中輟之虞

十三軍械　槍械發給團員收藏應用無論何項公事概不出借以昭愼重

十四服裝　操衣帽鞋概由本團辦就發給各團員應用惟各團員均須愼重收用愛惜物力以顧公益

十五操練　每日操練一次自下午三時至五時各團員務各盡心練習研求實學

十六任務　本團按照商團總章與各團互相聯絡分段防衛如遇特別事故無

論晝夜風雨各團員一聞警笛務須隨時會集協同出巡以盡自衛之責

十七期限　本團仍本出而成軍入而爲商之義共盡義務以維治安無一定期限

十八會所　本團以錢業公所爲會所

十九附則　以上各條爲本團內部簡章凡遇公共事故均遵商團總章辦理如有未盡事宜得隨時公議修正之

無錫商團第一支會章程

第一章　定名及宗旨

第一條　本支會依據商團總章由商團公會編列順序定名爲無錫商團第一支會

第二條　本支會以依照公會辦事方針整頓團務輔協進行爲宗旨

第二章　組織及人員

第三條　本支會以錢業商團之全體職員團員組織之

第四條　本支會依據商團總章會同商團本部將錢業商團編爲無錫商團第一支隊

第五條　本支會設正副支會長各一人評議員四人幹事長一人文牘會計軍裝庶務各一員

第六條　支隊人員於支隊專章內定之

第三章　職任及權限

第七條　正支會長主持本支會一應會務並有指揮本支隊全體團員之權

第八條　副支會長輔助正支會長辦理會務正支會長有事不能到會時副支會長即代行其職權

第九條　評議員有議決支會長交議事件之權

第十條　幹事長承本支會長之意專理本支會各項事務兼籌進行方法

第十一條　文牘員掌理本支會各項文件以及繕擬各稿

第十二條　會計員掌理本支會收支各欵以及造報預算決算

第十三條　軍裝員掌理本支會各項軍械裝服並收藏查察等事

第十四條　庶務員掌理本支會一切雜務並採辦物件等事

第十五條　評議員兼任商團評議會評議員

第十六條　文牘會計軍裝庶務四員均兼任商團公會各科科員

第四章　選舉及任期

第十七條　正副支會長及評議員於大會時用記名連記法分次投票選舉之

第十八條　幹事長及文牘會計軍裝庶務各員用記名單記法分次投票選舉之

第十九條　各項職員舉定後即報告公會得公會長之同意後由公會長具函通告

第二十條　各項職員以一年爲一任期連舉者連任

第五章　經費

第二十一條　本支會經費由錢業公所提撥不另捐募

第二十二條　每年收支各款應由會計員彙造清册於大會時報告之

第六章　會所及會期

第二十三條　本支會以錢業公所爲會所

第二十四條　每年開大會二次報告會務以二八兩月爲會期但選舉職員於二月份大會時行之

第二十五條　每月上旬開職員譚話會一次公議改良整頓之法以求會務上之進行

第二十六條　遇有重要事件可召集臨時職員會議

第七章　附則

第二十七條　本章程如有未盡事宜得隨時公議修改即以修改理由及辦法報告公會備查

第二十八條　本章程自發布之日即生效力

無錫商團第一支隊專章

第一章　編制

第一條　本支隊依據商團總章由商團本部會同第一支會編爲第一支隊

第二條　本支隊依據商團總章招集團員四十二人編成一支隊分爲三分隊

第二章　人員

第三條　本支隊設支隊長一人監察員二人書記生一人由支會大會時公舉之

第四條　本支隊聘教練員一人

第五條　每分隊設正分隊長一人副分隊長二人擇團員之品學兼優者選充之軍樂員二人軍樂學習生二人由團員自任之

第三章　權限及責任

第六條　支隊長有指揮本支隊團員之權並有督促操練之責

第七條　監察員有規戒團員之權並有監察勤惰記錄功過之責

第八條　教練員承本支會長之意籌畫本支隊教練事宜督促進行實力教授

第九條　書記生專司本支隊一切文件

第十條　分隊長有勸勉團員服從命令勤慎習練之責

第四章　隊務

第十一條　支隊職務分(防衛)(操練)二種

第十二條　凡遇地方緊急商務恐慌之際支隊得本部命令即於所定巡防區域內擔任防範或出任梭巡

第十三條　巡防區域內遇有盜刦火警等事應即速出保衛並卽報告公會

第十四條　其他關於防範事項依照本部所定辦法行之

第十五條　支隊長依照教練部所頒課程表會同教練員按日講授學科及教授操練

第十六條　每逢星期日偕同各支隊會操一次

第十七條　每兩月由支隊長會同教練員舉行月試一次

第五章　駐紮所

第十八條　本支隊以錢業公所爲駐紮所

第六章　附則

第十九條　本章自發佈之日卽生效力

第二十條　本章如有未盡善處得會合二支隊以上之同意提出於公會交職員會議決修改之

無錫商團學術科預定回數表

區分／期限	術科科目	回數	學科科目	回數
第一期	柔軟體操	一〇	陸軍禮節大要	三
	持槍體操	一〇	軍制學大意	一二
	徒手教練	四〇	步兵槍學	一五
	持槍教練	二〇	步兵操法摘要上卷	一〇
第二期	單人教練	二五	步兵操法摘要上卷	一五
	成排教練	一五	兵士野外要務摘要	一五
	成連教練	一〇	射擊教範摘要	一〇
	散兵教練	一〇		

期別	術科	回數	學科	回數
期	射擊教練	一〇		
	野外教練	一〇		
第三期	成排教練	二〇	步兵操法摘要下卷	一五
	成連教練	一五	兵士野外要務摘要	一五
	成營教練	五	射擊教範摘要	一〇
	實彈射擊	一〇		
	野外教練	二〇		
	刺槍教練	一〇		

附

一 每期六個月除假期試驗日約共二十星期每星期學科二回術科四回總計學科四十回術科八十回

一 所定回數僅爲教授標準得依當時情形酌改各星期當另定課程預定表

記

一 第一期宜加教聽號及行禮法等第三期內雖無單人教練及散兵教練之回數但于教練之時宜常加習練

無錫商團全體人員系統表

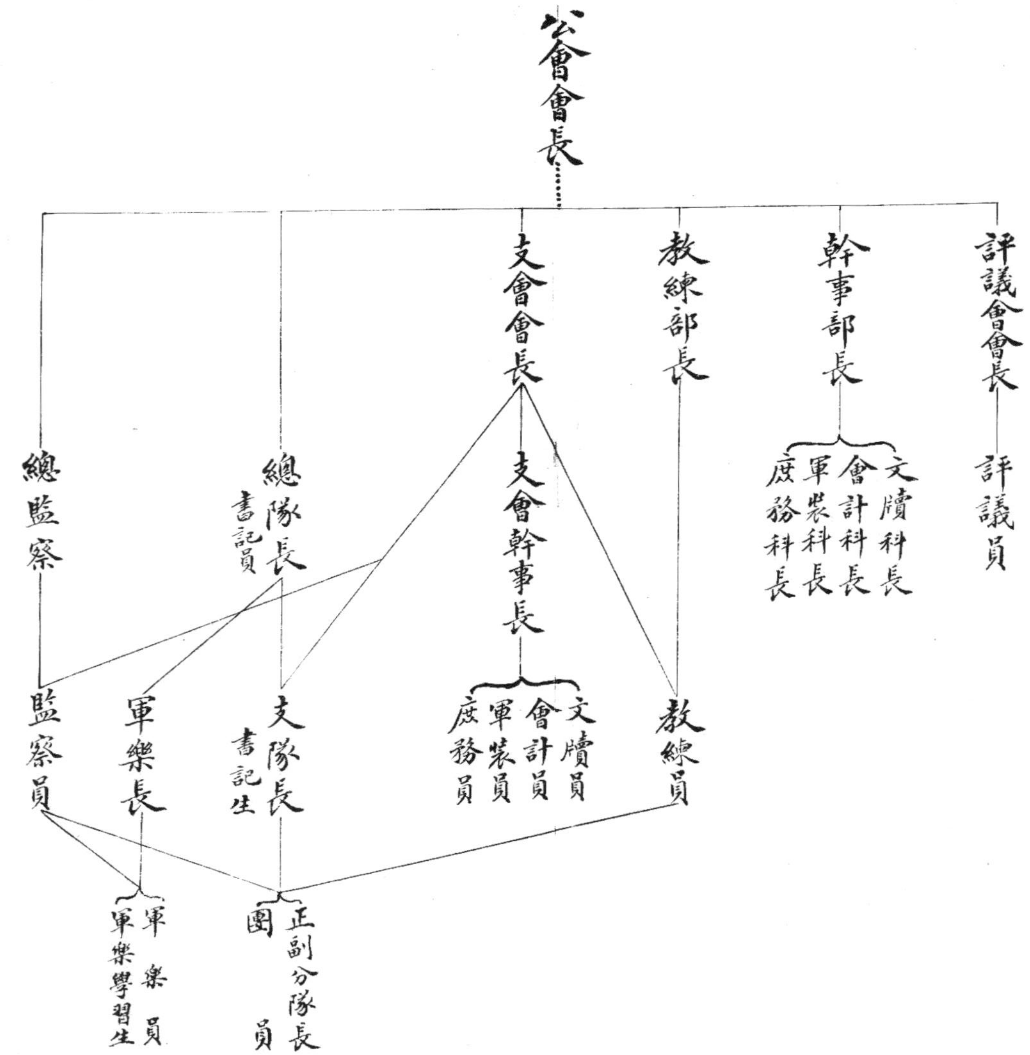

無錫錢業商團全體職員姓氏表（辛亥年）

團長 單潤宇紹聞

參議 吳鏜俊夫 殷文植俊卿 吳紹成玉君
蔣汝祺潤之 王耀錕蓉齋 蔡文鑫秉三
周鑑梅坡 張源澄鏡洲 江耀文煥卿
單潤珊安吉 范澍霖熙臣 鄒湘培仲卿
祝廷佐翰卿 顧曾慰晴川 徐森書闇文
張廷瑩韞甫 錢國楨贊卿 范瀚霖純臣
范潤滋子樹 鄒涵培泳卿

監察長 朱克昌品良

監察 包本錫仲英 王復楨少珊 張培寀子植
王祖暲庶之

幹事 單宗樸崇禮 尹思安漢如 馬家駒浩生
溫若濟滌如

書記 蔡容有容 王景濂恂齋

會計 徐森書闇文

軍裝員 尹思安漢如 馬家駒浩生

教練員 許嘉澍漢之

排長 王世庚石雲

正目 尹思安漢如 吳學杰寶樹 馬家駒浩生

副目 鄒祖燿煥之 謝鼎鎮孟安 方模農麗春

軍樂長 高昌鼎立新

無錫錢業商團全體職員姓氏表（民國元年組織第一支會改選）

正會長 單潤宇紹聞

副會長 張源澄鏡洲

團董 吳鏜俊夫 殷文植俊卿 吳紹成玉君
王耀錕蓉齋 蔣汝祺潤之 周鑑梅坡
蔡文鑫秉三 江耀文煥卿 單潤珊安吉
顧曾慰晴川 范澍霖熙臣 鄒湘培仲卿
祝廷佐翰卿

評議員 朱克昌品良 蔡容有容 包本錫仲英
王世庚石雲

幹事長 朱克昌品良

文牘員 王景濂恂齋

會計員 徐森書闇文

軍裝員 尹思安漢如

庶務員 單宗樸崇禮

支隊長 王世庚石雲

監察員 單宗絛條貫 包本錫仲英

教練員 謝學源竹良

書記生 王景濂恂齋

軍樂員 高昌鼎立新 施瑾鍾良

畢業團員姓氏表

王叔度子寬 吳廷棵調侯 秦宗瀛庭芳 江祖嵩歲山
謝鼎鎮孟安 吳廷植寔侯 丁寶鈺禮明 溫良礪坡
江有鴻漸羽 趙勃國夫 胡宗潤潤生 吳源昌灝卿
余銘墀殿英 王藝祖大奎 楊祖桐幹夫 方模農麗春
章念祖勗伯 侯汝成頤仁 吳學杰寶樹 朱光熬鶴山

殷元中 南華　尹思安 讓如　吳蔭棣 蕙芬　朱志奎 煥波
范學滂 景蘇　孫祿增 子佑

修業團員姓氏表

鄒祖燿 煥之　吳秉彝 仲懿　馬家駒 浩生　祝廷樑 柏臣
單宗檢 書農　許炳緯 經伯　張楠熙 鳳梧　陶壽頤 歆程
華廷圭 汝潔　劉文燗 潤賡　陳錫熊 夢肖　吳漢昌 倬雲
孫廣銓 筱貢　過錫庚 茂如　吳蔭渠 清如　張學淵 漢槎
王福煥 叔文　高昌祚 錫蕃　章亮祖 柱笙　楊德潤 道均
范福海 智泉　徐爵培 植鈫　黃　復 敦復　顧廷柏 季良
張茂康 筱珊　陸鼎勳 策臣　許炳綸 仲言　華士駿 逸羣
薛玉淨 啓孫　單光勳 念澄　周起昌 夢淵　趙慶泉 灼三
吳頌勤 頌勤　盧時飛　袁松林 秀峰　花棣萼

王祥麟

學期考試本團團員分數表

姓名	分數	等級	名次
謝鼎鎭	一九·〇	優等	一
江有鴻	一八·二	優等	七
尹思安	一七·四	優等	十二
秦宗瀛	一七·四	優等	十三
吳廷植	一七·一	優等	十八
胡宗潤	一七·〇	優等	二十
方模農	一六·五	優等	三十
王叔度	一六·四	優等	三十一
吳廷棵	一六·二	優等	三十五
章念祖	一六·二	優等	三十六
丁寶鈺	一五·六	上等	五
吳源昌	一五·二	上等	十一
華廷圭	一五·一	上等	十六
余銘墀	一四·八	上等	二十四
溫　良	一四·六	上等	二十六
殷元中	一四·三	上等	三十六
趙　勃	一三·三	上等	四十二
朱光燾	一六·二	中等	七
江祖嵩	一五·九	中等	九
孫祿增	一二·二	中等	四十
劉文燗	一六·〇	次等	三
鄒祖燿	一五·五	次等	四
單宗檢	一四·九	次等	七
范學滂	一四·六	次等	九
吳學杰	一四·四	次等	十一
祝廷樑	一四·〇	次等	十二
王鑾祖	一四·〇	次等	十三
張楠熙	一三·〇	次等	十八
朱志奎	一三·〇	次等	十九
吳蔭棣	一二·八	次等	二十一
吳秉彝	一二·七	次等	二十二
侯汝成	一一·三	次等	二十八
許炳緯	一二·〇	次等	三十

過錫庚	一二・一	次等	三十六・
陶壽頤	二〇・〇	次等	五十
馬家駒	一八・〇	次等	五十七
楊祖桐	一七・一	次等	六十一

（附註）中等次等不依優上順序另行規定分數次等中新生又別規定

畢業考試本團團員分數表

姓名	考分	積分	平均分數	等級	名次
王叔度	一六四・七	七〇・一	一八・一	優等	一
吳廷棵	一五〇・七	六五・六	一六・六	優等	十
秦宗瀛	一四七・五	六四・五	一六・三	優等	十六
江祖嵩	一六〇・三	五一・一	一六・三	優等	十七
謝鼎鎮	一四一・八	六九・三	一六・二	優等	十八
吳廷植	一五〇・四	五七・四	一六・〇	優等	十九
丁寶鉦	一五一・一	五四・六	一五・八	優等	二十三
溫良	一四四・九	五七・九	一五・六	優等	三十
江有鴻	一二九・九	七〇・〇	一五・四	優等	三十二
趙勃	一四四・〇	五五・六	一五・四	優等	三十四
胡宗潤	一三二・八	五九・三	一四・八	上等	三
吳源昌	一三〇・八	六一・二	一四・八	上等	四
余銘墀	一三五・九	五四・一	一四・六	上等	八
王鎏祖	一三八・二	五〇・八	一四・五	上等	十
楊祖桐	一三五・五	四六・九	一四・〇	上等	十六
方模農	一二七・九	五一・七	一三・八	上等	十九
章念祖	一一〇・五	六七・九	一三・七	上等	二十一

侯汝成	一三四・六	四三・四	一三・七	上等	二十三
吳學杰	一二七・八	四八・二	一三・五	上等	二十五
朱光鰲	一一五・〇	五七・六	一三・三	上等	二十九
殷元申	一〇五・三	六三・四	一三・〇	上等	三十一
尹思安	一〇三・三	五九・八	一二・五	上等	四十
吳蔭棣	一一二・九	四二・一	一一・九	上等	四十六
朱志奎	一一二・六	三六・二	一一・四	上等	五十四
范學滂	九二・六	五二・三	一一・一	上等	五十九
孫祿增	八一・六	四六・五	九・九	中等	二

畢業考試學科成績選錄

步兵射擊教範

（王叔度）

問戰鬭射擊共分幾種試舉其名稱以對

答戰鬭射擊分單人戰鬭射擊部隊戰鬭射擊之二種部隊戰鬭射擊更分擬習及實習之二事

（余銘墀）

問看靶班之編成法如何

答每隊以軍士一名爲看靶長每標靶以正兵一二名一等兵二三名爲看靶手

問彈道及存速之解釋

答空氣中彈丸之徑路謂之彈道彈道某點之彈丸速率謂之存速

步兵偵探

（王鎏祖）

問偵探依其動作分別爲若干種試約言之

答偵探依其動作分爲六種如行軍間之路上偵探側方偵探駐軍間之停止偵

探獨立偵探偵探哨戰鬥間之戰鬥偵探

問訊問俘虜之條件有幾試列舉之

答訊問俘虜之條件有六一所屬隊之兵力一與其部隊連繫之部隊一高等指揮官之姓名一前夜宿營地一行軍之狀態一士氣之振否

（吳蔭棣）

問偵探遙見塵埃可以推定經過之兵種及行進之方向試略述之

答偵探遙見塵埃高而淡者即馬隊高而濃者即砲兵低而濃者即步兵見其塵土之方向即知其進行之方向矣

（江祖嵩）

問偵探依其動作分別爲若干種試約言之

答偵探之動作分爲六種如路上偵探側方偵探此爲行軍間之偵探獨立偵探停止偵探偵探哨此爲駐軍間之偵探戰鬥偵探爲戰鬥時之偵探也

步兵前哨

（殷元申）

問獨立弁哨分爲幾種試略言之

答獨立弁哨分爲二種一爲前哨綫中獨立弁哨一爲前哨綫外獨立弁哨

（吳廷棋）

問步哨之兵力與大排哨之距離如何

答步哨之兵力六人又正目或副目一人與大排哨相距三百密達最遠不過四百密達

（丁寶鉦）

問步哨守規之種類試言其名目

答步哨守規有兩種曰一定守規曰特別守規又名臨時守規此兩種守規是也

（余銘墀）

問步哨之任務最重若有怠慢即處以重刑其律如何

答步哨之任務最重懲責亦最嚴若有怠慢則處以重刑其律如哨兵擅離守地在敵前應處死若哨兵睡眠或醉不省事卽處以次于死刑之嚴刑是也

（溫　良）

問步哨之兵力與大排哨之距離如何

答步哨之兵力一哨所通常六人外派正目或副目一人步哨距大排哨通常三百密達內外最遠不過四百密達

軍制學

（江祖嵩）

問軍隊之名稱試詳言之

答軍隊之名稱有八曰軍曰師曰旅曰團曰營曰連曰排曰棚等是也

問各兵種領章之區別如何

答步兵紅色馬兵黃色砲兵藍色工兵白色輜重黑色此各兵種領章之分別是也

（謝鼎鎮）

問各兵種領章之區別如何

答各兵種領章步兵紅色馬兵黃色砲兵藍色工兵白色輜重黑色是也

（趙　勃）

問軍隊之名稱試詳言之

答軍隊之名稱即軍師旅團營連排棚是也

問軍官之階級共分爲若干等級並舉其上等各級之名稱

答軍官之階級分爲上中次三等每等均分三級統計九級上等各級之名稱上將即軍統中將即師長少將卽旅長是也

（楊祖桐）

問軍隊之名稱試詳舉之

答軍隊之最大者曰軍次於軍者曰師又次於師者曰旅再次於旅者曰團又次於團者曰營又次於營者曰連又次於連者曰排又次於排者曰棚此爲軍隊之名稱

（胡宗潤）

問中初二等軍官之名稱

答中等有三級上校（團長）中校（參謀官等）少校（營長）初等三級上尉（連長）中尉少尉（均爲排長）

（吳學杰）

問步馬砲每團各分爲若干營

答每團均分步馬各爲三營惟砲隊有過山砲隊陸路砲隊兩種過山砲隊亦爲每團三營惟陸路砲隊每團僅分兩營此編制之不同也

步兵操典

（吳廷楨）

問射擊之種類

答射擊分齊放各放各放又分度放快放

問散兵線之增加其法如何試言其名稱

答散兵線之增加於伍間者爲伍間增加增加於翼側者爲延伸增加

（余銘墀）

問躍進之方法并應用之步度及經過之距離

答躍進之方法如在敵火有效射擊下欲由此地區達彼地區可用跑步并有時可將跑步之速度加大然其所經過之距離太長則每於若干距離停止一次可也一躍進所經過之距離百米達

（朱光燾）

問射擊之種類

答射擊分爲齊放各放各放又分度放快放通常用度放特別時機有用快放此射擊之種類也

（秦宗瀛）

步兵槍學

問槍之長度重量及口徑各若干

答全槍除刺刀計長一密達二百四十五米立密達未裝子計重三啓羅零八百格拉木槍之口徑係七零九米立密達

（胡宗潤）

問機身共幾件

答機身統有九件機頭機尾撞針撞針鑛機前筒機後筒退子鈎甩子保險軸附軸鑛

問帶彈槍子各部之名稱

答帶彈槍子分爲彈壳引火帽彈藥紙墊及彈頭

（吳廷楳）

問機身共分幾件試詳言其名稱

答機身共分九件其機件爲機頭機尾撞針撞針鑛機前筒機後筒退子鈎甩子保險軸附軸鑛此機件之名稱也

（孫祿增）

問兵槍之能事如何

答曰此槍之出口力自槍口前念五密達處算六百二十密達高角用三十二度發之可擊三千八百密達

問現用步槍之口徑若干其量法如何

答視槍口大小應自一陽紋線上量至對面之一陽紋線所得之尺寸即爲口徑

此槍之口徑係七零九米立密達

畢業式秩序

（一）開會（二）奏樂（三）操演（觀兵式）（走排式）（四）公會長述開會辭（五）給憑給獎（六）各界晉頌辭（七）各界贈旂（八）官長勉詞（九）公會長訓詞（十）答詞（十一）來賓演說（十二）各業董演說（十三）本團職員演說（十四）畢業團員演說（十五）攝影（十六）公會長贈旂（十七）各支會長贈旂（十八）奏樂（十九）閉會

畢業式臨時隊務職員表

總隊長　汪鵬
第一支隊長　顧念祖
第二支隊長　蔣祖鴻
第三支隊長　胡達

監察長　錢泰墉
軍裝長　丁邦樑
軍樂隊長　謝學源
稽警隊長　惠兆軫
監察員　包本錫單宗滌程錦堂張壽鈞虞樹修吳景賢沈偉糜本正錢鵬

會塲職員表

招待員　華文川薛翼運單潤宇陳廷鏞唐渠鎮汪運泰周士模高紹祖張源澄趙旭旦吳達盈虞樹仁江耀衢溫汝弼蔡文鑫顧典書史濟良榮宗銓高光祖張曜中華堂王汝崇劉贊元劉藜耀趙人鏡許浩垣聞德承單宗樸顧瑹宋楚珍吳壽康吳家熊江汀渚張旭明周逸青
糾察員　何廷柏范衍祚徐森書朱克昌丁遜鈞尤國鈞程治南華鳴淵
幹事員　沈簡銘蔡容王景灝章鴻猷龐可傑陳煜吳蔭渠王福雲王世庚蘇斌化范迪璋顧乃鈞高仲和劉百龢高昌祚高恂如尹思忠范淇丁蔚文馬家駒顧廷柏吳秉犖李公瑜陶壽頤徐觀培許炳綸

頌詞

梁溪之濱闤闠雲連人自爲衛商界青年貔貅六隊踔厲無前操巡兩載義務斯肩服軍人職捍衛闤闠來防是邑 凱也不賢躬逢盛典頌祝維虔

駐錫蘇軍第六團團長金凱七 四連連長倪國樑王紹聖 率全體士兵敬頌

中華民國二年十月十九日爲無錫商團畢業之期 敝會 辱承寵召叨附末光驥尾佳賓曷勝榮幸溯我國寓兵於農之法已遠在二千年以上兵民久分古風已杳致軍人而外知尚武者則戞戞乎難之商團者即古之寓兵於農變而爲寓兵於商者也滬濱發軔蘇常揚鎮等處繼之貴地多明達之士爲之提倡而商界之人才亦足爲隣邦表式今商團畢業矣將來商場受其保衛地方賴以維持咄錫

邑蒙福豈淺鮮哉乃爲之頌曰

錫山蒼蒼鍾毓精良商團崛起威震鄰邦軍容肅穆國幟飛揚自衛衛國團體堅強畢業紀念永永無忘同茲袍澤與有榮光

鎭江商團體育會敬祝

維民國二年十月十九日恭逢貴團畢業大禮 敝會 辱承寵召叨附末光驥尾相隨雖忱良切爰進蕪詞聊伸藻頌頌曰

梁水浩渺慧山崇隆地靈人傑挺生豪雄桓桓赳赳如羆如熊上流保障緊維羣公脣齒相依袍澤與同勞苦功高甘拜下風今茲大禮何幸躬逢畢業紀念永永無窮

蘇州商團公會暨十九部全體職團員鞠躬謹頌

中華民國二年十月十九日吾無錫商團學員舉行畢業典禮 敝會 忝爲全邑代表民意之機關際此盛會爰晉頌曰

粵維商團寶光無錫不辭勞瘁同心協力振奮精神如臨大敵教練純熟暑寒幾歷忍苦耐勞捍衛全邑投袂而興萎靡蕩滌邦之安危匹夫有責今茲爲鄉他年爲國永作干城龍山生色

無錫縣議事會議長浦斯湧敬頌

中華民國二年十月十九日吾無錫商團學員舉行畢業盛典敬致頌曰

粵維無錫滬甯之衝商業發展江表稱雄追念辛亥武昌起義改革改治商民一致吾錫光復實建豐功戎裝出守宵小潛蹤大好男兒赳赳整步古者習射今茲講武歲易寒暑勞瘁不辭將降大任先苦心志試觀歐美商人團體禦侮於外不恢私鬭猗歟商團三載學成百爾君子作我干城

無錫縣參事會敬頌

無錫商團創自辛亥迄於今茲歲歷兩週將以今月十九日舉行畢業典禮於無錫公園是日也煙霏雲消天高日晶木葉微脫鴻雁來賓歐陽子云夫秋刑官也

於時爲陰又兵象也於行爲金當今大難初夷瘡痍未復諸君觀兵於此時殆有安不忘危之意乎吾於此有以覘諸君子之用心矣爲福豈惟不佞抑地方實嘉賴之不佞爲地方欣幸謹於觀禮之日爲諸君進一觴

無錫市議長錢鑑瑩頌詞

民國二年十月十九日

蘇眉山曰三代之時聞有諸侯抗天子之命矣未聞有卒吏叫呼橫行者也秦漢以來諸侯之患不減於三代而御卒伍者乃如蓄虎豹圈檻一缺咆突而出其故何也三代之時兵皆齊民秦漢以來其所謂兵者乃其尤凶悍桀黠者也吾讀書至此未嘗不廢書三歎也今天下屯聚之兵驕豪而多怨凌壓百姓而邀其上者何故此其心以爲天下之知戰者惟我而已如使平民皆習於兵彼知有所敵則固已破其奸謀而折其驕氣國家勵行軍國民教育甚以軍國民主義列入教育宗旨有以哉有以哉無錫商團創自辛亥迄於今茲學術並修操巡兼任其中國民兵之嚆矢歟辛亥以還地方攸賴余故於其畢業之日以民兵之說爲諸君進一解諸君倘亦笑而頷之乎

無錫市教育會會長錢基厚謹頌

中華民國二年十月十九日

維民國二年十月之吉我無錫商團公會舉行畢業盛典于城中央之公園禮也本社同人忝登賓席獲觀軍容敬揚冠忭舞而進頌曰

戢戢羣彥敬業於商執戈自衛肅肅戎行維周弦高犒敵禦强維英凱費治印興邦於鑠型典志乘之光曰纘其緒我武維揚桓桓軍容斯園中央秋氣以肅凱奏洋洋既畢迺業厥績用彰何以儷之鞠芔綻黃嗟予小子輿論是將觀禮獻頌俾熾爾昌

新無錫日報社楊壽枬代表全體同人謹頌

今日何日良月良辰商界諸子戎服彬彬行畢業式作軍國民歲在辛亥武漢起義義旗一麾四方風靡蘇吳光復江淮戰爭梁溪古邑斗大孤城兵匪交鬨盜賊橫行風塵避亂草木皆兵寇氛甚惡民心不寧幸有商團乘時而起結隊梭巡惠

而不費商務保全人心驚喜艱險不辭寒暑不避保衛閭閻維持秩序團體成立歲星兩週器械精熟街市巡游六千君子敵愾同仇十七市鄉高枕無憂凡我學界同氣相求贈旗誌盛萬古常留

無錫縣公署第三科謹頌

民國二年十月十九日

中華民國二年十月十九日無錫商團全體團員行畢業禮於邑之公花園嘉澍辱承寵召來襄盛舉觀禮之餘無任榮幸溯自辛亥之秋吾邑光復嘉澍始徇一排團員之請勉任教練繼奉縣長俞君之命濫膺警政職務所繫教練遂疏顧嘉澍尤所引以爲憾者警察之晝夜服勞爲職務所當然商團之操巡兼任爲義務所驅迫究之商團警察交相爲用使吾邑商場卒賴以安堵商團補警察之不足警察得商團以益彰嘉澍返躬內省慚感交縈益信此後團員之熱忱得始終以相助冬防加緊捍衛益勤商市保障可操左券嘉澍一介軍人愧無文藻今日躬逢盛會敢代警界同人恭祝團員萬歲無錫商團公會萬歲

無錫縣警務長許嘉澍代表警界同人鞠躬敬祝

壯哉商團錫邑干城辛亥之秋光復著名自茲以往訓練益精癸丑之夏南北競爭滬甯中點一塵不驚保衛桑梓端賴羣英梭巡街市各抱熱誠維持秩序功勝警兵力强年富氣象峥嶸步伐整齊器械鮮明公園畢業各體歡迎藉申頌祝商界有聲

上海新聞報館駐錫代表朱子達謹頌

勉詞

清翰權篆是邦兩月有餘適逢貴團舉行畢業典禮於邑之公花園辱承寵召觀禮之下欣忭莫名曩聞泰東西各國先後實行徵兵制度人人皆有當兵義務心中異常欣羨竊以爲民國肇造去茲尚遠然觀今日貴團之學術優美步伐整齊及夫各排團員之能耐軍人勞苦一洗從前右文輕武之風力矯南方柔靡脆弱之習益信吾國徵兵制度之可行不難追蹤歐美效法東瀛一躍而爲二十世紀中最强大之國此則清翰對於今日之盛典而抱極端之樂觀者也抑清翰更有進者軍人以服從爲天職商團以保商爲宗旨貴團各排團員以商人資格兼習軍人服務於前之二說知之已稔秉之會長華薛兩君爲闔邑商界領袖平時訓練各團員服從紀律保衛梓桑亦已不遺餘力無俟清翰贅言惟人生斯世貴有恒心無論爲士爲農爲工爲商莫不皆然尚祈貴團各排團員於畢業以後仍以桑梓義務爲前提互相聯絡互相保衛始終如一永矢弗諼使無錫商團名譽日臻日上推而至於一省一國無不倣照辦理地方由是而安靖國家由是而强盛清翰竊有厚望焉

無錫縣知事陸清翰印

正副會長華文川薛翼運訓詞

按今之商團古之民兵也守望相助患難相恤其所以保衛閭閻爲自治計者法至良意至美也本會自清季繼續以逮民國鼎革之後數載以來凡所以巡邏禦侮不問寒暑霜露深得乎古人同仇敵愾之風凡爾多士之對於地方固不可謂非克盡天職矣顧吾又有所以勉爾多士者人生七尺具男子身當務乎其大而不當囿於其小曷言乎務其大者若以愛國之心爲心則不當以肥家爲先以保民之心爲心則不當以利已爲亟夫而後天下爲公天下乃眞不勞而自治矣曷言乎無囿乎小若聲色貨利之羅乎其前始固未嘗不動於中然必下一轉念曰吾其終徇此人欲已乎則宜㦒然自勵而反其身於當務之急若功名富貴之誘乎其側人固未嘗不喜於心然必發一深省曰彼果合乎事理之當然者乎則宜怵然自審而立其身於不敗之地斯其人乃眞足爲大丈夫可以出而經天緯地建不世之勳業由是以觀人必有非常之懷抱乃始足爲非常之人格孟子曰人有不爲也而後可以有爲孔子曰君子義以爲勇小人有勇而無義爲盜凡爾多士亦可以知當務之所在矣今當畢業之期鄙人等忝長一日宜有一言相贈聊附切礫之義其各勉旃

答詞

今日之事辱承縣長暨本會長及各團體偉人碩士寵錫訓詞榮頒盛奬佩金章之璀璨明若日星煥藻采之紛披彰施旌旆自慚駑駘幸際風雲不棄葑菲得隨鵷鷺感名言之特貢謹銘右以勿諼公謝鴻施毋任蝭慕謹答

贈聯

梁溪當水陸要衝仗諸君捍衛辛勤兩載梓桑實嘉賴

民國自共和締造有吾黨鼓吹穩健從今事業要商量

共和黨無錫分部部長錢基厚謹祝

是商家子弟爲軍國男兒二百人有勇知方畢竟賴兩年學力

以團體機關作地方保障十九日臨場實驗業已推一邑長城

無錫市議事會議長錢鑑瑩敬贈

體魄兼全共和鞏固

星霜兩度學業完成　無錫縣教育會會長侯鴻鑑謹頌
問諸君學業如何庶幾有勇知方商戰恒居優勝點
幸一市誦絃未輟端賴成城衆志團防咸識苦辛多　無錫市教育會會長錢基厚謹祝
白下起風雲俯時變幻無窮影響及大江南北閭閻惶恐惟商界備受其艱不虞
吾邑干城獨賴諸君捍衛
青年眞寶貴幾許光陰努力星霜經兩度春秋學業完成在今日欣觀盛禮敢以
片言祝頌同歌民國共和　黃豹光謹頌
商場資保障
團體作干城　龔敬釗敬祝

贈旗題詞

捍衛桑梓　無錫縣議事會贈
我武維揚　無錫縣參事會贈
溪山生色　無錫縣知事陸清翰贈
協助軍警
保衛桑梓　駐錫蘇軍第六團贈
有勇知方　無錫市董事會贈
商戰先聲　無錫市議事會贈
我武維揚　無錫市學務處贈
捍禦外侮　無錫縣署第一科贈
保衛鄉閭　無錫縣署第二科贈
保衛桑梓　無錫縣署第三科贈
與子同仇　無錫縣署第一科科長吳廷枚贈
安甯是賴　無錫縣警務長許嘉澍贈
蜚聲大陸　無錫水巡隊官張耀齋贈
威嚴
優勝　鎮江商團贈
市廛託庇　無錫商會贈
英武蜚聲　無錫中區商務支會贈

本團團長單潤宇演說詞

國於世界强弱之點曰兵曰商近世紀商戰之烈尤甚於兵戰商業之盛衰國家之强弱隨之泰西各國於衛商之道尤加注意故凡商業繁盛之國其國民尚武之精神亦恒壯顧國家設兵以禦外侮一旦有事疆場國民不可無自衛之力以

補不逮於是集商成團勵行軍國民主義其法至美其意至良也吾國有商團者數年矣創見於上海繼起於無錫垂及今茲幾遍國中兩年來風鶴頻驚每賴商團以保一鄉之治安其效尤爲卓著溯吾團樹基於丙午歲時上海大鬧公堂一案西人以商團力排艱難滬人士感而效之吾邑志士羣倡繼起先嚴蓉浦公深贊是舉乃集吾業壯士組織錢業體育會計凡兩次畢業先嚴遭故復承諸君不棄推潤宇繼長其事嗣經稍稍中輟辛亥秋季武昌起義全國震動邑之士君子乃更提倡速組商團以爲自衛一時應起者共成六團吾團就固有之基重整舊旅復蒙諸君投袂奮起獨稱義勇措吾邑於磐石垂芳譽於彤管潤宇忝爲團長欣幸何似今歲白門戒嚴人心惶惑諸君不辭艱辛徹夜防範卒能保衛桑梓維持治安實堪嘉賴今日合六團舉行畢業諸君成績優美尤能過人潤宇亦預有榮焉奬以旗章各一所以誌其勳勞而已矧潤宇更有言者自今而後諸君學業完備正爲有用之才轉瞬木葉將脫烽風漸熾深望諸君以安不忘危爲念保全

地方爲貴永矢勿諼有厚望焉

本團畢業團員王鎏祖演說詞

今日舉行第一期畢業典禮辱承各界諸公惠然賁臨光寵已多復蒙褒詞過獎訓勉交加感愧之餘敢不銘諸座右韶華易逝歲月不居團員等入團以來忽忽兩載頻受教練員殷殷教授聊以稍入淺徑雖云修業期滿然宛同幼稚生之於蒙養院安得云乎畢業撫躬自省惶愧良深謹抒誠悃之意略述鄙陋之言溯自辛亥之秋武漢倡義戰警頻報伏莽堪虞邑之商董諸公慷慨資助倡辦商團團員等維匹夫有責之義投身戎行本自衛主義盡分子天職並以樹民兵基礎冀軍國民教育實現於亞東大陸況閭閻之安甯幸福即吾儕之安寧幸福休戚相關憂樂與共保衛之責義不容辭於此星球兩週之間出任梭巡實屬應盡之義務烏足以言勳勞且畢業爲學術上一度之結束非事業之休止可以初等小學畢業爲之比例由初等而高等由高等而中學大學後此修學正無窮期吾團亦猶是耳自今以往謹當竭誠盡瘁奮勉惕勵以盡分子之天職安不忘危願與我最親愛之諸同志共勉之

組織光復隊宣言書

粵維朱明淪祚神皋濺腥索倫韃靼之野族亂我冠裳黃帝神明之華冑辱在皂隸蓋越二百六十有八年矣驕橫恣肆荼毒中華屠揚州戮嘉定萬姓之餘痛未忘設駐防苛捐輸九世之深仇宜報洎乎今茲益張凶悪路歸國有既欲奪我財產格殺勿論復將制我生命陽託立憲陰施專制吾民處此異族虐政之下水深火熱之中慘懼痛苦可謂至矣況借債以裕私囊賣路以媚外國疆土日蹙權利盡亡慢國殃民莫此爲甚痛彼醜虜殆欲實行其寧贈友邦勿與家奴之手段以陷吾民於再重之奴隸嗚呼千鈞一髮毫釐千里危乎殆哉亡無日矣

春秋復九世之仇小雅重宗邦之義黃冑血胤誰不思奮此先烈所以疊舉義旗前仆後繼惟以時機未熟屢起屢蹶邇者天命棄胡人心思漢川鄂一振四方景

從湘粵同時並舉秦晉遙爲應響惟我江南文物之邦乃以金陵負嵎致使獨居人後實我江南人民之奇恥也九月十有三日滬上民軍首舉義旗蘇浙旦夕可下倘得大軍一集同聲致討則東南半壁不難指日而定我錫爲滬甯衛衢蘇常要道文化物產夙號名區鐵道運河水陸並捷急宜及時響應從大師之後伸弔伐之舉一戰而下金陵再戰而赴幽燕犁其庭掃其穴雪三百年淪亡之恥還我河山立億萬載共和之基拯民水火是則我四萬萬同胞無上之幸福也

國家興亡匹夫有責匈奴未滅何以家爲學生多投筆從戎女子尚羣起列隊我儕雖寄身商界職務所繫縱不能直抵黃龍滅此朝食亦當循民軍軍政府令每州縣興師一旅會其同仇擊殺虜吏之旨戮力共進以盡天職我父老兄弟深明大義當能夙體此意同讎敵愾容等不才敢與諸同志共組一隊以從革命諸巨子之後共襄義舉光復全邑陟九峯之巔建我漢幟決太湖之水滌彼胡氛我熱血志士愛國男兒其速興起其速興起

黃帝紀元四千六百有九年辛亥九月十四日蔡容 王景濂 同啟

光復隊規約

時急矣勢迫矣黃歇江浦義旗一伸曾不數時一戰而克製造局再戰而復火藥局及吳淞砲台是誰之力歟非商團之力歟我儕同爲國民同屬商團況我錫文化之開獨先他郡商團之設亦獨能首步滬團之後應願光復之舉豈願貽後至之羞今者國民軍將派人蒞錫佈置一切同人用組斯隊以資贊助驅逐民賊恢復漢業以重光九龍之山色而與我商界人士相見於共和之域謹擬規約列諸左方

一 本隊由錢業商團團員之有志光復者組織而成

一 本隊以光復本邑爲目的

一 本隊俟國民軍起義時即起而協助

一 本隊於臨戰時悉聽國民軍之命令

一 本邑全境光復之日即爲本隊責任告終之日

一 本隊責任告終之後仍歸商團盡保衛之義務不預他事

一 本隊設領袖書記軍需軍械各一人掌理諸務

一 本隊編制由司令臨時定之

光復隊紀事序一

吾觀天下之人攘攘熙熙心爲形役其不爲名利所驅者鮮矣孔子曰古之學者爲己今之學者爲人又曰君子喻於義小人喻於利何慨乎其言之也爲人之學求知於人而已喻於利而已喻於利之小人無往而不營其私終不肯損毫末以利天下小人道長相師成俗此世道之所以日下國事之所以日壞也滿清叔季上下交相征利置國事於不問欲求不亡其可得乎有志之士愁焉憂之毅然以改革政體爲己任張空拳冒鋒鏑斷脰决項而不悔性命且不顧於名利乎何有大義既明人心丕變故鄂師一舉義而天下應之當此之際人人迫於義憤如醉如狂莫不爭死敵要非有所爲而爲亦不自知其所以然也逮九月中旬滬蘇光復吾邑謀響應一唱百和不數日而事定毓鎏與諸同志非素相善也顧一呼而來會者數百人雲集景從奔走恐後者非有他也激於義而已而光復隊諸子當事起時奮不顧身事定皆翩然辭去仍各安舊業心志皎然尤爲難得此非孔子所謂爲己者乎可不謂之君子乎日月不居倏忽已更寒暑光復隊諸子於週歲紀念之日追紀其事以示來者隊長蔡君有容徵序於余余維同袍之義不敢以不文辭爰書所見以歸蔡君並願與諸同志共矢初衷以相勵於無窮也是爲序

中華民國元年十一月十日秦毓鎏印

光復隊紀事序二

清末艱虞百王澆季有志之士目覩是時朝政刻覈無親而士大夫又馳騖聲氣樹黨伐仇知事終不可爲橫慮困心迨辛亥八月武昌起義天下喁喁應雖醜裔方張視之蔑如也閱一月庚辰無錫秦毓鎏等舉兵應之摧女眞之餘孽振大漢之天聲當是時父老狃於故制驟見更革駭疑莫措不毓鎏與時錢業商團團員蔡君容等密糾合義勇得四十四人佐之縣令丞尉以次降大難既夷邑之才俊子弟奮跡師中積功累伐珥貂相望簪紱雲興而四十四人者絕口不言勞祿亦勿及今夫水之歸壑也其未至則澎湃洶湧雷奔雲譎及至於壑則已矣鳥歸巢者無聲葉落糞本者不鳴其勢然也期年蔡君容等以所編光復隊紀事來乞序余應之曰南朝以來如裴不曾悉達周迪之屬類以鄉兵捍賊取勝蓋君子之不忘乎其鄉而後能及於天下也今海內明盛而物衆地大孽芽其間猾黠之徒相聚爲盜而蒙藏竊發邊久無備四夷八荒出沒於肘腋之間兵革之興累世不息民不見義而懸於不寧願諸君勉之天下事不止此幸益自振奮庶幾保我子孫黎民而絕西人之窺伺姑首是書以俟民國元年十一月錢基厚撰文

無錫光復一週紀念會叢錄

秦效魯先生演說詞

吾邑光復在去年今日光陰荏苒瞬息一週回溯當日成事之速實貴隊諸君子義勇當先有以致之事後復以餘力保衛閭閻得措吾邑於磐石之安鄙人實深感激惟毓鎏始任司令繼長民政不克與諸君朝夕相見共籌進行良用歉仄今當一週紀念得與諸君敘首一堂相與慶祝深堪欣慰且諸君於光復後能不爭名利各安舊業心志尤爲高尚然鄙人於此而有感焉昔孔子有云狂者進取狷者有所不爲夫狂者勇於進取狷者則近乎保守我中國前之所以不興者蓋以抱厭世主義者多而抱救世主義者絕少此即狷者之所爲今則改建共和人人當以國家社會爲重則狂者尚矣尚願諸君於此二理權其從違於權利一面自宜不爭不攘以狷者爲取於義務一面則當效狂者之進取以昔日之心爲心況事至無可如何之際有不得不爲狂者之勢佛子所謂我不入地獄誰入地獄且今革命成功僅得復漢滅清之表面其實政體未改人心未革奮之可痛現政治之改革問題姑置勿論至人心之改革吾黨可從自己做去以一洗從前不良之

習慣求得共和之眞諦毓黎疎才善病屢辭民政一職無如屢不獲命前日親謁都督力辭方允將來解職之後或能稍暇當與諸君時相晤叙共勵初志是則私衷之所願也

錢孫卿先生演說詞

今歲基厚赴紀念會者二次一爲前數日東林學校十週紀念一卽今日貴商團之光復一週紀念惟紀念有二種曰週年紀念曰永遠紀念今日貴商團之紀念會雖曰週年紀念然可作永遠紀念看蓋去年吾邑光復雞犬不驚人民安堵有賴貴商團之力爲多此後我父老子弟念及吾邑光復之易與諸君光復之功卽紀念及貴商團也而紀念之意又分二層中國人習性紀念者蓋謂紀念其已往在泰西各國則由紀念既往而及於希望將來今日之會是貴商團紀念當時經營光復與如何維持秩序此既往也至將來貴商團如何盡力義務如何保衞治安俾地方無驚擾之狀商業有振興之望又將於此會有希望矣頃民政長以狂

者狷者之喻勉勵諸君言甚確當鄙人亦甚望諸君實做狂者以盡義務且當今非比從前閉關時代是進取時代也若人人非狂者事事不進取則不足以與列强抗衡並不足以立國於世界然欲與列强抗衡又非重海陸軍不可與全國皆兵不可惟今日之兵大都招募而來良莠不齊可用之於亂時不可用諸已治之日故兵變之耗屢有所聞夫招募不足恃則當如貴商團之熱心義務咸知從兵以求所以進取之方一邑如是推而至於一省一國則不從招募亦全國皆兵矣苟達全國皆兵之目的則海陸軍不言强而自强然後國基可以鞏固列强可與抗衡此又鄙人之希望於將來也

黃濬如先生演說詞

頃民政長與錢孫卿先生之演說均從志字一面勉勵諸君鄙人見會場中間懸有安不忘危四字偶有所感爰從情字爲諸君一言去年光復諸君能不避艱險捨生忘死率同人執戈倡義以維持地方保衞商業其勞苦功高實爲可敬而在諸君當日之情形所以能冒死爲此者豈有所爲而爲哉實出於無可如何不得不然耳蓋滿清叔季列强環伺政綱廢弛危機之發不可旦夕於是羣起而推翻滿清改革政治以救危亡當斯之時實已至無可如何之地苟其不然則皮之不存毛將焉附此諸君之所以捨性命拋職務毅然爲之究其竟也無非欲轉危爲安耳顧視光復以後國事紛紜承認無期地方自治並未改良人心並未改革一切現象不但無優美狀態且有甚於前清之惡劣者此鄙人所竊痛也乃環顧國內惟見成功者興高采烈一若別無餘事冷眼者意孏心灰避世不出設長此以往恐革命之目的未達而國又將亡諸君能毋痛乎鄙人深望諸君勿謂今日已安而忘後日之危則安不忘危四字願諸君永以爲座右銘也抑又有進者諸君出而盡力義務進則經營商業故鄙人於商業上又欲爲諸君進一言今日中國商業日見衰頽以處商戰之場殊不足與列强競爭其原因類以無實學無道德所致倘諸君能於經商之餘研究實學講求道德則名譽益彰自可操券且可使

各團體咸有忻羡之心欽仰之意亦未始非貴商團先聲奪人之處也

孫北議先生演說詞

頃聞諸君之崇論宏議甚爲欽佩惟鄙人於紀念中有樂觀悲觀二義蓋從前滿清專制政治不良以故革命崛起無非爲求良政治也迺今革命雖成而政治良否不難有目共覩前清時財政紊亂然尙不專賴借債爲生活行政悞在用人然尙保有統一的形式今則何如且各省分崩瓦裂外强壓迫日甚杼柚有其空之慨閭閻聞愁怨之聲此種景象非眦於悲觀乎至論去年吾邑光復前之狀態風聲鶴唳一日數驚士民遷避朝夕旁皇其時商業之凋殘人心之惶急誠有不可終日之勢若非貴商團首先倡義以任防衞之責恐亂機猝發地方蹂躪則商業財產更不知損失幾許矣飲水思源所以有當日之治安今時之幸福者伊誰之功言念及此吾人又當持樂觀主義也然鄙人今所馨香禱祝於諸君者當先國家之憂而憂後地方之樂而樂毋徒持樂觀主義謂今日已治已安而更不慮及

於後患仍宜猛進迨尊戮力同心以共謀維持保護之方今世爲地方有益之團體他日爲國家有用之人才胥於此會卜之矣

贈聯

萬姓歡呼重覩天日　一年容易又屆秋風　（民政長秦毓鎏）

梁溪當蘇省之衝還我河山盡洗二千年秕政
泉府自周官伊始同人懽忭剛逢十一月良辰　（共和黨無錫分部）

錫墜當吳會要衝直抵黃龍掃蕩胡氛三萬里
泉業爲商團領袖師興白馬首建奇勳四十人　（竢實學校）

塵氛掃蕩半賴商團與子賦同仇擊鼓興師光武漢
桑梓治安實資錢業良辰留紀念提燈走馬遍梁溪　（東林學校）

紀念一週由紀念人於紀念地趁紀念日期快留紀念
共和萬歲建共和國爲共和民値共和世界歡祝共和　（無錫市議事會議長錢鑑瑩）

光復一週紀否當年馬上　共和五族試看今日域中　（無錫市議事會副議長陳作霖）

往事試重提造幾許英雄博共和兩字
良辰留紀念看大家額手祝民國萬年　（無錫縣教育會會長孫肇圻）

惟錢業實先各業百餘里治安是保首從桑梓建奇勳
以商團而助師團四十人奮往直前手定山河成偉績　（無錫市教育會會長錢基厚）

仕歲經營爲地方維持秩序
今朝紀念是國民慶祝共和　（商會總理商團公會會長華文川）

恢復河山不以好殺貪功有乖人道
推崇事實從此思源飲水咸仰商團　（上海書業商團）

商戰人才咸知兵戰　今年秩序大異去年　（五族少年保國會無錫代表陳可權）

商團師旅助民國共和歲星紀一週依舊金飈壯秋色
錫地山河繼蘇城光復胡氛欣盡掃首推錢業建奇勳　（許械）

去年奮勇爭先不讓軍國人才功推獨步
今日顧名思義回溯梁溪光復歲已一週　（鄒家學）

不必駐重兵雖四十男兒竟使全城光復
依然思往事隔一週歲月咸歌舉國共和　（趙人鏡）

協力同心掃除專制　去年今日建立共和　（許嘉澍）

商團諸友實建宏功溯去年執戟荷戈轉眼又逢光復日
民國一週好留紀念看今宵提燈走馬大地疑開不夜城　（周公鼎）

紀月紀年又須紀日　爲民爲國不僅爲商　（吳殿械）

建設新民國更無揖讓征誅　光復舊神州猶憶去年今日　（施復生）

去年吾邑響應商團首先奮勇　今日全邦統一國民咸受光榮　（王祖瑋）

附本團光復時出發處聯

堂堂七尺男兒飲水思源記否當年辛苦地
忽忽一週光復撫今追昔敢談他邑血流時

附本團光復時機關處聯

暑往寒來快煞荏苒光陰屈指已屆興漢節
去年今日驚看飄颺白幟是地獨開商界先

紀念歌

紀念紀念　大家來紀念　一年容易　又値菊秋天　回思去歲　光復我全邑　龍山十里　秋色放光熖　一轉瞬間　駒光如過隙　願從今後　歲歲憶前年

坿錄

溁伯

錙

錫金錢業體育會啓

結成團體爲商界之要圖不息自强尤植躬之急務體育一事既可具衛生之實學復可樹禦侮之先聲所以泰西各國無論士商俱諳兵學滬壖羣商則而效之其進步之速規畫之善雖外人亦稱尙焉吾邑褊小力難競逑然我業心竊慕之爰參滬章勉爲試辦先習體操繼練兵操凡入會者惟恪守定章愼終如始苟辦有成效各業踵起聲氣連絡豈特一隅之幸已哉矧壯士熱心不乏瑰琦之品靑年同志非無偉傑之才矢終歲之勤勞精神特振積數年之練習蹈勵無前由是有勇知方尙武兼得尙公之谿轄師郤敵商戰隱居兵戰之先勿以體育爲末藝而藐焉忽之則本會有厚望焉

錫金錢業體育會簡章

第一條　本會借經商餘暇練習體操以健身衛生尙武强種爲宗旨

第二條　本會係自成一班定名曰錢業體育會

第三條　本會操場暫借周師衖趙氏宗祠前之公産基地俟擇有寬大之址再行構築

第四條　本會以竹場巷本公所爲辦事處每晨教習及操友到齊更換衣帽即由此處排班入塲以昭整肅

第五條　本會學級由柔軟而進至兵操以冀日漸發達志力超羣爲目的

第六條　本會由會長聘請教習一位專課體育諸操法每休沐逢二四五三日每日敎二點鐘束修由本會支送

第七條　本會操友之額敬遵軍制操章練爲一排現定四十二名由同業每家選友入會

第八條　本會學期以半年爲一學期以二學期爲卒業卒業後仍由同業各友選補

第九條　本會操友年齒自十五歲至三十歲爲合格如幼稚力弱老邁氣衰以

及有病者吸洋煙者一概不收

第十條　本會體操一以勤奮爲主每晨於七點半鐘齊集八點鐘開操遇休沐停操一天

第十一條　本會如逢陰雨不得上操場按時由教習上講堂討論理法諸操友挨次坐聽

第十二條　本會定正副目各三人由教習選舉如教習不到由正副目督令教練諸操友一體遵守不得因教習不到之日遽起懈心

第十三條　本會公舉正會長一位副會長二位專管振興操務釐訂章程籌劃全體安甯秩序

第十四條　本會公舉監察員六位督率全體操友察弊規過以勤記功以惰記過彼此輪流到場監同操練

第十五條　本會公舉幹事員一位管理操場一切庶務應備應添各物隨時與教習商酌條陳於會長處

第十六條　本會公舉書記員一位專司一切文函章程稿件抄送會長核定發行

第十七條　本會公舉會計員一位專司收支事宜按月報告

第十八條　本會操帽衣服由各友自辦統用天青羽毛不得分別以昭一律其號帽章用金製團龍以別標識

第十九條　本會操友入會操練務須始終堅守不得中途作輟致廢全功

第二十條　本會操友除到場外不准穿著操衣及閒游滋生事端如查出以上情弊應由監察酌量情形輕者記過重者開除以昭愼重

第二十一條　操友入會後如有沾染嗜好如吸洋煙及賭博游蕩之類查有實據一例開除

第二十二條　操友入會後如必須出會如改業辭歇之類查實准其告退其缺額應再選補

第二十三條　操友每晨先半點鐘到辦事所到齊由監察點名如有要事當預先向會計員領請假單交與監察由監察在辦事所註册惟一月內不准逾七天出門病假不在此例

第二十四條　凡操場一切條規號令由教習逐條宣告操友一體恪遵列隊操練不得嬉笑怠玩違者由監察會同教習酌量記過積三小過記一大過三大過除名

第二十五條　凡操友上場開操散操以鳴號出入監察及教習在後督率

第二十六條　操畢後到辦事所更衣始各散班到店不得過時廢事

第二十七條　操友二學期卒業後大考一次分其優劣設有未合格者再補習一學期

第二十八條　凡會員友遇有婚喪壽慶先行咨照本會會長轉告各會員友一體同伸賀弔以到爲重饋賻可免倘本有交誼不在此例

第二十九條　本會辦事人員如願與操當列於後隊予以特別資格並不計論功過

第三十條　本會名譽贊成員遇事評議斟酌損益有擔荷董理之責任

第三十一條　本會經費由同業按月捐助再由公積備款提出利息統交會計員收儲以備應用

第三十二條　本會俟操法完備請商會禀明商部立案以資鼓勵

第三十三條　本會會長及辦事人員一年一舉先一月前投票選舉

第三十四條　此係試辦簡章如有窒礙隨時修改以期盡善盡美

錫金錢業體育會立案禀稿

具禀職商余岷源單毓德吳鏜吳紹成蔣汝祺王耀錕江耀文周鑑張源澄何廷柏張樹滋周釗洪才俊鄒湘培范樹霖金海周忠楨徐森書

爲設立體育預備商團藉資自衛而保公益叩求立案轉詳購械事竊思吾邑水

陸通衢商賈輻輳邇來鐵路交通更爲下游要道商務可冀繁盛良莠必多龐雜職等在北塘天四圖經營錢業地當要衝就錢業及他項論之身家財產不下數百萬金現值時局阽危正　朝廷宣布明詔預備立憲之時非及時圖維研究自治無以强種而禦外侮是以職等糾集同志參仿滬章於八月中在大橋下竹場巷錢業本公所設立體育會經費均歸自籌概不外捐故名曰錫金錢業體育會借周師衖內趙氏宗祠前之公基爲操場一切遵照軍制操章辦理以四十二名爲一排三排爲一隊今係試辦先練兩排續行擴充故定額一百二十六名成一隊之制聘請教習教練體操以健身衛生尚武强種爲宗旨以保護公益秩序治安爲基礎現事體操爲商業學堂之起點辦有成效卽預備商團之發達力圖合羣之教育共謀桑梓之自衛使人人有應盡之義務卽人人有自治之思想故先導以易於趨向功效或可較捷職等每日輪班到場監同操練以期始終堅守實事求是開辦兩月教習悉心訓練一切已漸進步現當續習兵操理應購辦槍枝

擬先託上海洋行定購五响毛瑟槍五十枝子彈一萬顆爲此抄粘章程稟請公祖大人電賜鑒核伏祈　恩准批示立案准予轉詳　上海道憲給發准照紅函以便照章驗提槍枝而備應用實爲公便上稟計抄粘錫金錢業體育會章程清摺一扣

光緒三十二年十月日稟

金匱縣趙批余岷源等稟

該處市廛本屬稱盛近自輪船火車通行以後商務益見繁興斯保護公益之舉不能視爲緩圖該職商等業已糾集同志參仿滬章設立錢業體育會先練兩排借地操習具見因時作則爲風氣之先所稱衛身强種合羣自治均屬不刊之論從此他業各商踵行其事寓商團於教育之中必能達於治安之目的殊不禁爲地方幸皆該職商有心造也良深嘉賴所議章程三十條亦頗簡當希候錄摺轉詳　各憲立案並請　滬關道憲給發購槍護照一面抄章照請錫金商會轉勸他業一律仿行該職商等卽將已練兩排操友姓名年籍連同教員年籍出身刻日開送來縣以便一併轉報是所至盼粘章附

金匱縣趙申詳　各憲批示

光緒三十二年十一月二十日奉商務總局札奉

撫憲批據詳職商余岷源等擬在該縣北門外設立錢業體育會係爲保護公益起見應准立案惟所議章程是否妥協仰蘇商務總局核明飭遵具報此繳

光緒三十二年十二月初三日奉本府德批此案現奉

臬道憲批示到府已另札轉飭矣仰卽遵照仍候

督撫憲暨　藩憲批示繳摺存

光緒三十二年十二月初三日奉本府札奉

按察使朱批據詳並摺均悉該商等設立體育會是爲預備商團保衛桑梓起見應准立案仰常州府轉飭知照仍候

督撫憲暨　藩司巡道批示繳摺存同日又奉

署常鎮道榮批開如詳立案仰常州府飭候

兩院憲暨　藩臬司批示繳

光緒三十二年十二月十六日奉本府札奉

按察司朱札奉

總督部堂端批詳及另摺均悉仰蘇臬司核明飭遵立案仍候　撫部院批示繳又奉

布政司陳批體操誠有益於衛生出自錢業尤見熱心公益所擬章程亦尚妥洽應准立案仰常州府轉飭遵照仍候

督撫憲暨　臬司巡道批示繳摺存

光緒三十二年十二月二十四日奉

蘇松太道瑞批稟單均悉現已函致

新關稅務司給單征稅驗放進出口並繕給護照矣仰即補稟
兩院憲行道備案以符向章此繳
光緒三十三年正月二十七日奉
蘇松太道札奉
撫憲陳批據稟已悉仰蘇松太道核飭知照仍候
督部堂批示繳

錫金錢業體育會職員姓氏表（丙午年）

正會長　單蓉坡
副會長　何子貞　周梅坡
監察員　王蓉齋　江煥卿　鄒仲卿　金聲甫
　　　　洪仰千　周頌眉
幹事員　張鏡洲

書記員　周石菴
會計員　徐朗文
教　習　鄒植甫
名譽贊成員　余立本　吳俊夫　殷夔卿　吳玉君
　　　　蔣潤之　侯星橋　單安吉　張蓉溪
　　　　楊映潭　祝翰卿　顧達三　范熙臣

錫金錢業體育會第一班會員姓氏表（丙午年）

單崇禮　王石雲　張樹畇　孫仰周　祝伯臣
盧慕康　張伯陶　吳鶴琴　龔楚門　溜溶如
設戠臣　單條貫　包仲英　張樸菴　袁敬之
[illegible]　陶家[illegible]　張翰臣　江翼清　張伯怡
[illegible]寶淵　姚耀坤　錢樹文　張子楨　徐晉臣
侯葆衡　侯小宋

（附註）體育會爲本團始基應並紀錄以全本末惟會中文稿已多散失體育會書記周君石菴又已作古無從搜集致其始末情形未克詳記第一班畢業姓氏第二班修業姓氏衹得付諸闕如爰就所存者以載編者附識

無錫商團章程規則彙刊

一

《無錫商團章程規則彙刊》一册，民國九年（一九二〇）鉛印本。無錫圖書館藏。

無錫商團，成立於辛亥革命前夕，是無錫商界各業聯合組建的資産階級性質的武裝力量。它以行業或地區編爲支隊，其宗旨是『保衛商市，維持治安』。各商團支隊的領導機關爲商團公會。

《彙刊》卷首刊有無錫商團公會會長楊翰西、副會長單紹聞的照片，以及會長、支隊長合影、全體職員合影、無錫商團全體成員合影和議事部全體人員合影等。目録以次爲：楊壽楣（翰西）所作之序文、總章、公會章程、支隊編制規則、鄉區分會規程、全體人員系統表、公會議事部議事規則、議事部審查會規則、幹事部辦事細則、治療所規則、通訊隊暫行規則、團員規則、學術科預定表、服制表、團旗定式表、同人録和附言。其中《總章》分《定名》、《宗旨》、《組織》、《經費》、《軍械及服裝》、《任務》、《團員》、《教練及服務》、《賞罰》、《會所及操場》、《附則》等十一章共四十條。可見其規定十分具體周密。

（夏剛草）

民國九年十二月

無錫商團章程規則彙刊

附同人錄

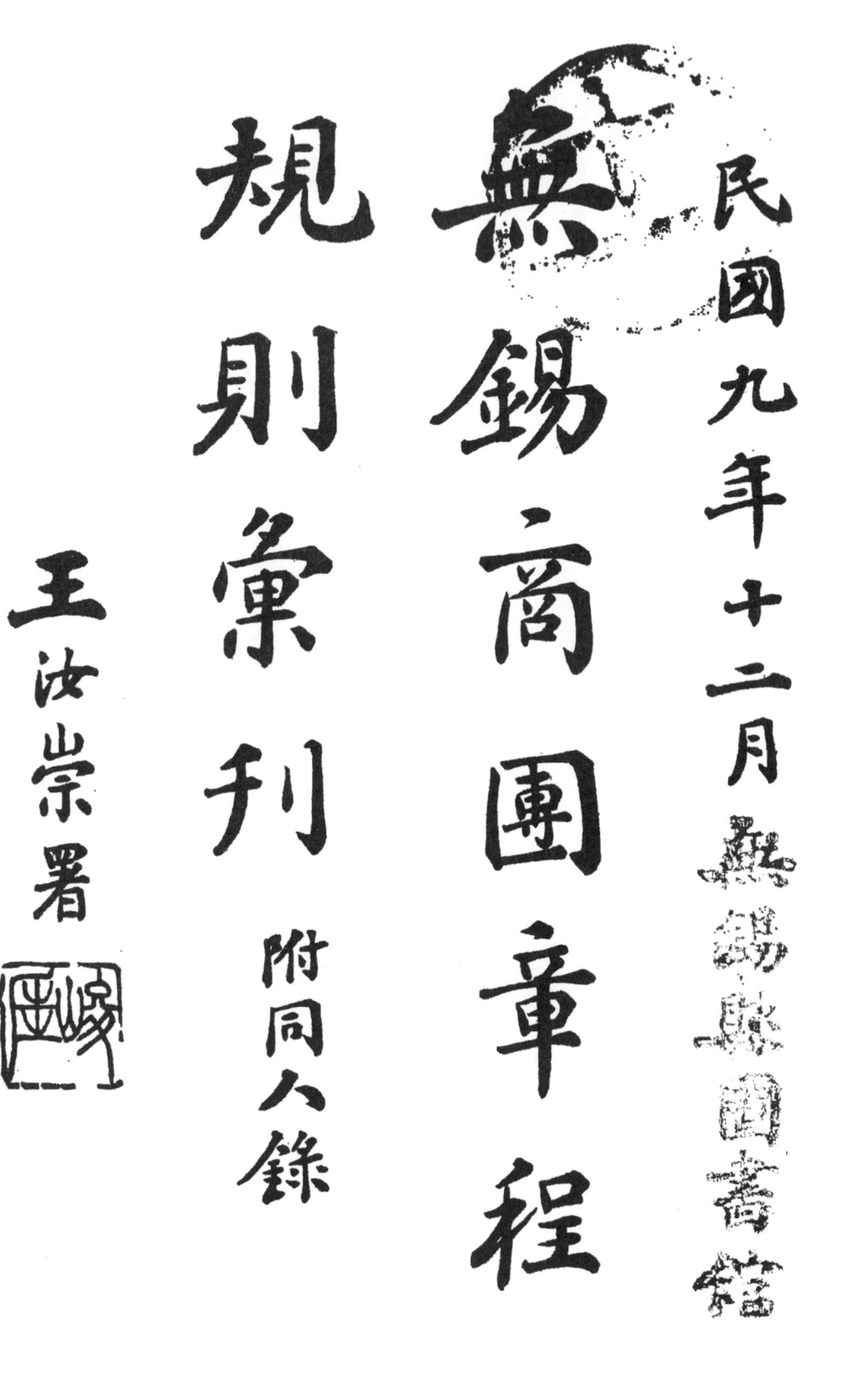

王汝崇署

無錫商團公會會長攝影

楊翰西

無錫商團公會副會長攝影

單紹聞

無錫商團公會會長支會會長攝影

錢少坪　楊拱辰　高錫蓀　趙子初　唐水成　楊翰西　單紹聞　吳玉君　蘇養齋　李硯臣　汪子祥

無錫商團公會全體職員攝影

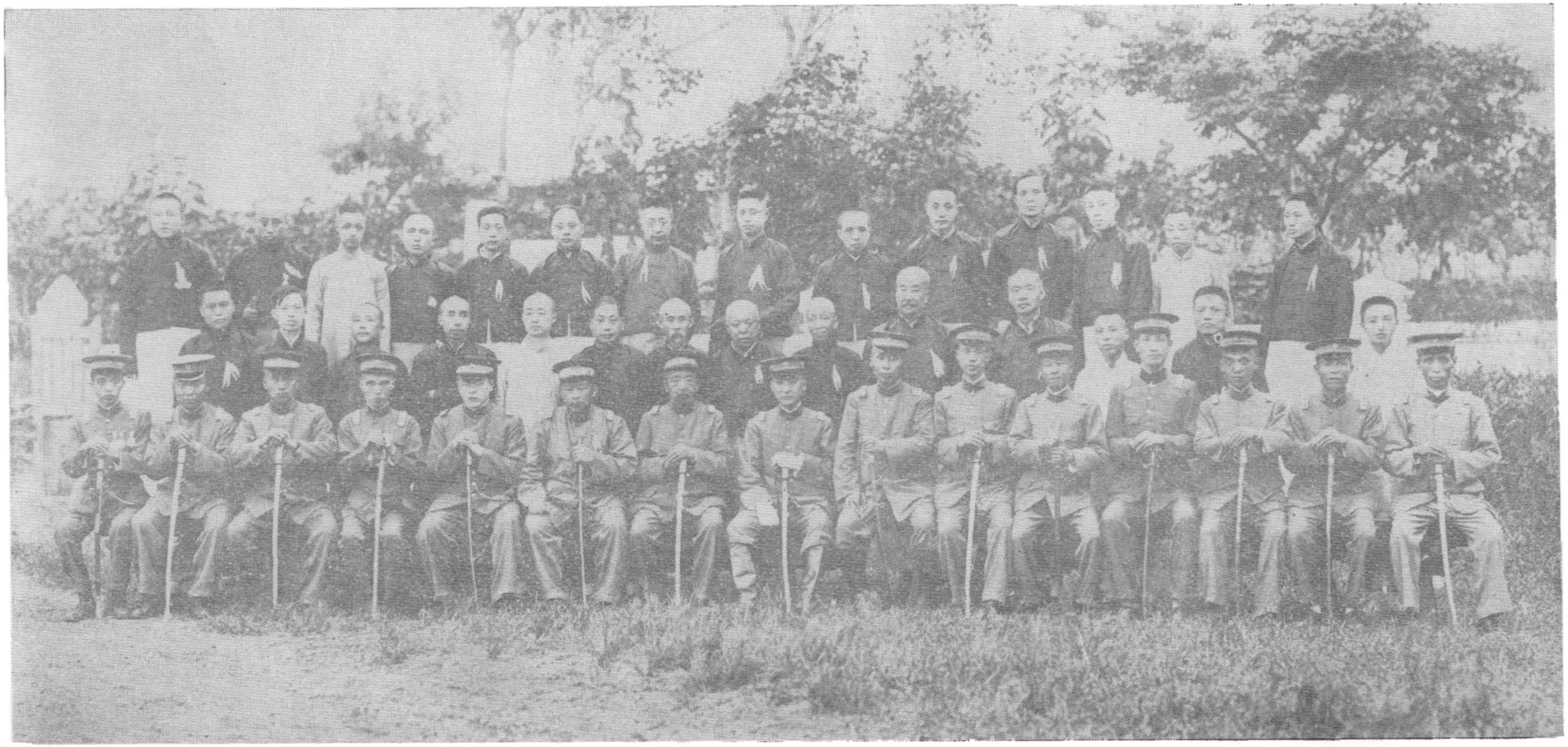

馮雲初　顧荷生　蔡有容　浦振聲　金時程　陳頌勳　張湛若　吳日永　劉鵬南　王瀛北　諸廷萱　王恂盦　張之彥　任遜先
陳忠蓀　李伊淸　華景興　江煥卿　余幹卿　蔡秉三　華藝珊　王鳴皋　糜幹卿　王慧曾　王峻崖　丁杏初　錢保稚　朱梅森
楊程千　沈煥章　惠季良　王石雲　顧稷臣　施羽亭　朱鑑珊　楊翰西　單紹聞　唐水成　楊拱辰　錢少坪　段松亭　蘇子駿　沈石盦

無錫商團全隊攝影

無錫商團公會議事部全體攝影

王怡盦　錢保稚　丁杏初　惠季良　王鳴皋　沈石盦　錢少坪　糜幹卿　張之彥　朱梅森　王峻崖　馮雲初　吳日永　張湛若　蔡有容

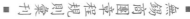

目次

序言

無錫閩邑也自滬甯鐵軌通商務之盛姚聲乎江以南顧國家頻年多故商市輒爲政潮所激盪幸我商人有以自維繫之則商團尙已商團之建始濫觴於遜清丙午之體育會樹其基者單氏父子蓉坡紹聞曁唐水成華藝珊高季連數君子也辛亥易國由體育會而蛻爲商團成支隊凡七民國紀元聯七隊而一之而公會於焉以立長公會者華君藝珊薛君南溟副之又得唐水成高季連等數君者爲部長規模麤具綱目畢張車驅之車驅之而商團駸駸乎進矣自初迄今團員要可區爲二屆第一屆團員中經辛亥壬子癸丑之變亂無錫以殷富之區其時危疑震撼至今談虎猶爲色變揩之匪易功有攸歸今茲當稱第二屆矣以壽棢設廣勤紡織廠辦廣勤商團加入公會廣爲八支隊隊凡四十二人壁壘乃益森嚴而鞏固公會改選辜公謬釆虛聲舉壽棢爲會長從諸君子其將責以發揚而光大之乎公會議事部釐訂章程規則媵以同人錄付印以資率循而備觀覽壽棢不敏敢撮舉吾團開創及沿革之大略而弁諸簡端嗟乎世變亟矣國人方共處漏舟正不知洪流之何以飛渡吾曹在商言商亦當攬其心思氣力之所至而謀所以宏濟之顧時人競言自治迹其赴於自治之塗徑則又彷徨於岐路擘盲臨崖不隕何待然則是編也者吾人自治之金科玉律也守之而不越乎外充之而益求其精使他日無錫自治史上我商團炳焉首列更進而占世界商業史之一席是則壽棢之所

蘄也詩不云乎豈曰無衣與子同袍願與吾同志共勉諸是爲序
中華民國九年十一月二十五日楊壽楣序

The second period of the history began with my organizing the Kwang Chin Company, in connection with the cotton mill of the same name. It was immediately incorporated. So we now have eight companies, each with forty-two men. A mighty army indeed!

The Constitution and By-laws, as recently drafted by the Council, are now to be published, together with a list of the members. The duty falls upon me as President of the organization to give a brief sketch of its history as above.

We are in the midst of troubled sea. It seems as if our Ship of State has been lifted, and how are we to reach the other shore? As business men talking business, we shall try what is within our sphere of influence. Nowadays we hear the cry for local self-government. This publication will serve as a guide to such advocates, among and around us, as are still unable to find a road to freedom. It is my sincere hope that the Volunteer Corps will greatly contribute to the success of the said cause and will be known all over the world as a unique organization.

Thus says the Book of Odes,

"The garment I have
Will I share with you."

May this be our motto.

YANG SHOU MEI,
Managing Director,
Kwang Chin Cotton Mill,
Wusih, Kiangsu.

November 25, 1920.

FOREWORD

Wusih has been a well-known district. The Shanghai-Nanking Railway has made it one of the most important commercial centers south of the Yangtze River.

During these years of trouble, when commerce and industry have too often been handicapped by political entanglements, we, the business men of Wusih, have struggled for self-protection. And it was the Volunteer Corps that made self-protection achievement.

The appearance of the first self-protective society of its kind in our district can be dated back to 1906, five years before the Revolution, when Messrs. Y. P. and S. W. Shan, S. C. Tang, N. S. Hwa, and C. L. Kao organized what was then called The Physical Culture Club. As soon as the Revolution broke out, the membership of the club became the first Volunteer Corps. We had then seven separate companies. The next year saw their incorporation, with Mr. N. S. Hwa as President, Mr. N. M. Sieh, Vice President, and Messrs. S. C. Tang, C. L. Kao, etc., Chairmen of different committees. Since then the Volunteer Corps has remained a permanent institution.

One may divide the history of our organization into two periods. From 1911 to 1913, the years of storm and stress, our district was stricken with fearful anticipations. The danger that could befall a prosperous city like ours appeared almost certain. To think of it even to-day makes one's heart throb with foreboding. However, with the help of the Volunteer Corps, we remained safe.

無錫商團總章

第一章　定名

第一條　本團由無錫商界各業聯合組成名曰無錫商團

第二章　宗旨

第二條　本團以保衛商市維持治安爲宗旨

第三章　組織

第三條　本團由各業合組公會一所爲各支會聯合辦事機關稱無錫商團公會

第四條　本團以團員四十二人爲一支隊或一業獨編或數業合編聽各商家酌量辦理

第五條　每一支隊設立支會一所爲支隊辦事機關

第六條　各支會由公會編列順序稱無錫商團第幾支會

第七條　本團設本部於公會各支隊由本部會同各支會依照支會順序編稱無錫商團第幾支隊悉歸本部節制

第四章　經費

第八條　公會經費由各業共同籌集

第九條　支會經費由辦理各該支會之各業自籌

第五章　軍械及服裝

第十條　本團應用軍械及服裝均由各支會備欵置辦發給團員領用惟槍械應由公會呈請縣長轉請備案

第十一條　本團槍械均由公會呈明縣長編號烙印團員領取時須由店中經理人具有領槍證書爲憑

第十二條　本團服裝參照陸軍服制辦理各支會務須依照公會定制不得差錯以示整齊

第十三條　團員所領槍械畢業後應卽繳還各支會保藏如有損壞責令賠償畢業後會操或遇有防務臨時再行發給

第十四條　團員服裝備冬季夏季二種按季繳發畢業後應即繳還各支會收藏

第六章　任務

第十五條　凡遇地方不靖市面恐慌之際由公會會長命令本部召集各支隊出任防務或分段駐防或輪流梭巡

第十六條　地方猝遇盜刦等擾害公安情事卽由就近該處支會會長命令該支隊前往保護並即報告公會召集他隊赴援

第七章　團員

第十七條　本團團員由各支隊分別自行徵集

第十八條　團員概盡義務不須納費

第十九條　凡年壯商人有志入團者均得向各支隊報名入團但須具有左列各項資格

一　營業確實

二　體力强壯

三　品行端正

四　絕無嗜好

第二十條　團員入團時須具立志願書並由本店店主或經理人爲之保證

第二十一條　各支隊團員報名足額應由該支會報告公會

第八章　教練及服務

第二十二條　團員入團後由教練員教授學術各科課程表另定之

第二十三條　團員以三學期爲練習期以三學期爲義務期逐屆瓜代總計三年出團

第二十四條　每屆練習畢業以考試分數與品行勤惰分數評定名次由公會給與證書呈請省長備案

第二十五條　團員畢業後永爲該本支會會員

第二十六條　義務期間每月會操一次每年大演習一次遇有出防任務聽候召集調遣如有托故不到者追繳證書並取消支會會員資格

第九章　賞罰

第二十七條　本團定以記功示賞記過示罰積三小功爲一大功三小過爲一大過

第二十八條　團員累積大功者畢業時由公會另給名譽獎勵如積大過滿三次者除名但功過可以相抵

第二十九條　團員有擊退匪盜及於地方有特殊勞績者由公會呈請縣長給獎並轉報省長

第三十條　團員遇有非常事故出力保護地方因而受傷者由本團出資醫治如因傷殞命除公議撫恤外並請縣呈報省部褒揚

第三十一條　團員當地方緊急之時梭巡出力者由公會給以特別獎勵

第三十二條　團員每一月內無違犯規則情事並按期到操者應按月察核酌量記功

第三十三條　團員有遵守規則服從命令維持本團之責如有違犯下列各項者有應記過者四除名者四

（一）不守規則者　（二）不聽指揮者　（三）操巡畢後逗遛在外荒廢店務者　（四）非操巡時間私穿制服出外遊蕩者　以上四項應酌量記過如記過後仍再違犯者並通知該店經理切實規戒

（一）藉本會名義招搖生事者　（二）品行不端有壞本團名譽者　（三）緊急

之時違抗命令者　（四）　連續曠課在二十次以上者　以上四項應卽除名如情節較重者並通知該店經理嚴行懲儆

第三十四條　團員除名出團時須將給領之軍械服裝物件悉數繳出如有損失照價賠償業經畢業者並繳證書

第十章　會所及操場

第三十五條　本團設公會會所於無錫縣商會各支會會所由各支會自定之

第三十六條　本團假公共體育場爲會操地點各支隊分操場由各支隊自定之

第三十七條　本團以南門校場內爲射擊場並於附近設置射擊休息處一所

第十一章　附則

第三十八條　本團公會支會支隊另訂專章

第三十九條　本團各項章程由公會議事部公議决定之

第四十條　本總章如有未盡事宜由公會議事部公議修改之

無錫商團總章

六

無錫商團公會章程

第一章　定名

第一條　本公會依據商團總章第三條由商界各業聯合組成名曰無錫商團公會

第二章　宗旨

第二條　本公會以統一團務聯合防衛爲宗旨

第三章　會董及會員會友

第三條　本公會公舉各支會會長及商界素著名望慨助本公會經費者爲本公會會董

第四條　本公會以各支會會董職員爲本公會會員

第五條　凡曾任本公會義務職員熱心贊助者仍得公認爲本公會會員

第六條　各支會會員均得爲本公會會友

第四章　職員

第七條　本公會設會長一人副會長一人由會員於會董中投票選舉之

第八條　本公會分設議事公判幹事三部

第九條　議事部定每支會舉議員四人由各支會於本公會會員中各自互選

第十條　議事部由議員投票互選議長一人副議長一人

第十一條　公判部設部長一人副部長一人由會員於會董中投票選舉之

第十二條　公判部公判員定每支會二人由各支會於本公會會員中各自互選

第十三條　幹事部設部長一人副部長一人由會員於會董中投票選舉之

第十四條　幹事部分設文牘會計教練軍裝庶務五科

第十五條　幹事部各科每科設科長一人由本公會會員公舉惟教練科科長得公聘之科員定每支會一人由各支會文牘會計軍裝庶務各主任及教練員兼任之

第十六條　以上職員除教練科科長酌量辦理外餘皆義務職

第十七條　以上職員凡投票選舉者均用記名單記法

第十八條　以上職員均以三年爲任期期滿後連舉者得連任

第十九條　文牘科得聘用書記一人由會長函聘之會計科另設收支員一人公推或聘任由會長臨時酌定之

第五章　職任

第二十條　會長職任如下　總理全會事務　統率全團團員發行命令　執行議事部議決事件及公判部判決事件　議事部議決事件會長認爲不可執行時得交覆議　如遇出任防務由會長通告各機關

第二十一條　副會長協理各事會長有事時代行其職務

第二十二條　議事部有議決下列各事之權　全團各項章程　本公會預算決算　會長交議事件　議員提議事件　本公會會員請議事件

第二十三條　議事部由議長主持部務整理議事議長有事副議長代理之

第二十四條　公判部有權判決下列各事　本團內一切爭執事項　支會支隊不守章程違抗命令事項　團員違犯罰則事項

第二十五條　公判事項由部長召集公判員公同討論惟部長有判決之權部長有事副部長代理之

第二十六條　幹事部部長督率各科職員管理會內一應事務副部長協助部長辦理會務部長有事副部長代理之

第二十七條　幹事部各科職任如左

文牘科　辦理本公會公文函件記錄等事由科長主理科員助理之　書記員司理會內一應記錄抄謄各事並收發及保管各項文件

會計科　稽核收支各欵造具預算決算由科長主理科員助理之　收支員司理收支各欵記錄賬簿

教練科　總教各隊團員籌劃全團編制編訂教練課程辦理畢業試驗等事由科長主理科員助理之但以上各事須經議事部議決方得施行

軍裝科　檢查各支隊軍械服裝由科長主理科員助理之
庶務科　辦理本會一切雜務由科長主理科員助理之

第六章　會議

第二十八條　本公會會議種類如下　全體大會　會董會議　職員會議　議事部會議　公判部會議　幹事部會議
第二十九條　全體大會每年開會一次
第三十條　會董會議凡遇重大事件由會長臨時召集之
第三十一條　職員會議必要時由會長隨時召集並由本部職員及各支會會長幹事長支隊長列席預議
第三十二條　議事部會議由議長隨時召集之
第三十三條　公判部會議由公判部部長隨時召集之
第三十四條　幹事部會議由幹事部部長隨時召集並由各支會幹事長各支隊長列席預議

第七章　商團本部

第三十五條　本公會依據商團總章第七條設立商團本部爲全團司令機關直接公會會長管轄節制各支隊但本部一切設置事項歸幹事部辦理

第三十六條　本部設總隊長一人總監察一人軍樂長一人均由本公會會員公舉之

第三十七條　總隊長有指揮及召集全團團員之權並有督率各支隊操練之責

第三十八條　如遇出任防務由公會會長命令總隊長行之惟同時應由公會會長通知各支會會長

第三十九條　總隊長奉公會會長命令後得下命令於各支隊長聽候調遣

第四十條　總隊長對於防線及出防計劃須召集各支隊長會商辦理並報告公會會長同時由各支隊長報告支會會長如情事較重者須經議事部公議決定但遇緊急事故得由會長隨發命令再行交議

第四十一條　總監察有監察各支隊團員之責並有向各支隊監察員稽查團員勤惰及功過之權

第四十二條　各支隊集合時由軍樂長率同各支隊軍樂員管理軍號事宜

第八章　支會

第四十三條　本公會依據商團總章第六條凡入會各支會由本公會編列順序茲將已加入本公會者編次如左

第一支會　錢業商團　　第二支會　米業商團

第三支會　綢業商團　　第四支會　北區各業商團

第五支會　南區各業商團　第六支會　西區各業商團

第七支會　業勤商團　第八支會　廣勤商團

第四十四條　凡各業添徵團員編成一支隊並依照本團支會規程組成支會而不與本公會宗旨相背者均得加入本公會

第四十五條　凡支會加入本公會應將所擬支會支隊章程及會董職員團員姓名表報告本公會轉呈備案

第四十六條　入會各支會如須購辦軍械經本公會認可當代爲呈請辦理

第四十七條　入會各支會須將槍械送交本公會查驗編號烙印以資考查

第四十八條　入會各支會須遵守左列各欵

一　遵守本公會章程

二　共負維持本公會之責

三　保持本公會之名譽

四　履行本公會議決案

第四十九條　凡遇地方不靖各支會會長應命令各該支隊服從公會會長命令聽候總隊長調遣及指揮不得抗違

第九章　經費

第五十條　本公會及商團本部經費由各業共同籌集

第五十一條　本公會經費須將預算決算經議事部通過每年造具決算報告一次

第十章　會所

第五十二條　本公會會所設無錫縣商會內

第五十三條　本公會假北塘外錢絲公所爲事務所

第十一章　附則

第五十四條　本章程如有未盡事宜由公會議事部公議修改之

無錫商團公會章程

無錫商團支會規程

第一章　定名

第一條　支會依據商團總章第五第六兩條組織之定名無錫商團第幾支會

第二章　宗旨

第二條　支會以依照公會辦事方針整頓團務輔協進行爲宗旨

第三章　會董及職員會員

第三條　支會會董無定額

第四條　支會職員如左

會長一人

副會長一人（數業合編者得添設副會長一人）

幹事長一人

文牘主任一人　文牘員一人

會計主任一人　會計員一人

軍裝主任一人　軍裝員一人

庶務主任一人　庶務員一人

督察長一人　　督察員四人

第五條　支會會董職員由編辦各該支隊之各業董事開會公舉皆義務職

第六條　支會會董職員以三年爲任期連舉者得連任

第七條　支會會董職員舉定後即報告公會轉呈備案

第八條　支隊畢業團員永爲該本支會會員

第四章　職任

第九條　支會會董協贊支會會長籌集經費維持會務

第十條　支會會長總理支會一應會務統率支隊團員發行命令

第十一條　支會副會長協理會務會長有事時代行其職權

第十二條　幹事長承會長之意管理會內各項事務

第十三條　文牘主任掌理各項文件繕擬各稿文牘員助理之

第十四條　會計主任掌理收支各款造具預算决算會計員助理之

第十五條　軍裝主任掌理置辦及發給軍械服裝並收藏查察等事軍裝員助理之

第十六條　庶務主任掌理一切雜務並採辦應用物件庶務員助理之

第十七條　督察長會同督察員隨時糾察團員有無違犯規則荒廢店務情事對於團員有規戒勸導之責並有申請支會會長執行罰則之權

第五章　會議

第十八條　支會每年開大會一次如遇重要事項由會長召集會董會議

第十九條　支會每月開職員會一次如有要事得開臨時會

第六章　經費

第二十條　支會支隊經費由編辦各該支會之各業共同籌集

第二十一條　支會收支各欵每年造具報告一次

第七章　會所及操場

第二十二條　支會會所及支隊操塲由各支會自定之

第八章　附則

第二十三條　各支會章程得各自訂定但對於本規程所規定者不得隨意變更

第二十四條　各支會章程擬就後即行報送公會核定

第二十五條　本規程如有未盡事宜由公會議事部公議修改之

無錫商團支會規程

四

無錫商團支隊編制規則

第一條　支隊依據商團總章第七條由商團本部會同各支會依照支會順序編稱無錫商團第幾支隊

第二條　支隊依據商團總章第四條徵集團員四十二人編爲一支隊

第三條　每一支隊分爲三分隊

第四條　支隊設支隊長一人司務長一人監察員二人由該支會大會時公舉之

第五條　支隊聘教練員一人

第六條　支隊設軍樂員二人

第七條　每分隊設正分隊長一人副分隊長一人由支隊長擇團員之品學兼優者選充之

第八條　支隊得酌設軍樂練習生數人由團員中選充備補軍樂員缺額惟不得添設軍樂員

第九條　支隊長有指揮該本支隊團員之權並有督率操練之責司務長助理隊務

第十條　凡值操演出防等事監察員隨同隊伍監察團員勤惰記錄功過如有不守規則勸戒不悛者報告督察長處理之

第十一條　教練員教練該本支隊團員籌劃教練事宜

長命令該支隊迅速出發前往保護並即報告公會

第十一條　鄉區支隊應用軍械及服裝均由各該分會備欵置辦

第十二條　鄉區分會槍枝應按照本團總章第十一條及第十三條辦理

第十三條　鄉區支隊服裝按照公會定制辦理惟質料得酌量變通

第十四條　鄉區支隊團員參照本團總章第十八條至第二十條於各該鄉鎮徵集之

第十五條　鄉區支隊學術課程及團員應守規則參照公會所定課程預定表及團員規則辦理之

第十六條　團員練習期及義務期按照本團總章第二十三條辦理

第十七條　每屆團員練習畢業由公會教練科科長臨場監試並由各該分會將分數名次報告公會由公會給與證書呈請省長備案

第十八條　鄉區分會及支隊經費由各該分會各自籌集

第十九條　鄉區分會會所及支隊操場由各該分會自定之

第二十條　本規程如有未盡事宜經二鄉區分會之同意請求公會會長交議或經議員提議由公會議事部公議修改之

無錫商團全體人員系統表

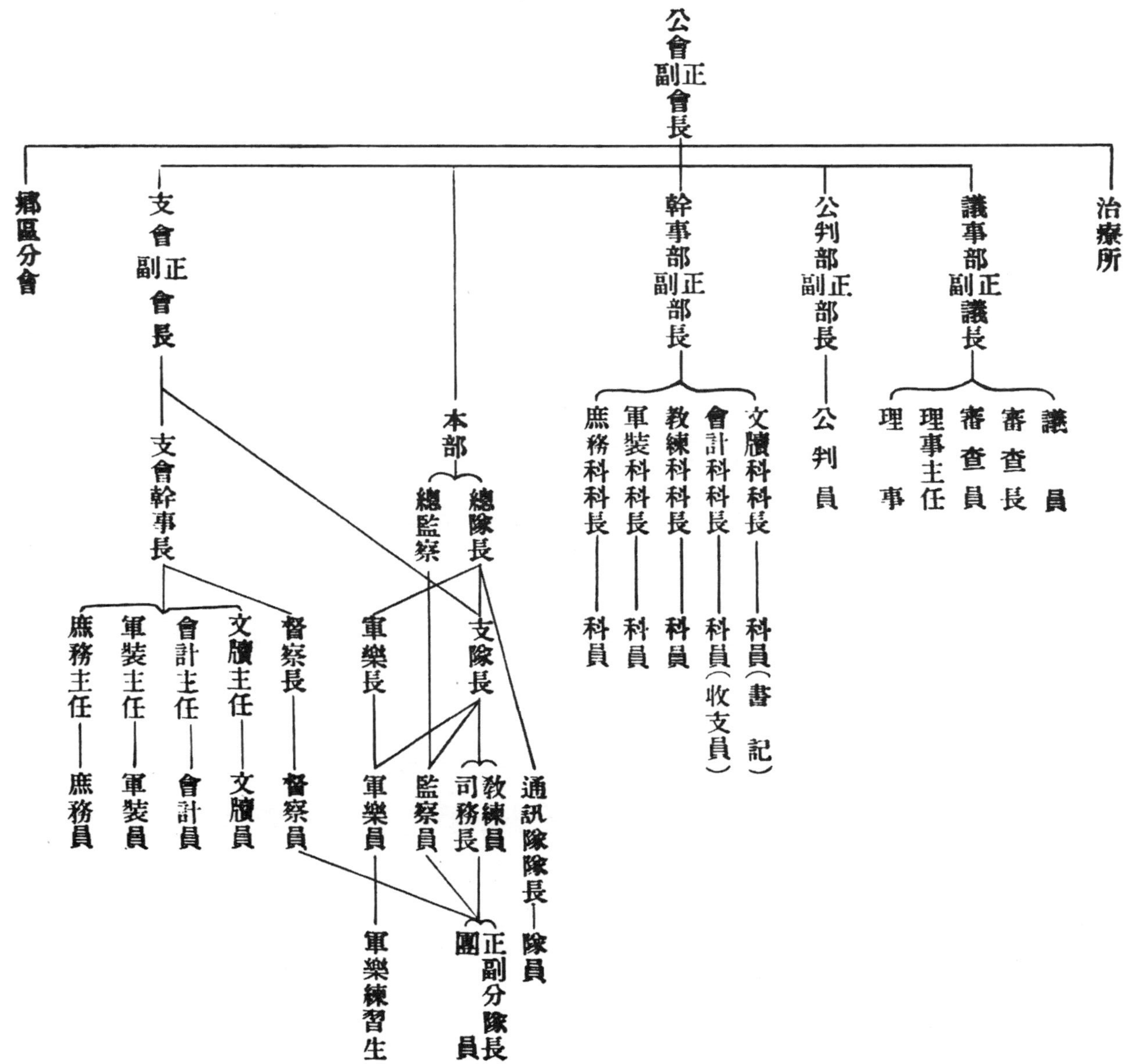

無錫商團公會議事部議事規則

第一章　總則

第一條　議事部之組織依照公會章程設議長副議長各一人主理議事

第二條　議事部設理事主任一人理事二人管理文牘記錄及一切庶務均由議員互選之

第三條　議事部會議日期及時間由議事部先期通知各議員

第四條　議事部會議須有議員總額半數以上列席得行開議

第五條　已屆開會時刻如到會議員尚未足額定人數由議長酌量展延展延二次仍不足額即由議長宣告散會

第六條　會議時議長得酌量宣告休息

第七條　議長得酌量伸縮會議時間經到會議員三分之一以上請求者亦同

第八條　會議時由議長主席議長缺席時由副議長代理如同時缺席由到會議員推舉臨時議長

第九條　議員因事不能到會列席者應具理由書向議長請假或因不得已事故不及請假事後應補具理由書均由議長於開會時宣示之若連至三次不請假或請假連至五次者即由議事部通知該支會

第十條　議員於會議時之言論及表決對於會外不負責任

第十一條　未出席議員不得反對未出席時議決之議案

第十二條　會議時會長或幹事部部長因提議事件有須共同商榷或説明者得到會出席

但不得列於表決之數

第十三條　議決事件即送交會長執行之

第二章　提案

第十四條　議事部所議之事件如左

（一）全團各項章程及制定或變更事件由會長交議或議員提議得五人以上之連署者

（二）會長交議事件

（三）議員提議事件得二人以上之連署者

（四）公會會員請議事件有議員二人以上之介紹由審查會審查應行提議者

第十五條　議長收受各項議案即編製議事日程並將議案印刷於開會前分送各議員

第十六條　凡同一事件之議案或兩議案互有關係者得於會議時將該議案合併或分割

行之

第三章　討論

第十七條　議員發言時須起立若有二人以上同時起立者由議長酌定先後依次發言

第十八條　討論不得越出議題之外及中斷他人言論

第十九條　議長非值發言時得便宜就坐如對於議案欲自預討論之列須預先聲明該議題討論開始時即退居議員席由副議長主席非至該議題表决後不得復爲主席

第二十條　議長確認發言之人已盡即宣告討論中止

第二十一條　凡議案之待審查者經二人以上之請求出席議員過半數之同意得付審查會審查

第四章　審查

第二十二條　議事部由議員互選審查員七人審查各項必須審查之議案並由審查員互選審查長一人整理審查會之議事

第二十三條　審查長得向幹事部調取關於審查事項之文件

第二十四條　每一議案審查已畢即報告議長付大會公决

第二十五條　會員請議事件由審查會審查分别應行提議與否交由議長於開會時報告之

第二十六條　議事部因事務之必要得由議長臨時指定特别審查員審查指定議案惟審查長即以原審查長任之

第二十七條　審查會審查規則由審查會定之

第五章　表決

第二十八條　討論終結後即付表決以出席議員過半數爲準可否同數取決於議長

第二十九條　表決用起立法須俟議長宣告可否之結果然後復坐但必要時得用投票表決贊成者用白票反對者用藍票

第六章　議場秩序

第三十條　議員到會即行簽名開會後不得隨意退出議場如於開會後續到者簽名後即行入席

第三十一條　會議時不得自由談話紊亂議場秩序

第七章　附則

第三十二條　本規則如有未盡事宜由議事部議決修改之

無錫商團公會議事部審查會規則

第一條　審查會依據議事部議事規則第二十二條組織之由審查長主理議事

第二條　審查會凡接議長交付審查案件隨由審查長通知審查員定期開會審查

第三條　審查會開會須有審查員過半數之列席

第四條　審查會開會時由審查長主席倘審查長因事不克到會時由審查員推舉臨時主席一人代理之

第五條　審查會對於審查案件須取決於多數如可否同數以主席之贊否爲表決

第六條　審查會對於審查案件既經審查完畢即由審查長將審詳情報告於議長

第七條　審查會對於審查案件認爲文件未全時得由審查長向該案關係部分調取全案文件

第八條　審查會對於審查案件認爲須經商榷及說明時得向該案關係部分請派職員到會陳述一切

第九條　查審會文件記錄事項由議事部理事主任及理事管理之

第十條　本規則如有未盡事宜隨時由審查會公議修改並須經議事部會議之通過

無錫商團公會議事部審查會規則

二

無錫商團公會幹事部辦事細則

第一章 總綱

第一條 幹事部依據公會章程第二十七條之規定由部長督同各科職員辦理會務部長有事副部長代行其職權

第二條 各科科長因事不克到會辦事時於該科科員中推定一人代理其任務

第三條 部長暨各科職員每日下午二時至四時至事務所會辦各事如遇重要事故時須隨時到會協同辦理惟教練科科長授課時間另定之

第四條 凡有給職員須常駐事務所司理各該職務以上午九時至十二時下午二時至五時爲辦公時間在此時間内不得擅離職守並不得於休息時間同時外出遇有事故時須具函向幹事部部長請假

第五條 幹事部每日於會長到會時將各項文牘彙送營閱並報告會務候會長裁奪施行如會長有事不克到會由副會長代行裁定

第六條 部長除尋常例行各事外遇有特別事項應適用下列二種辦法 (甲)請會長提交議事部公議 (乙)召集幹事部會議惟議决後應報告會長核奪

第七條 各科長承部長之意分別主理各該科事務如於所辦事項有須商辦者應召集

員會議辦理其應呈請會長核辦者由幹事部部長轉呈

第二章　文牘科

第八條　文牘科應設立收發文件簿公牘函件錄由簿函稿簿記事錄簿會議錄簿職員簽到簿由科長督同科員編制辦理書記負有謄寫記錄及收發保管文件之責任

第九條　凡關於收發文件簿記載日期並送來處所送達地點關於錄由簿記載收進發出事由並註明卷宗號數至於公牘公函命令均用稿紙敘稿送由會長簽行後分別編號歸存卷宗按稿繕發

第十條　公會對外公文公函由會長署名並蓋本會圖章對外對內普通函件均由公會蓋戳至幹事部函件由部長署名蓋章如普通函件由幹事部蓋戳各科函件亦如之

第三章　會計科

第十一條　公會款項由會長指定存儲機關開立存摺支用時須由科長具條蓋章憑摺支付至向各業收取捐款由公會出給蓋章收據並由科長加蓋戳記收到之款隨交指定存儲機關收支員負有收捐及記錄收支用款之責任

第十二條　會計科應設收支簿分錄簿兩種支出各款分列經常臨時兩門以預算範圍爲限如在預算範圍以外增添用款時須由會長提交議事部議決臨時門用款數在十元以上者須開單送由會長核准

第十三條　每逢月底須彙造收支報告呈由幹事部部長轉送會長核閲年終應刊造收支總報告呈轉會長轉送各會董查閲

第四章　教練科

第十四條　每期教授實施狀況由科長記入教授實施録每星期呈由幹事部部長轉送會長核閲其教練時間及教練課程表由科長編訂隨時呈轉會長核准施行

第五章　軍裝科

第十五條　檢查各支隊軍械服裝由科長彙造清册呈由幹事部部長轉送會長核閲至檢查手續由科長督同科員訂定隨時呈轉核准施行

第六章　庶務科

第十六條　凡關於公會一切雜務及開會設備並交際採辦等事項均由科長督同科員辦理之

第十七條　公會置辦器具服裝等件應由科長分立專簿記載備查

第七章　附則

第十八條　本細則如有未盡事宜由幹事部會議修改之

無錫商團公會幹事部辦事細則

四

無錫商團治療所規則

第一條　本團由公會設立治療所擔任全團治療及救護事項

第二條　治療所地址暫假大同醫院

第三條　治療所設主任一人由公會公請大同醫院院長兼任之並公請該院各醫士分任爲治療所醫士皆義務職

第四條　凡本團團員遇有受傷情事即赴治療所由醫士隨時治療

第五條　凡本團團員因非常事故以致受傷者除膳費外所有醫藥等費概由大同醫院擔任義務

第六條　凡本團團員平日勤務時遇有疾患可至治療所治療倘或不能行動者可延醫士出診治療其醫藥費經公會向大同醫院商訂減半收取以示優待惟住院不在此例

第七條　凡團員至治療所治療者無論門診出診須隨帶團員證並該支隊隊長通知書爲憑

第八條　各支會支隊長應將每次團員赴治療所治療情形隨時報告總隊長於每季彙報公會會長治療所主任亦須每季報告公會會長一次以便有治療統計

第九條　本規則如有未盡事宜由公會議事部公議修改之

無錫商團治療所規則　一

無錫商團治療所規則

二

無錫商團通訊隊暫行規則

第一條　通訊隊由本部就各支隊選擇具有軍事學識精練自由車者組織之

第二條　通訊隊設隊長一人秉承總隊長命令指揮隊員辦理隊務

第三條　通訊隊辦理本團傳報通訊事務

第四條　通訊隊傳報通訊概乘自由車

第五條　通訊隊所用自由車車身染漆黄色並懸無錫商團通訊隊銅牌以爲標記

第六條　通訊隊服裝按照本團服制定式惟領章專用黄色

第七條　通訊隊隊員勤務時應守規則按照團員規則辦理

第八條　通訊隊隸屬本部管轄

第九條　通訊隊駐紮所附于本部

第十條　本規則如有未盡事宜或應變更之處由公會議事部公議修改之

無錫商團通訊隊暫行規則

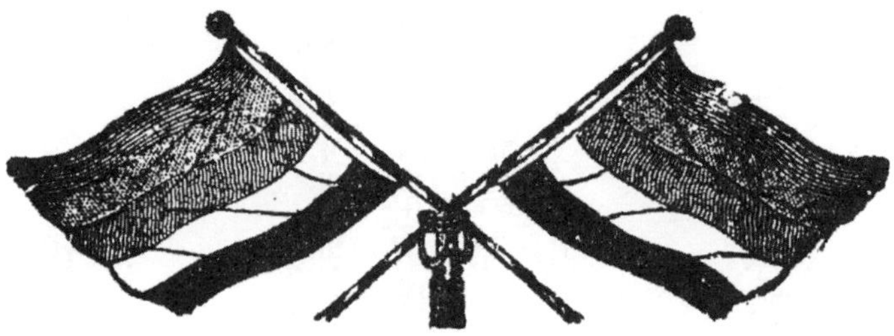

二

無錫商團團員規則

第一章 總則

第一條 團員遵守章程服從命令爲軍事之基礎上下階級秩序不紊上愛其下下敬其上宅心公正遇事和平不可有逞威迫脅及粗暴之行

第二條 團員對於會長及隊長教練等各員長不得違抗命令不聽指揮及不服規戒即同隊諸員亦當互相敬愛對於分隊長尤應服從其勸勉

第三條 團員上操及講堂除病假事假外不得無故缺課畢業時當統計到課及請假或無故缺課次數核計分數（每日到課人數應由各支隊長將名單報告教練科科長錄記總册）

第四條 團員品行之優劣以記功過爲奬勸積三小功爲一大功三小過爲一大過畢業時核計功過之多寡增扣其分數但功過可以相抵

第五條 團員舉止須束身自愛不得藉商團名義敗壞全體名譽

第六條 團員上操到所及散隊歸店在街道行走舉止宜端重不得有輕狂傲慢度態

第七條 團員散隊後須隨即歸店不得逗遛在外

第八條 槍械須保重不得任意發放及有移借情事

第九條　槍械認明號數如有機件缺少或損壞者一經驗出應由該團員賠償或修理

第十條　服裝須愛惜非上操出防及因其他事故奉令召集時不得穿着

第二章　賞則

第十一條　累積大功滿三次以上者畢業時特給名譽獎

第十二條　如出任勤務有擊退匪盜及於地方有特殊勞績者呈請官廳給獎

第十三條　如遇非常事故出力保護地方因而受傷者由本團出資醫治或因傷殞命除公議撫恤外並請縣呈報省部褒揚

第十四條　當地方緊急之時梭巡出力者畢業時給以特獎（每遇出任勤務各支隊長應按日將名單報告總隊長錄記總册）

第十五條　勤於操演於四週日內無一次之缺課及無一次違犯規則者記小功一次

第三章　罰則

第十六條　團員有犯左列之一者應除名

一　積滿三大過者

二　藉本團名義招搖生事者

三　行檢不端有損全團名譽者

四　遇有勤務借端規避違抗命令者

五　無故裝彈及任意發放者
六　連續曠課在二十次以上者
第十七條　團員有犯左列之一者應記過示罰
一　誹謗法令及不遵章實行者
二　刁頑狡抗有失服從之道者
三　懈怠勤務臨場不到及缺課過多者
四　操巡既畢逗遛在外有荒店務者
五　非操巡時間私穿制服出外遊蕩者
六　擅離職守者
七　召集逾限後到者
八　請假休假逾限不到者
九　服裝違法定之式者
十　誤毁公物或遺失汚損及擅用者
十一　侮慢駡訾爭鬥未持器械者
十二　無端持械意圖恐嚇他人者
十三　酗酒滋事者

第四章　值日定則

第十八條　每支隊派正分隊長一人輪流值日

第十九條　每支隊製辦週番帶一條值日週番佩帶以示區別

第二十條　值日輪流按日或按週由支隊長酌量指定之

第二十一條　每日上操及講堂時均歸值日正分隊長查點人數

第二十二條　上操及講堂時由值日正分隊長整隊帶到集合地將全隊人數報告支隊長講堂教員

第二十三條　報告須申明全隊總數若干除事假外現到若干

第五章　操場定則

第二十四條　操場練習每次以一時半至二時爲限練習時間之早遲依預定表施行然有時嚴寒酷暑由公會會長命令減少或停操

第二十五條　在操演前十五分鐘由值日正分隊長率同團員整飭武裝齊集集合地由支隊長或教練員聽候帶往操場練習

第二十六條　凡練習時無故不得擅離隊伍倘有緊要事件須報告支隊長允許後方可離隊

第二十七條　凡在操場練習時如有不服訓誨恣意破壞者由支隊長處理之

第二十八條　休息時祇能在就近不得遠離歸隊時亦宜迅速

第二十九條　上操時應守禁例如左

一　交頭接耳

二　任意欠伸

三　斜倚槍口

四　嬉笑誚謔

第三十條　軍樂員無故不得離開操場並不許吹奏音調

第六章　講堂定則

第三十一條　團員上講堂由值日正分隊長帶隊入堂依次就坐教員入堂由值日正分隊長呼立正口令全體起立敬禮出堂敬禮與入堂同

第三十二條　講堂授課時應端坐靜聽若有未能明曉者俟功課畢後在原位立正請問

第三十三條　在講堂遇萬不得已之事須出講堂者非申請教員許可不得擅離

第三十四條　上課時應守禁例如左

一　交頭接耳

二　瞌睡欠伸

三　私帶閒書

四　嬉笑吟詠

五　吸食烟捲

第三十五條　無論何級職員來堂非教員之命不得敬禮

第七章　守衛定則

第三十六條　支隊事務所設風紀衛兵以肅靜隊內軍紀風紀並督令團員遵守定則其職在禁界內外維持一切風紀其服裝通常用全武裝

第三十七條　凡守衛團員當巡察時無論何人不得奪其職分內應有之權

第三十八條　守衛員人數之多少由支隊長按其情形酌定之

第三十九條　守衛司令由監察員擔任有督率衛員之責

第四十條　守衛長由正分隊長輪流派充

第四十一條　凡防務緊要時無論何地軍樂員無故不得吹奏號音並不得離開衛所受司令之指揮

第八章　附則

第四十二條　本規則如有未盡事宜由公會議事部公議修改之

無錫商團學術科預定表

區分 期限	術科科目	次數	學科科目	次數
第一期第	徒手單人教練	十五	陸軍禮節	〇三
	徒手分隊教練	十二	步兵須知	十〇
	柔軟體操	〇八	步兵操典摘要	二十
	持槍單人教練	十五	軍語學	十五
	一排教練	〇八	步槍學	〇八
	一連教練	〇八	野外要務令	十六
	散兵教練	〇六		
	射擊教練	十六	彈擊教範	十四

無錫商團學術科預定表 二

期	術科	時數	學科	時數
第二期	一連戰鬥教練	十〇	步兵前哨學	十〇
第二期	行軍實施教練	十二	步兵操典摘要	二十
第二期	實彈射擊	〇八	野外要務令	十二
第二期	實地測量教練	〇六	應用戰術	十六
第二期	野外偵探教練	十〇		
第三期	一營教練	十〇		
第三期	夜間教練	十〇	步兵前哨學	十〇
第三期	野外步哨教練	十二	野外要務令	二十
第三期	實彈射擊教練	十〇	軍制學	十二
第三期	刺槍術	十二	應用戰術	三十
第三期	器械體操	十二		

期		
工作教練	十二	
兩軍對抗演習	〇四	

附註

（一）每期六個月約共二十四星期每星期學科三次術科三次總計學科七十二次術科七十二次

（二）所定次數僅爲教授標準得依當時實施情形酌量伸縮另定星期預定表

（三）第二三兩期間雖無（單人）（散兵）（成排）（成連）教授之次數但於教練之時須常加復習

（四）天雨術科改爲學科

無錫商團學術科預定表

四

無錫商團服制表

肩章階級		
公會會長	照陸軍上校	銀地二道金三星
支會會長	照陸軍中校	銀地二道金二星
總隊長	照陸軍少校	銀地二道金一星
總監察	照陸軍少校	銀地二道金一星
教練科科長	照陸軍上尉	銀地一道金三星
支隊長	照陸軍上尉	銀地一道金三星
教練員	照陸軍中尉	銀地一道金二星
司務長	照陸軍少尉	銀地一道金一星
監察員	照陸軍少尉	銀地一道金一星
正分隊長	照陸軍上士	紅地一道金三星
副分隊長	照陸軍中士	紅地一道金二星
團員	照陸軍下士	紅地一道金一星

品質	夏季　斜紋布（衣帽同） 冬季　毛呢（衣帽同）
顏色	夏季　黃色（衣帽同） 冬季　青草色（衣帽同）
帽章	銀質鍍金五大星十小星每一大星間二小星團列圓形
領章	紅色內凹尖角式支隊左用商字右用阿拉伯數目字一個標明其隊數鄉區則用該處隊名
附註	帽沿袖管袴管均用紅嵌線一條 帮腿布用青草色線帶 監察員領章用粉紅色 軍樂員領章用湖色

無錫商團團旗定式表

（甲）

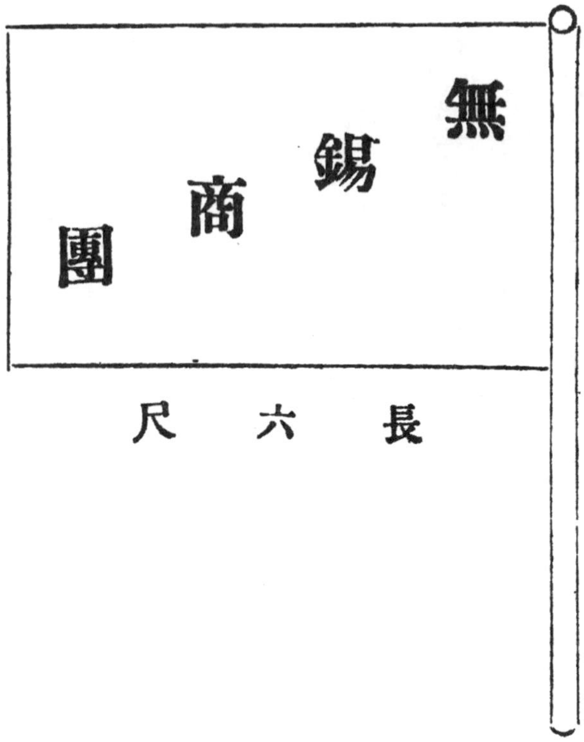

長六尺

闊三尺

（甲）商團總團旗用紅色
綢製上鐫黑絨字

無錫商團團旗定式表

（乙）

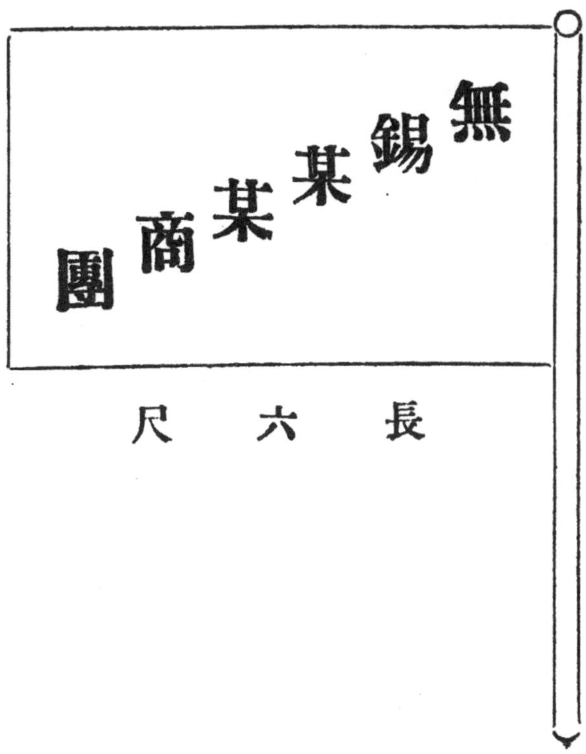

長六尺

闊三尺

（乙）各支隊團旗用紅色
綢製上鐫黑絨字

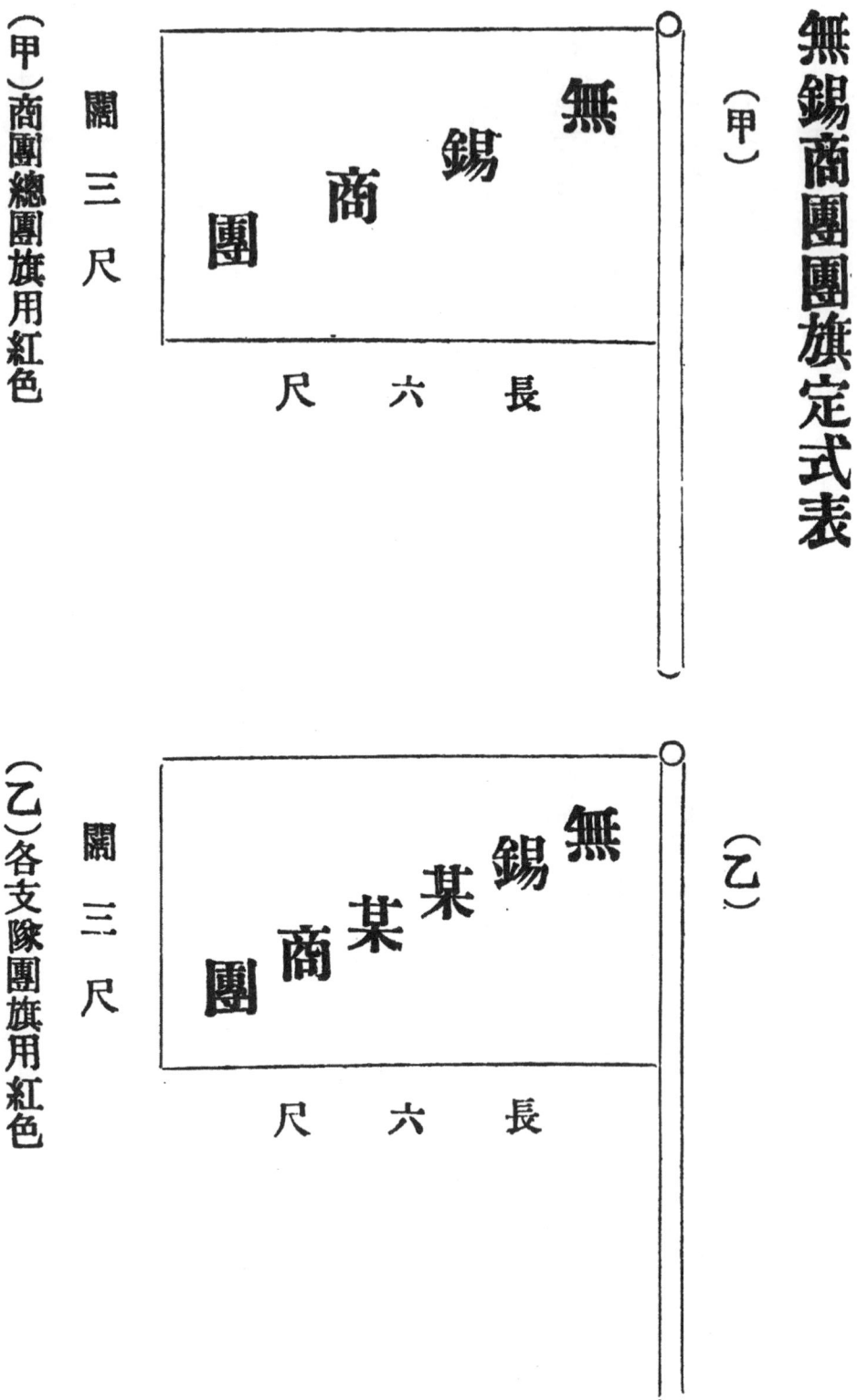

一

無錫商團團旗定式表

（丙）

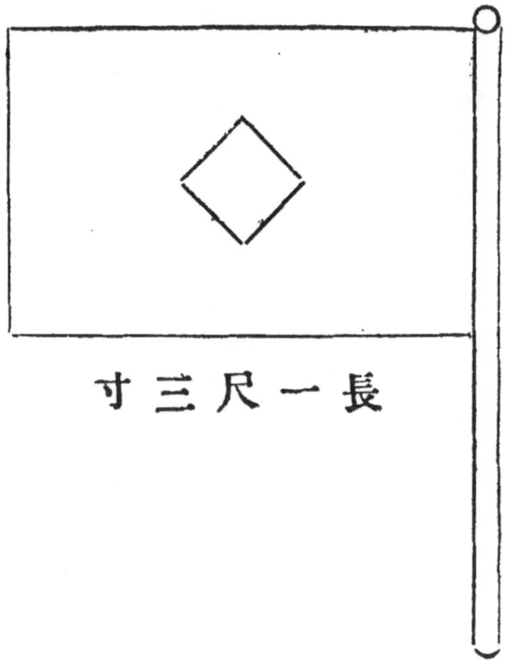

長一尺三寸

闊一尺一寸

（丙）各支隊號旗用紅羽毛製上以白布製斜角方圈圈內製白數目字一個標明該支隊順序

二

（丁）

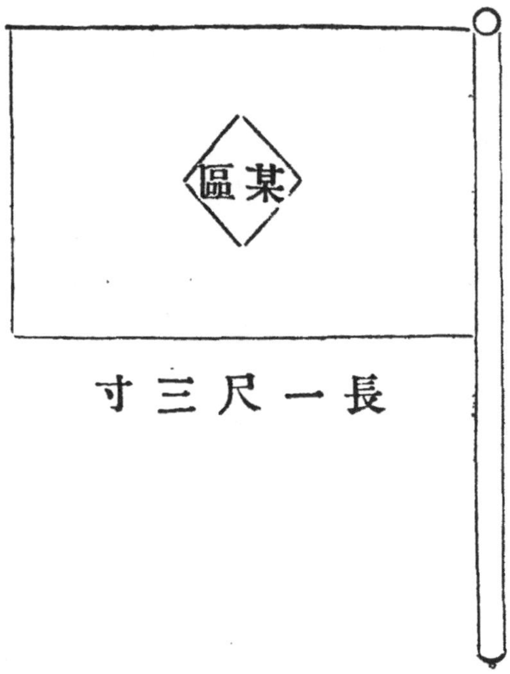

長一尺三寸

闊一尺一寸

（丁）鄉區支隊號旗製法與丙同惟圈內改用該鄉區名

無錫商團公會職員表

職任	姓名	字	年齡	籍貫	職業	通訊處
會長	楊壽楣	翰西	四十五歲	無錫	紗廠	廣勤紡織公司
副會長	單潤宇	紹聞	六十五歲	無錫	錢業	北黃埏橋單宅
公判部部長	薛翼運	南溟	五十九歲	無錫	絲繭	西水關薛宅
公判部副部長	華文川	藝珊	六十歲	無錫	銀行	上海商業銀行
公判部公判員	江耀文	煥卿	五十九歲	無錫	錢業	南門瀨團渚
公判部公判員	陳壽章	爾同	三十九歲	江陰	錢業	瑞昶潤銀號
公判部公判員	趙　夔	子新	五十四歲	無錫	米業	隆茂米行
公判部公判員	陳廷鏞	伯賢		無錫	米業	長裕泰米行
公判部公判員	吳達盈	方之	六十七歲	無錫	綢布	達昌祥綢莊
公判部公判員	唐殿鎮	驤庭	四十一歲	無錫	綢布	九餘綢莊
公判部公判員	孫鳴圻	鶴卿	五十三歲	無錫	絲繭	眞應道巷孫宅
公判部公判員	蔡文鑫	秉三	五十三歲	無錫	麵廠	九豐麵粉公司
公判部公判員	華寶善	覺堂	五十四歲	無錫	紗廠	廣勤紡織公司

無錫商團公會職員表

二

公判部公判員	余國楨	幹卿	五十五歲	黟縣	紗廠	廣勤紗廠
議事部議長	錢泰墉	少坪	四十五歲	無錫	綢布	協成綢莊
議事部副議長	張禮邦	之彥	三十九歲	無錫	米業	豐泰裕米行
議事部議員兼審查長	吳豫祁	日永	三十四歲	無錫	錢業	恆升錢莊
議事部議員兼理事主任	蔡　容	有容	三十四歲	無錫	錢業	瑞裕錢莊
議事部議員	王世庚	石雲	三十一歲	無錫	錢業	達源錢莊
議事部議員兼（理事審查員）	王景濂	恂盦	二十七歲	無錫	錢業	瑞裕錢莊
議事部議員	王嵩鶴	鳴皋	五十六歲	無錫	米業	永源生米行
議事部議員兼審查員	糜本植	幹卿	四十七歲	無錫	米業	德大源米行
議事部議員	沈煥珏	石盦	三十歲	無錫	麵行	高成泰麵莊
議事部議員	程祖慶	敬堂	三十七歲	安徽	綢布	九餘綢莊
議事部議員	丁錫鏞	杏初	四十四歲	無錫	綢布	丁源盛綢莊
議事部議員兼審查員	錢泰堅	保稚	二十五歲	無錫	綢布	世泰盛綢莊
議事部議員兼審查員	王汝崇	峻崖	四十六歲	無錫	電燈	耀明電燈公司
議事部議員	沈簡銘	錫鈞	三十八歲	無錫	電燈	耀明電燈公司
議事部議員兼審查員	馮家麟	雲初	二十七歲	無錫	米業	義泰永米行

議事部議員	惠兆軫	季良	三十七歲	無錫	綢布	時和綢莊
議事部議員兼理事	張濊若	濊若	二十八歲	無錫	紗廠	廣勤紡織公司
議事部議員兼審查員	朱瑣梁	梅森	三十二歲	無錫	紗廠	廣勤紗廠
幹事部部長	唐渠鎮	水成	五十六歲	無錫	綢布	小橋頭唐宅
幹事部副部長	高紹祖	季運	五十五歲	無錫	煤鐵	日暉巷高宅
幹事部文牘科科長	顧金銘	資箴	五十六歲	無錫		縣商會
幹事部文牘科科員	唐　泳	溪伯	四十歲	武進	肥皂	廣勤肥皂廠
幹事部文牘科科員	王景濂	恂龕	二十七歲	無錫	錢業	瑞裕錢莊
幹事部文牘科科員	強瑤南	世康	二十三歲	無錫	米業	隆茂米行
幹事部文牘科科員	陳光葆	蕙蓀	二十九歲	無錫	綢布	時和綢莊
幹事部文牘科科員	金　鼎	峙程	四十歲	無錫		救火聯合會
幹事部文牘科科員	張濊若	濊若	二十八歲	無錫	紗廠	廣勤紡織公司
幹事部文牘科書記	浦　鈺	振聲	三十四歲	無錫		商團公會
幹事部會計科科長	楊應樞	拱辰	三十歲	無錫	紗廠	廣勤紡織公司
幹事部會計科科員	陳光堯	頌勳	四十五歲	無錫	錢業	恆升錢莊
幹事部會計科科員	王　曜	斗南	三十六歲	紹興	米業	隆茂米行

無錫商團公會職員表

三

無錫商團公會職員表 四

幹事部會計科科員	徐楚書	湘文	四十九歲	無錫	綢布	懋綸綢莊
幹事部會計科科員	華埜	君植	二十歲	無錫	米業	元大米行
幹事部會計科科員	劉鳳章	鵬南	三十八歲	無錫	紗廠	廣勤紗廠
幹事部會計科收支員	王瀚	瀛北	三十一歲	武進		商團公會
幹事部軍裝科科長	楊驥	程千	三十一歲	無錫		二隊事務所
幹事部軍裝科科員	王祖植	慰曾	三十八歲	無錫	錢業	永吉潤錢莊
幹事部軍裝科科員	陳廷鏞	伯賢		無錫	米業	長裕泰米行
幹事部軍裝科科員	張壽鏡	鶴年	三十四歲	無錫	綢布	懋綸綢莊
幹事部軍裝科科員	蘇斌化	子駿	二十九歲	無錫	米業	元大米行
幹事部軍裝科科員	諸瑛	廷萱	三十一歲	武進	紗廠	廣勤紗廠
幹事部教練科科長	顧安邦	稷臣	三十二歲	無錫		商團公會
幹事部教練科科員	王世庚	石雲	三十一歲	無錫	錢業	達源錢莊
幹事部教練科科員	楊驥	程千	三十一歲	無錫		二隊事務所
幹事部教練科科員	孫振鐸	允中	二十八歲	無錫	綢布	協成綢莊
幹事部教練科科員	沈巍	煥章	三十二歲	無錫	報館	錫報館
幹事部教練科科員	朱鏡蓉	鑑珊	四十三歲	無錫		廣勤紗廠

幹事部庶務科科長	顧乃鈞	和笙	四十三歲	無錫		救火聯合會
幹事部庶務科科員	李明華	伊清	四十五歲	無錫	錢業	達源錢莊
幹事部庶務科科員	任學謙	遜先	二十六歲	無錫	米業	久禾米行
幹事部庶務科科員	張德基	伯聲	五十七歲	無錫	綢布	錦雲公所
幹事部庶務科科員	楊　焕	少芸	三十歲	無錫	鑲牙	煉石居
幹事部庶務科科員	劉鳳章	鵬南	三十八歲	無錫	紗廠	廣勤紗廠
本部總隊長	施鴻逵	羽亭	三十二歲	無錫	銀行	上海商業銀行
本部總監察	朱鏡蓉	鑑珊	四十三歲	無錫		廣勤紗廠
本部軍樂長	叚起山	松亭	三十三歲	丹徒		廣勤紗廠
治療所主任	華景奭	拯黎	三十八歲	無錫	醫	大同醫院
治療所醫士	金子英	子英	四十歲	無錫	醫	大同醫院
治療所醫士	沈維屏	維屏	三十七歲	武進	醫	大同醫院
治療所醫士	潘艾初	艾初	二十二歲	吳縣	藥劑	大同醫院

無錫商團公會職員表

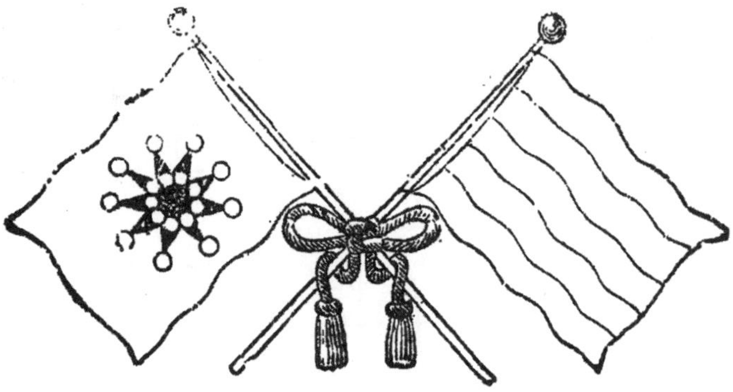

六

無錫商團同人錄

會董

姓名	字	年齡	籍貫	職業	通訊處
楊壽楣	翰西	四十五歲	無錫	紗廠	廣勤紡織公司
薛翼運	南溟	五十九歲	無錫	絲繭	西水關薛宅
孫鳴圻	鶴卿	五十三歲	無錫	絲繭	乾甡絲廠
蔡文鑫	兼三	五十三歲	無錫	麵廠	九豐麵粉公司
華文川	藝珊	六十歲	無錫	銀行	上海商業銀行
單潤宇	紹聞	六十五歲	無錫	錢業	北黃埿橋單宅
王　勍	克循	四十歲	無錫		無錫縣商會
唐渠鎮	水成	五十六歲	無錫	綢布	唐瑞成夏布行
楊壽彬	森千	四十九歲	無錫	紗廠	福成紡織公司
榮宗錦	宗敬	四十七歲	無錫	紗廠	申新第三紗廠
榮瑞錦	瑞馨	四十九歲	無錫	紗廠	振新紡織公司
榮宗銓	德生	四十六歲	無錫	麵廠	茂新麵粉公司

無錫商團同人錄　一

無錫商團同人録　二

唐滋鎮	保謙	五十五歲	無錫	麵廠	九豐麵粉公司
許嘉穀	稻蓀	五十歲	無錫	絲廠	振藝絲廠
顧典書	叔嘉	七十歲	無錫	儲業	百歲坊巷顧宅
史濟良	問耕	六十八歲	無錫	典業	保大當
高汝琳	映川	五十三歲	無錫	絲繭	絲繭公會
高紹祖	季連	五十五歲	無錫	煤鐵	高有源煤鐵號
高惟彝	華國	四十八歲	江都	銀行	中國銀行
顧立仁	貽穀	三十六歲	嘉興	銀行	交通銀行
嚴良礽	錫繁	三十三歲	吳縣	銀行	江蘇銀行
吳紹成	玉君	六十四歲	歙縣	錢業	同和潤銀號
張鍾麟	趾卿	四十五歲	無錫	紗廠	茂綸批發處
馮紹憙	吧懷	四十歲	廣東	麵廠	泰隆麵粉公司
華士巽	繹之	二十八歲	無錫	儲業	華宏仁堆棧
華　堂	叔琴	四十二歲	無錫	儲業	宏泰堆棧
秦寶瓚	岐臣		無錫	南貨	靄祥南貨號
虞湘蘭	筱珊	七十八歲	無錫	油業	王源來油行

陶樹勳	賛臣	六十五歲	無錫	酒業	陶東昇
劉贊南	頌薰	五十五歲	無錫	米業	南門大有裕行
浦大綸	文汀	四十五歲	無錫	油廠	恆德油餅廠
陳作霖	湛如	四十歲	無錫	油廠	潤豐油餅廠
王汝崇	峻崖	四十六歲	無錫	電燈	耀明電燈公司
楊壽梧	仞千	四十八歲	無錫	電話	電話公司
蔣汝祺	潤之	六十三歲	江陰	錢業	盛康源錢莊
鄒涵培	泳卿	四十六歲	無錫	錢業	瑞裕錢莊
陳壽章	爾同	三十九歲	江陰	錢業	瑞昶潤銀號
徐承治	子怡	五十一歲	無錫	典業	保興當
唐桂源	燕三	四十九歲	無錫	儲業	生和堆棧
楊頌岐	毓洲	五十六歲	無錫	儲業	穗生堆棧
周鑑	梅坡	五十八歲	無錫	儲業	東瑞成堆棧
吳達盈	方之	六十七歲	無錫	綢布	達昌祥綢莊
李錦瑩	硯臣	五十三歲	無錫	布業	茂記布行
唐藩鎮	屏周	五十三歲	無錫	布業	唐長春布行

無錫商團同人錄

錢泰墉	少坪	四十五歲	無錫	綢布	協成綢莊
華蓉鏡	幹臣	五十四歲	無錫	棉紗	源餘紗號
張明紀	勉之	四十二歲	無錫	棉紗	張全泰紗號
李錦濤	湘澄	四十七歲	無錫	布業	茂記布行
趙　燮	子新	五十五歲	無錫	米業	隆茂米行
蘇鎮環	養齋	五十三歲	無錫	米業	元大米行
夏茂庠	伯周	四十三歲	無錫	米業	義泰永米行
沈簡銘	錫鈞	三十八歲	無錫	電燈	耀明電燈公司
陳廷鏞	伯賢		無錫	米業	長裕泰米行
趙旭旦	子初	四十七歲	無錫	米業	隆茂米行
吳一麐	玉書	四十七歲	無錫	布廠	勤工布廠
程祖慶	敬堂	三十六歲	安徽	布廠	麗華布廠
江耀衢	雲裳	五十六歲	無錫	絲吐	瀨灟渚
江雲駿	汀芝	六十一歲	無錫	絲吐	瀨灟渚
邱履德	子馨	五十四歲	無錫	米業	邱裕生米行
王煜鎮	定安	四十八歲	無錫	米業	柵口源盛米行

四

虞思恭	志卿	五十四歲	無錫	米業	南門添泰祥米行
程鵬運	緒卿	四十六歲	安徽	木業	永興昌木行
程祖庚	菊村	五十五歲	安徽	木業	同福昌木行
吳士枚	侍梅	三十二歲	無錫	印刷	錫成印刷公司
高昌祚	錫蓀	三十一歲	無錫	麵行	高成泰麵行
張曾樞	拱辰	三十四歲	無錫	米廠	永和礱米廠
鄒福瑋	復威	三十一歲	無錫	米廠	鄒成泰礱米廠
張濂鎮	朗如	六十七歲	無錫	繭棧	源愼繭棧
許兆基	子賡	四十五歲	無錫	繭棧	大有繭棧
樓秉乾	朗清	五十五歲	嘉定	燭業	純泰燭號
楊樹勳	子猷	四十二歲	無錫	燭業	楊乾泰燭號
張汝玉	琢如	五十九歲	無錫	金業	寶興金珠號
高國翔	鴻初	四十一歲	無錫	衣業	福泰提莊
楊錫禎	少梅	五十一歲	無錫	衣業	恆生提莊
朱德培	俊珊	六十七歲	無錫	南貨	永茂南貨號
宋晋爵	楚珍	五十四歲	無錫	紙業	源長紙號

包　駉	魯章	三十四歲	寧波	紙業	恆源滄紙號
金浩川		五十歲	無錫	酒業	義和酒行
張成方	善卿	四十歲	鎮海	銀樓	楊慶和銀樓
邵學濂	涵臣	三十六歲	無錫	銀樓	恒孚銀樓
宋　芾	晉齋		無錫	轉運	永泰隆公司
王聰彝	亮孚	四十歲	無錫	轉運	滙通轉運公司
胡本立	立誠	五十八歲	無錫	鐵業	餘昌煤鐵號
朱錫章	福川	五十三歲	無錫	廣貨	裕康洋貨號
藍　蘅	仲和	三十三歲	江西	廣貨	源利洋貨號
周廷知	上達	五十二歲	無錫	山貨	正茂山貨行
徐渭清	槐卿	三十歲	甯波	五金	振華五金號
蔣鳳樵	漢卿	三十歲	無錫	五金	振源五金號
楊景煥	蔚章	二十九歲	無錫	紗廠	廣勤紡織公司
楊應樞	拱辰	三十歲	無錫	紗廠	廣勤紡織公司
王家楨	爾成	四十四歲	無錫	藥業	大吉春藥號
周衡伯			無錫	藥業	同豐參號

孫鈺昌	叔衡	五十四歲	武進	冶坊	王源吉冶坊
韋昌綸	玉泰	五十六歲	無錫	繭業	韋玉記號
華耀祥	蘭軒	四十二歲	無錫	繭業	恆祥號
徐國均	紹基	五十一歲	無錫	鐵業	廣昌煤號
張宗頤	雪莊	四十六歲	吳興	鹽棧	鹽公棧
簡照南			廣東	紙烟	南洋兄弟公司
伍學羣	卓朝	三十八歲	廣東	紙烟	南洋兄弟公司
楊建綸	經笙	五十五歲	無錫	米業	西門三泰米行
周士模	廉生	三十三歲	無錫		南日暉橋周宅
楊道樞	幹卿	四十七歲	無錫	油業	源春隆油行
黃元杰	卓儒	五十七歲	無錫	儲業	南門振南堆棧
張宗藝	念耕	五十六歲	無錫	典業	和濟當
蔣本立	子庭	五十六歲	無錫	金業	老麗成金珠號
孫廷相	子才	五十二歲	無錫	絲廠	錦豐絲廠
陳孚丞	輔臣	四十五歲	無錫	紙業	源通紙號
劉錫泉	幼庭	五十歲	無錫	絲廠	宏昶絲廠

陶鳳圻	錫候	三十八歲	無錫	酒業	謙益槽坊
楊宗淦	蓀笙	五十三歲	無錫	油業	湧泰槽坊
張禮邦	之彥	三十九歲	無錫	米業	豐泰裕米行
江映蓮	雲章	八十七歲	無錫	帽業	松茂祥帽莊
蔣廷鏞	聲揚	七十歲	無錫	陶器	蔣義茂號
李保同	子均	四十五歲	無錫	烟業	復興成煙號
丁錫鏞	杏初	四十五歲	無錫	綢布	丁源盛綢莊
何元植	秋泉	五十四歲	無錫	茶食	金源隆茶食號
徐毓文	錦文	五十五歲	無錫	茶食	徐嘉和茶食號
沈兆榛	品之	六十六歲	無錫	麵行	寶興泰麵行
丁遜鈞	芥軒	五十歲	無錫	綢布	南門南昌布廠
温棨鑣	明遠	八十二歲	無錫	米業	西門温慶泰米行
汪運泰	子祥	五十五歲	無錫	油業	源順油行

會員

姓名	字	年齡	籍貫	職業	支會隊職任	通訊處
單潤宇	紹聞	六十五歲	無錫	錢業	第一支會會長	北黄坭橋單宅

無錫商團同人錄

吳紹成	玉君	六十四歲	歙縣	錢業	第一支會副會長	同和潤銀號
蔣汝祺	潤之	六十三歲	江陰	錢業	第一支會會董	盛康源錢莊
江耀文	煥卿	五十九歲	無錫	錢業	第一支會會董	南門瀨瀏渚
江宗海	頌清	五十九歲	無錫	錢業	第一支會會董	允裕錢莊
吳文錫	理丞	五十四歲	無錫	錢業	第一支會會董	宏大錢莊
范樹霖	熙臣	五十三歲	無錫	錢業	第一支會會董	德豐錢莊
范瀚霖	純臣	五十二歲	無錫	錢業	第一支會會董	德豐錢莊
張源浩	養吾	五十二歲	無錫	錢業	第一支會會董	長豐錢莊
單潤珊	安吉	五十二歲	無錫	錢業	第一支會會董	竹場巷內
朱克昌	品良	五十二歲	無錫	錢業	第一支會會董	協康錢莊
錢國楨	贊卿	四十九歲	無錫	錢業	第一支會會董	永豐錢莊
張廷瑩	蘊甫	四十八歲	無錫	錢業	第一支會會董	同和潤銀號
范潤鐖	子澍	四十七歲	無錫	錢業	第一支會會董	允裕錢莊
鄒涵培	泳卿	四十六歲	無錫	錢業	第一支會會董	瑞裕錢莊
陳光堯	頌勳	四十五歲	無錫	錢業	第一支會會董兼會計主任	恆升錢莊
李明華	伊清	四十五歲	無錫	錢業	第一支會會董兼庶務主任	達源錢莊

徐文釗　莘農　四十五歲　無錫　錢業　第一支會會董　達源錢莊
葛鳳岐　鳳池　四十三歲　江陰　錢業　第一支會會董　瑞昶潤銀號
盧　釗　慕康　四十二歲　江陰　錢業　第一支會會董兼督察長　盛康源錢莊
楊堯章　仲卿　四十二歲　無錫　錢業　第一支會會董　宏大錢莊
張汝霖　樸龕　四十歲　無錫　錢業　第一支會會董　長豐錢莊
丁鵬雲　翰齋　四十歲　無錫　錢業　第一支會會董　永豐錢莊
陳壽章　爾同　三十九歲　江陰　錢業　第一支會會董　瑞昶潤銀號
王祖植　慰曾　三十八歲　無錫　錢業　第一支會會董兼軍裝主任　永吉潤錢莊
張書紳　敬生　三十八歲　無錫　錢業　第一支會會董　源豐錢莊
胡嘉猷　翼甫　三十八歲　無錫　錢業　第一支會會董　瑞裕錢莊
方模農　笠村　三十五歲　歙縣　錢業　第一支會會董　永吉潤錢莊
吳豫昶　日永　三十四歲　無錫　錢業　第一支會會董　恒升錢莊
方建敏　壽頤　三十四歲　江陰　錢業　第一支會會董　同和潤銀號
蔡　容　有容　三十四歲　無錫　錢業　第一支會會董兼幹事長　瑞裕錢莊
鮑啟運　樹安　三十二歲　無錫　錢業　第一支會會董兼督察員　源豐錢莊
王景濂　恂龕　二十七歲　無錫　錢業　第一支會文牘主任　瑞裕錢莊

張堯霖	遇慎	二十五歲	無錫	錢業	第一支會會計員	恆升錢莊
吳廷楳	仲侯	二十五歲	無錫	錢業	第一支會軍裝員	永吉潤錢莊
王善樂	庚竹	二十二歲	江陰	錢業	第一支會文牘員	瑞昶潤銀號
殷元申	南華	二十五歲	無錫	錢業	第一支會庶務員	達源錢莊
王復楨	少珊	三十九歲	無錫	錢業	第一支會督察員	瑞昶潤銀號
施永成	襄臣	三十六歲	無錫	錢業	第一支會督察員	宏大錢莊
黃思義	禮堂	三十五歲	歙縣	錢業	第一支會督察員	同和潤銀號
王世庚	石雲	三十一歲	無錫	錢業	第一支隊支隊長兼教練員	達源錢莊
章念祖	劭伯	二十九歲	無錫	錢業	第一支隊司務長	恆升錢莊
江有鴻	肅羽	二十八歲	無錫	錢業	第一支隊監察員	永豐錢莊
吳源昌	灝卿	二十六歲	無錫	錢業	第一支隊監察員	允裕錢莊
高昌鼎	立新	二十八歲	無錫	錢業	第一支隊軍樂員	允裕錢莊
顧廷柏	季良	二十六歲	無錫	錢業	第一支隊軍樂員	宏大錢莊
趙旭旦	子初	四十七歲	無錫	米業	第二支會會長	隆茂米行
高昌祚	錫蕃	三十一歲	無錫	麵行	第二支會副會長	高成泰麵行
趙夔	子新	五十五歲	無錫	米業	第二支會會董	隆茂米行

蔡文鑫	秉三	五十四歲	無錫	米業	第二支會會董	永源生米行
唐滋鎮	保謙	五十五歲	無錫	米業	第二支會會董	永源生米行
陳廷鏞	伯賢		無錫	米業	第二支會會董兼軍裝主任	長裕泰米行
張樹堃	厚卿	六十七歲	無錫	米業	第二支會會董	隆大米行
張禮邦	之彥	三十九歲	無錫	米業	第二支會會董兼幹事長	豐泰裕米行
王嵩鶴	鳴臯	五十六歲	無錫	米業	第二支會會董	永源生米行
鄒　駿	季臯	四十七歲	無錫	米業	第二支會會董	永源生米行
吳光熙	耀庭	四十歲	無錫	米業	第二支會會董	久禾米行
鄧鶴舫	雲翔	四十七歲	無錫	米業	第二支會會董	恆義米行
陳肇璋	子琳	四十四歲	吳縣	米業	第二支會會董	隆茂米行
鄒丕謨	少坪	五十四歲	無錫	米業	第二支會會董	寶豐米行
丁植耘	惠疇	四十八歲	無錫	米業	第二支會會董	德大源米行
李光祖	堯贊	四十歲	無錫	米業	第二支會會董	永泰洽米行
過　棠	仰蘧	二十九歲	無錫	米業	第二支會會董	永大生米行
吳鶴齡	松亭	五十九歲	無錫	米業	第二支會會董	久禾米行
許藜照	菊軒	五十四歲	無錫	米業	第二支會會董	德大源米行

王以誠	子明	四十八歲	無錫	米業	第二支會會董	信昌源米行
張秉樑	壽山	四十二歲	無錫	米業	第二支會會董	永大生米行
許榕照	志和	四十五歲	無錫	米業	第二支會會董	德大源米行
馮鶴年	子延	五十二歲	無錫	米業	第二支會會董	寶大米行
陳玉麟	錫如	四十八歲	無錫	米業	第二支會會董	合茂昌米行
陳玉書	錫康	四十九歲	無錫	米業	第二支會會董	合茂康米行
沈彥秀	槐初	四十八歲	無錫	米業	第二支會會董	復泰米行
馬錦樾	蓉初	四十一歲	無錫	米業	第二支會會董	一源米行
孫宗海	眉蘇	五十一歲	無錫	米業	第二支會會董	寶興昌米行
陳雪輿	耀祖	五十三歲	無錫	米業	第二支會會董	聚昌米行
沈源基	遠甫	三十七歲	無錫	米業	第二支會會董	同泰豐米行
沈煥彪	桂卿	三十九歲	無錫	米業	第二支會會董	同泰豐米行
孫多敉	建侯	五十七歲	安徽	米業	第二支會會董	寶豐米行
江柏仁	漢章	五十四歲	無錫	米業	第二支會會董	寶豐米行
陶福年	輔庭	三十五歲	無錫	米業	第二支會會董	永慎豐米行
葉　蓁	叔宜	四十六歲	無錫	米業	第二支會會董	寶大米行

胡守彝	保訓	三十五歲	無錫	米業	第二支會會董	恒大昌米行
談曜奎	子瑞	四十七歲	無錫	米業	第二支會會董	恒源生米行
鄭恩植	粟範	三十四歲	無錫	醬園	第二支會會董	源豐酒行
鄭恩浩	粟良	二十七歲	無錫	醬園	第二支會會董	源豐酒行
陸炳堃	庠生	三十三歲	無錫	醬園	第二支會會董	陸叙茂醬園
許錦灝	瀚初	四十七歲	無錫	醬園	第二支會會董	協泰昌酒行
徐泰仁	錦堂	五十五歲	無錫	米業	第二支會會董	仁大米行
朱鵬年	達夫	三十九歲	無錫	油業	第二支會會董	高同昌棉子行
蔡　煇	質銘	四十一歲	無錫	米業	第二支會會董	裕大米行
張榮祖	仲文	三十八歲	無錫	米業	第二支會會董	慎泰米行
華承烈	梅坪	二十六歲	無錫	米業	第二支會會董	永康米行
陸大均	伯坪	四十二歲	無錫	醬園	第二支會會董	陸右豐醬園
張錦文	念絅	五十二歲	無錫	麵行	第二支會會董	久大麵粉號
孫源深	雲峯	五十四歲	無錫	麵行	第二支會會董	高源泰麵行
高光鎣	在鎔	五十三歲	無錫	米業	第二支會會董	同茂米行
錢寶潤	雲清	四十一歲	無錫	米業	第二支會會董	穗禾源米行

無錫商團同人錄 十五

強雍烈	蓉卿	六十七歲	無錫	米業	第二支會會董	德盛豐米行
強瑤南	世康	二十三歲	無錫	米業	第二支會文牘主任	隆茂米行
王曜	斗南	三十六歲	紹興	米業	第二支會會計主任	隆茂米行
任學謙	遜先	二十六歲	無錫	米業	第二支會庶務主任	久禾米行
高昌祺	頌安	二十三歲	無錫	麵行	第二支會督察長	高源泰麵行
周倫	贊勳	二十三歲	無錫	米業	第二支會文牘員	一源米行
李承棨	棟珊	三十二歲	無錫	米業	第二支會會計員	德大源米行
沈煥珏	石盦	三十歲	無錫	麵行	第二支會軍裝員兼支隊長	高成泰麵行
張禮均	之瑾	二十七歲	無錫	米業	第二支會庶務員	豐泰裕米行
華鈞燾	少雅	二十七歲	無錫	米業	第二支會庶務員	宏源盛米行
溫斌	鶴亭	三十一歲	無錫	米業	第二支會省察員	寶源米行
敖靜波	恩潤	二十九歲	無錫	米業	第二支會督察員	源茂昌米行
蔣士齡	錫園	二十八歲	無錫	米業	第二支會督察員	隆茂米行
華均	心濤	三十三歲	無錫	米業	第二支會督察員	復泰米行
楊驤	程千	三十一歲	無錫		第二支隊教練員	二隊事務所
陳光良	顯清	二十六歲	無錫	米業	第二支隊司務長	永泰義米行

周衡	偉卿	三十一歲	無錫	米業	第二支隊監察員	
顧翹	鴻鈞	二十七歲	無錫	米業	第二支隊監察員	恆大昌米行
顧文訓	石泉	二十四歲	無錫		第二支隊司書生	二隊事務所
姚凌	濟滄	二十一歲	無錫	醬園	第二支隊軍樂員	協泰昌瀚記
張旋元	松年	二十二歲	無錫	米業	第二支隊軍樂員	寶大米行
唐渠鎮	水成	五十六歲	無錫	綢布	第三支會會長	唐瑞成行
錢泰墉	少坪	四十五歲	無錫	綢布	第三支會副會長	協成綢莊
張思敬	孟肅	四十八歲	無錫	綢布	第三支會會董兼督察長	世泰盛綢莊
華耀庚	耀庚	六十一歲	無錫	綢布	第三支會會董	丁源盛綢莊
丁錫鏞	杏初	四十四歲	無錫	綢布	第三支會會董	丁源盛綢莊
丁錫鈞	荷生	四十二歲	無錫	綢布	第三支會會董	丁雙盛綢莊
吳達盈	方之	六十七歲	無錫	綢布	第三支會會董	達昌祥綢莊
馮祖章	旭山	四十五歲	無錫	綢布	第三支會會董	丁雙盛綢莊
秦廷標	曉初	六十八歲	無錫	綢布	第三支會會董	懋綸綢莊
楊保瑛	樸山	五十歲	無錫	裘葛	第三支會會董	九豐
錢泰圻	魯卿	三十九歲	無錫	綢布	第三支會會董	協成綢莊

吳和鈞	仲韻	五十九歲	無錫	綢布	第三支會會董	德裕綸綢莊
唐殿鎮	襄庭	四十一歲	無錫	綢布	第三支會會董	九餘綢莊
范朝鍾	瀚卿	六十七歲	無錫	綢布	第三支會會董	達昌祥綢莊
陳光葆	薫蓀	二十九歲	無錫	綢布	第三支會會董兼文牘主任	時和綢莊
楊錦憲	叔涵	五十二歲	無錫	綢布	第三支會會董	楊人和綢莊
孫葆鈞	寶卿	四十一歲	無錫	綢布	第三支會會董	九大綢莊
徐繼臯	仲丹	四十七歲	無錫	綢布	第三支會會董	同泰昌綢莊
華蓉鏡	幹臣	五十四歲	無錫	綢布	第三支會會董	源餘綢莊
胡昇堂	景賢	四十五歲	無錫	裘葛	第三支會會董	和泰
徐雲山		四十九歲	無錫	裘葛	第三支會會董	唐瑞成
戴守銘		五十歲	無錫	綢布	第三支會會董	鼎餘綢莊
方孟千			無錫	綢布	第三支會會董	方瑞和綢莊
陸子藩		四十九歲	無錫	綢布	第三支會會董	鴻大綢莊
沈錦華		三十八歲	無錫	綢布	第三支會會董	德茂森綢莊
程祖慶	敬堂	三十七歲	無錫	綢布	第三支會幹事長	九餘綢莊
徐楚書	湘文	四十九歲	無錫	綢布	第三支會會計主任	懋綸綢莊

張壽鏡	鶴年	三十四歲	無錫	綢布	第三支會軍裝主任	懋綸綢莊
張德基	伯聲	五十七歲	無錫	綢布	第三支會庶務主任	錦雲公所
劉亞杰	濟臣	十九歲	無錫	綢布	第三支會文牘員	德裕綸綢莊
張薰南	覺民	二十九歲	無錫	綢布	第三支會會計員兼軍裝員	懋綸綢莊
張守英		二十九歲	無錫	綢布	第三支會庶務員	錦雲公所
吳家熊	少之	二十九歲	無錫	綢布	第三支會督察員	達昌祥綢莊
吳澍麟	景涵	三十二歲	無錫	綢布	第三支會督察員	德裕綸綢莊
闕錫爵	晉甫	四十五歲	無錫	綢布	第三支會督察員	德裕綸綢莊
沈望溪	望屺	三十歲	無錫	綢布	第三支會督察員	源餘綢莊
吳錫庚	鴻翔	三十二歲	無錫	綢布	第三支隊支隊長	德裕綸綢莊
孫振鐸	允中	二十八歲	無錫	綢布	第三支隊教練員	協成綢莊
胡慰祖	一鴻	二十六歲	無錫	綢布	第三支隊司務長	丁源盛綢莊
華　魁	仰蘇	二十八歲	無錫	綢布	第三支隊監察員	丁雙盛綢莊
朱　武	漢卿	二十六歲	無錫	綢布	第三支隊監察員	丁雙盛綢莊
蘇鎮環	養齋	五十三歲	無錫	米業	第四支會會長	元大米行
李鏻瑩	硯臣	五十三歲	無錫	紗業	第四支會副會長	茂記紗號

無錫商團同人錄

孫鳴圻	鶴卿	五十三歲	無錫	絲繭	第四支會會董	乾甡絲廠
程文蔚	炳若	三十一歲	無錫	絲繭	第四支會會董	乾豐絲廠
孫廷相	子才	五十二歲	無錫	絲繭	第四支會會董	錦豐絲廠
鍾志彝			無錫	絲繭	第四支會會董	永盛絲廠
鄭替鏡	子卿	四十六歲	無錫	絲繭	第四支會會董	瑞昌絲廠
繆爾鈺	少卿	四十八歲	江陰	絲繭	第四支會會董	鴻盛絲廠
榮宗銓	德生	四十六歲	無錫	麵廠	第四支會會董	茂新麵粉公司
蔡文鑫	秉三	五十三歲	無錫	麵廠	第四支會會董	九豐麵粉公司
唐滋鎮	保謙	五十五歲	無錫	麵廠	第四支會會董	九豐麵粉公司
馮紹憙	屺懷	四十歲	廣東	麵廠	第四支會會董	泰隆麵粉公司
浦大綸	文汀	四十五歲	無錫	油廠	第四支會會董	恆德油餅廠
陳作霖	湛如	四十歲	無錫	油廠	第四支會會董	潤豐油餅廠
何文俊	夢蓮	三十一歲	上虞	絲繭	第四支會會董	源康絲廠
李仰山				麵廠	第四支會會董	長豐麵粉公司
鄒福璋	復威	三十一歲	無錫	油廠	第四支會會董	成茂油餅廠
吳一麐	玉書	四十七歲	無錫	布廠	第四支會會董	勤工布廠

十九

無錫商團同人錄

程祖慶	敬堂	三十六歲	安徽	布廠	第四支會會董	麗華布廠
蔣祖訓	子康	四十二歲	無錫	布廠	第四支會會董	光華布廠
[illegible]	[illegible]	三十[illegible]歲	無錫	布廠	第四支會會董	華成森布廠
陳福耀	倬雲	四十五歲	無錫	布廠	第四支會會董	瑞生布廠
朱啟祥	伯和	四十四歲	無錫	酒業	第四支會會董	陸右豐槽坊
金浩川		五十歲	無錫	酒業	第四支會會董	義和酒行
陶樹勳	贊臣	六十五歲	無錫	酒業	第四支會會董	陶東昇槽坊
許錦標	子雲	五十歲	無錫	酒業	第四支會會董	協泰昌槽坊
王鏡涵	若波	五十四歲	無錫	酒業	第四支會會董	王源長槽坊
陶鳳圻	錫侯	三十八歲	無錫	酒業	第四支會會董	謙益槽坊
馮文博	逸齋	六十九歲	無錫	米業	第四支會會董	裕泰米行
夏茂庠	伯周	四十三歲	無錫	米業	第四支會會董	義泰永米行
陶熙	子明	六十四歲	無錫	米業	第四支會會董	元大米行
舒錫淇	雋齋	五十一歲	無錫	米業	第四支會會董	天豐米行
朱煌	瑞耘	三十七歲	無錫	米業	第四支會會董	長源米行
陶賡基	蔭敷	三十七歲	無錫	米業	第四支會會董	長泰米行

周日熙	翼臣	五十三歲	無錫	米業	第四支會會董	彙豐米行
王宗章	晴帆	五十二歲	無錫	油業	第四支會會董	源來油行
吳潤德	意誠	四十五歲	無錫	油業	第四支會會董	源大油行
高　翊	叔安	四十五歲	無錫	油業	第四支會會董	源來油行
顧賡芸	杏初	四十八歲	無錫	油業	第四支會會董	源春隆油行
華蓉鏡	幹臣	五十四歲	無錫	紗業	第四支會會董	源餘紗號
張明紀	勉之	四十二歲	無錫	紗業	第四支會會董	全泰紗號
方建敏	壽頤	三十三歲	江陰	紗業	第四支會會董	公記紗號
唐藩鎮	屏周	五十三歲	無錫	紗業	第四支會會董	福康紗號
包　駉	魯章	三十四歲	寧波	紙業	第四支會會董	恒源滄紙號
朱鴻勳	筱亭	五十一歲	無錫	紙業	第四支會會董	瑞泰和紙號
宋晋爵	楚珍	五十四歲	無錫	紙業	第四支會會董	源長紙號
史濟良	問耕	六十八歲	無錫	典業	第四支會會董	保大當
徐承治	子怡	五十一歲	無錫	典業	第四支會會董	保興當
陳啓源	鞶卿	六十一歲	無錫	典業	第四支會會董	惠通當
高鏡澂	菊人	六十六歲	無錫	典業	第四支會會董	永盛當

顧鳳清	子翊	五十歲	無錫	典業	第四支會會董	源興當
顧賡良	伯康	四十五歲	無錫	典業	第四支會會董	保大當
張宗藝	硯耕	五十八歲	無錫	典業	第四支會會董	和濟當
秦玉書	琢如	五十五歲	無錫	典業	第四支會會董	保康當
唐桂源	燕三	四十九歲	無錫	典業	第四支會會董	裕源當
黃錦文	雲章	三十一歲	江陰	南貨	第四支會會董	仁號
繆爾珩	棟臣	四十四歲	江陰	南貨	第四支會會董	靄祥
朱德培	俊珊	六十七歲	無錫	南貨	第四支會會董	永茂
朱士魁	亮甫	五十七歲	無錫	南貨	第四支會會董	春陽
陳禮祜	念溪	六十二歲	無錫	南貨	第四支會會董	時泰
藍　蘅	仲和	三十三歲	江西	洋貨	第四支會會董	源利
王福雲	鈺泉	四十二歲	無錫	洋貨	第四支會會董兼督察長	棋杆下八十號
朱錫章	福明	五十三歲	無錫	洋貨	第四支會會董	裕康
李國棟	靄士	四十五歲	無錫	洋貨	第四支會會董	增興洋貨號
張汝玉	琢如	五十九歲	無錫	金業	第四支會會董	寶興金珠號
錢福彤	翼翔	四十八歲	無錫	金業	第四支會會董	寶豐裕金珠號

張成方	善卿	四十歲	無錫	銀樓	第四支會會董	楊慶和
言嘉穆	肅齋	三十七歲	無錫	銀樓	第四支會會董	新寶成
邵學濂	涵臣	三十六歲	無錫	銀樓	第四支會會董	恆孚
傅秉	雲生	四十歲	紹興	銀樓	第四支會會董	新慶和
何廷柏	子貞	五十一歲	無錫	電燈	第四支會會董	耀明公司
張源清	雅卿	六十三歲	無錫	電燈	第四支會會董	耀明公司
吳士枚	侍梅	三十二歲	無錫	印刷	第四支會會董	錫成公司
吳士枏	襄卿	二十八歲	無錫	印刷	第四支會會董	錫成公司
徐有志	眉蓀	三十四歲	紹興	印刷	第四支會會董	錫成公司
俞錦棠	錦鏞	五十三歲	無錫	衣業	第四支會會董	信泰
高國翔	鴻初	四十一歲	無錫	衣業	第四支會會董	錫泰
過國泰	彩珊	四十五歲	無錫	衣業	第四支會會董	義和
陳緯仁	靜山	四十六歲	無錫	衣業	第四支會會董	信成
蔣鳳翔	漢卿	三十歲	無錫	五金	第四支會會董	振源五金號
徐渭清	槐卿	三十歲	無錫	五金	第四支會會董	振華五金號
周廷知	上達	五十二歲	無錫	山貨	第四支會會董	正茂

胡植祺	錫臣	三十七歲	無錫	山貨	第四支會會董	洪茂盛
周士杰	斌奎	五十歲	無錫	山貨	第四支會會董	通茂裕
馮家麟	雲初	二十七歲	無錫	米業	第四支會幹事長	義泰永米行
金　鼎	峙程	四十歲	無錫		第四支會文牘主任	救火聯合會
華　堃	君植	二十歲	無錫	米業	第四支會會計主任	元大米行
蘇斌化	子駿	二十九歲	無錫	米業	第四支會軍裝主任監察員	元大米行
楊　煥	少芸	三十歲	無錫	鑲牙	第四支會庶務主任	煉石居
湯文煥	少蔭	三十一歲	無錫	米業	第四支會會計員	元大米行
朱士英	振華	二十九歲	無錫	紙業	第四支會軍裝員	恆源滄紙號
沈　斌	俊千	二十七歲	無錫	京貨	第四支會庶務員	祥泰廣貨號
唐乃霈	忍庵	二十一歲	太倉	紗廠	第四支會文牘員	廣勤紡織公司
楊迪聲	滌生	二十六歲	無錫	紗號	第四支會督察員	晉豐紗號
陳志明					第四支會督察員	
陳士鏞	友佩	三十一歲	無錫	紗號	第四支會督察員	源餘
惠兆軫	季良	三十八歲	無錫	綢布	第四支隊支隊長	時和綢莊
沈　巍	煥章	三十二歲	無錫	報館	第四支隊教練員	錫報館

諸雲程	根麗	二十九歲	無錫	米業	第四支隊司務長	元大米行
蔣麟閣	仲良	三十歲	無錫	報館	第四支隊監察員	錫報館
王福慶	少泉	三十四歲	無錫	洋貨	第四支隊軍樂員兼通訊隊隊長	瑞泰昌茶棧
楊壽楣	翰西	四十五歲	無錫	紗廠	第八支會會董	廣勤紡織公司
楊景煥	蔚章	二十九歲	無錫	紗廠	第八支會會長	廣勤紡織公司
楊應樞	拱辰	三十歲	無錫	紗廠	第八支會副會長兼幹事長	廣勤紡織公司
徐森書	朗文	五十二歲	無錫	紗廠	第八支會會董	廣勤紡織公司
華賓善	覺堂	五十四歲	無錫	紗廠	第八支會會董	廣勤紡織公司
余國楨	幹卿	五十五歲	黟縣	紗廠	第八支會會董	廣勤紗廠
張澌若	澌若	二十八歲	無錫	紗廠	第八支會文牘主任	廣勤紡織公司
劉鳳章	鵬南	三十八歲	無錫	紗廠	第八支會會計庶務主任	廣勤紗廠
諸　瑛	廷萱	三十一歲	武進	紗廠	第八支會軍裝主任	廣勤紗廠
沈席珍	聘三	四十五歲	武進	紗廠	第八支會督察長	廣勤紗廠
錢鵬翼	亞雲	二十二歲	無錫	紗廠	第八支會文牘員	廣勤紡織公司
段起山	松亭	三十三歲	丹徒		第八支隊支隊長	廣勤紗廠
朱鏡蓉	鑑珊	四十三歲	無錫		第八支隊教練員	廣勤紗廠

王辰胥	長勝	三十九歲	鄆城		第八支隊司務長	廣勤紗廠
謝學源	竹良	三十四歲	無錫	紗廠	第八支隊監察員	廣勤紗廠
王星雲	思公	三十四歲	嶧縣		第八支隊軍樂員	廣勤紗廠
王得明	瑞卿	二十歲	鄆城		第八支隊軍樂員	廣勤紗廠
顧乃鈞	利笙	四十三歲	無錫			救火聯合會
顧金銘	資箴		無錫			縣商會

團員

姓名	字	年齡	籍貫	職業	隊號	通訊處
周祖鎬	肇西	二十一歲	無錫	錢業	第一支隊	長豐錢莊
薛壽南	壽南	十八歲	無錫	錢業	第一支隊	長豐錢莊
周根寶	耀卿	十九歲	無錫	錢業	第一支隊	盛康源錢莊
盧邦達	念屺	十九歲	江陰	錢業	第一支隊	盛康源錢莊
奚兆枚	林昌	二十二歲	江陰	錢業	第一支隊	盛康源錢莊
蔣漳	渭濱	二十歲	江陰	錢業	第一支隊	盛康源錢莊
汪肇爵	叙廷	二十三歲	無錫	錢業	第一支隊	恒升錢莊
温祖樾	蔭仁	二十一歲	無錫	錢業	第一支隊	恒升錢莊

趙　坊	雲平	十九歲	無錫	錢業	第一支隊	恆升錢莊
陸鼎炘	慰如	十八歲	無錫	錢業	第一支隊	恒升錢莊
許炳綬	叔章	十八歲	無錫	錢業	第一支隊	恆升錢莊
李鎮藩	宗吉	十七歲	江陰	錢業	第一支隊	瑞裕錢莊
胡　諒	元奎	十六歲	無錫	錢業	第一支隊	瑞裕錢莊
計茂庭	亦然	十六歲	無錫	錢業	第一支隊	瑞裕錢莊
孫其祥	仲璋	十六歲	無錫	錢業	第一支隊	瑞裕錢莊
華麗鎮	子登	十九歲	無錫	錢業	第一支隊	允裕錢莊
李士奎	星燦	十七歲	無錫	錢業	第一支隊	允裕錢莊
李厚德	耕羨	十九歲	無錫	錢業	第一支隊	允裕錢莊
孫載昌	盛之	二十一歲	武進	錢業	第一支隊	同和潤銀號
周　白	雲坡	二十歲	溧陽	錢業	第一支隊	永吉潤錢莊
劉煥唐	堯文	十九歲	江陰	錢業	第一支隊	永吉潤錢莊
林燮甫	燮甫	十九歲	江陰	錢業	第一支隊	永吉潤錢莊
張志奮	孟震	二十一歲	無錫	錢業	第一支隊	永豐錢莊
張漢楚	黼華	二十歲	無錫	錢業	第一支隊	永豐錢莊

無錫商團同人錄

王念萱	念萱	十九歲	無錫	錢業	第一支隊	永豐錢莊
施祖壽	寅生	十九歲	無錫	錢業	第一支隊	永豐錢莊
趙文榮	文榮	二十一歲	無錫	錢業	第一支隊	宏大錢莊
李彥青	彥青	二十歲	無錫	錢業	第一支隊	宏大錢莊
沈光福	光福	十九歲	無錫	錢業	第一支隊	達源錢莊
陶　良	榮生	十七歲	無錫	錢業	第一支隊	達源錢莊
夏長琍	秉彝	十九歲	金壇	錢業	第一支隊	德豐錢莊
薛鍾煥	潤章	十八歲	無錫	錢業	第一支隊	德豐錢莊
孫觀濤	觀濤	二十一歲	無錫	錢業	第一支隊	源豐錢莊
陸壽榕	紹贇	二十一歲	無錫	錢業	第一支隊	源豐錢莊
楊文超	軼羣	二十歲	無錫	錢業	第一支隊	源豐錢莊
陸景龍	景龍	十七歲	無錫	錢業	第一支隊	源豐錢莊
蔡醒民	振農	十九歲	無錫	米業	第二支隊	永源生米行
王再義	瑞綸	二十一歲	無錫	米業	第二支隊	德大
杜　炳	季成	二十五歲	無錫	麵行	第二支隊	高源泰麵行
唐祖耀	頌華	二十歲	無錫	米業	第二支隊	永源生米行

薛　鍔	鑑三	二十三歲	無錫	米業	第二支隊	恆興盛米行
嵇　逸	鼎甫	十八歲	無錫	米業	第二支隊	長裕泰米行
莫寶善	楚臣	二十五歲	無錫	米業	第二支隊	長裕泰米行
姚　陵	濟滄	二十一歲	無錫	醬園	第二支隊	協泰昌翰記
單祖卿		二十三歲	無錫	醬園	第二支隊	陸右豐
陳善生	登鰲	十九歲	靖江	醬園	第二支隊	三里橋源豐
李家璐	佩瑜	二十三歲	吳縣	米業	第二支隊	德大源米行
徐煥章	旭光	二十三歲	無錫	米業	第二支隊	協源恆米行
趙覺悟	渭臣	二十五歲	無錫	米廠	第二支隊	仁昌餘
劉　堡	梧齋	二十歲	無錫	米業	第二支隊	仁大米行
許廷弼	亮卿	二十歲	無錫	米業	第二支隊	恆大昌米行
張　棟	旭升	二十歲	無錫	米業	第二支隊	永泰洽米行
高鴻翔	壽鏡	十八歲	無錫	米業	第二支隊	永泰義米行
王恩烈	啟元	十九歲	無錫	米業	第二支隊	恆義米行
潘文萃	叔安	二十一歲	無錫	米業	第二支隊	豐泰裕米行
楊鏞增	醒宇	二十歲	無錫	米業	第二支隊	寶源米行

尤務本	道生	二十二歲	無錫	米業	第二支隊	愼昌米行
沈岳洲	培林	二十二歲	武進	米業	第二支隊	正鑫米行
陸乾元		二十一歲	無錫	米業	第二支隊	大豐盛米行
莫世俊		十八歲	無錫	米業	第二支隊	聚昌米行
伍雲亭	鳴臯	十九歲	安徽	米業	第二支隊	陳合茂米行
金文燦	樹亞	二十三歲	吳縣	米業	第二支隊	隆茂米行
張禮均	之瑾	二十七歲	無錫	米業	第二支隊	豐泰裕米行
潘祖璧	韞白	二十歲	吳縣	米業	第二支隊	隆茂米行
繆宗齊		二十三歲	無錫	米業	第二支隊	德盛豐
王夢熊		十九歲	歙縣	米業	第二支隊	豐泰裕米行
王家鼎		十八歲	吳縣	米業	第二支隊	隆茂米行
陳望雨		二十歲	鎭江	米業	第二支隊	隆茂米行
陳德振		二十二歲	無錫	綢布	第三支隊	世泰盛綢莊
李進吾		十八歲	無錫	綢布	第三支隊	世泰盛綢莊
陸炳乾		二十歲	無錫	綢布	第三支隊	世泰盛綢莊
吳少林	錦棨	二十歲	無錫	綢布	第三支隊	丁源盛綢莊

樊錦文	逸華	二十四歲	無錫	綢布	第三支隊	丁源盛綢莊
馮　麒	茂堯	二十一歲	無錫	綢布	第三支隊	丁雙盛綢莊
吳　麟	毓麟	二十三歲	無錫	綢布	第三支隊	丁雙盛綢莊
馮太庚		十九歲	無錫	綢布	第三支隊	懋綸綢莊
過允賢		十八歲	無錫	綢布	第三支隊	懋綸綢莊
許廷棟		十八歲	無錫	綢布	第三支隊	懋綸綢莊
錢逸綸	瑞生	十九歲	無錫	綢布	第三支隊	協成綢莊
奚詠濩	昌燕	二十歲	無錫	綢布	第三支隊	協成綢莊
徐維良	季耕	十七歲	無錫	裘葛	第三支隊	九豐
任品義		二十三歲	無錫	裘葛	第三支隊	和泰
汪瑞春		十六歲	無錫	裘葛	第三支隊	唐瑞成
蔣經衡		二十二歲	無錫	裘葛	第三支隊	唐瑞成
周鏡湖	毓文	二十三歲	無錫	綢布	第三支隊	德裕綸綢莊
劉亞杰	濟臣	十九歲	無錫	綢布	第三支隊	德裕綸綢莊
雷儒垣	式丹	二十六歲	無錫	綢布	第三支隊	鼎餘綢莊
莫惠榮		二十歲	無錫	綢布	第三支隊	達昌祥綢莊

吳寅生		二十歲	無錫	綢布	第三支隊	達昌祥綢莊
於　倜	洪九	二十八歲	無錫	綢布	第三支隊	時和綢莊
姜渭士	竹苞	十九歲	無錫	綢布	第三支隊	時和綢莊
孫岱林		二十一歲	無錫	綢布	第三支隊	楊人和綢莊
王伯寅		十九歲	無錫	綢布	第三支隊	九大綢莊
葉文煒		二十四歲	無錫	綢布	第三支隊	九大綢莊
喬康肅		十九歲	無錫	綢布	第三支隊	同泰昌綢莊
顧侶鶴		二十歲	無錫	綢布	第三支隊	鴻大綢莊
孫鑫奇	叔弓	十九歲	無錫	綢布	第三支隊	德茂森綢莊
陶廷鏕		十九歲	無錫	綢布	第三支隊	德茂森綢莊
尤　鈺	潤之	二十歲	無錫	廣貨	第三支隊	裕康廣貨號
馮　俊	志明	三十一歲	無錫	紗業	第四支隊	允益花莊
滕福基	福基	二十九歲	無錫	衣業	第四支隊	寶泰提莊
沈世鈺	紹章	二十一歲	無錫	紗業	第四支隊	萃泰紗號
吳雲錦	嘉南	二十歲	江陰	紗業	第四支隊	全康紗號
王心栽	桂雲	二十歲	吳縣	紗業	第四支隊	瑞綸紗號

徐桐圭	寄峴	二十歲	丹陽	紗業	第四支隊	大康紗號
陶淑	仁壽	二十一歲	靖江	槽坊	第四支隊	湧泰槽坊
陳炳海	雲卿	二十六歲	宜興	槽坊	第四支隊	協泰昌槽坊
馬樹茂	公義	二十歲	無錫	典業	第四支隊	寶源當
華珺		十八歲	江陰	典業	第四支隊	寶源當
盧珍儒	仲德	二十歲	靖江	藥業	第四支隊	張元吉藥號
王傳源	瀾遠	三十歲	無錫	油業	第四支隊	王源來油行
嚴錡	少蘭	二十一歲	無錫	煤鐵	第四支隊	廣昌煤鐵號
劉元	若愚	二十二歲	無錫	油業	第四支隊	長安橋湧泰
嚴以政	仰宸	二十歲	無錫	油業	第四支隊	王源來油行
高厚坤	冠華	十八歲	無錫	油業	第四支隊	源春隆油行
沈長壽	永泰	十七歲	杭州	油業	第四支隊	源春隆油行
張儉	德昌	二十二歲	無錫	南貨	第四支隊	大新昌南貨號
楊炳仁	少鏞	十九歲	無錫	紙業	第四支隊	恆源昌紙號
秦根洲	琪昌	二十三歲	江陰	茶業	第四支隊	瑞泰昌茶號
許善生	善生	二十一歲	無錫	南貨	第四支隊	仁號南貨號

無錫商團同人錄　　三十四

賀士鏞	士鏞	十九歲	無錫	米業	第四支隊	裕泰米行
錢錫福	履卿	二十七歲	無錫	米業	第四支隊	元大米行
尤　樾	福康	二十六歲	無錫	米業	第四支隊	元大米行
趙　城	紹基	二十二歲	無錫	米業	第四支隊	元大米行
張鳳笙	景銓	二十歲	無錫	米業	第四支隊	義泰永米行
謝泰鎮	叔永	十九歲	無錫	五金	第四支隊	振華五金號
沈文熊	寶章	二十一歲	無錫	米業	第四支隊	彙豐米行
馬光浩	士清	二十八歲			第四支隊	
湯宣禮	執之	十九歲	丹徒	廣貨	第四支隊	源利廣貨號
朱　振	興吾	十九歲	無錫	槽坊	第四支隊	中興槽坊
繆聖彥	掄千	二十九歲	江陰	南貨	第四支隊	鑫祥南貨號
虞雲卿	乾誠	三十四歲	丹陽	煙業	第四支隊	協興元煙號
計拯民	冠球	二十三歲	無錫	照相	第四支隊	雲記照相館
談景青	錫泉	二十五歲	無錫	鑲牙	第四支隊	景青鑲牙室
嚴仲卿	仲卿	二十九歲	無錫		第四支隊	
孫渭銘	浩廷	二十七歲	無錫	典業	第四支隊	惠通

胡廷昶	壽南	四十一歲	無錫	紗廠	第八支隊	廣勤紗廠
王廷華	仲春	三十九歲	江甯	紗廠	第八支隊	廣勤紗廠
桑季英	季英	三十六歲	吳縣	紗廠	第八支隊	廣勤紗廠
黃淑齋	守齋	三十三歲	江陰	紗廠	第八支隊	廣勤紗廠
張　鎰	伯謙	二十八歲	揚州	紗廠	第八支隊	廣勤紗廠
吳仕銘	錫祿	二十九歲	黟縣	紗廠	第八支隊	廣勤紗廠
李文成	明論	二十八歲	鄆城		第八支隊	廣勤紗廠
張寶山	瑞榮	三十歲	鄆城		第八支隊	廣勤紗廠
褚思珍	璧卿	三十歲	滕縣		第八支隊	廣勤紗廠
張華山	福生	三十五歲	銅山		第八支隊	廣勤紗廠
張　勝	瑞剛	三十二歲	鄆城		第八支隊	廣勤紗廠
王　大	甲戌	三十六歲	鄆城		第八支隊	廣勤紗廠
李文德	明卿	三十三歲	鄆城		第八支隊	廣勤紗廠
王長泰	天屏	二十八歲	鄆城		第八支隊	廣勤紗廠
程保生	恩福	三十五歲	濟甯		第八支隊	廣勤紗廠
張寶敬	振新	三十二歲	鄆城		第八支隊	廣勤紗廠

無錫商團同人錄　　三十六

黎雲臯	慶祥	二十一歲	鄆城		第八支隊	廣勤紗廠
宗孝得	如林	三十一歲	鉅野		第八支隊	廣勤紗廠
葛　鵬	春生	三十歲	淮陽		第八支隊	廣勤紗廠
王振清	同階	三十五歲	鄆城		第八支隊	廣勤紗廠
劉玉甫	貴祥	二十六歲	鄆城		第八支隊	廣勤紗廠
高錫華	東屏	二十八歲	淮陽		第八支隊	廣勤紗廠
華軼曾	仲康	二十二歲	無錫	藥業	通訊隊	大吉春棧
孫濟新	易初	二十四歲	無錫	典業	通訊隊	麻餅沿河孫宅
許　嘉	楚卿	二十四歲	無錫	茶棧	通訊隊	瑞泰昌茶棧
計榮昌	耀麟	二十四歲	無錫	旅社	通訊隊	瑞泰昌茶棧

附言

無錫之有商團創自遜清而樹基於丙午之歲蓋自上海大鬧公堂一案西人以商團力排衆難卓著功效滬人士遂有華商體育會之設而無錫實踵其後時有商餘錢業兩體操會皆經兩屆瓜代迨夫組成商團亦旣一度畢業今茲續徵第二屆團員以距丙午蓋越十有五年矣當此十有五年之間國變紛乘政潮迭起無錫居甯滬中樞尤爲軍事要道影響所及風鶴頻驚每當謠言蠭起人心惶恐之候商團輒鼓其果敢義勇之氣力任防衛徹夜梭巡雖歷寒暑風露霜雪而不辭如辛亥之自秋徂冬癸丑之由夏及秋皆其所捍衛閭閻之尤著者而清季禁絕鴉片煙館之役則爲其盡力桑梓之創舉也顧時過境遷皆成往事惟茲章制之屬猶多率循舊規取法前型足使十餘年來諸團員勞苦服務之精神辦事者慘澹經營之苦心不致與時日而俱逝然則是册者不僅爲未來之規範實前事之遺型也溯自辛亥軍興邑人震驚華公藝珊乃倡辦商團以圖自衛而就固有之體操會擴充編練以故咄嗟立辦時推王君峻崖綢繆組織草訂章程迨公會旣成而章程乃一變厥後情隨事遷興廢交替修訂之議於以又起然而前乏成例可援事多變遷無定總綱雖舉而詳章未備不佞竊引以爲憾焉爰以引證滬南商團以及吾團自有體操會以來各項章程按諸事實參以情理以擬成商團總章公會章程支會規程支隊規則草案四種而偕王君恂齋切磋琢磨反覆研覈計易稿者至再而歷時閱數月特以已屆畢業未及提議吾團又旋復中輟卒使前屆團務迄未獲刊佈完備之規程而孰意六載以後乃得覩是册耶今夏皖直之爭甯滬背馳交通隔絕謠諑紛紜前會長

附言 二

華公藝珊爰集同人恢復團務而委不佞以起草修改章程之任不佞拙陋無似乃出舊稿勉爲塞責而益以鄉區分會規程其有今昔互殊之處則偕王君恂龕磋磨增删而王君峻崖錢君少坪張君之彦馮君雲初輩又從而潤色之既復經議事部諸君之公決而請會長楊公翰西鑒定而施行之夫自吾團創辦以來十載於兹乃迄今日而始制定此差強人意之章程夫亦以章程爲行事之規範又必求其不與事實相扞格以推行而盡利乎然此非藉既往之事實以爲之標準殊不易見功效之速也是以前屆之羣議修訂迄未見效而今兹則遽告成功者蓋即以前屆無既往之標準今兹則有前屆之事實以爲之標準也不佞故曰是册者不僅爲未來之規範實前事之遺型也是册所載計凡十有五種其間除幹事部辦事細則由幹事部會議訂定餘皆經議事部之公決計凡四屆大會一次審查雖會議之期屢當溽暑而諸議員悉心討論整衣列坐絕不見其精神之少減況每焚膏繼晷昏夜而散故其決議之速有如此者然自七月起草迄今付刊中經整理謄寫諸手續亦已五閲蟾圓矣而楊君拱辰王君恂龕之草擬幹事部辦事細則以及教練科所擬之團員規則草案皆足具振作團務之精神而大有裨於事實是則是册者尤不僅爲十餘載事實之遺型而亦諸同人半歲心力之所萃也雖其各項規程章制猶未足云畢備無遺然自今以往如舟之有舵車之有軌庶亦足以除動輒逾越之弊而去無所適從之慮也惟是完備周詳談何容易罣一漏萬在所不免是所望於全團同志之共相推究漸事修正以臻團務於美備而振自治之精神則吾團其庶幾乎中華民國九年十二月一日蔡容謹識

無錫工商業名録

（民國）章蘭如 輯

《無錫工商業名録》一册，不分卷。（民國）章蘭如輯，民國二十三年（一九三四）鉛印本。無錫圖書館藏。

章蘭如，無錫人，二十世紀二十年代初曾參加無錫工商業狀况的調查工作。在爲時六個月的調查之後，他深感無錫乃江蘇名邑，全國工商業之重鎮，理應像『東西各國之名城鉅埠』那樣，『有工商業名録之刊行』。於是，他便制訂編輯凡例，將全縣工商企業分爲二十一個總類，立一百七十餘個子目，網羅了調查所得的四千五百餘個工廠、作坊、店鋪、商號，並將會所、律師、會計師、學校、醫院等收録在附録之内，編成了這本『洋洋乎大觀』的便覽手册。其中，每一工商企業之介紹，包括牌號（即企業名稱）、座落地址、經理或主要職員姓名、電話號碼、電報挂號等，十分簡明。有些重要企業，還另作專頁廣告。書前除了目録外，還設有以筆畫排序的『子目索引』和『牌號索引』，讀者查閱非常方便。

這是無錫歷史上第一本單行的工商業名録，它『方便經商者推廣聯絡』、『預測商品銷額之廣狹』、『觀察基地工商之真相』，同時也成爲了『顧客購物之嚮導』、『游覽旅行之指南』。

（夏剛草）

民國二十三年

無錫工商業名録

嚴慎予

無錫工商業名錄編輯緣起

工商業名錄爲工商業調查之一種亦近代工商業進步之產物其內容爲各業之牌號、地址、經理姓名、電話號碼、電報掛號等其功用爲(一)可以資經商者推廣聯絡之依據(二)可以預測商品銷額之廣狹(三)可以觀察其地工商業之真相(四)可以供顧客購物之嚮導(五)可以作遊歷旅行之指南以上五端不過隨筆舉之而其價値之重大已如此故東西各國之名城巨埠莫不有此種工商業名錄(Commercial Directory)之刊行而經商者對之亦無不珍逾拱璧我國各大商埠亦多起而仿行者獨無錫則尙寂無所聞夫無錫爲江蘇之一大縣密邇京滬工商業地位實不亞於他處顧欲覓一工商業名錄而不可得是不但關係工商業前途之滯機抑亦爲本市繁榮之闕憾本社之設卽欲肩此艱鉅彌斯不足以刊行無錫工商業名錄爲己任經六個月實地之調查網羅行號多至四千五百餘戶全縣大小店肆幾已囊括全盡乃復依其營業之性質都別爲二十一總類析成一百七十餘目洋洋乎大觀哉現當第一次出版之始因書其緣起如此世之明達幸進而教之

中華民國二十三年一月十八日　　編者識

無錫工商業名錄編輯凡例

一、本書係採仿東西各國名城巨埠所流行之行名簿辦法並參酌各種商業名錄體裁編輯之

一、本書分各業營業性質爲二十一總類曰金融曰交通曰雜貨曰印刷曰美術曰文具曰金屬曰建築曰染織曰綢布曰衣着曰妝飾曰日用曰燃料曰飲食曰農牧曰醫藥曰旅館曰游覽曰其他曰附錄各類復分爲若干子目

一、各類商店記載之項目其次序爲（一）牌號（二）所在地（三）重要職員姓名（四）電話號碼（五）電報掛號之略數

一、各業之兼營他業者則以其主要營業爲本而附載其所兼營者于牌號之下並于牌號索引中標明兼某某字樣以便檢查

一、各類排比之次序悉依筆畫多少爲先後少者在前多者在後其第一字相同者彙列之

一、本書爲便于檢查起見簡端除目錄外復製索引二種（甲）子目索引首子目注總類及頁數于下（乙）牌號索引首牌號注子目及頁數于下

一、目錄依行業編次索引依筆畫編次並注頁數于下

一、本書簡端另列告白目錄一種以便顧客之欲知各商店詳細狀況者可一索得之

一、無錫幅員遼闊事業繁多遺漏訛誤在所不免調查人雖力求精確或非一時即能查知更有調查時確爲如此至編輯或排印時而有變遷者尙望閱者隨時賜敎加以訂正俾再版時得以更改幸甚

中華民國二十三年一月十八日　　編者識

無錫工商業名錄目錄

無錫工商業名錄子目索引

一

無錫工商業名錄牌號索引

一九人八卜又丁山久于上工三大

一畫

一大米行	八七
一大祥記糖棧	一〇九
一言堂（京廣貨）	九
一言堂（洋廣雜貨）	九
一信大藥房	一三七
一信夫婦醫院	一四五
一新（鑲牙）	一五二
一豐（雜貨）	一〇

二畫

九成（呢絨洋貨）	五五
九成舍記炭行	八二
九和（醬園槽坊）	九九
九康綢緞莊	五五
九華（布線）	五六
九綸（綢緞布疋）	五五
九餘（木器）	七六
九餘（綢緞洋貨）	五五
九豐（米）	八七
九豐麵粉公司	九八
九豐第鐵工廠	三三
人和（草蓆兼鹽）	七九
人和鈕扣合作社	六八
人和德（國藥）	一三八
人報社	二五
人餘第一針織廠	一六七
八士橋小學校	一七二
卜華德（西醫）	一四九
又新小學校	一七一
丁公興（桐油兼釘鑑蕪）	四五
丁永長（醬酒）	一九九
丁合興（泥人）	一五九
丁合興（泥人）	一五九
丁協仁（茶食）	一一七
丁和泰（醬園）	九九
丁茂順（木行）	四一
丁洽興（泥人）	一五九
丁惠昌（雜貨）	一〇
丁開泰（蓆）	七九
丁新昌（煤鐵）	三六
丁萬興（鐵舖）	三六
丁萬興（白鐵）	三六
丁源盛皮箱號	七九
丁源興（麵筋）	一二五
丁福昌傘店	七八
丁慕靖（國醫）	一四六
丁龍興麵店	一二八

三畫

山明（脚踏車）	八
山貨業同業公會	一六三
久大精鹽公司無錫經理處	一〇八
久禾米行	八七
久亨（煤炭）	八二
久和（茶食）	一一七
久昌（衣）	六三
久昌祥（布線）	五七
久敘興（餅乾）	一三二
久益襪廠	六七
久益第三襪廠	六七
久豐（皮貨）	六五
久豐米行	八七
久豐泰米行	八七
于協昌（槽坊）	九九
卜海旅社	一五五
上海安平水火保險公司駐錫經理處	一三
上海商業儲蓄銀行	一
上海華安魯麟水火保險公司駐錫經理處	三
上海德商禮和洋行保險部	三
上海寶隆保險公司經理處	四
工藝機器廠	三三
三三商店（捲烟）	一三一
三井（牛皮）	一三四
三五館（製標場）	一三三
三元堂（筆）	三一
三元祥（油蔴）	一三五
三民（木器）	七六
三民照相館	二九
三合（煤）	八二
三怡樓（菜館）	一二七
三茂（南貨）	一〇九
三星火油公司	八一
三省齋（刻字）	二九
三益煤號支店（兼糧食）	八二
三泰（石灰）	四四
三泰（米）	八七
三泰米行	八七
三泰愼（酒米糧食）	九九
三區黨部第二分部	一六三
三陽（南貨）	一〇九
三新（紗帶兼蚊香）	一六一
三新布廠	五七
三新貨業社貨棧	五
三新翻砂廠	三五
三綠（鞋帽）	六五
三興公司（木器）	七六
三豐（廣貨）	九
大公報社	二五

無錫工商業名錄牌號索引二

三畫　大

大公醫院 一四五
大文書局 二五
大文齋(印刷兼刻字) 二六
大元堂(國藥) 一三八
大中機廠 六七
大中華(糕糰) 一三〇
大中華(鞋帽) 六五
大中華(鈕扣) 六八
大中華(製種場) 一三二
大中華旅社 一五五
大中華菜館 一二七
大中華肥皂廠 七七
大生(國藥) 一三八
大生(製種場) 一三三
大生公司(油漆) 四五
大生布廠 五七
大生成南貨號 一〇九
大生恆(布線) 五七
大生春(國藥) 一一八
大生春(國藥) 一三八
大生春(國藥) 一三八
大生祥(國藥) 一三八
大生祥(槽坊) 九九
大生堂(國藥) 一三八
大生堂(國藥) 一三八
大生堂(國藥) 一三八
大生堂(國藥) 一三八
大生裕(國藥) 一三八
大光明(電料) 八一
大同(香燭) 八三
大同書局 二五

大同國產商品經理處 九
大同理髮店 一五六
大同麵粉公司辦事處 九八
大同醫院 一四五
大同春(國藥) 一三八
大同春(國藥) 一三八
大有絲繭堆棧 五
大有育種部(製運場) 一三三
大有恆(洋貨) 一〇
大有恆(雜貨) 一〇
大有裕米行 八七
大有裕(槽坊兼米) 九九
大有裕(國藥) 一三八
大有福(槽坊) 九九
大有豐南貨號 一〇九
大吉春米號 八七
大吉春(國藥) 一三八
大吉春(國藥) 一三八
大吉春南號(國藥) 一三八
大吉祥(雜貨) 一〇
大吉祥米號 八七
大成(印刷) 二六
大成南貨號 一〇九
大成染坊 五二
大成(米荳糧食) 八七
大成絲廠 五〇
大成(當) 二
大成興烟號 一三一
大東旅社 一五五
大來(煤炭) 八二

大和(鐵床) 七八
大和堂(國藥) 一三八
大和堂(國藥) 一三八
大和祥(綢緞布疋) 一三八
大昌(布線) 五五
大昌(皮貨) 五七
大昌西裝公司 六五
大昌油廠 六四
大昌(棉紗) 一〇七
大昌錢莊 四一九
大昌(醬園槽坊兼糧食) 九九
大昌(雜貨) 一〇
大昌(鐵) 三六
大昌(鐵舖) 三六
大昌協(槽坊) 九九
大昌祥(布線) 五七
大昌祥(皮鞋) 六五
大昌祥(皮鞋) 六五
大昌盛(南貨) 一〇九
大昌源(糖果茶食蜜餞) 一一七
大昶(雜貨) 一〇
大春堂(國藥) 一三八
大春堂(國藥) 一三八
大茂米行 八七
大益(茶食) 一一七
大陸房(米) 八七
大陸大藥房 一三七
大陸法律事務所 一六七

大陸(五金玻璃) 三五
大陸(鞋帽) 六五
大通祥(彈花) 一六一
大通盛(雜貨) 一〇
大商(雜貨) 一〇
大隆(製種場) 一三三
大隆(雜糧) 九七
大盛祥(綢布) 五五
大順漆號(兼顏料) 四五
大順祥(布線) 五七
大森木行 四一
大森祥木行 四一
大華(理髮) 一五六
大華布廠 五七
大華裕記河運公司 六
大華襪廠 六七
大華樓(菜館) 一二七
大達衣莊 六三
大源(米) 八七
大椿堂(國藥) 一三八
大新(洋貨) 一〇
大新米行 八七
大新碾米廠 九七
大新(綢布) 五五
大新(棉紗) 四九
大新(製種場) 一三三
大新館(菜館) 一二七
大新春(國藥) 一三八
大樂(糖菓) 一一七
大德生(國藥) 一三八
大德春(國藥) 一三八

無錫工商業名錄牌號索引三

三畫至四畫

大德堂(國藥)	一三九
大德堂(國藥)	一三九
大德堂(國藥)	一三八
大德堂(國藥)	一三八
大窰業同業公會	一六三
大興豆腐店	一二四
大興(窰貨)	七五
大興館(菜館)	一二七
大興錩(香燭兼南貨)	八三
大豐(布線)	五七
大豐運輸公司	六
大豐盛(米麥荳)	八七
小日報館	二五
四畫	
友粵煉油社	一八一
化新小學校	一七二
木作業同業公會	一六三
升泰(雜貨)	一一
卡永興(地貨)	一二〇
卡永興(雜貨)	一一
介福堂(國藥)	一三九
尹信民(西醫)	一五〇
尹壽春(國藥)	一三九
允利化學工業廠	一三七
允和(國藥)	一三九
允裕錢莊	一
允濟(當)	二
方振東 國醫兼西醫)	一四六
方祥記生漆顏料號	四五
方順庚(餛飩)	一二八
方瑞和(綢緞棉布)	五五
方義興(雜貨)	一〇
方萬順(米兼荳餅)	八七
方萬興(麵店)	一二八
方聚興(點心)	一三〇
方德泰(雜貨)	一〇
日新山房(書局)	二五
日新(綢布)	五五
日新池(浴室)	一五六
日新恆(綢布)	五五
五九工藝社	三一
五大南貨號	一〇九
五洲大藥房	一三七
五豐(廠布)	五七
五豐燭號	八三
五豐銀樓	七一
文化書局	三二
文元書局	二五
文印齋(刻字)	二九
文行齋(刻字)	二九
文明茶園	一二六
文美齋(刻字)	二九
文苑閣(印刷兼刻字)	二六
文華書局	二五
文華齋(刻字)	二九
文魁齋(筆)	三一
文藝閣(裝池)	三〇
毛南松(西醫)	一五〇
毛筱青(國醫)	一四六
毛裕泰(糠)	九七
天一(綢緞洋貨)	五五
天一米號	八七
天一堂(國藥)	一三九
天一堂(國藥)	一三九
天生(碾米)	九七
天生(鑲牙)	一五二
天生堂(國藥)	一三九
天生和(鞋帽兼洋貨)	六五
天牛福(鞋)	六五
天成(南貨)	一〇九
天成銀樓	七一
天成錢莊	一
天和堂(國藥)	一三九
天和堂國藥號	一三九
天來糖棧(兼南北貨)	一〇九
天香齋(茶食)	一一七
天真照相館	二九
天泰(木器)	七六
天泰(燈籠)	一六一
天益(國藥)	一三九
天益西號(國藥)	一三九
天祥銀樓	七一
天章茶葉店	一一九
天然室(刻字)	二九
天順齋鳥籠	一六一
天盛(綢緞洋貨)	五五
天谿(布線)	五七
天新春(國藥)	一三九
天祿(茶食)	一一七
天祿(糖菓)	一一七
天祿(鞋帽)	六五
天祿北號(鞋帽)	六五
天綸(綢布洋貨)	五五
天福堂(鞋帽)	六五
天德藥室	一三九
天餘錢莊	一
天錦綢莊(兼洋貨)	五五
天豐米行	八七
天豐銀樓	七一
天鑫(雜貨)	一一
太元豐衣莊	六三
太平洋西樂社	一六〇
太孚木器廠	七六
太和藥房	一三七
太和園(菜館)	一二七
太和堂藥號	一三九
太和堂國藥號	一三九
太和森米號	八七
太湖輪船公司	七
太湖飯店	一五五
仁大(米麥荳)	八七
仁大米店	八七
仁大(南貨)	一〇九
仁大(陶器)	七五
仁太興(茶食)	一一七
仁和堂國藥號	一三九
仁和祥(雜貨)	一一
仁昌堆棧	五
仁昌(洋貨)	一一
仁昌(醬園)	一〇〇
仁昌(布線)	五七

大 小 友 化 木 升 卡 介 尹 允 方 日 五 文 毛 天 太 仁

無錫工商業名錄牌號索引四

四畫

仁中王

仁昌(雜貨)	一一
仁昌礱米廠	九七
仁昌祥(布線)	五七
仁昌祥(京廣貨)	九
仁昌裕(煤炭)	八二
仁昌裕煤炭兼山貨)	八二
仁昌裕米廠	九七
仁茂肥絲號	五一
仁泰(米)	八七
仁泰(布線)	五七
仁泰(蔴線繩索)	一三五
仁泰豬行	一二四
仁記(燭)	八三
仁記冶坊	三九
仁暢園(點心)	一三〇
仁號糖棧	一〇九
仁號泰記碱廠	七七
仁壽(國藥)	一三九
仁壽堂(國藥)	一三九
仁壽堂(國藥)	一三九
仁壽堂(國藥)	一三九
仁壽堂國藥號	一三九
仁壽協(國藥)	一三九
仁壽康(國藥)	一三九
仁壽康(國藥)	一三八
仁濟大藥房	一三七
仁濟堂(國藥)	一四〇
中心小學區三皇街初級小學校	一七〇
中心小學區中心小學校	一六九
中心小學區尤渡里初級小學校	一七〇
中心小學區玉帶橋初級小學校	一六九
中心小學區冉涇橋初級小學校	一七〇
中心小學區治坊場初級小學校	一七〇
中心小學區長安橋初級小學校	一六九
中心小學區亭子橋初級小學校	一七〇
中心小學區梨花莊惠梨初級小學校	一七〇
中心小學區清明橋初級小學校	一七〇
中心小學區通匯橋初級小學校	一六九
中心小學區惠山初級小學校	一七〇
中心小學區棉花巷初級小學校	一七〇
中心小學區黃巷初級小學校	一七〇
中央(理髮)	一五六
中央(籐)	七七
中央萬記棉織職業社	一五二
中外(洋貨)	一〇
中外藥房(兼洋貨)	一三七
中西大藥房	一三七
中孚(皮帶)	一三四
中東大戲院	一五七
中法儲蓄會代理處	三
中和貿易所(煤礦汽水洋襪)	八二
中和藥房	一三七
中和堂國藥號	一四〇
中和堂(國藥)	一四〇
中和興(西服)	一六四
中和興(煙紙洋貨)	二一
中南大戲院	一五七
中南襪廠	六七
中英大藥房	一三七
中美鐘表公司	七一
中書館(筆)	三一
中國銀行	一
中國南洋兄弟烟草公司無錫貨倉	一三一
中國旅行社無錫分社	五
中國實業根行	一
中國藥棉紗布製造廠	一三七
中華(鐘表)	七一
中華大藥房	一三七
中華印刷局	二六
中華捷運公司	六
中華織造廠	六七
中華恆裕輪船公司	七
中興百貨商店	九
中興電器公司	八一
中興煤礦公司	三六
王大生藥號	一三九
王大生(國藥)	一三九
王大生(糕糧)	一三〇
王大昌(雜貨)	一一一
王大春(國藥)	一三九
王元昌(茶食)	一一七
王公和(雜貨)	一一一
王文卿中外捲煙辦事處	一三一
王仁和(南貨)	一〇九
王仁泰(煙紙)	一二一
王天豐(油)	一〇七
王生生堂藥號	一三九
王世偉(西醫)	一四九
王世琦(德醫)	一四九
王永康(布線)	五七
王永豐麵店	一二八
王成大(紙箔)	八五
王有聲(國醫)	一四六
王肖會(國醫)	一四六
王怡泰石舖	四四
王珍記米號	八八
王春江(國醫)	一四六
王弈裕桐油號	四五
王泰記(中西服裝)	六四
王振興木器號	七六
王海濤(西醫)	一五〇
王純泰(雜貨)	一一
王棟任(國醫)	一四六
王隆昌南貨號	一〇九
王隆茂(茶食)	一一七
王隆興(生麵)	一二八

無錫工商業名錄牌號索引六

四畫至五畫

公尤北兄世司平史生四奴田正民印仝布石古玉禾申包可立永

公豐（竹器）	七七
尤金生（荳腐）	一二四
尤怡隆（零剪）	六二
尤恆記（麵粉麩皮）	一九八
尤信隆（洋貨）	一一
尤記（麵筋）	一二五
尤悅和（鐘表）	七一
尤泰和（國藥）	一三九
尤雲記（麵粉麩皮）	九八
尤萬祥（洋貨煙紙）	一一
尤萬順（槽坊）	九九
尤學周（國醫）	一四六
五畫	
北穗生堆棧	五
兄弟照相館	二九
兄弟醫院	一四五
世界書局	二五
世泰盛（綢布）	五五
司振興（製板）	四三
平永興（雜貨）	一一
史豐茂（布綫）	五七
生大（米麥荳）	八八
生生堂（國藥）	一四〇
生生堂（國藥）	一四〇
生和堆棧	五
生花齋（筆墨）	三一
生茂（南貨）	一〇九
生茂順（南貨）	一〇九
生茂義（米麥荳）	八八
生記（棉餅）	一三五
生泰（糧食）	八八
四時春（油雞）	一〇七
四時春飯店	一二七
奴利（製種場）	一三三
田恆茂（茶食）	一一七
田慶榮豆腐店	一二五
正乙堂（國藥）	一四〇
正大（綢布）	五五
正大糖棧	一一〇
正元朝記飯店	一二七
正昌（牛漆顏料）	四五
正昌醬園槽坊	一〇〇
正茂仁（山貨）	一二一
正泰（地貨）	一二一
正泰（雜貨）	一一
正泰橡膠廠	六五
正泰源（苧蔴）	一三五
正泰豐（南北雜貨）	一一〇
正新（綢布）	五五
正源（米麥荳）	八八
正源昌（糧食）	八八
正源昌（米麥荳）	八八
正鳳春（鑷花）	七三
正興（紙紮）	八六
正興（泥人）	一五九
正興汽車行	八
正豐昌（雜糧）	九七
正豐治（米）	八八
正鑫（糧食）	八八
民生（製種場）	一三三
民生（烟紙）	二一
民生（洋貨）	一一
民生印書館	二六
民生服裝公司	六四
民生米廠	九七
民生樓菜館	一二七
民益堆棧	五
民衆日報社	二五
民衆茶園	一二六
民衆教育促進會	一六三
民衆醫院	一四五
民報社	二五
民豐南貨號	一〇九
民豐新記絲廠	五〇
印刷業同業公會	一六三
仝羽春（烟紙）	二一
布廠業同業公會	一六三
石灰行業同業公會	一六三
石灰船業同業公會	一六三
古香室（裝池）	三〇
玉和春（茶樓）	一二六
玉泉池（浴室）	一五五
禾豐泰糧行	八八
申大（綢緞布疋）	五五
申大（磨坊）	一二八
申江旅館	一五九
申利源油墨公司	二七
申報無錫分館	二五
申新三廠（紗廠）	四九
申新紡織工會	一六三
包湧泰（木器）	七六
可大（酒行兼售油鹽醬）	一二五
立大（南貨）	一〇九
立大機柴油公司	八一
立生（茶食）	一一七
立成絲廠	五〇
立成（醬園）	一〇〇
立昌（製板）	四三
立昌祥水菓行	一二一
立昌祥分號（山貨）	一二一
立見成（五金玻璃）	三五
立茂晉（山貨）	一二一
立泰米號	八八
立泰（蔴線）	一三五
立得堂國藥號	一四〇
立順地貨行	一二一
立新百貨商店	九
立新絲廠	五〇
立興鴻（槽坊）	一〇〇
立鑫（米荳）	八八
永大（五金）	三五
永大（布線）	五七
永大（南貨）	一一〇
永大油行（兼粉麵）	一〇七
永大花炮號	八六
永大（棉紗）	四九
永大絲繭堆棧	五
永大提莊	六三
永大公司大方肥皂敝	七七
永大生（米麥荳）	八八
永大昌米行	八八
永大昌（米）	八八

無錫工商業名錄牌號索引七

五畫

永

永大昌南貨號 一一〇
永大昌（紙馬） 八三
永大益（南貨） 一一〇
永大綸（布線） 五七
永太昌（酒兼南貨） 一二五
永正昌（蔴兼帽） 七五
永生（製棉場） 三三
永安公司（人壽保險） 四
永安棉織工業社 五二
永吉利襪廠 六七
永吉潤錢莊 一
永年堂（國藥） 一四〇
永年康（製板） 四三
永利（雜貨） 一一
永和（銀作） 七一
永昇錢莊 一
永固（輪船） 七
永昌（皮件） 一三四
永昌（皮件） 一三四
永昌水菓號 一二一
永昌（綢布） 五五
永昌（布線） 五七
永昌（醬園） 一〇〇
永昌（廣貨） 九
永昌鐵床銀箱號 七八
永昌（銅錫兼瓷器） 三八
永昌公司（磁器） 七五
永茂南貨糖棧 一一〇
永茂衣莊 六三
永茂（雜貨） 一一
永茂碾米廠 九七

永茂祥（紙馬） 八三
永茂祥（雜貨） 一一
永茂祥（雜貨） 一一
永春潤（紙箔兼燭） 八五
永春潤南號（紙） 三一
永恆豐錢莊 一
永甡錢莊 一
永益碾米廠 九七
永益昌蔴帽莊 七九
永泰照相館 二九
永泰（紙） 三一
永泰（拋銅） 三五
永泰絲廠 五〇
永泰提莊 六三
永泰麵粉號 九八
永泰（槽坊） 一〇〇
永泰（烟紙） 二一
永泰（南貨） 一一〇
永泰轉運公司 六
永泰二（製種場） 一三三
永泰成（零剪） 六二
永泰昌蔴行 五一
永泰昌絲行 五一
永泰昌（鞋） 六五
永泰昌（煙） 一三一
永泰昌西烟號 一三一
永泰祥（五金玻璃） 三五
永泰祥南貨號 一一〇
永泰隆公司（轉運） 六
永泰興（木業） 四一
永泰豐（槽坊） 一〇〇

永泰興（香燭） 八四
永康（百貨） 九
永康米號 八八
永康慎記絲號 四九
永森木行 四一
永順興（雜貨） 一二
永隆（雜貨） 一二
永隆（米麥荳） 八八
永隆紙號 三一
永隆（茶食） 一一七
永隆茂肉莊 一二二
永盛（雜糧） 九七
永盛絲廠 五〇
永盛（南貨） 一一〇
永啓敍（布綫） 五七
永盛聚（洋貨） 一二
永義米號 八八
永義（油雜） 一〇七
永義昌（白鐵） 三六
永義和（烟紙雜貨） 二一
永裕（牛皮） 一三四
永裕（當） 二
永裕昌（布線） 五七
永慎元米行 八八
永源（油雜） 一〇七
永源生米行 八八
永源茂（南貨） 一一〇
永源茂（米） 八八
永源盛糖坊 一〇九
永源裕（糧食） 八八
永源豐（麵粉麩皮） 九八

永源豐絲廠 五〇
永馥（油雜） 一〇七
永勤（紗布） 五七
永壽堂（國藥） 一四〇
永壽堂（國藥） 一四〇
永聚興（材板） 一五九
永聚興分號（茶食） 一一七
永慶祥（布線） 五七
永德米號 八八
永興（牛皮） 一三四
永興（泥人兼麵筋） 一五九
永興（南貨） 一一〇
永興（山貨） 一二一
永興荳腐店 一二四
永興酒店 一二五
永興煤炭號 八二
永興（翻砂） 三五
永興（鐵店） 三六
永興（當） 二
永興錢莊 一
永興（烟紙） 二一
永興利（雜貨） 一二
永興昌（南貨兼烟紙） 一一〇
永興昌木行 四一
永興泰（雜貨） 一二
永興廠（翻砂） 三五
永餘（雜貨） 一二
永濟宮糧食公會 一六三
永豐（南貨） 一一〇
永豐（米） 八九

無錫工商業名錄牌號索引 八

五畫至六畫

永同仿衣兆竹肉交再吉有如

牌號	頁
永豐（米）	八九
永豐（電器五金）	三五
永豐（雜貨）	一二
永豐（雜貨）	一二
永豐（當）	二
永豐昌（烟紙）	二一
永豐茂南貨號	一一〇
永豐泰（米）	八九
永豐祥（五金玻璃）	三五
永豐裕（布線）	五七
永豐裕冶坊	三九
永鑫和（茶食）	一一七
六畫	
同仁（醬園槽坊業	一〇〇
雜貨）	五
同仁堆棧	一六三
同仁堂（會所）	一四五
同仁醫院	一四〇
同仁和國藥號	一四〇
同仁春藥號	七三
同生（珠花）	一四〇
同生堂（國藥）	一四〇
同生堂（國藥）	一二
同永豐（雜貨）	一四〇
同吉春（國藥）	一〇七
同協油廠	一四〇
同昌（國藥）	五五
同昌（綢布）	六二
同昌（零剪）	八三
同昌（棉子）	
同昌（五金）	三五
同昌裘萬行	五五
同和（國藥）	一四〇
同和（國藥）	一四〇
同和染坊	五二
同和（當）	二
同和轉運公司	七
同和洽米行	八九
同和祥（米）	八九
同和瑞（茶葉）	一二〇
同春藥號	一四〇
同保和國藥號	一四〇
同香齋（茶食）	一一七
同信昌（紙）	三一
同信昌（雜貨）	一二
同信順（布綫）	五七
同甡泰（紙箔）	八五
同益公司（轉運）	七
同泰（南貨）	一一〇
同泰（南貨）	一一〇
同泰（布線）	五七
同泰（糧食）	八九
同泰和（布線）	五七
同泰昌（綢布）	五五
同泰昌雨傘號	七八
同泰恆（綢布）	五五
同泰興南貨號	一一〇
同泰餘（南貨）	一一〇
同泰豐（酒兼鹽）	一二五
同康祥（布線）	五七
同盛和（南貨）	一一〇
同復泰南貨號	一一〇
同發公皮貨行	六七
同斯美糖菓食品號	一一七
同順（當）	二
同順（麵店）	一二九
同順米號	八九
同順昌木行	四一
同裕（國藥）	一四〇
同裕（米）	八九
同裕衣莊	六三
同裕恆（布線）	五八
同裕泰（布兼雜貨）	五六
同源（南貨）	一一〇
同源紙箔棧	三一
同源隆布號	五八
同祿（茶食）	一一七
同福泰（糧食）	八九
同壽藥號	一四〇
同壽春（國藥）	一四〇
同壽春藥號	一四〇
同壽堂國藥號	一四一
同壽新（國藥）	一四一
同億布廠	五八
同樂（理髮）	一五六
同慶和（鞋帽）	六六
同慶餘藥號	一四一
同德國藥號	一四一
同德米行	八九
同德堂藥號	一四一
同德堂（國藥）	一四一
同德生（國藥）	一四一
同餘永記（布線）	五八
同興（地貨）	一二一
同興（布）	五八
同興米號	八九
同興（米）	八九
同興昌（南貨）	一一〇
同興泰漆號	四五
同興潤漆號（兼顏料）	四五
同濟（當）	二
同鴻泰南貨號	一一一
同豐（酒醬）	一〇〇
同豐（參藥）	一四一
同豐南貨號	一一一
同豐飯店	一二八
同豐木器號	七六
同豐炳記（木器）	七六
同豐裕（參藥）	一四一
仿古齋（刻字）	二九
衣莊業同業公會	一六三
兆康南貨號	一一〇
兆豐米行	八九
竹業同業公會	一六三
肉業同業公會	一六三
肉業協會辦事處	一六三
交通旅館	一五五
交通銀行	一
再豐錢莊	一
吉大亨（香燭）	八四
有豐（雜貨）	一二
有豐（槽坊）	一〇〇
如號復糖棧	一一〇

無錫工商業名錄牌號索引九

任 亦 西 合 光 存 全 老 安 江 米 朱

任萬茂酒店	一二五
任肇昌（油）	一〇七
任鳳記（魚兼雜貨）	一二三
亦興園麵店	一二八
西天寶（鞋帽）	六六
西泰昌（雜貨）	一二
西陽春（肉）	一二三
西新茶樓	一二六
合大米號	八九
合茂（銅錫器皿）	三八
合含齋（裱對）	三〇
合衆（引擎戽水機）	三三
合興（羅篩）	一六一
合興（理髮）	一五六
合興（水果）	一二一
合興木行	四一
合興根記木作	四六
合興昌（雜貨）	一二
合興益（雜貨）	一二
合鑫（山貨）	一二一
光明大戲院	一五七
光明（製種場）	一三三
光泰（烟紙雜貨）	二一
光復（烟紙）	二一
光華（理髮）	一五六
光華火油公司	八一
光華電焊廠	八一
光華染織廠	五八
光耀廠（鈕扣）	六八
存仁堂（國藥）	一四〇
存仁堂國藥號	一四〇
存德堂（國藥）	一四〇
全昌（槽坊）	一〇〇
全昌（槽坊）	一〇〇
全昌一號（槽坊）	一〇〇
昌中號（槽坊）	一〇〇
全昌分號（槽坊）	一〇〇
全昌東號（槽坊）	一〇〇
全昌南號（槽坊）	一〇〇
全昌西號（槽坊）	一〇〇
全昌北號（槽坊）	一〇〇
全昌盈號（槽坊）	一〇〇
全昌鴻號（槽坊）	一〇〇
全昌餘（南貨）	一一〇
全泰麵店	一二八
全豐仁米號	八九
全正和洗染廠	五二
老三房冶坊	三九
老大年（國藥）	一四〇
老天生（柏燭）	八四
老天吉金銀首飾號	七一
老天益人參號	一四五
老天寶銀樓	七二
老仁記南貨香燭號	一一〇
老公茂輪船局	七
老元利（剪刀煙袋銅貨零件）	七八
老王裕興（肉）	一二三
老日甡燭號（兼錫箔邊爆）	八四
老生生（柏燭）	八四
老近興（書場）	一五七
老香室（洋貨花粉）	七三
老信太（洗染）	五三
老俞泰隆（茶葉兼煙）	一二〇
老泰臣（蕭）	七九
老採山（國藥）	一四〇
老湧隆（綢布）	五五
老新春陽（糕糰）	一三〇
老義和（茶葉兼漆）	一二〇
老源利（洋貨）	一二
老源昌（蕭）	七九
老裕大（香燭）	八四
老裕仁銀樓	七二
老萬生（南貨）	一一〇
老萬和漆號	四五
老聚泰（傘）	七八
老福來康衕記（參燕）	一四五
老號源盛秤店（兼食鍋雜貨）	七八
老鴻興（燭兼南貨）	八四
老雙成（銅錫）	三八
老麗誠（金珠）	七三
老寶華照相館（兼照相材料）	二九
老寶華照相分館	二九
安中二校	一七二
安吉南貨號	一一〇
安定（製種場）	一三三
安義生南貨號	一一〇
安源盛米號（兼豆餅）	八九
安德興（山貨）	一二一
安鴻裕（布線）	五八
江公正（南貨）	一一〇
江陂小學校	一七二
江源茂竹行	四三
江蘇銀行	一
米荳滙劃業接洽處	二
米荳業同業公會	一六三
米糧船業同業公會	一六三
朱大生（棉餅）	一三五
朱大興（剃刀）	七八
朱文琬（西醫）	一五〇
朱少琴（國醫）	一四六
朱公裕（酒）	一二五
朱正記（理髮）	一五六
朱正裕（米）	八九
朱永大（釘蔴）	一三五
朱永昌（茶樓）	一二六
朱永和（銀作）	七一
朱永記（銅錫）	三八
朱永泰竹行	四三
朱合興（製板）	四三
朱協成（花砲）	八六
朱孟方（製板）	四三
朱怡記（鐘表）	七一
朱弈盛（南貨）	一一〇
朱洽昌（糕糰）	一三〇
朱品三（西醫）	一五〇
朱恆大（糕糰雜貨）	一三〇
朱恆春（紙馬）	八四

無錫工商業名錄牌號索引十

六畫至七畫

牌號	頁
朱恆泰（地貨）	一二一
朱恆豐（烟紙）	二一
朱恆豐（布線）	五八
朱泰安藥號	一四〇
朱泰和（布綫）	五八
朱泰和國藥號	一四〇
朱益興米號	八九
朱振昌（肉）	一二三
朱振泰硬木作	四六
朱祥興（雜貨）	一二
朱順興（皮鞋）	六六
朱順興（雜貨）	一二
朱順興（紅木器具）	七六
朱順興（鐵舖）	三六
朱隆源（銅錫）	三八
朱雲亭（國醫）	一四六
朱復泰（米兼雜貨）	八九
朱菊記（製板）	四三
朱義生（鞋帽）	六六
朱義泰（油醬）	一〇〇
朱義溶分號（麵筋）	一二五
朱鼎盛（茶食）	一一七
朱裕興（醃臘）	一二四
朱源茂（泥人）	一五九
朱道周（西醫）	一五〇
朱福記（醬酒）	一〇〇
朱聚豐（雜貨）	一二
朱榮記（製板）	四三
朱德茂（香）	八四
朱德盛（油）	一〇七
朱錦記（廣貨）	九
朱霞閣（裝池）	三〇
朱鴻泰（雜貨）	一二
朱蘊山（西醫）	一五〇
朱寶昌（玉器）	七三
朱耀記（槽坊）	一〇〇

七畫

牌號	頁
李一豐（國藥）	一四一
李大昌（米）	八九
李大興烟號	一三一
李中和藥材號	一四一
李正泰（雜貨）	一二
李永興（雜貨）	一二
李同興（茶食）	一一七
李同豐參燕細藥號	一四一
李同豐肚帶號	六八
李亦安（國醫）	一四六
李克樂（西醫）	一五〇
李宗唐律師	一六七
李茂昌（醬園）	一〇〇
李信泰（茶食）	一一七
李恆豐（布線）	五八
李星如（國醫）	一四六
李厚常（國醫）	一四七
李根泉出租汽船處	七
李溶興麵店	一二九
李復興（麩皮）	九八
李萬生大房恭記（香燭兼錫箔邊砲）	八四
李萬生三房（桕燭）	八四
李源盛布莊	五八
李裕泰粉廠	九八
李雙和（茶食）	一一七
李鵬攝影室	二九
李寶泰（雜貨）	一二
仰裕興（蔴帽）	六六
杏花邨（菜館）	一二七
求益鈕扣廠	六八
求新（製氈場）	一三三
余其貞律師	一六七
余源泰染坊	五二
沙洪茂（茶食）	一一七
汪子欣（國醫）	一四六
汪仁記米號（兼豆餅）	八九
汪泰和南貨號	一一一
汪隆順（風箱）	一六一
汪義源（米麥）	八九
汪璞涵（西醫）	一五〇
杜天和藥號	一四一
杜恆昌（鞋）	六六
杜振源（南貨）	一一一
杜梅生（裝池）	三〇
杜裕興磚灰號	四四
杜源豐（槽坊）	一〇〇
亨大利鐘表眼鏡唱機公司	七一
亨得利（鐘表眼鏡兼唱機唱片）	七一
沂泉池仁記（浴室）	一五六
延生祥（銅錫）	三八
延康國藥號	一四一
延齡晉國藥號	一四一
延齡堂（國藥）	一四一
延齡崇國藥號	一四一
車業同業公會	一六三
宋合聚南貨號	一一一
宋成泰（酒醬）	一〇〇
宋杏生（麵店）	一二九
宋沛記（雜貨）	一二
宋浩記（雜貨）	一二
宋萬興（雜貨）	一二
宋銘黎律師	一六七
宋鴻號（雜貨）	一二
匡義興（銅錫）	三八
志成工業社（線）	五二
志和（布兼餅）	五八
志和永南貨號	一一一
志和東南貨號	一一一
志和堂（國藥）	一一一
志春堂（國藥）	一四二
志海小學校	一七五
志溶箔莊	八三
成昌（機器）	三四
成和（磚灰）	四五
成泰（翻砂）	三一
成裕發南貨號	一一七
采芝齋（茶食）	一一一
良利堂（國藥）	一四一
良濟（國藥）	一四一
良濟堂（國藥）	一四一
吳三讓堂米號	八九
吳大昌（槽坊兼糧食）	一〇一

無錫工商業名録牌號索引十一

七畫

吳何呂私宏孚利

吳大昌（布線）	五八
吳允中律師	一六七
吳公和（花砲）	八六
吳正大（雜貨）	一二
吳永昌（汽水）	一三二
吳永泰（茶葉）	一二〇
吳永盛（米麵）	八九
吳同和木作	四六
吳協成（地貨）	一二一
吳長春米行	九〇
吳東第一旅社	一五五
吳承圭律師	一六七
吳怡記染坊	五二
吳信茂南貨號	一一一
吳洽昌南貨號	一一一
吳洽興大房（泥人）	一五九
吳恆昌米號	九〇
吳泰興菊記米號	九〇
吳理堂律師	一六七
吳順興（雜貨）	一二
吳協泰（製板）	四三
吳超律師	一六七
吳湧茂（煤炭）	八二
吳裕昌洽記（醬園槽坊）	一〇一
吳裕茂（紙馬捲烟）	八四
吳萬成（南貨）	一一一
吳萬豐（茶食）	一一七
吳蔭棠律師	一六七
吳潤泰木作	四六
吳德興（水菓）	一二一
吳錫記（雜貨）	一二
吳耀明（國醫）	一四六
何金源隆（南貨）	一一一
何雲記（花）	七三
呂源興（銅錫）	三八
呂萬泰南貨號	一一一
呂萬裕（米麵）	八九
呂萬裕（雜貨）	一二
呂德泰南貨號	一一一
呂錫記（米）	八九
私立大椿小學校	一七一
私立工職女學校	一七〇
私立中山小學校	一七一
私立中西女學校	一七一
私立正業小學校	一七一
私立光華小學校	一七一
私立利民小學校	一七一
私立志成女學校	一七一
私立昌盛小學校	一七一
私立明德小學校	一七〇
私立侯氏小學校	一七〇
私立美術專門學校	一七〇
私立勉強小學校	一七一
私立唐氏小學校	一七〇
私立秦氏小學校	一七〇
私立振秀女學校	一七〇
私立益友小學校	一七〇
私立陳氏小學校	一七一
私立啓明小學校	一七一
私立崇正小學校	一七一
私立崇實小學校	一七一
私立培工小學校	一七一
私立培西小學校	一七一
私立培新小學校	一七〇
私立菁莪小學校	一七一
私立勞工第一小學校	一七一
私立勞工第二小學校	一七一
私立勞工第三小學校	一七一
私立勞工第四小學校	一七一
私立勞工第五小學校	一七一
私立雅言小學校	一七一
私立雅訥小學校	一七一
私立無錫中學校	一七一
私立無錫中學校	一七一
私立無錫國學專門學院	一七〇
私立揚氏小學校	一七〇
私立業勤小學校	一七一
私立榮氏女學校	一七〇
私立輔仁小學校	一七〇
私立蔡氏小學校	一七〇
私立廣勤小學校	一七〇
私立德慧女學校	一七一
私立學藝女學校	一七一
私立積成小學校	一七〇
私立積餘小學校	一七〇
私立類思小學校	一七一
私立競志女學校	一七〇
宏仁蔴號	五一
宏孚銀樓	七二
宏昌肥絲廠	五一
宏昇（米）	八九
宏泰絲蔴堆棧	五
宏泰昌（磁器）	七五
宏泰祥（酒醬）	一〇〇
宏順（米麥）	八九
宏順米號	八九
宏順（雜貨）	一二
宏順（蔴油）	一〇七
宏裕（棉紗）	四九
利大公司（經售美孚煤油）	八一
利大永（五金玻璃）	三五
利生紙箔號（兼捲煙）	八五
利生藥材號	一四一
利民汽輪公司	七
利用造紙廠	三一
利泰（橡皮五金）	三五
利康實業社（化妝品）	七三
利森昌（烟紙）	二二
利源畫莊	三〇
利新碾米廠	九七
利新布號（兼鐘表鑲牙）	五八
利澄輪船公司	七
利農（製磚場）	一三三
利農磚瓦廠	四四

無錫工商業名錄牌號索引 二十

七畫至八畫

沈承杭青迎芮步招芝宜阜河花來典城奉泳坤祁京昌明亞季林邱東孟松昇味尙金邵和

沈元凱律師	一六七
沈文浩(裝池)	三〇
沈金全(竹器)	七七
沈阿八(米)	八九
沈恆順(零剪)	六二
沈恆源油餅	一〇七
沈容溪(國醫)	一四六
沈順興(鐵舖)	三六
沈湧隆(木業)	四一
沈復茂(製板)	四三
沈渭記酒店	一二五
沈隆興(麵筋)	一二五
沈偉記(紙紮)	八六
沈源豐南貨號	一一一
沈裕泰(石灰)	四四
沈新昌(鞋)	六六
沈慶豐(烟紙)	二二
沈廣茂永記染坊	五二
沈興記機器廠	三三
沈豐記木器	七六
沈鑫記(煤炭)	八二

八畫

承淡安(國醫)	一四七
杭公順襪廠	六七
青晨襪廠	六七
迎賓樓菜館	一二七
芮恆隆(雜貨)	一三
步錦成麵號	一二九
招商內河輪船局	七
芝香村(雜貨)	一三
宜麟閣(裝池)	三〇
阜康(南貨)	一一一
河埒口保衛團	一六三
花邊業同業公會	一六三
來興泰(米)	九〇
典業同業公會	一六三
城區小學校	一七二
奉化勤生農林塲	一三四
泳盛(水果)	一二一
坤和(錫箔)	八五
祁天香(茶食)	九〇
京滬鐵路無錫車站	五
昌記(西服)	六四
明星(雜貨)	一三
明星照相館	二九
明華(眼鏡)	七一
明豐(茶食)	一八
明麗(電料)	一八一
亞光(電光照相)	二九
亞美公司(洗染)	五三
亞細亞火油公司	八一
亞賓(製種塲)	一三三
季宏昌(糧食)	九〇
季源豐(糧食)	九〇
季鳴九(國醫)	一四七
林元堂(筆)	三一
林記(修船作)	一六一
林雲記(皮毛骨)	一三四
林湧泰石鋪	四四
林湧泰(麵店)	一二九
林瑞泰(油醬)	一〇一
林萬泰(油醬)	一〇一
林源興樹行	一三四
林德記(製板)	四三
邱裕生(米)	九〇
邱源盛(壽材)	一五九
東大(雜貨)	一三
東北書店	二五
東利(皮鞋)	六六
東昇(醬園槽坊)	一〇一
東益源(醬園)	一〇一
東泰(醬園槽坊)	一〇一
東泰昌(醬園槽坊)	一〇一
東泰興(雜貨)	一三
東森陽(火腿)	一二二
東湖福記旅社	一五五
東祿(茶食)	一一八
東壁齋(刻字)	二九
孟義興(銅)	三八
孟淵旅館	一五五
松茂祥(鞋帽)	六六
松盛祥茶號	一二〇
松壽(國藥)	一四一
松齡堂(國藥)	一四一
昇昌煤號	八二
昇昌(綢緞洋貨)	五五
昇昌(酒)	一二五
昇昌金記生熟肉莊	一二三
昇昌祥(布線)	五八
昇昌復勤記肉店	一二二
昇泉池(浴室)	一五六
昇泉茶樓	一二六
昇泰米行	九〇
昇記(荳餅)	九八
昇記油號	一〇七
昇雲(香)	八四
昇裕肉店	一二三
昇源米號(兼酒醬)	九〇
味青畫室	三〇
味純齋(肉)	一三三
尙古齋(裝池)	二〇
尙德小學校	一三二
金子英(西醫)	一七〇
金子道(國醫)	一五七
金禹範律師	一四七
金恆裕(布線)	六八
金記麵店	一五九
金盛鍋廠	二九
金鼎(西醫)	一五〇
金萬興宰牛公司	一二四
金銀業同業公會	一六三
金龍商店(雜貨)	一三
邵正興桐油行	四五
邵恆泰南貨號	一一一
邵恆裕(槽坊糧食)	一〇一
邵祥泰(桐油兼釘	
鐵蘇)	四五
邵源盛(烟紙)	二二
邵裕豐竹號	四三
邵義順(泥人)	一五九
邵萬順(地貨)	一二一
邵萬裕竹行	四三
和大(烟)	一三一

無錫工商業名錄牌號索引十三

八畫

和 怡 周 長

牌號	頁數
和岡泰南貨號	一一一
和昶（槽坊）	一〇一
和記（雜貨）	一三
和泰分號（槽坊）	一〇一
和泰祥（木植店）	四一
和興（機器）	三三
和興絲廠	五〇
和濟（當）	二
和豐（酒米）	一〇一
和豐（木器）	七六
和豐（雜貨）	一三
和豐絲廠	五〇
和豐祥（彈花）	一六一
和豐盛（酒醬）	一〇一
怡大（雜貨）	一三
怡大（糕糰）	一三〇
怡大興木行	四一
怡生機器電焊鐵工廠	八一
怡和（肥皂兼火柴）	七七
怡和祥（雜貨）	一三
怡和興（木業）	四一
怡昌（南貨）	一一一
怡昌一廠（絲廠）	五〇
怡昌二廠（絲廠）	五〇
怡昌順（山貨）	一二一
怡昌潤（南貨）	一一一
怡茂昌（布紗）	五八
怡茂祥（鞋帽）	六六
怡記（米）	九〇
怡泰機器廠	三三
怡泰興木行	四一
怡新絲繭堆棧	五
怡興昌電焊廠	八一
怡豐誠藥號	一四一
怡豐祥（茶食）	一一七
怡豐義酒行	一二五
周子敦律師	一六七
周子翔（西醫）	一五〇
周元亨南貨號	一一一
周公茂（雜貨）	一三
周立豐瑞記（烟紙）	二二
周永泰南貨號	一一一
周永興（鞋）	六六
周合興（錫作）	三八
周同泰（京廣洋貨）	九
周兆麟律師	一六七
周成益（對聯）	三〇
周成益（對聯）	三〇
周坤發（泥人）	一五九
周協順（南貨）	一一一
周協興（鐵店）	三七
周信昌（零剪）	六二
周信泰（零剪）	六二
周信裕（絲線）	五二
周洪太（雜貨）	一三
周春源（麵筋）	一二五
周茂順漆號	四五
周敍元米行	九〇
周敍興木作	四六
周恆昌（雜貨）	一三
周恆泰（紗布）	五八
周恆源（洋貨）	一三
周恆源（布線）	五八
周家機律師	一六七
周得元堂（筆墨）	三一
周祥興（綢衣）	六三
周通成（布線）	五八
周逸如（牙醫）	一五二
周乾泰（帽鞋號）	六六
周斌記（山貨水菓）	一二一
周開泰（米）	九〇
周萃豐（雜貨）	一三
周復培（西醫）	一五〇
周順昌（雜貨）	一三
周順興機廠	三三
周順興（骨器）	七七
周順興（材板）	一五九
周順興（飯店）	一二八
周順興（鐵店）	三七
周備五律師	一六七
周義盛（泥人）	一五九
周新盛（雜貨）	一三
周萬安（國藥）	一四一
周萬益染坊	五二
周萬順（鐵）	三七
周瑞生（烟紙）	二二
周源盛（洋貨）	一三
周源盛（捲烟）	一三一
周源盛（米）	九〇
周裕康（國藥）	一四一
周聚興（銅錫）	三八
周毓鏞律師	一六七
周綸（西醫）	一五〇
周緒（西醫）	一五〇
周贊翼（眼醫）	一四七
周德生（國藥）	一四二
周德茂（南貨）	一一一
周潤昌（醬園槽坊）	一〇一
周餘昌（煤鐵炭）	三七
周豐泰（洋廣貨）	一三
周鏡壽（國醫）	一四七
長元泰棉子行	八三
長生公司（壽器）	一五九
長安橋民衆茶園	一二六
長春（槽坊）	一〇一
長春堂參樂號	一四一
長春堂（國藥）	一四一
長春壽星會工場（壽器）	一五九
長春新（米）	九〇
長泰米行	九〇
長泰（油酒）	一〇一
長途電話處	五
長康祥（洋貨）	一三
長康源木行	四一
長發（土麵）	一二九
長裕泰糧食行	九〇
長源米行	九〇
長源米號	九〇
長樂茶樓	一二六
長樂茶社（兼浴池）	一二六
長樂齋（裝池）	三〇
長興（槽坊兼油餅）	一〇一
長興麵館	一二九

無錫工商業名錄牌號索引十四

八畫至九畫

長協

長豐（醬園） 一〇一
長豐盛木行（兼磁器） 四一
協大（槽坊） 一〇一
協大（南貨） 一一一
協大衣莊 六三
協大米行 九〇
協大（雜貨） 一三
協大（洋貨） 一三
協大森（綢布） 五九
協大森（洋貨） 三
協仁鐵莊 一
協生綢緞洋貨布疋 五五
協生絲廠 五〇
協生泰（雜貨） 一三
協成（雜貨） 一三
協成和記（酒米糧食） 一〇一
協成印刷公司 二六
協成絲繭堆棧 五
協成永（綢緞洋貨） 五五
協成恒（雜貨） 一三
協和（醬酒） 一〇一
協和米店 九〇
協和（茶食） 一一八
協和（茶食） 一一八
協和染坊 五二
協和美（茶食） 一一八
協和美（茶食） 一一八
協和祥（洋貨） 一三
協和源提莊 六三
協昌（酒醬） 一〇一

協昌絲廠 五〇
協昌肉莊 一二三
協昌（磨坊） 一二九
協昌染坊 五二
協昌（布線） 五八
協昌承記衣莊 六三
協昌榮記（銅鐵兼銀箱） 七八
協昌（鐵床銀箱） 七八
協昌鐵工廠 三三
協昌祥南貨號 一一一
協昌祥（布線） 五八
協茂（米） 九〇
協茂（雜貨） 一三
協茂信（棧貨） 一三
協茂潤提莊 六三
協祁（酒醬烟） 一〇一
協祁祥（銅鐵床） 七八
協泰（酒醬） 一〇一
協泰（布） 五八
協泰成（瓷器） 七五
協泰恒公司（轉運） 七
協泰昌（南貨） 一一一
協泰昌（槽坊） 一〇一
協泰昌分號（槽坊） 一〇一
協泰昌南號（槽坊） 一〇一
協泰祥紙號（兼箔燭） 三一
協泰祥（南貨） 一一二
協泰祥（南貨） 一一一
協泰盛（木） 四一
協記（地貨） 一二一

協記魚行 一二三
協記機廠 六七
協康（洋貨） 一三
協康（首飾） 七二
協順（地貨） 一二一
協順（魚） 一二三
協順提莊 六三
協順（木器） 七六
協順（木業） 四一
協順（當） 二
協順公司（木器） 七六
協順洽魚 一二三
協盛（醬園兼糧食） 一〇一
協盛鐵工廠 三三
協盛永（烟紙） 二二
協盛永記麵行 九八
協盛昌南貨號 一一二
協隆糧食兼槽坊 九〇
協源米號 九〇
協源絲繭號 五一
協源火油公司 八二
協源懷（木行） 四一
協裕順（銅錫） 三八
協新軍裝號 六四
協新和鞋店 六六
協新鴻記化粧品號 七三
協聚昌（醬園） 一〇一
協餘衣莊 六三
協興（酒醬） 一〇一
協興南貨號 一二
協興（地貨） 一二一

協興麵店 一二九
協興麵店 一二九
協興（蛋餅兼茶食） 一三二
協興佑衣號 六三
協興（襪機） 三三
協興（絲吐） 五一
協興（雜貨） 一三
協興久記（脚踏車） 三
協興機器廠 三八
協興股份有限公司
（轉運） 七
協興輪船公司 七
協興翻砂廠 三五
協興元烟店 一三一
協興恆米行 九八
協興祥（烟） 一三一
協興順（製板） 四三
協興盛米行 九〇
協興雲米號 九〇
協興源（木） 四一
協懋昌（洋貨） 一四
協豐提莊 六三
協豐絲廠 五〇
協豐（五金玻璃） 三五
協豐昌煙店 一三一
協豐祥（新衣） 六三
協豐義（醬園槽坊） 一〇一
協豐園（麵店） 一二九

九畫

協鑫（山貨水菓） 一二一

無錫工商業名錄牌號索引 十五

九畫

貞宜紅建油城侯是查厚信祁勇致范郁叚施洪拱美要姚茂

貞太(雜貨)	一四
宣安吉(西服)	六五
宣隆興(鐵)	三七
紅卍字會	一六四
建築業同業公會	一六三
油廠業同業公會	一六三
油漆作業同業公會	一六三
油麵筋業同業公會	一六三
城西自治促進會	一六四
侯錫清律師	一六八
侯錫齡(鉛畫)	三〇
侯綱荃(書畫家)	三〇
是雨蒼律師	一六八
查公和(醬酒)	一〇二
查萬興(京廣洋貨)	一〇
厚生(醬園)	一〇二
厚生祥(醬園槽坊)	一〇二
厚豐絲廠	五〇
信大(南貨兼煙紙)	一一二
信大(煙紙)	二二
信元錢莊	一
信孚機油公司	八二
信和生漆顏料號	四五
信昌和(南貨)	一一二
信昌協(布線)	五九
信昌祥(五金)	三五
信昌源(米麥)	九一
信泰潤衣莊	六三
信茂(米麥)	九一
信茂(雜貨)	一四
信茂恆(烟紙)	二二
信泰(雜貨)	七五
信泰竹行	四三
信泰(布線)	五九
信益(米)	九一
信益(烟紙)	二二
信益大(零剪洋貨)	六二
信通協記轉運公司	七
信盛裕衣莊	六三
信盛義(布線)	五九
信盛福(南貨)	一一二
信裕(南貨)	一一二
信源銀樓	七二
信源錢莊	
祁泰(布線)	五九
勇洪盛南貨號	一一二
致中和(國藥)	一四二
致和(國藥)	一四二
范仁卿(國醫)	一四七
范正和(點心)	一三〇
范恆源(南貨)	一一二
范盈餘(布線)	五八
范裕昌(材板)	九一五
范源茂(雜貨)	一四
范慕均(國醫)	一四七
郁詠春(國藥)	一四七
叚席成(花柳科)	一五〇
施亦臨(西醫)	一五〇
施恆茂鹽號(兼白鐵)	一〇八
施祥興(骨器)	七七
施萬昌(銅錫洋鏡椽莊)	三八
施慎記(茶食)	一一八
施毓鼎律師	一六八
施鳳林(鐘錶)	三一
施廣大(水泥瓦桶)	四四
洪太(山貨)	一二一
洪昌山貨水菓棧	一二一
洪承興(地貨)	一二一
洪茂慎(北貨水菓兼鹹魚)	一二一
洪泰祥(油餅)	一〇七
洪益昌(雜貨)	一四
洪盛染坊	五二
洪熙春(西醫)	一五〇
洪源(南貨)	一一二
拱北樓(浴室)	一五六
美利服裝公司	六五
美恆布廠	五八
美恆紡織公司	四九
美香齋(金腿野味)	一二二
美記(修理鐘表)	七一
美康(雜貨)	一四
美術公司(鐘表)	七一
美術館(泥人)	一五九
美得利(修理鐘表)	七一
美最時(泥人)	一五九
美景華(泥人)	一六〇
美華洗染公司	五三
美華利(京廣洋貨)	一〇
美華利(洋貨)	一四
美新(鞋)	六六
美新(西服)	六五
美新公司(印刷兼製版)	二六
美綸(西服)	六五
美德利(鐘表)	七一
美豐洗染公司	五三
美麗(鞋)	六六
美儀(理髮)	一五六
姚公記米號	九〇
姚正興飯店	一二八
姚宏昌(布線)	五九
姚恆茂(南貨兼布線)	一一二
姚信義(材板)	一五九
姚信裕(布線)	五九
姚盛興(南貨)	一一二
姚萬一茶葉號	一二〇
姚源餘(糕糰雜貨)	一三〇
姚義和南貨號	一一二
姚義興(白鐵)	三七
姚源泰木行	四一
姚鐘記米號	九〇
姚聰記漆號	四五
要貨業同業公會	一六四
茂生裕磚瓦石灰行	四四
茂利(廣貨)	九
茂記布行	五八
茂記派報社	二六
茂新麵粉公司	九八
茂興昶(雜貨)	一四
便民商店(雜貨)	一四

無錫工商業名錄牌號索引 十六

九畫

咸活敍洽俞保革胡省春南恆

牌號	頁
咸德(當)	二
活佛照相館	二九
敍茂(雜貨)	一六
敍源(南貨)	一一四
敍源(花炮)	八六
洽成布號	五八
洽昌(雜貨)	一三
洽昌鐵莊	二
洽昌祥絲吐行	五一
洽昶(鞋帽)	六六
洽茂(雜貨)	一四
洽泰(南貨)	一一二
洽泰昌(糕糰)	一三〇
洽泰順切紙	一六一
洽記(酒醬)	一〇二
洽記染坊	五二
洽記英明機器洗染公司	五三
洽盛米號	九〇
洽順昌(煤鐵)	三七
洽義南貨號	一一二
洽新成蓆行	七九
洽源(酒醬)	一〇二
洽源(木)	四一
洽源絲繭號	五一
洽源恆南貨號	一一二
洽源潤(米)	九〇
洽聚興(雜貨)	一四
洽興(雜貨)	一四
洽興(飯麵)	一二八
洽興菜館	一二七

牌號	頁
俞協盛布號	五八
俞洽興(鐵舖)	三七
俞信泰提莊	六三
俞壽豐(酒米糧食)	一〇二
俞壽豐(醬園糟坊兼糧食)	一〇二
俞德盛(紙匣)	一五九
俞樹德堂(國藥)	一四二
俞蘊豐(顏料靛青)	五三
俞寶昌鐵工廠	三三
保仁(當)	三
保仁公提莊	六三
保昌(當)	三
保和(當)	三
保和(貨押)	三
保和堂(國藥)	一四二
保和祥肉莊	一二三
保泰(當)	三
保康(當)	三
保隆(當)	三
保滋小學校	一七二
保新永機廠	六七
保源(當)	三
保誠(當)	三
保興(當)	三
革興盛(皮件)	一三四
胡文銓律師	一六八
胡元吉(國藥)	一四二
胡氏初級中學校	一七一
胡氏初級中學(製種場)	一三三

牌號	頁
胡玉記(煤炭)	八二
胡正興飯店	一二八
胡怡昌(木業)	四一
胡協記(雜貨)	一四
胡協記(糟坊)	一〇一
胡長興飯店	一二八
胡家玉律師	一六八
胡振泰(米麥)	九〇
胡雲記(紙紮)	八六
胡順興(雜貨)	一四
胡順興麵店	一二九
胡順興糖坊	一〇九
胡裕成(雜貨)	一四
胡瑞昌(紙箔)	八五
胡瑞興(雜貨)	一四
胡萬成大房(泥人)	一五九
胡萬成二房(泥人)	一五九
胡萬泰(醬貨)	七五
胡萬昌(蔗兼茶食)	七九
胡萬興(收買箔灰)	一六一
胡義生(油雜)	一〇七
胡懿清(新法接產)	一五〇
省立蠶業試驗場	一三三
春仙茶樓	一二六
春和(國藥)	一四二
春和洽(南貨)	一一二
春和堂國藥號	一四二
春華(當)	三
春麟堂(履扇)	二九
南山堂(國藥)	一四二
南方泉鎮公所	一六三

牌號	頁
南方飯店	一二七
南北貨糖業公會	一六三
南利盛(南北貨)	一一二
南洋(鞋兼洋貨)	六六
南洋西樂社	一六〇
南洋和記電焊廠(兼機器)	八一
南得(南貨)	一一二
南貨業同業公會	一六三
南盛(南貨)	一一二
南湧隆南貨	一一二
南陽電焊工廠	八一
南新(雜貨)	一四
南興公司(脚踏車)	八
南興昌(鞋帽)	六六
恆大麻號	一三五
恆大(南貨)	一一二
恆大(南貨)	一一二
恆大猪行	一二四
恆大(紙馬)	八四
恆大昌(米麥荳)	九一
恆大昌南貨號	一一二
恆大生(國藥)	一四二
恆大發米行	九一
恆大寶記(南貨)	一一二
恆立昌(麻線)	一三五
恆吉生記(五金玻璃)	三五
恆孚銀樓	七二
恆利肥絲號	五一
恆和染坊	五二

無錫工商業名錄牌號索引 十七

九畫

恆

牌號	頁數
恆昇豬行	一二四
恆昇裕(煤炭)	八三
恆協(麵粉麩皮)	九九
恆昌(酒醬)	一〇二
恆昌(茶食)	一一八
恆昌豬行	一二四
恆昌銀樓	七二
恆昌(米)	九一
恆昌鐵行	三七
恆昌生漆顏料號	四五
恆昌錢莊	二
恆昌成記煤鐵號	三七
恆昌球記提莊	六三
恆昌祥(雜貨)	一四
恆昌德(南貨)	一一二
恆信厚(磁器)	七五
恆和花邊號	六八
恆春(米豆)	九一
恆春害米號	九一
恆茂(酒醬)	一〇二
恆茂米號	九一
恆茂炳記(南貨)	一一二
恆茂麵粉批發處	九九
恆茂昌(雜貨)	一四
恆茂昇(南貨)	一一二
恆茂章(雜貨)	一四
恆茂祥(南貨)	一一二
恆茂祥(鞋帽)	六六
恆益米行	九一
恆記(布線)	五九
恆記(南貨)	一一三
恆記裕炭行	八三
恆春(布線)	五九
恆泰魚行	一二四
恆泰(糕點)	一三〇
恆泰(糕餅)	一三〇
恆泰(布線)	五九
恆泰(布線)	五九
恆泰衣莊	六三
恆泰(紙馬)	八四
恆泰(米麥豆)	九一
恆泰(米)	九一
恆泰(麩皮豆餅)	九八
恆泰(五金)	三五
恆泰(石灰)	四四
恆泰(雜貨)	一四
恆泰公記(布線)	五九
恆泰南號慎記(醬園)	一〇二
恆泰仁南貨號	一一二
恆泰永(醬園槽坊)	一〇二
恆泰成(材板)	一五九
恆泰昌(雜貨)	一四
恆泰昌(酒醬)	一〇二
恆泰昌(香燭)	八四
恆泰昌(雜貨)	一四
恆泰盈(醬園槽坊)	一〇二
恆泰祥磁器號	七五
恆泰祥(蔴線繩索)	一三五
恆泰祥(南貨)	一一二
恆泰裕(醬園槽坊)	一〇二
恆泰瑞(估衣)	六三
恆泰源(南貨)	一一三
恆泰源木作	四六
恆泰鴻(槽坊)	一〇二
恆泰豐(茶食)	一一八
恆泰豐(米麥豆)	九一
恆祥絲繭行	五一
恆康(米)	九一
恆康(米)	九一
恆通電池廠	八一
恆森益米店	九一
恆順豐米行	九一
恆發木器廠	七六
恆盛(槽坊)	一〇二
恆盛(米)	九一
恆隆(雜貨)	一四
恆隆(雜貨)	一四
恆隆鴻記提莊	六三
恆裕(醬園槽坊)	一〇二
恆裕(紙馬南貨)	八四
恆裕木行	四一
恆裕(雜貨)	一四
恆裕(雜貨)	一四
恆裕(洋廣貨兼電料)	一〇
恆裕興(皮鞋皮件)	六六
恆源(酒)	一二五
恆源染坊	五二
恆源米行	九一
恆源(米)	九一
恆源生(米麥豆)	九一
恆源昌(紙箔)	八五
恆源昌(雜貨)	一四
恆源益(布線)	五九
恆源泰(綢布)	五六
恆源泰(布線)	五九
恆源祥(油醬)	一〇二
恆源隆(紙箔)	八五
恆源滄(紙)	三一
恆源豐磁號	七五
恆義(醃臘)	一二四
恆義(糧食)	九一
恆義(酒醬槽坊)	一〇二
恆潤(米麥豆)	九一
恆潤漆號(兼顏料)	四五
恆德衣莊	六三
恆德油廠	一〇七
恆德昌(桐豆油餅)	一〇七
恆餘(醬園槽坊)	一〇二
恆興(米)	九一
恆興仁(雜貨)	一四
恆興睿米行	九一
恆興盛米行	九一
恆興盛(槽坊)	一〇二
恆興盛(槽坊兼糧食)	一〇二
恆興盛(南貨)	一一三
恆興睿(餅麵)	一三〇
恆豐絲廠	五〇
恆豐(雜貨)	一五
恆豐(醬酒雜貨)	一〇二
恆豐(油餅)	一〇七
恆豐南貨號	一一三

無錫工商業名錄牌號索引十八

九畫至十畫

牌號	頁碼
恆豐（南貨）	一一三
恆豐豬行	一二四
恆豐麵店	一二九
恆豐米號	九一
恆豐染織布廠	五九
恆豐搪瓷鋼精號	七七
恆豐麵粉批發所	九九
恆豐仁（花蓆）	七九
恆豐泰米行	九一
恆豐泰（雜貨）	一五
恆豐泰森記（油）	一〇七
恆豐祥（布線）	五九
恆豐慎木行	四一
恆豐潤（醬園槽坊）	一〇二
恆豐餘（雜貨）	一五
恆鑫（木業）	四一

十畫

牌號	頁碼
紡織廠聯合會	一六四
紡織聯合工會	一六四
紗業同業公會	一六四
紙箔業同業公會	一六四
旅棧業同業公會	一六四
柏燭業同業公會	一六四
桂香村（茶食）	一一八
桂香齋（糕點）	一一八
酒醬店業同業公會	一六四
浴室業同業公會	一六四
浴春池（浴室）	一五六
浴德池（浴室）	一五六
涇濱（製種場）	一三三
浦公興麵店	一二九
浦協泰（木器）	七六
浦恆豐估衣號	六三
浦鴻泰（木器）	七六
娛樂業同業公會	一六四
航業協會	一六四
夏新來（南貨）	一一三
翁人和南貨號	一一三
翁源興（鐵舖）	三七
畢春和（醬酒油）	一〇二
財興石作	四四
容芳照相館	二九
書業圖書經理處	二五
凌聚興（木）	四二
倚雲軒（理髮）	一五六
倫敦（洗衣）	五三
倪大房（紙馬）	八四
倪大房（紙馬）	八四
倪永昌（皮毛皮革）	一三四
倪正陽酒行	一二六
倪貞昌（布線）	五九
倪瑞記（綢布）	五六
倪萬成（南貨）	一一三
倪萬興麵店	一二九
倪鴻泰（南貨）	一一三
晉大絲行	五一
晉昌盛（雜貨）	一五
晉泰（雜貨）	一五
晉康（松板）	四二
晉華理髮店	五六
晉豐（雜貨）	一一五
晉豐（布線）	一五九
陸昌旅館	五五
陸福堂（鞋帽）	六六
梁大來（煤炭）	八三
梁正興（剪刀）	七八
梁溪旅館	一五五
梁榮泰煤炭號	八三
唐三泰米號	九一
唐元春（雜貨）	一五
唐永豐（雜貨）	一五
唐如興（醬酒）	一〇二
唐宏興（茶葉）	一二〇
唐洽昌（雜貨）	一五
唐恆豐絲吐行	五[illegible]
唐崇記紙煙棧	一三一
唐順興（銅錫器）	三八
唐森泰（雜貨）	一五
唐瑛律師	一六八
唐裕和（豆餅麩皮）	九八
唐義茂（雜貨）	一五
唐鼎豐（布線）	五九
唐鼎豐（米）	九一
唐瑞成（皮貨）	六五
唐鳳興（樂器）	三〇
唐鳴鳳律師	一六八
魯德昌染坊	五二
袁永興（包車）	八
袁永興麵館	一二九
袁宗漢律師	一六八
袁泰隆竹號	四三
袁興昌（雜貨）	一五
袁錫祥（米）	九二
袁嘯雲（牙醫）	一五二
奚宏茂硬木作	四六
奚伯初（國醫）	一四七
奚垂露齋（筆墨兼學校用品）	三一
奚榮昌（糠）	九八
馬文炳（磚瓦石灰）	四四
馬少豐（書畫家）	三〇
馬復興清眞教門菜館	一二七
馬聚興（桐油）	四五
馬福大棉花號	五〇
馬福大（棉花）	五〇
悅成（米）	九二
悅來米號	九二
悅來公司（轉運）	七
悅源（棉花棉紗）	五〇
祝同興米號	九二
祝祥裕酒店	一二五
祝源（漆作）	四五
祝源興油漆作	四五
祝德（茶食）	一一八
殷利昌米行（醬園槽坊）	九一
殷恆茂（磚瓦花料）	四四
殷恆裕（磚瓦花料）	四四
殷順興麵館	一二九
殷順興（銅錫）	三八
殷餘記豆腐號	一二五
殷鴻昌豆腐號	一二五

涇娛飛夏翁畢財容書凌倚倫倪晉陸梁唐袁奚

無錫工商業名錄牌號索引 十九

十畫

殷時巽茶秦振高徐益

殷復興麵店 一二九
時牛春（南貨） 一一三
時宏昌（布線） 五九
時明（鐘表眼鏡） 七一
時和（呢絨洋貨） 五六
時益裕（布線） 五九
時紹和（布線） 五九
時新昌（香粉化裝品） 七三
時新祥京廣（洋貨） 一〇
巽張小泉鼎記（刀剪） 七八
巽陸稿薦（肉） 一二三
巽福來（煙紙） 二二
茶食業同業公會 一六四
茶葉業同業公會 一六四
茶園業同業公會 一六四
秦生泰（雜貨） 一五
秦阿如（茶食） 一一八
秦秉衡（西醫） 一五〇
秦恆興（槽坊） 一〇二
秦盛大（米） 九二
秦惠民（西醫） 一五〇
秦隆記（地貨） 一二一
秦福泰（烟紙） 二二
秦義興（鐵） 三七
秦裕隆（雜貨） 一五
秦毓鍾律師 一六八
秦福泰（烟） 一三一
秦慶豐（布綫） 五九
振元（五金電料） 三五
振昌（棉花） 五〇

振昌（五金） 三六
振茂（雜貨） 一五
振南堆棧 五
振南磨坊 一二九
振益堆棧 五
振泰（木器） 七六
振泰（酒醬） 一〇二
振祥協記（五金電料） 三六
振華（機器五金電料） 三六
振華染廠 五二
振華布廠 五九
振華百貨商場 九
振華齋（刻字） 二九
振業布廠 五九
振源染坊 五二
振源昌米行 九二
振新（西服） 六五
振新紗廠 四九
振裕（雜糧） 九八
振裕堆棧 五
振裕服裝公司 六五
振興（雜貨） 一五
振興（製帋場） 一三三
振興（機器） 三三
振興（白鐵） 三七
振豐（料器） 七五
振豐肥絲廠 五一
振藝源記絲廠 五〇
振鑫米號 九二
高立興飯店 一二八

高永茂（雜貨） 一五
高永泰木作 四六
高永發木作 四六
高永盛（泥人） 一六〇
高同昌布莊 五九
高同昌油行 一〇七
高有源（煤鐵） 三七
高和美南貨店 一一三
高直雲（西醫） 一五〇
高松茂（廣木） 四二
高松枝木作 四六
高恆興（布線） 五九
高記（理髮） 一五六
高時良（國醫） 一四七
高景長（西醫） 一五〇
高順記（雜貨） 一五
高湧盛（雜貨） 一五
高義和染坊 五二
高義興（茶食） 一一八
高萬餘米號 九二
高源隆（地貨鮮魚） 一二一
高鈺記木作 四六
高鈺記（磚瓦石灰） 四四
高濟春（國藥） 一四二
徐二房（羅篩） 一六一
徐士林（西醫） 一五〇
徐元恒（豆餅麩皮） 九八
徐永大（米） 九二
徐永泰（米） 九二
徐用錫律師 一六八
徐台記米號 九二

徐仲瑚（牙醫） 一五二
徐杏記米號 九二
徐良書（國醫） 一四七
徐延齡堂（國藥） 一四二
徐谷香春（茶食糖菓） 一一八
徐協豐（米糧雜貨） 九二
徐和泰（糕糰） 一三一
徐怡昌（布線） 五九
徐長興木作 四六
徐長興（壽材） 一五九
徐洪泰（煙紙） 二二
徐信昌（雜貨） 一五
徐信義（雜貨） 一五
徐恆泰染坊 五二
徐恆興麵店 一二九
徐乾和（醬酒） 一〇二
徐乾泰（南貨） 一一三
徐森隆皮箱號 七九
徐湧泰米號 九二
徐瑞和（地貨） 一二一
徐新泰肉莊 一二三
徐源茂（雜貨） 一五
徐源興（麵筋） 一二五
徐萬亨（布線） 五九
徐萬興（銅作） 三八
徐嘉和（茶食糖菓） 一一八
徐福泰（對聯） 三〇
徐興昶皮箱店 七九
徐豐盛木行 四一
益大（國藥） 一四二

無錫工商業名錄牌號索引二十

十畫

益大(國藥)	一四二
益大(國藥)	一四二
益大(五金)	三六
益大紗線號	四九
益大(雜貨)	一五
益大公(煤油機油)	八二
益生堂(國藥)	一四二
益生堂國藥號	一四二
益生堂國藥號	一四二
益昌米行	九二
益昌絲繭行	五一
益昌錢莊	二
益茂米號	九二
益茂米號	九二
益泰衣莊	六三
益泰(米)	九二
益泰(米)	九二
益泰(雜貨)	一五
益泰(洋貨)	一五
益泰昌(蔴)	七九
益泰昌(傘)	七八
益泰昌頁燭南貨海味糖棧(兼肥皂)	一一三
益泰豐(米)	九二
益盛(烟紙)	二二
益順昌(蔴帽)	七九
益新化粧品公司	七三
益新木器沙法號	七六
益新礱米廠	九七
益源堆棧	五
益壽堂(國藥)	一四二
益壽堂國藥號	一四二
益壽堂國藥號	一四二
益興(泥人)	一六〇
益興(烟紙)	二〇
益豐酒棧	一二六
益豐製造大小水龍	三三
益豐太(雜貨)	一五
甡昌麻(線)	一三五
甡昌(米)	九二
甡泰(製板)	四三
甡泰昌燭號	八四
甡泰昌糧行	九二
甡泰裕南貨號	一一三
甡源茂籐號	七七
採山堂(國藥)	一四二
採芝堂藥號	一四二
泰山堂(國藥)	一四二
泰山堂(國藥)	一四二
泰生堂(國藥)	一四二
泰生絲行	五一
泰和國藥號	一四二
泰和堂國藥號	一四二
泰和鹽號	一〇八
泰來絲廠	五〇
泰來麵粉公司	九九
泰昌(醬園)	一〇二
泰昌(白鐵)	三七
泰昌(輪船轉運)	七
泰昌祥(糧食)	九二
泰昶(西式木器)	七六
泰記恆(粉兼麩皮荳餅)	九九
泰康絲繭	五一
泰康南貨號	一一三
泰康成(國藥)	一四二
泰康堂(國藥)	一四二
泰隆麵粉公司	九九
泰隆協(醬酒)	一〇二
泰源昌(泥人)	一六〇
泰綸(綢緞)	五六
泰興(雜貨)	一五
泰豐(茶食)	一一八
泰豐衣莊	六三
泰豐(木器)	七六
泰豐米號	九二
泰豐(米號)	九二
泰豐(麵粉麩皮)	九九
泰豐(烟紙)	二二
泰豐昌(綢布)	五六
泰豐潤(酒醬)	一〇二
孫西成律師	一六八
孫利達糖坊	一〇九
孫協泰南貨號	一一三
孫長盛(雜貨)	一五
孫思泉(香)	八四
孫信益(雜貨)	一五
孫恆盛(香)	八四
孫春陽甡記(南貨茶食號)	一一三
孫祖宏律師	一六八
孫祖烈(西醫)	一五一
孫展圻律師	一六八
孫義太(生麵)	一二九
孫萬昇(南貨)	一一三
孫萬春(國藥)	一四二
孫震泰(雜貨)	一五

十一畫

寄暢茶園	一二六
蓋怡昌(南貨)	一一三
望梅茶園	一二六
城多利(餅乾)	一三二
莫義盛(綢布)	五六
現代工業社(仿宋名片)	二六
現代照相館	二九
造船業同業公會	一六四
商團公會	一六四
救火聯合會	一六四
停雲山莊(會所)	一六四
竟成(綢布兼京廣貨)	五六
常錫航運公司	八
郵政局	五
國民導報社	二五
國泰電料公司	八一
商業公司(印刷兼銀盾)	二六
郭德興(洋貨)	一六
清泉池(浴室)	一五六
清蓮池(浴室)	一五六
啓泰新記(旅館)	一五五
啓源染坊	五二
啓新社書局	二五

無錫工商業名錄牌號索引 二一　十一畫

莊培崇梅理搿埠得曹通許乾陸

莊協泰魚竹　一二四
莊冠英（國醫）　一四七
莊源大（油醬）　一〇三
莊源大（雜貨）　一一六
莊源大油廠　一〇八
莊裕泰魚行　一二四
莊鑑銘律師　一六八
培之小學校　一七二
培本小學校　一七二
崇文小學校　一七二
崇正小學校　一七二
梅園　一五七
梅園商店（雜貨）　一六
梅園島記照相館　二九
梅裕昌木行　四二
理匚社（印刷）　二六
理髮業同業公會　一六四
搿春盧國藥號　一四四
埠豐（參燕）　一四五
得美（油醬）　一〇三
得春堂（國藥）　一四三
得意茂（醃臘）　一二四
得春堂國藥號　一四三
得僊樓茶館　一二六
得豐（木業）　四二
曹二房全記冶坊　三九
曹三房冶坊　三九
曹公泰（雜貨）　一六
曹永仁（鐵號）　三七
曹永興米號　九三
曹仲容（國醫）　一四七

曹步雲（國醫）　一四七
曹禹臣（牙醫）　一五二
曹信盛（槽坊）　一〇三
曹培璟（牙醫）　一五二
曹盛興（梳篦）　七九
曹順興（雜貨）　一六
曹會豐（糖筍）　一〇九
曹源和（銅錫）　三九
曹新記蘆蓆號　四七
曹麟祥（牙醫）　一五二
通易信託保險公司　四
通茂裕（山貨水果）　一二一
通順木行　四二
通達轉運公司　七
通新園（麵店）　一二九
通源（當）　三
通源米行（兼醬園槽坊）　九二
通裕（布線）　六〇
通裕商號（轉運）　七
通潤（國藥）　一四三
通濟駁運公司　七
許文石（國醫）　一四七
許正和（南貨）　一一三
許以松律師　一六八
許式律師　一六八
許先記（雜貨）　一一六
許同英（西醫）　一五一
許同興（雜貨）　一六
許伯安（國醫）　一四七
許松泉（西醫）　一五一

許協茂（營造）　四一
許協泰昌老號（醬園槽坊）　一〇三
許協泰昌分號（醬園槽坊）　一〇三
許協泰春昌子記（醬園）　一〇三
許泩泰（油雜）　一〇七
許國鳳律師　一六八
記寗記冶坊　三九
許順興（衣莊兼一切樹膠物品）　六三
許裕昌（雜貨）　一六
許義和（雜貨）　一六
許源茂（花炮）　八六
許鳳華（西醫）　一五一
許聚盛米行　九二
許德大（銅錫器皿）　三八
許德興（鐵）　三七
許潤興（鐵舖）　三七
許錫文（西醫）　一五一
許鴻昌（雜貨）　一六
乾大香燭號（兼紙箔）　八四
乾元堆棧　五
乾元堂（國藥）　一四三
乾生（布線）　六〇
乾生（雜貨）　一六
乾亨（洋貨）　一六
乾亨南貨號　一一三
乾昌（雜貨）　一六
乾泰（火腿）　一二二

乾泰（買燭）　八四
乾泰絲廠　五〇
乾泰昌木行　四二
乾牲絲廠　五〇
乾益絲繭堆棧　五
乾康源（錫箔）　八五
乾豐（醬）　一〇九
陸大生飯店　一二八
陸少程（國醫）　一四七
陸允峃瓷器號　七五
陸太和（南貨）　一一三
陸仁達（壽材）　一五九
陸正大（雜貨）　一七
陸永和鞋莊　六六
陸永隆竹行　四三
陸永慶（銀作）　七二
陸丙章（國醫）　一四七
陸右豐（醬園槽坊）　一〇三
陸右豐東棧（醬油）　一〇三
陸右豐西棧（醬油槽坊）　一〇三
陸右豐南號（醬油槽坊）　一〇三
陸右豐北號（醬油槽坊）　一〇三
陸右豐中號（醬油槽坊）　一〇三
陸右豐第七支號（醬油槽坊）　一〇三
陸右豐第八支號（醬油槽坊）　一〇三

無錫工商業名錄牌號索引 二二

十畫

陸 章 第 栞 陶 祥

牌號	頁數
陸行律師	一六八
陸仲威（國醫）	一四七
陸志遠（酒醬）	一〇三
陸克律師	一六八
陸伯和（國醫）	一四七
陸伯雲（國醫）	一四七
陸宗祥（西醫）	一五一
陸秀春亨記（國藥）	一四三
陸秀泰嘉記（雜貨）	一七
陸恆昌（骨器）	七七
陸恆興機器廠	三三
陸恆興豆腐店	一二五
陸恆豐（南貨）	一一三
陸起律師	一六八
陸泰昌（雜貨）	一七
陸祥記（烟紙）	二二
陸祥泰（豆餅麵皮）	九八
陸陶庵（西醫）	一五一
陸順興飯館	一二八
陸雲軒（理髮）	一五六
陸景唐（國醫）	一四七
陸源長銀樓	七二
陸頌協（香烟）	八四
陸源盛（國醫）	一四七
陸義茂北號（綢布）	五六
陸聚茂（醬油槽坊）	一〇三
陸聚興（糕糰）	一三一
陸鳳寶（雜貨）	一七
陸福春（雨傘）	七八
陸慕文（國醫兼西醫）	一四七
陸稼麟（牙醫）	一五二
陸廣昌生熟肉莊	一二三
陸稿荐肉莊	一二三
陸懋如（國醫）	一四七
強永德（泥人）	一六〇
強旭初（西醫）	一五一
強鎰昶（皮箱）	七九
章大成（雜貨）	一六
章大昌（銅作）	三八
章文軒（牙醫）	一五二
章合興米號	九三
章恆昌（紙貨）	三一
章振記（泥人）	一六〇
章烱律師	一八八
章隆順（紙箔）	八五
章源茂銀樓	七二
章萬源（酒）	一二六
章萬源酒店	一二六
章德興（機器兼五金）	三三
第一區區公所	一六四
第二區區公所	一六四
第三區區公所	一六四
第四區區公所	一六四
第五區區公所	一六四
第六區區公所	一六四
第七區區公所	一六四
第八區區公所	一六四
第九區區公所	一六五
第十區區公所	一六五
第十一區區公所	一六五
第十二區區公所	一六五
第十三區區公所	一六五
第十四區區公所	一六五
第十五區區公所	一六五
第十六區區公所	一六五
第十七區區公所	一六五
第一臺	一五七
第三區黨部	一六五
第六區區教育會	一六五
第七區食糧管理委員會	一六五
栞根香栞館	一二七
栞館業同業公會	一六四
陶水豐（紙馬）	八四
陶生祿（茶食）	一一八
陶見山律師	一六八
陶廷枋律師	一六八
陶長豐（醬園槽坊）	一〇三
陶長豐（醬園）	一〇三
陶長豐（醬園）	一〇三
陶長豐分號（醬園槽坊）	一〇四
陶東昇南號（槽坊）	一〇三
陶東昇盈號（槽坊）	一〇三
陶東昇祥號（槽坊）	一〇三
陶東昇豫號（槽坊）	一〇三
陶恆茂（油酒）	一〇四
陶信芳律師	一六八
陶香村（糕點）	一一八
陶振源（布線）	六〇
陶臣醫院	一四六
陶萬和（茶食）	一一八
陶源昌（糖貨）	一六
陶源茂（紙馬）	八四
陶福興（剪刀）	七八
陶謙益北號（醬園槽坊）	一〇四
陶謙益分號（醬園槽坊）	一〇四
陶謙益泰（槽坊）	一〇四
祥大（洋貨）	一七
祥生機器廠	三三
祥昌布號	六〇
祥和（米）	九二
祥和（雜貨）	一七
祥茂洽記（棉紗棉花）	四九
祥泰（槽坊）	一〇三
祥泰（豆腐）	一二五
祥泰米行	九二
祥泰（翻砂）	三五
祥泰（五金）	三六
祥泰（煤鐵）	三七
祥記東北汽船公司	八
祥康（茶葉）	一二〇
祥源（五金兼鐵）	三六
祥裕棉紗號	四九
祥興布號	六〇
祥興（烟紙）	二二
祥興（機器）	三三
祥興（翻砂）	三五
祥豐（醬園）	一〇三
祥豐（南貨）	一一三

無錫工商業名錄牌號索引二三

十畫

祥 陳 張

祥豐(五金玻璃)　三六
祥豐(洋貨)　一七
祥豐裕(洋貨)　一七
祥鑫泰(鐵)　三七
陳公泰魚行　一二四
陳允良(國醫)　一四七
陳天和(國藥)　一四三
陳立大(雜貨)　一六
陳永亨(油)　一〇七
陳永記蘆蓆號　四七
陳永興(油漆)　四五
陳全豐北號(酒米糧食)　一〇三
陳吉記茶社　一二六
陳同順豆腐店　一二五
陳同興(洋雜貨)　一六
陳同興(京廣洋貨)　一〇
陳伯和(國醫)　一四七
陳伯雲(國醫)　一四七
陳彤輝(西醫)　一五一
陳邦基(律師彙會計師)　一六八
陳宏裕(雜貨)　一六
陳宏興南貨號　一一四
陳宏興(雜貨)　一六
陳治良(國醫)　一四七
陳泳泰(醃臘)　一二四
陳茂生磁號　七五
陳茂昌(雜貨)　一六
陳洪茂(泥人)　一六〇
陳信昌(雜貨)　一六

陳泉紀蘆蓆號　四七
陳恆茂(布線)　六〇
陳豐益(米)　九二
陳恆懷醃貨號　一二四
陳恆豐木作　四六
陳效倫(國醫)　一四七
陳益華(布線雜貨)　六〇
陳乾昌(泥人)　一六〇
陳通裕(酒醬)　一〇三
陳超崙會計師　一六九
陳詠記(雜貨)　一六
陳添興飯店　一二八
陳雲紀(雜貨)　一六
陳復茂(泥人)　一六〇
陳復茂鶴記(泥人)　一六〇
陳順興(泥人)　一六〇
陳順興(鐵)　三七
陳順興菊記(泥人)　一六〇
陳鼎盛(布線)　六〇
陳源昌(南貨)　一一四
陳萬昌(南貨)　一一四
陳萬茂(南貨)　一一四
陳萬泰茶葉號　一二〇
陳義茂木行　四二
陳義興(材板)　一五九
陳義興(銅作)　三八
陳裕昌(蓆)　七九
陳裕興(磁器)　七五
陳瑞興(酒)　一二六
陳瑞興仲記(酒)　一二六
陳瑞興伯記(酒)　一二六

陳鳳祥(銀作)　七二
陳聚昌(煤炭)　八三
陳聚順(泥人)　一六〇
陳聚興(泥人)　一六〇
陳慶雲(香)　八四
陳德大花紮店　八六
陳德昌(南貨)　一四
陳德泰布莊　六〇
陳德富(國醫)　一四七
陳德新(米)　九二
陳興泰肉莊　一二三
陳錫蕃畫室　三〇
陳濟恆(國藥)　一四三
陳豐泰(米麥)　九三
陳寶記(布彙雜貨)　六〇
張士傑律師　一六八
張子敏(國醫)　一四七
張荃順記(剪刀)　七八
張小泉(剪刀)　七八
張小泉孫記(銅器)　三八
張小泉老仁記(銅錫剪刀)　七八
張公茂(南貨)　一一三
張仁茂柏記(木)　四二
張仁茂泰記(木業)　四二
張仁泰紗號　四九
張正祥(雜貨)　一六
張生祥(傘)　七八
張永昇(油餅)　一〇七
張永茂(布線)　五九
張永順(紙馬)　八四

張再榮(國醫)　一四八
張竹明(國醫)　一四七
張志仁堂藥號　一四三
張安泰石舖　四四
張合興(鐵彙雜貨)　三七
張全泰(棉紗)　四九
張同興(洋貨)　一六
張同興華洋雜貨橫莊　六八
張良歧(國醫)　一四八
黃松壽堂(國藥)　一四三
張知仁米號　九三
張阿春(鹽)　一〇八
張東明(國醫)　一四八
張季勉(西醫)　一五一
張協泰(磁器)　七五
張協興(雜貨)　一六
張其源(西醫)　一五一
張敍興飯店　一二八
張恆泰(磚瓦花料)　四四
張恆泰大房(風箱)　一六一
張恆泰二房(風箱)　一六一
張恆泰潤木作　四六
張恆盛南貨號　一一三
張恆興(布)　六〇
張恆豐木作　四六
張桐律師　一六八
張涇橋農民夜校　一七二
張振茂(紙馬)　八四
張益茂(香燭彙紙馬)　八四
張泰號(南貨)　一一三
張泰來堂(國藥)　一四三

無錫工商業名錄牌號索引二四　十一畫至十二畫

無錫工商業名錄牌號索引二五

十二畫

順項賀雲翔喬屠進集雅寗富陽隆肇普晨開發華

順興（雜貨） 一七
順興麵店 一二九
順興麵館 一二九
順豐煙號 二二
順豐分號（酒兼米） 一二六
項全記（鞋） 六六
賀天元堂（國藥兼西藥） 一四三
雲泰（煤炭） 八三
雲記米號 九三
雲祥（煙紙） 二二
雲華（洋燭） 八四
翔泰昌（水菓） 一二二
喬敍興（雜貨） 一七
喬順興（山貨水菓） 一二二
屠卿記竹行 四三
進華（鞋帽） 六六
集成絲廠 五一
雅敍（書場） 一五七
寗吉冶坊 三九
寗和堂國藥號 一四三
甯紹會館 一六五
甯遠堂（國藥） 一四三
富鴻昌（麻綫） 一三五
富記（米） 九三
陽羨汽輪公司 八
隆元祥國號 一四三
隆昌絲廠 五一
隆昌祥（皮鞋） 六六
隆昌興（南貨） 一一四
隆茂（米荳） 九三

隆茂春（茶食） 一八
隆茂恆（南貨兼布綿） 一一四
隆敍興（生麵） 一二九
隆泰昌（茶葉） 一二〇
隆泰洽（南貨兼糟坊） 一一四
隆泰祥（茶食） 一一八
隆泰鈞記（洋貨） 一七
隆泰興（木器） 七六
隆源堆棧 六
隆興（南貨） 一一四
隆興（南貨） 一一四
隆興昌（茶食） 一一八
肇墨業同業公會 一六五
普益大藥房 一三七
晨華小學校 一七二
晨鳳春（化妝品兼洋貨） 七三
開明社（刻字） 二九
開原鄉公所 一六五
開泰（雜貨） 一七
開泰米號 九三
開泰（酒醬） 一〇四
開基機製煤球廠 八三
開灤售品處（煤） 八三
發興機器製造廠 三三
華大房鎭農教館 一六五
華元吉（國藥） 一四三
華生紀（牙刷） 七九
華永昌鮮魚行 一二四

華安泰（南貨） 一一四
華同泰（雜貨） 一七
華同茂（南貨） 一一四
華伯英（國醫） 一四八
華芳芬（國醫） 一四八
華克（西醫） 一五一
華孚煉油廠 一〇八
華成煤油公司 八二
華宏仁堆棧 六
華宏仁堆棧分號 六
華阿榮豆腐店 二五
華爾巽（國醫） 一四八
華明電料公司 一八一
華信茂南貨號 一一四
華敍興（菜館） 一二七
華昌烟公司 一三一
華盈豐衣莊 六四
華保泰（蓆） 七九
華恆大米號 九三
華恆豐（瓷器） 七五
華美利鐘表行 七一
華美齋（糕糰） 一三一
華美電器公司 八一
華家鶴（國醫） 一四八
華純安律師 一六八
華泰提莊 六四
華益茂染坊 五二
華益豐（雜貨） 一七
華梅芬（西醫） 五一
華商大中華肥皂廠 一七七
華商旅館 一五五

華景興（西醫） 一五一
華森泰（南貨） 一一四
華順興（白鐵） 三七
華鑫義轉運公司 七
華鑫頓飯店（兼中菜） 一五五
華湧源（米） 九三
華湧源椿記（糧食） 九三
華達公司（電器材料） 八一
華鼎泰（米） 九四
華瑞泰（製板） 四三
華原馨（香） 八四
華源盛（製板） 九三
華裕泰（米） 四三
華裕泰（油醬） 一〇四
華義生（布線） 六〇
華義泰（南貨） 一一四
華義隆（嫁粧木器） 七六
華義隆（麵店） 一二九
華新染坊 五二
華新（綢布） 五六
華新昌（洋鏡） 七九
華聚茂（南貨） 一一四
華德利（骨貨兼烟紙） 七七
華德利（鐘表眼鏡唱機風琴） 一七一
華德興糖坊 一〇九
華興（糖） 九八
華興（五金電料） 三六
華興仁堆棧 六
華興利（鐘表） 七一

無錫工商業名錄牌號索引二六

華菸萃黃惠森勝盛童馮復

牌號	頁
華興茂（醬園槽坊兼糧食）	一〇四
華興鐵工廠	三四
華錫鐵工廠	三四
華鴻泰（米）	九四
華鴻泰石作	四四
華鴻章（紙扎）	八六
華豐布廠	六〇
華豐泰（油醬）	一〇四
華豐泰（醬油鐵器）	一〇四
菸業同業公會	一六六
萃泰米行	九三
萃泰竹號	四三
黃子鑫（牙醫）	一五三
黃公和（茶食）	一一八
黃永昌紙廠	三四
黃永泰漆號	四五
黃克峻（磚瓦花料）	四四
黃伯清（西醫）	一五一
黃長茂（米兼紗布）	九三
黃保和國藥號	一四三
黃恆茂（雜貨）	一七
黃恆康米號	九三
黃敍昌（糖菓）	一一八
黃南康（南貨）	一一四
黃香記木號	四二
黃冕華（喉料國醫）	一四八
黃雲龍（機器）	三四
黃復昌（磚瓦花料）	四四
黃復興（米）	九三
黃慎大國藥號	一四三
黃萬益堆棧	六
黃萬源磁號	七五
黃榮正飯店	一二八
黃翼臣（國醫）	一四八
黃燮記（油雜）	一〇八
惠山公園（即李公祠舊址）	一五七
惠中旅社	一五五
惠北農民教育實驗區第二分辦事處	一六五
惠生牛奶公司	一三二
惠生照相館	二九
惠生絲廠	五一
惠昌端（國醫）	一四八
惠津社（泥人）	一六〇
惠恆記肉店	一二三
惠泉浴室	一五六
惠泉榮館	一二七
惠泰昌（磚瓦石灰）	四四
惠康農場	三四
惠祥茂（布線）	一六〇
惠通（當）	三
惠隆紙號	三一
惠裕泰（首飾）	七二
惠農種苗店	一三四
惠源（機器）	三四
惠源（酒兼雜貨）	一二六
惠源（烟紙雜貨）	一二二
惠興電焊公司	八一
惠濟春（國藥）	一四三
惠豐（南貨）	一一四
惠豐公司（國貨）	九
森昌泰五金工廠	三六
森昌（銅作）	三八
森春陽南北金腿號	一二二
森茂木行	四二
森茂（雜貨）	一七
森茂（茶食）	一一八
森泰提莊	六四
森泰和（茶食）	一一八
森泰源（烟紙）	二二
森盛棉子行	八三
勝昌（酒醬）	一〇四
勝和南貨號	一一四
勝裕染坊	五三
勝誠裕南貨號	一一四
盛大衣莊	六四
盛伊美（讓牙）	一五三
盛和（酒兼雜貨）	一二六
盛昌（零剪）	六二
盛昌祥（南貨）	一一四
盛協昌（京貨）	一〇
盛記茶棧	一二〇
盛康（糧食兼槽坊）	九三
盛興（機器）	三四
童保和（國藥）	一四三
童紹甫（國醫）	一四八
童萬泰（米麥）	九三
馮世慶石舖	四四
馮益昌（磚瓦花料）	四四
馮啓豐（磚瓦花料）	四四
馮順和（酒兼蔴油糖菓茶食）	一二六
馮順記營造廠	四一
馮義茂（米酒油醬）	一〇四
馮義茂（麥灰麥栗）	九八
馮裕泰（磚瓦花料）	四四
馮新泰（燈籠）	一六一
馬新醫（米）	九三
馬福興（雜貨）	一七
馮聚茂（麵皮）	九八
馮聚隆（布線）	六〇
馮德順（泥人）	一六〇
馮曉鐘律師	一六八
馮鴻興飯店	一二八
馮寶成銀樓	七二
復大昌（蓆）	七九
復元錢莊	二
復生堆棧	五
復成堆棧	六
復成（醬園槽坊）	一〇四
復昌絲廠	五一
復昌昇（醬園）	一〇四
復昌泰（醬園）	一〇四
復昌鴻（醬園槽坊）	一〇四
復和興（烟紙）	二二
復利（油餅）	一〇八
復茂（布線）	六〇
復茂（雜貨）	一七
復泰絲廠	五一
復泰（雜貨）	一七
復泰西式木器號	七六
復康祥（烟紙）	二三

無錫工商業名錄牌號索引二七

十二畫至十三畫

牌號	頁
復裕興酒店	一二六
復新泰（雜貨）	一七
復新碾米廠	九七
復興麵店	一二九
復興（烟）	一三一
復興染坊	五二
復興漆號	四六
復興公司租辦業勤紗廠	四九
復興成（煙）	一三一
復興昌（木器）	四二
復興祥（洋貨）	一七
復興祥雜貨	一七
復興祥（雜貨）	一七
復興盛（翻砂）	三五
復興德（烟紙雜貨）	二二
程成茂（米）	九三
程怡昌南貨號	一一四
程洪源（豆餅麩皮）	九八
程泰和南貨號	一一四
程益泰（油醬）	一〇四
程記（鑲牙）	一五三
程梅軒（鑲牙）	一五三
程順泰（煤炭）	八一
程順泰（煤炭）	八三
程瑞香南貨號	一一四
源源長南貨號	一一四
程聚興（白鐵）	三七
程德昌（布線）	六〇

十三畫

牌號	頁
慎大（綢緞）	五六
慎和堂（機扇）	二九
慎昌（翻砂）	三五
慎昌保險公司	四
慎德堆棧	六
慎餘肉店	一二三
慎餘堤莊	六四
慎餘鑲莊	二
慎豐昌米行	九四
慈南小學校	一七二
電報局	五
會豐盛（雜貨）	一八
筱商店（雜貨）	一八
臧祥記木作	四七
臧萬盛麵店	一三〇
臧萬興（豆餅麩皮）	九八
路義豐木作	四七
鈴源盛（雜貨）	一八
彙豐（雜貨）	一八
彙豐米行	九四
彙豐春（雜貨）	一八
達昌（鐵）	三七
達源堆棧	六
達懋祥（旗傘）	一六一
達豐米號	九四
道生堂（國藥）	一四三
運輸業同業公會	一六六
過子椿（國醫）	一四八
過日生（香燭兼南貨）	八四
過永泰文記（棕梯籐作）	七九
過仲丹（國醫）	一四九
過如和提莊	六四
過如印分莊（皮貨）	六五
過協泰（槽坊）	一〇四
過昇泰（雜糧）	九八
過振大布莊	六一
過復泰花邊	六八
過義興麵店	一三〇
過學淪（西醫）	一五一
過鴻興（花紮）	八六
絲吐業同業公會	一六六
絲繭機同業公會	一六六
絲廠業同業公會	一六六
絲廠職員聯合會	一六六
經IF小學校	一七二
經綸公司（轉運）	七
經綸堂書莊	二五
經鶴齡（國醫）	一四八
業興機廠	六八
舜耕（製種場）	一三三
興華（製種場）	一三三
解壽康（國醫）	一四九
虞拙庵（國醫）	一四八
虞福茂（泥人）	一六〇
虞福茂（泥人）	一六〇
虞福茂二房（泥人）	一六〇
煤鐵業同業公會	一六六
照相業同業公會	一六六
塘頭鎮公所	一六六
置器業同業公會	一六六
買同昌（茶食）	一一九
買合興（雜貨）	一八
單昶記米行	九四
單鎮安（國醫）	一四八
裘岫雲律師	一六九
飴樂齋（茶食）	一一九
廉永仁（地貨）	一二二
廉春魁（國醫）	一四八
廉恆興猪行	一二四
廉美國貨商場	九
廉隅律師	一六九
農民銀行	一
裕大（米麥）	九五
裕大（南貨）	一一六
裕大林記（估衣）	一六四
裕成小學校	一七二
裕成（煙紙）	二二
裕昌（煙）	一三一
裕昌（皮鞋）	六六
裕昌（煤炭）	八三
裕昌（米）	九五
裕昌（烟紙）	二二
裕昌（雜貨）	一八
裕昌協（槽坊）	一〇五
裕昌祥（布線）	六〇
裕茂（槽坊）	一〇五
裕茂（山貨）	一二二
裕茂（米）	九五
裕茂裕（米麥）	九五
裕泰（麻線）	一三五
裕泰（布線）	六〇
裕泰（陶器）	七五

復程慎慈電會筱臧路鈴彙達道運過絲經業舜興解虞煤照塘置買單裘廉農裕

無錫工商業名錄牌號索引二八

十三畫

裕 義 源

裕泰隆茶號	一二〇
裕祥仲記(洋貨)	一六
裕康(洋貨)	一八
裕康第二針織廠	六八
裕康潤(米荳)	九五
裕順祥(蔴線)	一三五
裕隆盛(酒醬)	一〇五
裕農新記(製種場)	一三三
裕瑞(化妝品)	七三
裕源(當)	三
裕源(紙馬)	八五
裕源糧食號	九五
裕源磁號	七五
裕德堂(國藥)	一四三
裕澄酒店	一二六
裕興銀樓	七二
裕興(南貨)	一一六
裕興(機器)	三四
裕興木作	四六
裕興(雜貨)	一八
裕興昌錫箔莊	八五
裕興祥帽鞋店	六六
裕興盛(紙馬)	八五
裕濟(當)	三
裕豐(槽坊)	一〇五
裕豐染坊	五三
裕豐襪廠	六八
裕豐米行	九五
裕豐(米)	九五
裕豐(雜貨)	一八
裕豐協(米)	九五
裕豐盛(廣貨)	一〇
裕豐潤茂記綢布南貨號	五六
義大(茶食)	一一九
義大木行	四二
義大(雜貨)	一九
義大(雜貨)	一九
義大(油漆)	四六
義大祥漆號	四六
義生昌(茶葉)	一二〇
義生南南貨號	一一六
義生祥(醬酒)	一〇四
義生新(醬園)	一〇四
義吉(槽坊)	一〇四
義吉(桐油)	四五
義合興(餛飩)	一三〇
義成(雜貨)	一九
義成(襪)	六八
義和(茶食)	一一九
義和(茶葉兼漆)	一二〇
義和祥南貨號	一一六
義和祥南貨號	一一六
義和祥(布線)	六〇
義和祥(估衣)	六四
義和泰記(雜貨)	一九
義和順(雜貨)	一九
義和隆(茶葉兼漆)	一二〇
義昌堆棧	六
義昌(雜貨)	一九
義昌(煤鐵)	三七
義昌南貨號	一一六
義昌祥(修理鐘表)	七一
義昌源(表)	七一
義茂(南貨)	一一六
義茂盛(南貨)	一一六
義泰永(糧食)	九四
義泰隆(山貨)	一二二
義泰興(南貨)	一一六
義泰興煤號	八三
義康(麵店)	一三〇
義隆興銼刀廠	七八
義盛(南貨)	一一六
義盛(豆餅麩皮)	九八
義盛(雜貨)	一九
義源(雜貨)	一九
義源(雜貨)	一九
義源祥(雜貨)	一九
義源盛(南貨)	一一六
義興昌(壽材)	一五九
義興磁號	七五
義興漆棧	四六
義興運輸公司	七
義豐(雜貨)	一九
義豐(煙紙)	二二
源大提莊	六四
源大木行	四二
源大米號	九四
源大(棉紗)	四九
源大南貨號	一一五
源大油行	一〇八
源大(油)	一〇八
源大煤油公司	八二
源升仁(南貨)	一一五
源生福米行	九四
源成(蔴線)	一三五
源成瑞紗號	五〇
源昌(綢布)	五六
源昌(糧食)	九四
源昌(松板)	四二
源昌仁米號	九四
源昌祥南貨號	一一五
源昌祥木作	四七
源昌祥(棉紗)	五〇
源昌祥(洋貨)	一九
源昌新油號	一〇八
源昌興肉莊	一二三
源和祥(首飾)	七二
源長誠記(火油汽油)	八二
源長鴻(醬園)	一〇五
源長鴻分號(醬園)	一〇五
源茂(雜貨)	一九
源茂永(米)	九四
源茂怡(雜貨)	一九
源茂昌(錫箔)	八六
源茂祥(油雜)	一〇八
源茂祥(洋廣貨)	一〇
源茂順(油)	一〇八
源茂鑫(雜貨)	一九
源恆泰南貨號	一一五
源祠肉莊	一二三
源春隆油行	一〇八
源泰(牛皮)	一三五
源泰(酒醬)	一〇五

源泰銀樓　七二
源泰（襪機襪針）　三四
源泰（雜貨）　一九
源泰成（米）　九四
源泰昌（柏燭）　八四
源泰祥南貨號　一一五
源益輪船公司　八
源記油行　一〇八
源記棉紗號　五〇
源康米行　九四
源康絲廠　五一
源祥（洋貨）　一九
源祥（材料）　一五九
源祥油行（荳油桐油）　一〇八
源通（紙）　三一
源通（廣貨）　一〇
源順油行　一〇八
源順（生麵磨坊）　一三〇
源順（雜貨）　一九
源盛（槽坊）　一〇五
源盛花炮號　八六
源盛（南貨）　一一五
源盛麵店　一三〇
源盛（雜貨）　一九
源盛昌（茶食）　一一九
源發祥（木花）　七三
源裕（醬園槽坊）　一〇五
源裕（山貨）　一二二
源裕紙箔號　八六
源裕（錫鋼）　三九

源義慎記（南貨）　一一五
源慎絲繭堆棧　六
源源銀樓　七二
源新（火油）　八二
源聚（鹽）　一〇九
源聚鴻（米麥荳）　九四
源德盛木行　四二
源興魚行　一二四
源興（酒醬）　一〇五
源興（南貨）　一一五
源興染坊　五三
源興（顏料兼油漆）　五三
源興油漆號　四六
源餘（綢布）　五六
源餘米號　九四
源餘（煙紙）　二二
源豐絲繭號　五一
源豐（金珠）　七三
源豐（糧食）　九四
源豐（烟紙）　二三
源豐仁記錢莊　二
源豐永（木）　四二
源豐盛（槽坊）　一〇五
源豐慎（紙箔）　八六
源豐慎（木）　四二
源豐潤（酒）　一二六
源豐潤（錫箔兼香燭）　八六
源豐餘綢布染廠　五三
溥仁慈善會　一六五
溥興（當）　三

滙通公司（轉運）　七
聖公會　一六六
聖公會普仁醫院　一四六
瑞大（當）　三
瑞生絲繭堆棧　六
瑞生祥輪船局　八
瑞昌（參藥兼錢莊）　一四三
瑞昌（南貨）　一一五
瑞昌猪行　一二四
瑞昌（米麥）　九四
瑞昌（烟紙）　二三
瑞昌錢莊　二
瑞昌絲廠　五一
瑞昌分工場（絲廠）　五一
瑞昌成（雜貨）　一八
瑞昌祥（南貨）　一一五
瑞春（茶葉）　一二〇
瑞春茶棧　一二〇
瑞春茶葉號（煙紙）　一二〇
瑞茂（米）　九四
瑞祀絲繭堆棧　六
瑞祀裕　一〇四
瑞祀裕（布線）　六一
瑞祀潤銀號　一
瑞記（花爆）　八六
瑞記（麵粉麩皮）　九九
瑞記（雜貨）　一八
瑞記（洋雜貨）　一〇
瑞泰（麻線）　一三五
瑞泰昌（茶葉）　一二〇
瑞泰恆轉運公司　七

瑞泰豐肉號　一二三
瑞華（布線）　六一
瑞華南貨號　一一五
瑞順昌（雜貨）　一八
瑞隆棉紗號　五〇
瑞新（布線）　一六
瑞錩（機器）　三四
瑞裕（文具）　三二
瑞裕（茶葉兼煙）　一二〇
瑞裕襪廠　六八
瑞裕錢莊　二
瑞源昌（油雜）　一〇八
瑞源滄（紙兼錫箔）　三一
瑞源裕（洋貨）　一八
瑞源榮記鐵工廠　三四
瑞綸（雜貨）　一八
瑞綸公記絲廠　五一
瑞潤隆靛油顏料　五三
瑞興（花爆）　八六
瑞興昌（零剪）　六二
瑞豐米行　九四
瑞豐（材板）　一五九
瑞豐裕紙號　三一
鄒永興木作　四七
鄒成茂油廠　一〇八
鄒成泰碾米廠　九八
鄒志成布號　六〇
鄒恆興布號　六一
鄒炳虎律師　一六九
鄒炳麟（國醫）　一四八
鄒泰記（製板）　四三

源溥滙聖瑞鄒

無錫工商業名錄牌號索引 三〇

十三畫

牌號	頁
鄒泰康（醬油荳餅）	一〇四
鄒順興（木器）	七六
鄒德馨（香）	八四
鄒耀宇（國醫）	一四八
鄒仲達（國醫）	一四八
郎順興西式木器店	七六
傑春堂（國藥）	一四三
裘壽堂（國藥）	一四三
葉文斌（西醫）	一五一
葉永昌（米）	九四
葉興盛（餛飩）	一三〇
葉錦秀（國醫）	一四八
董心泰（地貨）	一二二
董怡昌鐵廠	三七
董記華（國醫）	一四八
董鴻昌（南貨）	一一五
董鴻泰（南貨）	一一五
董靄雲（雜貨）	一八
萬大糖棧	一一五
萬大煤油號	八二
萬仁大	一一五
萬元祥（油蔴）	一三五
萬生（製農場）	一三三
萬生堂（國藥）	一四三
萬生餘（紙馬）	八五
萬安（旅館）	一五五
萬安泉（國藥）	一四三
萬年祥（材板）	一五九
萬亨米號	九四
萬亨（米麥）	九四
萬成西（煙紙）	二三
萬昌（酒）	一二六
萬昌（香燭邊炮）	八五
萬昌磚瓦石灰號	四四
萬昌（雜貨）	一八
萬昌鐵Ｉ廠	三四
萬昌餘記（米）	九五
萬昌裕（布線）	六〇
萬和（襍貨）	一八
萬和（鈕扣）	六九
萬和祥紗號	四九
萬來百貨公司	九
萬茂南貨號	一一五
萬茂（烟紙）	二二
萬春祥（南貨）	一一五
萬昶裕（雜貨）	一八
萬信際（南貨）	一一五
萬香齋（茶食）	一一九
萬恆裕南貨號	一一五
萬益（國藥）	一四三
萬泰（烟紙）	二二
萬泰米號	九五
萬泰南北貨海味糖棧	一一五
萬泰（油醬）	一〇五
萬泰昌（南貨）	一一五
萬泰昌茶號	一二〇
萬泰和（雜貨）	一八
萬記（米麵）	九五
萬國理髮館	一五六
萬國儲蓄會	三
萬乾生（雜貨）	一八
萬祥盈記（醬園槽坊桐荳油餅）	一〇五
萬祥盈分號（醬園槽坊）	一〇五
萬祥盈三支號（醬園槽坊）	一〇五
萬象春國藥號	一四三
萬象春（煙紙）	二二
萬森泰木行	四二
萬盛米行	九五
萬盛米行	九五
萬盛祥（花）	七三
萬盛源（雜貨）	一九
萬盛裕布號	六〇
萬隆（南貨）	一一五
萬順成（帶）	六八
萬順協南貨號	一一五
萬順裕（南北貨）	一一五
萬源（米）	九四
萬源鐵莊	二
萬新（雜貨）	一九
萬壽會壽器公司	一五九
萬興（糕糰）	一三一
萬興布號	六〇
萬興銀樓	七二
萬興（雜貨）	一九
萬興（雜貨）	一九
萬興（雜貨）	一九
萬興（雜貨）	一九
萬興祥（五金）	三六
萬興祥福記（電料兼洋貨）	八一
萬興盛（布線）	六〇
萬豐（藥房兼洋貨零剪）	一三七
萬豐（南貨）	一一五
萬豐（米）	九五
萬豐襪廠	六八
萬豐昶（槽坊）	一〇五
萬豐昶（醬園）	一〇五
萬豐芳（雜貨）	一九
萬豐順（米）	九五
萬緞絲廠	五一
勤昌（雜貨）	一八
勤昌祥（雜貨兼寧波魚類）	一八
勤茂興（紙馬）	八五
勤裕（綢布）	五六
勤餘米行	九四
勤餘（煙紙）	二三
勤餘布莊	六一
鼎大米行	九四
鼎元（烟紙）	二二
鼎成（荳餅）	九八
鼎和（雜貨）	一八
鼎昌（綢布）	五六
鼎昌皂廠	七八
鼎昌鑫一廠（絲廠）	五一
鼎昌鑫二廠（絲廠）	五一
鼎恆豐米行	九四
鼎益堂（國藥）	一四三
鼎泰（醬油）	一〇四

無錫工商業名錄牌號索引三二

十三畫至十四畫

新蓉翟精粹端維綸綢穀誠熊銓 銅實磁絹鳳嘉管榮趙壽聚

牌號	頁
新景華(泥人)	一六〇
新無錫粥店	一二八
新無錫報館	二六
新盛興(花紮)	八六
新復源(竹兼棉花)	四四
新復源竹號	四四
新華(製鉼場)	三三
新華布廠	一六〇
新華信託儲蓄銀行	一
新華瑞記(洋廣貨)	一〇
新順泰(米)	九五
新順昌木器號	七六
新順興(銅錫)	三九
新順興(玻璃)	三六
新順興機器廠	三四
新新(廣貨)	一〇
新新商店(糖果)	一一八
新新商店(糖菓食品兼捲烟雜貨)	一一八
新西藥社	一六〇
新新(鞋帽兼百貨)	六六
新新書局(兼百貨)	二五
新新照相館	二九
新新(鉛畫)	三〇
新裕(國藥)	一四三
新裕祥(鞋)	六六
新萬盛(鞋)	六六
新福鞋莊	六七
新福怡茶館	一二七
新聚豐菜館	一二七
新聞報無錫分館	二六
新鳳祥銀樓	七二
新鳳齋(鳥籠)	一六一
新慶雲(洋貨)	一七
新興堆棧	六
新興記煤號	八三
新興彩(彈染)	五三
新興館(菜館)	一二七
新濟汽輪公司	八
新藝布廠	六〇
新寶成銀樓	七二

十四畫

牌號	頁
蓉北鈕扣廠	六九
翟志鏞律師	一六九
精明眼鏡公司	七一
精益(製種場)	一三三
精益(鑲牙)	一五二
粹美(泥人)	一六〇
端初小學校	一七一
維新閣畫對店	三〇
綸昌綢緞洋貨	五六
綢布業同業公會	一六六
穀香村(茶食)	一一九
誠昌貿易所(藥房)	一三七
熊萬裕(香)	八五
銓昌(轉運)	七
銅錫業同業公會	一六六
銅鐵機器翻砂聯合會	一六六
實生公司(洋廣貨)	一〇
實業木器廠	七六
實業鐵工廠	三四
實新公司(國貨)	九
實驗小學校	一六九
磁器業同業公會	一六六
絹記(西服)	六五
鳳和(雜貨)	二〇
鳳記(竹器)	七七
鳳祥(雜貨)	二〇
鳳義興(樂器)	三〇
嘉禾碾米廠	九七
嘉祿公司(舊鐵)	三七
嘉福堂(鞋帽)	六七
管敍源(雜貨)	一九
管萬盛(籐)	七七
榮昌鋼煤鐵號	三七
榮昌(雜貨)·	二〇
榮昌祥(洋貨)	二〇
榮泰(出租汽車)	八
榮泰(百貨)	九
榮盛昌(烟紙)	二三
榮新(烟紙)	二三
榮聚興(烟紙)	二三
榮錩(布米兼雜貨)	九六
榮興昌(茶食)	一一九
榮鑫鐵工廠	三四
趙二房(紙馬)	八五
趙天馨(香)	八五
趙永年木行	四二
趙永泰(洋貨)	二〇
趙如記(醃臘)	一二四
趙再華(國醫)	一四九
趙仲平(國醫)	一四九
趙宏京(西醫)	一五一
趙協順豆腐店	一二五
趙柏生(國醫)	一四九
趙逕記南貨號	一一六
趙森泰(酒)	一二六
趙桂記(麵粉麩皮)	九九
趙隆泰(烟紙)	二三
趙菊記航運公司	八
趙源茂南貨號	一一六
趙源順石舖	四四
趙榮昌(烟紙)	二三
趙興昌(雜貨)	二〇
壽春堂藥號	一四三
壽春堂(國藥)	一四四
壽記(土麵)	一三〇
壽記翰墨齋(裝池)	三〇
壽康(國藥)	一四四
壽康(國藥)	一四四
壽康(國藥)	一四四
壽康鈕扣廠	六九
聚成堆棧	六
聚昌(米)	九六
聚昌愼米行	九六
聚茂(雜貨)	一九
聚茂昌(花炮)	八六
聚泰風箱號	一六一
聚商菜館	一二七
聚隆(槽坊)	一〇五
聚盛(醬酒)	一〇五
聚盛(布線)	六一

無錫工商業名錄牌號索引 三三

十四畫至十五畫

聚 福 駐 增 墨 稻 震 熙 熱 碾 鞋 蔴 蓮 蓬 蔣 蔡 慕

聚益糧食號	九六
聚源樹行	一三四
聚源淼(南貨)	一一六
聚源盛襪廠	六八
聚福堂(香)	八五
聚樂園(菜館)	一二七
聚興(機器)	三四
聚興木作	四七
聚興祥(麻線)	一三五
聚興祥(鞋)	一六七
聚興祥(百貨)	九
聚興運輸公司	七
聚豐祥木行	四二
聚豐園(菜館)	一二七
聚鑫園(菜館)	一二七
福元興(雜貨)	一九
福民醫院	一四六
福利(電料)	八一
福利慎記皂廠	七八
福利麵包餅乾公司	一三二
福來和(醬園)	一〇五
福和祥(米)	九五
福昌(酒醬)	一〇五
福昌(鞋)	六七
福昌煤行	八三
福昌(煤鐵)	三七
福昌盛錢莊	二
福昇桐油行	四五
福泰(醬園槽坊)	一〇五
福泰(陶器)	七五
福泰(糧食兼槽坊)	九六
福泰來(烟紙雜貨)	二三
福泰源(烟紙)	二三
福記麵店	一三〇
福記報社	二六
福祥興鞋店	六七
福康參燕號	一四五
福康米號	九二
福康錢莊	二
福康潤(鞋帽兼洋貨)	六七
福康潤堆棧	六
福盛興洋貨號	一九
福森盛(布)	六一
福裕絲繭堆棧	六
福裕錢莊	二
福新布廠	六一
福新(電料兼無線電器具)	八一
福新麥莊	九九
福新(雜貨)	一九
福源興(南貨)	一一六
福源堆棧	六
福源恆(米麥)	九六
福綸(綢布)	五六
福綸(布)	六一
福餘德記木行	四二
福興(南貨紙馬)	一一六
福興襪廠	六八
福興昌(雜貨)	一九
福興盛傘號	七八

十五畫

駐錫裕昌煤號	八三
增元(帮剪)	六二
增益堆棧	六
增員元(烟)	一三一
增興明(洋貨)	二〇
墨海堂(對店)	三〇
稻香春(茶食)	一一九
稻香春(南貨茶食)	一一九
稻香村(茶食)	一一九
稻香村(茶食)	一一九
稻香村糕點號	一一九
稻香村茶食糖菓號	一一九
震旦器鐵工廠	三四
震昌(烟紙雜貨)	二三
震春和(茶食)	一一九
震泰義南貨號	一一六
震泰豐牲記木行	四二
震豐米號	九六
震豐盛米號	九六
熙春小學校	一七二
熱水業同業公會	一六六
碾米廠同業公會	一六六
鞋帽業同業公會	一六六
蔴業同業公會	一六六
蓮蓉(浴室)	一五六
蓬萊書場(兼粥店)	一五七
蔣一豐(茶食)	一一九
蔣天義銀樓	七五
蔣天益(國藥)	一四二
蔣仁茂(宜興窰貨)	七四
蔣永豐稻米號	九六
蔣合興(茶食)	一一九
蔣亦春(雜貨)	二〇
蔣茂春國藥號	一四四
蔣恆泰(麵粉兼荳餅)	九九
蔣恆泰(麵粉兼麩皮荳餅)	九九
蔣曾耀律師	一六九
蔣隆泰(車木作)	一六一
蔣隆記(木器)	七七
蔣源順酒店	一二六
蔣瑞霖律師	一六九
蔣萬順(泥人)	一六〇
蔣義成(銅錫)	三九
蔣義亨大房(油漆)	四六
蔣義亨二房(油漆)	四六
蔣義茂(窰器)	七五
蔣榮泰(槽坊)	一〇六
蔣德茂(泥人)	一六〇
蔣樾蓀(西醫)	一五二
蔣鴻初(西醫)	一五二
蔣寶秀(國醫)	一四九
蔡中慧(國醫)	一四九
蔡廷華(國醫)	一四九
蔡逸民(西醫)	一五二
蔡隆昌(地貨)	一二二
蔡森茂棉子行(兼油餅)	八三
蔡順興(白鐵)	三八
蔡聚興木作	四七
慕光小學校	一七二
慕修堂(國藥)	一四四

無錫工商業名錄牌號索引三四

十五畫

慶 廣 廣 樂 賓 談 嚴 養 滕 億 儉 潘 開 潤 鄭 鄧 德

慶生堂藥號	一四四
慶和（衣服皮貨）	六四
慶隆戲園	一五七
慶集銀樓	七二
慶雲銀樓	七二
慶新（鞋帽）	六七
慶豐紗廠	四九
廣裕機器織布廠	六一
廣大（雜貨）	二〇
廣仁堂（國藥）	一四四
廣仁堆棧	六
廣生行代理處（化妝品）	三 七
廣生堂國藥號	一四四
廣州酒家	一二七
廣利源（茶葉兼漆）	一二〇
廣和堂國藥號	一四四
廣昌泰記（煤鐵）	三八
廣昇餘木作	四七
廣勤紡織公司	四九
廣勤製造廠	三四
廣源（米）	九六
廣業裿（布線）	六一
廣義源（麻線）	一三五
樂仁仁堂（國藥）	一四四
樂泉浴室	一五六
樂羣圖書公司	二五
賓豐堆棧	六
談協泰（南貨）	一一六
談景青（牙醫）	一五三
談森盛（地貨）	一二二
談源盛（秤）	一七九
嚴堅冰廠	一三二
養民小學校	一七二
養生堂（國藥）	一四四
養生堂（國藥）	一四四
養生堂（國藥）	一四四
養牲堂（國藥）	一四四
養德堂（國藥）	一四四
養德堂（國藥）	一四四
滕湧泰（水菓）	一二二
滕德興麵店	一三〇
億昌（南貨）	一一六
億興昌（茶食）	一一九
儉昌糧食行	九六
儉益米行	九六
儉源（米）	九六
儉德會	一六六
儉豐油廠	一〇八
儉豐盛（廣貨）	一〇
潘公興（肉）	一二三
潘萬（籐）	七七
開生（皮毛骨）	一三五
潤記（醬園）	一〇六
潤記（油醬）	一〇五
潤裕新（綢布）	五六
潤豐昌記餅油廠	一〇八
鄭源豐（醬酒）	一〇五
鄭裕昌（雜貨）	二〇
鄭鴻大（雜貨）	二〇
鄭闕皋（國醫）	一四九
鄭鶴琴（國醫）	一四九
郭元興（古貨）	九
鄧元利（洋廣貨）	一〇
鄧季芳（國醫）	一四九
鄧星伯（國醫）	一四九
鄧裕隆（磁器）	七五
鄧裕隆德記（磁器）	七五
鄧裕順（磁器）	七五
鄧樹人律師	一六九
鄧鴻泰布線	六一
鄧鴻順（綢緞）	五六
德士古火油棧	八二
德大（煤油機油）	八二
德大（雜貨）	二〇
德大昌烟紙	二三
德大源糧食行	九六
德生堂（國藥）	一四四
德生堂（國藥）	一四四
德成衣莊	六四
德成米行	九六
德成仁記（米）	九六
德昌染坊	五三
德昌衣莊	六四
德昌（烟紙）	二三
德昌（雜貨）	二〇
德昌錢莊	二
德昌繅絲廠	五一
德昌仁（米兼布線）	九六
德和（五金玻璃）	三六
德昇昌（鞋）	六七
德恆豐（雜貨）	二〇
德茂南貨號	一一六
德茂森（綢緞布疋）	五六
德茂暢（布線）	六一
德記（米）	九六
德牲堂（國藥）	一四四
德牲堂（國藥）	一四四
德泰提莊	六四
德泰嫁粧	七六
德泰生（煙紙）	二三
德泰昌（蓆）	七九
德泰昌（糕糰）	一三一
德泰和（茶食）	一一九
德泰和（茶食）	一一九
德泰恆（茶食）	一一九
德泰祥（雜貨）	二〇
德泰祥（茶食）	一一九
德泰盛漆號（兼顏料）	四六
德泰源冶坊	三九
德泰豐（雜貨）	二〇
德康（參燕）	一四五
德康潤堆棧	
德隆祥（南貨）	一一六
德盛竹號	四四
德盛祥（雜貨）	二〇
德順祥（布線）	六一
德順樓（麵館）	一三〇
德裕（醬園）	一〇五
德裕（國藥）	一四四
德裕祥（鞋）	六七
德源漆號	四六
德新堆棧	六
德潤祥（綢布）	五六

無錫工商業名錄牌號索引三五　十五至十六畫

德餘興（壽材）　一五九
德興飯店　一二八
德興（布線）　六一
德興漆莊（兼顏料）　四六
德興（洋貨）　二〇
德興昌（茶食）　一一九
德豐錢莊　二
德豐祥（雜貨）　二〇
德豐裕絲廠　五一
劉士敏（西醫）　一五一
劉大有福號（醬園槽坊）　一〇六
劉大昌（白鐵）　三八
劉三和油廠　一〇八
劉元茂（泥人）　一六〇
劉元隆（印刷）　二六
劉永泰（紙匣）　一五九
劉伯運（國醫）　一四九
劉怡豐（布線）　六一
劉炳泉（國醫）　一四九
劉敍興荳腐作　一二五
劉信昌（南貨）　一六
劉振興飯館　一二八
劉通達（磚瓦花料）　四四
劉順記（米）　九六
劉復升三房（米）　九六
劉復升四房（米）　九六
劉復昇輪船分局　八
劉萬和（磚瓦花料）　四五
劉裕興（磚瓦花料）　四五
劉葆良（國醫）　一四九
劉源昌（磚瓦花料）　四五
劉源盛（磚瓦花料）　四五
劉源盛（紙）　三一
劉楨昌（南貨）　一六
劉福記（醬園）　一〇六
劉德興（雜貨）　二〇
劉德餘（米粉）　九九
劉蓮蓀（國醫）　一四九
劉潭橋農教館　一六六
劉潭橋鎭公所　一六六
劉濟川（國醫）　一四九
劉翼青（國醫）　一四九

十六畫

龍園（浴室）　一五六
龍球（肉莊兼烟兌糧食雜貨）　一二三
範湖浴池　一五六
鮑順興三房（泥人）　一六〇
鮑義成銅錫業號（銅錫兼花邊火油）　三九
鮑義盛興記漆號　四六
鮑源茂（紙馬）　八五
鮑萬生（綢布）　五六
鮑義成（布線）　六一
鮑萬來銀樓（兼花邊火油）　七二
鮑福源盛（南貨）　一一六
豫成提莊　六四
豫記（棉紗）　五〇
豫泰襪廠　六八
豫康紡織股份有限公司　四九
餘大南貨號　一一六
餘昌瑞記（蕭兼棉花）　七九
餘記（廠經）　五一
餘源南貨號　一一六
餘新堆棧　六
餘豐米號　九六
餘豐（烟紙雜貨）　二三
漆作業同業公會　一六六
衞生堂（國藥）　一四四
衞生堂（國藥）　一四四
衞生堂（國藥）　一四四
衞質文（西醫）　一五二
衞達利鐘表店　七一
諸明卿（國醫）　一四九
彝昇春木行　四二
彝昌祥木行　四二
彝昌隆木行　四二
彝源木行　四二
樹德小學校　一七一
樹德堂（國藥）　一四四
器機戽水業同業公會　一六七
學海堂書莊教育用品　二五
盧恆益（米）　九六
縣立女子初級中學校　一六九
縣立女子初級中學校附設小學校　一六九
縣立初級中學校　一六九
縣立第一小學校　一六九
縣立第二小學校　一六九
縣立第五小學校　一七二
穆裕泰石灰行（兼建築材料）　四五
熾大（機器）　三四
熾成煤號（經理長興煤礦）　八三
熾昌（磚瓦）　四五
興利食品公司（兼糖果）　一三二
興昌（草帽）　六七
興昌（文具）　三二
興昌（汽車出租）　八
興昌（眼鏡）　七一
興昌藥房（郎屈仁氏藥房兼百貨）　一三七
興昌玻璃五金公司　三六
興昌裕木行　四二
興茂（地貨）　一二二
興記（茶葉）　一二〇
興泰豐（烟紙）　二三
興業（磁器）　七五
興業襪廠　六八
錢九豐米號　九六
錢子紹（國醫）　一四九
錢日茂（茶食）　一一九
錢文才（國醫）　一四九

德　劉　龍　範　鮑　豫　餘　漆　衞　衞　諸　彝　樹　器　學　盧　縣　穆　熾　興　錢

無錫工商業名錄牌號索引三六

十六至十七畫

錢公茂（雜貨）	二〇
錢永茂（南貨）	一一六
錢永茂（雜貨）	二〇
錢永泰（雜貨）	二〇
錢正昌（雜貨）	二〇
錢志遠（國醫）	一四九
錢仲良（西醫）	一五二
錢保華（西醫）	一五二
錢特寶（木作）	四七
錢純記（雜貨）	二〇
錢荷慶律師	一六九
錢順昌（銅作）	三九
錢順興（糕糰）	一三一
錢義興（雜貨）	二〇
錢義興（雜貨）	二〇
錢義豐（雜貨）	二〇
錢源昌（米）	九六
錢源誠（米）	九六
錢裕興（紙馬）	八五
錢業同業公會	一六七
錢德泰（山貨）	一二二
錢廣生（國藥）	一四四
錢寶興（筆墨）	三一
錢覺倫女醫師	一五二
錢繼常（國醫）	一四九
錢耀芳（國醫）	一四九
錫大印刷所	二六
錫山（製種場）	一三四
錫山振記（玻璃五金）	三六
錫成（茶食）	一一九
錫成衣莊	六四
錫南輪船局	八
錫泰糧食行	九六
錫泰（醃臘）	一二四
錫報館	二六
錫湖輪船公司	八
錫扈駁貨業公會	一六七
錫澄（長途汽車）	八
錫興昌（烟紙）	二三
錫豐堆棧	六
錫豐印刷股份有限公司	二六
錫豐昌（洋貨）	一〇
錦泰隆（雜貨）	二〇
錦昌（醬園）	一〇六
錦記絲廠	五一
錦泰（五金電器車料）	三六
錦泰昌（烟）	一三二
錦泰隆（茶葉）	一二〇
錦雲閣（扇）	二九
錦華衣莊	六四
錦華染廠	五三
錦源（醬油）	一〇六
錦新（機器）	三四
錦豐（酒米醬號）	一〇六
錦豐顏料號	五三
錦豐分號（印刷兼帳簿）	二六

十七畫

聯合（引擎戽水機）	三四
爵記木作	四七
駿生（煙紙）	二三
懋綸（綢布）	五六
慶潤裕（綢緞）	五六
總工會	一六七
翼農（製種場）	一三四
頤香齋（茶食蜜餞）	一一九
頤壽堂（國藥）	一四五
頤壽堂國藥號	一四五
薛乃傳律師	一六九
薛中興（皮件）	一三五
薛立興（雜貨）	二一
薛生生（國藥）	一四五
薛義豐（蔴線）	一三五
薛源裕（南貨）	一一六
薛萬興（香）	八五
謙信昌（煙紙）	二三
營美襪廠	六八
營業襪廠	六八
營瑞興（鉸鏈）	三八
賽飛（脚踏車）	八
賽華（鑲牙）	一五三
謝元益（南貨）	一一六
謝邦英律師	一六四
謝協茂（哺坊）	一三九
謝順興（鐵）	三八
謝順興（木器）	七七
謝源茂（哺坊）	一三四
謝源盛老大房香舖	八五
謝源益麟記（香）	八五
謝源豫（槽坊）	一〇六
謝興泰（雜貨）	二一
戴源記（泥人）	一六〇
戴源興（茶食）	一一九
戴聚興（鐵舖）	三八
濟仁（國藥）	一四四
濟生（國醫兼雜貨）	一四五
濟和（國藥）	一四九
濟春堂（國藥）	一四五
濟春堂（國藥）	一四五
濟春堂（國藥）	一四五
濟春堂（國藥）	一四五
濟恆（當）	三
濟泰（國藥）	一四五
濟泰槽坊兼雜貨	一〇六
濟通（當）	三
濟康（麵粉）	九九
濟康（參燕）	一四五
濟商霞船局	八
濟順（當）	三
濟源（當）	三
鴻大（南貨）	一一六
鴻大（煙紙）	二三
鴻大棉花號	五〇
鴻文齋書局	二五
鴻安（旅館）	一五五
鴻昌裕（醬園槽坊）	一〇六
鴻昇（油燭）	八五
鴻茂（綢緞）	五六
鴻茂齋肉莊	一二三
鴻泰（烟紙）	二三

無錫工商業名錄牌號索引三七 十七畫至念畫

鴻璹魏醬鞭雜繭糧韓儲顏歸鎮豐鎰燮 藝懷龐譚邊蘊麗嚴襪蘭鐘鐫耀

無錫工商業名錄牌號索引 三八

念畫至念四畫

無錫工商業名錄廣告戶名目錄

金融類

銀行　銀號　錢莊　匯劃　典當　貸押　儲蓄　保險

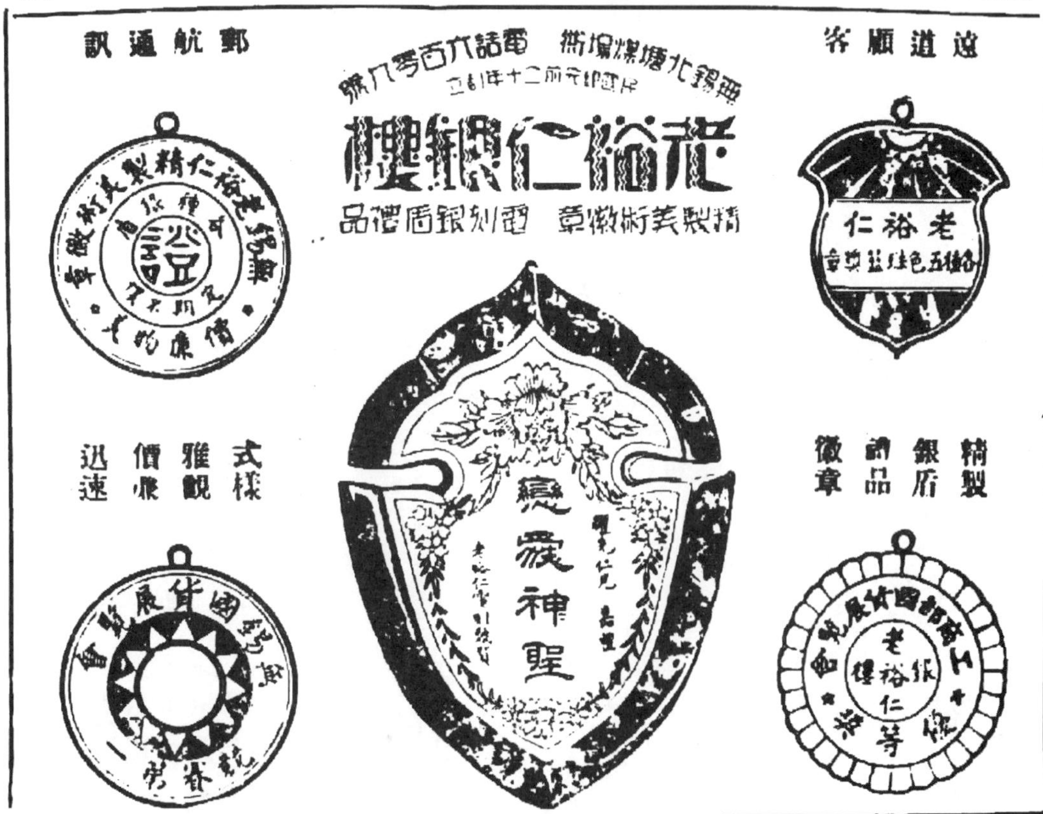

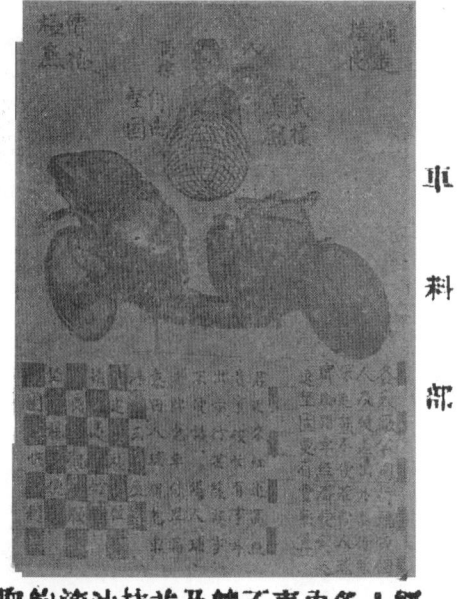

無錫工商業名錄

無錫工商業名錄社編印

金融類

◉銀行

上海商業儲蓄銀行 北塘街・經理華少雲・電話三八三・城内分行公園路・經理吳懿棠・電話二六一

中國銀行 北塘大街・電話公用三〇〇，營業室一〇三八

中國實業銀行 北門外竹塲巷・電話二四二

交通銀行 北塘・電話三二七・電報掛號六六三九・總行上海黃浦灘・總理胡孟嘉・錫行經理伍搵伯

江蘇銀行 北門外竹塲巷・電話二九三

農民銀行 江陰巷・電話九九五・經理顧述之

新華信託儲蓄銀行 洛社・電話二〇四九

◉銀號

瑞昶潤銀號 大橋下江陰巷・經理吳步洲・電話五三

◉錢莊

大昌錢莊 大橋下・電話六一八

允裕錢莊 江陰巷口・電話八九

天成錢莊 北門外笆斗弄・經理楊鳳鳴・電話四〇二

天餘錢莊 北門大橋堍・經理湯日新・電話三六〇

元昌錢莊 北塘財神弄口・電話九六四

永吉潤錢莊 北門江陰巷口・電話六三二

永昇錢莊 第十一區蕩口鎮・經理華震馨

永恆豐錢莊 北塘・經理錢贊卿・電話四九四

永甡錢莊 北塘財神弄口・電話一八四

永興錢莊 工運橋

再豐錢莊 大橋下・電話二五三

協仁錢莊 張成弄西・經理吳蔭繁・電話二九四

信元錢莊 北塘・電話九八〇

信源錢莊 北門外黃泥橋・經理王雲

程•電話八四六

恆 昌 錢 莊
北塘財神弄口•電話九九八

洽 昌 錢 莊
北塘祝橋弄口•經理許衡之•電話八三

益 昌 錢 莊
江陰巷•經理陳厚載•電話一一三一

復 元 錢 莊
大橋下•經理江煥卿•電話六八

瑞 昌 錢 莊
大橋上•電話一一三六

瑞 裕 錢 莊
江陰巷欽穀里•經理蔡有容•電話三二四

慎 餘 錢 莊
江陰巷口•經理楊仲卿•電話一七八

源豐仁記錢莊
北塘財神弄口•電話五一一

萬 源 錢 莊
盛巷橋•電話二〇三

鼎 泰 錢 莊
大三里橋下•經理黃夢麟•電話二〇七

福 昌 盛 錢 莊
大橋下•經理陳頌勛•電話五六

福 康 錢 莊
北塘江陰巷口•經理孫夢蓀•電話七〇八

福 裕 錢 莊
江陰巷口•電話四七六

德 昌 錢 莊
大橋下•電話六七六

德 豐 錢 莊
北塘•電話九五

寶 康 潤 錢 莊
北塘•電話五二

◎匯劃

米荳匯劃業接洽處
江陰巷口•電話二四七

◎典當

大 成
后宅•經理陳善若

允 濟
北門長安橋鎮•經理陸伯英•電話二〇一〇

元 吉
張涇橋•經理何士英

公 順
城內營橋巷•經理吳子筠

永 裕
•電話一二六

蕩口•經理須沛若

永 興
北門楊墅園•經理孫蘊南

永 豐
東門外東亭鎮•經理陸聽初•電話二〇三八

同 和
北門外漢昌路•經理戴仲芳•電話九六三

同 順
安鎮•經理華聿修

同 濟
嚴家橋•經理唐申伯

協 順
八士橋•經理孫仲英，過仲節

和 濟
北塘小泗房弄•經理張敬生•電話四〇九

咸 德

堰橋•經理汪勉成

春華
南門外黃泥峯•經理汪小
峯•電話七六

保仁
西門外棉花巷•理經溫小
庵，竇慕儀•電話二七六

保昌
周新鎮•經理安翔三

保和
南門外南橋•經理王念椿
•電話二〇二六

保泰
南門外清名橋上塘•經理
王仲幹•電話二二七

保康
北塘接官亭•經理戴琢如
•電話一五三

保隆
南門外清名橋下塘•經理
徐漢臣•電話三四一

保源
梅村•經理王績卿

保誠
華大房莊•經理華信候

保興
北門竹場巷•經理徐漢臣
•電話三三九

通源
玉祁•經理孫子松

惠通
北門壇頭弄•經理陳肇卿
•電話一二七

瑞大
西門外棉花巷•經理張煥
文•電話一一三

溥興
北門外秦巷鎮•經理唐虎
臣

裕源
城內觀前街•經理戴琢如
•電話四五二

裕濟
王道人弄•電話八七四

濟恆
葑莊•經理孫麗堂

濟通
城內西河頭•經理陳頌勛
，江歲山•電話三七

濟順
城內中市橋•經理丁佩欽
•電話一八六

濟源
前洲•經理孫雲庭

◎貸押

保和
胡埭•經理凌景叔

◎儲蓄

中法儲蓄會代理處
北門外遊山船浜一一號•
經理宿晉禮•電話七一九

萬國儲蓄會
公園路•電話九四一

◎保險

上海安平水火保險
公司駐錫經理處
城內運元街一八號•經理
楊高百•電話三九

上海華安魯麟水火
保險公司駐錫經理
處
北門外南尖潤豐昌油廠內
•經理陳進立•電話三七
四

上海德商禮和洋行
保險部

北門外北塘接官亭內前蔡家弄●經理蔡吉暉●電話二六六

上海寶隆保險公司經理處

北門外南尖街糖業公會●經理曹佐才●電話三九四

永安公司（人壽保險）

北門外遊山船浜裏●經理宿晉初●電話七一九，七二九

通易信託保險公司

北門外遊山船浜一一號●（承保人壽水火各險，經理長期短期各種儲蓄）經理宿晉初●電話七一九

慎昌保險公司

交際路九號●經理敖黼慶●電話八七八

寶隆皇家太陽揚子水火保險公司接洽處

西門外申新三廠●經理張仁山●電話六三六

無錫工商業名錄　補遺

無錫工商業名違　補錄

無錫工商業名遺　錄補

交通類

郵政
電報
電話
火車
旅行社
堆棧
轉運
輪船
汽車
人力車
脚踏車

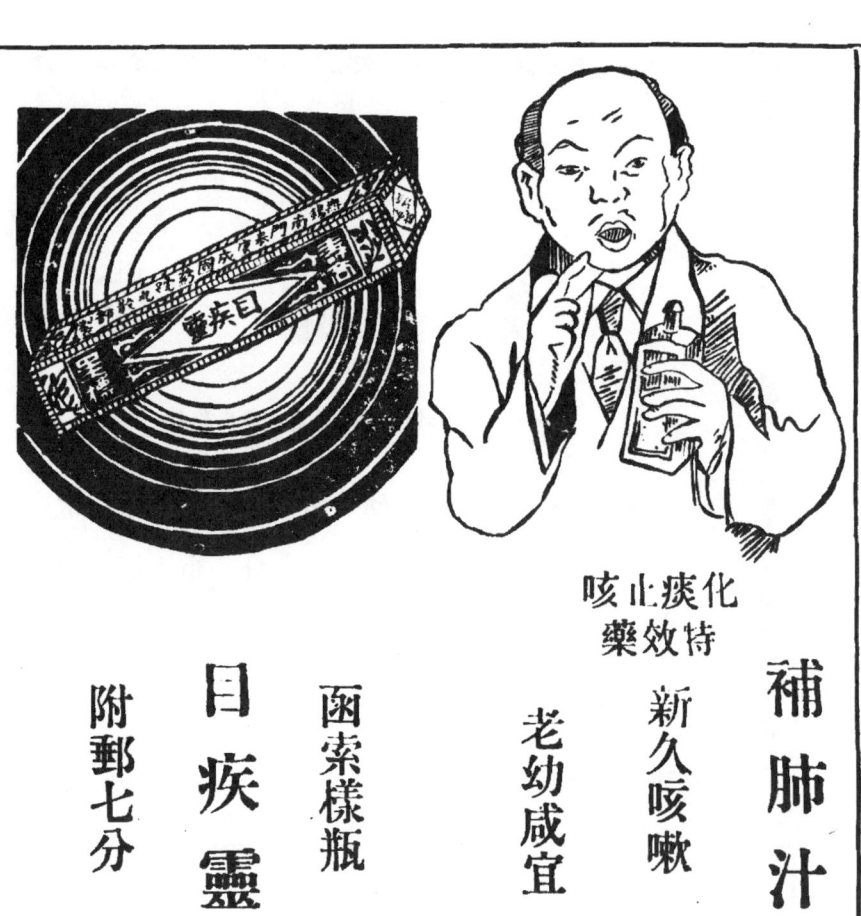

交通類

◉郵政局

火車站•電話一七七

◉電報局

通惠橋•電話七七七

◉電話

長途電話處
通惠橋電報局內•電話七七三•交換所竹場巷

無錫電話公司
北門內興隆橋•經理楊伢千

◉火車

京滬鐵路無錫車站
北門通滙路北底•電話站長室三〇七，鐵路棧房三四七

◉旅行社

中國旅行社無錫分社
公園路（經售各路火車票）經理吳懿棠•電話二六一

◉堆棧

大有絲繭堆棧
工運橋•電話六號

三新實業社貨棧
通滙橋•電話八五六

仁昌堆棧
李家浜•電話一四六

元記絲繭堆棧
龍船浜•電話九九二

永大絲繭堆棧
北新橋•電話九九〇

民益堆棧
壩橋下•經理蘇養齋•電話一四一

生和堆棧
蓉湖莊•經理唐叔堯•電話四二九

北穗生堆棧
茅涇浜•經理王晉生•電話四四九

同仁堆棧
茅涇港•電話四三〇

宏泰絲繭堆棧
亭子橋•電話六四〇

協成絲繭堆棧
工運橋沿河•電話三八五

怡新絲繭堆棧
惠農橋塊亮場上•經理辛寄塵•電話九八三

益源堆棧
蓉湖莊•經理唐保謙•電話二五四

振南堆棧
南塘•經理黃卓儒•電話二二六

振益堆棧
南塘•經理黃卓儒•電話八三八

振裕堆棧
工運橋東廟港橋•經理張叔範•電話八九四

乾元堆棧
蓉湖莊•電話一八八

乾益絲繭堆棧
冶坊場•電話三〇

復生堆棧
小三里橋•經理蔡兼三•

電話三四九

復成堆棧
蓉湖莊・經理顧頌武・電話四六六

隆源堆棧
缸尖上・經理趙子初・電話一〇六三

黃萬益堆棧
南塘・經理黃浩卿・電話六六六

華宏仁堆棧
替園浜・經理華繹之・電話一四七

華宏仁堆棧分棧
財神堂・經理華繹之・電話五六八

華興仁堆棧
龍船浜・經理華繹之・電話一七五

瑞生絲繭堆棧
工運橋・電話一三四

瑞昶絲繭堆棧
西村裏・電話五五〇

源慎絲繭堆棧
冶坊塢・電話一七一

慎德堆棧
西村裏・經理浦文汀・電話五五三

義昌堆棧
財神堂・電話四四五

新興堆棧
第十二區蕩口鎮・經理華興業

達源堆棧
龍船浜・經理顧康伯・電話二六八

福康潤堆棧
龍船浜・經理薛禮泉・電話二三

福裕絲繭堆棧
冶坊塢・電話二三九

福源堆棧
蓉湖莊・經理唐保謙・電話二二

聚成堆棧
缸尖上・經理邵有成・電話三一五

廣仁堆棧
丁峯裏・經理華繹之・電話二六

德康潤堆棧
蓉湖莊・電話一一二三

德新堆棧
替園浜・經理華堯賓・電話一〇四

增益堆棧
蓉湖莊・經理周梅坡・電話一〇六

寶豐堆棧
茅涇浜・電話三七一

餘新堆棧
石坡頭・經理談文明・電話七一三

錫豐堆棧
蓉湖莊・電話二四

◉轉運

大華裕記河運公司
萬前路敦仁里・經理徐裕珊・電話一二一四

大豐運輸公司
竹場巷

公益轉運公司
火車站・電話二一六

中華捷運公司
工運橋北・經理盛仁傑・電話七七八

永泰轉運公司
萬前路・電話一〇五八

永泰隆公司

工運橋・電話三〇三

同和轉運公司
工運橋北首・經理孫鴻卿・電話四六二

同益公司
工運橋・經理邵寶初・電話一三

協泰恆公司
工運橋下・經理袁錦璋・電話二八四

協興股份有限公司
通滙橋樹巷裏（代客裝運由上海至無錫常熟宜興溧陽江陰常州等貨）經理萬永生・電話六四，又六二一

信通協記轉運公司
交際路・電話四一三

悅來公司
工運橋・經理賈潤山・電話三五五

泰昌（輪船轉運）
通滙橋・經理胡友如・電話七六一

通達轉運公司
火車站・電話　〇九

通裕商號
西梁溪路

通濟駁運公司
工運橋北沿河・經理周培林

華盛義轉運公司
火車站・電話六九

瑞泰恆轉運公司
火車站・電話五五

匯通公司
火車站（轉運京滬滬杭甬津浦隴海膠濟各路貨物）經理蔡漢民・電話四九九

鼎通轉運公司
工運橋・電話三九九

經綸公司
萬前路底敦仁里口第二家・經理謝孟林

義興運輸公司
北門梁溪路・電話八八四

銓昌
工運橋・經理賈潤山・電話三五五

聚興運輸公司
梁溪路

◉輪船

公茂輪船轉運局
西梁溪路

太湖輪船公司
西梁溪路・電話九三一

中華恆裕輪船公司
工運橋（往來和橋宜興溧陽雪堰橋周橋鐵芳橋等處運貨載客）經理錢味青・電話二九六

永固
工運橋堍（往來和橋宜興溧陽等處裝貨搭客）經理陳榮泉・電話九四八

老公茂輪船局
梁溪路・電話三三二

利民汽輪公司
西梁溪路

利澄輪船公司
工運橋（開江陰班周莊班華墅班楊庫北潤班雲亭班河塘橋班）經理章劍門・電話七八七

李根泉出租汽船處
黎花莊・電話八五五

招商內河輪船局
北門梁溪路・電話八〇六

協興輪船公司

樹巷內•電話六二二

泰昌輪船局
通匯橋•電話七六一

祥記東北汽船公司
東梁溪路•電話一〇四三

常錫航運公司
桃棗沿河(常錫班)電話一七〇

陽羨汽輪公司
工運橋•經理樊寶象•電話八四號轉

新永錫溧班聯合售票處
工運橋•電話九八二

新商河輪公司
工運橋(載運和橋宜興溧陽等處客貨)經理何少敏•電話九八二

新濟汽輪公司
西梁溪路•電話一〇五七

瑞生祥輪船局
西梁溪路•電話二二八

源益輪船公司
第八區安鎮•經理安者華

趙菊記航運公司
工運橋•電話五〇六

劉復昇輪船分局
洛社•電話二〇一九

錫南輪船局
西梁溪路•經理陸子鳩

錫湖輪船公司
大渲口•電話七二一

濟商電船局
北門交際路•電話一一一九

嚴東輪船局
梁溪路

蘇錫航運公司
竹場巷(蘇錫班)經理朱彥昌•電話五六七

◉汽車

正興汽車行
通惠路•經理嚴九浪

榮泰(汽車出租)
通運路•經理劉仁榮

興昌(汽車出租)
通惠路•經理王阿福

錫澄
工運橋北(長途汽車，行駛錫澄公路)經理孫辰初•電話一一三八

◉人力車

袁永興
圓通路•經理袁遜

◉脚踏車

山明
通惠路•經理楊志高

協興久記
通惠路•經理嚴九浪

南興公司
南門南卜塘•經理劉阿麟

賽飛
通惠路•經理徐鴻元

無錫工商業名錄　補遺

無錫工商業名録　補遺

雜貨類

國貨　百貨　京廣貨　洋雜貨　烟紙店

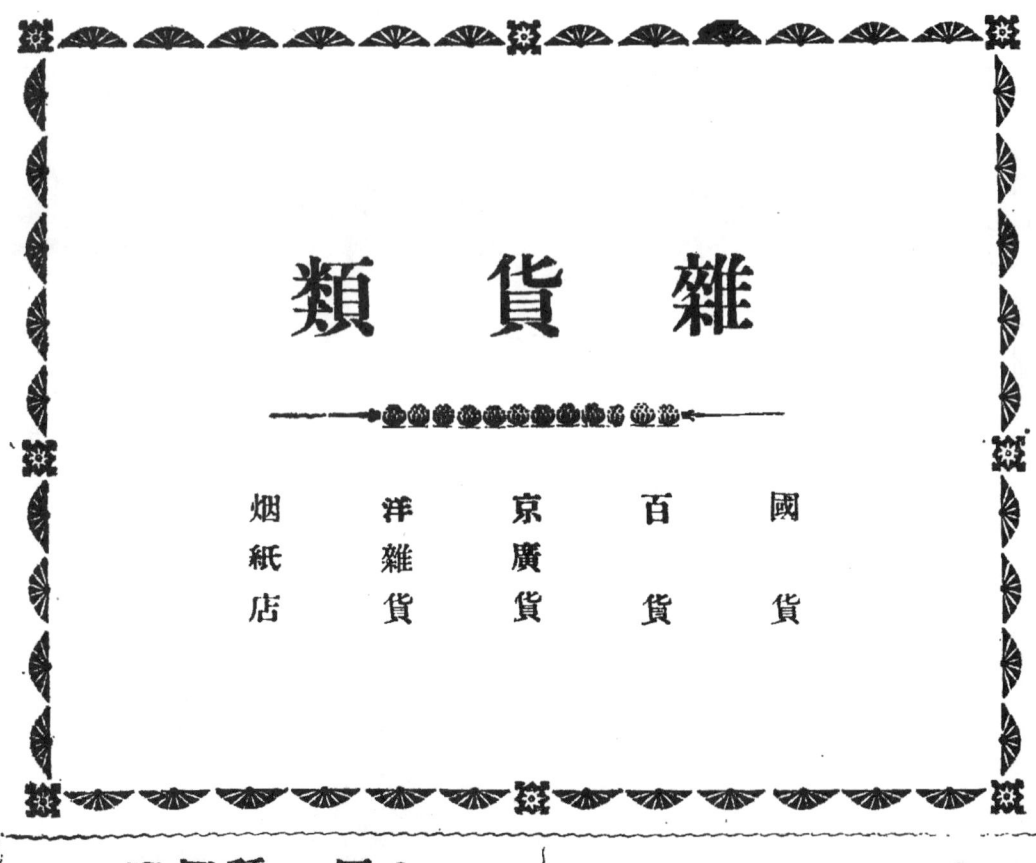

花柳專科！

患淋病，梅毒，下疳，者注意

蔣鴻初醫師

確具把握，收效迅速，醫費低廉，並無後患●

診治此症！

時間上午十時至下午四時

診所無錫北門外大河池沿

益大公號廣告

本號經理光華，美大火油，嚇拉油，各種厚薄柴油，及德士古各種紅車油，汽缸油，紅白玫瑰香油，兼醬園槽坊桐豆油，各種花露名酒，精製衛生醬油，糟醬乳腐，極品精鹽，價目克已，倘荷惠顧，曷勝歡迎

地址　無錫工運橋亮壩上十一號

電話　八三七號轉

上海經綸棉織廠出品

最著名 ⟵ 雄鷄牌毛巾 ⟶ 最耐用

註冊商標

禁止假冒

總製造廠　江蘇省南滙縣七團鄉　分廠七處

總發行所　上海南市董家渡八號　裕昌祥行

電報

中國六一〇三　大北四四七四

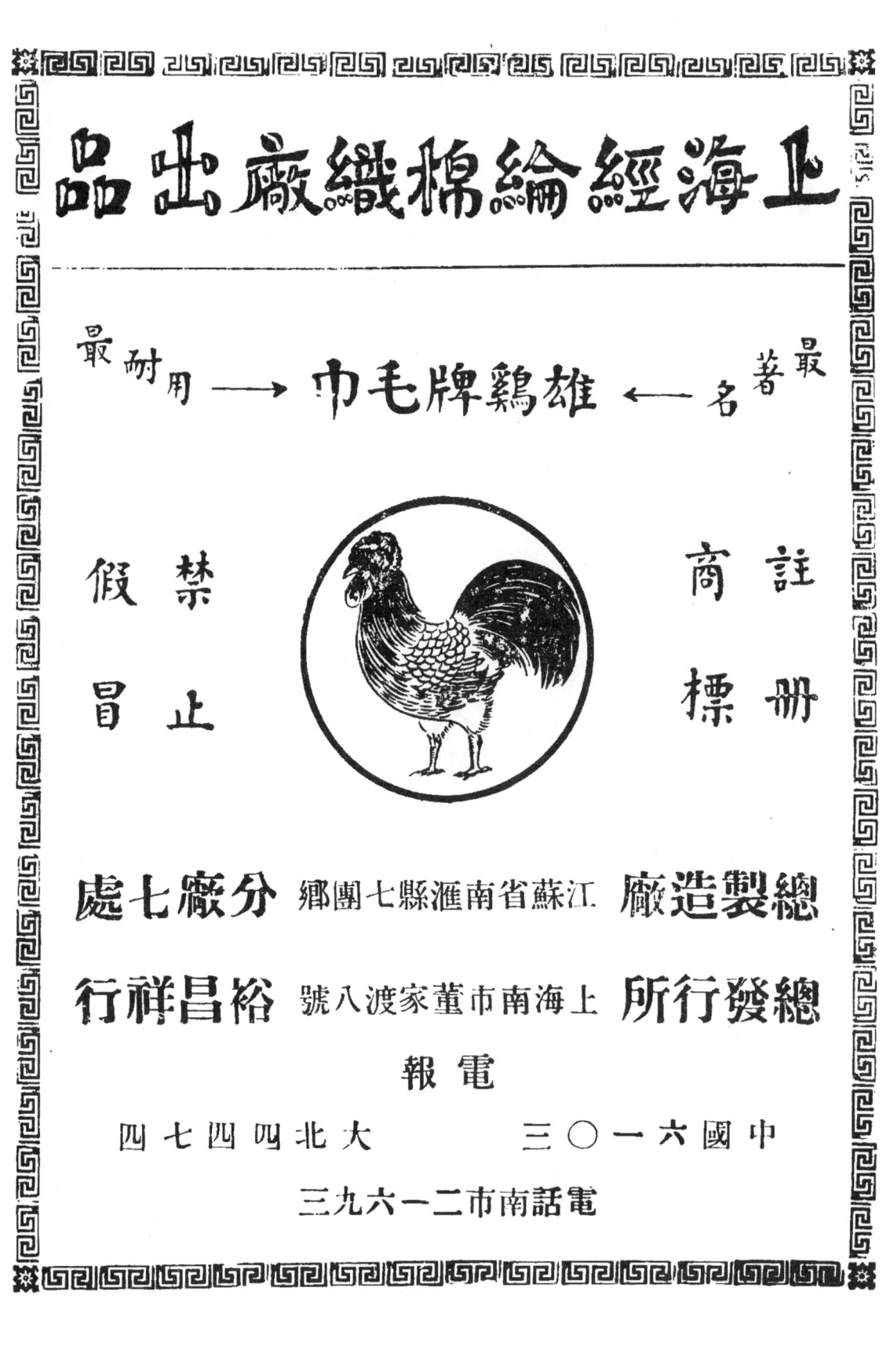

電話南市二一六九三

雜貨類

◉國貨

大同國產商品經理處
北大街布行街・經理藍仲和・電話九九一

惠豐公司
城內倉橋南首（專售實用國貨及教育用品經理廣東兄弟公司球鞋杭州都錦生絲織風景人物）經理胡潤蓀

新同泰
北塘西街

廉美國貨商場
城內上塘街五六號・經理夏伯康・電話七九三

實新公司
北大街・經理費廷璋

◉百貨

元新公司
城中大市橋街・經理李競益・電話一一二五號轉

中興
廣勤路舟山浜

永康
北大街・經理姚忠顯・電話三八九

立新百貨商店
老北門內打鐵橋街・經理龔叔明

振華百貨商場
通運路中・股東姚德勝，夏九如，王紀信，楊水泉等

萬來百貨公司
南門外清名橋上塘・經理
鮑國良

聚興祥
北塘江陰巷口（專營中華國產物品，歐美摩登什物，經理華商大中華肥皂廠各種出品，上海永安線廠船牌龍牌出品總經理，南通通燧公司古錢火柴無錫總經理）經理陸寶寅・電話七二三

榮泰
東門亭子橋

鄧元興
北門內書院弄口南首・經理鄧榮初

鎮大恆記
北門外黃坭橋・經理吳世芳・電話一一八二

◉京廣貨

一言堂
外黃坭橋西堍（經售大無畏牌電筒電池電泡同字牌各色花素手帕汗衫）經理袁浩清・電話一一八二轉

一言堂
北門塘張城街・經理張少卿

三豐
第三區周新鎮

仁昌祥（兼洋貨）
南門外南長街・經理胡兆答

永昌（廣貨）
通運路

朱錦記（廣貨）
第四區河埒口

周同泰
北塘接官亭

茂利（廣貨）
第十一區甘露鎮・經理吳

錦智
美華利(兼洋貨)　南門外清名橋上塘・經理陳桂寶
恆裕(兼電料)　西門魚行街十八號・經理孫頌章
查萬興(兼烟)　南門外南長街・經理查福昌
時新祥(兼洋貨)　南門外清名橋上塘・經理楊光照・電話沿順昌煤炭店轉
陳同興(兼洋貨)　熙春街・經理陳同興
盛協昌(京貨)　書院衖南
新華瑞記(洋廣貨)　北大街小制衖口・經理胡祖蔭
新新(廣貨)　第十區梅村・經理華魯山
源茂祥(洋廣貨)　第十一區甘露鎮・經理華友菊
源通(廣貨)　通惠路・經理吳雨春
裕豐盛(廣貨)　第七區陳墅・經理蔣少帆
瑞記(兼洋雜貨)　南門外清名橋上塘・經理倪順元
實生公司(洋廣貨)　北門外大橋街經理徐雲階
鄧元利(洋廣貨)　北門內打鐵橋南首第七家・經理鄧錫君・電話一八九
儉豐盛(廣貨)　第十區梅村・經理鄒逸人
耀明商店(廣貨)　第十一區大牆門口・經理陳耀明

◎洋雜貨

一豐(雜貨)　三里橋
丁惠昌(雜貨)　第二區北方前・經理丁舒雲
大有恆(洋貨)　西門棚下・經理吳炎之
大有恆(雜貨)　第七區黃土塘・經理華蘭第
大吉祥(雜貨)　第三區周新鎮
大昌(雜貨)　第十六區西漳・經理錢炳生
大昶(雜貨)　第五區堰橋・經理徐俊達
大商(雜貨)　第十六區石塘灣・經理黃河清
大通盛(雜貨)　第十五區前洲・經理唐孫記
大新(洋貨)　南門南上塘・經理潘根福
中外(洋貨)　小泗房衖口・電話六四四
方義興(雜貨)　通惠路新馬路
方德泰(雜貨)　第十二區大牆門口・經理方振祥
仁昌(洋貨)　南門外南方泉・經理王任

仁　昌（洋貨）
南門外南方泉・經理王任泉

仁　昌（雜貨）
第十七區新瀆橋・經理俞國祥

仁和祥（雜貨）
第十六區洛社鎮・經理周浩恩

卞永興（雜貨）
第十五區玉祁・經理卞榮烈

天　鑫（雜貨）
第十五區前洲・經理孫軒章

升　泰（雜貨）
第十六區楊墅園・經理章伯鈞

元　順（雜貨）
城內含秀橋

元　順（雜貨）
第五區張村・經理徐乘千

王大昌（雜貨）
第十五區前洲・經理王少琳

王公和（雜貨）
第九區后橋・經理王藕吉

王純泰（雜貨）
第十五區秦巷鎮・經理王純一

王順興（雜貨）
第四區藕塘橋

王萬生（雜貨）
第七區張涇橋・經理王伯申

王源興（雜貨）
第十二區坊橋・經理王世琛

王裕記（雜貨）
第四區錢橋

王裕新（雜貨）
南門外清名橋下塘・經理王純甫

公平發（洋貨）
北塘西街

公　和（雜貨）
南長街・經理袁漢平

公協興（雜貨）
第七區黃土塘・經理李鴻文

公洽鑫（雜貨）
第十五區前洲・經理唐炳義

公順祥（雜貨）
第十五區南雙廟・經理劉漢炎

尤信隆（洋貨）
尤家坦・電話二〇〇二

尤萬祥（洋貨烟紙）
通運路・經理尤鳳翔・電話九四五號轉接

民　生（洋貨）
第六區八士橋

平永興（雜貨）
第十區東亭鎮・經理平耀庭

正　泰（雜貨）
第十六區社岡・經理徐勳記

永　利（雜貨）
廣勤路舞鳳橋堍・經理俞永大

永　茂（雜貨）
廣勤路・經理高竹軒

永茂祥（雜貨）
第十五區前洲・經理崔鎮華

永茂祥（雜貨）
第十六區楊墅園・經理錢人杰

永　隆（雜貨）
第四區榮巷鎮
永　盛　聚（洋貨）
張涇橋鎮・電話二〇一五
永　順　興（雜貨）
第十六區石塘灣・經理狄錫俊
永　餘（雜貨）
第十區東亭鎮・經理俞鳳祥
永　興　利（雜貨）
南門南新橋
永　興　泰（雜貨）
棉花巷・經理蘇中道
永　豐（雜貨）
第十六區洛社鎮・經理秦梅生
永　豐（雜貨）
吳橋・經理陸培榮
同　信　昌（雜貨）
第十六區楊墅園・經理戈靜山，張宗圻
同　永　豐（雜貨）
廣勤路舟山浜・經理黃萬裕
合　興　昌（雜貨）
第七區張涇橋・經理朱大福
合　興　谷（雜貨）
第七區張涇橋・經理穆雲程
西　泰　昌（雜貨）
第十六區洛社鎮・經理陸南衡
有　豐（雜貨）
第十六區社岡・經理徐南民
老　源　利（洋貨）
打鐵橋・經理藍仲和・電話一三三
朱　祥　興（雜貨）
第四區徐巷鎮
朱　順　興（雜貨）
第十七區胡埭鎮・經理朱少定
朱　聚　豐（雜貨）
西門棉花巷・經理朱秋林
朱　鴻　泰（雜貨）
南門外跨塘橋南下塘
李　正　泰（雜貨）
南門外伯瀆港
李　永　興（雜貨）
第十四區南方泉・經理李根泉
李　寶　泰（雜貨）
第十六區洛社鎮・經理李寶善
宏　順（雜貨）
第十六區石塘灣・經理孫良初
呂　萬　裕（雜貨）
第十七區新瀆橋・經理呂阿喜
吳　正　大（雜貨）
第四區錢橋
吳　順　興（雜貨）
第十五區秦巷鎮・經理吳三毛
吳　錫　記（雜貨）
第二區汀溪橋・經理吳錫齋
宋　沛　記（雜貨）
第四區錢橋
宋　浩　記（雜貨）
第四區錢橋
宋　萬　興（雜貨）
第四區錢橋
宋　鴻　號（雜貨）
第四區錢橋

明　星(雜貨)
南門外跨塘橋南下塘

長　康　祥(洋貨)
南門外南長街

芝　香　村(雜貨)
惠山横街・經理曹杏杞

和　記(雜貨)
第四區梅園

和　豐(雜貨)
工運橋・經理任啓常

芮　恒　隆(雜貨)
第七區張涇橋・經理芮子卿

金　龍　商　店(雜貨)
第十一區蕩口鎮・經理陳振亞

怡　大(雜貨)
第十五區玉祁・經理華雪鈞

怡　和　祥(雜貨)
第十五區禮社・經理薛錫生

東　大(雜貨)
第十六區楊墅園・經理崔同泰

東　泰　興(雜貨)
第十六區楊墅園・經理匡浩生

周　公　茂(雜貨)
第七區張涇橋・經理姜硯田

周　洪　太(雜貨)
第十七區六區橋北・經理周林生

周　恒　昌(雜貨)
第四區錢橋

周　恒　源(洋貨)
張涇橋鎮・電話二〇一六

周　順　昌(雜貨)
第七區黄土塘・經理周養才

周　萃　豐(雜貨)
第五區陳家橋・經理周永康

周　新　盛(雜貨)
第十區石塘橋・經理周秋亭

周　源　盛(洋貨)
周師街・電話六六一

周　豐　泰(洋廣貨)
北門外大橋北堍・經理周律甫・電話一一三六轉

協　大(洋貨)
界涇橋・經理費秋芳

協　大(雜貨)
第十五區秦巷鎮・經理魏耀徵

協　大　森(洋貨)
北塘西街

協　生　泰(雜貨)
第四區藕塘橋

協　成(雜貨)
第五區寺頭鎮・經理袁鳳起

協　成　恒(雜貨)
第十七區稍塘橋・經理丁炳芳

協　和　祥(洋貨)
第十一區甘露鎮・經理華雲梅，談步雲

協　茂(雜貨)
第四區錢橋

協　茂　信(雜貨)
第七區黄土塘・經理馮湘雲

協　康(洋貨)
大市橋・經理趙韻聲

協　興(雜貨)
第十六區楊墅園・經理高

益和

協懋昌（洋貨）第六區八士橋

信茂（雜貨）第十六區楊墅園·經理唐光華

南新（雜貨）薛家衖

美康（雜貨）第五區寺頭鎮·經理胡毓芝

美華利（洋貨）南門外界涇橋·經理陳錦雲

貞太（雜貨）第十四區南方泉·經理莊蔡根

洪益昌（雜貨）南門外清名橋上塘·經理洪茂森

茂興昶（雜貨）亭子橋·經理錢伯平

便民商店（雜貨）第三區青祁鄉

范源茂（雜貨）第五區堰橋·經理范潤一

洽昌（雜貨）第十區西倉·經理周仲偉

洽茂（雜貨）第十五區前洲·經理沈惠方

洽聚興（雜貨）第七區塞門·經理嚴望屺

洽興（雜貨）第十六區陡門橋·經理李阿發

胡協記（雜貨）第五區胡家渡·經理胡福祥

胡順興（雜貨）光復門外橋·經理胡聚生

胡裕成（雜貨）第四區藕塘橋

胡瑞興（雜貨）小里橋下

恒昌祥（雜貨）第十七區稍塘橋·經理王鳳儀

恒茂昌（雜貨）第十六區陡門橋·經理李甫寶

恒茂章（雜貨）第十五區玉祁·經理蕭汝寶

恒泰（雜貨）第十六區石塘灣·經理吳愼修

恒泰昌（雜貨）第十一區東亭鎮·經理陳孟遠

恒泰昌（雜貨）外黃泥橋

恒隆（雜貨）第十六區洛社鎮·經理楊士堯

恒隆（雜貨）第十五區秦巷鎮·經理秦洪彬

恒裕（雜貨）第十六區社岡·經理徐紹箕

恒裕（雜貨）第四區錢橋

恒源昌（雜貨）第十六區張鎮橋·經理葉煥章

恒興仁（雜貨）第七區張涇橋·經理陳鑄生

恆　　豐(雜貨)
第七區張涇橋・經理華尚以
恆　豐　泰(雜貨)
第十六區楊墅園・經理章振華
恆　豐　餘(雜貨)
第十六區石塘灣・經理孫鳴九
泰　　興(雜貨)
南倉門
袁　興　昌(雜貨)
第十六區洛社鎮・經理孫春榮
秦　生　泰(雜貨)
第十六區陡門橋・經理秦大龍
秦　裕　隆(雜貨)
第七區張涇橋・經理秦賡謨

唐　元　春(雜貨)
第五區張村・經理唐念奎
唐　永　豐(雜貨)
光復路・經理唐仁泉
唐　洽　昌(雜貨)
第十五區前洲・經理唐炳忠
唐　森　泰(雜貨)
第十五區前洲・經理唐志廉
唐　義　茂(雜貨)
第十五區前洲・經理唐鳴初
振　　茂(雜貨)
第十五區玉祁・經理袁鴻山
振　　興(雜貨)
第十區西倉・經理李佐棵
孫　長　盛(雜貨)
第四區徐巷鎮

孫　信　益(雜貨)
第十六區洛社鎮・經理孫福榮
孫　震　泰(雜貨)
第四區錢橋
晉　昌　盛(雜貨)
第三區周新鎮
晉　　泰(雜貨)
第十六區石塘灣・經理孫翰臣
晉　　豐(雜貨)
第四區榮巷鎮
益　　大(雜貨)
廣勤路中
益　　泰(洋貨)
南上塘・經理朱殿臣
益　　泰(雜貨)
第十六區石塘灣・經理孫子嘉

益　豐　太(雜貨)
惠山横街・經理黃國柱
徐　信　昌(雜貨)
第七區黃土塘・經理徐嗣根
徐　信　義(雜貨)
第七區張涇橋・經理徐祖念
徐　源　茂(雜貨)
第七區黃土塘・經理徐洪炳
高　永　茂(雜貨)
第五區陳家橋・經理高承茂
高　湧　盛(雜貨)
第十六區張鎮橋・經理高阿泉
高　順　記(雜貨)
第五區尤家埧鎮(即西漳)

經理高鴻德

莊　源　大(雜貨)
第四區錢橋

章　大　成(雜貨)
第十六區楊墅園•經理章振聲

梅園商店(雜貨)
第四區梅園

曹　公　泰(雜貨)
第十七區張舍鎮•經理曹培根

曹　順　興(雜貨)
第十七區張舍鎮•經理曹金根

陶　源　昌(雜貨)
第十六區洛社鎮•經理陶龍海

敍　　茂(雜貨)
第五區楊巷上•經理陳阿培

郭　德　興(洋貨)
開化鄉南方泉中市•經理郭福昌•電話十四區區公所轉

陳　立　大(雜貨)
十四區南方泉•經理程三寶

陳　同　興
城中寺後門(發售華洋雜貨，化妝用品，絲紗線襪，各式套鞋)經理陳元卿

陳　宏　裕(雜貨)
第十二區坊橋•經理陳福基

陳　宏　興(雜貨)
第十二區坊橋•經理陳美中

陳　茂　昌(雜貨)
第四區藕塘橋

陳　信　昌(雜貨)
第十區西倉•經理陳勝卿

陳　雲　紀(雜貨)
南門南市橋上塘

陳　詠　記(雜貨)
第十五區前洲•經理陳玉華

張　正　祥(雜貨)
第十六區洛社鎮•經理張保三

張　同　興(洋貨)
秦棧街口•電話六四二

張　協　興(雜貨)
第十七區稍塘橋•經理張文尉

張　泰　茂(雜貨)
第十五區南雙廟•經理張德生

張　鎮　昌(洋貨)
西門外棉花巷•經理張浩鎮

乾　　生(雜貨)
惠商橋堍•經理高鴻山

乾　　亨(洋貨)
第十一區甘露鎮•經理黃雲翔

乾　　昌(雜貨)
第十六區洛社鎮•經理胡錫慶

許　先　記(雜貨)
第五區尤家坦(郎西漳)經理許阿先

許　同　興(雜貨)
北門光復路南倉門

許　裕　昌(雜貨)
十四區南方泉•經理許泉裕

許　義　和(雜貨)
東新路•經理許永發

許　鴻　昌(雜貨)

南門南市橋上塘
祥　大（洋貨）南長街·經理馮子明
祥　和（雜貨）第七區張涇橋·經理吳培記
祥　豐（洋貨）通惠路七七號·經理李炳南
祥　豐　裕（洋貨）南門清名橋·經理沈成書
陸　正　大（雜貨）第十六區洛社鎮·經理陸士懋
陸秀泰嘉記（雜貨）第五區寺頭鎮·經理陸嘉壽
陸　泰　昌（雜貨）第十六區洛社鎮·經理陸南滄

陸　鳳　寶（雜貨）第十區東亭鎮·經理陸鳳寶
隆泰鈞記（洋貨）清名橋南上塘·經理王國鈞
開　泰（雜貨）第十六區洛社鎮·經理陶文炳
黃　恆　茂（雜貨）第十六區張鎮橋·經理賀錫初
順　記（雜貨）第五區胡家渡·經理胡桂根
順　興（雜貨）南門外跨塘橋下塘
傅　茂　興（雜貨）薛家街
華　同　茂（雜貨）

第十五區前洲·經理華福海
華　益　豐（雜貨）第十五區前洲·經理華如庭
馮　福　興（雜貨）第十六區洛社鎮·經理馮福榮
喬　叙　興（雜貨）第十區西倉·經理喬仲年
森　茂（雜貨）第七區張涇橋·經理談高寶，胡鴻釗
添　興　祥（雜貨）黃坭峯·經理周添興
復　茂（雜貨）第五區張村·經理劉寅輝
復　泰（雜貨）第七區寨門·經理嚴浩氣
復　新　泰（雜貨）

南長街
復　興　祥（洋貨）南門黃泥橋·經理周根初
復　興　祥（雜貨）第十六區洛社鎮·經理丁煥新
復　興　祥（雜貨）第十七區六區橋·經理朱浩二
新　昌　祥（雜貨）第十七區新瀆橋·經理談善寶
新　昶（雜貨）通惠路·經理姜春
新　香　村（雜貨）第十五區南雙廟·經理濮蟾雲
新　慶　雲（洋貨）清名橋下塘·經理浦雲清

勤　昌（雜貨）
第七區張涇橋・經理劉厚棨
勤昌祥（雜貨兼魚類）
漢昌路廿四號・經理魏本堯
鼎　和（雜貨）
第十六區西漳・經理錢培榮
鼎　泰（雜貨）
第十五區前洲・經理劉根元
鈴源盛（雜貨）
第十二區坊橋・經理鈴應銓
筱商店（雜貨）
第五區堰橋・經理胡于莊
董鑫雲（雜貨）
第七區王莊・經理董旭文
賈合興（雜貨）

第十七區張舍鎮・經理賈叔良
彙　豐（雜貨）
第十六區洛社鎮・經理錢富昌
彙豐春（雜貨）
第四區藕塘橋
會豐盛（雜貨）
東門亭子橋・經理汪耀章
瑞昌成（雜貨）
南新橋
瑞　記（雜貨）
第十六區西漳・經理唐錫瑞
瑞順昌（雜貨）
第三區周新鎮
瑞源裕（洋貨）
西門棚下・經理吳建廷
瑞　綸（雜貨）

第五區尤家埡（即西漳）經理尤英順
楊九豐（雜貨）
第十五區前洲・經理楊梅雲
楊恆昌（雜貨）
第十六區葑莊・經理楊汝錫
楊盛昌（雜貨）
南門外跨塘橋南下塘
楊義興（雜貨）
第十五區南雙廟・經理楊伯安
楊榮記（雜貨）
第十二區大牆門口・經理楊敏愼
裕　昌（雜貨）
十六區西漳・經理唐顯文
裕　康（洋貨）
北大街・電話三二七八

裕祥仲記（洋貨）
西門棚下街・經理仲濟賢
裕　興（雜貨）
江陰巷
裕　豐（雜貨）
第七區黃土塘・經理吳奇昌
萬　昌（雜貨）
青果巷口・經理王學海
萬　和（雜貨）
通運路・經理姚浩俊
萬昶裕（雜貨）
第十六區楊墅園・經理楊印元
萬泰和（雜貨）
第十七區六區橋北・經理張甫泉
萬乾生（雜貨）
第七區張涇橋・經理賓巧生

萬盛源（雜貨） 第四區徐巷鎮

萬新（雜貨） 惠商橋堍・經理丁阿裕

萬興（雜貨） 光復路・經理華鏡清

萬興（雜貨） 南門癩團渚

萬興（雜貨） 第七區張涇橋

萬興（雜貨） 第十六區洛社鎮・經理張順生

萬豐芳（雜貨） 第十六區石塘灣・經理孫葉芳

義大（雜貨） 第十六區洛社鎮・經理馮源泉

義大（雜貨） 第八區羊尖鎮・經理顧寶初

義成（雜貨） 第二區北方前・經理馮雲芝

義昌（雜貨） 第三區夏家鎮

義和泰記（雜貨） 第五區堰橋・經理胡惠卿

義和順（雜貨） 第十五區玉祁・經理趙湧潮

義盛（雜貨） 第四區錢橋頭

義源（雜貨） 第四區徐巷鎮

義源（雜貨） 第五區堰橋・經理尤禮康

義源祥（雜貨） 第十二區坊橋・經理張威

義豐（雜貨） 第十五區玉祁・經理鄭奎榮

源昌祥（洋貨） 老北門・經理藍季濤・電話六一五

源茂（雜貨） 通運路・經理朱帛千

源茂怡（雜貨） 第七區黃上塘・經理徐堯彬

源茂鑫（雜貨） 第七區黃土塘・經理徐伯森

源泰（雜貨） 清名橋下塘

源祥（洋貨） 西門魚行頭街・經理楊仲海

源順（雜貨） 第十六區石塘灣・經理孫耀星

源盛（雜貨） 第七區張涇橋・經理陸源魯

聚茂（雜貨） 第十區東亭鎮・經理陳少蘭

管敘源（雜貨） 第十五區北新橋・經理管伯壎

福元興（雜貨） 廣勤路・經理秦芳

福盛興 東門亭子橋・經理梁維仕

福新（雜貨） 中市橋上塘

福興昌（雜貨） 西門

鳳　和(雜貨)
第十七區六區橋・經理張鳴歧
鳳　祥(雜貨)
第十六區楊墅園・經理張美生
趙永泰(洋貨)
北門外黃坭橋・經理趙雲波
趙興昌(雜貨)
第三區周新鎮
榮　昌(雜貨)
第十區西倉・經理倪雲山
榮昌祥(洋貨)
南門黃泥橋・經理姚棨根
廣　大(洋貨)
廣勤路彝橋堍・經理李贊勳
鄭裕昌(雜貨)
第四區徐巷鎮
鄭鴻大(雜貨)
第十五區玉祁・經理鄭洪泉
增興明(洋貨)
清名橋・經理陶子明
劉德興(雜貨)
吳橋・經理劉金芳・電話一一二三轉
蔣亦春(雜貨)
惠山・經理蔣根裕
德　大(雜貨)
第十五區秦巷鎮・經理蔣德華
德　昌(雜貨)
第三區周新鎮
德恆豐(雜貨)
第十五區前洲・經理張午臣
德泰祥(雜貨)
第四區河埒口
德泰豐(雜貨)
第十六區洛社鎮・經理薛初威
德盛祥(雜貨)
第十七區張舍鎮・經理繆友清
德　興(洋貨)
外黃泥橋・經理費菊生・電話二九二
德豐祥(雜貨)
第十一區鴻聲里・經理徐永德
錫豐昌(洋貨)
通運路
錦泰隆(雜貨)
第七區張涇橋・經理蘇浩泉
錢公茂(雜貨)
第十六區楊墅園・經理錢
嘉汾
錢正昌(雜貨)
第十六區楊墅園・經理錢瑾瑜
錢永茂(雜貨)
第十七區張舍鎮・經理錢惟善
錢永泰(雜貨)
第十七區稍塘橋・經理錢仰山
錢純記(雜貨)
第十六區楊墅園・經理錢欽茶
錢義興(雜貨)
第十七區新瀆橋・經理錢國章
錢義興(雜貨)
第十七區劉塘橋・經理錢根祥
錢義豐(雜貨)

第十七區新瀆橋・經理錢寶康

薛立興（雜貨）
第十五區南雙廟・經理薛根用

謝興泰（雜貨）
惠商橋・經理謝洪義

鴻餘餘（兼烟紙）
南長街・經理孫鴻模

鴻餘榮（洋貨）
北門外北柵口・經理范東伯

豐泰祥（洋貨）
南長街・經理曹部紀

豐德泰（雜貨）
南門南市橋上塘

魏協利（雜貨）
第十五區玉祁・經理魏聞學

嚴永大（雜貨）
第七區寨門・經理嚴書紳

嚴洽興（雜貨）
第七區寨門・經理嚴根培

嚴義慶（雜貨）
第七區寨門・經理嚴益豐

麗生（雜貨）
第十五區前洲・經理朱兆祥

蕭恆盛（雜貨）
第五區堰橋・經理蕭梅初

邊恆盛（雜貨）
第十七區劉塘橋・經理童錫光

燮昌（雜貨）
西門外

競業（雜貨）
第四區河埒口

蘇順興（雜貨）
第四區河埒口

寶大（雜貨）
黃泥峰・經理殷春庭

顧永泰（雜貨）
第八區區房廊下・經理顧伯芬

顧泰記（雜貨）
第三區夏家邊鎮・經理顧積慶

顧順興（雜貨）
稅務前

龔茂興（雜貨）
第四區藕塘橋

◎煙紙店

王仁泰
寺後門・經理李鏡清

元東
崇安寺山門口・經理李自奮

中和興
大市橋・經理陳茂卿

民生
通惠路・經理范鶴卿

同羽春
大河池・經理張文旭

永泰
交際路

永義和
吳橋・經理馮鳳祥

永興
工運橋下・經理過仲清

永豐昌
青菓巷

光泰
城內觀前街

光復
光復路・經理錢長卿

朱恆豐
青果巷・經理朱文照

利森昌 通運路・經理孫芝庭
沈慶豐 通惠路・經理沈東生
周立豐瑞記 北塘張成弄西・經理周瑞成
周瑞生 南門外清名橋下塘・經理周文溶
協盛永 漢昌路・經理王丕承
邵源盛 老北門露華弄
信大 第三區周新鎮
信茂恆 北塘三里橋東首・經理施耀祖
信益 惠山鎮・經理田俊甫
真福來 老北門口・經理張之桀
秦福泰分號 惠農橋新市場・經理秦蕙蓀・電話一九五
泰豐 黃埠墩・經理王仲芬
益盛 城內寺巷
益興 通運路・經理王信益
祥興 南門外清名橋下塘
陸祥記 光復門內・經理陸阿祥
徐洪泰 通滙橋
惠源 惠農橋堍・經理嚴惠生
湧餘 廣勤路
雲祥 黃埠墩・經理王雲生
森泰源 山門內・經理張志青
復和興 黃埝峯・經理杜耀暉
復興德 棚下・經理冷安金
復康祥 交際路
順昌祥 迎龍橋
順昌裕 周山浜・經理張順德
順豐 城中公園路・經理薛有靜
裕成 吉祥橋・經理郁衡章
裕昌 漢昌路・經理高財政・電話二二三
義豐 三里橋・經理華少初
楊鼎昌 第五區堰橋・經理楊子衡
鼎元 寺前街・經理糜俊千
萬成西 西門外吊橋下・經理淼瑞雲
萬茂 第五區堰橋・經理胡祖觀
萬泰 西門・經理袁志誠
萬象春 北塘西街二號
源餘

惠山山門內・經理朱潤華

源豐
通運路・經理趙錫慶

勤餘
西門外棚下街・經理尤贊卿

瑞昌
迎龍橋

趙隆泰
南門界經橋・經理趙有學

趙榮昌
倉橋下・經理趙明

福泰來
惠農橋七一號・經理李榮才

福泰源
通運路・經理陳漢文・電話七七〇

榮盛昌
北塘接官亭西首・經理馬樹鑫

榮新
清名橋下塘（彙裝臨時電燈，修理各種電具）經理張燾・電話八六五轉

榮聚興
江陰巷・經理吳勝三

德大昌
馬路上吉祥橋堍

德昌
通運路・經理楊明康・電話五〇四

德泰生
通運路・經理趙本立

震昌
通惠路八一號・經理管正英

餘豐
城內觀前街

興泰豐
青果巷・經理王興根

錫興昌
工運橋・經理胡宏成

鴻大
南門外清名橋下塘

鴻泰
第九區東橋鎮・經理倪兆榮

鴻興
通運路・經理張阿大

謙信昌
觀前街

駿生
周山浜・經理馬駿生

豐有恆
廣勤路中・經理韋炳榮

蘇盛興
惠農橋新市場四號・經理蘇永根

寶源

公益鐵工廠廣告

本工廠備置精細機械專造大小黑油引擎打水幫浦各種翻砂銅鉄機件以及各廠添配另星及熟鉄門等無不應有盡有並有家庭輕便切麵機僅六七寸大小靈巧異常可供一家數十餘人之需要曾由江蘇地方物品展覽會等獎給優等獎狀獎章如蒙賜顧定價格外克已

廠址無錫棠巷　電話八四七號

無錫工商業名錄　補遺

中國銀行

政府特許之國際匯兌銀行

資本二千五百萬元　資產總額九萬萬元

全國各地有分支行
世界各國有代理處
倫敦大阪自設分行
辦理一切銀行事務

總行
上海黃浦灘路廿二號　電報掛號六八五五
電話一一〇八二號至一一〇八九號

錫行
無錫北塘大街　電話公用三〇〇
營業室一〇八三

印刷類

◉書局

大文書局（兼文具）
北塘祝棧街西首・經理曹錦康

大同書局（兼文具）
寺後門・經理沈仲安・電話六二八

文元書局
北塘祝棧街西・經理劉伯平

文華書局
北門內倉橋下（兼儀器文具）經理陳菊軒・電話一一四七

日新山房（兼文具）
老北門口・經理王文榮

世界書局（兼文具）
北門城內書院弄南口・經理周贊誠・電話九〇三

東北書店（兼文具）
寺後門南首・經理施子達・電話五九四

書業圖書經理處
新縣前・電話六九八

啓新社書局
南長街・經理韋六山

無錫工商業名錄社
東大街六六號（編印無錫工商業名錄，每年訂正，發行一次）經理陸文藻・副理袁繼樑・電話一〇三六轉

無錫佛經流通處
崇安寺

無錫教育書局
寺後門（兼教育用品）經理費星堂・電話一二〇八

無錫新記書局
寺後門・電話五九四

新新書局（兼百貨）
公園路・經理蔣錫康・電話七三七

經綸堂書莊（兼文具）
北塘張成弄口・經理張震甲

樂羣圖書公司
寺巷裏（兼教育用品）經理邵莘樂・電話七四一

學海堂書莊
北大街小制街口（兼教育用品）經理宋少雲・電話六〇八

鴻文齋書局
盛巷橋

◉報館

人報
圖書館路・經理孫翔鳳・電話一三三二

大公報
新縣前・電話五四三

小日報
公園路三七號・經理錢庭楨・電話八八六

民報
交際路前巷上六號（按日出版之對開報紙一張登載地方新聞及國內外電訊等）經理楊重遠・電話四四八

民衆日報
交際路・經理徐澄

申報無錫分館
露華街・電話一一九一

國民導報
書院弄一號・經理徐赤子・電話四五

無錫明報
公園路•經理楊許振權•電話八八六

無錫橄欖報
公園路•經理楊子吾•電話八八六

新聞報無錫分館
北城門口•電話七二一

新無錫報
書院弄•經理張逐初•電話二七〇

錫報
書院弄•經理吳觀蠡•電話五八八

◉派報社

茂記派報社
北門外露華弄廿號•經理吳子暉•電話一二九一

無錫派報所
老北門口

福記報社
青菓巷•經理陸君一

◉印刷

大文齋（兼刻字）
城中大市橋街•經理楊伯受•電話六七三

大成
大市橋

中華印刷局
交際路•經理鳳錫良•電話一八七

文苑閣（兼刻字）
城中推官牌樓下•電話一二二六（由誠昌貿易所轉）

民生印書館
光復路•經理宋少雲•電話一一一二

協成印刷公司
公園路盛巷口•經理孫泰啓•電話九〇九

美新公司（兼製版）
光復門內圓通路一號•經理尤湘臣•電話六五四

理工社
倉橋下•經理黃麗生

現代工業社
交際路（仿宋名片）經理徐鼎泉

商業公司（兼銀盾）
城內推官牌樓下•經理朱雲擕

游藝齋
盛巷橋下•經理華錦昌•電話九二一

劉元隆
北門外冶坊濱二號

錫大印刷所
城中大市橋街（工場在城中大婁巷六十號）經理印必念

錫豐印刷股份有限公司
交際路萬前路口（專印書籍報章五彩圖畫文憑商標月份牌招貼傳單簿册禮帖及一切印刷物件鉛印石印發售各號名片信箋信封泥金珊瑚名箋各色藏金對紙各種上等印泥各種蘇杭雅扇並代求名人書畫）經理楊匯遠•電話四四八

錦豐分號（兼帳簿）
北塘祝棧弄西首•電話九五二

藝林衡記印刷公司
寺後門三號（兼禮品）經理查仲衡

耀星（專印五彩商標）
北門外長安橋茅蓬沿河•

振祥協記五金電料行

本號自運歐美各國機器。如鉄路，輪船，礦務，電報等局。紡織，麵粉，榨油，繅絲，軋花，碾米等廠。各色機器。五金材料。電燈器具。機漆，機油一應完全。如蒙賜顧。無不竭誠歡迎。外埠批購。原班回件。批價從廉。以副惠顧之盛意。

地址無錫光復路　　電話一六一

江蘇銀行

本行創於民國元年

爲國內開辦儲蓄最早之銀行

銀行部 專營各種存款放款貼現押匯匯兌及一切銀行業務

儲蓄部 另撥基金辦理定期活期及零存蔓付整存零付各種儲蓄——會計完全獨立利息優厚

貨棧部 本行各埠均有自建堅固堆棧專爲客商堆存貨物——手續便利取費低廉

信託部 代理買賣有價證券房地產買賣抵押並建有堅固保管庫裝置最新式保管箱租費克已

總行 上海江西路三七一號 電話一一二七七至八，九 電報掛號三九二二

錫行 北門外竹塲巷 電話二九三

分支行 南京 鎮江 常州 蘇州 常熟 南通

辦事處 上海新閘路 南京下關 蘇州閶門 清江東門 徐州 蚌埠

美術類

◉照相

三民照相館　公園內・電話一〇八一

天真照相館　公園路公園對門・分館惠山・經理謝竹均・電話九六二

兄弟照相館　公園路・電話八九一

永泰照相館　南門外南長街

老寶華照相館　崇安寺（兼照相材料）經理許子和・電話五七〇

老寶華照相分館　惠山裏

李鵬攝影室　圖書館路底・經理李鵬

亞光（電光照相）　公園路・經理吳士俊

明星照相館　崇安寺金剛殿・經理謝煥文・電話七一四

活佛照相館　公園後門盜巷口・經理黃子貞

容芳照相館　公園路崇安寺・經理糜寶泉・電話六七八

現代照相館　公園路・經理陸振文

梅園高記照相館　第四區梅園

惠生照相館　光復路・經理羅鑫濤

新新照相館　公園路・經理蔣錫康・電話七三七

◉牋扇

春麟堂　城中寺後門北首（裱對書畫箋紙雅扇喜慶綢幛賽銀禮品）經理王永齡

慎和堂　東大街・經理蔣行潔・電話一一二八

錦雲閣　城中新市橋堍

鴻雲慶　城中推官牌樓北首・經理顧雲泉

◉鐫刻

三省齋　北吊橋堍・經理蕭錫安

天然室　城中崇安寺皇亭西九號・經理蔣士一

文行齋　光復路・經理陳樸如

文印齋　北塘大街・經理姜文號

文美齋　寺後門口・經理蔣玉清

文華齋　北塘祝棧弄西・經理徐儒珍

仿古齋　北塘祝棧弄西

東璧齋　老北門口・經理魏蓮生

振華齋　盛巷街

開明社　寺後門南・經理蔣浩泉

◉裝池

文藝閣 盛巷橋南・經理王楚卿
古香室 南門外南長街
合含齋 北塘朱厖弄口・經理孫葆義
朱霞閣 城內大市橋東首
沈文浩 第六區八士橋
杜梅生 大市橋南首
長樂齋 推官牌樓北首・經理董吟沽
尚古齋 青果巷
宜麟閣 江陰巷二三號・經理朱渭卿
壽記翰墨齋 大市橋南首
蕭齋 推官牌樓・經理蕭厚卿
顧經坊 寺後門
鑑古齋 盛巷橋下・經理李泉永
鑑賞室 北塘張成衖口・經理丁廷茂

◉書畫家

王興泰 小南門巷
利源書莊 通運路
周成益 通運路
周成益 北塘秦棧街東首・經理潘慎之
味青畫室 大市橋街・經理陳味青
侯錫爵(鉛畫) 南門外棉花巷・經理侯錫爵
侯纕荃 承寶橋北堍六六號・電話通滙橋一六三號程宅轉
馬少豐 小三里橋・叉通訊處大河池沿積餘學校
徐福泰 日暉橋
陳錫藩畫室 寺後門
揮羽室 公園路三〇號・經理顧拱辰
游藝館 推官牌樓南四一號
新新 盛巷橋下・經理趙士正
維新閣 南門棉花巷・經理謝聿方
墨海堂 寺後門・經理劉介千

◉樂器

唐鳳興 寺後門・經理唐寅昌
鳳義興 盛巷橋

無錫工商業名錄　補遺

無錫工商業名錄　補遺

文具類

筆墨莊

紙

文具

無錫

永泰祥五金玻璃號

本號自運
厚薄硍光
車光衣鏡
工匠器具
繅絲鉸連
插屏美人
花素金木
金鋼名鑽
三元水泥
零躉批發
承蒙光顧

歐美五金
花色玻璃
建築材料
鉛絲白鐵
銅鐵洋鎖
中西畫片
定做鏡架
洋漆廣刷
獨家經理
價格公道
無任歡迎

北門外黃泥橋西堍　電話第四百五十五號轉

文具類

◉筆墨莊

三元堂（筆）
推官牌樓・經理劉金林

中書館（筆）
城內寺後門・經理楊劍青

文魁齋（筆）
書院街・經理鄒魯褒

生花齋
盛巷橋・經理王天成

林元堂（筆）
青果巷

周得元堂
城內打鐵橋南

施鳳林
北門盛街口

奚垂露齋
城中盛巷橋街四七號（兼學校用品）經理奚鑑初

湘雲閣（筆）
推官牌樓北・經理韋興源

錢寶興
南門外南長街

◉紙

永春潤
北門大市橋・電話一〇〇

永春潤南號
南長街・經理李秋翔・電話七四五

永泰
北門外長安橋茅蓬沿河・經理董乃榮

永隆（兼紙箔賠簿）
北門外黃坭橋東・經理徐心齋

同信昌
北大街・經理彭仲培・電話五六六

同源（兼洋紙錫箔）
北門外桃棗沿河・電話一一三三

利用造紙廠
惠商橋東岸（出品連史，毛邊，毛鹿，海月，料半，仿宣，凡關於單面光紙，均可定造）經理陳蓉軒・電話三五〇

協泰祥（兼紙箔臘燭）
大市橋・經理王鳴皋・電話一一三四

恒源昌
天后宮・電話六三四

恒源隆
桃棗沿河・電話一三一

恒源滄
北門竹場巷・電話二六七

章，恒昌
黃泥峯・經理章煜廷

惠隆
光復路・經理李丙章

源通
城內寺後門・電話七四二

瑞源滄（兼錫箔）
北塘接官亭・經理華惜陰・電話二一九

瑞豐盛（兼洋紙錫箔）
北塘接官亭・經理劉叔檠・電話二一五

劉源盛
南門外南長街・經理劉仲寅

◉文具

五九工藝社
北塘張成街口（出品黑板揩，石板揩）經理張震甲

文化書局
南門外棉花巷・經理錢品高

瑞裕
中市橋・經理錢維榮

興昌
中市橋

競美工藝社
寺後門南首（出品黑板揩，石板揩）經理施子達・電話五九四

信昌祥五金號廣告

本號自運歐美各國名廠所造大小五金雜貨。路礦局廠材料。建築品物。油漆料。水門汀。白鉄等類。兼經理上海振華公司各種油漆批發。如蒙光顧。無任歡迎。

地址無錫漢昌路　電話八七五

無錫工商業名遺　録補

金屬類

機器廠
翻砂
抛銅
五金玻璃
煤鐵
銅錫
冶坊

無錫

信孚機油公司

特約

上海孔士洋行發行美國光孚油公司

駐錫澄靖泰揚鎮通崇八縣總經理

本公司承銷美國光孚公司出品各種老牌機器油紅車油馬達油引擎油錠子油汽缸油地軸油調水油香牛油等各種機油應有盡有餘如

註冊商標

艷福牌生髮油

係本公司出品色分玫瑰香蕉桂花等名目採購美國原料聘請化學專家悉心研究監工精製油質凈粹定價便宜試驗樣品承索即寄歡迎光顧

經理徐達令謹啓

地址西梁溪路十號電話七三六

金屬類

◉機器廠

九豐第一鐵工廠 第十六區石塘灣・經理陳春泉

工藝機器廠 東門亭子橋・電話二七・樣子間火車站・電話三七九

公益鐵工廠 榮巷・經理榮宗銓・電話八四七

公興榮記（麵粉機） 光復門外城脚・經理胡榮泉

合衆（引擎戽水機） 光復門口・經理陶志良・電話一〇八二

成昌 惠農橋・經理忻杏生

沈興記機器廠 通惠路三五號・經理沈志江

周順興機器廠 惠農橋新市塲・經理周耀庭

和興 光復門外城脚・經理陳同昌

怡泰機器廠 通惠路中・經理朱少堃

協昌鐵工廠 惠農橋西首（製造戽水機，麵粉機，修理一切機器）經理薛仁南

協盛鐵工廠 西門外迎龍橋南首・經理殷軒青

協興機器廠 北門前太平巷（製造引擎及麵粉機等）經理孫虎臣・電話二〇二

協興（機機） 光復門外城脚・經理吳承祖

俞寶昌鐵工廠 廣勤第二支路（製造軋米，戽水，油坊等機器，並一切修理）經理俞金福・電話一〇九七

振興 北門光復路

益豐（製造大小水龍） 寺後門

祥生機器廠 通惠路（製造柴油引擎，米車，水風箱，油車，軋牀各種機器）商標鷹球・經理陳杏生

祥興（戽水礱米機器） 光復門外清真寺路・經理朱仲南・電話一〇二九

章德興（兼五金） 通惠路・經理章觀生

陸恆興機器廠 惠農橋東首北面後馬路陳白頭巷中市（製造各種臥式引擎水風箱礱米車水汀引擎大小鍋鑪麵粉車繅絲車火龍車洋龍油廠軋豆機器磨子麵機甩稻機織布車彈花機修理紗廠機器兼配各色零件）經理陸聚根

發興機器製造廠 惠農橋西（製造柴油嚇喇油引擎，大小水風箱，新式米車，新式軋稻機，布機，軋花車，軋荳車，切麵機，繅絲車，新式洋龍

錦　新
光復門外城脚
聯　合（引擎戽水機）
東新路中・經理毛祖鈞・
電話一〇三〇
蕭熾昌修造鍋鑪廠
光復路・電話一一三二
顧　典
光復門外城脚・經理顧福
源
顧發昌鐵號
惠農橋東首北面後馬路陳
白頭巷中市（修造各廠鍋
鑪煙囱水箱各色鐵門欄杆
專做進出水管子添配各種
熟鐵另件等）經理顧錦清
顧萬順
光復門外城脚・經理顧阿
根
顧聚興
光復門外城脚

聚　興
光復門外城脚・經理謝阿
惠
榮鑫鐵工廠
惠商橋麓新路（商標飛虎
牌）經理褚斌榮
實業鐵工廠
太平巷・電話七九〇
廣勤製造廠
廣勤路口・電話五八〇
震旦機器鐵工廠
廣勤第二支路（製造消防
機器，鷄球牌藥沫滅火機
，農用機器）註册商標，
旭日，鷄球・經理薛震祥
・電話一〇五四
熾　大
光復門外城脚・經理顧雲
倬

謝霖發
黃永昌鐵廠
南倉門・電話七七六
黃雲龍
光復門內・經理黃庭楨
瑞源榮記鐵工廠
通惠路一三六號・經理沈
榮錦
瑞　錩
光復門外城脚
源泰（襪機襪針）
光復門外城脚・經理朱榮
根
萬昌鐵工廠
通惠路西一四〇號・經理
胡茂照
新順興機器廠
惠農橋
裕　興

等）經理過煜發，李富泉
渭　鑫
光復門外光復路・經理胡
鑫堂・電話九二三
惠　源
通惠路
無錫鐵工廠
學前（製造戽水機，礱米
機，榨油機，麵粉機，繅
絲紡織機，火油柴油機，
及生熟銅鐵等配件）經理
與培麟・電話七八〇
盛　興
光復門外城脚・經理張榮
魁
華錫鐵工廠
通惠路七五號・經理徐順
金
華興鐵工廠
通惠路惠農橋西首・經理

光復門外城脚口・經理顧增祥

◉翻砂

三新翻砂廠
通惠路陳白頭巷二五號・經理候紀泉

永　興
太平巷・電話五九九五

永興廠
通惠路・經理陸軒章

成泰
通滙路・電話一〇一七

協興翻砂廠
太平巷・電話二〇二

祥泰
光復路・經理蕭鳳瑞

祥興
東新路・電話一〇二九

無錫新公記銅鐵翻砂廠
北門外通惠路惠農橋西首（專翻各種柴油，火油引擎，一切絲車，鑽床，車床，鉋床，生鐵欄杆及另件）經理周聚根

復興盛
後通滙路・電話一〇九二

愼昌
周山浜・電話五六四

◉抛銅

公協
光復門外城脚・經理張啓斌

永泰
光復門外城脚・經理殷玉龍

◉五金玻璃

大陸
南長街

公大機器五金號
前太平巷（自運各國大小五金電器材料馬達風扇鋼鐵水泥等建築物品彙賣買舊鍋鑪機器并代客設計繪樣包袋等一切計劃）經理徐槐卿・電話九八六

永大（五金）
南長街・經理王文泉

永泰祥
北門外黃泥橋・經理錢榮謀・電話四五五

永豐（電器五金）
漢昌路中・經理毛荷卿・電話一〇七六

永豐祥
書院街南・經理鄒祖琴・電話一〇四五

立見成
北門外黃泥橋東首・經理朱念祖

同昌（五金）
通惠路八七號・經理朱濟仁・電話一〇〇二

利大永
北門外黃泥橋・經理鄒克明・電話六六九號轉

利泰（橡皮五金）
觀前街・經理謝玉麒

協豐
寺後門七號・經理姚粹志

信昌祥（五金）
漢昌路六一號・經理許仲情・電話八七五

恆吉生記
北塘小泗房弄西

恆泰（五金）
光復路・經理蔣漢卿

振元（五金電料）
漢昌路・經理蔣文博・電

話四四四

振　昌(五金)
光復路三九號・經理蔣廣榮

振　祥　協　記
光復路五七號（統辦環球五金，電料，承裝海陸電器工程，並發售馬達，機器，無線電收音機等）經理鄧伯荃・電話一六一

振　華(機器五金電料)
通運路五四號・經理徐槐卿・電話三九〇

益　大(五金)
外黃泥橋・經理唐竹卿

祥　泰
漢昌路中（專運歐美五金，機器，馬達，皮帶等類）經理朱仲祺・電話七五六

祥　源(五金彙鐵)
漢昌路・經理唐祥泰・電話八四三

祥　豐
城內監街口北・經理尤洪全・電話一〇六一

華　興(五金電料)
南門外棉花巷・經理章學全

森昌泰五金工廠
通惠路口・經理顧金林

順　大(五金)
喜春街・經理林鈞

順　興(五金)
巴斗弄・經理包漢章

新　順　興(玻璃)
南長街

萬　興　祥(五金)
周三浜・經理王增榮

德　和
北門大街

錦　泰(五金電器車料)
光復門內新民路中・經理吳文寶

興昌玻璃五金公司
書院街口・經理余豫慶・電話三七五

錫　山　振　記
北門內倉橋下上塘街十二號・經理胡家楨・電話九七八

寶　孚
惠農橋東通惠路中（經營大小五金，各種橡膠布帶）經理喬厚孚・電話九七五

◎煤鐵

丁　新　昌
第十一區蕩口鎮・經理丁少雲

丁　萬　興(鐵舖)
光復門外城脚

丁　萬　興(白鐵)
城中鳳光橋

大　昌(鐵)
日暉橋

大　昌(鐵舖)
南門外大公橋

中興煤礦公司
火車站・電話九九三

永　義　昌(白鐵)
光復門外光復路・經理强文記

永　興(鐵店)
第七區港下・經理沈觀照

朱　順　興(鐵舖)
城中寺後門大市橋街一三三號・經理朱來生

沈　順　興(鐵舖)
第七區張涇橋・經理沈晉芳

周　協　興(鐵店)
第八區安鎮•經理周仁昌

周　順　興(鐵店)
第八區安鎮•經理周鳳鳴

周　萬　順(鐵)
薛家街

周　餘　昌(兼炭)
北門外壇頭弄•經理沈榮輔•電話四三四

洽　順　昌
界涇橋•電話二九七

宜　隆　興(鐵)
南門南新橋

姚　義　興(白鐵)
南門南新路

俞　洽　興(鐵舖)
第七區張涇橋•經理俞曉初

恒　昌　鐵　行
北門外

恒昌成記煤鐵號
北塘煤場弄西首(經營鋼條，煤鉄，水泥，油蔴，五金，各種烟煤，白煤，青炭)經理張文軒•電話五五一

高　有　源
三里橋•經理馬壽山

翁　源　興(鐵舖)
通惠路中•經理翁紹堂

秦　義　興(鐵)
新馬路四八號•經理秦根泉

振　興(白鐵)
光復路•經理薛鳳山

泰　昌(白鐵)
青果巷

陳　順　興(鐵)
南長街

許　潤　興(鐵舖)
南門外石灰橋

許　德　興
第四區鐵橋

張　合　興(兼雜貨)
光復路•經理張合興

張　順　興(鐵)
黃坭峯

祥　泰
南長街•經理邵錫記•電話二一三

祥　鑫　泰(鐵)
通惠路

曹　永　仁(鐵號)
第八區房廊下•經理曹昌實

程　聚　興(白鐵)
色斗弄•經理程渭昌

華　順　興(白鐵)
南門南市橋上塘

順　興(鐵)
灣頭上

董怡昌鐵廠
通惠路中•經理董文義

達　昌(鐵)
北塘•電話七五四

義　昌
缸尖口•電話一〇七一

楊　萬　興(鐵)
黃泥峯

嘉　祿　公　司(舊鐵)
黃泥橋下•經理張步雲

榮昌鋼條煤鐵號
北門外桃棗沿河二四號(經營鋼鐵，條鐵，生鐵，釘類，冶煤，鍋煤，廠煤，洋灰，白鐵，炭類，及一切建築材料，工廠原料等)總理胡士達•副胡士俊•電話一一三五

福　昌
北塘•電話四八五

廣　昌　泰　記
長安橋北尖・經理李聘莘
・電話一二四
蔡　順　興（白鐵）
奥橋・經理蔡桂和
劉　大　昌（白鐵）
黃泥峯
戴　聚　興（鐵舖）
南門外跨塘橋下塘
謝　順　興（鐵）
第十區梅村・經理謝阿全
鴻　興　祥（白鐵）
城內觀前街
瞿　振　泰（鐵號）
南門灣頭上
顧　聚　興（鐵）
灣頭上

◉銅錫

王　順　興
大市橋街・電話七八六
王　聚　興
第十二區后宅鎭・經理王
雲龍
永　昌（兼瓷器）
第十一區蕩口鎭・經理高
慰如
合　茂
盛巷橋
匡　義　興
監弄口・經理匡湘珍
志　雙　成
城內監弄北・經理陸錦標
朱　永　記
北塘張成弄口・經理朱赴
雲，朱漢雲・電話八三九
朱　隆　源
北長街
呂　源　興
南門外南長街

延　生　祥
漢昌路・經理陸金生
周　合　興（錫作）
南門外北長街
周　聚　興
黃泥峯・經理周錫坤
協　裕　順
北門外黃泥橋・經理袁仲
謀
孟　義　興（銅）
黃泥峯
施　萬　昌（兼嫁粧）
推官牌樓下・經理施少卿
殷　順　興
南門黃泥峯
唐　順　興
北門城內書院弄口北首・
經理唐翰卿・電話八〇七
轉
徐　萬　興（銅作）
南門外南長街
營　瑞　興（銅作）
書院弄口南首
章　大　昌（銅作）
北門外前太平巷・經理章
乾元
陳　義　興（銅作）
寺後門・經理陳金聲
許　德　大
老北門口
張小泉孫記（銅器）
倉橋下・經理孫寶山
張　萬　興
清石橋・經理張德興
張　順　興（銅）
南長街・經理張煥文
順　泰
南門外南長街
森　昌（銅作）
北門外前太平巷・經理陸

寶林

曹源和
寺後門口・經理曹菊初

新順興
南門清名橋上塘・經理蔣曉江

源裕
打鐵橋・經理沈耀章

楊義豐(兼嫁粧)
老北門吊橋堍・經理王國祥

蔣義成
老北門・經理蔣子誠

錢順昌(銅作)
北門外前木平巷・經理錢胖觀

鲍義成(兼花邊火油)
南門外清名橋・火油廠設張皋廟前・經理鮑文奎・電話六六四轉

◉冶坊

仁記
南塘・經理丁叔平

王源吉
第五區堰橋・經理俞俗青・電話二〇〇七

王源敘
挑棗沿河・經理孫伯英・電話三三五

永豐裕
北門外

老三房
南新橋

金盛鍋廠
惠農橋・經理顏景福

許甯記
南門湯春橋

曹三房
湯春橋・經理曹壽泉

曹三房全記
南門外跨塘橋下・經理曹聽泉

甯吉
西新橋

德泰源
南門羊腰灣

無錫聚豐祥木行

本行專採辦上等紅洋松及柚木柳安抄板長短厚薄以及廣木栗杭木瑞金龍南建桐松桐西營頭平桐上江松格板以及分板等親選上等木植專置淨潔壽器壽板大小花色應有盡有貨全質美價格低廉惠顧諸君盍興乎來

地址　西門外迎龍橋堍

電話　九十三號

無錫實業建築公司

事務所　光復門內　電話三七六

承造
中西住宅
學校廠房
水泥橋樑

代客
計劃測量
估計採購
建築材料

營造廠　設南門內　百歲坊巷底

土木建築工程師江應麟

無錫工商業名錄　補遺

無錫工商業名録　補遺

建築類

營造廠　木行　製板　竹行　石料　磚瓦石灰　桐油　油漆　木作　蘆蓆

三羊牌線襪衛生衫

人餘電機針織廠出品

各種男女絲光線襪絲襪毛襪及衛生絨布汗衫布

廠址第一廠無錫西門外冰池頭　電話一〇六二

第二廠上海滬西星加坡路五十三號　電話三一一三五九號

發行所上海公館馬路紫來街東首　電話八五六二五號

發行所無錫北大街電話一〇〇七

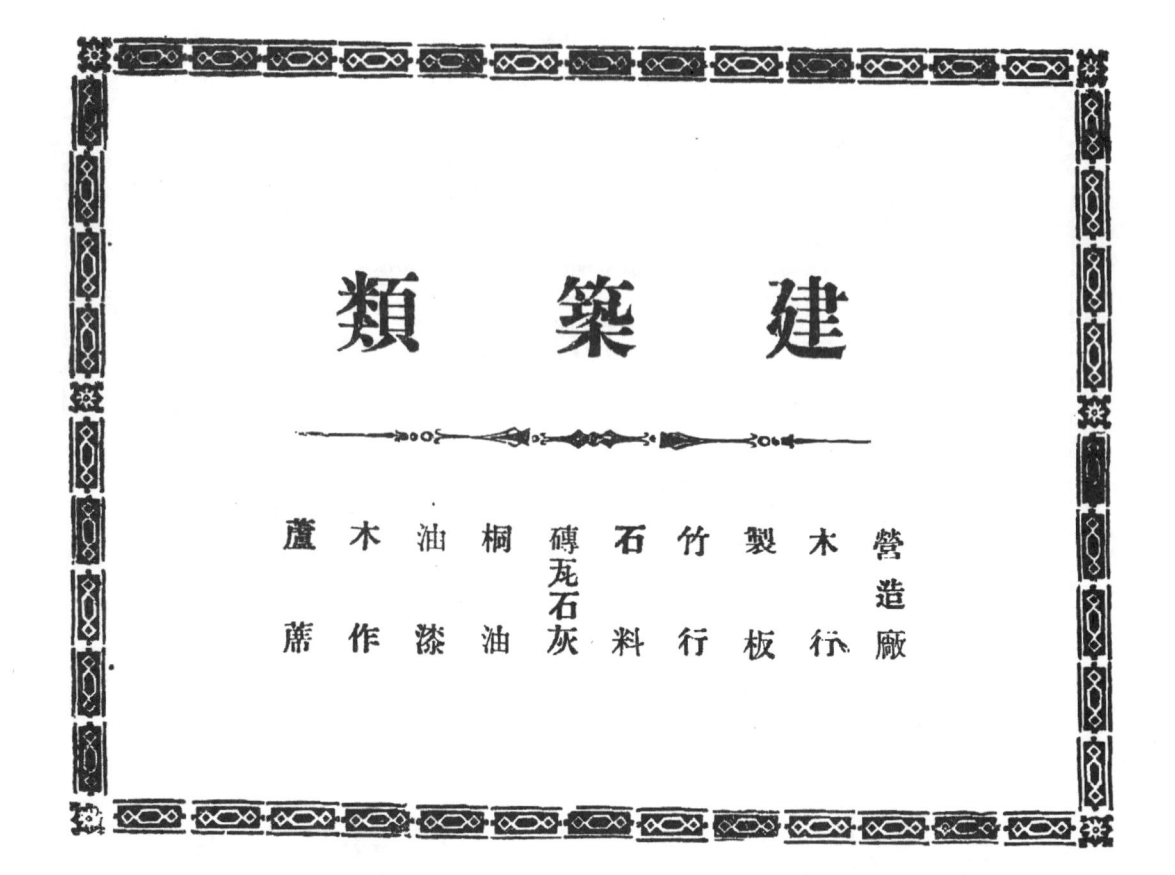

天津法租界三二號路六四號

交通銀行

為國民政府特定

發展全國實業銀行

業務

存款 放款 押滙 承兌貼現 國內外滙兌 儲蓄信託 經付債券本息

主旨

服務社會 扶助工商

總行

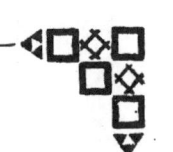

上海三馬路外灘十四號

電話一一五一九轉接各部

錫行

無錫北塘 電話三二七號 電報掛號六三九號

建築類

◉營造廠

許　協　茂
薛家衖

張源記營造廠
惠農橋・經理張福山

馮順記營造廠
迎龍橋實勤里・電話一〇八三

無錫實業建築公司
光復門內新民路（承造一切土木建築工程及設計繪圖等項）經理江應麟・電話三七六

◉木行

丁　茂　順
第十五區玉祁・經理于春

大　森　軒
第五區堰橋・經理尤達九

大　森　祥
第十一區甘露鎮・經理王申甫

永　森
第五區堰橋・經理陸耀良

永　泰　興
第十二區大牆門口・經理程子文

永　興　昌
西門五洞橋・電話五五七

合　興
第十五區玉祁・經理陳錫泉

同　順　昌
第七區黃土塘・經理俞熙

沈　湧　隆
第八區羊尖鎮・經理沈益

怡　大　興　純
南門耕讀橋・電話七八九

怡　和　興
南上塘・經理程竹垣

怡　泰　興
南門癩團渚

和　泰　祥
第十五區秦巷鎮・經理錢季華

長　康　源
第八區二房廊下・經理顧渭清

長　豐　盛（兼壽器）
顯應橋對面・經理虞錫賡

協　泰　盛
第十區梅村・經理齊之濱

協　順
第十一區甘露鎮・經理滕志仁

協　源　慎
南門黃泥峯・電話二五二

協　興　源
外黃泥橋・電話八七三

胡　怡　昌
第十區梅村・經理胡迪園

洽　源
第九區東橋鎮・經理陳聖山

姚　源　泰
第十六區洛社鎮・經理姚東山

恆　裕
第八區安鎮・經理安鹿坪

恆　豐　慎
南門癩團渚

恆　鑫
第十二區大牆門口・經理朱錫成

徐　豐　盛

西城脚八號•經理徐恆鑫•電話一六二

淩聚興
西城脚•經理淩道生•電話七七五

晉康(松板)
北門芋頭沿河•經理周正初

高松茂(廣木)
北城脚二九號•經理高仰松

得豐
第十區査家橋•經理席秉臣

乾泰昌
第八區安鎮•經理胡悅章

梅裕昌
第十五區秦巷鎮•經理梅岳鳴

通順
第十五區禮社•經理唐甫根

張仁茂泰記
北城脚擺渡口•經理張叔筠•電話七一二

張仁茂柏記
西城脚•經理張柏記

陳義茂
東門外•電話三九一

黃香記
北城脚

森茂
第十一區蕩口鎮•經理葉品記

復興昌
第十區梅村•經理胡松蔭

順泰興
第十六區洛社鎮•經理丁雲軒

順餘
東新路•經理沈益康•電話七二八

義大
第四區藕塘橋

萬森泰
第十七區六區橋北•經理劉紀林

源大
第十六區楊墅園•經理曾少堂

源昌(松板)
芋頭沿河

源德盛
第十區梅村•經理胡啓明

源豐永
西城脚•經理王竹甫

源豐愼
南門耕讀橋•電話一〇八七

趙永年
南門老窰頭中段

聚豐祥
西門迎龍橋堍•經理曹松壽•電話九三

福裕德記
東門亭子橋•經理陳德坤

震泰豐牲記
惠農橋南•經理陳傑•電話五九二

興昌裕
第四區藕塘橋

彝昇春
南門瀬園渚•電話一〇八五

彝昌祥
南門瀬園渚

彝昌隆
南門瀬園渚•電話一〇八五

彝源

北城脚

◉製板

元昌
第十一區蕩口鎮・經理殷阿水

立昌
第十一區蕩口鎮・經理葉昇祥

司振興
第十一區蕩口鎮・經理司根梅

永年康
第十一區蕩口鎮・經理楊潁伯

朱合興
第十一區蕩口鎮・經理朱小弟

朱孟方
第十一區蕩口鎮・經理朱孟方

朱菊記
第十一區蕩口鎮・經理朱阿菊

朱榮記
第十一區蕩口鎮・經理朱阿榮

沈復茂
第十一區甘露鎮・經理沈偉霖

吳盛泰
第十一區蕩口鎮・經理吳炳南

協興順
第十一區甘露鎮・經理范文卿

林德記
第十一區蕩口鎮・經理林德興

生泰
第十一區鴻聲里・經理顧培之

華瑞泰
第十一區蕩口鎮・經理華金虎

華源盛
第十一區甘露鎮・經理華興賢

鄒泰記
第十一區鴻聲里・經理鄒松山

◉竹行

王源隆
黃埠墩・經理王中和

王源隆承記
新三里橋・經理王仲英

朱永泰
第十一區甘露鎮・經理朱福官

江源茂
第八區羊尖鎮・經理江定軒

邵裕豐
吳橋・經理邵耀章

邵萬裕
黃泥峰・經理邵錦華

信泰
第十一區甘露鎮・經理鮑國良

袁泰隆
新三里橋・經理袁德福

陸永隆
第十一區甘露鎮・經理陸巧生

屠卿記
第十一區蕩口鎮・經理屠卿記

萃泰
黃埠墩・經理張宗滙

新　復　源
黃埠墩・經理惠菊初
新　復　源（兼棉花）
大橋下竹場巷・經理惠菊初
德　盛
新三里橋・經理李宗漢

◎石料

王　怡　泰
南市橋上塘
林　湧　泰
南門二下塘
財　興
第十六區洛社鎮・經理孫泉榮
張　安　泰
第四區陸莊
馮　世　慶
第三區南橋鎮

華　鴻　泰
南門老窯頭上段
趙　源　順
第四區陸莊

◎磚瓦石灰

三　泰（石灰）
北門外吉祥橋
公大機器磚瓦廠
嚴家橋・總批發處交際路・經理張覺先・電話六三一
王　順　裕
南門南新橋
成　和
第十五區玉祁・經理魏茂盛
沈　裕　泰（石灰）
城內三鳳橋
利農磚瓦廠
蠡瀆・經理唐保謙

杜　裕　興
第七區張涇橋・經理杜寶金
施　廣　大（水泥瓦桶）
業勤路・經理施長標
茂　生　裕
茅蓬沿河・經理王鳳岐・電話五二八
恆　泰（石灰）
大市橋南首・經理唐開基
馬　文　炳
伯瀆橋・經理馬伯鈞
高　鈺　記
第四區榮巷鎮
殷　恆　茂（磚瓦花料）
南門下塘老窯頭
殷　恆　裕（磚瓦花料）
南門下塘老窯頭
張　恆　泰（磚瓦花料）
南門下塘老窯頭

惠　泰　昌
光復門外・經理惠鳳炳
無錫第一石灰廠
大帝巷・經理薛明釗・電話九三五
黃　克　峻（磚瓦花料）
南門下塘老窯頭
黃　復　昌（磚瓦花料）
南門下塘老窯頭
馮　益　昌（磚瓦花料）
南門下塘老窯頭
馮　啓　豐（磚瓦花料）
南門下塘老窯頭
馮　裕　泰（磚瓦花料）
南門下塘老窯頭
萬　昌
第十二區大牆門口・經理朱達舟
劉　通　達（磚瓦花料）

南門下塘老窰頭

劉　裕　興（磚瓦花料）
南門下塘老窰頭

劉　萬　和（磚瓦花料）
南門下塘老窰頭

劉　源　昌（磚瓦花料）
南門下塘老窰頭

劉　源　盛（磚瓦花料）

穆　裕　泰（兼建築材料）
北門外芋頭沿河・經理穆相卿

熾　昌（磚瓦）
第三區周新鎮

鴻　興
南門湯春橋

◎桐油

丁　公　興（兼釘鐵蔴）
南門清名橋・電話三六五

元　大（兼荳餅）
麻餅沿河

王　奕　盛
北門外通滙橋樹巷里・經理王楨卿

邵　正　興
東門東亭鎮・經理邵懋卿・電話二〇一三

邵　祥　泰（兼釘鐵蔴）
南長街・電話二一一三

馬　聚　興
南門外南長街

義　吉
第十區東亭鎮・經理徐叔年

福　昇
西門外棚下

◎油漆

大　生　公　司
牛師街・經理華孟萱

大　順（兼顏料）
北門內・經理周星齋

王　萬　興
北門外笆斗街・經理王鈺甫

王　儀　同（油漆作）
南門南市橋上塘

方祥記生漆顏料號
城中大市橋街・經理方義卿・電話一一二五

正　昌（生漆顏料）
青果巷・經理吳應年

老　萬　和　漆　號
青果巷・經理俞兆年

同　興　泰　漆　號
周山浜・經理楊炳生

同興潤漆號（兼顏料）
北門內下岸第五家・經理吳松盛・電話九三九

同　茂　順　漆　號
清名橋・經理周春陽

恆昌生漆顏料號
北門外露華街・經理胡鼎臣

恆　潤　漆　號（兼顏料）
北門城內打鐵橋下・經理尤振華，俞仲三

信　和　顏　料　號
書院街南首・經理程祉和・電話九六〇

姚　聽　記　漆　號
青菓巷

祝　源（漆作）
中市橋上塘

祝　源　興（漆作）
南門南市橋上塘

陳　永　興
城中鳳光橋

黃　永　泰　漆　號

清名橋・經理黃秀培
復興漆號
南門北長街・經理吳吉昌
・電話七七二
義　大
義大祥漆號
書院弄・電話八九〇
老北門大街
義興漆棧
北大街小制街口・經理李
治安・電話一〇四六
源興油漆號
北門內迎祥橋下塘・經理
惠浩芳・電話一〇八〇
德泰盛漆號（兼顏料）
南門外南長街・經理方孝
銘
德源漆號
北門大街
德興漆莊（兼顏料）

打鐵橋・分號北門外大橋
街小制街口・經理蔣壽松
，段巍齋・電話一〇二八
蔣義亨大房
青菓巷
蔣義亨二房
青菓巷
鮑義盛興記漆號
打鐵橋・經理吳曜華
顧順興漆作
南門獺圓渚

◎木作

王順興
第十區東亭・經理王寶溶
王萬興
城中鳳光橋
合興根記
第十五區南雙廟・經理黃
海根

朱振泰
南門南市橋上塘
吳同和
第十五區北新橋・經理吳
茂金
吳潤泰
第十五區前洲・經理吳潤
福
周敍興
第十五區前洲・經理周福
泉
恆泰源
第十七區胡埭鎮・經理姚
濟然
奚宏茂
薛家街
徐長興
第四區西孫巷
高永泰
第四區錢橋

高永發
第四區錢橋
高茂枝
第五區寺頭鎮・經理高茂
枝
高鈺記
第四區張巷上
張恆泰潤
第十七區胡埭鎮・經理張
森烈
張恆豐
第五區寺頭鎮・經理余華
大
陳恆豐
第十七區胡埭鎮・經理陳
菊生
張祥泰
第十五區前洲・經理張榮
金生
裕興

第二區北方前・經理尤雨亭

楊義源
第五區寺頭鎮・經理楊幹勤

源昌祥
第五區寺頭鎮・經理楊頌珊

楊杏記
第三區周新鎮

楊義泰
第十二區大墻門口・經理楊根寶

鄒永興
第五區寺頭鎮・經理鄒金煦

路義豐
第十五區前洲・經理路和泉

臧祥記

第四區張巷上

聚興
第二區北方前・經理尤峻山

廣昇餘
第五區寺頭鎮・經理楊軒祖

蔡聚興
南長街・經理蔡正三

錢時寶
第四區張巷上

爵記
第十二區大牆門口・經理朱錫爵

◉蘆蓆

陳永記
南門外大公橋

陳泉記
日暉橋

曹新記
南門外大公橋

無錫工商業名錄　補遺

無錫工商業名録　補遺

染織類

紗廠 棉紗 棉花 絲廠 絲繭 毛巾 線 染坊 洗染 顏料靛青

染織類

◉紗廠

中新三廠
西門外迎龍橋・經理榮德生・電話六三六

美恒紡織公司
南水仙廟・電話二二五

振新紗廠
太保墩・批發處北塘沿河・電話一五，經理室六七一，批發處九九

復興公司租辦業勤紗廠
東門外興隆橋・批發處北塘（出品十支，十二支，十四支，十五支，十六支，二十支棉花）商標四海昇平，雙美，得利有餘・總理楊伯庚・經理張趾卿・廠長楊蓮士・電話四七，批發處六六

廣勤紡織公司
北門外廣勤路長源橋（出品十支至二十支棉紗，三十二支雙股三股及四十二支線紗，各類平布絨布法蘭絨布）商標織女牌，飛鷹牌・總經理楊翰西・電話三一二及二三〇・電報掛號一六八四・花紗物料處北門長源橋・電話七八五

慶豐紗廠
周山浜・經理康保謙，蔡兼三・電話二八二・第二工場周山浜・電話四八〇・批發處北塘沿河・電話九一

豫康紡織股份有限公司
梨花莊（商標月娥，九龍）經理周總美・電話六三七及六三八・電報掛號豫字・批發處北塘沿河・電話六二五

◉棉紗

大昌
北塘大街・電話四五四

大新
北塘・經理郁榮寶

公記
江陰巷・電話三八六

公裕
江陰巷口・電話二七一

永大
竹場巷・經理丁茂林・電話二三一

永康慎記
北塘・電話八六

宏裕
北塘江陰巷口・經理范文光・電話三八四

益大
北塘江陰巷西・經理朱組綬・電話一八二

張仁泰
竹場巷・電話一二一七

張全泰
前竹場巷・經理張勉之・電話二四四

祥茂洽記（棉紗棉花）
黃泥峯・經理王潤記

祥裕
北塘・經理范錫祺

萬和祥
周師街・電話一〇七二

源大
北塘祝梭街口・電話七一

八

源成瑞
北塘祝棧街・經理許衡之
・電話八三

源昌祥
南門清名橋・經理倪耀麟

源記
北塘財神街口六四號・經
理方玉書・電話一〇〇四

瑞隆
竹場巷・電話一一六九

豫記
北塘小四房弄東・經理高
巾北・電話八四八

◎棉花

馬福大
南門外南長街

馬福大
北長街

振昌
漢昌路・經理鄒補松

悅源（棉花棉紗）
竹場巷・經理祝錫明

鴻大
南門外南長街

◎絲廠

大成絲廠
麗新路（卽有成絲廠原址）
商標游泳牌，蜂雀牌，大
成牌・經理張仲厚・電話
九八八

元記絲廠
羊腰灣・經理袁鈺璋

元餘絲廠
廣勤路長豐橋・經理徐君
傑

立成絲廠
清名橋・經理鍾志彝，羅
伯明

立新絲廠
治坊橋・經理程炳若

永泰絲廠
知足橋・經理薛潤培

永盛絲廠
亭子橋・經理薛潤培

永源豐絲廠
跨塘橋・經理丁禮明

民豐新記絲廠
窰莊浜・經理傅培德

怡昌一廠
塔潭橋・經理葉滋新

怡昌二廠
跨塘橋・經理王頌魯

協生絲廠
會龍橋・經理趙敬三

協昌絲廠
亭子橋・經理殷祝君

協豐絲廠
洛社鎮・經理張傑三

和興絲廠
光復門外・經理陳訪周

和豐絲廠
龍船浜・經理袁端甫

厚豐絲廠
南倉門・經理馮梅生

恒豐絲廠
清名橋・經理唐文銘

泰來絲廠
蘇蘿菴・經理袁鈺璋

振藝源記絲廠
南門清名橋（商標雙鷹）
經理鍾志彝・電話一八一

乾泰絲廠
北新橋・經理程炳若

乾牲絲廠
工運橋・經理程炳若

復昌絲廠
鐵樹橋・經理邱樾八

復泰絲廠
張元菴・經理張鶴聲

惠生絲廠
惠工橋・經理謝蓉生

集成絲廠
惠商橋・經理張仲厚

隆昌絲廠
亭子橋・經理薛潤培

源康絲廠
惠山浜・經理何夢蓮

瑞昌絲廠
北新橋・經理鄭炳泉

瑞昌分工場
北新橋・經理鄭炳泉

瑞綸公記絲廠
玉祁鎮・經理谿秋成

萬靈絲廠
惠工橋・經理嚴文濂

鼎昌鑫一廠
通揚橋・經理周肇甫，錢鳳高

鼎昌鑫二廠
周新鎮・經理周肇甫，錢鳳高

德昌繅絲廠
梨花莊（商標鴻雲牌）經理錢晴初・電話八九八

德豐盛絲廠
陸莊鎮・經理湯柏森

錦記絲廠
西倉浜・經理薛壽萱

餘記（廠經）
南門跨塘橋・經理孫振球・電話二〇九

◉絲繭

仁茂肥絲號
南門外大公橋

永泰昌繭行
南門外石塘鎮・電話二〇五三

永泰昌絲行
北門江陰巷・電話八四五

宏仁繭號
漢昌路長康里・電話九一八

宏昌肥絲廠
南門外北長街

協源
火車站・電話一六六

協興（絲吐）
南門南市橋上塘

洽昌祥絲吐行
南市橋上塘

洽源
工運橋・經理程汀梅・電話一六六

恒利肥絲號
南門外南長街

恒祥
火車站・電話四六二

泰生絲行
北門江陰巷・電話三八七

泰康
通惠路・經理許鶴堂

振豐肥絲廠
南門壩團渚

唐恒豐絲吐行
南門外南長街・電話一四三

晉大絲行
北門江陰巷・電話七九二

益昌
漢昌路長康里・電話一〇四二

源豐

西村裏・電話九三三六

◉毛巾

中央萬記棉織職業社
城內斜橋南首歡喜巷內（出品天宇牌毛巾）經理李萬春

永安棉織工業社
北門外吳橋下・經理陳東濤

◉線

志成工業社
東門外綠蘿庵旁（製造各種國貨線球，臘線等）經理沈叔偉・電話九一〇號轉

周信裕
北吊橋

◉染坊

大成
第十五區禮社・經理薛伯雲

老正和
露華弄口・電話八一八

余源泰
第十二區大牆門口・經理余仲賢

同和
東門亭子橋・經理婁寶生

沈廣茂永記
北門竹場巷・電話八三一

吳怡記
第七區東湖塘・經理吳仲良

協和
第四區鍐橋

協昌
第五區寺頭鎮・經理陸耀廷

周萬益
第十六區洛社鎮・經理周衡楨

恆和
南長街・經理戴有花

恆源
第十五區玉祁・經理張鴻銘

洽記
第八區羊尖鎮・經理張春廷

洪盛
第七區陳墅・經理戴加萊

振華染廠
露華街・經理陶子榆・電話一〇一三

振源
第十一區甘露鎮・經理華球輝

高義和
第七區陳墅・經理高大根

徐恆泰
第八區安鎮・經理徐欽泉

唐德昌
第十五區前洲・經理唐福泉

啓源
第十一區甘露鎮・經理華學立

華茂
東門亭子橋・經理華汝亮

華新
第八區嚴家橋・經理彭漢華

湯益豐
第五區堰橋・經理湯金祥

復興
第十一區蕩口鎮・經理朱

永福

勝裕
第七區王莊•經理須宗望

裕豐
第五區堰橋•經理范鈺如

源興
第十區東亭鎮•經理劉源財

源豐餘綢布染廠
長安橋•經理孫叔雲•電話一〇二二

德昌
第十一區蕩口鎮•經理周培根

◉洗染

老信太
青菓巷•經理楊善政

亞美公司
北吊橋•經理錢燕謀•電話六八〇

洽記英明機器洗染公司
城內寺後門大街郵局隔壁一五二二號•經理陸組綸

美華洗染公司
通運馬路•經理陳和麟

美豐洗染公司
光復門內新民路一號•經理何季英

倫敦
北塘張成弄口

新興彩
布行街•經理王祖其

錦華染廠
南門外南長街

競亞洗染公司
光復路中市•經理夏根榮

◉顏料靛青

方祥記（顏料）
大市橋•電話一一二五

俞蘊豐
光復門外吉祥橋河峯里（經營靛青，顏料顏各種雜貨，工業原料，肥皂等）經理俞蘊青•電話一一二四

瑞潤隆
西梁溪路•經理奚潤耕

源興（顏料兼油漆）
城內迎祥橋堍•電話一〇八〇

錦豐（顏料）
江陰巷•電話二二五八

無錫北大街

時和綢緞洋貨莊

有內地商店所不備之精華貨品，爲新裝仕女選辦衣料的大商店

三大特色

（一）花式新穎

上海爲中外貨品薈萃之區，本號特設申莊，爲進貨機關，倘有一新奇出品，即可捷足先得。

（二）存貨豐富

本號資本雄厚，存貨甚爲充足，揀選自能滿意。

（三）定價低廉

本號均向產地直接進貨，成本低廉，而生意廣大，故能實行薄利多賣主義。

電話第六百十號

無錫工商業名錄　補遺

無錫工商業名錄　補遺

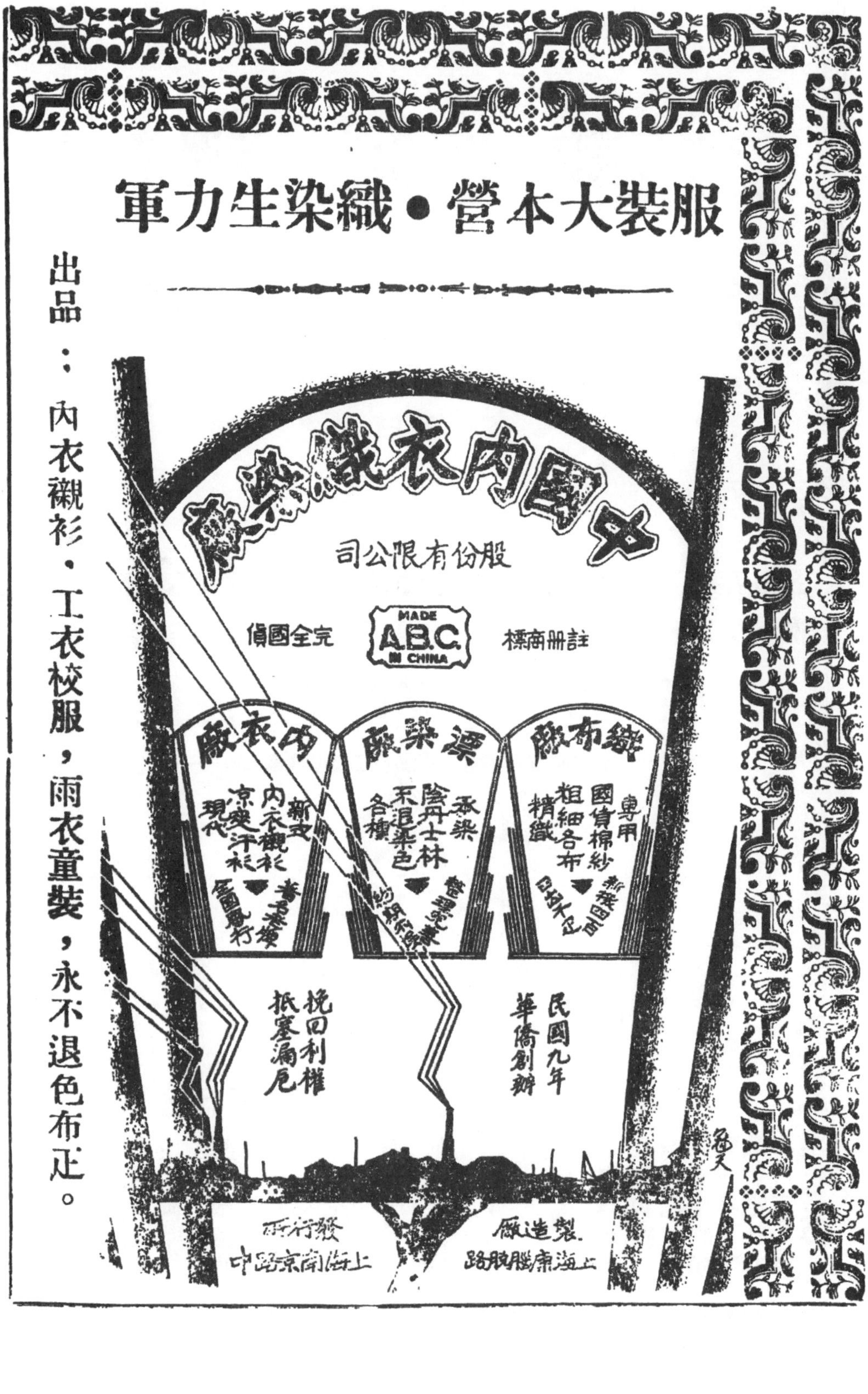
服裝大本營●織染生力軍
出品：內衣襯衫・工衣校服，雨衣童裝，永不退色布疋。
中國內衣織染廠
股份有限公司
註冊商標
MADE
A.B.C.
IN CHINA
完全國貨
織布廠
專用國貨棉紗粗細各布精織
漂染廠
承染陰丹士林不退染色各種
內衣廠
新式內衣襯衫涼爽汗衫現代
民國九年華僑創辦
挽回利權抵塞漏卮
製造廠
上海康腦脫路
發行所
上海南京路中

綢布類

◉綢緞紗綢

九　成（兼呢絨洋貨）書院街北・經理蔣蘭亭・電話四四一

九　康　西門棚下・經理陳鹿坪・電話九五八

九　綸（兼布疋）老北門打鐵橋街・經理與仲炳・電話八五〇

九　餘（兼洋貨）北門大街・電話四九

大　和　祥（兼布疋）北塘煤場街・經理方勤生・電話三〇九・長途電話三六五

大　盛　祥（兼布疋）南門南長街・電話一〇七

九　大　新（兼布）大市橋寺巷・經理馮旭三・電話八六三

方　瑞　和（兼棉布）北大街・經理方孟棲・電話六一五

天　一（兼洋貨）東門亭子橋・經理殷承鴻

天　盛（兼洋貨）西門外魚行街・經理蔣桂棠

天　綸（兼洋貨）北門內打鐵橋南首・經理楊硯侖・電話七四四

天　錦（兼洋貨）老北門・經理諸少雲・電話七〇五

日　新（兼布）北大街・電話六一

日　新　恆（兼布）第十一區甘露鎮・經理滕恆文

申　大（兼布疋）清名橋・經理楊仲康・電話六六四號轉

世　泰　盛（兼布疋）大市橋街・電話九號

永　昌（綢布）北大街・電話三二一

正　大（綢布）南方泉・經理錢仲安

正　新（綢布）南門外南方泉・經理王聲奎

同　昌（綢布）第十一區蕩口鎮・經理周養源

同　昌　裘　葛　行　書院街口北首・電話五一八

同　泰　昌（綢布）北門外大街・經理徐頌舟・電話三七二

同　泰　恆（綢布）第十一區甘露鎮・經理朱湧波

老　湧　隆（綢布）第十一區蕩口鎮・經理華垂旅

協　大　森（綢布）張成街西・電話六九一

協　生（兼洋貨布疋）大市橋清寧巷口・經理樊景文・電話三〇五

協　成　永（兼洋貨）打鐵橋街・經理錢魯卿・電話五一〇

昇　昌（兼洋貨）

南門外清名橋上塘・經理
蔣厚齋
恆　源　泰(綢布)
南門南長街・經理王益清
・電話八五一
時　和(呢絨洋貨)
北門大街・經理陳蕙蓀・
電話六一〇
泰　綸(兼布疋)
南門外南長街・經理孫子
山
泰　豐　昌(綢布)
第十一區蕩口鎮・經理丁
華寶
唐　瑞　成(裘葛)
北門內・電話三八
倪　瑞　記(綢布)
第十五區秦巷鎮・經理倪
瑞章
陸義茂北號(綢布)
廣勤路第四支路口・經理
陸乃永
莫　義　盛(綢布)
南門外南方泉・經理莫繼
來
竟　成(綢布兼京廣貨)
東門外井亭鎮・經理許志
堅
華　新(綢布)
第　區南橋鎮
新　大(綢布)
瓦莊・經理周振華・電話
二〇七七
裕豐潤茂記綢布南
貨號
南門清名橋下塘・經理陳
伯良・電話一〇八九
慎　大(兼洋貨)
南門外清名橋上塘・經理
袁仲英
源　昌(綢布)
南門黃坭橋・電話七一六
源　餘(綢布)
江陰巷口・電話九六
勤　裕(綢布)
煤長街口・電話一一五八
鼎　昌(綢布)
第十一區蕩口鎮・經理華
蘭溪
鼎　餘(綢布)
北大街・經理戴守銘・電
話四四二
綸　昌(兼洋貨)
北塘江陰巷口西首・經理
趙啓開・電話九六
福　綸(兼洋貨)
周三浜・經理劉麟勳
潤　裕　新(綢布)
清名橋下塘・經理糜廷璋
鄧　鴻　順(兼洋貨)
南門外清名橋上塘・經理
鄧頌清
德　茂　森(兼布疋)
北塘接官亭・經理沈叔華
・電話三二二
德　潤　祥(綢布)
南門外清名橋下塘
飽　萬　生(綢布)
南門伯瀆港・經理鮑文軒
鴻　茂(兼洋貨)
南門外清名橋下塘・經理
鄒少厚
糜　潤　裕(兼棉布)
南門外清名橋下塘・經理
糜葵初
懋　綸(綢布)
打鐵橋・電話四六

◉布疋

九　華(布線)
第七區港下・經理錢翼謀

久昌祥(布線)
第八區嚴家橋・經理程伯濤

三新布廠
北塘小三里橋・電話九六六

大生布廠
第五區陳家橋・經理徐湧潮

大生恆(布線)
第七區黃土塘・經理吳洪金

大昌(布線)
等十五區玉祁・經理袁獻琛

大昌祥(布線)
第十六區楊墅園・經理匡柏菁

大華布廠
顧橋下・電話六二九

大順祥(布線)
第十五區秦巷鎮・經理李雲泉

大豐(布綫)
第九區后橋・經理浦嘯谷

五豐(廠布)
黃坭橋・經理曹勝記

仁昌(布線)
第十一區蕩口鎮・經理范蔭棠

仁昌祥(布線)
第十五區禮社・經理黃仁康

仁泰(布線)
第八區羊尖鎮・經理張慨先

王永康(布線)
第十五區前洲・經理王培生

王裕昌(布線)
第十區東亭鎮・經理王廷熊

天盛(布線)
第九區后橋・經理呂濟鑲

元豐(布線)
第十區西倉・經理陳秀章

史豐茂(布線)
第十五區玉祁・經理史子卿

永大(布線)
第十六區葑莊・經理楊福臻

永大綸(布線)
第七區東湖塘・經理吳瑞林

永昌(布線)
第三區周新鎮

永盛叙(布線)
第七區張涇橋・經理顧永生

永勤(紗布)
第八區羊尖鎮・經理戈逸芬

永裕昌(布線)
第十五區南雙廟・經理薛孟生

永慶祥(布線)
南雙廟・經理薛維榮

永豐裕(布線)
第十六區楊墅園・經理錢家楨

同信順(布線)
第十一區鴻聲里・經理李伯寅

同泰(布線)
第十五區前洲・經理華贊臣

同泰和(布線)
第十一區甘露鎮・經理朱兆新

同康祥(紗布)
第十六區洛社鎮・經理張

俊嶽

同　裕　恒(布線)
第十六區洛社鎮・經理薛玉初

同　裕　泰(兼雜貨)
第四區藕塘橋

同　源　隆
第十二區后宅鎮・經理趙晉康

同　億　布　廠
惠農橋・電話九一九

同　餘　永　記(布線)
第七區東湖塘・經理吳永修

同　興
第十區梅村・經理范春泉

朱　恒　豐(布線)
第七區東湖塘・經理朱加道

朱　泰　和(布線)
第十二區大牆門口・經理朱怡廷

安　鴻　裕(布線)
第八區安鎮・經理安炳南

光華染織廠
城中公園路盛巷口（出品各種絲光布疋）商標天女・經理蔣鏡海・電話二七三

李　恒　豐(布線)
第十區東亭鎮・經理李仲華

李　源　盛
青城市玉祁鎮・電話二〇四四

利　新(兼鐘表鑲牙)
北塘小四房弄口

吳　大　昌(布線)
第十五區秦巷鎮・經理吳雲滄

志　利(兼餅)
第十二區大牆門口・經理楊永記

怡　茂　昌(布紗)
第七區黃土塘・經理李鴻文

昇　昌　祥(布線)
第三區周新鎮

金　恒　裕(布線)
第七區張涇橋・經理金寶良

協　昌(布線)
第十六區西漳・經理李巧泉

協　昌　祥(布線)
第七區張涇橋・經理嚴甫觀

協　泰
第十區梅村・經理朱雲山

周　恒　泰(紗布)
第七區黃土塘・經理周育才

周　恒　源(布線)
第七區張涇橋・經理周松泉

周　通　成(布線)
第十一區鴻聲里・經理周鍾峇

茂　記　布　行
北塘財神弄口・電話九〇

美　恒　布　廠
南門外水泥廠（出品細平布，細斜紋，直貢呢，嗶嘰，花呢）商標咸季光，恆字牌・經理蔡聲白，朱公權・電話二二五

俞　協　盛
第十二區坊橋・經理俞良

洽　成
第十二區后宅鎮・經理沈鴻

范　盈　餘(布線)
第五區堰橋・經理范子儀

姚宏昌(布線)　第十七區六區橋北・經理姚南大

姚信裕(布線)　第七區黃土塘・經理姚康健

昶泰(布線)　第十五區玉祁・經理薛紀秋

信昌協(布線)　第七區張涇橋・經理周英伯

信泰(布線)　第五區堰橋・經理尤信康

信成義(布線)　第八區安鎮・經理張恩深

恒記(布線)　第八區羊尖鎮・經理諸葛恒

恒泰(布線)　第十一區甘露鎮・經理朱亮宣

恒泰(布線)　第十區東亭・經理朱祖舜

恒泰(布線)　第四區錢橋

恒泰公記(布線)　第十七區胡埭鎮・經理沈瑞華

恒源泰(布線)　第七區黃土塘・經理聲孟英

恒源益(布線)　第七區陳墅・經理陳竹青

恒豐染織布廠　學前學佛路(出品華達呢，府綢，花綫呢等)商標虎林牌・經理黃健儂・電話八一九

恒豐祥(布線)　第十區東亭鎮・經理陳錫卿

時宏昌(布線)　第十七區六區橋北・經理時夏生

時益裕(布線)　第十七區六區橋・經理時義如

時紹和(布線)　第十七區六區橋北・經理時昌度

秦慶豐(布線)　第十六區楊墅園・經理秦影澄

晉豐(布線)　第七區秦門・經理嚴重儒

徐怡昌(布線)　第十五區秦巷鎮・經理徐步雲

徐萬亨(布線)　第八區嚴家橋・經理徐鶴年

倪貞昌(布線)　第十五區秦巷鎮・經理倪彩章

唐鼎豐(布線)　第十五區前洲・經理唐如昇

振華布廠　第五區陳家橋・經理毛永康

振業布廠　北門外黃泥橋・電話四五五

高同昌　北七房・電話二〇三七

高恒興(布線)　第五區堰橋・經理高學能

張永茂(布線)　第十七區胡埭鎮・經理張

榮根
張　恆　興
第十區梅村・經理張晉馨
通　裕(布線)
第十六區楊墅園・經理朱
省吾
乾　生(布綿)
華莊・經理朱濟卿
祥　昌
周潭橋・經理蕭慧粉
祥　興
第十六區石塘灣・經理張
文會
陶　振　源(布線)
第五區堰橋・經理陶國屏
陳　恆　茂(布線)
第十七區胡埭鎮・經理陳
賡鹿
陳　益　華(布線雜貨)
第八區嚴家橋・經理陳生

泉
陳　鼎　盛(布線)
第十五區玉祁・經理陳耀
鈺
陳　德　泰
青城市玉祁鎮・電話二〇
四五
陳　寶　記(兼雜貨)
第十一區蕩口鎮・經理陳
寶貴
華　義　生(布線)
第十五區前洲・經理華申
甫
華　豐　布　廠
光復路・電話一〇一二
復　茂(布線)
第十六區陡門橋・經理薛
仲謨
程　德　昌(布線)
第八區嚴家橋・經理程含

芬
惠　祥　茂(布線)
第十五區前洲・經理惠中
濤
馮　聚　隆(布線)
第十區查家橋・經理馮孟
安
鼎　豐(布線)
第十五區玉祁・經理唐汝
璋
新　華　布　廠
通滙橋西首(出品府綢華
達呢直貢呢毛呢絲織呢綢
紋呢花綫呢平羅)商標星
葫・經理華逸峯・電話七
九九
新　藝　布　廠
笆斗衖・電話四九三
萬　昌　裕(布線)
第十七區六區橋北・經理

黄純祖
萬　盛　裕
第十二區后宅・經理王志
潤
萬　興
第十二區后宅鎮・經理鄒
守記
萬　興　盛(布線)
第九區后橋・經理浦培坤
義　和　祥(布線)
第四區藕塘橋
裕　昌　祥(布線)
第十六區洛社鎮・經理陸
錫錦
裕　泰(布線)
第十五區玉祁・經理史芹
芳
鄒　志　成
第十二區后宅・經理鄒松
記

鄒　恆　興
第十二區后宅鎮・經理鄒
子祥

勤　餘
第六區八士橋

過　振　大
北塘大街

瑞　昶　裕(布線)
第十六區洛社鎮・經理周
南清

瑞　華(布線)
第八區嚴家橋・經理程振
球

瑞　新(布線)
第八區嚴家橋・經理程雲
路

聚　盛(布線)
第八區羊尖鎮・經理沈之
石

福　森　盛
喜春街・經理施荃森

福　新　布　廠
第五區張村・經理潘永祺

福　綸
第十區梅村・經理呂鳳皋

慶裕機器織布廠
西門迎龍橋(專織十二磅本色細斜紋布細平布及十一磅粗布，但並不一定，出品時有變更，完全以外界之需要及銷路之盛衰而定)商標耕漁牌，玉蘭牌・經理王錫祉・電話一〇三四

鄧　鴻　泰(布線)
第十五區前洲・經理鄧同
康

廣　業　滳(布線)
第八區羊尖鎮・經理陸少
英

劉　怡　豐(布線)
第十五區禮社・經理劉學
照

德　茂　暢(布線)
第七區陳墅・經理姚如安

德　順　祥(布線)
第十六區洛社鎮・經理楊
全甫

德　興(布線)
第十七區張舍鎮・經理姚
吉甫

鮑　萬　成(布線)
第十區東亭鎮・經理鮑文
餘

鴻　祥　興(布線)
第四區錢橋

鴻　源　利(布線)
第十區東亭・經理邵國卿

鴻　源　昌
第十區東亭・經理邵俊卿

豐　昌(布線)
第十五區秦巷鎮・經理何
金芳

豐　泰　祥(布線)
第十六區洛社鎮・經理毛
全佐

鎮　美　達(布線)
第八區安鎮・經理程志達

麗　華　布　廠
映山河(商標雙飛童)經理
吳仲炳・電話五七八

麗新紡織漂染整理
廠
惠商橋麗新路(出品冲直貢呢，冲嗶嘰，冲西緞，冲毛葛，冲紡綢，自由呢，縐紋呢，斜文，花呢，冲華達呢，錦花呢，洋紗，斜羽綢，縐布，絨布，夕法布，胡桃呢，新縐呢，十字布，帳紗，條板綾

，斜格呢、映格呢，方格呢，中格呢，錦地葛，藍條平，番布，洋標，藍條斜）商標司馬光，鯉星，千年，惠山（以上布商標）雙鯉（以上紗商標）經理唐驤庭，程敬堂・電話二五〇・總賬房通運路・電話一〇四一・批發處通運路・電話六二二・電報掛號七七八七

瀛　泰（布線）
第十五區禮社・經理薛士培

蘊華布廠
北塘・電話七九

嚴勝元（兼雜貨）
第十區查家橋・經理嚴介初

競華布廠
惠農橋（銷售自造各種布疋，如華達呢、嗶嘰，雪恥布，抗日布，及絲紗條格布）經理吳純如・電話七一七・批發處北塘・電話八六

競華布廠
第五區新塘裏・經理沈嘉祿

顧德茂
第十二區大墻門口・經理顧源泉

顧慶盛（布線）
第七區張涇橋・經理顧雄候

◎零剪

公　興
老北門・經理祝永清・電話一〇六八

尤怡隆
門外江陰巷

永泰成
大市橋・經理楊叔球

同　昌
老北門・經理吳葆卿

沈恒順
老北門・經理沈國華

同信昌
東大街・經理周魯卿

周信泰
老北門城门・經理周麟湘

信益大
城中寺巷口

盛　昌
北門外顧橋下

瑞興昌
大市橋・經理錢叔良

新　昌（兼帽鞋）
寺前街・經理陳翼清

增　元
大市橋・經理梁訪良

無錫工商業名錄　補遺

無錫工商業名錄　補遺

衣着類

衣莊
西服軍裝
皮貨
鞋帽
襪廠
花邊
帶
鈕釦

國貨中西服裝鈕扣
註冊
商標
愛民牌
大衣釦，襖背釦，褲子釦，奶子釦及皮鈕黑白骨鈕釦。
中國鈕釦廠
總製造廠
上海東華德路齊物浦路口如龍里七十號
電報掛號 T,CBFS 電話五〇三九三
本埠經售處
源昌興東熙華德路中虹橋中市三五三號
電話五二六六二號
張祥泰虹口源昌路老街內一三〇號
電話五三〇七八號

衣着類

◉衣莊

大　達
南門外黃垠峯・經理孫芝森

久　昌
第十五區玉祁・經理鮑國書

太　元　豐
漢昌路・經理高鴻初

公　仁
第七區張涇橋・經理杜鶴琴

公　茂
北塘三里橋東首・經理洪景雲

永　大
西門外棚下・經理李雪軒

永　茂
清明橋上塘・經理李伯儒

永　泰
北塘張成衖西・經理張瑞錦

同　裕
第十一區甘露鎮・經理戴永芳

周　祥　興（縫衣）
光復路・經理周長生

協　大
南門外黃垠峯・經理董渭臣

協　和　源
西新橋・經理王槐挺

協　茂　潤
通運路交際路・經理馬德興

協　順
北塘煤場衖口西首第三家・經理王炳樑・電話六〇九號轉

協　餘
西門棚下・經理李國章

協　興
第八區羊尖鎮・經理魏仁祖

協　豐　祥（新衣）
漢昌路・經理陳子祺

協　豐
西門外棚下・經理許紹茂

協　昌　承　記
北大街

俞　信　泰
北塘曬堂衖口

保　仁　公
西門外棚下・經理李根如

信　泰　潤
財神衖口・經理鄭錦庭

信　盛　裕
北塘祝桟衖口・經理陳廣培

恒　昌　球　記
北塘小泗房弄西

恒　泰
北塘・經理高梅初

恒　泰　瑞
清名橋・經理華士英

恒　隆　鴻　記
北門大街・經理陳錦華

恒　德
第十六區楊墅園・經理楊榮慮

浦　恒　豐
第八區安鎮・經理浦知還

泰　豐
通運路中・經理顧景行

益　泰
老戲館・經理沙文鎰

許　順　興

北門外黃埿橋堍下（兼一切樹膠物品）經理許晉芳

盛　大
北塘小泗房街西首•經理王志清

森　泰
第五區堰橋•經理欽靖和

華　盈　豐
第七區張涇橋•經理華倘茂

華　泰
南門外界涇橋•經理華達璋

裕　大　林　記
第十一區蕩口鎮•經理楊士良

源　大
漢昌路民生里口•經理陶壽仁

義　和　祥
第十一區蕩口鎮•經理安伯道

過　如　和
老北門打鐵橋•經理過彩珊

愼　餘
推官牌樓南

慶　和（衣服皮貨）
北門內書院街口•經理李祥和

德　成
第十六區洛社鎮•經理楊榮德

德　昌
西門棚下•經理龔志中

德　泰
北塘張成街•經理周鴻祥

錫　成
通運路•經理程漢章

豫　成
漢昌路•經理趙玠齋

錦　華
漢昌路•經理陳耀文

鴻　泰
北塘江陰巷口•經理周鴻祥

寶　大
第十二區大牆門口•經理唐子成

寶　大
北塘大街

寶　成
北塘•經理程鳳翔

寶　亨
北塘煤棧弄•經理陳伯達•電話三〇九轉

寶　餘
北塘江陰巷口•經理陳仲謙

寶　興
大橋下

寶　豐
煤場弄口•經理朱壽康

龔　豪　記
第十區梅村•經理龔豪賢

◉西服軍裝

大　昌（西裝）
北門內倉橋大街•經理陳良記•電話九七八

中　和　興（西服）
南長街

王　泰　記（中西服裝）
南門外南長街

民生服裝公司
寺後門二二號•經理趙茂生

昌　記（西服）
露華街

協　新（軍裝）

大市橋・經理陳德坤

宣　安　吉(西服)
光復路・經理宣汝兄

美利服裝公司
漢昌路

美　新(西服)
推官牌樓北首・經理朱德昌

美　綸(西服)
城內公園路盛巷口・經理朱瑞昌

振　新(西服)
光復門外光復路中・經理張紀根

振裕服裝公司
寺後門

新　昌
北門城內倉橋下九號・經理褚浩還・電話一〇五九

絹　記(西服)
北門露華路

競新軍裝橡皮公司
城中寺後門北三〇號・經理匡宗衡・電話一一四

◉皮貨

大　昌
北大街・經理王佐廷・電話五一九

久　豐
北大街

同　發　公
書院街口・經理徐右亭・電話三七六

唐　瑞　成
老北門內(代客銷售江西萬載夏布，自辦京陝各口皮貨，歐美洋布，國產廠布，分批發門市二部)經理唐經國・電話三八

過如和分莊
老北門打鐵橋堍・經理過行潔

◉鞋帽

三　祿
盛巷橋街六二號・經理虞耀俊

大　中　華
通運路・經理陸伯延

大　昌　祥(皮鞋)
北門內推官牌樓北

大　昌　祥(皮鞋)
城內觀前街

大　陸
通運路・經理王榮全

天　生　和(兼洋貨皮鞋)
通運路中市

天　生　福(鞋)
北塘小泗房街口・經理周長言

天　祿(兼皮鞋)
老北門盛巷南首・經理朱永初・電話七四三轉

天祿北號(兼皮鞋)
通運路中崗亭南首・經理孫桂泉・電話八二六轉

天　福　堂
推官牌樓南

元　元(兼洋貨)
北門內書院弄北・經理吳子林・電話九〇四

永　泰　昌(鞋)
老戲館弄・經理張伯春

正泰橡膠廠
江尖上(出品大喜牌，萬年青，三八牌各種套鞋)經理袁忠如・電話一〇六四

西天寶 老北門口
朱順興（皮鞋） 推官牌樓
朱義生 書院街・電話一〇二六
同慶和 南門南長街・經理王鳳笙
沈新昌 南門外南長街
仰裕興（蓆帽） 喜春街・經理仰炳生
杜恆昌（鞋） 老戲館路・經理杜金明
松茂祥 北門大街
周永興 廣勤路中
周乾泰 北門內打鐵橋・經理周渭泉
怡茂祥 推官牌樓下
東利（皮鞋） 北門內倉橋下・經理張東生
協新和 北門喜春街
南洋 南長街・經理吳一天
南興昌 南長街・經理方少雲・電話二〇八轉
美新（鞋） 西門外・經理丁閾章
美麗（鞋） 東門亭子橋・經理王文蔚
恆茂祥 三里橋・經理許泉根
恆裕興（皮鞋皮件） 北塘・經理祝世昌
洽昶 南門外南長街・經理郁勤業
陞福堂 北塘煤場弄西
陸永和 北大街・經理陸頌英・電話九一六
隆昌祥（皮鞋） 北門內監弄口・經理過秉栁
進華 通惠路七三號・經理丁金生
項全記（鞋） 北門外黃泥橋東首
裕昌（皮鞋） 盛巷橋南・經理匡金聲
裕興祥 北門內打鐵橋上
新三進 北塘小泗房街
新永年 老北門・經理潘秀山
新昌（鞋） 東門熙春街
新美華（兼洋貨） 通運路・經理沈煜廷・電話一〇六七
新陞福 北門塘張城街西・經理王錫疇
新裕祥 第十區東亭鎮・經理殷步青
新新（兼百貨） 清名橋下塘・經理何金和
新萬盛（鞋） 廣勤路中市・經理唐榮昌・電話一〇七四號轉

新　福(鞋)
西門・經理王阿大

楊　仁　和(兼蓆)
外買泥橋・經理朱靜伯・
電話一八二

聚　興　祥(鞋)
清名橋・經理王聚新

嘉　福　堂
老北門

福　昌(鞋)
西吊橋・經理陳佩龍

福　康　潤(兼洋貨)
北塘西街・經理錢士傑

福　祥　興
北大街小制街口・經理許
麗川

慶　新
北大街吊橋下・經理潘耀
祖

德　昇　昌
老戲館弄・經理王裕德

德　裕　祥
清名橋・經理朱順川

興　昌(草帽)
北塘祝棧街西・經理杜金
銘

壽　記(草帽)
北塘江陰巷口

◉襪廠

人餘第一針織廠
西門外冰池頭(出品襪)商
標三羊，三駝，旗牌，榮
花・經理陳仲言・電話一
〇六二・發行所上海法大
馬路紫來街口・電話八五
六二五・無錫北大街中市
・電話一〇〇七

大　中　襪　廠
北門城脚(出品紗綫襪子
・商標富貴大中牌，白象
牌)經理吳愷堂・電話一
一七一

大　華　襪　廠
後竹場巷(出品紗綫男女
各襪)商標神童，馬球，
泰山・經理胡祥生・電話
五〇九

久　益　襪　廠
第十七區胡埭鎮・經理葉
泉生

久益第三襪廠
西門外迎龍橋堍(上海分
錫)出品各種紗綫毛絲襪
・商標三桃・廠長王立瑋
・經理孟殿釗・電話一〇
九三

中　南　襪　廠
西門外倉橋下(自織絲紗
線襪兼售華洋百貨，家用
物品，各國老牌電筒，電
泡，電池，並經理正號老
牌男女套鞋，童鞋)註册
商標三猫牌・經理曹國均

中　華　織　造　廠
西門外棚下顯應橋(出品
綫毛紗男女襪)商標魚日
牌，花籃牌，國恥牌・經
理戈子祺・電話六六〇

永　吉　利　襪　廠
東大街二九號(出品男女
各色綫襪紗襪)商標地球
牌・經理金聿修

協　記　襪　廠
第五區堰橋・經理吳慶雲

杭　公　順　襪　廠
第十七區胡埭鎮・經理杭
錫祺

青　晨　襪　廠
第十七區六區橋・經理張
阿興

保　新　永　襪　廠
北門通滙橋(出品各種綫

襪紗襪）商標寶鼎・經理
袁雲泉
張　同　興
北塘秦棧弄口（自造絲紗
線襪兼營華洋雜貨）經理
朱國熙・電話六四二
裕康第二針織廠
田都裏・經理朱福明・電
話五二四・發行所北大街
・電話三七八
裕　豐　襪　廠
西大街（商標鳳球）經理倪
肇安
業　興　襪　廠
第五區寺頭鎮・經理金鶴
卿
萬　豐　襪　廠
第十七區胡埭鎮・經理吳
福生
義　　成
第十區東亭・經理周厚培
楊　瑞　記（布襪）
中市橋・經理楊仲裕
瑞　裕　襪　廠
北塘接官亭
福　興　襪　廠
西門外城脚・電話一〇三
一
聚　源　盛　襪　廠
第八區羊尖鎮・經理張宗
臣
興　業　襪　廠
江陰弄（出品紗襪）商標火
車・經理路仁章
豫　泰　襪　廠
梨花莊・電話七八
營　美　襪　廠
東新路・電話一〇一〇
營　業　襪　廠
西城脚（出品紗線毛襪）商
標葫蘆・經理徐雲階
鴻　新　襪　廠
西城脚（商標紅星）經理
徐雲階
豐　記　襪　廠
第五區陳家橋・經理周永
康
豐　泰　源
通運路中（自製絲紗線襪
，毛巾，圍巾，兼售歐美
百貨，呢帽，草帽，電筒
，電池，紙烟，呂宋雪茄
，及火柴肥皂等）經理吳
文軒・電話六〇三

◎花邊

恆　　昶
第七區張涇橋・經理沈禺
炳
過　復　泰
第十區查家橋・經理過查
明

◎帶

李　同　豐
北塘・經理李愼祥
萬　順　成
江陰巷一一五號

◎鈕扣

仁和鈕扣合作社
西門外煤屑路・經理徐鴻
大　中
西門外沈巷上・經理沈映
泉
光　耀　廠
北塘吳橋（出品各種螺甸
鈕扣）商標三星・經理范
運魁・電話一四五
求益鈕扣廠
西門外煤屑路・經理潘廣

生

萬　　和

西門外龍船浜（出品鈕扣商標獅球）經理蕭積慶

蓉北鈕扣廠

八士橋・經理過子蕃・電話二〇一四

壽康鈕扣廠

西門外煤屑路・經理馬壽康

陸永和男女鞋帽莊

無錫北大街電話九一六

人類章身之服飾・須要君臣相配・然後發生美觀・如其衣服美麗而頂踵之鞋帽敝舊或式樣陳腐者・未免爲華服減色・於是帽鞋兩物・看是微細・實乃輔佐華服之股肱・一日不可須臾離・所謂紅花綠葉相得方可益彰・市上鞋帽莊何啻數十百家・然欲求其眞正價廉物美者・恐不易多覯・茲有北大街新造洋式門面的陸永和・開張以來・垂數十年・所造各種鞋帽・出品最佳・顧客咸樂於購用・茲錄其優點如下・

△工料堅固
△耐久異常
△價目劃一
△老少無欺
△式樣新穎
△舒適美觀
△定貨成交
△至期不誤

華德利鐘表眼鏡公司

◉無錫通運路◉

◉選辦各種新式鐘表
◉監製頭等光學眼鏡
◉經理各色留聲機器
◉如蒙賜顧格外克已
◉售出各物一律保用

無錫豫泰電機織襪廠

國貨電機線襪

註冊 **年年如意** 商標

織造優點

敝廠特向美國著名蘇革威廉機器廠定造最新電力織襪機用上等絲光線織造各種優等線襪價格便宜顏色鮮明頭跟緊結堅固耐穿如蒙惠顧無任歡迎

▶廠址梨花莊　電話七八號◀

無錫工商業名錄　補遺

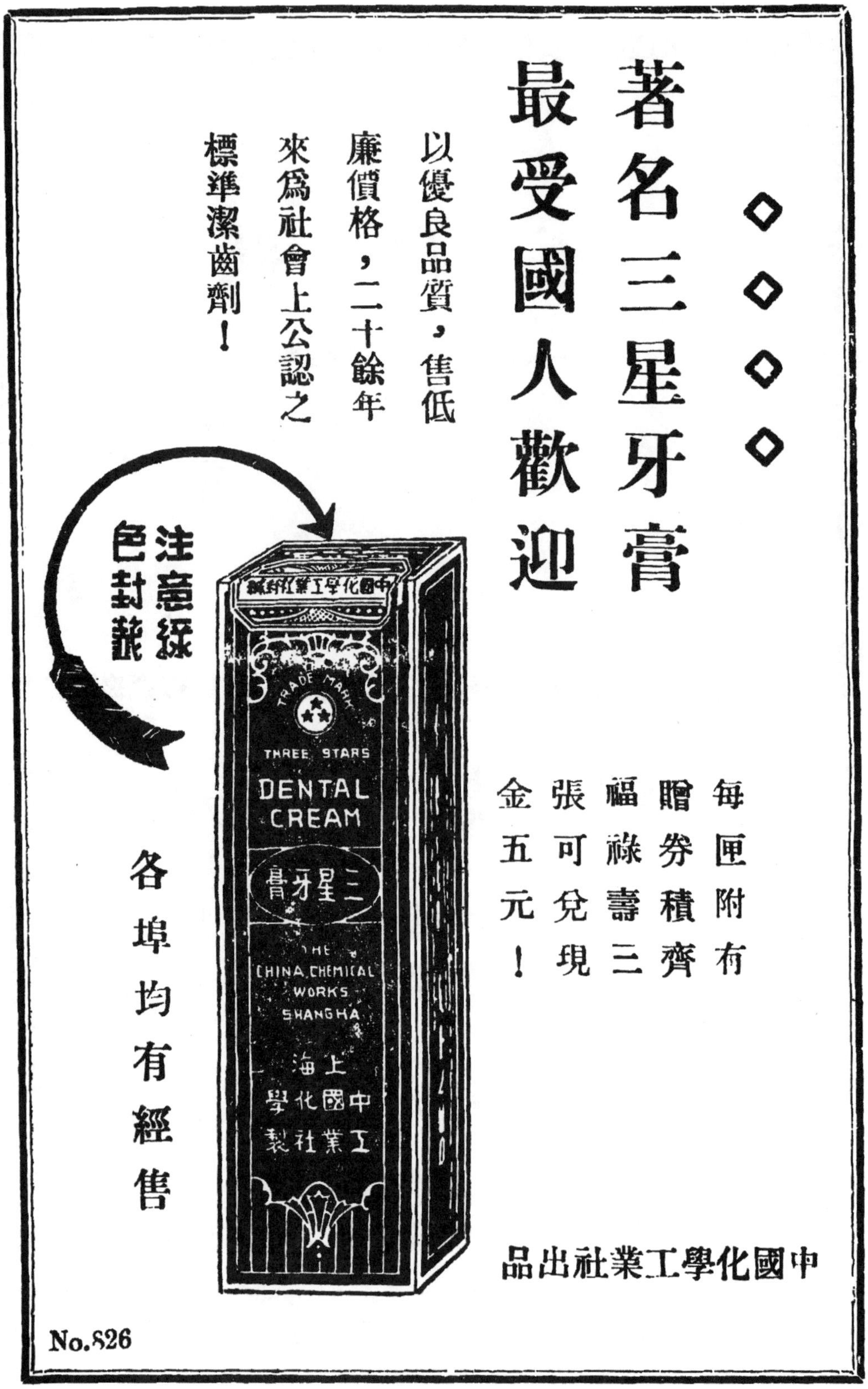
◇◇◇◇
著名三星牙膏
最受國人歡迎
以優良品質，售低
廉價格，二十餘年
來爲社會上公認之
標準潔齒劑！
注意綠
色封號
中國化學工業社封號
TRADE MARK
THREE STARS
DENTAL
CREAM
三星牙膏
THE
CHINA CHEMICAL
WORKS
SHANGHA
上海
中國化學
工業社製
每匣附有
贈券積齊
福祿壽三
張可兌現
金五元！
各埠均有經售
中國化學工業社出品
No.826

妝飾類

◉鐘表眼鏡

中美鐘表公司
西門外魚行頭街・經理韓文煜

中　華（鐘表）
寺後門卅六號

尤　悅　和（鐘表）
北門倉橋下・經理馬大發

朱　怡　記（鐘表）
北塘小四房弄

亨大利（兼唱機唱片）
通運路・經理盧松年

亨得利（兼唱機唱片）
通運路・經理王文榮・電話四六五

明　華（眼鏡）
北門露華路

美　記（修理鐘表）
南門外南長街

美術公司（鐘表）
南門外南長街

美得利（修理鐘表）
通惠路・經理談兆華

美　德　利（鐘表）
南門外大公橋

時　明
大市橋街一〇三號・經理魏楚松

華美利鐘表行
漢昌路・經理朱錦泉

華德利（兼唱機風琴）
通運路中市・經理陳茂林

華　興　利（鐘表）
漢昌路中市・電話一〇〇五

新　昌（鐘表）
南門外南長街

新　昌　祥（鐘表）
南門外南長街

義昌祥（修理鐘表）
西門・經理談兆華

義　昌　源（表）
通運路

精明眼鏡公司
城內倉橋大街（備有最新全副驗光儀器，眼光學專家張秉輝任驗目專責）經理張德和・電話一一四七轉

衡　達　利
通運路・經理陳啓琨

興　昌（眼鏡）
推官牌樓南首・經理韓洪福

嚴　二　茂（眼鏡）
大門內書院弄北首

顧　鼎　元（鐘表）

◉銀樓

大橋堍・經理顧慶祥

五　豐
露華弄口・經理曹年榮

元　元　恆　記
北門大街

天　成
西門外・經理孫金世

天　祥
南門黃埝橋・經理楊祖陞

天　豐
東門亭子橋・經理丁臯泉

永　和（銀作）
東新路・經理顧貴定

朱　永　和（銀作）
廣勤路・經理朱有安

老　天　吉
西門外吊橋南堍・經理陳錫泉

老天寶
老北門內中市・經理浦秀芹

老裕仁
北塘煤場街口（美術徽章，電刻禮品）經理段友儉・電話六〇九

宏孚
南長街

協康
第十一區廿露鎮・經理華祖康

信源
東門亭子橋・經理戴國軒

恆孚
打鐵橋・電話五八一

恆昌
周山浜

陸永慶（銀作）
南門外南方泉・經理陸桂卿

陸源長
南門黃坭峯

陳鳳祥（銀作）
南門外南方泉・經理陳仲芳

章源茂
清名橋・經理章德子

馮寶成
西門外・經理馮耀椿

惠裕泰
西門外・經理惠錦清

裕興
大市橋・經理張應初

新鳳祥
北門打鐵橋・經理馬光暉・電話九三三

新寶成
書院弄口（兼售小兒回春九）經理傅寅生・電話五一二

萬興
北長街

楊慶和
北門內打鐵橋・經理張善卿・電話五〇三

源和祥
第十一區蕩口鎮・經理李仲琛

源泰
北塘煤場弄・經理孟雪歧

源源
清名橋・經理張寅初

慶雲
老北門內・經理馬培卿，馬光暉・電話九三三轉

慶雲
南門北長街

蔣天義
北城內打鐵橋・經理蔣卓卿

鮑萬來（兼花邊火油）
清名橋上塘・經理鮑國銓

麗誠仁記
城內鹽街口北・經理方義卿

蘇寶
南門黃泥峯

寶元祥
第十一區廿露鎮・經理陸康候

寶潤
北大街・經理單安吉

寶興
黃坭峯・經理楊少奎

寶豐裕
北大街小制街口經理・錢翼祥・電話一一八五

◉珠寶鑽石

朱寶昌（玉器）
推官牌樓・經理朱子麟

同生（珠花）
黃埏峰・經理王同生

老麗誠（金珠）
北大街

何雲記（花）
清名橋・經理何景峯

萬盛祥（花）
打鐵橋南・經理李懷玉

源豐（金珠）
書院弄南

麗和（金珠）
監弄口

◉化妝品

正鳳春（鏍花）
巴斗衖・經理林庭生

老香室（洋貨花粉）
北門內打鐵橋南首一一四號

利康實業社
北大街中市（自製化妝香品經理國貨套鞋推銷新奇貨物廉售上等線襪）經理胡夢翔・電話一〇〇八

協新鴻記化粧品號
北門外長安橋（出品美麗牌各種化妝品）經理陸國祥・電話一一一一轉

時新昌（香粉化裝品）
城內書院弄南首・經理俞銀炳

益新化妝品公司
布行衖一九號

景鳳春（兼洋貨）
書院弄口

裕瑞
中市橋上塘

源發祥（木花）
巴斗弄・經理朱福才

廣生行代理處
北門巴斗衖・經理印馥聲

聚興祥

無錫北塘江陰巷口　電話七百二十三號

專營中華國產物品，歐美摩登什物，經理華商大中華肥皂廠各種出品，上海永安線廠船牌龍牌出品總經理，南通通燧公司古錢火柴無錫總經理

錫豐印刷股份有限公司

無錫交際路萬前路口　電話第四百四十八號

專印書籍報章五彩圖畫文憑商標月份牌招貼傳單簿册禮帖及一切印刷物件鉛印石印發售各號名片信箋信封泥金珊瑚名箋各色藏金對紙各種上等印泥各種蘇杭雅扇並代求名人書畫

無錫工商業名錄 · 補遺

無錫工商業名錄　補遺

日用類

磁器　傘

陶器　刀剪

料器　秤

木器　皮箱

骨器　梳篦

搪瓷器　刷

藤竹器　蓆

皂碱　鏡

銅鐵床　棕棚

無錫
王振興木器號
北門外黃泥橋
特點
木器嫁粧
陳設器具
摩漆精細
式樣最新
伏料製造
堅固勁用
貨色頂多
選擇滿意
木器

發行所一北浙江路和濟里
電話四〇六二七 電報九七九七
平安帮浦滅火機
簡捷輕快 價值低廉 電氣走火 築木着物
是其特長 家家可備 効力更大 毫無損害
華南牌
平安實業工廠
門市部 浙江路六〇二號德昌營業所 電話九五五五三號
專造各種新式帮浦救火車及船皮帶管子等一切救火應用附件歡迎選購定價低廉

日用類

◉磁器

永昌公司
書院街南首五十五號・經理王文彬・電話一〇四五轉

宏泰昌
馬路口老戲館・經理羅清泉

協泰成
北塘・經理羅清泉

恆信厚
老北門口・經理錢伯塤

恆泰祥
接官亭・經理曹餘成

恆源豐
北門打鐵橋・經理錢仲威

陸元盛
打鐵橋・經理陸國斌

張協泰
北門外黃垞橋・經理張聽發

陳茂生
棚下・經理陳梅屏

陳裕興
黃垞峯・經理陳阿根

華恆豐
第十一區蕩口鎮・經理華龍生

黃萬源
南門界涇橋・經理黃竹廷

裕源
北門打鐵橋・經理鄧仲廉

楊恆興
老北門外露華街口・經理楊惟德

義興
圖書館路・經理金仲瑚

新振錩
清名橋・經理楊根培

鄧裕順
南長街・經理鄧伯安

鄧裕隆
南上塘・經理鄧得祥

鄧裕隆德記
南門外清名橋上塘・經理鄧得祺

興業
北門外黃垞橋東・經理顧少坪

鴻泰
北門城內書院弄南首・經理呂少卿

嚴祥發
城內崇安寺・經理嚴亮

◉陶器

大興
江尖・經理袁菊泉

仁大（蔣仁茂分店）
江尖・經理蔣履伯

信泰
北門外江尖・經理鮑燕津

胡萬泰
推官牌樓下・經理胡菊人

張順隆
北江尖・經理張仲甫

裕泰
江尖・經理鄒新谷

福泰
江尖・經理王金生

蔣仁茂
北門外江尖・經理蔣履伯

蔣義茂
北江尖・經理蔣東孚

◉料器

振豐

巴斗弄

◎木器

九　餘
南上塘・經理顧得昌

三　民
公園路五五號・經理李芝芳

三興公司
清眞寺路・經理袁龍記

太孚木器廠
書院弄・經理范景蘇・電話八二〇

王振興
北門外黃坭橋・經理王冠羣

王順泰
南長街

王聚眞
北門外黃坭橋・經理王仝福

王聚興
城內書院弄南

天　泰
城內書院弄南

包湧泰
城內寺後門

同　豐
北門黃坭橋

同豐炳記
外黃坭橋・經理臧炳林

朱順興（紅木器）
南門外北長街

沈豐泰
青菓巷・經理沈瑞慶

和　豐
第十六區洛社鎭・經理費榮泉

協　順
城內書院弄口・經理黃世義

協順公司
北門露華路

恆發木器廠
圓通路十三號・經理徐竹林

泰　昶
南倉門

泰　豐
太平巷・經理徐文標

益新木器沙發號
光復門圓通路十三號・經理汪文品

浦協泰
城內書院弄口・經理浦春全

浦鴻泰
城內打鐵橋

振　泰
城內推官牌樓

華義隆
書院街・經理華達

復　泰
光復門內圓通路十九號

隆泰興
清名橋・經理陸少卿

鄒順、興
南門外北長街

新順昌
圓通路二三，二五號・經理陸春堯

鄔順興
南門外上牌樓・經理鄔烈山

實業木器廠
光復門・經理錢思義・電話一六九

德　泰
第十六區洛社鎭・經理戴金生

蔣隆記
中市橋

謝順興
北大街

嚴義昌
北門內書院街口（發售紅木新式提鏡，算盤，香几，神主，飾匣，瓶座，硯盤，灰印，定做紅木家用，陳設物品，經理福建南台恆大畫鏡批發）經理嚴新初

顧仁和
北門喜春街・經理顧升泉

顧順泰培記
北門光復路南倉門

◎骨器

周順興
盛巷橋・經理周志源

施祥興
盛巷橋・經理施有美

陸恆昌
牌樓下・經理陸紅寶

華德利（兼煙紙）
城內推官牌樓堵家街口・經理華子皋

新成泰
打鐵橋

◎搪瓷器

恆豐搪瓷鋼精號
倉橋下大街・經理張伯生

◎籐竹器

中央（籐）
外黃埿橋・經理謝金生

公豐（竹器）
惠農橋・經理鮑濬軒

王源隆二房（竹篾）
北塘三里橋東沿河・經理王仲彥

沈金全（竹器）
第十區梅村・經理沈金全

牲源茂
北塘祝棧街西（專銷粵港新家坡粗細奎藤，及廣薄籐蓆，籐箱，串繭格籐，各式籐椅，籐床）

湯祥興（籐）
南長街

管萬盛（籐）
北門塘四四號

鳳記（竹器）
第十一區蕩口鎮・經理戴鳳吉

潘萬（籐）
北門塘

◎皂鹼

大中華肥皂廠
廣勤路蔣巷・電話一一五四

仁號泰記（鹼廠）
北門外前太平巷・經理繆楚珊

永大公司大方肥皂廠
小尖上（商標大方）經理龔鳳鳴・電話一二六八

怡和（肥皂兼火柴）
第十一區蕩口鎮・經理曾孟撲

華商大中華肥皂廠
廣勤路第四支路（出品小號大中華皂，大中華皂，二號大中華皂，乾坤皂）商標大中華・經理張炳衡・電話一一五四

順昌

北柵口（出品肥皂）商標雙錢牌，小上海牌，大南洋牌）經理丁耀九・電話六五三

鼎昌皂廠
東門外亭子橋街中市（出品國貨肥皂）商標鼎昌方皂，第一皂，地球皂・經理吳少蓉・電話六二〇

福利愼記皂廠
黃埠墩（出品大中國牌肥皂）電話七七四

◉銅鐵床

大和
馬路上老戲館・經理喬浦氏

永昌（鐵床銀箱）
黃垗橋東・經理陸盆根

協昌（鐵床銀箱）
黃垗橋東・經理徐阿榮

協昌榮記（兼銀箱）
壽春街・經理徐阿榮

協昶祥
吉祥橋老戲館・經理周俊
市

◉傘

丁福昌
黃垗峯

同泰昌
監衖口・經理郭海清

老聚泰
南上塘

益泰昌
江陰巷・經理孫榮根

陸福春
大市橋街・經理陸心哉

張生祥
南長街・經理張可才

福興盛
城內大市橋街・經理孫仲和・電話六七三號轉

◉刀剪

朱大興（剃刀）
監衖口・經理朱家成

老元利
老北門內大街打鐵橋下（出品剪刀烟袋銅貨零件）經理藍叔明

真張小泉鼎記
書院衖口南首（出品剪刀，剃刀，廚刀，銅鎖，水煙袋，銅鐵零件）

梁正興（剪刀）
南門南市橋上塘

陶福興（剪刀）
江陰巷

張小泉（剪刀）
南上塘

張小全順記（剪刀）
寺後門

張小淚老仁記
城中推官牌樓下（銅錫剪刀）經理黃玉瑚

張源興
北門內監衖口南首（經營漢廣烟袋，杭城名剪，黃白廣鎖　銅鐵洋鎖，各種零件）經理張家鼎

義隆興銼刀廠
通惠路口

◉秤

老談源盛（兼食鍋雜貨）
北門外大橋（即蓮蓉橋）南堍・經理談嘉韓，顧克昌

楊永隆
南上塘

楊永隆北號
北塘東街・經理楊軒庭

談　源　盛
大橋上・經理談文奎

◎皮箱

丁　源　盛
北門内大街・經理丁錫祺

徐　森　隆
打鐵橋・經理徐茂本

徐　興　昶
書院街口北・經理徐茂連

强　鎰　昶
南門外北長街

◎梳篦

曹　盛　興
監弄口（兼毛刷牙刷棕印）
經理曹錦耀

楊　新　泰
老北門・經理楊子賢

◎刷

華　生　記（牙刷）
蔣家街

◎蓆

丁　開　泰
南門南長街・經理丁國華

人　和（兼鹽）
第八區官鎮・經理安壽康

永　正　昌（兼帽）
北塘・經理丁仲英

永　益　昌
北塘祝棧街口（專運維揚樸蓆，蘇寗細蓆，男女各色緞帽，零躉批發）經理蔣子銓

老　泰　臣
北大街中市

老　源　昌
南長街

胡　萬　昌（兼茶食）
南長街・經理胡年青

恆　豐　仁
北塘西街・經理溫磊安

洽　新　成
北塘

益　泰　昌
北塘

益　順　昌
北塘小泗房街口（發售維揚樸蓆，滸關名蓆，膠州羢帽，京緞瓜帽，各種花蓆）經理李介亭

陳　裕　昌
北門打鐵橋・經理陳賢甫

華　保　泰
南門外南長街

復　大　昌
南門外南長街・經理李建章

德　泰　昌
北門大橋下

餘昌瑞記（兼棉花）
西門外棚下・經理毛福昌

◎鏡

華　新　昌
打鐵橋街・經理華子坪

◎棕棚

過永泰文記
書院街十號・經理過文寶

張漢名醫師

無錫城中大河上

專門　內科小兒科

統治　外科婦科花柳咽喉諸科

診期　門診上午十時至十二時出診下午一時至六時

診金　門診四角復診減半出診城內一元附城二元

特診加倍路遠面治

電話三百七十三號

李同豐參燕細藥號

規模宏大　設備完美

（是無錫參藥界中之巨擘）

本號發兌各省道地藥材自運吉林人參老山臺鬚毛白官燕真西洋參關東鹿茸毛角野山別直川莊銀耳跋趾肉桂老港濂珠眞正犀角馬寶狗寶老式猴棗犀角羚羊祕製加料人參再造丸虔修製雄丹（此丹消痰定驚大有神効）回天再造丸（此丸專治腦膜炎）靈驗通乳粉杜煎虎鹿二泉龜版諸膠花露藥酒所辦各貨務求精良各界光顧請認明本號招牌庶不致悞

本主人敬白

（地址）無錫老北門內打鐵橋街中市（電話）八〇七號

無錫工商業名錄　補遺

燃料類

電料
電氣
煤油機油
煤炭
棉子
香燭
錫箔
花爆
紙紮店

戚墅堰電廠
註冊裝燈商店
國泰電器材料公司
地址 無錫漢昌路
電話第一〇〇一號

獨家經理 保用電 華司令燈泡 老牌華勒哈夫燈泡 太司令燈泡
經理 美國老牌百樂最新式收音機 惠備各種真空燈泡
專售 歐美各國電器材料 安迪生奇異亞司令飛利浦各種燈泡
出租 囍壽奠年紅氣電管燈 臨時出租工程穩妥 如蒙惠顧毋任歡迎

本公司廣播電台逐日按時播送各種節目

無錫福新電器材料行
無綫電電器
電台呼號 XOLY 波長 980 電力 30 瓦特
營業種類
專運歐美電料　無綫電用材料
包裝電器工程　火車工廠電泡
電器應用器具　一切應有盡有
光復路六八　電話九〇八

無錫

全昌醬園槽坊淋坊酒坊

本園創辦歷有年數佳造惠泉名酒精製各種鮮花密酒以及陳年香糟五香糟油遠年花雕衛生露油糟醬腐乳自運洋河高粱山西汾酒仿造美味鎮江香醋無不力求精良有美皆備名馳四方再化粧品中之紅白玫瑰香油本園亦兼而有之製法得宜批發尤廣如蒙　惠顧無任歡迎

（地址）

工場西門內大街石庫門　電話四百〇八號
西號西門外棚下　電話三百十三號
中號崇安寺山門內　電話八百〇三號
北號北門外大河池沿　電話九百念四號
盈號北門外小三里橋堍　電話九百四十二號
久豐米號北門外太平巷內電話六百四十九號

燃料類

◉電料

大　光　明
漢昌路

王裕興(兼雜貨)
南門外清名橋南下塘

中興電器公司
城內書院弄十七號・經理陸國炳

光華電焊廠
通惠路・經理殷培德・電話七九〇

明　麗
北塘接官亭弄口・經理李榮初・電話九一一

怡生機器電焊鐵工廠
通惠路・經理楊光黼・電話五〇二

怡興昌電焊廠
通惠路中市三六號・經理謝宜庭

恆通電池廠
通惠路陳白頭巷十三號（出品各色乾電）商標飛機牌・經理吳勝山

南洋利記電焊廠
通惠路口廿八號(兼機器)經理吳和根

南陽電焊工廠
通惠路通勤路口・經理屠梅芳

國泰電料公司
漢昌路六號・經理華重光・電話一〇〇一

華明電料公司
北門內書院弄南首・經理陳菊軒・電話七〇七

華美電器公司
書院街・電話一一九二

華達公司
盛巷橋南首・經理鄒炳元・電話七四三

惠興電焊公司
通惠路惠農橋東首・經理郭祖芳

萬興祥福記(兼洋貨)
北門外壇頭弄廿五號・經理惠茂鈞

福　利
太平巷・電話一〇九四

福新(兼無線電器具)
光復路六八號・經理錢梅鄀・電話九〇八

耀新電器公司
光復門內圓通路五號・經理俞阿根・電話六五四轉

◉電氣

蘇州電氣廠蕩口分廠
第十一區蕩口鎮・經理周仰山

◉煤油機油

三星火油公司
仙蠡墩・電話一一四〇

友粤煉油社
瀨園渚

立大機柴油公司
北門外通匯橋下樹巷里・經理陳子明・電話四三八

光華火油公司
布巷街・電話一一八四

利大公司
江尖(經售美孚煤油)經理周蔭庭・電話六四五・油棧田都裏・電話五三三

亞細亞火油公司
通匯橋・電話四〇一・油棧惠農橋堍・電話六五

協源火油公司
東門亭子橋

信孚機油公司
西梁溪路十號（經營機器油，馬達油，引擎油，生髮油等）經理徐達今・電話七三六

益大公
工運橋亮壩上十一號（經理光華火油，美大火油，嘛拉油，厚簿柴油，生髮油，及各種紅車油，醬園，糟坊，油坊，桐油，豆油，一應俱全）經理江玉清・電話八三七轉

華成煤油公司
工運橋亮壩上（經營德士古公司銀箱牌煤油，及紅星牌各種機油，汽油，柴油等出品，並國產紡織五金用品）經理嚴培德・電話一一九四

萬大（煤油）
亮壩橋・經理金鳳鳴

源大煤油公司
過滙橋堍・電話四〇一

源長誠記
工運橋亮壩上十一號（華商光華火油公司錫澄總經理，油遍地公司汽油錫澄宜溧蘇虞總經理）經理鄭誠寶・電話八三七・電報掛號三一一一

源新
工運橋亮壩上十五號（中華美大火油公司錫澄總經理）經理王家寶・電話八三七・電報掛號三一一一

德大
通滙橋（主要營業煤油，機柴油，汽油，副業肥田粉，皂燭雜貨）經理許汝舟・電話一九三

德士古火油棧
惠農橋・電話七二四

◉煤炭

九成含記炭行
北門外城脚露華弄・經理王含章

大來
通滙橋・電話五二六

久亨
新三里橋・經理尤子訓

三合（煤）
蓉湖莊・電話一〇一四

三益煤號支店
梁溪路（兼糧食）經理趙士賢・電話八八〇

中和貿易所
書院衖廿二號（經營煤礦汽水洋襪）經理王殿寅・電話八二〇

公泰
寺巷裏・電話五七二

公興
青菓巷

仁昌裕（兼山貨）
北柵口・經理包根奎

仁昌裕
城內三鳳橋

永興
通惠路惠農橋西首・經理朱聚玄・電話一二一九

沈鑫記
南門黄垙峯

吳湧茂
西門外西直街・經理吳蔭杓・電話一〇六六

昇昌（煤）
東大街

胡玉記

中市橋
恆　昇　裕
太平巷口・經理吳炳鑫
恆　記　裕
前太平巷中市・經理袁蓴
蓀・電話暫由二〇二轉
梁　大　來
通滙橋・經理梁季瞻・電
話五二六
梁　榮　泰
江陰巷・經理梁擷香
陳　聚　昌
薛家街
雲　泰
南門外跨塘橋南下塘
程　順　泰
西吊橋魚行街・經理程錦
清・電話一〇三三
程　順　泰
城內三鳳橋

開基機製煤球廠
南新路・電話一〇九八
開　灤　售　品　處
工運橋・經理吳燧棨・電
話四八一
裕　昌
吉祥橋・經理張定夏・電
話五四五・分號梁溪路・
電話五四四
義　泰　興(煤)
萬前路敦仁里・經理嚴實
樵・電話七六六
新　興　記(煤)
工運橋・經理陳蓉江・電
話一八〇
福　昌(煤)
南門下塘老窰頭
駐錫裕昌煤號
梁溪路・電話九〇九
熾　成(經理長興煤礦)

工運橋亮壩上九號・經理
嚴培德・電話一二二〇
蕭　餘　興
城內觀前街
燮　昌
惠農橋沿河新市場十二號
・經理秦義泉
寶　豐(煤)
邑斗弄・經理王仲卿・電
話一〇四七
麟　號(煤)
漢昌路長康里・電話九四
五

◎棉子

同　昌
三里橋・經理曹干瑜・電
話一四九
長　元　泰
惠農橋亮壩上・經理吳元
鈞

森　盛
三里橋・經理王叔藩・電
話三九七
蔡　森　茂(兼油餅)
竹場巷・經理蔡岐卿・電
話五三七

◎香燭

大　同
南門外南長街・經理沈家
春
大　興　鎮(兼南貨)
北闕口中市・經理許玉華
仁　記
黃泥橋
五　豐
壇頭街
永　大　昌(紙馬)
北門外壇頭街
永　茂　祥(紙馬)
西門外・經理馮金培

永 泰 馨
北柵街・經理孟士章

老 天 生(柏燭)
北門壇頭街・經理李葆麟

老 日 甡(兼錫箔邊炮)
壇頭街長安橋

老 生 生(柏燭)
南長街・經理李允芳

老 裕 大
北塘接官亭東首・經理沈仲心

老 鴻 興(兼南貨)
南上塘・經理厲子培

朱 德 茂(香)
伯瀆港・經理朱煥慶

吉 大 亨
東門亭子橋

朱 恒 春(紙馬)
亭子橋・經理朱士棨・電話九一〇

李萬生大房恭記
北門外壇頭街中市(兼錫箔邊炮)經理楊照藜・電話一五五

李萬生三房(柏燭)
壇頭街・經理王景芳

吳 裕 茂(紙馬捲煙)
北塘

昇 雲(香)
黃泥峯・經理譯鳳歧

恆 大(紙馬)
城中鳳光橋

恆 泰(紙馬)
南門黃泥峯

恆 泰 昌
北塘接官亭

恆 裕(紙馬南貨)
南門清名橋

甡 泰 昌(燭)
城內寺巷・經理佘宏業

孫 思 泉(香)
觀前街・經理孫振球・電話五一

孫 恆 盛(香)
西門外・經理孫欣林

倪 大 房(紙馬)
黃泥峯・經理倪廷楨

倪 大 房(紙馬)
第三區南橋鎮

陸 源 盛
惠山・經理陸士林

陳 慶 雲(香)
黃泥峯・經理陳鶴年

乾 大(兼紙箔)
壇頭街

乾 泰(燭)
北柵口

陶 水 豐(紙馬)
北門外黃泥橋・經理陶紹田

陶 源 茂(紙馬)
城內大市橋東首

張 永 順(紙馬)
壇頭街・經理浦思明

張 鎰 茂(兼紙馬)
大市橋街・經理張雲軒

張 振 茂(紙馬)
壇頭街

華 源 馨(香)
第八區安鎮・經理邱文蓀

雲 華(洋燭)
第十區東亭・經理虞生寶

過 日 生(兼南貨)
壇頭街・經理竇範卿・電話三四八

鄒 德 馨(香)
中市橋・經理鄒耀奎

源 泰 昌(柏燭)
北塘・經理孟大章・電話一〇七一轉

楊　恆　盛(燭)
第十二區大牆門口・經理
楊祥榮
楊　乾　泰
北柵口・電話四六三…
裕　源(紙馬)
北塘接官亭
裕　興　盛(紙馬)
東門亭子橋
勤　茂　興(紙馬)
廣勤路・經理張榮生
萬　生　餘(紙馬)
南門黃泥𡎚
萬　昌(兼邊炮)
北門外壇頭街
聚　福　堂(香)
通運路喜春街(卽老戲館
弄內)經理劉雨泉
趙　二　房(紙馬)
北門外北柵口顧橋下

趙　天　馨(香)
南門外南長街
熊　萬　裕(香)
南門外南長街
錢　裕　興(紙馬)
西柵下・經理錢榮度
鮑　源　茂(紙馬)
南門外南長街
鴻　昇(油燭)
西門柵下・經理虞象賢・
電話七九一
鴻　號
西門外魚行頭街
謝源益老大房(香)
南門外清名橋上塘・經理
謝雲峯・電話大有福槽坊
轉
謝　源　益　麟　記(香)
三里橋・經理謝荇洲
薛　萬　興(香)

第十區東亭・經理薛祖榮
鎰　茂(紙馬)
壇頭街
顧　日　昇
北柵口中市・經理顧鳳岡
顧　源　生(紙馬)
南長街・經理顧阿榮

◎錫箔

王　成　大
第五區張村・經理王鈺成
永　春　潤(兼燭)
大市橋・經理李秋翔・電
話一〇〇
同　甡　泰
笆斗弄・經理卜麗蓀
志　盛
江陰巷中
利　生(兼捲煙)
老北門吊橋堍・經理宋啓
誠・電話一一九八・分號
北塘煤場街西首・電話七
一九
坤　和
北門外大街小制街口・經
理張仲卿
胡　瑞　昌
第五區堰橋・經理胡生紀
恆　源　昌
北門外桃棗沿河・經理楊
鴻達・電話六三四
恆　源　隆
桃棗沿河・經理惠志綸・
電話一三…
章　隆　順
南門外南長街
乾　康　源
北大街中市・經理王文榮
裕　興　昌
北門外黃泥橋・支店北門
大橋街(兼售摺錠冥洋)經

理薛星伯
源　茂　昌
南長街
源　裕
壇頭弄（專銷國產宣紙，貢牋，關山毛鹿，杭紹錫箔）經理朱再欽・電話七四六
源　豐　慎
大橋下東街・經理項穗九・電話九三八
源　豐　潤（兼香燭）
西門棚下・經理徐錫如・電話三一三

◉花爆

永　大
壇頭弄
朱　協　成
南門外南長街
吳　公　和

北門壇頭街・經理吳壽昌
叙　源
壇頭街
祥　源　茂
壇頭弄・經理許榮根
湧　茂
壇頭弄
源　盛
南門外南長街
瑞　記
南門外南長街
瑞　興
棉花巷
聚　茂　昌
南門外大公橋

◉紙紥店

正　興
西門外・經理孟正昌
沈　偉　紀

南長街・經理沈阿用
胡　雲　記
城內寺巷・經理胡得明
陳　德　大
大市橋・經理陳仁安
華　鴻　章
東大街・經理華鴻章
過　鴻　興
南門外清名橋南下塘
楊　添　盛
黃泥峰・經理楊子順
新　立　興
南門外清名橋下塘
新　常　興
城內大市橋東首
新　盛　興
東大街
嚴　長　興
監弄口

無錫工商業名錄　補遺

飲食類

米 碾米廠 雜糧 麵粉 醬園槽坊 油 鹽 糖 南貨 茶食糖果 葉茶 山貨水果 火腿 肉 魚 醃臘 宰牲場

猪行 豆腐 麵筋 酒 茶樓 菜館 飯店 粥店 麵店 點心店 捲煙 烟 餅乾 汽水 牛乳 冰

金龍
香味醇厚
中烟極品
中國南洋兄弟烟草公司出品
GOLDEN DRAGON
CIGARETTES
NANYANG BROTHERS TOBACCO CO., LTD.
10 CIGARETTES
TRADE MARK
NY
10

飲食類

◉米

一　大
西塘・電話一七四
九　豐
第十一區甘露鎮・經理華
祖祥
三　泰
西塘・電話四〇
三　泰
第十五區玉祁・經理趙如
生
久　禾
北塘三里橋・經理吳耀庭
・電話四六〇，一二〇五
久　豐
太平巷・電話六四九
久　豐　泰

北塘三里橋・電話二三二
大　有　裕
南門伯瀆港・電話二八一
大　吉　春
第七區黃土塘・經理謝坤
記
大　吉　祥
第八區安鎮・經理黃欽龍
大　成
北塘橫浜口・電話一一四
九
大　茂
煤場街・電話五九九
大　陞　二　房
第十六區洛社鎮・經理丁
懋生
大　源
東門亭子橋井亭街・經理
榮瑞卿
大　新

通滙橋堍・經理吳瑞初・
電話五二九
大　豐　盛
北塘煤場街口・經理許燮
章・電話五三〇・會計處
電話七五一
仁　大
北塘・經理徐錦堂・電話
四六四
仁　大
第十二區薛典・經理翁景
興
仁　泰
第十六區石塘灣・經理王
仲寅
公　茂
清名橋・經理糜耀廷・電
話三九八
公　興
第七區張涇橋・經理包洪
興

公　興
第十六區楊墅園・經理錢
鑑佩
方　萬　順(米兼豆餅)
第八區安鎮・經理方國美
太　和　森
第十五區禮社・經理李壽
生
天　一
第七區陳墅・經理郭洪慈
天　豐
蕩餅沿河・電話一一
元　大
蕩餅沿河・電話七〇〇
元　禾
三里橋・經理莫受之・電
話八八九
元　盛
周潭橋・經理張漢聲
元　豐

第十六區洛社鎮・經理李
秋甫

元　豐　仁(菜油)
廣勤路中市・經理莫世英
・電話二八五

王　珍　記
第七區鑫瀾・經理王虎文

王　裕　生
通滙橋市巷裏・經理王菊
卿・電話九二九

王　源　盛
北栅口・經理王偉辰・電
話七六三

王　源　興
石炭場・經理王樹淵・電
話六七九

王　源　興
第十二區坊橋・經理王廷
高

王　聚　興
第八區安鎮・經理王倫芳

禾　豐　泰
三里橋・電話二三二

立　泰
第八區安鎮・經理孫耀椿

立　鑫
北塘・經理沈遠甫・電話
六八七

生　大
北塘小三里橋・經理許燮
章・電話三一一

生　茂　義
北塘煤場衖口・經理徐叔
衡・電話一五四

生　泰
公園路・經理湯子明

正　源
北塘・電話六一四

正　源　昌
北塘煤場衖口・經理黃少
卿・電話三四三

正　源　昌
東門亭子橋・經理沈伯熊
・電話八六七

正　豐　洽
第十一區甘露鎮・經理張
純祖

正　鑫
北塘煤場衖口・電話六二
三

永　大　生
北塘煤場衖口・經理過仰
爽・電話四一六

永　大　昌
第十區東亭鎮・經理尤子
良

永　大　昌
三里橋・經理張兆昌・電
話八三二

永　康
第十五區禮社・經理薛和
祥

永　隆
北塘・經理馮竹舫・電話
五九九

永　慎　元
新三里橋・經理張德均・
電話九七四

永　源　生
北塘三里橋・電話八一一

永　源　茂
第八區嚴家橋・經理沈瑞
雲

永　源　裕
黃泥峯・經理陶子成

永　義
第十二區后宅・經理沈杏
汉

永　德
惠農橋・經理鄧子華・電

話四一二
永　豐
第十五區禮社・經理薛蔭清
永　豐
第十六區石塘灣・經理陶瀛洲
永　豐　泰
第十六區洛社鎮・經理許全用
兆　豐
北塘橫浜口・電話七六四
安　源　盛（兼豆餅）
第八區安鎮・經理安只智
合　大
第七區張涇橋・經理張世安
全　豐　仁
第八區安鎮・經理孫仲輝
朱　正　裕
第十一區甘露鎮・經理朱光煦
朱　谷　興
第十二區坊橋・經理朱明卿
朱　福　泰（兼雜貨）
第四區榮巷鎮
同　和　洽
南門南橋・電話二〇五二
同　和　祥
第十一區甘露鎮・經理趙步青
同　泰
北塘煤場街口・經理王祖培・電話八六三
同　順
第七區王莊・經理董保彝
同　裕
第十一區甘露鎮・經理陶華源
同　福　泰
通惠路八三號・經理過雲秋
同　德
北柵口・電話二四八
同　興
第十六區楊墅園・經理俞伯圻
同　興
第八區二房廊下・經理章煥文
宏　昇
新三里橋・經理華子良・電話八二二
宏　順
石塘灣・電話二〇二九
宏　順
第十一區甘露鎮・經理華壽堂
汪　仁　記（兼豆餅）
第八區安鎮・經理汪近生
汪　義　源
北塘・電話六一二
李　大　昌
第十五區玉祁・經理李志軒
沈　阿　八
第十五區玉祁・經理沈阿八
呂　萬　裕
第十七區新瀆橋・經理呂全法
呂　錫　記
第九區后橋・經理呂錫卿
吳　三　讓　堂
第十二區坊橋・經理吳國楨
吳　永　盛（米麵）
第十二區坊橋・經理吳程志

吳長春
北塘橫浜口・經理吳邦俊・電話九七三

吳恆昌
第七區東湖塘・經理吳竹村

吳泰興菊記
第七區東湖塘・經理吳菊記

昇泰
南門南橋鎮・電話二〇二三

昇源（兼酒醬）
東門亭子橋・經理陳永秀

邱裕生
南上塘・經理邱子馨・電話二一〇

季宏昌
北塘財神衙口・經理季耀祖・電話二〇五

季源豐
北門外長安橋鎮・電話二〇一一

祁天香（糖食）
舟山浜・經理祁大龍

來興泰
第十七區六區橋北・經理吳福濂

怡記
第十五區玉祁・經理沈盈喜

周開泰
北柵口

周叙元
北新橋・電話五九六

周源盛
第十區查家橋・經理周俊良

協大
廣勤路・電話三二六

協和
第十五區禮社・經理薛雲文

協茂
第十七區六區橋北・經理唐燦祥

協隆（兼槽坊）
獻喜橋・經理吳仲達

協源
第十一區甘露鎮・經理華勤記

協興盛
新市橋・電話二三八

協興雲
第八區安鎮・經理沈倬雲

長春新
南門外南方泉・經理吳邦傑

長泰
麻餅沿河・電話四一〇

長源
跨塘橋下塘・經理過耀先

長源
外黃泥橋・電話四六七

長裕泰
三里橋・電話八八

胡振泰
北塘・經理胡鳳笙・電話七二六

洽盛
第七區張涇橋・經理方壽根

洽源潤
南門外南方泉・經理王阿炳

姚公記
第八區羊尖鎮・經理姚鑑湖

姚鐘記
第七區陳墅・經理姚鐘欽

信昌源
北塘・經理王子明・電話一二九

信茂
北塘・經理陳仲芳・電話三四四

信益
西門小木橋

恒大昌
北塘・經理胡保訓・電話八五

恒大發
小三里橋・電話七六八

恒昌
第九區后橋・經理浦梅慶

恒茂
第七區張涇橋・經理薛用觀

恒春
南長街

恒春雲
大市橋・經理吳雲初・電話二〇六

恒泰
西門小木橋

恒泰
南門伯瀆港・經理馬龍泉，劉香荃，陳炳泉・電話四七九

恒豐
北塘・電話一〇五六

恒益
黄泥夆

恒康
南門外跨塘橋南下塘

恒康
南門巷

恒盛
大市橋婁巷口・經理吳翰慶・電話三二一〇

恒順豐
西門棚下・電話四一八

恒森益
第十二區薛典鎮・經理黃子才

恒義
北塘煤場衖口・經理鄧雲翔・電話三三八

恒源
第七區張涇橋・經理薛宗濂

恒源
新三里橋・經理范鵬雲・電話九七七

恒源生
北塘接官亭・經理沈子才，電話二四九

恒潤
北塘・經理許燮卿・電話四七三

恒興
西門棚下・經理孫仲岐・電話一二三

恒興盛・
麻餅沿河・電話五〇五

恒興盛
三鳳橋・電話四九八

恒豐
第七區張涇橋・經理王學進，杜仁生

恒豐泰
北新橋・電話九七六

殷利昌(兼醬園槽坊)
南門伯瀆港・電話六九三

唐三泰
第十五區前洲・經理唐雲章

唐鼎豐
第十五區玉祁・經理唐鏞琦，唐仲琳

祝同興
第八區安鎮・經理祝壽松

高萬餘
第七區東湖塘・經理高漢卿

袁錫祥
第十七區六區橋・經理袁錫祥

悅成
第十區梅村・經理陳永全

悅來
第八區安鎮・經理蔡楨祥

秦盛大
第十六區洛社鎮・經理戴兆棟

泰昌祥
北塘・經理朱少蘭・電話一五七

泰豐
第八區安鎮・經理安友蘭

泰豐
北門外長安橋・經理李子厚

振源昌
南門清名橋・電話六六三

振鑫
西新橋・經理胡文山

甡昌
第十五區玉祁・經理李頌昌

甡泰昌
北塘新三里橋・經理唐勤禹・電話七六二

益昌
新三里橋・經理楊翰庭・電話九五四

益茂
第七區張涇橋・經理王熹良

益茂
第八區羊尖鎮・經理朱仲文

益泰
第七區張涇橋・經理顧稷臣

益泰
第十五區玉祁・經理沈金相

益泰豐
第四區錢橋

徐永大
第十一區東亭鎮・經理徐仁觀

徐永泰
第十五區玉祁・經理徐俊才

徐合記
第八區羊尖鎮・經理徐振祥

徐杏記
第十五區南雙廟・經理徐杏根

徐協豐（兼雜貨）
第四區榮巷鎮

徐湧泰
第七區張涇橋・經理徐子成

許聚盛
南門外黃泥峯・經理許景遠・電話七三二

通源（兼醬園槽坊）
工運橋・電話一三九

祥和
第十六區洛社鎮・經理張和慶

祥泰
周山浜・電話一〇七四

陳恆益
南門黃泥峯・電話六六二

陳德新
第十五區玉祁・經理陳同

涵

陳豐泰
南門外伯瀆港

章合興
第七區陳墅・經理章金氏

曹永興
第八區安鎮・經理曹頌臧

張知仁
第十五區前洲・經理張錦明

張儉泰
第十六區石塘灣・經理張鴻寶

張裕昌
南門黃泥峰・電話七三四

張寶泰
北棚口・經理任志濟・電話四三一

萃泰
南門伯瀆港・電話三二三

童萬泰
南門外伯瀆港・經理童鸞華

開泰
第八區安鎮・經理孫茂椿

須士記
第八區嚴家橋・經理須士良

須池記
第八區嚴家橋・經理須煜池

程成茂
第十區東亭鎮・經理程發元

馮新盛
第四區錢橋

雲記
第七區王莊・經理陸顯西

富記
第九區后橋・經理蔣富金

盛康（兼槽坊）
東門外亭子橋・經理童子仁

黃長茂（兼紗布）
第八區羊尖鎮・經理黃少初

黃恆康
第十一區甘露鎮・經理黃飾泉

黃復興
第十七區六區橋・經理黃泉山

隆茂
北塘・經理趙子新・電話四七五

湧泰昌
南門外清名橋上塘・經理許孟華，協理李緝安・電話三六一

湧泰恆
第十一區蕩口鎮・經理華錦泰

湧隆
第十一區蕩口鎮・經理華德基

溫慶泰
西塘・電話四一三

添泰祥
南門黃泥峯・電話四六九

華恆大
第八區羊尖鎮・經理華殿卿

華湧源
第十一區蕩口鎮・經理華垂基

華湧源椿記
第十一區蕩口鎮・經理華垂基

華裕泰
第十一區鴻聲里・經理華

鳴記

華鼎泰　第十一區蕩口鎮・經理華鈞洲

華鴻泰　第十一區鴻聲里・經理華鳴初

愼豐昌　北塘三里橋・經理葉叔宜・電話八七

勤餘　北塘塘岸・經理沈震初

葉永昌　第五區堰橋・經理葉子章

達豐　通運路前太平巷六一號・經理吳煥文・電話八九三

鼎大　惠農橋新市場・經理姚錫臣

鼎恆豐　西塘・電話六三五

鼎泰（兼醬園槽坊）　廣勤路中市・電話五六五

鼎泰豐　南塘清名橋・經理錢國瑞・電話四三三

鼎隆　第十一區蕩口鎮・經理華貞記

鼎盛豐　西門棚下・經理錢念差・電話一〇三

鼎鑫　第十區東亭・經理沈壽根

源大　東門外亭子橋・經理馮國樑・電話七五八

源生福　三里橋・電話三一六

源昌　三里橋・經理謝維翰・電話九七

源昌仁　南門南橋鎮・電話二〇四一

源茂永　第四區錢橋

源泰成　第十一區鴻聲里・經理華銳志

源康　工運橋・電話四六一

源聚鴻　惠農橋附近・經理于惠容・電話七六九

源餘　新三里橋・經理倪耀山

源豐　第三區周新鎮

單昶記　北栅口・電話五三五・北號惠農橋・電話二九一

瑞昌　黃坭峯・經理張瑞初・電話一一五六

瑞茂　第五區堰橋・經理胡文卿

瑞豐　通滙橋・電話七五

彙豐　蘇餅沿河・電話四九六

萬亨　十二區坊橋・經理鄒啓清

義泰永　麻餅沿河・電話四〇三

萬源　第十區西倉・經理蔡心培

萬亨

北塘•經理倪晴川•電話
三六六
萬昌祥記
南塘大有衖•經理黃焕珠
•電話一八五
萬泰
南門伯瀆港•電話四二一
萬記(米麵)
第十一區蕩口鎮•經理鄒
鶴鳴
萬盛
黄泥峰
萬盛
南新路•電話七三三
萬豐
西門棚下•經理秦耀良
萬豐順
前太平巷中市（發售油，
鹽，米，豆，醬酒，麵粉
，香烟，肥皂等）經理施

爾厚•電話一〇八八
裕大
北塘接官亭•電話二二四
裕昌
黄埝峰•經理祝秀芳
裕茂
西門外顯應橋•經理陳錫
章•電話九二八
裕茂盛
北塘•經理劉燮卿•電話
一三〇
裕康潤
北塘•經理馬子仁•電話
一九八
裕源
西新橋•經理任少庭
裕豐
南門南市橋上塘•電話七
一二
裕豐

中市橋•電話一二一五
裕豐協
大有衖口•經理許岳斌•
電話七二
楊恆大
第十二區薛典鎮•經理楊
鳳彬
楊恆昌
第十六區葑莊•經理楊汝
錫
楊恆泰潤記
西門棉花巷•電話九二三
楊恆順
第五區寺頭鎮•經理楊鶴
甫
楊益昌
第十二區大牆門口•經理
楊金生
楊源盛
第十六區洛社鎮•經理楊

兆貴
新同德
惠農橋•電話一九七
新昶記
惠農橋新市場•經理單念
華•電話二九
新昶記接洽處
北塘三里橋•電話一〇七
五
新泰昌
南塘大有弄口•經理謝逸
清•電話七〇四
新泰盛(兼油坊)
廣勤路中市•經理王鳳臯
•電話二七四
新順泰
南門周新鎮•電話二〇二
四
福和祥
新三里橋•經理許竹章

福泰(兼槽坊)
南門外伯瀆港•經理陳耀煜，劉鴻鈞•電話五九八

福康
新三里橋•經理徐少卿

福源恆
北塘•電話八四

榮錩(兼布雜貨)
第四區榮巷鎮

聚昌
南塘界涇橋•經理張瑞楚•電話四一五

聚昌愼
南門外周新鎮•電話二〇二二

聚盛
太保墩•經理馬雲青

震豐
寺巷口•電話五三六

震豐盛
第七區張涇橋•經理張扶直

蔣永豐
第七區黃土塘•經理蔣麟書

廣源
第十一區鴻聲里•經理錢菊人

劉順記
南門外清名橋上塘•經理劉光基•電話三六一轉

劉復升三房
第十六區洛社鎮•經理劉錦初

劉復升四房
第十六區洛社鎮•經理劉錦安

儉昌
南門外伯瀆港•經理殷養志，吳坤榮

儉益
清名橋下塘•經理殷履剛•電話八六五

儉源
西門棚下•經理任少庭

德大源
北塘三里橋•電話二四五

德成
北塘小三里橋•電話四二〇

德成仁記
第五區堰橋•經理王赫炎

德昌仁(兼布線)
第四區榮巷鎮

德記
第九區后橋•經理浦坤同

錫泰
伯瀆港•經理姚錫阜，錢壽海

盧恆益
大市橋堍•經理盧阜耀•電話二二二

錢九豐
第七區東湖塘•經理錢炳初

錢源昌
第十區石塘橋•經理錢根寶

錢源誠
第十六區楊墅園•經理錢曉東

餘豐
第十一區甘露鎮•經理朱劍平

鴻盛錦記
南門北長街•經理祝錦山

豐泰裕
北塘沿河•經理張之彥•電話八〇

豐潤

南門黃泥峰
顏　公　泰
第七區港下・經理顏二官
寶　大
北塘三里橋・電話一〇二
寶　隆
南門黃泥峯・電話九九七
寶　源
北塘橫浜口・經理劉蘭溪
・電話三四七
寶　豐
北塘・經理鄒少坪・電話
三二八
顧　俊　興
第十區查家橋・經理顧斌
承
顧　復　泰　錦　記
第七區黃土塘・經理顧八
記
顧　義　生

第八區安鎮・經理顧友卿
顧　鴻　順
第七區張涇橋・經理顧鴻
順
鑫　記
三里橋・經理陳鴻泉・電
話四七八

◉碾米廠

大　興　碾　米　廠
江尖上・電話四九二
仁　昌　碾　米　廠
江尖上・電話四三二
仁　昌　餘　米　廠
江尖上・經理陳雪興・電
話四三二
天　生
南門外伯瀆港・經理補叔
英
民　生　米　廠

江尖・經理李伯鏞・電話
八六二
永　茂　碾　米　廠
蓉湖莊・電話八七一・第
二廠小尖上・電話八二四
永　益　碾　米　廠
壩橋下・電話八八三
利　新　米　廠
茅涇浜・經理錢鍾偉・電
話七八八
益　新　碾　米　廠
江尖上・電話二五五
復　新　米　廠
江尖・經理朱鳴輝・電話
四九二
鄒　成　泰　米　廠
江尖上・經理鄒紀康・電
話一三八
嘉　禾　碾　米　廠
龍船浜・電話四九七

寶　新　碾　米　廠
茅蓬沿河・經理談文明・
電話四五一

◉雜糧

大　隆
南上塘・經理黃浩卿・電
話六六六
元　大　裕
南門外伯瀆港・經理馬大
寶
毛　裕　泰（糠）
惠農橋新市場・經理毛鳳
岐
王　聚　興（棉花豆餅）
第八區安鎮・經理王祥麟
正　豐　昌
南門外伯瀆港・經理朱敍
寶
永　盛

三里橋・經理吳雲溪・電
話一三五

李　復　興(麩皮)
第八區羊尖鎮・經理李士
吉

協　興　恆
外黃泥橋・經理鮑曙初・
電話五四七

昇　　　記(荳餅)
黃垞岸・經理陶鑑衡

恆　　泰(麩皮荳餅)
北門外北柵口

徐　元　恆(麩皮荳餅)
第八區嚴家橋・經理徐德
昌

振　　　裕
伯瀆港・經理龔晉銓・電
話六九四

奚　榮　昌(糠)
江尖上・經理奚麗成

唐　裕　和(荳餅麩皮)
第十五區禮社・經理唐培
泉

陸　祥　泰(荳餅麩皮)
第八區嚴家橋・經理陸仲
闌

華　　　興(糠)
江尖・經理華子江・電話
一七九

程　洪　源(荳餅麩皮)
第八區嚴家橋・經理程冉
林

馮　義　茂(麥灰麥柄)
南門下塘老窰頭

馮　聚　茂(麩皮)
第七區張涇橋・經理馮柏
記

過　昇　泰
第六區八士橋

鼎　　　成(荳餅)

第十二區后宅鎮・經理鄒
茂如

義　　　盛(荳餅麩皮)
第八區嚴家橋・經理王士
鏞

臧　萬　興(荳餅麩皮)
第八區嚴家橋・經理臧楚
雄

顧　合　茂(荳餅麩皮)
第八區嚴家橋・經理顧錦
章

⊙麵粉

九豐麵粉公司
蓉湖莊(商標山鹿，五福)
經理蔡秉三・電話二一・
批發處北塘沿河・電話六
三

大同麵粉公司辦事
處
北門長安橋・經理章建楣
・電話六二

尤　恆　記(麵粉麩皮)
北塘小三里橋・電話一二
一

尤　雲　記(麵粉麩皮)
惠農橋・電話八八五

公　　　盛
第九區后橋・經理呂順興

永　　　泰
惠農橋新市場・電話九二
六

永　源　豐(麵粉麩皮)
桃棗沿河・電話一五二

李裕泰粉廠
老窰頭中段南門

協盛永記麵行
北柵口惠農橋南・經理劉
偉良

茂新麵粉公司

西門外太保墩（出品麵粉麩皮）商標兵船牌・經理榮德生・電話一六・第二廠惠山浜・電話四六八・批發處北塘沿河・電話九二・收麥處太保墩・電話二八九

恆　協（麵粉麩皮）
北塘財神衖口・電話三二九

恆茂麵粉批發處
北塘・經理周承田・電話二二一

恆豐麵粉批發所
醬園浜・電話二三五

泰來麵粉公司
小四房衖・電話六五一

泰記恆（兼麩皮荳餅）
惠農橋新市場・經理張鴻壽・電話四七一

泰隆麵粉公司
西村裏（商標鷹球，龍船）電話五一五・批發處財神弄口・電話八二

泰　豐（麵粉麩皮）
北塘・電話二三六

瑞　記（麵粉麩皮）
北塘三里橋・電話一一五三

鼎盛粉號
北塘財神弄・電話一二〇九

趙桂記（麵粉麩皮）
北塘沿河・電話一五六

福新麥莊
北塘・電話九〇二・收麥處工運橋沿河・電話八九六

蔣恆泰（兼荳餅）
北柵口・電話六一六

蔣恆泰（兼麩皮荳餅）
北門外惠農橋下新市場・經理張鴻福・電話一九五

劉德餘（米粉）
南門外清名橋上塘・經理劉巧珍

濟　康
祝棧弄・電話九五九

◉醬園槽坊

九　昶
北門惠農橋東首新市場・經理過省三・電話一〇五五

丁永長
第四區榮巷鎮

丁利泰（醬園）
南門外跨塘橋・經理周鈞勤・電話六五六

三泰慎
南門跨塘橋下塘・經理朱雲翔

于協昌（槽坊）
南門南橋鎮・電話二〇三一

大生祥（槽坊）
南門・經理祝雲龍

大有裕（槽坊兼米）
南門外伯瀆港・經理劉彥威・電話二八一

大有福（槽坊）
南門清名橋・電話六六四

大　昌（兼糧食）
東門外熙春街・經理沈雲孫

大昌協（槽坊）
南塘・經理徐炳南

尤萬順（槽坊）
灣頭

公　正（槽坊）

東門東亭鎮・電話二〇三
四
仁　昌(醬園)
第十區東亭・經理陶涵如
元　春
南門跨塘橋・經理鄒祖炳
元　源
廣勤路舞鳳橋堍・經理楊
仲威・電話二八五轉
元　豐(槽坊)
南門南新橋
元　豐　恆(酒醬)
第十二區后宅鎮・經理殷
賈儿
正　昌
華大房莊
立　成(醬園)
西門小木橋
立　興　鴻(槽坊)
南門外清名橋南下塘

永　昌(醬園)
八士橋
永　泰(槽坊)
南門南市橋上塘
永　泰　豐(槽坊)
西門柵下・電話二四六
同　仁(兼雜貨)
北門外巴斗街・經理周仲
雅
同　豐(酒醬)
第十一區甘露鎮・經理華
錫卿
有　豐(槽坊)
吉祥橋・經理孫叔康
朱　義　泰(油醬)
第八區安鎮・經理朱敬安
朱　福　記(醬酒)
南門清名橋大有街・經理
朱籃軒
朱　耀　記(槽坊)

北門外周山浜
全　昌
東門外井亭街
全　昌(槽坊)
北塘小三里橋・電話九九
六
全　昌　一　號
西門外吊橋大街・經理何
允迪・電話五六八九
全　昌　中　號
崇安寺山門內・經理尹復
孫・電話八〇三
全　昌　分　號
西門內西橫街・經理周蔭
庭・電話四〇八
全　昌　東　號
亭子橋・電話八〇四
全　昌　南　號
惠山龍頭口・經理吳桂記
・電話一一一六

全　昌　西　號
西門外棚下・經理朱瑞庭
・電話三一三
全　昌　北　號
大河池沿頭・經理周蔭庭
・電話九二四
全　昌　盈　號
北塘小三里橋・電話九四
二
全　昌　鴻　號
小泗房街・經理盛慕儀記
・電話一〇二三
李　茂　昌(醬園)
光復門外・經理李菊初
宋　成　泰(酒醬)
第十區東亭・經理宋鴻基
杜　源　豐(槽坊)
清名橋下塘・經理杜耀卿
宏　泰　祥(醬酒)
西門魚行街

吳大昌(槽坊兼糧食)
西門外棉花巷・經理吳虎丞
吳裕昌洽記
青菓巷・經理胡世卿・電話七九六
邵恆裕(槽坊兼糧食)
西門外吊橋下
長泰(油酒)
第八區安鎮・經理黃涵清
周潤昌
城內寺巷・經理周紹榮
林瑞泰(油醬)
第八區安鎮・經理林和福
林萬泰(油醬)
第八區安鎮・經理林長榮
長春(槽坊)
北吊橋下・電話四五〇
長興(槽坊兼油餅)

南門外黃泥峯・經理過煥臣・電話九一五
長豐(醬園)
北吊橋・經理陶厚基・電話四五〇
東昇
北塘大街
東益源(醬園)
第七區張涇橋・經理徐寶根
東泰
北塘大街江陰巷口・電話二二九
東泰昌
北門江陰巷內・經理華修梅
和昶(槽坊)
南門清名橋下塘・經理丁季良・電話八六五轉
和泰分號(槽坊)

跨塘橋下・經理周梅蓀
和豐(酒米)
舟山浜
和豐盛(酒醬)
第五區堰橋・經理范石君
協大(槽坊)
廣勤路中
協成和記(酒米糧食)
廣勤路中
協昌(酒醬)
第九區后橋・經理王佐才
協和(醬酒)
第四區榮巷鎮
協昶(酒醬烟)
惠農橋・經理朱若愚
協泰
第五區寺頭鎮・經理徐定章
協泰昌(槽坊)

北塘三里橋・經理趙頌芬・電話四七〇
協泰昌分號(槽坊)
大河池沿・電話九三二
協泰昌南號(槽坊)
南長街中市・經理邵蔭珊・電話二一一
協盛(兼糧食)
中市橋上塘
協聚昌(醬園)
北柵口
協興(酒醬)
第五區寺頭鎮・經理張益全
協豐義
北塘三里橋・經理范煥章・電話六三九
胡協記(槽坊)
胡家渡・電話二〇〇六

厚　生(醬園)
第四區徐巷鎮
厚　生　祥
西門外西直街
查　公　和(醬酒)
第三區南橋鎮
洽　記(酒醬)
第七區港下•經理顏二官
洽　源(酒醬)
第五區寺頭鎮•經理袁伯
春
俞　壽　豐(兼糧食)
通運路太平巷口•經理朱
雲軒•電話七五九
俞　壽　豐(兼糧良)
東門亭子橋•經理俞蘊青
恆　昌(酒醬)
光復路•經理過玉麟
恆　茂(酒醬)
第五區張村•經理徐馥秀
恆泰南號慎記(醬園)
南門外跨塘橋•經理諸菊
福•電話八七七
恆　泰　永
大市橋•經理范獻庭•電
話一九四
恆　泰　昌(酒醬)
第五區寺頭鎮•經理胡錦
賢
恆　泰　盈
惠農橋新市場•經理温彩
章•電話二一八
恆　泰　裕
倉橋下•電話五五二
恆　泰　鴻(槽坊)
寺巷內•經理李宗唐
恆　盛(槽坊)
南門南市橋上塘
恆　裕
西門外•經理高洪超
恆　義
東大街大市橋西堍•經理
俞福增•電話八五二
恆　源　祥(油醬)
第十一區鴻聲里•經理姚
玉書
恆　餘
城內東大街沈果巷口•經
理尤酒斌
恆　興　盛(槽坊兼糧食)
三鳳橋•電話四九八
恆　興　盛(槽坊)
城中鳳光橋
恆　豐(醬酒雜貨)
光復路中市•經理倪詠沂
恆　豐　潤
西門直街•經理張潤吉
泰　恆　興(槽坊)
秦巷•電話二〇四二
徐　乾　記(醬酒)
第四區徐巷上
唐　如　興(醬酒)
第十五區前洲•經理唐鳳
台
振　泰(酒醬)
第五區寺頭鎮•經理楊振
先
畢　春　和(醬酒油)
第十二區大牆門口•經理
畢顯郊
泰　昌(醬園)
書院街•經理顧耀南
泰　隆　協(醬酒)
第十一區甘露鎮•經理華
俊山
泰　豐　潤(酒醬)
第十一區甘露鎮•經理錢
仲青
張　源　泰(酒米糧食)

惠商橋・經理張秉鈞

張　源　泰(槽坊兼米)　廣勤路中・經理張秉鈞

張　義　和(槽坊)　清名橋・經理張耀慶

張　福　興(醬園)　東門熙春街・電話七六五

得　美(油醬)　第十一區蕩口鎮・經理華垂基

莊　源　大(油醬)　第四區錢橋

許協泰昌老號　北塘三里橋・經理糜俊千・電話四七〇

許協泰昌分號　大河池沿・經理許士敏・電話九三二

許協泰昌子記　長街衖內・電話一一三七

曹　信　盛　伯瀆港・經理曹芝芳

祥　泰(槽坊)　舟山浜

祥　豐(醬園)　南上塘・經理胡國鈞

陳全豐北號　舟山浜第四支路(酒米糧食)經理朱子泉

陳　通　裕(酒醬)　第十一區甘露鎮・經理陳炳先

陸　右　豐　北塘接官亭・經理朱啓祥(伯和)電話一九二(始創同治三年，先後分設支號七處)

陸右豐東棧　醬園浜・經理張伯平・電話二八六

陸右豐西棧　新三里橋・經理尤劍庭・電話三四六

陸右豐南號　西門外外吊橋南・經理朱伯和・電話三五七

陸右豐北號　惠農橋・經理華彩章・電話二七二

陸右豐中號　寺巷口・經理張伯平・電話五四二

陸右豐第七支號　通運路吉祥橋堍下・經理戴景春・電話二一九〇

陸右豐第八支號　吳橋・經理范榮泉・電話一一二三

陸　志　遠(酒醬)　第五區堰橋・經理陸志遠

陸　聚　茂　三里橋・經理陸庠生・電話四七二

陶東昇南號　黃泥峯・經理陶鑑衡・電話六四八

陶東興祥號　三里橋・電話七五三

陶東昇盈號　大橋下・電話一三七

陶東昇豫號　斜橋下・電話八六六

陶　長　豐(醬園)　第十六區楊墅園・經理陶仲候

陶　長　豐(醬園)　第十六區洛社鎮・經理陶仲候

陶　長　豐　吳橋・經理陶仲厚・電話

二三七

陶長豐分號
大河池沿頭・經理陶仲候

陶恆茂（油酒）
第五區堰橋・經理陶耀文

陶謙益泰（槽坊）
笆斗衖・電話四九一

陶謙益分號
北門江陰巷內・經理陳文錦

陶謙益北號
錫澄路口・電話一一五二

順昌（槽坊）
惠農橋・電話一一七二

勝昌（酒醬）
第十區查家橋・經理嚴廷爵

程益泰（油醬）
第十一區甘露鎮・經理程益生

開泰（酒醬）
第九區后橋・經理邢欣如

馮義茂（油米酒醬）
伯瀆港・經理馮雲基・電話一一八七

湧泰
北門外長安橋・經理盛建勛・電話一四〇

湧泰（槽坊）
北門外大橋下

湧泰（槽坊）
北門長安橋堍・電話一四〇

復成
南門外清名橋下塘・經理丁道元

復昌昇（醬園）
清名橋南塘・電話四八七

復昌泰（醬園）
跨塘橋下塘

復昌鴻
南門外清名橋下塘・經理楊紹麟

華裕泰（油醬）
第十一區甘露鎮・經理華克昌

華興茂（兼糧食）
東門外熙春街・經理華鈺初

華豐泰（油醬）
第十一區甘露鎮・經理華克昌

華豐泰（醬油醃器）
第八區羊尖鎮・經理華克昌

過協泰（槽坊）
第六區八士橋・電話二〇六一

鄒泰康（醬油荳餅）
第十二區大牆門口・經理鄒仲儀

義生祥（醬油）
第七區張涇橋・經理王金才

義生新（醬園）
第七區張涇橋・經理經維城

義吉（槽坊）
東門東亭鎮・電話二〇三五

鼎泰（醬油）
第十二區后宅鎮・經理鄒泰來

鼎盛（醬園）
南門外清名橋下塘

鼎豐（兼糧食）
大市橋南首・經理唐浩廣・電話九一七

瑞昶裕
南水仙廟・經理許瑞泉

裕昌協(槽坊)
南門伯瀆港・經理周文治・電話四五八

裕茂(槽坊)
第六區八士橋

裕隆盛(酒醬)
第三區周新鎮

裕豐(槽坊)
鳳光橋城中

萬泰(油醬)
第十一區甘露鎮・經理華文芹

萬祥盈記(兼桐豆油餅)
北柵口・經理過子藩・電話六五七

萬祥盈分號
三里橋・經理王少和・電話三八一

萬祥盈三支號
惠農橋東沿河新市場三號・經理過少藩・電話四八二

萬豐昶(醬園)
横浜裏祝棧弄・電話九二七

萬豐昶(槽坊)
北塘・電話五三二

楊恆泰(醬園)
第五區堰橋・經理楊履冰

楊恆泰(槽坊)
大市橋街・電話一九四

楊恆泰
駁岸上・電話六八六

楊恆泰南號
南門跨塘橋・電話八七七

楊恆泰北號
惠農橋・電話二一八

楊恆泰潤記
西門棉花巷

楊裕豐
第五區寺頭鎮・經理楊學九

楊龍敘(槽坊)
第五區寺頭鎮・經理楊昶勛

源長鴻(醬園)
北柵口・電話四八

源長鴻分號
北新橋・電話一一〇一

源泰
灣巷口・經理虞雲章

源盛(槽坊)
南門灣頭上

源裕
華莊・經理周錦昌

源興(酒醬)
第七區黃土塘・經理吳錫記

源豐盛(槽坊)
南門外伯瀆港

福來和(醬園)
西門棚下・經理錢少卿・電話三三四・分號西大街，又五洞橋南・電話九三四

福昌
新民路・經理章鳳岡

福泰
大市橋南首

聚隆(槽坊)
南門南市橋上塘

聚盛(醬酒)
第三區夏家邊鎮

鄭源豐
三里橋・經理鄭恩植・電話三三一・又小三里橋・電話九〇七

潤記(油醬)
第四區榮巷鎮

德裕(醬園)

第七區東湖塘‧經理周濟
生
蔣　榮　泰（槽坊）
北門煤場弄口‧電話一〇
七
劉大有福號第一支
店
南門外上塘清名橋西首（
開創於遜清乾隆元年，於
茲已二百餘載，兼營浙皖
黃蔴絲，行銷全省）總經
理劉祿生，本號事務主任
劉振蒼‧電話六六四
劉　福　記（醬園）
南上塘‧經理劉祿生
潤　　記（醬園）
南門南市橋上塘
錦　　昌（醬園）
第六區八士橋
錦　　源（醬油）

第十二區后宅鎮‧經理鄒
文濬
錦　　豐
南倉門‧經理周錦泉
鴻　昌　裕
伯瀆港‧經理顧乃康‧電
話六九三
鴻　　泰
灣巷內‧經理許仲韶‧電
話一一九六
鴻　　泰（槽坊）
第六區八士橋
鴻　泰　昌
南門黃坭峯‧經理沈鶴鳴
‧電話七三二（許敍成米
行）轉
鴻　泰　祥
西門棚下‧經理尤厚卿‧
電話一一七六
鴻　泰　祥　南　號

西門外迎龍橋‧經理尤厚
卿‧電話總號一一一八
鴻　泰　祥　西　號
西門吊橋下‧經理尤厚卿
‧電話四八八
鴻　泰　祥　北　號
惠農橋新市場‧經理尤厚
卿‧電話八五八
鴻　盛　興（槽坊）
南門外伯瀆港
鴻　　餘（醬園）
通運路‧經理過伯謙
鴻　興　裕
觀前街
濟　　泰（槽坊兼雜貨）
第十六區陡門橋‧經理徐
學全
謝　源　豫（槽坊）
南門黃坭峯‧經理謝植卿
‧電話二六七

豐　　泰　　永
西門外柵下
豐　　號（油醬）
第十一區甘露鎮‧經理華
克昌
鎮　　豐（醬園）
北門外黃坭橋
蘇　湧　泰（槽坊）
灣頭
蘇　惠　豐（槽坊）
毛巷街‧電話二〇〇八
寶　　盛（油酒雜貨）
第八區安鎮‧經理成繼康
寶　　豐（醬園）
新三里橋‧經理張省迺
顧　大　昌（槽坊）
南門外伯瀆港‧經理顧涵
生
顧　戈　豐（醬園）
南倉門‧經理顧鶴記

顧萬億(槽坊)　開化鄉南方泉・經理顧甫生

鑑和豐(槽坊)　西門直街

◉油

大昌油廠(油餅)　西星橋・經理周培揚・電話三五九

王天豐　第十一區甘露鎮・經理王雲甫

王源來(桐豆油麻)　北門大橋下桃棗沿河・經理許汝舟・電話一五〇

王源長(桐油荳油)　竹場巷・經理王耀千

元豐恒　第十一區蕩口鎮・經理殷冠卿

四時春　第十一區鴻聲里・經理王蔭培

永大(桐荳油餅及粉麵)　北門外蔴餅沿河・電話九七一

永源　第十一區蕩口鎮・經理華元伯

永義　第十一區蕩口鎮・經理華元伯

永號　第十一區蕩口鎮・經理華元伯

同協油廠(油餅)　太保墩・經理陳正和・電話一一四五

任肇昌　第十五區玉祁・經理任啓明

朱德盛　第十一區甘露鎮・經理朱雲齋

宏順(麻油)　北塘煤場弄西首

沈恒源(油餅)　第十五區玉祁・經理沈根生

昇記(豆油)　工運橋西梁溪路・經理周念椿・電話一〇二五

胡義生　第五區堰橋・經理胡亮卿

洪泰祥(油餅)　第三區南橋鎮

恒德油廠(荳餅荳油)　火車站對岸(商標恆德,天,福,祿,利記,九隆)經理浦大綸・電話五四九・電報掛號一八五四

恒德昌(桐荳油餅)　麻餅沿河・經理王海記・電話三八二

恒豐(油餅)　第十五區玉祁・經理沈普藩

恒豐泰森記　麻餅沿河・經理沈銓生・電話五六二

高同昌　北塘三里橋・電話一四九

張永昇(油餅)　第三區南橋鎮

許淦泰　第十一區甘露鎮・經理許仲歧

陳永亨　第十一區甘露鎮・經理陳彬臣

莊源大油廠
第十六區錢橋南街・經理莊關舫

華孚煉油廠
第五區堰橋・經理胥植之

復　昶（油餅）
第十五區禮社・經理唐泉元

黃　變　記
第五區堰橋・經理黃變章

湧寶成油廠
西門外吊橋（製造上等衛生豆油和各種豆餅）經理尤瑞芳・電話一二八

郇成茂油廠
江尖上（豆餅豆油）經理郇復威・電話五三二一・電報掛號六七六〇

瑞源昌
第五區堰橋・經理王瑞卿

源　大
第十一區甘露鎮・經理朱義俊

源　大
麻餅沿河・電話二七八

源昌新
通匯橋沿河（經營桐油，豆油，餅，麩皮，及寶塔牌煉油批發處）經理周步浤・電話五二九

源春隆（桐豆油廠）
北門大橋下桃棗沿河・經理楊幹卿・電話七七

源茂祥
第十一區鴻聲里・經理華大綸

源茂順
通滙橋・經理張佩伸

源　記
北門長安街・電話四七七

源　祥（荳油桐油）
竹場巷・經理周康・電話三三七

源　順
通滙橋東堍（桐油豆油煤油豆餅）經理夏敬輿・電話五四一

儉豐油廠
第十六區石塘灣・經理孫良初

劉三和油廠
第十六區洛社鎮・經理劉虞卿

潤豐昌記餅油廠
北門外南尖（出品豆餅豆油）商標潤豐，昌記，潤豐昌・經理唐滋鎮，陳作霖・電話三七四

鴻　泰（油餅）
第十一區鴻聲里・經理華德修

鴻　興（棉油）
長安橋・經理强鴻泉・電話五一三

◎鹽

久大精鹽公司無錫經理處
通惠路北柵口（久大精鹽，潔白乾燥，毫無苦味，食之，衛生有益）經理朱梅森・電話一一四二

王鼎裕
第九區后橋・經理王佩韋，浦鶴林

施恆茂（兼白鹼）
第七區東湖塘・經理施耀仁

泰　和
第八區安鎮・經理蔣子蘭

張阿春

第五區張村・經理張阿春

乾　豐
第十區東亭・經理程翼雲

源　聚
南方泉

寶　大
第十區東亭・經理陳啓明

◉糖

公益冰糖廠
北門長安橋祝棧弄・電話一〇一一

仁　號
桃棗沿河・經理繆楚珊・電話六二七

永源盛
通惠路惠農橋堍沿河十二號・經理吳盛裕

胡順興
南門外南長街

孫利達
第五區寺頭鎮・經理孫耀奎

曹會豐（糖箏）
北門壇頭街・電話七四六

華德興
第五區寺頭鎮・經理華清大

◉南貨

一大祥記
桃棗沿河・經理吳麟初・電話二四一

三　茂
南長街・經理馬鳳軒・電話六四一

三　陽
大市橋街・經理鮑念椿・電話一〇〇三

大生成
第八區安鎮・經理季松元

大有豐
南門外清名橋上塘大有弄北首・經理劉玉峯・電話三六一號轉

大　成
第七區陳墅・經理邢鈞欽

大昌盛
第十區梅村・經理夏良卿

仁　大
通運路・經理江叔瑜

五　大
南門外清名橋上塘・經理謝雲峯，協理黃仲儀・電話大有福槽坊轉

天　成
南門外南方泉・經理石兆根

天　來
北門外大橋堍・經理戴彤昇・電話二三四

元大恆
桃棗沿河・經理錢晉法・電話九一二

公興泰
第七區張繆舍・經理包文若

王仁和
第十七區六區橋北・經理王晉臣

王隆昌
第八區安鎮・經理王鳳書

立　大
北塘祝棧弄西首・經理江雲鵬・電話二八三

民　豐
第八區安鎮・經理孫仲輝

生　茂
第十區梅村・經理倪志基

生茂順

第三區南橋鎮

正　大
北門大街•電話六一七

正泰豐
東門外亭子橋•經理章鶴庭

永　大
南門外黃埿峯南新橋•經理潘雲章

永大昌
第七區陳墅•經理蔣雲生

永大益
第十一區蕩口鎮•經理華震芹

永　茂
北塘張成街口•經理朱亦厂•電話四五六

永　泰
西門

永泰祥
第十二區大墻門口•經理陳壽柏

永　盛
第九區后橋•經理浦德元

永源茂
第九區盛家橋•經理周春寶

永　興
第九區東橋鎮•經理倪正卿

永興昌
西門•經理葛宗志

永　豐
第十區査家橋•經理錢文華

永豐茂
第十五區禮社•經理王德涵

朱奕盛
黃埠墩•經理朱少泉

江公正
第十區東亭鎮•經理江煥卿

如號復
北門外桃棗沿河•經理顧浩然

全昌餘
第十區梅村•經理居濟和

兆　康
第十二區后宅•經理葛琴舫

老仁記
第八區安鎮•經理俞文德

老萬生
第六區八士橋

安　吉
第八區安鎮•經理安仰順

安義生
第八區安鎮•經理安靜志

同　泰
南門外南方泉•經理章維亭

同　泰
第十一區鴻聲里•經理錢軒芝

同泰興
第八區羊尖鎮•經理徐少山

同泰餘
廣勤路中

同盛和
吉祥橋•經理鄭春和

同復泰
第八區嚴家橋•經理程天石

同　源
第十一區甘露鎮•經理華依君

同興昌
第三區夏家鎮

同鴻泰
第八區羊尖鎮・經理李達夫
同豐
第十二區薛典・經理楊繼時
成裕發
周山浜・經理張子才
杜振源
南門外南方泉
宋合聚
周潭橋・經理宋利康
何金源隆
北塘小泗房衖西首・經理何子準，朱春福・電話三一四
吳洽昌
第七區東湖塘・經理吳子根
吳信茂

第八區嚴家橋・經理吳漢文
吳萬成
清名橋下塘・經理吳光濤
沈源豐
南門外方橋鎮・電話二〇六八
志和永
第十二區大牆門口・經理楊甫記
志和東
第十二區大牆門口・經理楊亦超
汪泰和
第八區嚴家橋・經理汪菊舍
呂萬泰
第十二區后宅鎮・經理呂步雲
呂德泰

第二區后宅鎮・經理呂少雲
怡昌
第十區東亭・經理陶涵如
怡昌潤
南門外清名橋下塘・經理蓋鏡如
和同泰
第八區羊尖鎮・經理季達夫
阜康
第九區盛家橋・經理盛烈均
邵恆泰
第十二區后宅・經理邵林巖
周元亨
第七區張繆舍・經理周仲良
周永泰

第七區張繆舍・經理周林生
周協順
第十區東亭・經理周朝楨
周德茂
第八區嚴家橋・經理周毓西
協大
第十五區玉祁・經理魏源泉
協昌祥
南門外清名橋上塘・經理華雲奎・電話聚昌米行轉接
協泰昌
第十七區胡埭鎮・經理吳式廣
協泰祥
第十五區玉祁・經理李子良

協泰祥 第六區八士橋

協盛昌 第八區二房廊下・經理姚仲英

協興 江溪橋・經理王文炳・電話二〇五七

春和洽 第十區梅村・經理畢顯郊

范恆源 第五區堰橋・經理范伯時

勇洪盛 第八區嚴家橋・經理勇奇征

姚恆茂（象布綫） 第七區黃土塘・經理姚雲飛

姚盛興 第十一區甘露鎮・經理姚雲翔

姚義和 第七區港下・經理姚慎之

南利盛 第十一區甘露鎮・經理顧君賓

南得 第十一區蕩口鎮・經理周嘉南

南盛 第九區嵇家橋・經理浦李生

南湧隆 第十一區蕩口鎮・經理華宙章

洪源 盛家橋・經理華根元

洽泰 南方泉・經理陸阿榮

洽義 第十二區薛典・經理翁心培

洽源恆 第八區二房廊下・經理王錦三

信大 西棚下・經理張耀珊

信昌和 第十區梅村・經理劉子威

信盛福 大市橋・經理陶仁秋

信裕 第十區查家橋・經理沈斗南

恆大 第十一區鴻聲里・經理鄒指南

恆大 第十區西倉・經理鈕嘉祥

恆大昌 第十二區大橋門口・經理楊惠孚

恆大寶記 三鳳橋堍・經理蔣濟楨・電話四九八轉

恆昌德 第九區后橋・經理華鴻鼎

恆茂昇 第九區后橋・經理張學之

恆茂炳記 第十五區玉祁・經理蕭煥章

恆茂祥 第十一區鴻聲里・經理强乃賡

恆泰仁 第八區安鎮・經理周少庭

恆泰祥 第九區后橋・經理譚根榮，馮應春

恆　泰　源
第七區張涇橋・經理朱惠洪

恆　記
瓦莊・經理楊伯梅

恆　興　盛
八士橋

恆　豐
第十區石埭橋・經理徐佩岵

恆　豐
第十五區禮社・經理薛壽山

益　泰　昌（兼肥皂）
北門外三里橋東首・經理康繼鄉・電話六三九號轉

翁　人　和
第十二區大墻門口・經理翁仰心

徐　乾　泰
西門

孫　協　泰
第八區二房廊下・經理孫仲華

孫春陽牲記
老北門外吊橋堍・經理王立照

孫　萬　昇
第十七區胡埭鎮・經理孫子堅

高　和　美
南門外清名橋上塘・經理高仲和

泰　康
第八區安鎮・經理丁道生

時　生　春
第十六區楊墅園・經理錢念向

夏　新　來
第三區夏家鎮

牲　泰　裕
第八區嚴家橋・經理勇鶴初

倪　萬　成
第二區北方前・經理倪茂卿

倪　鴻　泰
長大廈・電話二〇六三

蓋　怡　昌
南門伯瀆港・經理蓋雲如

祥　豐
第十七區六區橋・經理金連生

叙　源
第二區北方前・經理華煥綸

許　正　和
第十一區蕩口鎮・經理許仰屺

乾　亨
第十五區禮社・經理薛景明

張　公　茂
第十七區盛店橋・經理張悅初

張　恆　盛
第十二區坊橋・經理張有美

張　泰　號
江陰巷・經理張子寶

張　通　潤
第十七區胡埭鎮・經理張承烈

張　萬　和
第十六區洛社鎮・經理張鄧氏

陸　太　和
南方泉・經理陸海山

陸　恆　豐
第二區北方前・經理陸燿

松
陳　宏　興
第十二區大橋門口・經理
陳振華
陳　源　昌
第十區西倉・經理陳瑞寶
陳　萬　昌
清名橋下塘
陳　萬　茂
第十七區胡埭鎮・經理陳
仲和
陳　德　昌
第十區梅村・經理陳亮卿
順　康　隆（兼鮮肉）
華莊・經理顧文彬
隆　昌　興
第三區周新鎮
隆　茂　恒（兼布綿）
華莊
隆　泰　洽（兼槽坊）

西門迎龍橋・經理江雲鵬
・電話九二八
隆　興
第九區東橋鎮・經理華鏍
寶
隆　興
第九區后橋・經理浦長鋆
勝　和
第七區張涇橋・經理程金
南
勝　誠　裕
第七區張涇橋・經理嚴廸
欽
湧　泰
第二區北方前・經理高光
榮
黃　南　康
第三區南橋鎮
盛　昌　祥
第三區周新鎮

湯　德　豐
第十七區胡埭鎮・經理湯
建勛
程　怡　昌
第七區蠡湖・經理程俊階
程　泰　和
第七區蠡湖・經理程偉堂
程　源　長
第八區安鎮・經理程伯增
程　瑞　馨
第七區黃土塘・經理程浩
善
華　安　泰
第十區東亭鎮・經理華用
伯
華　同　興
第十一區蕩口鎮・經理華
垂年
華　信　茂
第八區安鎮・經理華月亭

華　森　泰
第十區梅村・經理華逸秋
華　義　康
第十一區甘露鎮・經理華
錫雲
華　聚　茂
第十區東亭鎮・經理華敍
記
惠　豐
壇頭街・經理過仲章・電
話七四六
楊　乾　泰
北門塘三里橋・經理龔靜
初
楊　源　長
第十七區胡埭鎮・經理楊
錫成
楊　源　興
江溪橋・電話二〇四〇
楊　萬　昌

第十七區港下・經理楊頌路

楊德盛
第十七區胡埭鎮・經理楊伯岩

新昌
第三區南橋鎮

新昌協
第八區安鎮・經理華伯森

源大
第七區港下・經理孫中源

源升仁
第十七區胡埭鎮・經理賈增用

源昌祥
第八區安鎮・經理薛榮祥

源恆泰
第七區陳墅・經理鄒桂寶

源泰祥
第十二區后宅鎮・經理周步雲

源盛
第九區后橋・經理陸浩然

源義慎記
北門外壇頭街・經理顧植卿

源興
第二區江溪橋・經理許其祥

董鴻昌
南方泉・經理董繼大

董鴻泰
南門外南方泉・經理董紀根

鼎興
第十七區胡埭鎮・經理湯型記，吳春全

鼎豐
第十七區胡埭鎮・經理戴遐候

鼎豐餘
第十區梅村・經理陳志英

萬大
北大街・經理繆棟臣・電話一九六

萬仁大
第十區梅村・經理萬敦仁

萬信餘
第十五區禮社・經理薛福基

萬春祥
第十五區前洲・經理唐仲光

萬茂
南長街・經理朱聘臣

萬恆裕
南門外清名橋上塘・經理趙學其

萬泰
老北門越城口・經理陳煥章・電話九〇五

萬泰昌
西門棚下・經理康繼鄴

萬隆
南上塘・經理張祖培

萬順協
南門外清名橋上塘・經理惠浩祥

萬順裕
南門南長街中市・經理朱榮庭・電話四一七

萬豐
南門外清名橋下塘

瑞昌
第十一區甘露鎮・經理華耀

瑞昌祥
第十一區鴻聲里・經理顧儘椿

瑞華
第八區二房廊下・經理陳

餘　源
第七區寨門・經理嚴壽良
錢　永　茂
第十六區楊墅園・經理錢
榮謀
鮑　福　源　盛
第十四區鮑家莊・經理鮑
紹連
薛　源　裕
禮社・電話二〇三六
鴻　大
西門棚下・經理錢彥文
謝　元　益
灣頭上
蕭　正　太（兼槽坊）
華莊・經理蕭紹清
蕭　至　大
南方泉・經理蕭仲奎
鎮　大
第十一區蕩口鎮・經理華

劉　信　昌
第十區梅村・經理劉竹均
劉　禎　昌
南門伯瀆港・經理劉應祀
德　茂
第八區安鎮・經理姚民權
德　隆　祥
第十一區鴻聲里・經理華
文美
震　泰　義
第十二區后宅鎮・經理鄒
義方
億　昌
第十區梅村・經理劉焯興
談　協　泰
第十一區甘露鎮・經理談
步雲
餘　大
第七區東湖塘・經理吳樹
華

義　泰　興
光復路・經理趙林佩
義　盛
第九區后橋・經理浦秋帆
義　源　盛
第十區梅村・經理呂文進
趙　涇　記
第七區東湖塘・經理趙希
愚
趙　源　茂
第八區嚴家橋・經理趙晉
方
聚　源　盛
第二區北方前・經理王伯
勳
福　源　興
華莊・電話二〇七七
福　興
南門外黃泥峯・經理周介
範

新良
裕　大
第十五區玉祁・經理蘇炳
仁
裕　興
第十一區甘露鎮・經理滕
國南
義　生　南
第八區安鎮・經理安靜遠
義　昌
第七區東湖塘・經理朱叔
由
義　和　祥
第八區安鎮・經理張友德
義　和　祥
第七區陳墅・經理王仲三
義　成
第三區南橋鎮
義　茂　盛
第十區梅村・經理强耀祖

寶寶
鎭　元
第十一區蕩口鎭・經理殷
冠卿
顧　振　泰
第八區二房廊下・經理顧
金寶
顧　源　盛
第八區羊尖鎭・經理顧炳
奎
顧　錫　昌(兼雜糧)
南門外南方泉・經理顧錫
寶

◉茶食糖果

丁　協　仁(茶食)
第十區東亭・經理丁亦根
久　和(茶食)
北塘接官亭
大　昌　源
三里橋・經理部昌國
大　益(茶食)
北門通滙橋
大　樂(糖菓)
交際路・經理陳克明
仁　太　興(茶食)
南門外南方泉
天　香　齋(茶食)
北門外江陰巷
天　祿(糖果)
第十一區蕩口鎭・經理翁
伯寅
天　祿(茶食)
通運路・經理朱寶書
王　元　昌(茶食)
第五區寺頭鎭・經理王可
忠
王　隆　茂(茶食)
南門外南方泉
王　萬　興(茶食)
第八區羊尖鎭・經理王江
男
田　恆　茂(茶食)
第五區堰橋・經理田東初
立　生(茶食)
通運路・經理劉炳章
永　隆(茶食)
南門外黄埞峯・經理朱其
昌
永聚興分號(茶食)
南新橋・經理王增三
永　鑫　和(茶食)
清名橋・經理姜永恭
朱　鼎　盛(茶食)
寺巷口
同　香　齋(茶食)
第十區梅村・經理華春培
同　斯　美(茶食)
北門外大橋南堍・經理何
子章
同　祿(茶食)
第十區梅村・經理鄒根寶
吳　萬　豐
迎龍橋十四號・經理吳旭
清
沙　洪　茂(茶食)
第十七區六區橋・經理沙
月齋
李　同　興(茶食)
西門外棉花巷・經理李二
寶
李　信　泰(茶食)
第七區蠡瀆・經理李伯琴
李　雙　和(茶食)
北塘三里橋・經理李鏡清
采　芝　齋(茶食)
第十一區甘露鎭・經理唐
頌良
怡　豐　祥(茶食)
第十六區石塘灣・經理田

德祥

明　豐(茶食)
北門光復路南倉門

東　祿(茶食)
通惠路口・經理王錫中

協　和(茶食)
第十六區石塘灣・經理孫
忠耀

協　和(茶食)
第十五區玉祁・經理徐忠
禮

協　和　美(茶食)
第十五區禮社・經理陶基
玉

協　和　美(茶食)
北柵口・經理宋雲章

恆　昌(茶食)
第五區張村・經理朱高裏

恆　泰　豐(茶食)
南長街・經理朱漢章

施　愼　記(茶食)
第四區徐巷鎭

祝　德　泰(茶食)
第十一區甘露鎭・經理祝
仲英

高　義　興(茶食)
第七區港下・經理高錫保

秦　阿　如(茶食)
第十七區張舍鎭・經理戴
阿如

桂　香　村(茶食)
第十一區甘露鎭・經理唐
仲良

桂　香　齋
第九區后橋・經理鮑俊臣

泰　豐(茶食)
通運路・經理姚震之

徐　谷　香　春
北門外蓮蓉橋堍

徐　嘉　和
北大街笆斗街口・經理徐
錦文・電話八八二

陶　生　祿(茶食)
第十一區蕩口鎭・經理陶
少江

陶　香　村
第九區后橋・經理朱步林

張　泰　豐(茶食)
西門外西直街

陶　萬　和(茶食)
第十一區蕩口鎭・經理陶
少溪

森　茂(茶食)
第十七區六區橋北・經理
郭昌山

森　泰　和(茶食)
南門南長街・經理張宗義

黃　公　和(茶食)
南門外清名橋下塘

黃　叙　昌(糖菓)
第十一區蕩口鎭・經理李
實如

隆　茂　春(茶食)
北門黃埿橋・經理朱耀章

隆　泰　祥(茶食)
第五區堰橋・經理趙雲亮

隆　興　昌(茶食)
北門外江陰巷

新　太　和(茶食)
西門

新　天　祿(茶食)
南門外灣頭上

新　昌(糖果)
舍秀橋・經理虞一清

新　香　村(茶食)
第十一區茅塘橋

新　新　商　店
通運路一百十七號(兼捲
烟雜貨)經理江玉和

新　新　商　店

公園路十一號（經理各種
糖菓，精美食品）經理謝
育英
義　　大（茶食）
西門直街
義　　和（茶食）
第十五區玉祁・經理孫仲
錫
萬　香　齋（茶食）
第八區羊尖鎮・經理王瑞
英
買　同　昌（茶食）
張成街西首・經理賈明通
源　盛　昌（茶食）
第七區陳墅・經理嚴再根
飴　樂　齋（茶食）
中市橋
榮　興　昌（茶食）
南門灣頭上
穀　香　村（茶食）

大市橋
蔣　合　興（茶食）
八士橋
震　春　和（茶食）
第十五區秦巷鎮・經理徐
守福
億　興　昌（茶食）
第十六區洛社鎮・經理孫
炳春
蔣　一　豐（茶食）
西門外大市橋
德　泰　利（茶食）
南門外清名橋下塘
德　泰　和（茶食）
第七區黃土塘・經理姚樹
德
德　泰　祥（茶食）
第十一區甘露鎮・經理祝
連溪
德　泰　恆（茶食）

第四區榮巷鎮
德　興　昌（茶食）
黃埠墩・經理高桂德
稻　香　村
第十二區后橋・經理張阿
大
稻　香　村
北門內打鐵橋南首・經售
茶食，糖菓，青鹽，蜜餞
，罐頭食品
稻　香　村（茶食）
第三區周新鎮
稻　香　村（茶食）
第十七區新瀆橋・經理劉
召全
稻　香　春（茶食）
第十一區甘露鎮・經理張
國卿
稻　香　春（南貨茶食）
第十一區甘露鎮・經理錢

福生
錫　　成（茶食）
廣勤路
錢　日　茂（茶食）
第十一區蕩口鎮・經理錢
錫江
戴　源　興（茶食）
第十二區大牆門口・經理
戴立鈞
頤　香　齋（茶食蜜餞）
寺後門街二號・經理黃盛
益
鎰　泰　豐（茶食）
北門外長安橋

◉茶葉

天　　章
通惠路五十一號・經理劉
寶山・電話五〇二轉
公　協　馨

第十一區蕩口鎭・經理華鴻全

公 益 興
第十一區蕩口鎭・經理曾師字

老 余 泰 隆（兼煙）
北門外吊橋北堍・經理俞仲揚・電話七五五

老 義 和（兼漆）
第十一區蕩口鎭・經理李瑞芝

同 和 瑞
第十一區甘露鎭・經理張瑞棠

吳 永 泰
南門南長街・經理吳永成

松 盛 祥
北塘・經理王啓元

姚 萬 一
第七區張涇橋・經理姚佛龍

唐 宏 興
南門外南長街・經理高子安

陳 萬 泰
通運馬路中市・電話八二六

祥 康
大市橋・經理王仲明

隆 泰 昌
北塘接官亭・電話九七二

盛 記
北大街・經理趙品浩・電話三五八

裕 泰 隆
北大街・電話三五八

萬 泰 昌
北門塘小泗房弄口西首・經理陳受之

瑞 春（兼煙紙）
漢昌路・經理唐顯庭

瑞 春
北塘秦棧街東首・經理唐顯庭

瑞 泰 春
大市橋南・經理唐顯庭・電話一〇九一轉

瑞 泰 昌
北塘布巷街・經理許楚卿・電話三三〇

瑞 裕（兼烟）
南門外界涇橋・經理劉航若

義 生 昌
大橋北堍・經理蔡景山・電話一一三六轉

義 和（兼漆）
第十一區甘露鎭・經理李紹淵

義 和 鴻（兼漆）
第十一區蕩口鎭・經理李承淵

廣 利 源（兼漆）
第十一區甘露鎭・經理張盛棠

興 記
北柵口・經理竇義方

錦 泰 隆
北門外長安橋・經理王譽嘉・電話四三七

◎山貨水果

元 大（山貨）
北塘大街・電話四四〇

卞 永 興（地貨）
第十五區玉祁・經理卞春泉

元 茂（兼魚）
北塘江陰巷口・經理陳竹祺・電話五〇七

正茂仁(山貨)　北塘七四號·經理秦竹卿·電話三五一

正泰(地貨)　南長街·經理何子雲

永昌　北大街·經理陸俊卿·電話一〇二七

永興(山貨)　吉祥橋

立昌祥　大橋南堍(專辦中外鮮菓，零趸批發，兼營鹹魚海蜇，及經理正廣和廠各種汽水)經理周斌忠·電話一一三六瑞昌莊轉

立昌祥分號(山貨)　三里橋·經理秦竹卿·電話六九三轉

立茂盛(山貨)　三里橋·經理張浩基

立順(地貨兼鮮魚)　南門外清名橋上塘大有街南·經理陳耀培

朱恆泰(地貨)　第八區羊尖鎮·經理朱鳳岐

安德興(山貨)　第八區安鎮·經理安永康

同興(地貨)　第七區張涇橋·經理顧叔良

合興(水果)　通運路·經理陸士雄

合鑫(山貨)　惠農橋堍·經理符進生

吳協成(地貨)　第七區東湖塘·經理吳秋亭

吳德興(水果)　第十一區蕩口鎮·經理吳壽根

詠盛(水果)　第十一區蕩口鎮·經理華品端

周斌記　大橋下·經理周斌忠·電話九三八

怡昌順(山貨)　大市橋·經理喬炳蔚

邵萬順(地貨)　黃垠峰

協記(地貨)　南門外南長街

協順(地貨)　南門外清名橋上塘大有街口·經理陳仁金·電話三六一轉

協興(地貨)　惠農橋堍新市場二號·經理黃蕙庭(曉暘)鍵子青

協鑫　北大街布行弄口·經理張浩基·電話一二〇六

洪太(山貨)　北長街

洪昌　北大街中市·經理楊軒庭·電話一〇六八

洪承興(地貨)　第七區張涇橋·經理洪福年

洪茂愼(兼鹹魚)　北塘·經理胡燮仁·電話五一四

秦隆記(地貨)　惠農橋·經理秦協廷·電話七六九轉

高源隆(地貨鮮魚)　第七區東湖塘·經理黃緣卿

徐瑞和(地貨)　第七區張涇橋·經理徐瑞玉

通茂裕　北塘江陰巷口(經營山貨，水菓，北貨，鹹魚，蜇

蛋，自造陳年彩蛋）經理周斌奎・電話四〇七

喬順興 清名橋・經理喬二官

湧盛（水菓） 第十一區蕩口鎮・經理華霞卿

翔泰昌（水菓） 第十一區蕩口鎮・經理黃錫興

彭彙興（地貨） 第七區黃土塘・經理彭漢聲

廉永仁（地貨） 蘇餅沿河

裕茂（山貨） 西門・經理張瑞芝

董心泰（地貨） 第七區王莊・經理董錫芝

鼎盛（山貨） 第八區安鎮・經理馬根巧

義泰隆（山貨） 西門・經理鄒子美

源裕（山貨） 光復路・經理沈益庚

滕湧泰（水果） 第十一區蕩口鎮・經理滕玉麟

蔡隆昌（地貨） 第十區梅村・經理蔡桂根

談森盛（地貨） 第七區張涇橋・經理談毓秀

錢德泰（山貨） 第八區安鎮・經理錢堅山

興茂（地貨） 第七區張涇橋・經理倪桂全

鴻盛（山貨） 第七區東湖塘・經理顧克勤

蕭裕昌（山貨） 第十五區秦巷鎮・經理蕭聽生

鎰茂（地貨） 惠農橋・經理唐阿榮・電話一〇〇二

顧合興（山貨） 第八區安鎮・經理顧桂芳

龔同茂（地貨） 北門外惠農橋堍・經理龔坤泉

◎火腿

東森陽 北門外吊橋下・經理邵廷芳

昇昌復勤記 大橋北堍・經理王雲清

美香齋（金腿野味） 大市橋・經理匡君軾・電話一一二五

乾泰 大市橋・經理楊承基

森春陽南北金腿號 北門外北大街笆斗衖口（專售東陽雪舫，上品蔣腿，金華茶腿，常郡冲南，嘉興香肉，美味香肚，蘭谿木面盆等）經理龐兆丞

◎肉

公義興 光復路・經理施受祺

王錦記 南長街・經理王林生

王餘興仲記 南門外南長街・經理王仲賢

永隆茂

寺巷內・電話四五九
朱振昌
南門外清名橋上塘・經理朱愛生
老王裕興
南門南長街・經理王子建
西陽春
西直街
昇昌金記
城中大市橋東堍・經理浦源清
昇裕
南門黃泥峰
協昌
大市橋街
味純齋
大市橋堍・經理徐伯暉
保和祥
廣勤路・經理吳煥卿
真陸稿薦
南長街中市・經理陳國文
・電話一〇七九
徐新泰
第六區八士橋
陳興泰
第十四區南方泉・經理王建模
陸廣昌
吉祥橋・經理陸宗儀
陸稿薦
通運路・經理朱錫藩
惠恆記
瓦莊・經理惠阿施
慎餘
城內鳳光橋堍
新三珍鋆記
北大街・經理任叔瀛
新美福
通運路中
瑞泰盛
光復路・經理王玉麟
源昌興
周師弄
湧昶
西門吊橋堍
潘公興
北門外壇頭弄長安橋・經理潘景清
龍球(兼烟兑糧食雜貨)
惠山橫街・經理徐秋營・電話八三五
鴻茂盛
西門吊橋下
鴻順
熙春街
鴻義順
北門外笆斗街口・經理蔣廣銓，營業主任蔣廣鐘，周光勳・電話五七九

◎魚

鴻興順
北門大橋堍
魏祥泰
清名橋・經理魏子炳
公泰裕
西門魚行頭街
王順興(膳魚)
北門外布行街
任鳳記(兼雜貨)
第八區羊尖鎮・經理任鳳千
協記
周四弄
協順
南門南上塘・經理陳順金
協順治
北門桃棗沿河・經理劉榮

宮，協理郭洪汀

恒泰 瓦莊・經理張松筠

莊協泰 第十四區南方泉鎮・經理莊佩玉・莊子玉・電話十四區區公所轉

莊裕泰 開化鄉南方泉鎮・經理莊紹光・電話十四區區公所轉

陳公泰 黃坭峯

華永昌 北門外布行弄

源興 瓦莊・經理沈啓運・電話二〇七七

豐泰 西門魚行頭街・經理郭洪汀・電話一〇二三轉

◎醃臘

公泰 第十一區甘露鎮・經理王友良

朱裕興 第十一區甘露鎮・經理朱雲廷

恒義 北大街布巷弄口・經理陳漢章

陳詠泰 第十一區甘露鎮・經理陳德珊

陳恒懷 第八區羊尖鎮・經理陳紹初

得意茂 南門外清名橋下塘

趙如記 第十一區甘露鎮・經理趙鴻昌

錫泰 第十一區蕩口鎮・經理蔣錫鄉

◎宰牲場

金萬興宰牛公司 火車站・電話三〇六

◎豬行

仁泰 茅蓬沿河・電話八一七

恒大 茅蓬沿河・電話一一九七

恒昌 華莊・經理楊大官

恒昇 新三里橋・經理蔣廣銓・電話六四三

恒豐 三里橋・經理周湧茂・電話九四三

廉恒興 三里橋接官亭・經理施丹旭・電話四四三

瑞昌 江尖・經理王雲青

◎豆腐

大興 第八區安鎮・經理鄭坤元

尤金生 第四區張巷上

王萬茂 第八區羊尖鎮・經理王鼎元

永興

經理趙振化

田慶榮
第七區黃土塘・經理田慶榮

殷餘記
第七區張涇橋・經理殷餘官

殷鴻昌
第七區張涇橋・經理殷之林

陸恆興
第八區安鎮・經理陸培蘭

陳同順
第七區黃土塘・經理陳昌雲

祥泰
第七區張涇橋・經理華宜蘭

順興
第七區黃土塘・經理裘鳳鳴

華阿榮
第八區安鎮・經理華阿榮

趙協順
第七區東湖塘・經理趙森林

劉敘興
第七區張涇橋・經理劉子明

顧源興
第七區張涇橋・經理顧巧觀

◎麵筋

丁源興
清名橋・經理丁漢章

尤記
通惠路口・經理尤明德

朱義盛分號
巴斗弄

沈隆興
第十一區蕩口鎮・經理沈中其

周春源
界涇橋南門

徐源興
黃坭拳

順香齋
南長街・經理嚴中和

楊茂記二房
南門外清名橋南下塘

◎酒

可大（兼油醃醬）
三里橋・經理楊道三・電話一〇六五

永太昌（兼南貨）
南倉門・經理朱年成

永興
東門亭子橋・經理朱紫記

任萬茂
惠山龍頭口・經理任仁林

朱公裕
東門外亭子橋・經理朱耀庭

同泰豐（兼鹽）
北門吊橋

沈渭記
工運路・經理沈渭卿

昇昌
北門芋頭沿河・經理陶冠時・電話五三一

怡豐義
北塘小三里橋・電話七一一

恆源
黃埠墩・經理吳見章

祝祥裕
南門外・經理祝茂棠

倪正陽 北門外通滙橋・經理倪榮初・電話七七一

益豐 通運路中市・經理過雲秋・電話五四〇轉

章萬源 北門清眞寺路

章萬源 北門壇頭街內・經理章德齋・電話一一一四

陳瑞興 通滙橋沿河・經理陳仲英

陳瑞興仲記 北門外黃埿橋・經理陳仲英・電話二六〇

陳瑞興伯記 北門外黃埿橋・經理陳伯稚・電話一五一

盛和（兼雜貨） 第九區盛家橋・經理滕仁生

馮順和 北塘接官亭（兼蔴油糖果茶食）經理馮仲英

悳源（兼雜貨） 交際路六號・經理謝子達

復裕興 周三浜・經理李鶴松

順豐分號（兼米） 東門吊橋下・經理茹根泉

源豐潤 南方泉・經理王明卿

楊泰興 光復路・經理楊守仁

萬昌 通運路太平巷口・經理茅介甫

裕澄 通滙路・經理謝錫麒

趙森泰 南方泉・經理趙勇義

蔣源順 惠山山門口・經理蔣福祥

鴻泰 灣巷・電話一一九六

鴻泰興 竹場巷・經理高仰辰・電話一一六三

◉茶樓

文明茶園 惠山裏

民衆茶園 崇安寺皇亭・經理鄭志良

玉和春 漢昌路

西新 西門外棚下

朱永昌 惠山・經理朱祖希

昇泉樓 城內崇安寺

長安橋民衆茶園 長安橋・電話二〇一一

長樂 南門外清名橋下塘

長樂茶社（兼浴池） 第十六區洛社・經理鈕春樓

春仙樓 南門外跨塘橋南下塘

陳吉記茶社 第八區羊尖鎮・經理陳裕卿

望梅茶園 第四區梅園

寄暢茶園 惠山橫街

得僊樓

北吊橋・電話一一八六
楊永和
第十七區六區橋・經理楊
乾生
瀘泉茶園
惠山裏

◉茶館

大中華（徽館）
萬前路・電話二九八
大華樓（京蘇菜館）
通運路・經理王鈺庭・電
話五九三
大新館
漢昌路・電話一一〇四
大興館
通運路・經理殷三寶
三怡樓
北門外吊橋下・經理馬炳
齊

太和園（徽館）
交際路・電話三五二
元興順
通運路・經理陳少溪
民生樓
火車站・電話七三六
杏花邨
北門壇頭街・電話一〇三
五
迎賓樓（京菜館）
寺巷內・經理李文毓・電
話一〇三七
南方飯店
南方泉・經理陸海山
洽興
巴斗弄
馬復興（教門館）
漢昌路・經理馬忠順
菜根香（素菜館）

崇安寺・經理劉楨祥，包
永泉
華叙興
馬路上通運路中・經理華
壽椿
惠泉
惠山橫街・經理孫阿甫
新福怡
北塘財神街東首・經理吳
椿山・電話九五一
新聚豐
北城脚・電話六五八
新興館
通運路・經理湯志勤
聚商館
通運路・經理袁明善・電
話九五七
聚樂園
寺巷內・經理周仲卿・電
話八〇二

聚豐園
北城脚・電話五一六
聚鑫園
南長街中市・經理華棨華
・電話一〇五一
廣州酒家（廣東館）
圓通路・經理諸鋼

◉飯店

元興順
通運路・經理陳少溪
公盛
第十七區新瀆橋・經理邵
全根
太湖飯店
第四區梅園
四時春
第八區羊尖鎮・經理高秉
源
正元朝記

第十五區玉祁・經理陳阿朝

同　豐

第十六區西漳・經理張益林

周　順　興

第三區周新鎮

胡　正　興

南方泉・經理胡金奎

胡　長　興

漢昌路・經理胡長興

姚　正　興

第七區黃土塘・經理姚關根

洽　興(飯麵)

第八區安鎮・經理朱小五

高　立　興

第七區張涇橋・經理高立興

陳　添　興

第七區東湖塘・經理陳達清

陸　大　生

開化鄉南方泉鎮・經理陸文華・電話十四區區公所轉

陸　順　興

光復路・經理陸阿全

張　叙　興

第五區張村・經理張根大

馮　鴻　興

第十五區前洲・經理馮虎泉

黃　榮　正

第四區錢橋

德　興

第十六區洛社鎮・經理糜兆泉

劉　振　興

崇安寺・經理劉鳳山

◉粥店

順　興

通運路・經理謝順興

新　如　春

崇安寺山門・經理王晏卿

新　無　錫

通運路

◉麵店

丁　龍　興

第八區羊尖鎮・經理丁湖帆

王　永　豐

第十七區胡埭鎮・經理王鳳仙

王　隆　興(生麵)

第七區張涇橋・經理王獅子

王　裕　興

第十七區胡埭鎮・經理王國榮

王　福　興

第十七區胡埭鎮・經理王廣孝

王　寶　興

第四區錢橋

元　興

第十六區石塘灣・經理劉工川

方　順　庚(餛飩)

第十一區東亭鎮・經理方順庚

方　萬　興

第四區河埒口

申　大(磨坊)

第十區東亭・經理劉會記

亦　興　園

巴斗弄・經理王瑞琨

全　泰

第五區尤家坦(卽西漳)經理楊全林

同　　順
第四區徐巷鎭

宋杏生
第十區東亭・經理宋杏生

李盛興
第十七區稍塘橋・經理李納初

步錦成
第八區安鎭・經理步永德

金記
第九區盛家橋・經理華何回

林湧泰
第十區東亭・經理林金培

長發(土麵)
第九區后橋・經理浦多梅

長興館
第十五區玉祁・經理秦連生

協昌(磨坊)
第十六區洛社鎭・經理楊兆甫

協興
光復路・經理張根用

協興
第九區后橋・經理浦渭初

協豐園
第十二區大墻門口・經理楊金官

胡順興
第五區堰橋・經理胡勝泉

恆豐
第八區安鎭・經理豐聚寶

振南礱坊
南門外南長街

孫義太(生麵)
南門外南方泉・經理孫修寶　・

袁永興
南方泉・經理袁老二

浦公興
第九區盛家橋・經理浦百生

倪萬興
第八區安鎭・經理倪根興

徐恆興
第七區張涇橋・經理徐大寶

殷復興
第十二區大牆門口・經理殷水榮

殷順興
南門南新橋

通新園
南門外南長街

張順興
第四區徐巷鎭/

張萬和(磨坊)
第七區港下・經理張錫根

焦永興(餛飩)
第四區榮巷鎭

復　興
第十五區玉祁・經理解子良

隆敍興(生麵)
第七區張涇橋・經理隆度工

順興(土麵)
第九區后橋・經理魏順興

順　興
第十六區西漳・經理朱才子

順興館
第十五區玉祁・經理沈順喜

華義隆
第四區榮巷鎭

源　順（生麵磨坊）
第七區東湖塘・經理高耀南

源　盛
第七區陳墅・經理孫少第

葉　興　盛（餛飩）
第十二區大牆門口・經理葉官

義　合　興（餛飩）
第十區梅村・經理彭景生

義　康
第四區徐巷鎮

過　義　興
南長街

楊　衆　茂
第七區張繆舍・經理楊申歧

楊　復　泰（水麵）
伯瀆橋・經理楊福溶

臧　萬　盛
第十二區大墻門口・經理臧柏林

福　記
第九區后橋・經理華根福

壽　記（土麵）
第九區盛家橋・經理盛小寶

滕　德　興
第八區羊尖鎮・經理滕滿

德　順　樓
南門界涇橋

鎰　昌（麵餅）
第四區藕塘橋

豐　隆　昌
第八區安鎮・經理豐森寶

豐　隆　泰
第八區安鎮・經理豐耘耕

豐　隆　興
第八區安鎮・經理豐樹金

龔　永　和（生麵）
中正路口・經理龔惠甫

龔　盛　昶（麵餅）
第四區藕塘橋

◉點心店

大　中　華（糕糰）
城內觀前街

王　大　生（糕糰）
第八區安鎮・經理王子卿

仁　暢　園
第五區堰橋・經理黃寶記

方　聚　興
第十區東亭鎮・經理方三官

朱　恆　大（糕糰雜貨）
第七區東湖塘・經理朱加大

朱　洽　昌（糕糰）
第八區二房廊下・經理朱雲記

老　新　春　陽（糕糰）
第十五區前洲・經理朱鶴群

怡　大（糕糰）
第十六區楊墅園・經理管光照

范　正　和
第五區堰橋・經理范廸堃

洽　泰　昌（糕糰）
第八區安鎮・經理朱昌元

姚　源　餘（糕糰雜貨）
第七區東湖塘・經理姚少雲

恆　泰（糕餅）
第九區盛家橋・經理浦榮初

恆　泰
第十區西倉・經理陶壽寶

恆　興　盛（餅麵）
第四區藕塘橋

徐和泰（糕糰）
第五區堰橋・經理徐子文

陸聚興（糕糰）
江陰巷・經理陸福全

華美齋（糕糰）
南長街

萬興（糕糰）
大市橋街・經理陳二觀

德泰昌（糕糰）
第八區嚴家橋・經理王儒堂

錢順興（糕糰）
青菓巷

鑫昌祥（糕糰）
第十六區楊墅園・經理錢念汝

◉捲烟

三三商店
漢昌路

王文卿中外捲烟辦事處
通運路・經理王文卿・電話四三六

中國南洋兄弟烟草公司無錫貨倉
萬前路敦仁里廿二號（出品白金龍，大長城，紅金龍，金斧，大聯珠，小聯珠，八角，長樂，百雀，喜雀，高塔等牌紙烟）經理闕醒吾・電話七〇

周源盛
周師街・經理周利顯・電話六六一

唐崇記
通運路・電話七九八

華品烟公司
漢昌路・電話一〇一六

◉煙

大成興
寺巷口・經理陳其壽・電話一〇一

公益興
北門芋頭沿河・經理姚樹棠・電話一五九

公益興分號
北大街巴斗弄口・經理姚謨卿

永泰昌
南門外清名橋上塘・經理薛長雲

永泰昌
南門外界涇橋・經理薛昌雲

李大興
三里橋・電話一六四

和大
北塘秦棧弄東首

協興元
北大街・經理陳本連

協興祥
南長街

協豐昌
芋頭沿河

秦福泰
北柵口・經理秦天農・電話八一六

復興
通運路・經理俞錫光

復興成
大橋北境・經理李子祥

湧興元
南門外清名橋上塘・經理徐任生・電話大有福槽坊轉

裕昌
交際路

增興元

餅乾

錦泰昌
南門外清名橋・經理徐士元
三里橋

久敘興
通滙橋

協興（兼茶食）
公園路十三號・經理戴繼陳

域多利
廣勤路

福利麵包餅乾公司
城中大市橋街・經理鄧秉國・電話六七三號轉

興利食品公司
公園路（兼糖果）經理龔士英

汽水

吳永昌
亮墈上・經理吳永良・電話八三七轉

牛乳

惠生牛奶公司
南市橋巷

冰

履堅冰廠
北門外社橋頭・經理林厚發・電話六六八

無錫老北門口

日新山房書局

本局發售經史子集
醫卜星相學校教科
原版西書儀器文具
地圖辭典新舊小說
賬簿名箋湖筆徽墨
應用物品一概俱全
倘蒙惠顧曷勝歡迎

無錫工商業名録　補遺

無錫工商業名錄　補遺

無錫工商業名錄　補遺

無錫工商業名錄 ∴ 補遺

農牧類

製種場

樹苗

畜牧

皮毛皮革

荸薺

農牧類

◉製種場

三　五　館
寺頭旺莊(三胡蘆牌)場主陸煥文・技術員吳紅綾

大　中　華
洛社上塘西(方塢印牌)場主鄭海泉・技術員王寶琳

大　　生
梅村(天官牌)場主張晉馨・技術員繆求真

大有育種部
錫山路(虎牌)場主邵申培・技術員朱君宜

大　隆
東亭新塘橋(青龍牌)場主趙耀章・技術員陳詒芳

大　新
新橋(天女牌)場主劉坤元・技術員夏荇蓀

民　生
石塘灣(麒麟牌)場主穆蘊華

永　生
后晹坊泉(馬蠶牌)場主倪子成・技術員許克義

永泰二
錢橋(紅永字牌)場主潘家槐・技術員蔣師韻

奴　利
秦巷楊家圩大俞巷(雙鯉牌)場主俞蘊青・技術員常競澄

光　明
城中駁岸上十二號(電燈牌)場主候述之

安　定
堰橋(雙喜牌)場主胡雲渠・技術員王霞仙

利　農
第十四區吳塘門鎮(蝴蝶牌)場主丁立德・技術員徐觀玉

求　新
北西漳尤家坦鎮(金貓牌)場主蔣嘉猷・技術員周渭川

亞　賓
西水關黃石橋(亞賓牌)場主賀康・技術員虞俊

胡氏初級中學
天上市堰橋村前(自鳴鐘牌)場主胡均若・技術員沈璞

省立蠶業試驗場
錢橋(紅色場印)場主湯錫群・技術員周元功

振　興
北鄉長安橋・場主陶涵如・技術員劉寶華

涇　濱
張涇橋(飛輪牌)場主過玉如，華夢予・技術員顧梅雲

裕農新記
蕷莊・場主費士偉・技術員楊壽生

萬　生
榮巷陸莊(劉海牌)場主朱瑞麟・技術員鄒育義

新　華
天上市堰橋(蠶葉牌)場主胡逸湖・技術員胡勤修

舜　耕
張舍新莊(金鐘牌)場主朱瑞麟・技術員錢錦玉

與　華
張涇橋(靈鷹牌)場主華昭復，華滌之・技術員胡錫鈸

精　益

寨門鎮(紅如意牌)場主嚴寅儒・技術員刑詠絮

錫　山

南門外汇溪橋南桐江橋(錫山牌)場主過祚遠・技術員徐怡如

翼　農

嚴家橋(飛機牌)場主程元熙・技術員孔素貞

豐　年

高車渡(鷹牌)場主胡怡卿・技術員朱瑞芳

◉樹苗

林　源　興

北門亮壩上

奉化勤生農林場

通惠路口・經理陳樂卿

惠　農

通惠路惠農橋鈞字二十二號・經理王孝全

聚　源

吳橋西首・經理陳聚昌

◉畜牧

惠康農場

通惠路社橋(本場暫定營業範圍：一・發售消毒牛奶，各種消毒冰牛奶，新鮮奶油，純眞白塔油，二・發售精製牛奶蜂蜜餅乾，三・發售伊大利原系種蜂，各式純眞精鍊蜂蜜，機製蜂蠟，四・經理伊大利來克杭 Leghorns 種雞，種雛，種卵，新鮮食卵，五・代辦中外養蜂書報，新式巢箱，採蜜機，巢礎等一切用具，六・代辦中外養鷄書報，孵化機，保姆器，鷄病藥品等一切用具，七・代辦奶瓶，紙蓋，消毒機，裝奶機，奶油分析機等一切牛奶業用具，八・代辦樹苗種籽，九・代辦設計建築鷄舍，畜舍，十・討論，養鷄，養蜂，養牛問題)董事長華繹之・經理黃俠民・電話一二一二

謝　協　茂(哺坊)

南門外石灰橋・電話〇五二

謝　源　茂(哺坊)

南門黃泥峰

◉皮毛皮革

三　井(牛皮)

張成衖口・經理顧雲甫

中　孚(皮帶)

笆斗弄・經理許子近

永　昌(皮件)

吉祥橋・經理王久昌

永　昌(皮件)

北門笆斗衖・經理倪永春

永　裕(牛皮)

外黃泥橋・經理朱耀卿

永　興(牛皮)

北塘煤場衖東・經理胡儒賢

林　雲　記(皮毛骨)

吳橋西沿河・經理林耀山

革　興　盛(皮件)

北門外黃埏橋東・經理薛冠豪

倪　永　昌

北門笆斗衖・分號老戲館弄口・經理倪祖詒

新中華皮革製造廠

惠農橋東陳白頭巷(出品種類：潤狭皮帶，生熟皮結，大小皮仁，皮圈皮拳，皮板等件，紡織絲廠，工藝機器，附屬皮件，應

有蠶有，兼售紡織應需五金物件）商標鷄球牌，及S.C.W.・經理劉熊・電話一〇九二號轉

源　泰（牛皮）
中市橋・經理吳子祥

潤　生（皮毛骨）
吳橋・經理楊清誠・電話七〇二

薛　中　興（皮件）
張成衖西首・經理薛冠傑

◉苧麻

三　元　祥（油麻）
第十一區蕩口鎮・經理華鳳崗

仁　泰（蔴線繩索）
北塘（秦棧弄東首）經理奚坤甫

生　記（棉餅）
第十二區大牆門口・經理余靜初

立　泰（麻線）
北大街大橋下

正　泰　源
北塘煤場弄（發售蔴繩，蔴線，蔴絲，黃草，兼營自煉煤油，及鉛絲，洋釘）經理張廷傑・電話六〇九轉

朱　大　生（棉餅）
第十二區大牆門口・經理朱銘蘭

朱　永　大（釘麻）
北塘張成衖口・經理朱漢雲・電話八三九

恆　大
北塘祝棧衖西首（麻線釘鐵繩索草布）經理馮瑞康

恆　立　昌（麻線）
北塘小泗房衖口・經理陸克昌

恆　泰　祥（麻線繩索）
北門外大橋下

甡　昌（麻線）
北塘接官亭東・經理喬宇清・話電八二八

富　鴻　昌（麻線）
江陰巷・經理杜佩之・電話二二九號轉

瑞　泰（麻線）
財神衖口・經理周瑞庭

裕　泰（麻線）
北塘張成弄口

裕　順　祥（麻線）
南方泉・經理莊貞祥

源　成（麻線）
黃泥𡍼・經理高旭初

萬　元　祥（油麻）
第十一區蕩口鎮・經理華菊人

聚　興　祥（麻線）
北塘三里橋・經理張仲英・電話六三九

廣　義　源（麻線）
北塘三里橋東首・經理張雲瑞・電話四七二轉

薛　義　豐（蔴線）
南方泉・經理薛益春

無錫工商業名録 補遺

無錫工商業名錄　補遺

醫藥類

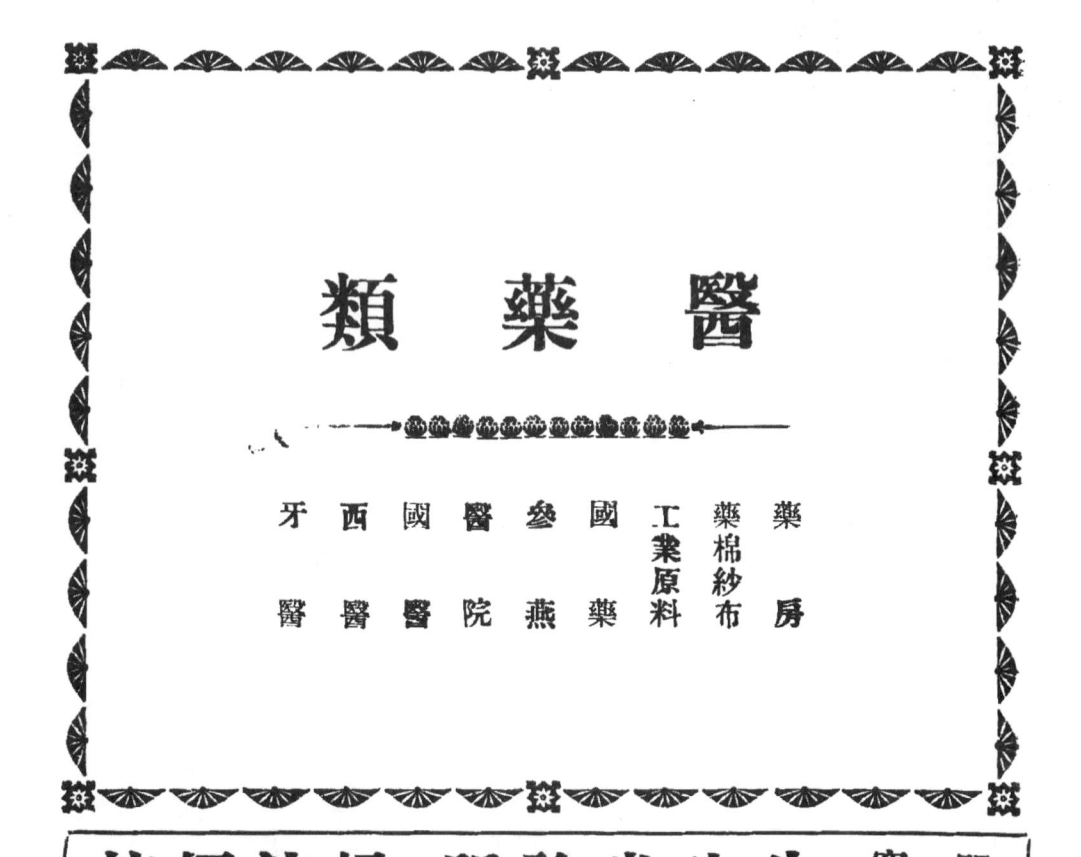

藥房　藥棉紗布　工業原料　國藥　參燕　醫院　國醫　西醫　牙醫

針灸專家

承淡安醫士

曾任蘇州中醫專門學校教授，吳縣中醫公會委員，吳縣醫報總編輯，著有中國鍼灸治療學，人體經穴圖說，經穴詩賦箋註，以提倡鍼灸學術，闡揚國粹爲己任

專治：瘋，癆，臌，膈，肝胃氣痛，遺精白濁，筋骨瘋痛，瘧痢疝瘕，婦女經帶，小兒驚風，萬百病症皆可針治，立見奇效，遠非藥石所能及

門診 一元二角

出診 三元二角

診所 無錫南門外灣頭上

醫藥類

◉藥房

一信大藥房
城內崇安寺山門口（營業要目：中西良藥，醫料器械，化裝香品，衛生材料）經理韓元晟・電話一二五一號轉

大陸大藥房
北大街（經營新藥原料，照相材料）經理李少堂・電話七八三

太和藥房
北大街・經理胡樹棠・電話一一〇〇

五洲大藥房
老北門口十號・經理張斗南・電話一一〇三

中外藥房（兼洋貨）
北塘小泗房弄・經理胡樹棠・電話六四四

中西大藥房
北塘江陰巷口（經營各國藥品，及各種工業化學原料）經理朱士宏・總號設在上海

中和藥房
通運路・經理單寶增・電話四八三

中英大藥房
北門大街（經營歐美各國馳名藥品，工業藥品，化粧香品，醫用各種器具，針藥，原料藥品）經理金仰之・電話一〇六九

中華大藥房（兼中藥）
北大街・經理鄭志勳

仁濟大藥房
通運馬路轉灣萬前路十二號（經售德國天德大藥廠卽拜耳嚇斯脫著名各大藥廠各種獅牌良藥及血清六〇六等一切新藥並附設診察室由西醫楊君子華療治配方）經理楊子華・電話八八八

普益大藥房
灣巷・經理謝光照

萬豐（兼洋貨零剪）
南長街・經理過虎臣

誠昌貿易所
城內推官牌樓北首（運銷遠近靈藥，著名土產，中西精美食品，運動用具，賽銀禮物，以及代理買賣等項，另設代辦部，專代遠近省市客商買賣貨品，旅行推銷，保險，印刷，廣告，設計，特約經理，以及人事上一切接洽事宜）經理李誠齋・電話一二二六

興昌藥房
崇安寺（卽屈臣氏藥房兼百貨）

◉藥棉◉布

中國藥棉紗布製造廠
陸莊（出品藥棉，紗布，月月帶，綳帶）商標九一八，一二八・經理沈文德・電話二〇六九・電報掛號三四五九

◉工業原料

允利化學工業廠
西門外蠡橋（出品炭酸鈣，炭酸鎂，炭酸鈉，小蘇打，漂白粉）商標紅心，青心，綠心・經理薛明劍

•電話九三五，八一五

◉國藥

人和德
第十六區楊墅園•經理章振聲

大生生
第十五區前洲•經理陸鑫

大生春
北塘曬堂街

大生春
八士橋

大生春
北大街壇頭弄口•經理賀耀文•電話九六一

大生堂
第四區徐巷鎮

大生堂
第七區蠡漍•經理周煥廷

大生堂
第九區后橋

大生堂
第十六區洛社鎮•經理袁俊豪

大生祥
西門外迎龍橋南首•經理吳育江

大生裕
周三浜•經理虞炳揚

大元堂
第七區東湖塘•經理孫南祥

大有裕
張村•電話二〇〇一

大同春
通惠路•經理王錫泉

大同春
第九區后橋•經理呂式喬

大吉春
第七區黃土塘•經理謝致和

大吉春
北大街•經理范撫安，協理鄒蔭楠•電話一一六七•棧房布巷街•電話三二〇

大吉春南號
南門棉花巷•經理王先誠•電話一二一八

大和堂
第十六區洛社鎮•經理袁士元

大和堂
第十六區楊墅園•經理袁午卿

大和堂
第十七區新瀆橋•經理胡龍光

大春堂
第七區港下•經理吳泳泉

大春堂
第十七區張舍鎮•經理貝禎祥

大新春
第十六區陡門橋•經理秦宏廬

大椿堂
第八區嚴家橋•經理周瑞興

大德生
第九區礄家橋•經理楊奉芹

大德春
周師街•經理華福祥

大德堂
第七區張涇橋•經理吳松生

大德堂
第十一區蕩口鎮•經理王鑑齋

大德堂　第十五區禮社，經理薛敍衡
大德堂　第十七區盛店橋・經理胡爲平
允和　第十五區南雙廟・經理張翰臣
王大生　東門亭子橋・經理王祚懷
王大生　西門棚下
王大春　第五區堰橋・經理王達章
王生生堂　第十二區坊橋・經理王根寶
天一堂　第四區榮巷鎮・電話二八
八
天一堂　第十六區楊墅園・經理錢子怡
天生堂　第三區周新鎮
天和堂　西門外大街・經理朱吟香
天和堂　第七區黃土塘・經理陸耀章
天益　第十區東亭・經理徐慎修
天益西號　第十區東亭鎮・經理徐醒華
天新春　馬路口老戲館・經理蔡景星
天德　太平巷・經理楊再卿
尤泰和　第十一區甘露鎮・經理尤文美
太和堂　第七區東湖塘・經理劉義生
太和堂　第十五區禮社・經理李壽樸
介福堂　第五區堰橋・經理史乃德
元和堂　第十六區陡門橋・經理朱伯潘
尹壽春　第八區羊尖鎮・經理尹應梅
仁和堂　第十二區后宅鎮・經理龐士成
仁壽　第十一區東亭鎮・經理高藎記
仁壽協　第九區后橋・經理浦維周
仁壽堂　第二區北方前・經理朱子才
仁壽堂　第七區棗門・經理徐樹穀
仁壽堂　第十五區玉祁・經理狄吉明
仁壽堂　第十六區楊墅園・經理戈東屏
仁壽康　南門外清名橋下塘・經理陳仲壽
仁壽康（即泰康成支店）

南門南下塘伯瀆橋北首・經理史耀軒

仁濟堂 第十六區洛社鎮・經理曹軒甫

中和堂 華莊・經理毛仁甫

中和堂 第二區北方前・經理薛元仁

正乙堂 河埒口・經理徐崇良・電話六四六

生生堂 東新路

生生堂 第十區梅村・經理王紱之

立得堂 第八區安鎮・經理錢偉臣

永年堂 第十六區楊墅園・經理章培榮

永壽堂 第十一區蕩口鎮・經理華元伯

永壽堂 第十七區新瀆橋・經理呂煥祖

老大年 壇頭弄・經理周國榮

老採山 第十區梅村・經理陳叔英

朱泰安 南長街・經理馮浩記

朱泰和 第八區嚴家橋・經理朱文源

存仁堂 第七區東湖塘・經理吳如馨

存仁堂 第十一區鴻聲里・經理錢森榮

存德堂 西門棚下・經理葉蔭庭

同仁和 第八區羊尖鎮・經理謝逸芝

同仁春 西門外顯應橋

同生堂 通運路・經理朱子文

同生堂 第十六區張鎮橋・經理金儒誠

同吉春 通運路・經理錢竹軒

同昌 第十七區六區橋・經理賀耀文

同和 第十六區洛社鎮・經理劉鍾俊

同和 第十七區六區橋・經理虞耀文

同春 漢昌路・經理錢竹先

同保和 第七區蠡漍・經理楊明寶

同裕 第四區錢橋

同壽 第十五區南雙廟・經理强金生

同壽春 南門外南方泉・經理王春生

同壽春 北長街

同　壽　堂　第八區二房廊下・經理計培菊
同　壽　新　南方泉・經理王春生
同　慶　餘　廣勤路周山浜・經理虞維勤
同　德　第八區嚴家橋・經理蔣義芬
同　德　生　西門外吊橋大街・經理李煥章
同　德　堂　廣勤路・經理汪順祖
同　德　堂　第十一區蕩口鎮・經理華祺蔭
同　豐　北大街・經理吳振青・電話一三六
同　豐　裕　北大街・經理謝春如
杜　天　和　亭子橋
利　生　楊亭・電話二〇一七
延　康　第七區港下・經理陳君之
延　齡　堂　第四區榮巷鎮
延　齡　晉　第七區陳墅・經理姚璞如
延　齡　崇　第七區陳墅・經理姚培玉
良　利　堂　第十區東亭鎮・經理過士良
良　濟　第十七區六區橋北・經理沈子良
良　濟　堂　第十一區甘露鎮・經理王芹香
李　一　豐　通運路・電話八〇八
李　中　和　東門外亭子橋・經理李友樵
李　同　豐　老北門內打鐵橋街中市（發兌參燕，銀耳，道地藥材，製造各種實驗良藥，丸散膏丹，所備各貨，精良絕倫，本號規模宏大，設置完備，爲城區中唯一之鉅店，發售品中以老山臺參與人參再造丸，爲最負盛名）經理李毓瑞，協理李才昌・電話八〇七
志　和　堂　八士橋
志　春　堂　第五區堰橋・經理邱源法
長　春　堂　西門外迎龍橋・經理虞民樂
長　春　堂　第十五區禮社・經理薛福榮
松　壽　黃埠墩・經理汪鳴岐
怡　豐　第七區陳墅・經理張麗生
松　齡　堂　第十七區胡埭鎮・經理吳攸廣
周　萬　安　華莊・經理周叔良
周　裕　康

南門外南方泉・經理周阿二

周德生
第三區周新鎮

致中和
第十一區甘露鎮・經理李秉堃

致和
第二區北方前・經理倪鶴年

俞樹德堂
北塘祝棧街口・經理俞祖慈・電話六一三

保和堂
通惠路

胡元吉
第五區堰橋・經理王友恭

南山堂
第十七區胡埭鎮・經理倪承烈

恆大生
第十二區大牆門口・經理楊惠孚

春和
第四區藕塘橋

春和堂
倉橋街・經理徐建伯

高濟春
西門直街・經理范仁卿

徐延齡堂
第四區榮巷・電話六四七

益大
跨塘橋南下塘・經理王晋坤

益大
第十六區西漳・經理錢浩熙

益大
江陰巷中

益生堂
西門外吊橋大街・經理高頌雍

益生堂
第八區二房廊下・經理張桂寶

益生堂
第八區安鎮・經理張能安

益壽堂
張涇橋・經理丁佩坤

益壽堂
第八區安鎮・經理畢錦清

益壽堂
第十一區茅塘橋・經理蓋企賢

孫萬春
大市橋・經理孫季素

泰山堂
大市橋婁巷口・經理彭國樑

泰山堂
第九區盛家橋・經理錢鏞芳

泰生堂
北門外北柵口顧橋下

泰和
南門外棉花巷・經理黃炳琨

泰利堂
第七區黃土塘・經理虞頌德

泰康成
南門外對清名橋上塘（九散始創電力機製，花露科學蒸溜，發明經驗良劑）經理史彬章

泰康堂
第七區張涇橋・經理張效良，馬涵生

採山堂
第四區徐巷鎮

採芝堂

北柵口・經理張硯芬
乾元堂
南門外黃埝峯・經理沈歧
卿
通潤
第十七區胡埭鎮・經理張
不烈
陸秀春亨記
第五區寺頭鎮・經理陸亨
記
得春堂
第四區錢橋
得壽堂
第八區安鎮・經理陳爾康
陳天和
第十一區甘露鎮・經理陳
佑之
陳濟恆
第十區東亭鎮・經理陳慰
興

張志仁堂
三里橋・經理唐趙彬
張泰來堂
三里橋・經理張吏文
黃松壽堂
張鎮橋・經理黃詠康
無錫
光復路・經理華頌芬
童保和
第十一區甘露鎮・經理童
汝藩
黃保和
第八區羊尖鎮・經理黃禮
安
黃慎大
第七區東湖塘・經理黃翰
卿
賀天元堂(兼西藥)
崇安寺前・經理賀君儒
隆元祥

大市橋・經理賀雲卿
華元吉
灣巷中市・電話一一九六
甯和堂
第八區安鎮・經理尤廷章
甯遠堂
第三區南橋鎮
惠濟春
周潭橋・經理惠驥良
鼎益堂
大市橋街・經理王少卿
楊延齡堂
第二區江溪橋・經理楊仲
珊
裕德堂
八士橋
新大吉
第三區南橋鎮
新裕
第四區藕塘橋

瑞昌(兼錢莊)
北門大橋北堍・經理樂伯
鈞・電話一一三六
道生堂
西門外吊橋下
葆春堂
北柵口・經理唐紹鴻
葆壽堂
第五區張村・經理虞維敏
萬生堂
南門外南方泉・經理蕭哲
卿
萬安堂
第三區南橋鎮
萬益
第十區東亭・經理徐厚齋
萬象春
第八區嚴家橋・經理李石
莊
壽春堂

通惠路・經理薛斌恆
壽春堂
第十七區張舍鎮・經理張
錫倫
壽康
城中大市橋寺巷內・經理
王少卿・電話九八
壽康
第三區夏家鎮
壽康
第十六區西漳・經理唐叔
輝
樂仁仁堂
北塘張成衖西首
慕修堂
第十區東亭鎮・經理奚慕
修
掬春廬
第七區王莊・經理董維康
慶生堂

第十五區南雙廟・經理張
松興
蔣天益
第五區尤家埧鎮（即西漳）
經理蔣嘉猷
蔣茂春
第七區陳墅・經理蔣張麒
廣仁堂
第十五區前洲・經理嚴紀
猷
廣生堂
第七區張緣舍・經理周維
明
廣和堂
第十二區后宅鎮・經理朱
懋祖
德生堂
第十區梅村・經理方孝若
德生堂
第十六區洛社鎮・經理薛
德生

德牲堂
第五區寺頭鎮・經理王源
泉
德牲堂
棲官亭・經理曹壽文
德裕
第十六區洛社鎮・經理張
書城
養生堂
前洲・電話二〇四三
養生堂
第十五區前洲・經理唐汝
翼
養生堂
第十六區洛社鎮・經理臧
富泉
養牲堂
第十五區玉祁・經理任國
藩
養德堂
第十五區玉祁・經理沈耕

丙
養德堂
第十六區洛社鎮・經理臧
文輝
錢廣生
第十七區胡埭鎮・經理錢
用生
樹德堂
第十五區秦巷鎮・經理沈
泉春
衛生堂
南門外黃埏峯中市・經理
[illegible]雲標
衛生堂
第十區西倉・經理朱福年
衛生堂
南門外南方泉・經理董其
春
濟仁
第十五區前洲・經理陳群
仁

濟　生（兼雜貨）
第四區藕塘橋
濟　利
第十六區石塘灣・經理孫
榮廷
濟　春　堂
第四區錢橋
濟　春　堂
第七區張涇橋・經理龐遵
安
濟　春　堂
第十二區大橋門口・經理
王炳泉
濟　春　堂
第十七區稍塘橋・經理過
燿坤
濟　泰
十六區葑莊・經理張君文
鴻　濟　堂
第十一區鴻聲里・經理朱
南尹
薛　生　生
第十一區甘露鎮・經理[illegible]
少蘭
頤　壽　堂
第八區安鎮・經理安壽康
頤　壽　堂
第十一區蕩口鎮・經理華
喬記
龐　瑞　堂
第十七區張涇橋・經理龐
仲梅
龐　濟　壽
清名橋・電話三六二
顧　德　豐
陳家橋・電話二〇〇三

◎參燕

老　天　益
北門外江陰巷口・經理楊
幹夫
老　福　來　康　得　記
北塘大街
埠　豐
城內倉橋北首鹽衖口
福　康
北門外大橋西・經理包仲
卿
德　康
北門外壇頭弄底
濟　康
西門迎龍橋下・經理張少
景

◎醫院

一　信　夫　婦　醫　院
城內崇安寺山門口・電話
一二五一
大　公　醫　院
南上塘大公橋境・科目：
內外各科、特設產婦科・
電話一六六
大　同　醫　院
崇安寺・院長[illegible]貴夷・內
科主任陸宗祥・電話一五
六
民　眾　醫　院
社橋・醫師衛寶文、蕭景
長、顯旭初・電話一二三
三
兄　弟　醫　院
漢昌路・醫科要目：內外
科、眼科、花柳科・院長
朱藴山、朱品三・電話四
三、一六二
同　仁　醫　院
光復門外光復[illegible]境・科
目：內外皮膚、花柳產婦
人科・診例[illegible]通門診脈
收號金銅元十枚・電話四
二

陶涵醫院
公園對面・科目：內外各科產婦人科・院長陸陶菴，汪璞涵・電話六九九

無錫療養院
光復門內・科目：專備各種光電療法，兼治內外各科・診例：住院頭等每天兩元，二等一元三角，普通四角，膳費，針費，手術費，電療費外加・電話九一四

聖公會普仁醫院
科目：內，外，婦，產，小兒，耳，鼻，咽喉，眼，骨，花柳等科，院內有普通病床七十張，特別病室三十間，設備有病理檢查，愛克司光，紫光電療，及手術室等・診例：上午小號診金大洋五角，下午大洋一角，大號診金兩元・院址：南門二下塘。電話八號

福民醫院
西門小木橋六號・院長張其源

懷仁醫院
河埒口丁巷上・電話二〇五八

◉國醫

丁慕靖（眼科）
惠山觀前街

王有聲（內科）
診例：上午門診下午出診，門診半元出診一元，城外二元・診所：城中寺後門郵局對過律師公會內・電話二五一號轉・分診所工運橋治源繭號・電話一六六

王肖曾（內科）
北門外露華路・電話三五四

王春江（外科）
南方泉・電話十四區區公所轉

王棟任（眼科）
斜橋下十二號

王愼三
布巷弄・電話六八三

王頌昇（內科）
診例：門診八角，出診一元・診所：北門外布行弄

王靜賢（內科）
診例：聽病者便・診金三角至五角・診所：張涇橋・電話二〇一五

王簡之（針灸）
東門亭子橋王大生內

尤孚周（內科小兒科）
直應道巷

毛筱青（內科）
南門黃泥橋北長街六六號

方振東（兼西醫）
東新路二二號北平生生堂（花柳科）門診一角

朱少琴（瘰癧科）
北門內慶雲銀樓

朱雲亭（內科）
第二區景雲市鏤巷・分診所西門外迎龍橋大生祥槳號

沈容溪（鍼科）
北門巴斗街

吳耀明（鍼灸按摩）
東大街一一〇號

汪子欣（內外科）
南方泉蕭至大南貨號內・電話十四區區公所轉

李亦安（幼科）
城中東大街

李星如（內科）

通惠路三二號

李厚常(內科花柳科)　城內道長巷口

季鳴九(內外科)　光復門外東新路

金子道(針灸)　南門外淸名橋下塘

承淡安(針灸內外科)　診例：門診一元二角，出診三元・診所；南門灣頭上(著有鍼灸治療學行世)

周養真(針灸)　南門黃泥夅

周鏡壽　北門交際路

郁詠春(針灸)　診例：門診一元出診二元・診所：鳳光橋十二號

范仁卿(內科)　西門外直街

范慕均(針科)　張涇橋・電話二〇一五

奚伯初(幼科)　福田巷口四五號・電話一一〇五

徐良書(內外科)　觀前街

高時良(內外科)　東門內駁岸上・電話一一五〇

陳允良(眼科)　中市橋上塘廿四號

陳伯和(針科)　薛家街

陳伯雲(內外各科)　南門棉花巷

陳治良(內外科)　南門外棉花巷一一一號・電話七五五七

陳效倫(男婦幼科)　新西門小木橋

陳德富(傷科)　城內觀前街

莊冠英(內科)　南方泉・電話十四區區公所轉

曹仲容(小兒科)　診例：上午門診十時，下午出診三時・診所：盛巷

曹步雲(內科)　西鼓樓巷

許文石(眼科)　光復路

許伯安(內科)　西門外魚行頭街・電話一〇四九

陸少程(痘疹幼科)　東新路

陸丙章(男婦幼科)　西門迎龍橋堍

陸仲威　税務前・電話八二七

陸伯和(針科)　南門南新橋

陸伯雲(內外科)　南門棉花巷

陸頌協(咽喉內科)　通滙橋・電話六八一

陸景唐(內科)　北門外江陰巷周師弄

陸慕文(兼西醫)(內外花柳科)南門外棉花巷・電話四二四轉

陸懋如(內科)　診例：門診一元，出診五元・診所：北門江陰巷，住所後竹場巷錢業公會

張子敏(內外科)　城中大婁巷・電話六六七

張竹明(眼科瘰癧痰科)

診例：上午八時至下午一時止，過時出診●診所：北塘張成弄底三八號

張　再　梁（古法金針）
西門棉花巷

張　良　歧
科目：內外科，小兒科，兼理注射針科●診例：門診六角，出診一元，配藥面議●診所：北塘秦棧弄一號

張　東　明（喉科）
中市橋二下塘八號

張　望　雲（血症專科）
沈菓巷三三號

張　嘉　炳（喉科）
診例：上午八時至下午二時門診，以後出診，門診一元，二元，出診二元，路遠面議●診所圓通路●電話六八四

張　維　藩（內科）
南門小南門巷二四號

張　聯　奎（內幼科）
南門南市橋上塘

華　芍　芬（產科女科兒科）
南門南下塘

華　伯　英（針灸）
青菓巷

華　雨　巽（內科）
城中北岸上

華　家　鶴（字鳴皋內科）
診例：門診一元，出診五元●電話一九六號轉

黃　晃　羣（喉科）
西河頭●電話二四〇

黃　翼　臣（喉科）
診例：門診一元，出診二元，診所：城中西河里二號

惠　呂　端（內科）
南方泉●電話十四區區公所轉

童　紹　甫（眼科）
診例：門診一元，出診二元，配藥面議●診所：城中鳳光橋北首十　號童保目堂（附註：先祖自前清順治年間創設童二房老店於溧陽，迄今三百餘載，現在溧陽尚有童二仙堂，童二曙堂，童和瑞堂，童大生堂，童二房，童守義等店）

單　鎮　安（兒科）
周師弄

廉　春　魁（針科）
新民路

虞　拙　庵（內科）
門診小洋四角●診所廣勤路周山浜同慶餘藥號內

葉　錦　秀（內外科針科）
西門外小木橋

鄔　仲　達（傷科）
西門外迎龍橋長春堂

楊　德　全（外科）
中市橋二下塘九號

董　紀　華
南方泉同壽春藥號內

經　鶴　齡（眼科）
診例：門診半元，藥料另加●診所：陳白頭巷口歸來醫室內●電話一二〇一

鄒　炳　麟（內外科）
南方泉●電話十四區區公所轉

鄒　耀　宇（內外科）
診所：上午九時至十一時在周山浜菜場西首胡氏醫室，十一時半至二時半在東河頭巷十一號應診

過　子　椿（內外科）

八士橋・電話二〇一四
過　仲　丹
八士橋・電話二〇一四
解　壽　床（男婦科）
溥仁慈善會・電話六七二
趙　仲　平（內科）
小婁巷趙氏醫室
趙　再　華（內外科）
黃泥夅
趙　柏　生（內科）
小婁巷趙氏醫室
鄧　季　芳（內外科）
北門長安橋南尖街
鄧　星　伯（內外科）
南門棉花巷
鄭　鶴　皋（內外科）
東門外熙春鎮六九號
鄭　鶴　琴（內外科）
西城內日暉巷
蔡　中　慧（內科）

通滙路
蔡　廷　華（外科）
北門喜春街
蔣　寶　秀（眼科）
黃土塘
劉　伯　運（內外科）
西門西新橋一號
劉　炳　泉（傷科）
西門外直街
劉　葆　良（內科）
北門外南尖
劉　蓮　蓀（內科）
診例：出診兩元，門診一
元・診所：劉撫院沿河十
一號涵廬
劉　濟　川（傷科）
西門外直街
劉　翼　青（內科）
北門外笆斗弄・分診所西
門外迎龍橋大生祥藥號

諸　明　卿（內科）
南門黃泥夅
錢　子　紹（內科）
南門小南門巷
錢　文　才
周潭橋
錢　志　遠
科目：內外科兼婦女，小
兒及花柳各科・診例：門
診六角，出診一元，貧病
不計・診所南門外周新鎮
・電話新順泰米行轉
錢　繼　常（戒烟專家）
光復門內化仁巷
錢　耀　芳（內外科）
黃泥夅
歸　仲　欽（內科）
科目：傷寒肺癆婦科專家
・診例：門診小洋六角，
出診面議・診所陳白頭巷

口・電話一一二〇一
蘇　耀　星（推拿針科）
東門熙春街二五號
龔　士　英
科目：男女方脉痧痘幼科
・門診小洋六角・診所：
江陰巷三四號
龔　鴻　圖
南門外石灰橋

◉西醫

卜　華　德
南門二下塘普仁醫院・電
話八號
王　世　琦（德醫）
內外各科・診所：北門長
安橋北尖（王頌芬醫室舊
址）電話五九〇
王　世　偉
婦產科內科小兒科・診所

：連元街十七號•電話七四八
王海濤(普通各科)
連元街十七號•電話七四八
王諸涵英(產婦科)
連元街十七號•電話七四八
尹信民(統治各科)
城內崇安寺山門口一信夫婦醫院•電話一二五一
毛南松(內科花柳科)
診例：門診五角，出診一元•診所：城內裏黃泥橋劉撫院(附啓：本人對於國產藥品，其效用完全知悉，蓋曾研究中醫學識多載之故，如同業欲知國藥之效用，可通函研究)
朱文琬
三下塘•電話一一四四

朱品山
漢昌路兄弟醫院•電話四四二，一一六二
朱道周
專治外科兼理其他各科•門診一元，出診三元•診所：城中小河上廿八號•電話一一三九
朱蘊山
漢昌路兄弟醫院•電話四二二，一一六二
汪璞涵
公園對面陶涵醫院•電話六九九
李克樂
南門二下塘普仁醫院•電話八號
金子英
公園路•電話七八二
金鼎(字峙程)

內科兒科花柳科•門診五角，出診二元•診所•光復門圓通路八號•電話七三九
周子翺(內外科)
陳墅周家莊
周復培(眼科)
青菓巷
周緒(花柳兼內科)
上午門診九時至十二時，下午三時至六時出診•診所西溪下•電話一二〇
周綸(幼科內科)
出診上午九時至十二時，門診下午四時至七時•診所：西溪下•電話一二〇
胡懿清(新法接產)
八皃巷一號•電話六一一
洪熙春(內外科)
西門外吊橋下三號
施亦臨

科目：內外婦孺，皮膚，花柳各科，門診四角，出診在城二元，診所：南門二下塘廿二號•電話六八一
段席成(花柳科)
漢昌路
秦秉衡
新街巷•電話一九一
秦惠民(統治各科)
城中推官牌樓
高直雲
花柳戒烟內外各科•診所：化仁巷一號
高景長(婦人科內外科)
上午門診，下午出診，診金門診一元出診兩元，診所：城中駁岸上卅號•電話一一五〇
徐士林(內外各科)
前太平巷•電話一〇六〇

孫　祖　烈
內外婦孺，皮膚，花柳，戒烟，種痘，急救等科•門診五角，出診二元，診所：打鐵橋弄二號洋房•電話八四四

陳　彤　輝(普通科)
上午門診，下午出診•診所通滙橋廿二號•電話一七四

陸　宗　祥(內科)
崇安寺大同醫院•電話二五六

陸　陶　菴
公園對面陶涵醫院•電話六九九

許　同　英(眼婦科)
診例：二時至四時•診所：公園路三七號

許　松　泉
大婁巷•電話一〇

許　錫　文(統治各科)
前中正路四二號•電話五三八

許　鳳　華(內外全科)
門診六角，出診二元，診所：公園路游師弄口•電話二八七

强　旭　初(內外科)
通惠路民衆醫院•電話一二二三

張　季　勉(內外科)
通滙橋•電話六七五

張　其　源(內外各科)
門診三角，出診一元，診所：西門小木橋六號

張　惕　庵
上午門診，下午出診，診所：三里橋一五九號•電話六三九轉

張　雄　飛
泌尿生殖器專科•號金兩角，診金四角•診所：廣勤路

張　漢　名(字宰時)
內科小兒科，統治外科皮膚，花柳，眼耳鼻咽喉科•門診上午十時至十二時，出診下午一時至六時，診所：城中大河上十九號•電話三七三

華　克
東大街

華　梅　芬(產婦科)
周師弄•電話七八四

華　景　爽
崇安寺大同醫院•電話二五六

黃　伯　清
內外各科及花柳，婦女，小兒等科•診例門診六角出診一元，路遠面訂，打針在外，診所：南門外落霞橋南黃巷

楊　子　華
萬前路•電話八八八

楊　文　斌(外科花柳科)
西門外振新宿舍

過　學　倫
八士橋•電話二〇一四

趙　宏　京(統治各科)
門診六角，出診一元一角診所：北門大河池沿•電話一〇四〇

劉　士　敏
內科，婦人科，小兒科，統治外科皮膚，花柳，耳鼻咽喉科，眼科•門診上午九時至十二時，出診下午二時至七時•診所：前中正路四二號•電話五三八

蔣樾蓀(內外兼婦幼科)
張涇橋西●電話二〇一六

蔣　鴻　初
統治內外各科，花柳，皮膚科，以及一切難症●診所：北門外大河池沿

蔡逸民(內外科花柳科)
診例：上午九時至下午三時●診所：光復門外南倉門六二號●電話一一七啓明中學轉

錢　仲　良(統治各科)
診例：上午十時起二角，下午一時起四角●診所：城中推官牌樓

錢　保　華(統治各科)
門診四角，出診城市二元，診所：東門內舍秀橋下廿五號●電話六九〇

錢　覺　倫(女醫師)
同德醫學士，衛生部註册，統治婦產各科●門診六角出診二元接產六元至十元●診所：公園路游師街口●電話二八七

衛　質　文(內科)
百歲坊巷口●電話八四一

韓　元　晟(一來)
內科　外科，產科，婦孺科，花柳，皮膚科，眼耳鼻咽喉科，門診出診不限時刻，日夜均可●診所城內崇安寺山門口一信夫婦醫院●電話一二五一

歸　起　翔
北塘小三里橋●電話八七九

譚　述　謨(內外科)
周師街●電話七八四

顧　子　靜(內外各科)
門診半元，出診一元，拔號加倍，路遠面議●診所：大婁巷三七號

顧　衛　如
專治內科、小兒科，兼理皮膚，花柳，眼，耳，鼻，咽喉各科●診例：門診四角出診兩元●診所：東門內駁岸上廿五號●電話九二〇

◉牙醫

一　新(鑲牙)
通運路●經理鐘振聲

天　生(鑲牙)
寺後門●經理周鴻泰

精　益(鑲牙)
西門外迎龍橋●經理史鑫

培

周　逸　如
西門迎龍橋

徐　仲　珊
大市橋街一六〇號

袁　嘯　雲
城中公園路美華軒老店十七號，支店三號●電話六七八號容芳照相館轉

曹　禹　臣
城中公園路琴雪軒十九號●電話五七〇號老寶華照相館轉

曹　培　靈
門診一元出診另議●診所城中推官牌樓

曹　麟　祥
西門外棚下街

章　文　軒
北塘小泗房街

陸　稼　麟
西門迎龍橋·

程記（鑲牙）
通惠路・經理程正菁
程梅軒
通惠路
黃子鑫
笆斗街
盛伊美
南門外南長街
楊煥（字少芸）
光復路五一號
談景青
通運路中市・電話一〇六七轉
鴻運齋（鑲牙）
南門外南長街
賽新華（鑲牙）
通惠路・經理糜季布
鐘振聲
通運路中
鐘華（鑲牙）
通運路

振華五金號廣告

本號專辦各種五金電氣材料早蒙　各界歡迎舉凡紡織繅絲麵粉榨油碾米等各工廠以及各機關各住宅應用五金材料莫不應有盡有如蒙　惠顧格外克己請駕臨通運路中市本號接洽可也

◉經理馬牌塔牌各種水門汀◉

◉經理西門子等各種電燈泡◉

振華五金號謹啓

電話三百九十號

無錫工商業名錄　補遺

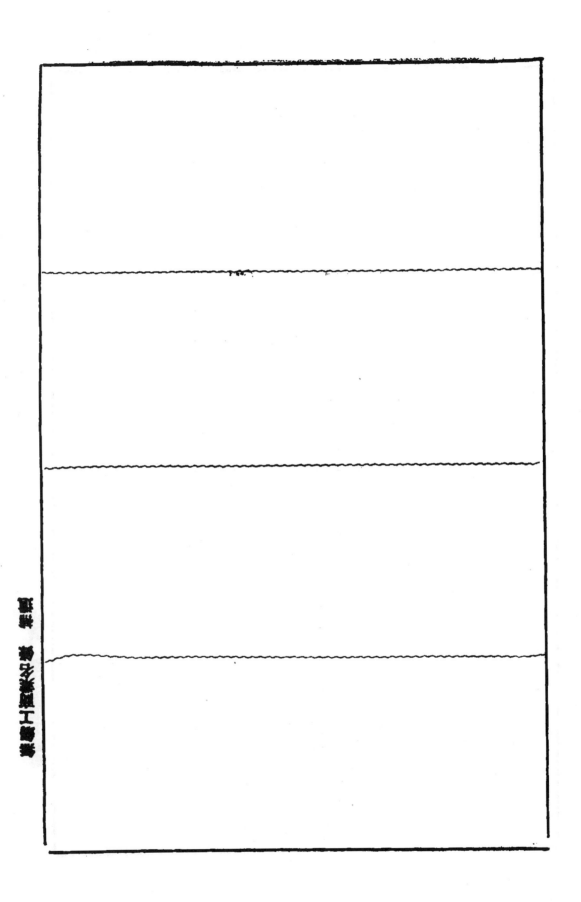

無錫工商業名錄　補遺

旅館類

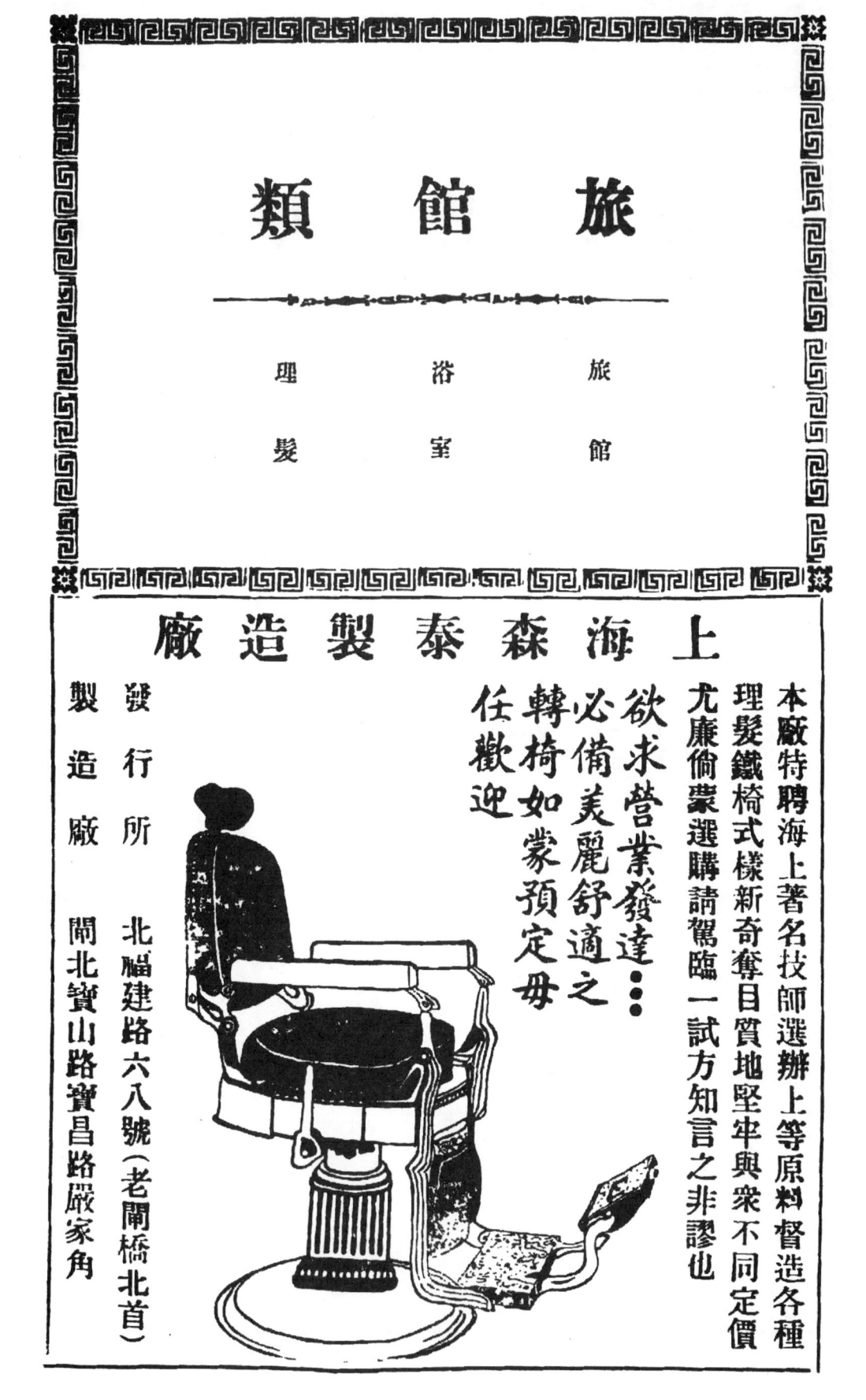

旅館　浴室　理髮

旅館類

◉旅館

上海
通運路中・經理張雲九・電話四一

大中華
火車站・經理沈鶴林・電話一三四

大東
通運路中・經理張兆鎭・電話八〇九

太湖飯店
榮巷鎭西梅園内

公園飯店
公園路・經理戴子江・電話三〇八

中江
通惠路・經理汪仲坪・電話七九〇

交通
工運橋・經理李菊楨・電話一二〇七

吳東第一
漢昌路・經理陳玉山・電話三一九

孟淵
工運橋堍・電話二四三

東湖福記
萬前路・經理王棟臣・電話三一八

陞昌
漢昌路・經理朱昌壽・電話二二三

梁溪
通運路・經理李茂林・電話五〇四

啓泰新記
漢昌路中市・經理王君惠・電話賬房二六九，後面新樓八七〇

惠中
通運路・經理陳宗時・電話三一七

無錫旅館
通運路・經理楊映潭・電話五六一

無錫飯店
工運橋下・經理沈錫君
電話賬房六九〇，樓上六五二

華商
通運路老戲館弄口・經理章綬卿・電話二七七

華盛頓飯店（兼中菜）
廣勤路口・經理陳榮泉・電話四五三

萬安
東大街（大市橋西堍）

新旅社
通運路・經理楊永祥・電話五四〇

新世界
通運路・經理張德卿・電話五七四，賬房間五七三

鴻安
北門戲春街・經理李景山

鐵路飯店
通惠路・經理蔣仲良・電話樓上五八四，賬房五八三

蘇臺
光復路・電話三五三

蘇錫
通惠路・經理唐蓮叔

◉浴室

玉泉池

金鈎橋・電話一〇五〇

日新池
漢昌路・電話七九七

沂泉池仁記
小南門巷

昇泉池
崇安寺・電話七四七

拱北樓
北吊橋游街內・電話一一九三

浴春池
太平巷・電話八六四

浴德池
大市橋東堍・電話六七七

清泉池
喜春街・電話一一五一

清蓮池
馬路上・電話二九五

惠泉
惠農橋堍八九號・經理朱昌壽・電話一〇一五

樂泉
萬前路・經理劉志清・電話七〇三

蓮蓉
灣巷裏・電話一一六八

範湖
西門外

龍園
東門亭子橋・經理夏金通

◉理髮

大同
雲龍橋・經理胡維祥

大華
通運路

中央
光復門內

光華
青菓巷

合興
第八區羊尖鎮・經理陳龍寶

同樂
第十二區大牆門口・經理鄒培芝

朱正記
第四區鏈橋

美麗
通運路

晉華
露華街・經理陳和尚

高記
西門小本橋

倚雲軒
南門外跨塘橋下塘

陸雲軒
南門外清名橋下塘

無錫理髮館
北塘・經理徐兆鳳

新公興
大市橋街一〇二號・經理李志三

新長軒
南長街

新東霞
城內觀前街

萬國
崇安寺山門口・經理蔣文章

無錫工商業名錄　補遺

游覽類

戲園

影戲院

花園

書場

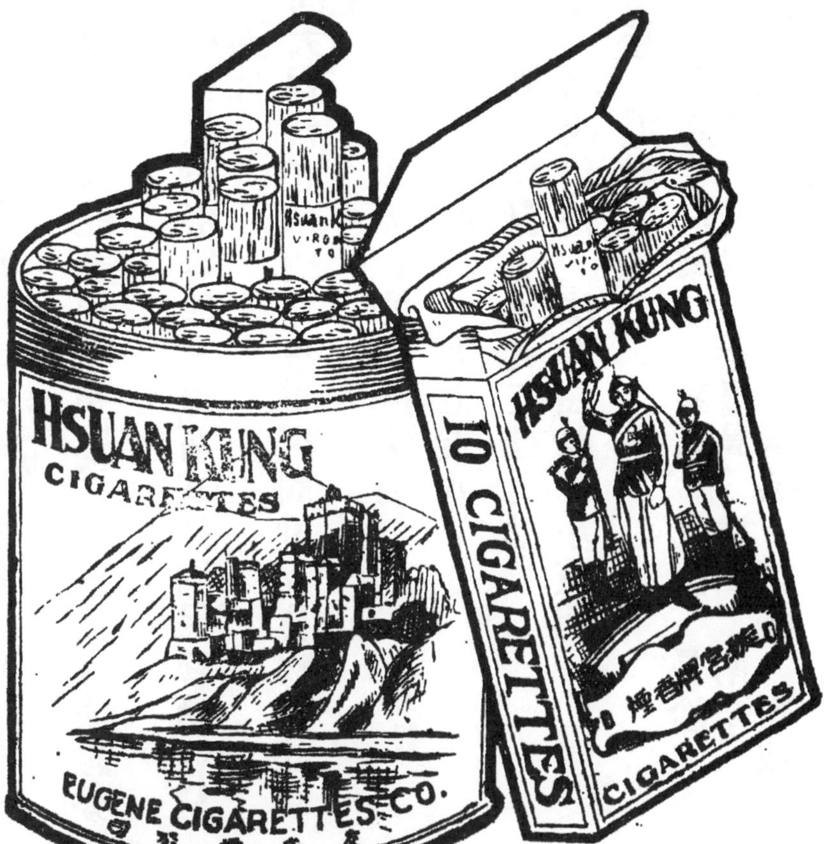

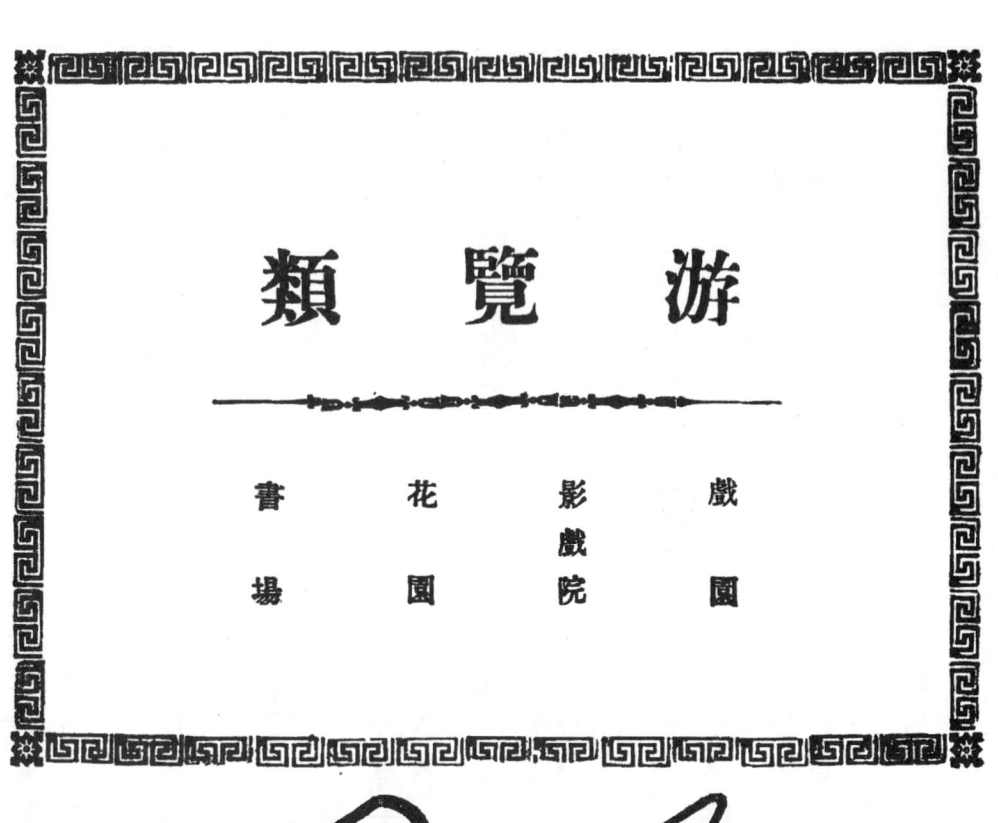

中國實業銀行

銀行部　專營存款放款貼現押匯國內外滙兌及一切銀行事宜

儲蓄部　辦理定期活期分期及各種儲蓄基本穩固會計獨立利息優厚

信託部　代理房地產買賣打樣建築經租事宜又代買賣有價證劵并其他信託業務

保管部　保管各項貴重物品證劵等設有最新式堅固保管箱租費較廉章程函索卽寄

貨棧部　自建堅固高大貨棧在蘇州路專爲客商堆存貨物裝卸便利棧費公道

鈔票發行部　特許專部辦理發行準備十足兌換便利

總管理處　上海博物院路三號　電話一九五五八

上海分行　北京路三十八號　電話一八七二五—九

上海各區辦事處　南京路　北四川路　法大馬路　小東門

無錫分行　北門外竹場巷　電話二二四二

外埠分支行　天津　北平　青島　哈爾濱　南昌　九江　長沙　威海衛　大連　漢口　遼寧　秦皇島　塘山　南京　鎮江　蕪湖　安慶　南通　蘇州　常熟　杭州　寧波等
其他內地均有代理機關

游覽類

◉戲園

第一臺
新馬路・經理李召增

慶陞
光復門外・經理沈漢章

◉影戲院

中東
東新路・經理華耀先

中南
映山河口・經理陳榮泉，楊祖鈺・電話一一七七，一二三四

光明
圖書館前・經理許佾青・電話一一〇六

無錫大戲院
公花園・經理吳觀蠡・電話三六

新光
光復門內公園路圓通路口・經理吳省三

◉花園

公園
公園路（崇安寺東首）主任周織美・電話二〇四

梅園
開原鄉榮巷鎮西・園主榮宗敬，榮德生・電話三九五

惠山公園
惠山（即李公祠舊址）

蠡園
蠡園

◉書場

老近興
城內觀前街

雅叙
城內寺巷

蓬萊書場（兼粥店）
觀前街

無錫工商業名錄　補遺

無錫丁祠叢令錄　補遺

其他

紙匣　壽器　坭人　西樂社　彈花　燈籠　羅篩　風箱　鳥籠　雜項

新華信託儲蓄銀行

提倡儲蓄最早

收足資本二百萬元

總行上海江西路三六一號

北平分行　天津分行

辦事處

上海靜安寺　上海北橋鎮

上海西門　蘇州蕩口

上海楊樹浦　天津東馬路

上海霞飛路　無錫洛社

其他

◉紙匣

王聚興
南門外南長街

俞德盛
沙坟井

劉永泰
城內沙坟井

◉壽器

永聚興（材板）
周山浜

邱源盛（壽材）
第四區榮巷鎮

長生公司
書院弄

長春壽星會工塲
南倉門

周順興（材板）
第七區蠡瀆・經理顧孔學

范裕昌（板材）
第七區張涇橋・經理范小觀

姚信義（材板）
第七區蠡瀆・經理姚根生

恆泰成（材板）
北城脚

徐長興（壽材）
第四區徐巷鎮

陸仁達（壽材）
第四區榮巷鎮

陳義興（材板）
第七區王莊・經理陳福全

源祥（材板）
第七區張涇橋・經理胡松廷

義興昌（壽材）
第四區錢橋頭

瑞豐（材板）
第七區港下・經理楊立齋

萬年祥（材板）
東新路

萬壽會壽器公司
西門迎龍橋・經理紀鴻初

德餘興（壽材）
第四區錢橋

◉泥人

丁合興
觀前街・經理丁慕靖

丁合興
惠山橫街・經理丁壽寶

丁洽興
惠山・經理丁阿坤

正興
惠山・經理周永昌

永興（兼麵筋）
工運橋堍・經理過景安

朱源茂
惠山

吳洽興大房
惠山龍頭口

周坤發
惠山觀前街

周義盛
惠山觀泉街・經理周錫景

邵義盛
惠山龍頭口

胡萬成大房
惠山橫街・經理胡阿大

胡萬成二房
惠山橫街・經理胡培颺

美術館
惠山山門內・經理夏寶之

美最時
惠山山門內・經理高子祥

美景華
惠山橫街・經理華象賢
高永盛
惠山
秦源昌
惠山・經理秦榮培
益興
工運橋堍・經理王金根
章振記
惠山山門內・經理章振初
陳洪茂
惠山直街
陳乾昌
惠山龍頭口河塘
陳復茂
惠山香花橋堍，分號觀前街・經理陳仁泉
陳復茂鶴記
惠山・經理陳鶴庭
陳順興
惠山橫街上・經理陳毓秀
陳順興菊記
惠山龍頭口河塘・經理陳菊秀
陳聚興
惠山直街
陳聚順
惠山花橋堍・經理陳杏芳
強永德
惠山
慈津社
惠山山門內・經理劉乾昌
馮德順
惠山龍頭口・經理馮阿進
新美麗
惠山觀前街・經理秦順金
新景
惠山山門內
新景華
惠山山門內・經理王國鈞
虞福茂
惠山・經理虞仁根
虞福茂
惠山橫街・經理虞儒珍
虞福茂二房
惠山橫街上・經理虞南薰
粹美
惠山・經理王世榮
劉元茂
惠山・經理劉貴全
蔣萬順
惠山河塘・經理蔣金奎
蔣德茂
惠山橫街
鮑順興三房
惠山橫街上・經理鮑仞千
戴源記
惠山
嚴永興
惠山橫街・經理嚴暮青
顧萬春
惠山山門內，分店橫街上・經理顧厚礎
顧聚順
惠山・經理顧大奎
龔源茂
惠山
龔源盛
惠山・經理龔富春

◎西樂社

太平洋
東大街（大市橋西首）電話一〇三九
南洋
城內觀前街
新新
東大街

◎彈花

大通祥　城內觀前街

和豐祥　城內觀前街

◎燈籠

天泰　笆斗街・經理王世鏞

張瑞興　北塘煤場弄西・經理張學海

張義興　南門黃泥峯

馮新泰　笆斗街・經理馮子淵

◎羅篩

合興　光復路・經理錢阿坤

徐二房　城內大市橋東首

◎風箱

汪隆順　南門外灣頭

張恆泰大房　南門外灣頭

張恆泰二房　南門外灣頭

聚泰　南門外南長街

◎鳥籠

天順齋　崇安寺・經理楊桂生

新鳳齋　崇安寺・經理許富堂

◎雜項

三新（紗帶彙蚊香）　光復門內沙坟井・經理汪永清

林記（修船作）　第十六區楊墅園・經理林柏清

洽泰順（切紙）　觀前街・經理吳澳文

胡萬興（收買箔灰）　南門外北長街

無錫廣告社　三王街・電話一〇二一

達懋祥（旗傘）　城內監街北・經理王桂林

蔣隆泰（車木作）　灣頭上

麗新紡織漂染整理廠

本廠痛心于洋貨之充斥利權之外溢以中國之人民因無良好之布料致不得不仰求于外人同服帕來洋布所製之衣服故本愛國精神集貲建造宏大工廠裝置新式機器聘請專門技師悉心研究歷年以來所出貨品花樣新奇質地堅韌顏色鮮艷歷久不退久蒙　各界人士所稱許現正値愛國志士提倡國貨之期本公司自當對于出品精益求精對于價目格外克已以副　惠顧之雅意茲將各種出品名目列下

出品：冲直貢呢，冲嗶嘰，冲西緞，冲毛葛，冲紡綢，自由呢，綢呢紋，斜文，花呢，冲華達呢，錦花呢，洋紗，斜羽綢，縐布，絨布，夕法布，胡桃呢，新縐呢，十字布，帳紗，條板綾，斜格呢，映格呢，方格呢，中格呢，錦地葛，藍條平，番布，洋標，藍條

商標：司馬光，鯉星，千年，惠山（以上布商標）雙鯉（以上紗商標）

廠址：無錫惠商橋麗新路　電話二五〇　總賬房通運路　電話一〇四一　批發處通運路　電話六二二一　電報掛號七七八七

無錫工商業名錄　補遺

無錫工商業名　補遺

無錫工商業名錄　補遺

附錄

會所
律師
會計師
學校

無錫第一旅社

本旅社開設無錫北門外漢昌路口地處適中火車之往來水輪之行駛爲水陸交通之埠仕商雲集之處 貴客格外注意今特添造高大洋房數拾間特別改良設有會客聽大餐間閲報室西式官房空氣透達車馬往來最極便利憑欄觀望遊目暢懷西洋鐵床綢縐被褥紅木器具一應完全並用藥水灑洗絕無臭蟲之慮電燈電話風扇一切全備飲食精潔務使適口有益衛生由招待之週到茶房之伺候任客差遣火車輪埠特派妥夥照料現定價目格外克已以廣招徠承蒙仕商學界惠臨無不竭誠歡迎也

無錫第一旅社主人謹啓

（電話三百十九號）

附錄

◉會所

三區黨部第二分部
八士橋（孟邦杰）電話二〇
一四
大窰業同業公會
伯瀆橋四號（劉鴻坤）
山貨業同業公會
惠山（趙衡鈺，秦竹卿，
胡燮仁，王景山）
公安第十二分局
八士橋（黃昌森）電話二〇
一四
木作業同業公會
五里街荷花橋（余明海）
印刷業同業公會
書院街（吳襄卿）
民衆教育促進會
民教館（朱若溪）
永濟宮粮食公會
小泗房街・電話七二五
申新紡織工會
五洞橋・電話九三七
布廠業同業公會
光復路・電話四八九
石灰行業同業工會
吉祥橋（王鳳岐）
石灰船業同業公會
吉祥橋（淩鳳皋）
同　仁　堂
新廟前・電話七九四
竹業同業公會
長安橋（張應芳）
肉業同業公會
棉花巷外吊橋（陸宗儀）電
話一一一七
肉業協會辦事處
北塘三里橋・電話八四七
衣莊業同業公會
河崒裏八號（高鴻初）
米荳業同業公會
小泗房弄（趙燮）電話七二
五
米粮船業同業公會
堰橋（胡彬）
車業同業公會
觀前街（姚幹石）
河埒口保衛團
河埒口・電話七四九
花邊業同業公會
南市橋（胡桐蓀，沈漁濱
，徐福康）
金銀業同業公會
毛桃巷（段友儉）
典業同業公會
運元街（秦琢如）
油漆作業同業公會
城中三皇街（林卜棨，鄧
丙章，王鈺丙，惠恩普）
油廠業同業公會
東新路（陳進立）
油麵筋業同業公會
城中萬坊街（馬廷棟，周
鴻源，任國良，朱學明等
）
南方泉鎮公所
開化鄉南方泉鎮（王明卿
）電話由十四區區公所轉
接
南北貨糖業公會
長安橋南尖（繆棟臣，顧
汝舟，江雲鵬）電話三九
四
南貨業同業公會
長安橋（張人傑，顧汝舟
，繆棟臣，江雲鵬）
建築業同業公會
三皇街（顧培記）

紅卍字會
進士坊巷・電話八五三

要貨業同業公會
惠山（周繼棠）

航業協會
北門長安橋・電話三九四

娛樂業同業公會
東新路長康里・電話〇九〇

紡織廠聯合會
東鼓樓・電話四五七

紡織聯合公會
敦仁里・電話一一一

酒醬店業同業公會
城中北岸上念四號（主席許汝舟）電話一一九六

柏燭業同業公會
城中盛巷（樂聯芳）

紙箔業同業公會
江尖渚（包晉臧）

紗業同業公會
通滙橋（張人傑，殷明齋，張勉之，吳佩秋）電話三一二五

旅棧業同業公會
南倉門（蔣體之）

浴室業同業公會
崇安寺（楊重遠，潘鳳岐，許少南，顧耀宗）

城西自治促進會
會址暫借縣立體育場（常務委員李炘延）電話九五〇

茶食業同業公會
城中七尺場（邵任鳴）

茶葉業同業公會
布行弄（胡念倩，俞仲，唐顯庭，陳受之）

茶園業同業公會
小泗房衖（魏廷章）

菜館業同業公會
沈果巷（王菊亭）

理髮業同業公會
八兒巷（林卜桀，管金源，陸寶泉，張振洪）

停雲山莊
錫山脚下・電話三六〇

造船業同業公會
四傑橋（楊敏之）

商團公會
公園路（楊翰西）電話四三九・第三支隊南陽里，電話八二三・第四支隊長康里，電話一一一〇・第五支隊日暉橋，電話七五七・第九支隊布巷衖，電話五五九・第十支隊接官亭，電話二六六

救火聯合會
公園路・電話一〇二〇・東區亭子橋，電話九一〇・中東區後中正路，電話八六〇

第一區區公所
公園路（錢鍾亮）電話五七一

第二區區公所
景雲市江溪橋（張光第）

第三區區公所
楊名鄉南橋鎮（虞純眞）

第四區區公所
開原鄉榮巷鎮（朱鑣）

第五區區公所
天上市堰橋鎮（居克强）電話二〇〇五

第六區區公所
天下市八士橋（馮俊彥）

第七區區公所
懷上市張涇橋（趙應秋）

第八區區公所

懷下市安鎮(杜鎔楨)
第九區區公所
北上鄉后橋鎮(蔣執中)
第十區區公所
北下鄉東亭鎮(袁詠裳)
第十一區區公所
南延市蕩口鎮(華日曾)
第十二區區公所
泰伯市大牆門口(郁映森)
第十三區區公所
華大房鎮(朱正心)電話二〇六六
第十四區區公所
開化鄉南方泉鎮(許裕松)
第十五區區公所
青城市前洲鎮(唐秉銓)
第十六區區公所
萬安市洛社鎮(鮑松夫)
第十七區區公所
富安鄉陸區橋(華士毅)

第七區食糧管理委員會
張涇橋・委員：黃道中，華硯芬，吳壽萱，趙應秋，蔣良生・電話張涇橋區公所
第三區黨部
張涇橋(執行委員楊敏裁，龐翼蒼，趙敍昌)電話二〇一五
第六區區教育會
八士橋(任高本，過望先等五人)電話二〇一四
開原鄉公所
開原鄉榮巷・電話三八八
溥仁慈善會
希道院巷・電話六七二
華大房鎮農教館
華大房鎮(館長陸奇銘)電話二〇七七

惠北農民教育實驗區第二分辦事處
高長岸(朱若溪)
捲烟業同業公會
中正路(王文卿)
甯紹會館
東新路(傅雲德)
筆墨業同業公會
寺後門(周朗夫)
無錫縣縣商會
太平巷(錢孫卿，楊翰西)電話八
無錫縣黨部
駐驄橋(濮一承，李惕平，徐川楫，徐赤子，桂沃臣，蔣柏森，陸克，陳炎公)電話一六七
無錫教育局
駐驄橋・(臧祜)電話六八八

無錫縣保衛團第六區團
八士橋(過學綸，楊滌夫)電話二〇一四，二〇六五
無錫縣教育協會
公園路・電話三四
無錫縣公款公產管理委員會
公園路(主席錢孫卿)電話三二
無錫縣公款公產管理處
新縣裏・電話三一
無錫縣體育協會
西門縣立體育場(常務委員沈濟之)電話九五〇
無錫縣立民衆教育館
崇安寺(芮麟)

無錫縣第七區教育分會
黃土塘(蔣良生，唐樸安)
無錫縣第十三區區農會
華大房鎮(常務幹事長范濟時)電話二〇六六
無錫縣新安區煙酒稽征分局
華大房鎮(局長周維新)電話二〇七七
無錫縣第二區黨部第一分部
華大房鎮(常務陳易新)電話二〇六六
無錫縣公安局第八分局第三分駐所
華大房鎮(巡官王學漢)電話二〇六六

聖公會
承賢橋・電話六八二
煤鐵業同業公會
壇頭街(沈榮輔)
窰器業同業公會
城中三皇街(錢秀芳，王子惕，顧鈺坪，朱有才)
運輸業同業公會
通惠路(張人傑，邵葆楚，孫鴻卿，宋植吾)
照相業同業公會
崇安寺(李璞，謝竹均，張國楨)
煙業同業工會
北大橋堍(桂沃臣，姚謨卿，李子均，羅兆生)
塘頭鎮公所
塘頭・電話二〇六五
絲吐業同業公會
漢昌路(高叔方)電話七二九
絲廠業同業公會
許家街(錢翼振)電話五六〇
絲廠職員聯合會
東新路・電話七五二
絲繭棧同業公會
通漢鎮(錢孫卿)
綢布業同業公會
北門外南尖(錢保稚)電話一一九九
銅錫業同業公會
小婁巷底(陳毓臻)
銅錫機器翻砂聯合會
太平巷・電話一九九
磁器業同業公會
北門吊橋(嵇蘊如，顧少坪，羅清泉，鄧伯安)

儉德會
華大房鎮(會長倪復初)
蔴業同業公會
西門城腳(桂沃臣，張仲英，馬瑞康，張雲瑞)
繭業同業公會
黃埠墩(華少純)電話二一五七
鞋帽業同業公會
駐驄橋(陸仲英)
碾米廠同業公會
江尖上(錢鏡生)電話四二五
熱水業同業公會
崇安寺長興樓(蔣士珍)
劉潭橋農教館
劉潭橋(倪厚齋)
劉潭橋鎮公所
劉潭橋・電話二〇六四
漆作業同業公會

打鐵橋(蔣壽松)
錢業同業公會
竹場巷(江耀文)電話五二
○
錫滬駁貨業公會
河埒裏十號(吳少之)
機器犀水業同業公
會
北新橋(屠克強)電話一五
八
總　工　會
八兒巷・電話六一一
粮食業同業公會
新縣前(陶冠時)
儲　業　公　會
釘缸裏・電話九六五
雜糧業同業公會
小四房弄(趙燮)
鞭爆業同業公會
虹橋頭(朱旭濤)

襪業同業公會
書院弄(胡祥生)
鐫刻業同業公會
大市橋(楊伯受)
麵粉業同業公會
祝稜弄口・電話六五五・
麵飯館同業公會
三皇街(錢濟訓)
醬酒業同業公會
笆斗街橫街內(主席朱柏
和)電話七三五
蠶桑改良會
漢昌路・電話一一七四

◉律師

大陸法律事務所
鐵路飯店・主任律師婁瑛
・電話五八三・分事務所
城內沙蚊井十九號・電話
一二
公正法律事務所
萬巷上二八號(楊軾律師
等組織)主任顧錫彤
吳　允　中
西門外得心橋櫓店弄六號
吳　承　圭
營橋巷十四號
吳　理　堂
事務所顧山，又無錫中正
路
吳　　超
城內西大街
吳　蔭　棠
西門外棉花巷
宋　銘　鍌
城內盛巷橋街
余　其　貞
事務所蘇州朱家園二十號
，無錫光復門外後中正路
四十一號
沈　元　凱
西鼓樓七號・電話一〇九
九轉
李　宗　唐
城中石皮巷
金　禹　範
圓通路八號・電話七三九
周　子　敦
中市橋街
周　兆　麟
公園路三七號・電話一一
八三
周　家　樸
圓通路十號・電話一〇三
六
周　備　五
東新路口一號・電話八七
六
周　毓　鏞

城內盛巷橋街
胡 文 銓
公園路天眞照相館
胡 家 玉
石皮巷橋旁二號
施 銧 鼎
西門毛梓橋一二號・電話
一一四一
是 雨 蒼
永定橋西六四號・電話四
七四
侯 錫 清
小婁巷四號
袁 宗 漢
斜橋北橫街十八號
秦 銧 鍾（字海秋）
城內東河頭巷一號・電話
六〇六號
徐 用 錫
城內大市橋青菓巷二三號

・電話九八七
唐 瑛
光復門外前中正路四二號
・電話五三八
唐 鳴 鳳
西水關・電話一一二九
孫 西 成
光復門外前中正路四六號
孫 展 圻
映山河九號・電話一二四
三
孫 祖 宏
光復門內圓通路十號・電
話一〇三六
陳 邦 基（兼會計師）
東大街馬路上大東旅社・
電話八〇九
張 士 傑
通滙橋街三二號・電話五
四一

張 桐
西門外棉花巷・電話一九
張 穀
城頭弄
張 懋 績
城中稅務前
章 炯
前中正路四二號
莊 鑑 銘
東鼓樓七號・電話一〇〇
六
許 以 松
圓通路八號・電話七三九
許 式
新市橋對橋（原籍宜興，
住宜興和橋鎭，別號瘦人
）
許 國 鳳
中市橋九號・電話一四八
陸 行

陸 克
小婁巷四號
陸 起
電話五九四
陶 見 山
倉橋下塘
陶 廷 枋
小婁巷四號
陶 信 芳
北塘財神弄口
華 純 安
城內公園路三七號・電話
一一八三
馮 曉 鐘
蘇州胥門內盛家浜，無錫
東門外亭子橋
楊 中 杜
斜橋北橫街十八號・電話
一一三八

光復門
楊　仁　溥
城內含秀橋二五號・電話六九〇
楊　昌　源
大市橋街・電話二五一
楊　軾
總事務所小婁巷口，分事務所昇平巷內五號・電話二六四
鄒　炳　虎
南陽里七號・電話九七九
裘　岫　雲
南門內沙巷一號・電話九八四
廉　隅
城內中市橋上塘十八號・電話七一
翟　志　鏞

城頭街十七號・電話七一〇
蔣　曾　耀
城內沙坟井十九號・電話・一二
蔣　瑞　霖
大河上
鄧　樹　人
南門外棉花巷七八號・電話二六五
錢　荷　慶
城內東大街
薛　乃　傅(字望曾)
喜春街十四號・話電一〇一・又後書院街一號・電話二七五
謝　邦　英(子達)
交際路六號・電話六三一轉
竇　樸

城中田基浜八號・電話九一三

◉會計師

陳　超　崙
總事務所上海法界薩坡賽路，分事務所無錫圓通路・總事務所電話八〇六三四，分事務所電話七三九

◉學校

無錫中學校
學前・校長陳綸
實驗小學校
學前・校長葛鯉庭
縣立初級中學校
學前・校長秦凫鈞
縣立女子初級中學校
小婁巷底・校長顧穀嘉
縣立女子初級中學附設小學校
小婁巷底・主事嚴寅初
縣立第一小學校
連元街・校長程恩九
縣立第二小學校
蘇家弄・校長嚴少陵
中心小學區中心小學校
崇安寺・校長費錫胤
中心小學區長安橋初級小學校
北門外長安橋・校長韓浚明
中心小學區玉帶橋初級小學校
南門外虹橋・校長丁子玉
中心小學區通匯橋

初級小學校
通滙橋・校長裔敬亭
中心小學區亭子橋初級小學校
東外亭子橋・校長王道南
中心小學區棉花巷初級小學校
西門外棉花巷・校長章爾威
中心小學冉涇橋初級小學校
南門外冉涇橋・校長葉潤
中心小學區惠山初級小學校
惠山・校長戴邦
中心小學區清明橋初級小學校
南門清明橋・校長楊卓仁
中心小學區冶坊場初級小學校
北門通滙橋・校長蘇澄漪
中心小學區尤渡里初級小學校
東門外尤渡里・校長周冠雄
中心小學區梨花莊惠梨初級小學校
梨花莊・校長顧召棠
中心小學區三皇街初級小學校
三皇街・校長顧堅
中心小學區黃巷初級小學校
黃巷・校長秦柳芳
私立無錫中學校
南門外羊腰灣・校長唐文治
私立無錫國學專門學院
學前・校長唐文治
私立競志女學校
北禪寺巷・校長侯保三
私立輔仁中學校
東門將軍橋・校長楊四箴
私立榮氏女學校
城內棋杆下・校長程宏遠
私立積餘小學校
北門外大河池・校長龔笠如
私立蔡氏小學校
北塘蔡家弄・校長嚴慰蒼
私立益友小學校
游泗弄・校長孫家復
私立培新小學校
崇安寺・校長曹銓
私立唐氏小學校
小婁巷・校長秦權
私立秦氏小學校
大河上・校長秦振鍔
私立侯氏小學校
駁岸上・校長許有成
私立明德小學校
南門外棉花巷・校長岳錫光
私立廣勤小學校
廣勤路・校長唐泳
私立楊氏小學校
永定橋・校長姚炯
私立美術專門學校
西水關堰橋・校長吳稚輝
私立振秀女學校
北門外貝巷上・校長吳王鏡
私立績成小學校
北門外貝巷上・校長林叔顒
私立工職女學校

旱橋衖・校長沈濤

私立陳氏小學校
東河頭巷底

私立勉强小學校
小河上・校長孫春圃

私立志成女學校
南門外宏勝橋下・校長王廷槐

私立德慧女學校
南門外虹橋・校長許雪英

私立正業小學校
南門外清明橋

私立光華小學校
南門三下塘

私立學藝女學校
映山河南陽里・校長王韻樓

私立崇實小學校
顧橋下・校長方仲容

私立雅言小學校
中正路・校長瞿相成

私立啓明小學校
東門外・校長龐建中

私立昌盛小學校
亭子橋

私立中西女學校
營橋巷・校長程華貞

私立中山小學校
西大街・校長姚詢芻

私立菁莪小學校
西門倉浜裏・校長周錫璜

私立培西小學校
西門太保墩・校長秦權

私立勞工第一小學校
崇安寺萬松院

私立勞工第二小學校
周山浜裕泰繭行

私立勞工第三小學校
南門外張元庵・校長王獨醒

私立勞工第四小學校
西門外西新橋・校長徐芝雲

私立勞工第五小學校
高埠墩・校長余振初

私立大椿小學校
南門伯瀆港・校長郁寶鏞

私立崇正小學校
北門外普濟橋張巷上

私立利民小學校
北門外長安橋橫浜口祝場弄・校長楊鼎炎

私立類思小學校
東門外南倉橋・校長楊念農

私立雅訥小學校
小三里橋天主堂・校長茅本荃

私立業勤小學校
小三里橋天主堂

私立培工小學校
南門外清明橋下塘

胡氏初級中學校
村前

樹德小學校
前洲

懷芬女學校
後倉

顧氏小學校
九房往基

端初小學校
蕩口

又新小學校

保滋小學校　七房橋

經正小學校　楊家莊

公益一校　塞門

慈南小學校　棠巷

尚德小學校　曹婆橋

景華小學校　大潘巷

江陂小學校　江溪橋堰下

崇正小學校　江溪橋

城區小學校　後祁裏

崇文小學校　三皇街

養民小學校　三皇街

鎮南小學校　魏家宕

競化女學校　廿露

化新小學校　棠巷

公益二校　河埒口

公益三校　梅園

公益四校　大渲

培之小學校　下余巷

安中二校　東大池

牌樓下

裕成小學校　張橋頭

志海小學校　陳大巷

慕光小學校　于響裏

培本小學校　青祁

熙春小學校　安鎮

八士橋小學校　八士橋・校長過望先・電話二〇一四

張涇橋農民夜校　張涇橋（專收成年之農民暫以卅性爲限）校長黄道中・電話張涇橋區公所轉

縣立第五小學校　張涇橋・校長徐用賓・電話張涇橋區公所轉

廣勤紡織公司廣告

出品：十支至二十支棉紗，三十二支雙股三股及四十二支線紗，各類平布絨布法蘭絨布，商標：織女牌，飛鷹牌　廠址：無錫北門外廣勤路長源橋，電話二一二二及二三〇一，電報掛號一六八四，花紗物料處，北門長源橋，電話七八五

無錫工商業名錄　補遺

後記

無錫是中國吴文化的發祥地。七千多年悠久歷史與文明，造就了『梁溪明秀之區，衣冠禮樂甲於江左』的城市人文傳統和深厚的歷史文化底藴。數千年來，文脉綿延，永世流芳。邵寶在《錫山遺響》序中曾經這樣描述：『錫之爲邑，在三吴間。山水清麗豐曠，生其地者，多沉雅秀整，以文名家，代不乏人。』文化已經成爲這座城市最本色的氣質。爲傳承吴地文明，建設文化名城，進一步彰顯無錫城市内在精神特質，經過幾年的精心策劃，旨在全面整理地方文化典籍的《無錫文庫》編纂出版工作於二〇一〇年全面啓動，二〇一一年起陸續與讀者見面了。

無錫的城市文化曾經爲中華文化寶庫作出過巨大貢獻。顧愷之、倪瓚、王紱、鄒一桂、賀天健、徐悲鴻、錢松嵒、吴冠中，如松秀群嶺，在中國繪畫史上擁有很高的地位；華秋蘋、楊蔭瀏、劉天華、華彦鈞（阿炳），乃韵動天籟，對中國音樂發展發揮了重要作用；李紳、蔣防、尤袤、蔣捷、陳維崧、顧貞觀、嚴繩孫、周濟、劉半農，皆胸懷錦綉，在中國文學史上可謂各領風騷；計六奇、顧祖禹、顧棟高、秦蕙田、嵇璜、錢基博、錢穆、錢鍾書、錢海岳，可稱堂奥廣庭，學造淵源，在中國學術史上卓然大家；顧憲成、高攀龍之東林，唐文治之『國專』，徐霞客之游記，徐壽、華蘅芳之『格致之學』，陳翰笙、錢俊瑞、孫冶方、薛暮橋之經濟學，都堪稱中華文化史上的一座座高峰，至今閃耀着炫目的光芒。

深厚的歷史文化底蘊激發了無錫城市的文化自覺。市委、市政府滿懷對鄉土誠摯之情、對文化敬畏之感，以義不容辭的責任擔當，致力於文化强市建設，以科學的理念和方式對歷史文化遺産作全方位的觀照、深層次的發掘、系統性的保護，匯四海之智，舉全市之力，共襄文化建設盛舉。二〇〇六年十二月，無錫市成功申報國家歷史文化名城，標志着新一輪文化意識的覺醒，并迅速轉化爲文化自覺的實踐。近年來，我市全面啓動惠山、清名橋、小婁巷、榮巷、蕩口等五個歷史文化街區和十個古村落保護修復工程，『護其貌，顯其顔，鑄其魂，揚其韵』；鴻山遺址成功保護的經驗被國家文物局譽爲大遺址保護『無錫模式』，并被授予首批國家考古大遺址公園，闔閭城遺址考古發現則確立了歷史上無錫曾作爲吴王闔閭都城的地位；建成開放六十餘座博物館、名人故居和紀念館；對無錫的非物質文化遺産予以重點保護；每年春天舉辦的中國（無錫）吴文化節、中國文化遺産保護論壇成爲文化亮點，享譽海内外。這些舉措遵循規律，探索文化建設體制和機制的創新，形成了寶貴的『無錫經驗』，得到海内外學者、專家的一致肯定。

在注重保護歷史文化遺存的過程中，發掘、整理無錫歷史文獻著作，展示和弘揚無錫城市的思想精神世界，自然而然成爲大家關注的重點。二〇〇六年，市委宣傳部組織無錫文史專家、學者編撰的十七册三百萬字的《無錫文化叢書》正式出版，引起强烈反響，出版後供不應求，在二〇〇八年再版加印。《無錫文化叢書》集中反映了無錫城市文化精華，展示了無錫城市文化特質，彰顯了無錫歷史文化的厚重，同時也告訴人們，文化精神的傳遞是文化繁榮發展的重要内涵，一旦擦去歲月蒙塵，優秀的歷史文化就會轉化成爲取之不盡的精神財富。

爲了進一步彰顯城市歷史文化底藴，二〇〇七年，市委、市政府將全面系統整理無錫文化典籍擺上工作議事日程，明確提出編纂《無錫文庫》。由于無錫歷史文化底藴深厚，卷帙浩繁，内容豐富，編纂工作千頭萬緒，要想整理出一部簡明扼要而又内容翔實、主旨鮮明而又文質彬彬的文獻集成，難度遠大於預想。爲此，我們先後成立了《無錫文庫》工作委員會和編輯委員會，加强對編纂出版工作的組織領導與統籌協調，在尊重歷史、尊重規律、尊重科學、尊重專家的基礎上，積極推進文庫編纂工作。編輯委員會經過反復論證，明確原則，綱舉目張，有條不紊地開展工作。充分憑借地方文史專家的優勢，充分發揮高校人文學院、研究機構的作用，充分依靠出版機構的專業經驗，并邀請國内外著名文史專家指導、把關，形成了文庫編纂的工作合力。

在編輯過程中，我們力求使《無錫文庫》成爲經得起歷史考驗的鄉邦文獻集成。

全面規劃又保持開放結構。面對豐富的歷史文化積澱，没有規劃就不可能形成清晰的編纂思路。在前期編纂工作中，編輯委員會經過二十餘次的論證會和專題研討會，形成并確定了《無錫文庫》總書目，明確了收録範圍和内容主體，立足無錫市區，兼顧江陰、宜興，主要體現無錫本土内容，突出人文科學，適當兼顧其他門類。據此，《無錫文庫》收録圖書五百五十餘種，分爲五輯：第一輯『官修舊志』，收編無錫地方志（含江陰、宜興）；第二輯『地方史料專著』，收編反映無錫地方史料的專著與筆記；第三輯『年譜家乘』，收編無錫（含江陰、宜興）地方名人年譜和望族的家譜；第四輯『無錫文存』，收編歷史上無錫作家詩文和專著的精華；第五輯『近現代名家名著存目』，編撰無錫近現代名家名著的書目提要。爲使文庫具有更大的開放度和包容量，《無錫文庫》注重整體設計，在框架分類上既注意

整合，又突出重點，考慮到文庫的涵蓋面和系統性；在書目選擇上既注重經典性，又强調代表性，兼顧到圖書本身質量和作者特點；在出版方式上既總體規劃、循序推進，又采取較爲靈活的方式，成熟一批出版一批，不編序號，爲今後增補書目預留空間。

尊重歷史又反映時代特色。《無錫文庫》注重歷史性與時代性相結合，以嶄新的學術角度和現代學科理念對城市歷史文化進行整理和弘揚。編纂工作充分體現對歷史傳統的尊重，儘可能減少評述性成分，杜絶截割、改篡、增删圖書内容，對節選本祇采取作者的自選本。與此同時，以現代學術視野來看待傳統史料，增加收録有價值的歷史資料和文獻，如對民國時期的一些稿本、期刊、會刊、紀念册也予以應有的關注，收入了部分重要的民間史料。

保持原貌又便于讀者查閲。《無錫文庫》除第五輯外，全部采用原版影印方式，力争選擇最優版本作底本，保持文獻著作的歷史面目。爲了便於閲讀、查證、使用、研究，每一輯均撰寫編輯説明，每種書撰寫提要，并編撰《文庫》書目索引。通過這樣的方式，使《無錫文庫》兼具工具書檢索的作用，增强文化典籍整理的實用功能。

如期完成又精益求精。《無錫文庫》作爲一項重大文化工程，編纂工作面廣量大，必須集中力量，一鼓作氣。我們明確，從編纂工作全面啓動開始，花三年時間完成《無錫文庫》出版工作。《無錫文庫》總書目形成後，五輯的書目編纂工作同時開展、整體推進。我們要求，《無錫文庫》編纂出版工作要强化精品意識，力求思想精深、内容精彩、選編精當、學風精良、裝幀精美。文庫編纂出版的每個環節都反復論證推敲，確保經得起歷史檢驗。

《無錫文庫》的編纂出版工作，得到了鳳凰出版傳媒集團的大力支持，鳳凰出版社在版本選擇、編輯出版方面做了細緻的工作；由於《無錫文庫》收録的資料有三分之二散落在全國各圖書館中，中國國家圖書館、上海圖書館、南京圖書館等一批國内知名圖書館爲此提供了積極的幫助；應邀擔任《無錫文庫》學術顧問的專家，都是無錫籍的文化名人和國内一流的古籍研究專家，他們有的不顧年事已高，有的不顧自身工作繁忙，爲《無錫文庫》的編纂工作付出辛勤勞動；《無錫文庫》工作委員會和編輯委員會成員以及編務人員在文庫編纂出版過程中做了大量的工作。在此，謹向他們表示崇高的敬意和由衷的謝忱！

由於《無錫文庫》收録内容涉及範圍廣、時間跨度長，部分書目已經散佚，可利用資料受到限制，加之編輯委員會水平有限，《無錫文庫》的編纂工作難免會有一些疏漏和錯誤，不當之處敬請讀者指正。

王立人

二〇一一年一月